Staub, Rudolf

Der Bau der Alpen

Versuch einer Synthese

Staub, Rudolf

Der Bau der Alpen

Versuch einer Synthese

Inktank publishing, 2018

www.inktank-publishing.com

ISBN/EAN: 9783747779699

BEITRÄGE
zur
Geologischen Karte der Schweiz
herausgegeben von der
Geologischen Kommission der Schweiz. Naturforschenden Gesellschaft,
subventioniert von der Eidgenossenschaft

Neue Folge, 52. Lieferung,
Des ganzen Werkes 82. Lieferung

MATÉRIAUX
pour la
Carte géologique de la Suisse
publiés par la
Commission géologique de la Société helvétique des Sciences naturelles,
subventionnés par la Confédération

Nouvelle série, 52e livraison,
82e livraison de la collection entière

Der Bau der Alpen

Versuch einer Synthese

Mit 1 tektonischen Karte in 1:1,000,000,
2 Profiltafeln in 4 Blättern und vielen Textfiguren

Von
Rudolf Staub

BERN
In Kommission bei A. Francke A.-G.
1924
Gedruckt bei Stämpfli & Cie.

BERNE
En commission chez A. Francke S. A.
1924
Imprimé par Stæmpfli & Cie.

4

Vorwort der Geologischen Kommission.

In der Sitzung der Geologischen Kommission vom 9. Dezember 1922 wurde der Entwurf zu einer geologisch tektonischen Übersichtskarte der ganzen Alpen und am 3. März 1923 die zugehörigen Profile und Text von Dr. *Rudolf Staub* vorgelegt. Das grosse Werk ist vom Autor ohne Auftrag der Geologischen Kommission geschaffen worden und wurde ihr ohne Entschädigungsbedingungen übergeben. Der Präsident empfahl es zur Aufnahme in die «Beiträge», und die Kommission fasste einstimmig den entsprechenden Beschluss.

Die Schweizeralpen sind der Schlüssel zum Verständnis der Alpen überhaupt-geworden. Es hat sich dies grösstenteils aus den natürlichen Bedingungen für die Beobachtung ergeben. Infolge starker axialer Höhenschwankungen und deshalb sehr wechselndem Abtrag liegen in der Schweiz die tiefsten wie die höchsten Stockwerke des vielgliedrigen alpinen Baues in ihrer gegenseitigen Lagerung der Beobachtung offen. Im W dagegen sind die oberen Stockwerke abgetragen, im E die tieferen verdeckt. Der Umstand, dass wir schon länger als andere Alpenländer über gute topographische Karten verfügten, machte es möglich, dass bei uns zuerst ausgedehnte, ganz detaillierte geologische Gebirgsaufnahmen durchgeführt werden konnten. Ausgehend von seinen Untersuchungen und Entdeckungen im Wallis hat *E. Argand* die Westalpen bis ans Mittelmeer unserem Verständnis eröffnet, worauf die Schweizerische Geologische Kommission nicht zögerte, seine Übersichtskarte der Westalpen mit Profilen in ihren Beiträgen zu veröffentlichen. In analoger Weise hat nun *R. Staub* in Graubünden die durchgreifende Gliederung der alpinen Stockwerke der Ostalpen festgestellt, und mit dem hier gefundenen Schlüssel das Verständnis der Ostalpen bis nach Wien durchgreifender als bisher erschlossen. Es geschah dies, wie bei *Argand* im W so auch hier bei *Staub* im E, dadurch, dass die reichen bisherigen Beobachtungen der vorangegangenen zahlreichen Forscher benützt und dann mit Hilfe der eigenen Anschauung und Beobachtung umgedeutet wurden auf die Erkenntnis des so wunderbaren, rätsellösenden Deckenbaues der Alpen.

Die Schweizerische Geologische Kommission glaubt sich berechtigt, auch das von *R. Staub* gewonnene Bild der Ostalpen, wie früher dasjenige der Westalpen von *Argand,* in ihren «Beiträgen zur geologischen Karte der Schweiz» herauszugeben. Wir veröffentlichen damit keine geologischen Spezialkarten der Nachbarländer. Solches läge uns ganz ferne. Vielmehr werfen wir damit, wie seinerzeit schon B e r n h a r d   S t u d e r in seiner klassischen, weit über unsere Grenzen hinaus reichenden «Geologie der Schweiz» vom Jahre 1851, gewissermassen nur einen eindringlichen Blick nach W und nach E mit dem Scheinwerfer, den die Schweizergeologen auf den Schweizeralpen aufgepflanzt haben.

Nachdem sich nun im B a u   d e r   A l p e n, in der einheitlichen R i c h t u n g   d e r   B e w e g u n g   d e r   E r d r i n d e, die ihn geschaffen hat, in der Zeit, in der diese gewaltigen Rindenbewegungen in «Paroxysmus» getreten sind, eine wunderschöne harmonische grosse E i n h e i t   d u r c h   d a s   g a n z e   G e b i r g e vom Mittelmeer bis an die Donau ergeben hat, ist es Bedürfnis, sich nun nicht mit einer geotektonischen Übersichtskarte bloss der E-Alpen zu begnügen. Ein einheitliches B i l d   d e s   g a n z e n   G e b ä u d e s ist notwendig geworden. Der erste eingehende Versuch dieser Art soll hiermit unserer geologischen Wissenschaft von unserem Mitarbeiter *Rudolf Staub* durch uns geboten werden.

Für den wissenschaftlichen Inhalt von Text, Karte und Profilen ist der Verfasser allein verantwortlich.

Bei dieser Gelegenheit drängt sich uns mächtig die Erinnerung an *Arnold Escher von der Linth* auf, die wir hochhalten wie ein Heiligtum. Einige Notizen über seine, die Zeit, in der er lebte, so weit überfliegenden Erkenntnisse, deren glänzende Bestätigung und weite Bedeutung in dem uns heute vorliegenden Werke erwiesen wird, mögen an dieser Stelle festgehalten werden.

5

Viele der umfassenden Entdeckungen und Gedanken dieses vorurteilslosesten und selbstlosesten Beobachters blieben, durch seine übergrosse Bescheidenheit verhüllt, lange unbeachtet und vergessen. 1839 fanden *Escher* und *Studer* die Auflagerung des Bernina-Err-Granites auf liasischen Bündnerschiefer am E-Abhange des Oberhalbstein. *Escher* dachte an Überschiebungen. *Studer* an Metamorphosen. 1841 berichtete *Escher*, das ganze Säntisgebirge samt Mattstock und Churfirsten liege ringsum auf Flysch geschoben. Den Gebirgsbau im Glarnerland bezeichnete er seit 1846 kurz als: «eine Tatsache kolossaler Überschiebung». Im Flysch des Vorarlberg und des Allgäu fand er mesozoische Kalkfetzen eingewickelt (= «Klippen»), und in seinem Buch über Vorarlberg erzählt er 1853 vom «nördlichen Vordringen des Triasdolomites über den Flysch bis Hindelang hinaus», wobei diese nach N vorgeschobene Trias des Alpenlandes «ununterscheidbar» sei von manchen Vorkommnissen der Lombardei. Das Alpengebirge in seiner Gesamtheit erscheint ihm durch ungeheure Bewegungen in der Erdrinde entstanden, welche die alten machtlosen Intrusionen überschoben haben. «Zwischen Flysch und Molasse fand eine erste gewaltige Festlanderhebung der Alpen statt. Die grösste Revolution, welche das Alpengebirge schuf, fand zwischen der Ablagerung der oberen Molasse und dem Diluvium statt.»

Damit ist *Arnold Escher* der erste Entdecker der Passivität der Intrusiva, der Einheitlichkeit der S—N-Bewegung nach Richtung und Zeit, und der grossen Überschiebungen (heute = Deckenbau und «Klippen»).

Schritt für Schritt mussten auf verschiedenen Wegen und in verschiedenen Gebirgsteilen diese Erkenntnisse nochmals gewonnen werden. Mühsam, oft zögernd stieg die Schar der Geologen den Lichtern nach, mit welchen *Ed. Suess*, *M. Bertrand*, *H. Schardt* und *M. Lugeon* voranleuchteten. Vieles musste eingehender untersucht und verstärkt begründet werden. Der heutige «Bau der Alpen», wie ihn zusammenfassend uns *R. Staubs* Karte, Profile und Begleitworte vorführen, ist die allgemeine Durcharbeitung der Erkenntnisse, welche *Arnold Escher von der Linth* schon vor 75 Jahren wie ein Morgenrot über seinen geliebten Bergen leuchten sah.

Zürich 6, Sonneggstrasse 5, Februar 1924.

Für die Geologische Kommission,

Der Präsident:

Dr. **Alb. Heim**, a. Prof.

Der Sekretär:

Dr. **Aug. Aeppli.**

Inhaltsübersicht.

Verzeichnis der graphischen Beilagen

zu

Lieferung 52 der „Beiträge zur geologischen Karte der Schweiz".

R. Staub, Der Bau der Alpen.

Der Bau der Alpen.

Ein strahlender Morgen im Hochgebirge! In Bünden, im Herzen der Alpen! Viertausend Meter über den Ebenen der Lombardei, in einer Wunderwelt aus Fels und Eis. Monte Viso, Venediger, Apennin und Schwarzwald, dazwischen in unendlicher Zackenreihe die Gipfel der Alpen! Wieder einmal stand ich auf einem jener herrlichen Pize des Engadins, zu Füssen die Bergwelt Italiens, Bündens, Tirols, um mich die Firnenpracht der Bernina, und über mir ein Himmel, blau wie das Meer, das fern im Süden die Alpen bespült. Gewaltige Abstürze, phantastische Felsengräte, schimmernde Flanken von Firn und Eis, wundervolle Gipfel in goldener Bronze! — Eine blendende Bergespracht!

Auf dem Zupò war's, an einem der seltenen Tage des letzten Sommers. Lange sassen wir, versunken in die grandiose Schönheit dieser hohen Welt, versunken in die Rätsel einer grossen Schöpfung. Da reihte sich gen Westen Gipfel an Gipfel, Grat an Grat, bis hinüber zum fernen Viso, und vor unserm Geiste zog mählich jener gigantische Bau herauf, der einst dies herrliche Gebirge emporgetürmt, klar wie der Sommertag, der uns geschenkt. Jeder Grat, jeder Gipfel, jede Furche im weiten Alpenkranz fügt sich da ein in unsere Vorstellung vom Bau der Kette, und mühelos erkennen wir von unserer hohen Warte die grossen Einheiten der Westalpen, das Gesetz in der Struktur. Wie wundervoll wäre es, dies gewaltige Bild zu fassen, zu halten, in seiner ganzen packenden Grösse darzustellen! Alte Pläne tauchten auf, eine Karte vom Bau der Alpen, eine tektonische Karte des *ganzen* Gebirges vom Meere bis nach Wien! Wie stand es heute damit?

Der Westen wohl war klar und einfach. Vom Meere bis hinauf zu uns und an die Grenzen Tirols lag die Struktur der Alpen vor uns wie ein aufgeschlagenes Buch, man brauchte nur darin zu blättern, es musste nur einer den Anfang machen, die Hauptarbeit war ja seit Jahren getan. Aber der Osten? Da dehnte sich weit ein unendliches Gipfelmeer bis fernhin zu den Firnen der Tauern und den blassen Mauern der Dolomiten, da lag mit dem Schleier des Morgens auch der Schleier des Unbekannten, da harrten die Probleme, da lauerten die Schwierigkeiten einer unbekannten Welt. Die Einheiten im Bau der Alpen, die wir lückenlos verfolgen konnten vom Meere bis hinauf zu uns, wo zogen sie weiter, sie, die wir jenseits des Engadins unter den gewaltigen Massen hinter dem Ortler verschwinden sahen? Wie setzt der kunstvolle Bau Graubündens nach Osten fort, wie lässt er sich vereinen mit dem Bau Tirols und der östlichen Alpen überhaupt, was für neue Elemente treten ein, was für alte verschwinden? Eine Fülle von Fragen — viele Vermutungen — keine rechte Antwort — Schluss: Resignation!

Ob der Plan aber wohl ganz undurchführbar wäre? Ob nicht vielleicht die auf den Herbst geplante Ostalpenexkursion d o c h am Ende eine Lösung bringen würde? Voll froher Hoffnung stiegen wir durch die Eiswelt der Bernina zutal.

Zwei Wochen später! Ein Abend voll Glanz und Licht weit drüben im Osten, am Sonnblick. In blauen Schatten im Westen die Eiswelt der Pasterze, darüber der Glockner wie ein Schwert in feuriger Abendglut. Gen Norden, Osten, Süden ein gewaltiges Gipfelmeer. unbegrenzt der Horizont! Die Felsen des Sonnblick leuchten im letzten Sonnengold hoch über die grünen Schieferberge des Nordens. darüber schweift das entzückte Auge hinaus bis zur blendenden Mauer der Kalkalpen, die in einheitlicher Front die jungen Schiefer überragen. Weit im Osten schimmert das Marmorgebirge der Radstättertauern herüber, und rechts davon grüssen hinter den kristallinen Gebirgen der südlichen Täler die bleichen Zacken der Dolomiten. Von den Kalkalpen Bayerns bis zu den Gebirgen Venetiens umspannt unser Blick die ganze gewaltige Kette, und in durchsichtiger Klarheit liegen alle tektonischen Einheiten der Ostalpen mit einem Schlage vor uns. Die Axe der Tauern mit ihren Kuppeln aus Zentralgneiss, der Hülle von Bündnerschiefern, nach allen Seiten flach unter älteres Gebirge tauchend, darüber in gewaltigem Bogen von Norden über Osten nach Süden die alten Gesteine, vom Dachstein bis hinüber an die Grenzen Jugoslaviens. Ein Bild von ergreifender Grösse!

Zehn Tage waren wir nun schon unter der liebenswürdigen Führung von *Kober* in diesen herrlichen Ostalpen herumgezogen, Tag für Tag hatte neue Entdeckungen gebracht, Tag für Tag, ja oft Stunde für Stunde hatten wir vertraute alte Bekannte aus der Heimat, aus Wallis, aus Bünden, wiedergefunden, des Staunens war kein Ende, zahllos die Analogien zwischen Bünden und Tirol, bis hinein nach Gastein und Kärnten. Ein tektonisches Element Bündens nach dem andern erschien hier in den Tauern von neuem; die gleichen Gesteine, die gleichen Serien, die gleiche Stellung im tektonischen System. Der Traum einer tektonischen Karte der ganzen Alpen gewann mehr und mehr an Wirklichkeit, der Abend auf dem Sonnblick mit seiner unvergesslichen Grösse endlich brachte den festen Entschluss.

Wohl lagen noch viele Fragen im Dunkeln, doch konnten in der Hauptsache nun auch sie im Laufe der folgenden Wochen, da der Plan einmal feststand, geprüft und einer Lösung näher gebracht werden. Die Südabdachung der Sonnblickkette, die Radstättertauern, Eisenkappel, der Südrand des Hochalmmassivs, das Becken von Bruneck, die Umgebung von Sterzing und die Täler von Windischmatrei brachten mir die immer grössere Gewissheit, dass der Wurf zu wagen sei, und wichtigere prinzipielle Änderungen wohl kaum mehr zu befürchten wären. —

So ging ich denn ans Werk. Zunächst wurde, noch im September, eine tektonische Karte der Alpen entworfen. Als dann das schöne Bild in durchsichtiger Klarheit vor mir stand, reizte es mich, diesen grandiosen Bau auch noch in Profilen darzustellen. Nach sorgfältiger Auswahl kam ich zu einer Zahl von 25 Hauptprofilen quer zur Kette und 3 Längsprofilen. Ein erläuternder Text wurde unumgänglich. So wuchs das Ganze zu dem jetzigen Umfang.

Ein erster Versuch ist es, unsere Kenntnis vom Bau der Alpen in einer übersichtlichen Darstellung des ganzen Gebirges zusammenzufassen. Mehr als je ist heute unser Wissen nur Stückwerk, und Generationen von Forschern werden an diesem wundervollen Bau noch zu schaffen haben, Generationen noch werden ihr höchstes Arbeitsglück in der weitern Erforschung unseres herrlichsten Hochgebirges finden. Der Fragen und Probleme ist heute kein Ende, und wird morgen kein Ende sein, und in vielen Jahren wird eine andere Generation vielleicht mit einem Lächeln über unsere Arbeit hinweggehen. Aber «unser Wissen ist Stückwerk» wird stets das Los aller Wissenschaft bleiben, ein Stillestehn gibt es hier nicht, und so fasse ich denn auch die vorliegende Studie nur als Ausgangspunkt zu neuem Forschen auf, als Sprungbrett zu weiterer Tat.

Dass ich den Versuch gewagt habe, entspringt dreierlei Gründen. Zunächst schien es mir nötig, in den Wirrwarr der Einzelbeobachtungen eine einheitliche Richtung zu bringen, und schien mir das vorliegende Material zu einer wenigstens schematischen Darstellung zu genügen. Dann fehlte seit langem eine Gesamtdarstellung der Alpen, die über die allergrössten Züge hinausging; hat sich doch seit mehr als 30 Jahren kein Geologe mehr an eine wirkliche Übersichtskarte des ganzen Gebirges gewagt, und war doch die alte Karte von *Noë* schon längst vergriffen. Und endlich haben unsere Ideen vom Bau der Gebirge in den letzten zwei Jahrzehnten sich so enorm gefestigt, dass die Zeit einem gewissen Abschluss ruft, einem Abschluss, der die Ergebnisse über den Bau der Alpen kurz zusammenfasst.

Liess sich dieser Bau durch die ganzen Alpen verfolgen, war dieses ganze Gebirge wirklich durch und durch einheitlich gebaut, so mussten sich daraus auch wichtige Gesichtspunkte für die übrigen Gebirge der Erde ergeben. Wohl sind die Alpen «das Gebirge Europas» par excellence, aber sie sind schliesslich doch nur ein kleiner Teil der wundervoll verschlungenen Ketten Eurasiens. Der Bau der Alpen kann nicht auf das kleine Gebiet zwischen Genua und Wien beschränkt sein, er muss sich geltend machen und macht sich geltend von der Enge von Gibraltar bis hinüber zu den eisigen Höhen des Himalaya und den Inseln im Indischen Ozean. Die Frage der Gebirgstürmung in der gesamten alten Welt ist nur die Erweiterung der Frage nach dem Baue der Alpen. Kennen wir ihn einmal ganz, so erkennen wir seine Gesetze vom einen Ende Eurasiens zum andern, von den Säulen des Herkules bis hinüber zu den stillen Inseln der Bandasee. Bau und Entstehung der halben Welt spiegeln sich im Bau der Alpen, Fragen und Probleme stürmen auf uns ein wie die donnernden Wogen des Meeres, und gerne flüchten wir uns wieder hinauf auf die stillen Gipfel der Alpen als die sichern Fundamente unseres Wissens vom Bau der Erde.

Ein erster Versuch zu einer Synthese sollen Karte und Profile sein, ein Versuch, an dem zu arbeiten, zu vertiefen, zu verbessern sein wird für lange Zeit. Wohl habe ich danach gestrebt, dieselben auf die Höhe unserer gegenwärtigen Kenntnisse zu bringen, doch ist zurzeit alles dermassen in Fluss, und die alpine Literatur so ins Ungeheuerliche gewachsen, dass von einer restlosen Verwertung der tatsächlich vorhandenen Quellen nicht die Rede sein kann. Massstab und Plan der Darstellung wurden denn auch so gewählt, dass nur die grossen Züge, gewissermassen das Gerüst des Baues, hervortreten. Details verschwinden völlig, für ornamentales Beiwerk bleibt in solcher Darstellung kein Raum. Die grossen Linien aber scheinen mir heute gesichert; deshalb habe ich den Versuch gewagt.

Mannigfach wie das Gebirge selbst sind auch die Quellen, aus denen ich geschöpft. In erster Linie sind es die neuesten geologischen Spezialkarten Frankreichs, Italiens, der Schweiz, Deutschlands und Österreichs, dann die Übersichtskarten der betreffenden Staaten in kleinerem Massstab, endlich eine Reihe hervorragender Synthesen der verschiedensten Fachgenossen. Für die Westalpen konnte ich *Argands* klassische Darstellung tale-quale übernehmen, daneben fand ich reiche Belehrung in den Werken von *Termier, Bertrand, Kilian, Haug* und *Lugeon*, in den Arbeiten der Italiener. Die «Geologie der Schweiz» von *Albert Heim* mit ihren meisterhaften Darstellungen war mir eine wahre Fundgrube voll wundervoller Erkenntnis in den mittleren Alpenteilen, und durch den Wirrwarr der Ostalpen leiteten mich die Arbeiten von *Termier, Suess und Kober*, von *Ampferer und Hammer*, von *Sander, Cornelius und Furlani*, von *Spengler und Hahn*, von *Trauth und Schmidt*. Endlich kamen mir meine persönlichen Erfahrungen natürlich in vielen Fällen zugute, bin ich doch selber im Laufe der Jahre durch einen guten Teil der Alpen gekommen, von der ligurischen Küste bis hinauf nach Klagenfurt und Steiermark. Entscheidend für die Erkenntnis der grossen Zusammenhänge zwischen West und Ost wurde das Land, an dessen geologischer Erforschung ich nunmehr seit zehn Jahren teilgenommen habe, Graubünden. In Bünden verfolgen wir, wenn auch auf vielverschlungenen Pfaden, die grossen Zusammenhänge; hier, im alten Rätien, wo West und Ost, Süd und Nord an den Quellen der Ströme Europas zusammenstossen, liegen die Wurzeln der jetzigen Erkenntnis. Die Berge Bündens sind der Schlüssel geworden, der uns das Geheimnis des ganzen Alpenbaues erschlossen hat, und sie werden darum stets der Ausgangs- und der Angelpunkt aller und jeder Alpensynthese bleiben.

Ein Text, der auch nur einigermassen die Fülle der Tatsachen erschöpfte, eine wirkliche «Geologie der Alpen», würde Bände füllen. Dies kann und will der Zweck meiner kurzen Darlegungen nicht sein. Es genügt mir, den Grundbau der Alpen anhand von Karte und Profilen so kurz und scharf wie möglich, in grossen Zügen, zu präzisieren, das Ganze zu überblicken, Probleme zu stellen, den Anschluss an die Nachbargebiete zu suchen. Nur in ganz besonders wichtigen Fällen, wo der grosse Zusammenhang es erfordert, wird auch in Einzelheiten einzudringen sein. Für alle weitern Details aber sei auf die Spezialarbeiten über die betreffenden Gebiete verwiesen, deren wichtigste sich im Literaturverzeichnis zusammengestellt finden. Auch eine historische Darstellung unserer Erkenntnis muss, so verlockend und reizvoll dies wäre, heute unterbleiben. Wer sich darüber zu orientieren wünscht, lese in *Suess'* «Das Antlitz der Erde», oder seiner meisterhaften Übersetzung durch *Emm. de Margerie*, in *Dieners* «Bau und Bild der Ostalpen», in *Heims* «Geologie der Schweiz» oder in *Kobers* «Bau der Erde» und seinem «Bau und Entstehung der Alpen». Da findet sich alles Wünschenswerte über die Entwicklung der modernen Anschauungen über den Bau des Alpengebirges.

Der Fortgang der Forschung in den verschiedenen Alpenteilen brachte es mit sich, dass die einzelnen Abschnitte des Textes in ihrem Umfang und Detail recht verschieden ausgefallen sind. Das Hauptgewicht des Textes liegt in der Behandlung der Ostalpen. Bau und Struktur der Westalpen sind ja seit der klassischen Synthese *Argands* hinreichend bekannt, so dass ich mich für die Westalpen nur kurz zu fassen brauchte. Was mir hingegen wichtig schien und näherer Ausführung wert, das war die Verbindung der West- und Ostalpen in Graubünden und die Darlegung des Fortstreichens dieses Baues in die Ostalpen hinein. Der Nachweis der westalpinen und bündnerischen Strukturen durch die Ostalpen hindurch, der Nachweis westalpinen Deckenbaues in den Ostalpen, schien mir zurzeit das wichtigste Problem der Alpenkette. Graubünden und die Ostalpen nehmen daher fast zwei Drittel des Textes ein, während für die an und für sich ebenso interessanten Westalpen nur knapp ein Drittel übrigbleibt. Auch die Dinariden sind nur recht summarisch behandelt worden. Die Hauptsache schien mir eine Synthese der Ostalpen auf westalpin-bündnerischer Basis. In einem letzten Kapitel endlich werden allgemeinere alpine Probleme gestreift, schliesslich der Bau der Alpen im Rahmen der jungen eurasiatischen Ketten betrachtet und deren einheitliche Entstehung dargelegt. Aber nochmals sei ausdrücklich darauf hingewiesen, dass dieser Text keine «Geologie der Alpen» sein will, sondern dass er, trotz seines Umfanges, im Vergleich zur gewaltigen Fülle des Stoffes, eben doch nur ein Fragment bleibt.

Ein alter Plan liegt heute verwirklicht vor mir, die Fortführung der *Argandschen* Westalpenkarte in die Ostalpen hinein. Wenn dies in dem relativ kurzen Zeitraum von zehn Jahren geschehen konnte, so danke ich das nur zum allerkleinsten Teil meiner eigenen Forschung. Wohl habe ich manches gesehen, in vieles vielleicht auch etwas mehr Klarheit gebracht, aber die Hauptarbeit liegt bei meinen Freunden und Kollegen im Westen und im Osten. Ohne deren gewaltige Arbeit wäre es mir nie möglich geworden, das gesteckte Ziel zu erreichen. Es sei daher in erster Linie dankbar aller jener gedacht, die, wahrhaft «im Schweisse ihres Angesichtes», die Steine zusammentrugen, aus denen ich nun den Bau fügen konnte. Ihnen allen, den Alpengeologen aus aller Herren Ländern, mein erster Dank.

Dann aber drängt es mich, meinen engeren Freunden und Kollegen, die mir auf irgendeine Weise beigestanden sind, meinen herzlichen Dank zu sagen.

Da steht in erster Linie mein lieber Freund *Emile Argand*. Seine herrliche Westalpenkarte gab mir schon vor Jahren die Idee, etwas Ähnliches für Graubünden, das Bindeglied zwischen West und Ost, zu versuchen, und heute ist es wiederum jene klassische Karte von *Argand* gewesen, die mir als Vorbild vorschwebte. *Argands* Verdienste an dieser Arbeit sind aber auch sehr persönliche. Noch erinnere ich mich jenes herrlichen Sommertages von 1916, da ich ihm von den Höhen des Umbrail die Struktur der Münstertaler- und Ortlergebirge zeigen durfte, und wo er mir in flammender Begeisterung von den Aufgaben der Zukunft sprach. Bis in unendliche Fernen türmten sich die Ketten der Ostalpen, eine hinter der andern, und unter dem Donner der Kanonen wies mir der westalpine Meister das stolze Ziel, dereinst die Synthese Bündens auch in dieses ungeheure Gipfelmeer der Ostalpen zu tragen. Damals lächelte ich ungläubig, nie hätte ich mich solcher Kühnheit vermessen; heute aber gedenke ich dankbar jener ersten eindringlichen Zusprache auf der klassischen Klippe des Piz da Rims.

Bei der Ausführung der vorliegenden Arbeit hat mir sodann *Argand* in weitgehendem Masse geholfen. In erster Linie stammt die ganze Darstellung der Westalpen, vom Meer bis in den Tessin, von ihm. Ich habe dieselbe mit wenig Änderungen seiner Karte entnommen. Dasselbe gilt von den Profilen. Dann aber hat mich *Argand* mit Literatur, mit Ratschlägen aller Art, mit neuen Fragestellungen und allem möglichen unterstützt, er hat mir seine ganze, reiche Bibliothek zur Verfügung gestellt, hat mir sein Prachtsinstitut in Neuchâtel während Monaten zu freier Benützung geöffnet, und er war es auch, der mich in Momenten des Rückschlags immer wieder angefeuert hat. Ich danke daher *Argand* als meinem Haupthelfer und Bundesgenossen aufs herzlichste für alles.

Eine Fülle von Anregung verdanke ich dem Vorkämpfer der Deckenlehre in den Ostalpen, *Pierre Termier*. Nie werde ich jene denkwürdigen Tage vergessen, wo mir der ergraute Professor der Ecole des Mines in jugendlichem Feuer die klassische Region von Sterzing zeigte, wie er mir erzählte vom Werden seiner grossen Synthese und vom Anfang des Kampfes um seine Idee. Was *Termier* vor 20 Jahren in prophetischer Weise vorausgesagt, ist heute in Erfüllung gegangen, und der Lärm der Gegner verstummt mehr und mehr. Die heutige Erkenntnis, wie sie hier in Karte und Profilen niedergelegt ist, bleibt ein glänzender Triumph der *Termierschen* Ideen. Seine Vorstellungen von 1903 und 1904 decken sich weitgehend mit unsern heutigen, sie enthielten eben schon die Wahrheit. So habe ich *Termier* und seiner Forschung ausserordentlich viel zu danken.

Von entscheidender Bedeutung für den jetzigen Inhalt dieser Arbeit war sodann die Exkursion, die ich mit meinen Freunden und Kollegen aus Bünden, *J. Cadisch, H. Eugster, F. Frey* und Prof. *A. Buxtorf*, unter der liebenswürdigen Führung von *L. Kober*, teils zusammen mit *Termier*, unternehmen konnte.

Kobers nimmermüder Initiative und echt wienerischer Freundlichkeit verdanken wir es, dass wir in der relativ kurzen Zeit von vier Wochen so enorm viel von den Ostalpen gesehen haben. Die Diskussionen mit diesem hervorragenden Meister der Ostalpengeologie werden uns allen, die wir dabei gewesen, stets unvergesslich bleiben, und dankbar werden wir je und je der köstlichen Stunden gedenken, die uns *Kober* geschenkt. Das Panorama auf dem Steinacherjöchl, der Schneesturm auf den Tarntalerköpfen, der sonnige Morgen auf der Riffelscharte, der Abend auf dem Sonnblick, die Tage auf Stanziwarten und Mohar, oder die Öde der Radstättertauern werden uns zeitlebens unvergessen bleiben. Mit *Kober* habe ich oft über die Idee einer Alpenkarte gesprochen; er war es, der mich auch später wieder aufforderte, die Sache zu wagen, und der mir in vielen Punkten hilfreich zur Seite stand. Der Diskussion mit *Kober* und seiner Liebenswürdigkeit verdanke ich für die Ostalpen überaus viel, und dass mir seine mannigfachen Schriften stets gewaltige Anregung boten, ist selbstverständlich. Sein unterdessen bei Bornträger erschienenes gross angelegtes Alpenwerk jedoch kam leider zu spät, um meine Ideen noch entscheidend zu beeinflussen. Es wird ein Markstein sein in der Geschichte der Alpengeologie.

Von meinen engern schweizerischen Freunden und Kollegen verdanke ich manche Anregung und manchen Ansporn *Albert Heim, P. Arbenz* und endlich meinem alten Helfer *Alphonse Jeannet. Albert Heim* war es, der zuerst begeistert die Aufnahme dieser Arbeit in die «Beiträge» und damit überhaupt deren Drucklegung verfocht, und der mir auch in der Folge, wie immer, mit manchem Rat helfend zur Seite stand. *Arbenz* hat mir stets in selbstlosester Weise seine reichen Kenntnisse aus dem nördlichen Bünden und den helvetischen Decken zur Verfügung gestellt und manche schwierige Frage mit mir diskutiert. Für die Préalpes und in stratigraphischen Fragen war *Jeannet* mein treuer Helfer, und *Jeannet* hat mir auch in Neuchâtel noch viel bei der Ausarbeitung des Ganzen geholfen. *Jeannet* war es auch, der Karte und Profile, daneben noch viele Textfiguren, für den Druck neu umzeichnete und mir damit eine gewaltige Arbeit abgenommen hat. Nie werde ich ihm diese Freundestat vergessen und sage ihm hiermit für alle seine Hilfe meinen herzlichsten Dank.

Allerhand Auskunft erhielt ich stets, wenn ich dessen bedurfte, von einer Reihe von Fachgenossen. Es seien davon dankbar erwähnt: *Buxtorf, Cadisch, Cornelius, Eugster, Furlani, Frischknecht, Hugi, Jenny, Niggli, Preiswerk, Sander, Rösli und Eggenberger, Kopp* und *Wegmann.*

Zu grossem Dank verpflichtet bin ich endlich der geologischen Kommission der Schweizerischen naturforschenden Gesellschaft für ihren Beschluss, die vorliegende Arbeit in ihren Beiträgen aufzunehmen. Sie hat damit überhaupt die Publikation von Karte, Profilen und Text erst ermöglicht. Ohne diese Bereitwilligkeit der geologischen Kommission wäre an eine auch nur einigermassen ähnlich reiche Ausführung von Karte und Profilen nie zu denken gewesen, die Arbeit wäre ohne dieselbe vielleicht überhaupt nie oder doch viel später an die Öffentlichkeit gelangt. Die Kommission hat keine Mittel gescheut, diese Arbeit trotz den schlechten Zeiten, ihrer alten Tradition gemäss, in erstklassiger Ausführung herauszugeben, sie hat ohne Zögern die grossen Ausgaben für den Farbendruck der Tafeln auf sich genommen. Sie hat mir ferner in bezug auf die Grösse des Textes die denkbar grösste Freiheit gelassen. Für all das sei ihr mein aufrichtigster Dank ausgesprochen.

Für den wohlgelungenen Druck von Karte und Profilen möchte ich der Firma Hofer & Co. in Zürich, vor allem ihrem Chef, Herrn *Hermann Hofer,* meine volle Anerkennung und meinen speziellen Dank aussprechen. Herr Hofer hat ebenso rasch wie sorgfältig gearbeitet und keine Mühe gescheut, das Ganze zu einem harmonischen Bilde zu fügen.

Endlich aber sei auch noch eines Menschen gedacht, der mehr als alle andern dazu beitrug, dass diese Arbeit entstanden ist, jenes Menschen, der mich von der blossen Idee zur wirklichen Tat begeisterte und entflammte, dessen Freude am Werk mir der grösste Ansporn und der schönste Lohn war, und dessen Liebe mich allezeit wie warmer Sonnenschein umgab. Es ist meine liebe Frau, *Margrit Staub.*

Ihr lege ich heute meine Arbeit zu Füssen.

Abgeschlossen 6. April 1923. Letzte Nachträge Oktober 1923.

Fex, den 1. November 1923.

R. Staub.

Beiträge zur geol. Karte der Schweiz, n. F., Liefg. 52.

2

Stellung und tektonische Gliederung der Alpen.

In dem wunderbar verschlungenen Gebirgssystem des südlichen Europa nehmen die Alpen eine hervorragende Stelle ein. Fünf mächtige Gebirge strahlen von ihnen aus, jedes von ihnen in gewissem Sinne eine Fortsetzung der Alpen. Über Länder und Meere ziehen diese Ketten von Andalusien bis nach Asien hinein. Von Ligurien zieht der alpine Stamm in weitem Bogen durch Korsika, Elba und den Apennin hinab nach Sizilien, hinüber zu den Balearen und über das Hochland der Betischen Cordillere und die Strasse von Gibraltar ins marokkanische Rif. An der Côte d'Azur zweigen die provençalischen Falten nach Westen ab, in den Pyrenäen das spanische Hochland von Norden umschliessend. Als engere Dependance der Alpen strahlt nördlich Grenoble der Jura aus, über Wien setzen die alpinen Elemente in Karpathen und Balkan fort, und endlich trennt sich in den Karnischen und Julischen Alpen jenes mächtige Gebirge der Dinariden ab, das über den Taurus und die Iranischen Ketten bis zum Himalaya und den Sundainseln streicht. Von jedem dieser fünf grossen Gebirgssysteme enthalten die Alpen ein Stück, und darin liegt ihre grosse Bedeutung. (Siehe Fig. 1.)

Eingeklemmt zwischen das starre Vorland des europäischen Kontinentalsockels im Norden, das starre Rückland der dinarisch-afrikanischen Tafel im Süden, liegen in der eigentlichen Kette der Alpen die Sedimente eines längst verschwundenen Meeres, der Tethys, zu riesenhaften Massen getürmt. Der gewaltige Marsch der afrikanischen Scholle auf das alte Europa hat die zwischenliegenden alten Meeresgründe gefaltet, nach Norden gedrängt, übereinandergeschoben und als Decken übereinandergehäuft in einer Art, wie sie bis jetzt auf Erden einzig dasteht. Drei mächtige Einheiten erster Ordnung sind es daher, die das Gebirge aufbauen (siehe Fig. 2.):

1. das **europäische Vorland** im Norden;
2. das eigentliche **alpine Deckengebirge**;
3. das **dinarisch-afrikanische Rückland**.

Jede Einheit ist ein Gebirge für sich, mit eigenen Sedimenten, eigenem Kristallin, eigener Geschichte und Metamorphose, eigenem Bau und Alter, und doch hangen alle drei Glieder untrennbar untereinander zusammen. Das Vorland verliert sich allmählich in den Tiefen des alpinen Deckengebäudes, seine Flachseesedimente gehen kontinuierlich über in die Tiefseebildungen der zentralalpinen Decken, und deren oberste wiederum stehen in lückenlosem Zusammenhang mit dem Rückland im Süden, den Dinariden. Wohl ist heute der oberflächliche Zusammenhang der Dinariden der Lombardei, Tirols und Venetiens mit der afrikanischen Kontinentaltafel unterbrochen, und schiebt sich zwischen beide wie ein Fremdkörper Italien mit seinem Apennin. Doch ist dieser Einschub, wie sich später ergeben wird, nur sekundärer Art, begründet in einer Blockbewegung der korsosardischen Masse nach Osten, und weisen die Verhältnisse im östlichen Teil der italienischen Halbinsel deutlich auf den einstigen Zusammenhang. Ganz abgesehen vom Fazischarakter der Serien. Der Zusammenhang ist lückenlos, auch wenn er heute weithin vom Meere bedeckt wird.

Verschieden wie ihre Geschichte, ihr Bau, ihre Zusammensetzung ist auch die mechanische Rolle dieser drei grossen Einheiten bei der Bildung der Alpen gewesen. Passiv vor allem verhielt sich das Vorland Europas im Norden. Es erlitt den ganzen gewaltigen Ansturm der alpinen Decken, die von der afrikanischen Scholle vor sich her getrieben wurden, es diente ihnen als stauender Widerstand und haltgebietende Barriere. Seinen Umrissen passt sich der Bogen der Alpiden an, und die jungen Ketten sind darin eingezwängt wie in einen Rahmen. Die alten Massive Europas bilden diese Rahmen, in den die junge Gesteinsflut der alpinen Decken vordrang; sie gaben dieser Deckenflut die entschei-

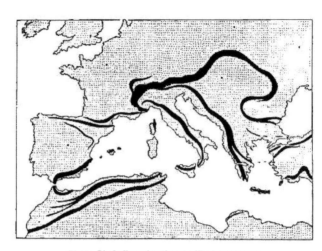

Fig. 1. Die Stellung der Alpen in Mitteleuropa (p. 6)

N   S

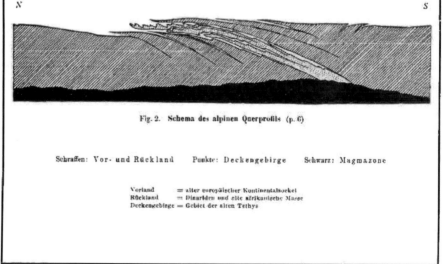

Fig. 2. Schema des alpinen Querprofils (p. 6)

Schraffen: Vor- und Rückland   Punkte: Deckengebirge   Schwarz: Magmazone

Vorland   = alter europäischer Kontinentalsockel
Rückland   = Dinariden und alte afrikanische Masse
Deckengebirge = Gebiet der alten Tethys

16

dende Richtung, sie wirkten gestaltend auf den Verlauf der Ketten. Die spanische Meseta, die alte tyrrhenische Masse von Korsika, Sardinien und Menorca, mitsamt dem Massiv der Maures und des Esterel, mitsamt den katalonischen Bergen, das Zentralplateau Frankreichs, Vogesen, Schwarzwald, die böhmische Masse bilden die heute noch sichtbaren Grundpfeiler des alten Rahmens, jener machtvollen Festung, die das alte Europa den jungen von Süden heranstürmenden Ketten entgegensetzte. Deren Vorwerke jedoch wurden von der gewaltigen Steinflut überrannt, auf 60, stellenweise 80 km Breite geschleift und zugedeckt, ihr Untergrund aufgewühlt und mit empor- und vorwärtsgerissen, miterfasst von der allgemeinen Flut. In den stolzen Gipfeln der heutigen alpinen Zentralmassive erkennen wir jene südlichen, von der Deckenflut überwältigten und miterfassten Randteile des alten Europa. Die Rolle des Vorlandes war rein passiv.

Passiv bis zu einem gewissen Grade blieb auch jener breite Streifen Meeresgrund, aus dem die alpinen Sedimente nach Norden gepresst wurden. Passiv blieb die Tethys gegenüber der afrikanischen Tafel, deren Stoss sie in erster Linie zu spüren bekam. Unter ihrem Drucke wuchsen in der Tiefe des Ozeans die ersten Falten als langgestreckte Gewölbe, die Geantiklinalen, zu Inselbogen empor und wanderten langsam nach Norden. Die Kontraktion der Erde hat sicherlich auch zu deren Bildung beigetragen, doch sehe ich das wahrhaft treibende Element in der Nordbewegung der afrikanischen Scholle, die, nimmer ruhend, seit dem Perm ihren Weg nach Norden verfolgt hat. Gegenüber dem Vorland im Norden war diese Zone des alten alpinen Ozeans stets labil und plastisch, seine Tiefen von simatischen Laven durchsetzt, und in den Zeiten der eigentlichen Gebirgsbildung von gewaltiger Aktivität. Der Ansturm der Decken auf das alte Europa muss ein gigantischer gewesen sein und erschütterte dessen Bau in seinen Grundfesten. Ein letzter afrikanischer Stoss hob das Ganze aus den Wassern, türmte die heutigen Ketten auf, und ergriff endlich Europa bis über die herzynischen Gebirge Deutschlands hinaus, bis zum Rand der festen russischen Tafel.

Die absolut souverän aktive Rolle spielte seit dem Perm die afrikanische Scholle. Sie war die treibende Kraft, die gewaltige Masse, die während unendlicher geologischer Epochen den alpinen Ozean in Falten zwang, die dieselben schliesslich zu Decken überschob und über das alte Europa hinwegtrieb wie der Sturm die Wellen des Meeres über den flachen Strand. Die gewaltige Bewegung aber liess Europa selbst in seinen Fundamenten erbeben. Machen sich doch die alpinen Stösse in Norddeutschland noch geltend, in den jungen Überschiebungen der alten variszischen Horste auf die russische Tafel, und wurde doch endlich ganz Mittel- und Nordeuropa samt Skandinavien und den britischen Inseln in den Zeiten der Alpenfaltung unter dem Drucke der werdenden Gebirge, und damit des afrikanischen Schubes, endgültig aus dem Paradiese der Tropen in den kalten Norden gedrängt. Noch im Oligozän finden wir Palmen und andere tropische Gewächse bis hinauf an den Ostseestrand, tropische Pflanzen an der Mündung der Themse, Laubbäume in Spitzbergen und anderes mehr. Ein sicherer Beweis, dass mit der Faltung der Alpen zusammen der ganze Kontinentalblock nach Norden, gegen den Pol zu, gedrängt worden ist. Afrika hat ganz Europa vor sich her gestossen, als es die Alpen nicht mehr enger stauen konnte, wie ein Riese mit dem Zwerge gespielt, und Afrika hat damit Europa Gestaltung, Klima und die Geschichte seiner Völker diktiert.

Die Nordbewegung des afrikanischen Blockes nun reicht, wie die Verfolgung der alpinen Geschichte zeigt, bis mindestens ins Perm zurück. Im Perm begannen zum erstenmal die alpinen Geantiklinalen, die Vorläufer der alpinen Bewegungen, sich zu regen, ins Perm müssen wir daher auch die ersten afrikanischen Bewegungen verlegen. Im Perm hatte daher Afrika nach unsern heutigen Anschauungen über das Werden der Alpen seine südlichste Lage.

Diese Gesichtspunkte sind nun nicht uninteressant im Hinblick auf die permokarbone Vereisung von Südafrika. Dieselbe hat nach allen neuern Forschungen durchaus polaren Charakter, so dass im Perm die Südspitze Afrikas in unmittelbarer Nähe des Südpols gelegen haben muss. Heute liegt das afrikanische Südkap aber über 50 Breitengrade nördlich davon. Um rund 50 Breitengrade muss daher die afrikanische Scholle seit dem Perm nach Norden gewandert sein. (Vgl. Tafel VII.)

Diese Wanderung lässt sich nun tatsächlich auch beweisen. Glätten wir die Falten- und Deckenflut der Alpen wieder aus, so ergibt sich schon daraus eine Annäherung Afrikas an Europa um rund 15 Breitengrade. Die paläogeographischen Verhältnisse des ausseralpinen Europa lehren uns ferner, dass dasselbe zur ältern Tertiärzeit 25, zur Jurazeit 30, in der untern Trias gegen 35 Grad südlicher gelegen haben muss. Die tropischen Floren und Faunen des Jura, die tropischen Wüstenbildungen der germanischen Trias, die tropischen Steinkohlenfloren bis hinauf nach Spitzbergen und Grönland sind deutliche Zeichen dafür. Erst kürzlich hat *Wegener* auf diese grossen Zusammenhänge hingewiesen.

Daraus ergibt sich:

1. eine Nordwanderung von Europa um 35° seit dem Perm,
2. ein Zusammenschub zwischen Europa und Afrika um 15° seit dem Perm, d. h.
3. eine gesamte Nordwanderung von Afrika um rund 50°.

Afrika ist also tatsächlich seit dem Perm um die 50 Grade nach Norden gewandert, und stellen wir es um diesen Betrag zurück, so gelangen wir wirklich, wie die polare Vereisung es verlangt, mit seiner Südspitze in die unmittelbare Nähe des Südpols.

Im Perm begann die grosse Wanderung des afrikanischen Blockes, die schliesslich zur Bildung unseres herrlichsten Hochgebirges führte. Von allem Anfang an gab Europa dem gewaltigen Kolosse nach und wurde langsam, aber stetig nach Norden gedrängt. Entsprechend der grössern Masse und daher grössern Geschwindigkeit holt die afrikanische Scholle den europäischen Block aber mehr und mehr ein, bis sie schliesslich im Tertiär zum entscheidenden Schlage ausholt und im gigantischen Kampfe zweier Welten das herrliche Hochgebirge entsteht. Weithin zersplittern dabei die starren Sockel der Kontinente, Risse entstehen, und auf denselben steigt das Magma aus den Tiefen empor. Die Vulkane des Rheingrabens, des Höhgaus, des Ries, der Eiffel, der Auvergne, von Castilien und Portugal, die Vulkane der ostafrikanischen Brüche, von Indien und Arabien sind das versprizte Herzblut der kämpfenden Kontinente. Dann endlich sinkt, wie ermüdet vom gewaltigen Ringen, das stolze Afrika zurück, in die Risse und Gräben strömen die Laven und fluten die Wasser, über den Schauplatz eines grandiosen Geschehens breiten sich die blauen Wogen des Mittelmeeres, und nur die Feuerschlote Italiens mahnen auch heute noch als letzte unheimliche Zeugen die bangende Menschheit an die schlummernden Gewalten in den Tiefen unserer Erde.

So bietet sich heute die Entstehung der Alpen als ein riesenhaftes Drama dem entzückten geistigen Auge des Forschers dar.

Dringen wir nun ein in diesen Wunderbau.

I. Das europäische Vorland.

(Tafeln I—IV.)

Als das Vorland der Alpen erkennen wir von Südwesten nach Nordosten die alten herzynisch und kaledonisch gefalteten Massen von Sardinien und Korsika, das Massiv der Maures und des Esterel mit den fremden Ketten der provençalischen Falten, das gewaltige Zentralplateau von Frankreich, die kleine Masse der Serre, Vogesen und Schwarzwald, und endlich fern im Osten die böhmische Masse. Alle diese Massive liegen weit ausserhalb der Alpen, sie haben als mächtige Widerlager schon von ferne stauend auf die alpinen Bewegungen gewirkt. Die Abhängigkeit der Kettenform von diesen Widerlagern ist altbekannt. Zwischen Esterel und Zentralplateau fluten die Bogen der südfranzösischen Alpen mächtig vor, nördlich Grenoble und nördlich Nizza deutlich zurückgehalten durch die alten Massive. Der südlichste Teil der Alpes Maritimes in der Gegend von Nizza und Monte Carlo ist der Anfang des Faltenbogens zwischen Esterel und Korsika, und das mehr und mehr nordwestliche Streichen der alpinen Überschiebung in Nordkorsika zeigt dasselbe an. Nördlich Grenoble drängt der Bogen der Schweizeralpen mit dem Juragebirge mächtig in das tiefe Tor zwischen Zentralplateau und den süddeutschen Horsten von Vogesen und Schwarzwald, an beiden Enden wiederum deutlich gebremst und zurückgehalten durch die alten Klötze. In die weite Lücke zwischen Schwarzwald und böhmischer Masse stösst der Bogen der Ostalpen vor, an gewaltiger Ausdehnung und Zuschüttung mit Decken alle andern Segmente des Gebirges weit überragend. Um die Südecke der böhmischen Masse endlich schwenken die alpinen Elemente in scharfer Kurve nordwärts, sich im Bogen der Karpathen weit über die russische Tafel legend. Die Verteilung der Widerstände im europäischen Vorland ergibt demnach von allem Anfang an eine Gliederung der Alpen in 4 grosse Bogen. Es sind dies:

1. der ligurische Bogen, zwischen Esterel und Korsika;
2. der westalpine Bogen, zwischen Esterel und Zentralplateau;
3. der schweizerische Bogen, zwischen Zentralplateau und Vogesen-Schwarzwald;
4. der ostalpine Bogen, zwischen Schwarzwald und böhmischer Masse.

Die Teilung in diese 4 Hauptbogen macht sich geltend vom Aussenrand des Gebirges bis hinein ins volle Deckenland, und die 2 mächtigsten derselben verfolgen wir quer durch das ganze Gebirge hindurch zurück bis in die Dinariden. Zu innerst im Bogen der Schweizeralpen erscheint bei Lugano der Dinaridenkopf des Sottocenere, und am Brenner dringen die selben Dinariden tief in den Kern des ostalpinen Bogens vor. Die Gliederung in Bogensegmente ist also eine tiefgreifende und allgemeine, und der Einfluss des Vorlandes macht sich geltend bis hinein in das Rückland der dinarischen Tafel.

Die nördlichen Massive, vom Böhmerwald bis an das Mittelmeer, sind von jeher und immer, bis in die neueste Zeit hinein, zum Vorland der Alpen gerechnet worden. Nicht so **Korsika**.

Wohl haben *Suess, Termier* und viele andere den kristallinen Block von Korsika zum europäischen Vorland gezogen; daneben aber ist in neuerer Zeit eine andere Auffassung aufgetaucht, die zunächst von *Termier* stammt, dann aber besonders von *Kober* verfochten wurde. *Termier* selbst ist nach persönlichen Mitteilungen wieder schwankend geworden. Nach dieser neuen Auffassung würden die Alpen von Ligurien weg nordwestlich an Korsika vorbei zu den Balearen, ja sogar zu den Pyrenäen ziehen, und das korsische Massiv erhält dabei die Rolle eines sogenannten Zwischengebirges zwischen Alpiden und Dinariden. Als solches wird es auch mit dem ligurischen Massiv, d. h. mit dem Massiv von Savona, zusammengehängt. Korsika soll, ähnlich wie die pannonische Masse in Ungarn, die europawärts bewegten Ketten der Alpen von den afrikawärts bewegten Ketten der Dinariden trennen, und zu den Dinariden wird in dieser Vorstellung der Apennin gerechnet. Auf die Stellung des Apennin werde ich später einzutreten haben. Uns interessiert zunächst die Stellung der korsischen Masse. Gehört sie zum Vorland, wie bis vor kurzem angenommen wurde, oder spielt sie tatsächlich die zweifelhafte Rolle eines Zwischengebirges?

Die neuen französischen Aufnahmen und die allgemeine Lage lassen darüber keinen Zweifel. Korsika gehört zum herzynischen Vorland Europas, und die Fortsetzung der Alpen zieht östlich der Insel vorbei. Im Nordzipfel von Korsika treffen wir die penninische Zone Liguriens in typischer Entwicklung wieder, mit Karbon, Trias, Schistes lustrés und Ophiolithen, und das Ganze liegt als eigene Einheit scharf getrennt vom westlichen kristallinen Block. Auf demselben transgrediert, wie hinter dem Pelvoux, das Tertiär, und, wie im Zentralplateau, streichen die alten Falten des Blockes schief und quer zur alpinen Zone. Wenn stellenweise dieser alte Block, statt unter die alpine Zone des Ostens einzusinken, dieselbe auf kurze Strecken überschiebt, so haben wir hier nur ein Analogon, z. B. mit der Südseite des Gotthard, vor uns, wo gleichfalls die penninische Zone unter das Vorland taucht. Es ist eine Rückfaltung des Vorlandes, durch welche dasselbe in kleinem Betrage die alpine Deckenzone überragt. Dass dieselbe auf Korsika zudem in den Kern jener allgemeinen Rückfaltung der alpinen Zone fällt, als die wir den Apennin betrachten müssen, sei nur nebenbei bemerkt. Auf jeden Fall aber sprechen die Anwesenheit der penninischen Zone, die Schistes lustrés auf Ostkorsika und Elba entscheidend gegen die Auffassung des korsischen Blockes als Zwischengebirge. **Korsika gehört zum europäischen Block.** (Siehe Fig. 3.)

Zum europäischen Vorland müssen wir aber, wie seit langem bekannt, auch rechnen die **herzynischen Massive der Westalpen**, vom Mercantour über Pelvoux, Belledonne, Montblanc und Aarmassiv bis zum kleinen Dom von Vättis, und zum Vorland müssen wir rechnen das gesamte **Juragebirge** von der Rhone bis zur Donau, die französisch-schweizerisch-bayrische **Molasse**, das Tertiär des äussern Wienerbeckens und die autochthonen helvetischen Ketten von

Nizza bis hinauf zum Calanda. Rocheray am Arc und Mont Chétif bei Courmayeur sind die innersten Teile des Vorlandes im Westen, das Gotthardmassiv im Osten. Kleine Kuppeln des kristallinen Vorlandes erscheinen noch verschiedentlich in den französischen Alpen, so der Dom von Mégèves in Savoyen, von Remollon an der Durance, das Massiv von d'Aspres-les Corps und der Dom von Barot im Quellgebiet des Var.

Die äussern Massive der Westalpen zeigen den alten Bau des Vorlandes, vor- und nachkarbonische, herzynische Faltung, Diskordanz des Perm und der jüngern Schichtreihe. Der kristalline Unterbau entspricht weitgehend jenem des äussern Vorlandes, die Sedimente zeigen die kalkige, noch rein neritische Entwicklung des Juragebirges, und in der Tat schliessen ja südlich Genf die Falten des Jura unter der Molasse mit den autochthonen Ketten der Alpen, der helvetisch-delphinischen Zone, zu einer Einheit zusammen.

Aber der Ansturm der alpinen Decken hat diese südlichsten Teile des Vorlandes nicht unversehrt gelassen. Während draussen im Schwarzwald, an den Vogesen, im Zentralplateau die alten Horste flach unter der Sedimenttafel des Jura verschwinden, zum Teil an Brüchen und sanften Flexuren, stellt die südlichste Zone des Vorlandes, eben unsere autochthonen Zentralmassive, einen Komplex gewaltiger kristalliner Schuppen dar, die alle unter der elementaren Gewalt der von Süden andringenden Deckenflut nach Norden steil übereinandergeschoben sind. So stellt sich diese Zone als gewaltige Schuppung im Angesicht der eigentlichen Deckenflut dar, und so verstehen wir heute die Zentralmassive als hoch emporgetragene und zusammengepresste Schuppen des südlichsten Vorlandes. Mercantour, Pelvoux, Grandesrousses, Belledonne, Aiguilles-rouges und Montblanc, Aar- und Gotthardmassiv sind die gewaltigen Splitter, die die Deckenflut aus ihrer tausendjährigen Ruhe emporgerissen und verschleppt hat.

Besonders schön ist die **Schuppung des Vorlandes** im Bereich des **Aarmassivs**, das den ganzen mächtigen Stoss von Süden senkrecht auf seine Axe ertragen musste. Im Querschnitt der Schweizeralpen ist daher die Komplikation im Vorland die grösste, und wir wollen einen Augenblick bei derselben verweilen.

Eine Menge mesozoischer Züge greift tief ins Herz des Aarmassivs, dasselbe in eine Reihe von antiklinal aufsteigenden, nach Norden gedrängten und überschobenen Schuppen auflösend. Das tiefste Element ist die Kuppel des Gasterngranites; doch dürfte auch dieses Massiv nicht direkt flach in die herzynische Basis der Molasse und des Jura fortsetzen, sondern auch das Gasternmassiv stellt meiner Ansicht nach schon eine Schuppe des starren Vorlandes dar. Darüber hinweg stossen die kristallinen Schiefer des eigentlichen Aarmassivs, vom Gasternrücken grössere Teile in die kristallinen Keile der Jungfrau und dem Schreckhorn mit sich reissend. Tief greift dann der obere Jungfraukeil ins alte Massiv hinab, überdeckt von den Gneissen der ersten Zone des eigentlichen Aarmassivs, dem sogenannten Erstfeldermassiv. An der Jungfrau und den Wetterhörnern verschwindet das tiefste tektonische Glied des Vorlandes, der Gasterngranit, unter den helvetischen Sedimenten, und der Nordrand der kristallinen Zone wird bis jenseits der Reuss vom Erstfeldermassiv gebildet. Durch die seit *Baltzers*, ja *Studers* Zeiten bekannten Keile des Gstellihorns und des Pfaffenkopfes zerfällt dasselbe in mehrere sekundäre Schuppen. Seinen südlichen Abschluss bildet die Windgällen-Fernigenmulde, die sich als Mylonitzone durch das ganze Aarmassiv noch bis ins Lötschental, in die Basis des Bietschhorns, verfolgen lässt. Auf sie oder die Gesteine des Erstfeldermassivs schiebt sich das eigentliche Aarmassiv mit seinen Graniten, durch die tiefgreifenden Sedimentkeile am Tödi und dem Brigelserhörnern, die Einfaltungen östlich Leukergrat und tiefgehende Trümmerzonen abermals in einzelne Unterabteilungen zerfallend. Der innere Rand des eigentlichen Aarmassivs ist im Osten die Mulde Disentis-Sumvitg-Truns, südlich gefolgt von der Schuppe des Tavetsch, die westwärts mit dem Aarmassiv zu einer Einheit verschmilzt. Als letzte Schuppe des autochthonen Vorlandes endlich erscheint jenseits der tiefen Muldenzone von Gletsch-Furka-Andermatt-Oberalp-Carvéra-Nadéls das Gotthardmassiv, selbst wieder in mehrere Schuppen zerteilt und von den penninischen Decken in gewaltigem Stosse nach Norden gedrängt. Und an seinem Südrande bohren sich die penninischen Stirnen vor ihm in die Tiefe, als wollten, als müssten sie das ganze Massiv noch aus den Angeln heben.

Die **Stellung des Gotthard** ist eine eigenartige. Als innerstes Massiv des Vorlandes hatte es den gewaltigsten Ansturm zu erleiden, den grössten Widerstand zu leisten. Es hielt aber demselben

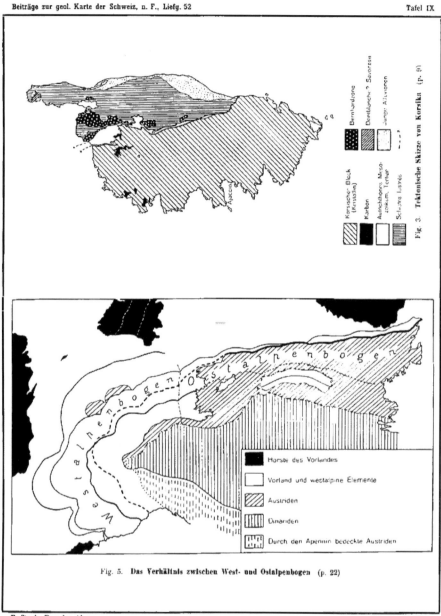

Fig. 3. Tektonische Skizze von Korsika (p. 9)

Fig. 5. Das Verhältnis zwischen West- und Ostalpenbogen (p. 22)

nicht stand, sondern wurde von der allgemeinen Bewegung nach Norden noch miterfasst und um die 50 km weit nach Norden überschoben, weit über die übrigen Schuppen
des Vorlandes, weit über das Aarmassiv hinaus. Am Walensee und unter dem Glärnisch
ruhen seine äussersten Reste. **In der Überschiebung der Glarnerdecken erblicken wir die Überschiebung des Gotthard,** seine Überwältigung durch die penninische Deckenflut. Sehen wir näher zu!

Östlich Truns quert der Verrukano des östlichen Gotthardmassivs, d. h. der Verrukano südlich
der Carveramulde, den Vorderrhein. Gleich dem in der Tödigruppe axial östlich untertauchenden
Aarmassiv sinkt auch dieser Gotthardverrukano axial nach Osten, und über ihn legen sich Trias und
Bündnerschiefer von Ilanz. Über die wundervolle Terrasse von Brigels streicht dieser Verrukano
des Gotthardmassivs in die Basis der Glarnerdecken hinein. Nach *Weber* in den Verrukano der
Mürtschendecke. Die Mürtschendecke stellt somit sicher einen nach Norden geschobenen Teil des Gotthard dar. Die Glarnerdecke glaubt *Weber* aus dem Tavetschermassiv ableiten
zu müssen. doch scheint mir der ausserordentlich enge Zusammenhang der beiden Elemente im Glarnerland, sowohl nach Facies wie nach Tektonik. weit eher dafür zu sprechen, dass die Glarnerdecke
nur der von der Hauptmasse des Mürtschenverrukano überfahrene Kopfteil der Mürtschendecke darstellt, eine Art unterer Stirndigitation derselben. Ich möchte daher Mürtschen- und Glarnerdecke nicht zwei verschiedenen Stammassiven zusprechen, sondern beide als Abkömmlinge des Gotthardmassivs betrachten. Auf solche Weise erscheint der Gotthard, d. h. der innerste Teil des Vorlandes. als **kristalliner Kern der untern helvetischen Decken.** Dass demnach auch die
obern Schuppen des helvetischen Paketes, Axen-, Säntis- und Drusbergdecken, im Westen Diablerets-
und Wildhorndecke. zum Gotthard zu rechnen sind, ergibt sich von selbst. **Die helvetischen Decken gehören daher samt und sonders zum Gotthard und somit zum alpinen Vorland.** Dass sich in deren südlichsten Teilen der facielle und tektonische Übergang in die penninische Zone vollzieht. ist selbstverständlich und seit langem bekannt, es sei nur an das Verschiefern der Jura- und Kreideserien der Säntisdecke im Alvier und die facielle und tektonische Stellung des Gotthard erinnert.

Die helvetischen Decken gehören daher gleichfalls noch zum europäischen Vorland.
Sie stellen die von den Penniden ausgepressten, nach Norden gedrängten südlichsten Teile des Vorlandes
dar, und es ist diese **Zone der Helvetiden** der alte südfallende **Schelf** des einstigen mesozoischen
Europa.

Das **Tavetschermassiv** spielt vielleicht die bescheidenere Rolle als Kern der kleineren parautochthonen Falten der Clariden-Scheerhorngruppe. Dem entspricht auch sein Auskeilen nach Westen,
resp. sein Verschmelzen mit dem Aarmassiv. Der Sedimentmantel des eigentlichen Aarmassivs reicht von
der Pantenbrücke und der Sandalp über Tödi, Urlaun und Brigelserhörner hinab bis in die Disentiser-
mulde, und für ein Vordringen südlicher Aarmassivteile in die parauthochthonen Decken haben wir
keine Anhaltspunkte. Dieselben müssen bereits aus dem Tavetschermassiv stammen. Die Heimat der
eigentlichen helvetischen Decken aber ist der Gotthard.

Zwischen Ilanz und Reichenau liegt die grossartige Sturzmasse von Flims. Sie ist es, die den Zusammenhang zwischen Glarner- und Gotthardverrukano am meisten maskiert und verdeckt hat.
Könnten wir sie entfernen, so sähen wir den Verrukano von Ilanz ohne Unterbruch noch weit nach
Osten streichen, bis hinab zu jenen isolierten Klippen von Reichenau, Bonaduz und Tamins, wir würden
ihn flach nach Norden aufsteigen sehen in die grosse Platte des Crap San Gion, des Vorab, der Ringel-
spitze, und sähen ihn endlich im Rheintal selbst als schmale Zone in der Gegend von Chur sein Ende
erreichen. Wir sähen seine grösste Mächtigkeit in der tiefen Depression zwischen Tödi und Vättis, wir
sähen die Verrukanodecken um die zwei Erhebungen des Aarmassivs, Tödi und Vättis, herumschwenken,
und wir sähen sie hineinfliessen in die grosse Lücke zwischen diesen Kulminationen. Die Darstellung
auf der Karte gibt diesen Zusammenhang.

Östlich Vättis verschwindet das autochthone Vorland unter den Fluten des ostalpinen Deckenbogens, und seine innersten südlichen Teile erscheinen in den Alpen nie mehr. Bei Linz und St. Pölten
überschreitet die böhmische Masse die Donau und tritt bis auf wenige Kilometer an die Alpen heran.
Aber dies ist nicht die Fortsetzung der autochthonen Zentralmassive der Westalpen, sondern das Wiederauftauchen der süddeutschen Horste, die Fortsetzung des Schwarzwaldes. Die autochthonen

Zentralmassive der Alpen liegen im Osten tief unter der Deckenflut begraben, unter dem Semmering, dem Dachstein, dem Steinernen Meer, dem Kaiser, dem Karwendelgebirge, dem nördlichen Silvrettamassiv, und nur die axialen Hohenschwankungen im ostalpinen Deckengebände verraten uns noch die Existenz stauender Widerstände, herzynischer Massive, in der Tiefe, unter der Deckenflut.

Die autochthonen Zentralmassive der Alpen hangen, genau wie die Horste des äussern Vorlandes, im Streichen unter den trennenden Sedimentbrücken zusammen. Wie die alten Massive des Esterel, das Plateau central und Vogesen-Schwarzwald unter den Sedimenten der Provence, des nördlichen Jura und des Pariserbeckens miteinander in Verbindung stehen, so hangen auch Mercantour, Pelvoux, Grandesrousses, Belledonne, Montblanc-Aiguillesrouges und Aare-Gotthardmassiv im Streichen untereinander zusammen. Im Grunde genommen reicht das herzynische Vorland als gewaltige einheitliche Platte von den äussern Horsten als dem Unterbau Frankreichs, Belgiens und Deutschlands bis an den Innenrand der autochthonen Massive. Auf Antiklinalen und Axenkulminationen tritt dieser altkristalline Unterbau zutage, dazwischen ist er unter den Sedimenten und Decken des Jura und der Alpen begraben. Eine langgestreckte Antiklinale erster Ordnung zieht flach durch die äussern Horste, die nur durch Axenkulminationen als solche hervortreten; daran schliesst sich die gewaltige flache Senke der Niederungen der Rhone und der Saône, des Jura und der Molasse, bis hinaus nach Wien, und diese Senke endlich wird südlich begrenzt durch die enggepresste steile Antiklinale grossen Stils, die wir in der Zone der autochthonen Massive erkennen. Die einzelnen Massive sind nur Stellen höherer Axenlage, jedes Massiv bedeutet eine Axenkulmination. So erkennen wir eine Kulmination des Mercantour, eine des Pelvoux, eine des Montblanc und eine des Aarmassivs, im Osten eine kleine bei Vättis. Dazwischen liegen ausgedehnte Gebiete axialer Depressionen, wo die Sedimente der Massive und die darüber hinweggefluteten Decken erhalten geblieben sind. Als solche kennen wir heute die Depression des Embrunais, diejenige der Tarentaise, die Walliserdepression und endlich im Osten die des Glarnerlandes. Das weite Gebiet der Ostalpen, wo die Zentralmassive nirgends mehr zum Vorschein kommen, ist als eine Depression grossen Stils aufzufassen, in welche der ostalpine Bogen eingedrungen ist.

Die Kulminationen der Zentralmassive entsprechen denen der äussern Horste. So liegt der Mercantour hinter dem Esterel; Pelvoux, Belledonne, Grandesrousses hinter dem Eckpfeiler des Zentralplateaus zwischen Lyon und Valence; Montblanc-Aiguillesrouges könnte in dem kleinen Massiv der Serre ein gewisses Äquivalent haben, und Aar-Gotthardmassiv stehen deutlich hinter Vogesen-Schwarzwald. Die weite Depression der Ostalpen fällt in die grosse Senke zwischen Schwarzwald und böhmischer Masse.

Wir sehen, schon zwischen den äussern Horsten und den innern Massiven bestehen nähere Beziehungen. Die axialen Kulminationen der Horste erstreckten sich schon primär als gewisse Erhebungen bis in die autochthone Zone der Alpen hinein. Sie waren es, die der alpinen Deckenflut als stauende Widerstände dienten und derselben Richtung und Halt geboten. Dass sie dabei von der Bewegung miterfasst wurden, und die bestehenden alten, mit den äussern Horsten in Verbindung stehenden Erhebungen zu den heutigen Kulminationen der Zentralmassive gesteigert wurden, versteht sich von selbst, und in dieser Phase dienten nun die Kulminationen der äussern Horste denen der Zentralmassive ihrerseits als stauende Widerstände.

Die innern Teile der europäischen Horste, d. h. die alten Anlagen der autochthonen Massive, dienten der anrückenden Deckenflut als erster Widerstand. Sie waren aber nicht imstande, den Ansturm auszuhalten, sondern wurden von der allgemeinen Bewegung gleichfalls erfasst, und erst die äussern Horste selber waren die Bollwerke, an denen die Bewegung endlich definitiv zum Stillstand kam.

Die Zentralmassive waren gewissermassen das Vorfeld der Verteidigung Europas, die äussern Horste die gewaltigen Bollwerke, an denen der Angriff zerschellte.

Damit wäre das Vorland der Alpen kurz umrissen, und wir können übergehen zu unserem Hauptthema, den Decken der Alpen.

II. Das alpine Deckengebirge.

Vor 20 Jahren hat *Lugeon*, auf den Ideen von *Marcel Bertrand* und *Hans Schardt* weiterbauend, den Grundstein gelegt zur heutigen Erkenntnis vom Deckenbau der Alpen. Ausgehend von jenen herrlichen Gebieten der Hautes Alpes Calcaires seiner welschen Heimat, und anknüpfend an die klassischen Forschungen von *Albert Heim* und *Arnold Escher von der Linth* in den Glarner und Urner Alpen, begründete er in grossartiger Synthese erstmals den Deckenbau der nördlichen Schweizeralpen. Er war es, der den durch und durch einheitlichen Schub der Massen aus dem Süden erkannte und die Heimat der wurzellosen Gebirge am äussern Alpenrand in den innern Partien des Alpenbogens postulierte. Die *Lugeon*schen Ideen haben sich mehr und mehr als richtig erwiesen, und seine Lehre ist heute Gemeingut der Schweizergeologen geworden.

Schon ein Jahr später griff *Termier* mit kühner Hand in die Autochthonie der Ostalpen ein und entwarf von den Höhen der Tauern seine glänzende Synthese der Ostalpen. «Rien n'est en place, il n'y a que des nappes», ruft er der starren Schule Wiens zu, und nun erhebt sich ein Kampf der Anschauungen über den Bau des ostalpinen Gebirges, wie er in der Geschichte der Alpengeologie wohl ohnegleichen steht. Wohl schwenken *Suess* und bald darauf auch seine Schüler *Uhlig* und *Kober*, später noch andere, in das Lager der Nappisten ab, daneben aber steht fast geschlossen die offizielle Landesgeologie der ehemaligen k. k. geologischen Reichsanstalt der neuen Auffassung schroff, ablehnend gegenüber und verkörpert den autochthonen Widerstand der ostalpinen Geologen. Ein gewaltiges Mass von Arbeit ist in der Folge diesem Kampfe der Ideen gewidmet worden, und man darf wohl sagen, dass durch die Synthese *Termiers* die ostalpine Geologie zu neuem Leben erwachte. Die Aufnahmen der Reichsanstalt selber aber, die unternommen worden sind zur Annullierung der *Termier*schen Auffassung, ergaben mehr und mehr deren Gültigkeit, und heute beginnt die geschlossene Phalanx des offiziellen Widerstandes zu wanken, und schwenken gerade die besten Köpfe der Landesgeologie langsam, wenn auch noch mit innerem Widerstreben, oft ohne es sich einzugestehen, ins Lager der Nappisten ab. *Ampferer, Sander, Spengler, Schmidt*, sogar *Heritsch*, sie alle arbeiten heute mit Decken, und nur über das Ausmass der Bewegungen, deren Richtung, über die grossen Zusammenhänge wird heute noch diskutiert. Der Sieg *Termiers* ist ein völliger, und der Deckenbau der Ostalpen kann als gesichert gelten.

Lugeon erkannte die Deckennatur der ganzen nördlichen Alpenzone zwischen Arve und Rhein, d. h. der helvetischen Ketten und der Préalpes, *Termier* die der Ostalpen bis hinaus nach Wien. Noch aber blieb ein ungeheures Gebiet unerforscht, und dessen Bau unerkannt: die Zentralzone der Alpen im Innern der autochthonen Massive. Hier setzt das Werk von *Argand* ein. In beispielloser Kühnheit und Präzision setzt er uns den Deckenbau auch dieser gewaltigen kristallinen Zone auseinander, und von den Höhen des penninischen Gebirges überschaut er weithin den Bau der Alpen nach Ost und West. Er ist es, der den Begriff der penninischen Decken, der penninischen Zone geschaffen hat, und er ist es, dem wir unsere heutigen so einfachen Vorstellungen über den Bau der Alpen überhaupt zu verdanken haben. Mit seiner Synthese der Westalpen findet die erste glänzende Periode der alpinen Deckentheorie ihren grandiosen Abschluss.

Die Forschung aber ging weiter, sowohl im Westen als vor allem nun im Osten. Jetzt lag im Westen eine sichere Grundlage vor, auf der langsam gegen Osten gebaut werden konnte. Die Fortführung der *Argand*schen Synthese in die Ostalpen hinein, der Anschluss an *Termier*, war das nächste gegebene Ziel. Graubünden als das unerforschte Mittelstück musste die Lösung dieser Probleme bringen. Heute, nach 10 Jahren eingehender Forschung, kann diese Lösung als verwirklicht gelten. Die Bündnergeologen fügten den Schlussstein ins alpine Deckengebäude, sie sicherten die Verbindung zwischen West und Ost, sie schlugen die Brücke zwischen den Arbeiten *Argands, Termiers* und *Kobers*, und heute können wir nun das Deckengebäude der Alpen in seiner Gliederung verfolgen vom einen Ende des Gebirges zum andern. Das sei in den folgenden Kapiteln versucht.

3

26

1. Allgemeine Gliederung des alpinen Deckenlandes.

Drei grosse Einheiten sind es, die den Deckenkörper der Alpen zusammensetzen: die helvetischen, die penninischen und die ostalpinen Decken oder, kürzer, die **Helvetiden**, die **Penniden** und die **Austriden**. Am Innenrande der autochthonen Massive und östlich des Rheins versinken die Helvetiden unter den Penniden, und diese wiederum tauchen in Bünden und an ihren Wurzeln unter die ostalpinen Massen herab. Die Helvetiden sind das tiefste, die Austriden das höchste Element des Alpenbaues, dazwischen liegen in gewaltigen Massen die Penniden als der eigentliche Stamm des Gebirges. Klippen der Austriden und Penniden liegen im Norden der helvetischen Ketten als wurzellose Massen, von ihrer südlichen Heimat abgetrennt, vom Lac d'Annecy bis an den Rhein, und weiter als schmaler Saum der Ostalpen bis hinaus nach Wien, und umgekehrt erscheinen Fenster der Penniden mitten im austriden Deckenkörper, im Unterengadin und in den Hohen Tauern. **Die Austriden bedecken daher die Penniden, und diese wiederum die Helvetiden.**

Dies ist die allgemeine Gliederung in Decken. Daneben aber ruft der Einfluss des Vorlandes einer weitern allgemeinen Gliederung des alpinen Deckenlandes. Als Ganzes erleidet dasselbe unter dem Einfluss des Vorlandes gewisse Deformationen, die wir seit langem kennen als die Teilung des Gebirges in einzelne Decken- und Faltenbogen und als die axialen Höhenschwankungen des Ganzen, die alpinen Kulminationen und Depressionen.

Wir betrachten zunächst

A. Die Kulminationen und Depressionen des alpinen Deckengebäudes.

(Tafel I und III.)

Dieselben sind, wie seit langem bekannt, deutlich abhängig von der Segmentierung des Vorlandes. In erster Linie von den Kulminationen und Depressionen der autochthonen Massive, die als Ausläufer der alten äussern Horste zu gelten haben. So sehen wir vom Rhein weg bis ans Meer stets die grossen Aufwölbungen der Decken hinter den als Kulminationen des Vorlandes aufragenden Zentralmassiven, die breiten Senken zwischen denselben hinter den Depressionen zwischen den Massiven. Die grösste Deckenkulmination, in der die tiefsten tektonischen Elemente der Alpen überhaupt zum Vorschein kommen, die Kulmination der lepontischen Alpen zwischen Tosa und Tessin, liegt hinter dem doppelt stauenden Widerstand des Aar- und Gotthardmassivs. Vor der Kulmination des Gran Paradiso und von Valsavaranche erkennen wir das stauende Hindernis des Montblanc, vor dem Massif d'Ambin den Pelvoux, und die grosse Kulmination der Decken im Doramairamassiv ist wohl in ihrer ursprünglichen Anlage dem Stau des Mercantour zu danken. Sie ist nur später weiter nach Norden geschleift worden. Die Depression der Dentblanche, zwischen Wallis und Val d'Aosta liegt hinter der Senke zwischen Aar- und Montblancmassiv, das Ensellement von Lanzo zwischen Paradiso und Doramaira hinter der Lücke zwischen Montblanc und Pelvoux. Zwischen Mercantour und Pelvoux erkennen wir die grosse Depression der Decken des Embrunais und die südliche flache Wanne der cottischen Alpen, und jenseits derselben erblicken wir in dem Absinken der Penniden in den ligurischen Alpen abermals den Anfang einer grossartigen, heute vom Meere erfüllten Depression hinter der Senke zwischen Mercantour und Korsika. Der kleine Dom von Vättis endlich staut als bremsende Ecke die Decken Bündens zu kleinen Kulminationen bis hinein in die Dinariden.

Hinter jeder Kulmination des Vorlandes, hinter jedem Zentralmassiv steht eine entsprechende Kulmination der Decken. Vom Meere bis an den Rhein erscheinen überall hinter den Massiven die mächtigsten Kulminationen, hinter den Lücken zwischen denselben die tiefen deckenerfüllten Senken, die Depressionen im alpinen Deckengebäude.

Die Axenschwankungen der Deckenflut finden aber am Rhein nicht ihren Abschluss nach Osten. Gewaltiger als je heben und senken sich die Axen der grossen tektonischen Einheiten im Verlaufe ihres Streichens von Bünden bis nach Wien. Vier riesige Kulminationen erkennen wir im Deckenkörper der Ostalpen selbst. In mächtigen Wellen steigen und sinken die ostalpinen Decken, und auf ihren Kulminationen erscheint in tiefen Löchern das basale penninische Gebirge auf weiten Strecken in grossen Fenstern. In Bünden verschwinden die Penniden unter dem mächtigen Deckel der ostalpinen Decken, im Unterengadin und in den Tauern tauchen sie in ausgedehnten Fenstern wieder auf. In den östlichen Tauern versinken die tiefern Elemente der Austriden unter der gewaltigen Carapace der oberostalpinen Decke, am Semmering jedoch steigen sie in einer grossen letzten alpinen Kulmination von neuem aus Tageslicht empor. Die Fenster der Ostalpen, Unterengadin, Tauern und Semmering, sind bedingt durch axiale Kulminationen des Deckengebäudes. Die Kulmination der Tauern ist, wie die der lepontischen Alpen, zweigeteilt in eine westliche, die des Grossvenediger, und eine östliche, die des Hochalmmassivs. Dazwischen liegt die zentrale Depression des Grossglockner, in ihrem Grunde die höchsten penninischen Elemente der Tauern enthaltend. Wie die Dentblanche zwischen Tessin und Gran Paradiso, so ruht die Masse des Glockners in der tiefen Schüssel zwischen Venediger und Hochalmmassiv.

Kulminationen und Depressionen des Deckenkörpers erstrecken sich demnach vom Meer bis an die Tore Wiens, sie machen an der Rheinlinie nicht Halt. In den Westalpen erkennen wir deutlich die Abhängigkeit dieser Segmentation von den Widerständen des Vorlandes, wir sehen dieselben den Deckenkulminationen vorgelagert vom Mercantour bis nach Vättis, wo sie unter den Ostalpen verschwinden. Wir müssen ihre Existenz daher auch unter der Deckenflut der Ostalpen annehmen, und die Kulminationen derselben weisen uns die Stellen, wo die Fortsetzungen der westlichen Massive in der Tiefe begraben liegen. So erkennen wir östlich des Rheins in der verborgenen Tiefe noch weitere 4 Zentralmassive als Fortsetzung des gewaltigen Gürtels, den wir kennen vom Mercantour bis an den Rhein. Hinter jedem dieser verborgenen Massive sehen wir heute eine Kulmination des ostalpinen Deckenlandes, genau wie im Westen auch. Die Fenster des **Unterengadins**, der **Tauern**, des **Semmering**, sind bedingt durch axiale Kulminationen des Vorlandes, durch in der Tiefe begrabene Äquivalente der westlichen autochthonen Massive. Das Fenster des Semmering liegt übrigens auch direkt hinter der böhmischen Masse.

Die **Segmentation des westalpinen Deckenlandes** kennen wir seit *Argand*. Der Senke der ligurischen Alpen folgt die Kulmination im Doramairamassiv, nördlich begrenzt durch die Depression von Susa und Lanzo, die alpenauswärts in die Tarentaise zieht. Der grossartige Dom des Gran Paradiso trennt dieselbe von der Senke der Dentblanche und von Aosta, die wir als die Walliserdepression bezeichnen wollen. Über die Wildstrabellücke setzt sich dieselbe bis in die Préalpes und an den Alpenrand fort. Die darauffolgende gewaltigste alpine Kulmination des Tessins, die lepontischen Alpen, erkennen wir gleichfalls noch im Aarmassiv und den helvetischen Decken bis hinaus in die Molasse. Deren Zweiteilung springt überall in die Augen, vom Berner Oberland bis in den südlichen Tessin. Der östlichen Massivwölbung an der Reuss entspricht diejenige in der Leventina, an der Cresta di Sobrio, die eigentliche Tessinerkulmination, der westlichen des Berner Oberlandes die Kulmination im Tosagebiet mit dem Fenster von Crodo-Verampio. Die zwischenliegende Teilsenke des Haslitales erkennen wir in der axialen Depression der Maggiatäler, in der die höchsten Decken der tessinischen Einheit erhalten und tief quer eingefaltet sind.

An die Tessinerkulmination schliessen nun die **Elemente der Ostalpen** an. Über die sekundäre Kulminationszone zwischen Vättis und Malenco geht es nun unaufhaltsam in die Tiefe, in das gewaltige Loch der Bündnersenke, in der selbst die höchsten alpinen Elemente erhalten geblieben sind. Durch die Kulmination im Unterengadin wird dieselbe zweigeteilt in die Depression der Silvretta und des Oetztals, vom Bregenzerwald bis über den Ortler hinaus. In Tiefen von 10 Kilometern und mehr ist in diesen gewaltigen Senken der Oberrand der westalpinen Einheiten versenkt, der eben noch über der Tessinerwölbung auf über 20 km Höhe gelegen hat. Die oberste westalpine Einheit fällt auf der kurzen Strecke zwischen Tessin und Silvrettasenke um die 30 km axial nach Osten, und was über dem Tessin schon längst der Erosion zum Opfer gefallen ist und draussen in den Schuttmassen der Molasse zertrümmert, gerollt und verschwemmt liegt, das ruht unter den Gletschern der Silvretta und des Oetztales in einer dunklen Tiefe von über 10,000 m. Die axialen Höhenschwankungen erweisen sich hier als ganz riesenhaftes Phänomen.

Am Brenner steigen die westalpinen Glieder des Deckengebäudes von neuem ans Tageslicht empor. In einer gewaltigen Kulmination schliessen die **Tauern** die grosse Bündnersenke nach Osten ab. Die Tauernkulmination selbst ist wiederum zweigeteilt, wie die Tessinerwölbung im Westen, nur noch viel grossartiger. Sehen wir näher zu!

Am Brenner steigen die penninischen Bündnerschiefer unter den ostalpinen Decken der Oetztaler-, Stubaier- und Passeyrergebirge aus der Tiefe empor, und unter ihnen erscheinen in vollkommener penninischer Konkordanz die Zentralgneisse der Tauern. Durch die tiefgreifende Mulde der «Greinerscholle» sind sie im Westen in zwei grosse Massivlappen zerteilt, den Tuxer- und den Zillertalerkern. Gegen Osten hebt die trennende Mulde der Greinerscholle aus, und die beiden Kerne der Tuxer- und Zillertalergneisse vereinigen sich schon im Zillergrund zu der einheitlichen Masse des Venedigerkerns. In der Nähe der Dreiherrenspitze ist die Kulmination erreicht. Von hier an sinken die Gneisse wiederum nach Osten, die sie zerlappenden mesozoischen Mulden stellen sich in den Sulzbachtälern wieder ein, und östlich des Grossvenedigers endlich sehen wir den ganzen gewaltigen Kern unter der Masse des Granatspitzkerns verschwinden. Dieser selbst sinkt weiter nach Osten, und westlich des Glockners sehen wir ihn unter dem Mesozoikum desselben verschwinden. Am Grossglockner selbst hält noch das axiale Ostfallen an. Dann aber sehen wir die Bündnerschiefer und Ophiolithe dieser Zone nach Osten wiederum ansteigen, und erscheinen darunter von neuem die westlich des Glockners untergetauchten alten Gneisse des Granatspitz- und des Venedigerkerns. Die ganze Gruppe des Grossglockners liegt in einer grossartigen axialen Senke, welche die Venedigerkulmination nach Osten abschliesst. Wir nennen sie die Glocknerdepression.

Vom Meridian von Heiligenblut an steigen die Axen der tektonischen Elemente wiederum nach Osten in die Höhe, über die Modereck, den Sonnblick, die Schareckgruppe, das Nassfeld und den Rathausberg, bis hinauf zur Kuppel des Ankogel. Immer tiefere tektonische Einheiten werden dabei entblösst, und von den höchsten penninischen Schiefern des Glockners steigen wir wieder hinab bis in die tiefsten Gneisse der Tauern. Östlich der Hochalmspitze jedoch sinkt das ganze gewaltige Gebäude der Penniden definitiv nach Osten ab und verschwindet an der Mur für immer unter den unabsehbaren Massen der kristallinen Kerne der Austriden. Im Bereich der Alpen erscheinen die Penniden nicht mehr.

Wir haben also im Gebiete der Tauern zwei grosse Kulminationen, die des Venediger und die des Hochalm, dazwischen eine grosse zentrale Depression, die des Grossglockners.

Diese drei Elemente des Tauernlängsprofils machen sich geltend bis hinaus in die bayrischen Kalkalpen. Vor der Senke der Oetztalergruppe liegt im Norden die Inntal-Wettersteindecke als oberste kalkalpine Einheit Westtirols zu riesigen Massen gehäuft. Nordöstlich Innsbruck steigt sie im Karwendel konform dem Ansteigen der Axen in den Tauern nach Osten empor, und erscheint unter ihr wieder die Lechtaldecke des Westens. Jenseits Kufstein jedoch setzt die Inntaldecke wieder ein, in den wilden Türmen des Kaisergebirges, den Mauern und Plateaus des Steinernen Meeres und des Hagengebirges. Die Gegend zwischen Wörgl und Kufstein entspricht einem axialen Höhepunkt der kalkalpinen Decken, wir nennen ihn die Kulmination von Wörgl. Diese Kulmination von Wörgl nun liegt genau vor der des Grossvenedigers, sie ist deren Ausklingen gegen Norden. In der Gegend von Werfen und östlich Hallein heben sich die kalkalpinen Axen, im besondern die juvavischen Elemente von Berchtesgaden und Hallstatt, von neuem zu einer grossen Kulmination, derjenigen der Salzach, empor, und verfolgen wir dieselbe alpeneinwärts, so finden wir ihr Äquivalent in gerader Fortsetzung durch das Arltal hinauf in der Hochalmkulmination der Tauern.

Die Tauernkulminationen setzen sich also fort bis hinaus in die Kalkalpen, und die Glocknerdepression entspricht der gewaltigen axialen Senke der Kalkalpen zwischen Salzach und Inn, jener Senke, in der die juvavische Masse von Berchtesgaden als geschlossene hochostalpine Klippe liegt.

Auf der Linie Radstättertauern-Katschberg-Gmünd-Spittal a. d. Dran versinken die Elemente der Tauern unter der einheitlichen Masse der kristallinen Muralpen, die sich als gewaltige Deckenplatte über die tiefern Einheiten legt. Es ist die mächtige Carapace der oberostalpinen Decke, die wir hier im «kristallinen Horst der grünen Steiermark» vor uns sehen.

Gegenüber der Kulmination der Tauern bedeutet dies Gebiet eine neue tiefgehende Senke, eine Depression grossen Stils. Von den Tauern bis in den Meridian von Klagenfurt-St. Veit sinken die ostalpinen Massen fortwährend nach Osten, dann aber biegen sie zwischen Murau und Unzmarkt in flachem Bogen wieder nach Osten empor, und steigen die Axen abermals nach Osten an. Am Semmering erscheinen unter dieser höchsten Decke der Zentralalpen wieder die tiefern ostalpinen Elemente als die Semmeringdecken. Die Penniden vermag diese letzte Kulmination der Alpen nicht mehr ans Tageslicht zu bringen, nur die tiefsten ostalpinen Einheiten erscheinen am Semmering nochmals. Der grossen Depression der Muralpen folgt also nach Osten noch die Kulmination des Semmering.

Muralpendepression und Semmeringkulmination machen sich noch weiter in der Struktur der östlichen Alpen geltend. Im tiefsten Punkt der Depression sehen wir einmal die höchsten Elemente der oberostalpinen Decke erhalten, das Mesozoikum. Hier liegen, in der Tiefe der Senke vor Abtrag geschützt, die einzigen Reste der ehemaligen Sedimentbrücke des Muralpenmassivs, die die Verbindung herstellte zwischen der Trias der Kalkalpen im Norden und derjenigen der Karawanken im Süden. Es sind die mesozoischen Klippen und Tafeln um Klagenfurt und St. Veit in Kärnten, die Triasinseln von Eberstein und St. Paul, die Trias des Krappfeldes, die Gosau von Guttaring. Das tertiäre Becken von Klagenfurt selbst fällt gleichfalls genau in die Axe der Depression. Vom Tertiär des ungarischen Beckens am östlichen Alpenrand ist es vollständig getrennt, und seine Erhaltung verdankt es lediglich der tiefen Depression der Muralpen, wo es vor dem Abtrag geschützt war. In derselben grossartigen Depression endlich liegen die höchsten tektonischen Elemente der Alpen überhaupt, die fremdartigen paläozoischen Klippen der Gegend von Murau, im Norden die grosse Hauptmasse der hochostalpinen Decken der Kalkalpen zwischen Dachstein und Rax.

Klagenfurterbecken, die Triasinseln um St. Veit und St. Paul, die Gosau von Guttaring, die queren Mulden im vortriadischen Gebirge zwischen Murau und Unzmarkt, die paläozoische Klippe von Murau, die Hauptmasse der hochostalpinen Elemente, sie alle fallen in die grossartige Depression zwischen Tauern und Semmering, sie bezeichnen deren tiefste Stelle. Nach der Hauptstadt Kärntens sei dieselbe von nun an die Depression von Klagenfurt genannt.

Damit sind wir am Ostende des Gebirges angelangt und stellen im folgenden unsere Resultate zusammen. Von Westen nach Osten lassen sich folgende Segmente unterscheiden:

1. die Kulmination von Korsika;
2. die Depression der ligurischen Alpen;
3. die Kulmination Mercantour-Doramairamassiv;
4. die Depression des Embrunais und der cottischen Alpen;
5. die Kulmination Pelvoux-Ambin;
6. die Depression der Tarentaise, von Susa und Lanzo;
7. die Kulmination Montblanc-Gran Paradiso;
8. die Depression des Wallis und der Préalpes;
9. die Tosakulmination,
10. die Maggia-Haslidepression, } die Kulmination der lepontischen Alpen;
11. die Tessinerkulmination,
12. die Depression Westbündens,
13. die Kulminationen Vättis-Lanzada,
14. die Silvrettadepression, } die Bündnersenke;
15. die Unterengadinerkulmination,
16. die Oetztalerdepression,
17. die Venedigerkulmination,
18. die Glocknersenke, } die Tauernkulmination;
19. die Hochalmkulmination,

20. die Depression von Klagenfurt;
21. die Kulmination des Semmering;
22. die Depression von Westungarn.

Das Längsprofil auf Tafel III zeigt den Zusammenhang des näheren. Die Höhenschwankungen der Decken im Streichen spielen also im Bau der Alpen eine hervorragende Rolle. Ihnen danken wir vor allem den grossartigen Einblick in den Deckenbau, der sonst verborgen geblieben wäre. Dank ihnen sehen wir am einen Orte eine ganze Deckenserie unter höheren Elementen verschwinden, am andern unter denselben wieder hervortauchen. Das zeigt uns, dass die **grossen tektonischen Einheiten** weit **durchgehenden Charakter** besitzen, dass der **Bau des Gebirges einheitlich ist vom einen Ende der Kette zum andern.**

Wir werden später noch einmal auf das Längsprofil zurückkommen, gehen nun aber zunächst über zur

B. Teilung des Gebirges in Bogen.
(Tafeln I und IV.)

Wie im Grossen die ganze Kette in ihrer Form den Widerständen des äussern Vorlandes, den alten Horsten, sich anpasst, so erkennen wir auch ein Anschmiegen der Deckenflut an Widerstände im Kleinen. Hier waren es vor allem die herzynischen Zentralmassive, die gestaltend und differenzierend auf den anrückenden Deckenbogen wirkten. Dank ihnen zerfällt das ganze Gebirge in einzelne Segmente, auf die in den Westalpen wie auf so manches andere wiederum *Argand* zuerst aufmerksam gemacht hat.

Den Bogen der ligurischen Alpen zwischen Korsika und Mercantour haben wir schon erwähnt. Dann zieht eine ganze Reihe von Bogen die Alpen hinauf bis nach Wien. Durch die Pforte zwischen Mercantour und Pelvoux fluten die Decken des Embrunais in mächtigen Bogen vor, hinter sich die Bogen der cottischen Alpen, vor sich die Guirlanden des Bas-Dauphiné. In die grosse Lücke zwischen Pelvoux und Montblanc stösst der Bogen der grajischen Alpen, an beiden Enden deutlich gebremst, in seiner Entwicklung gehindert und zurückgehalten, verengt, durch die stauenden Klötze der Massive. Nördlich Aosta dringt der Bogen der penninischen Alpen in gewaltigem Stosse in die Lücke zwischen Aar- und Montblancmassiv, vor sich her den Bogen der Préalpes und des Jura schiebend. Am St. Bernhard und bei Visp wird er deutlich zurückgebremst von den alten Massiven. Zwischen Visp und Brig schliesst sich an diesen penninischen Bogen ein neuer, der Bogen der lepontischen Alpen, an, den wir durch den Tessin verfolgen bis nach Olivone. Wohl ist derselbe durch den doppelten Widerstand von Aar- und Gotthardmassiv in seiner vollen freien Entwicklung gehindert, aber der gewaltige Stoss des Dinaridenkopfes im Sottocenere hat es fertig gebracht, sogar die autochthonen Massive zu deformieren, und Gotthard- und Aarmassiv sind deshalb in den gleichen Bogen mit einbezogen. Die Krümmung des Aarmassivaussenrandes läuft völlig konform dem Bogen der lepontischen Alpen.

Der Hauptbogen der **Westalpen** zwischen Meer und Tessin zeigt also eine Differenzierung in fünf ausgeprägte Teilbogen, die in ihrem Verlaufe völlig durch die stauenden Massive bedingt sind. Es sind dies:

1. der ligurische Bogen;
2. der cottische Bogen;
3. der grajische Bogen;
4. der penninische Bogen;
5. der lepontische Bogen.

Alle diese Segmente lassen sich in ihrer Fernwirkung mehr oder weniger deutlich, zum Teil durch die sekundären Lokalwiderstände der Nagelfluhklötze modifiziert, bis an den äussern Alpenrand erkennen. Besonders schön zeigt sich dies zwischen Grenoble und dem Walensee, im Gebiet der Schweizeralpen.

Dem Nordflügel des grajischen Bogens konform laufen die Ketten zwischen Grenoble und der Arve, der Alpenrand zwischen Chambéry und Bonneville. An der Arve setzt ein neuer Bogen ein, der bis zum Thunersee reicht. Es ist der durch die Nagelfluhmasse des Mont Pélérin in das Chablais- und Freiburgersegment geteilte Bogen der Préalpes. Ihm konform verläuft der Wall des Juragebirges von der Rhone bis gegen Solothurn. Als aktiven Motor dieser gewaltigen Bogenschar erkennen wir im Süden derselben den penninischen Bogen. Zwischen Thuner- und Walensee, zwischen Aare und Linth stösst das Abbild des lepontischen Deckenbogens in flacher Kurve auf die Molasse vor, durch die Klötze des Napf, des Rigi, des Speer in zwei grosse und mehrere sekundäre kleinere Segmente zerfallend. Es ist der eigentliche helvetische Bogen, erzeugt durch den lepontischen Schub. In ihm spiegelt sich der Dinaridenkopf des Sottocenere, dessen Bogen sich durch die Wurzelzonen der Decken im Tessin, die penninischen Stirnen, das Gotthard- und das Aarmassiv bis an den Alpenrand fortsetzt. Die Bogen der Unterwaldner Alpen, des Hohgants, der Schrattenfluh, der Schafmatt, des Pilatus und des Bürgenstockes, das Segment der Schwyzeralpen zwischen Gersau und Näfels, sie alle sind nur kleine Anpassungen des grossen helvetolepontischen Deckenbogens an die Sporne der Nagelfluh. Zwischen Solothurn und Regensberg folgt endlich auch der Jura im Grossen diesem helvetischen Deckenbogen.

In jede Lücke zwischen den autochthonen Massiven flutet also in den Westalpen ein Deckenbogen vor, ja, im Querschnitt der zentralen Schweizeralpen versucht ein solcher Bogen sogar das stauende Massiv selbst zu deformieren.

Wie steht es nun weiter im Osten?

Auf der Linie Weesen-Tödi-Olivone setzt ein neuer Bogen ein. Es ist der Anfang des ostalpinen Bogens grossen Stils. Von Olivone weg drängt die penninische Front gewaltig nach Norden vor, am Ostende des Gotthard vorbei bis an den Rhein. Der östliche Gotthard selbst wird von diesem ostalpinen Bogen mit unerhörter Gewalt erfasst und dabei weithin als mächtige Decke nach Nordwesten über das Aarmassiv hinaus bis ins Glarnerland hinübergeschleppt: Die Glarnerdecken fluten in weitem Bogen um das Ostende des Aarmassivs nach Nordosten vor. Die Randketten der Alpen ziehen von Weesen über den Säntis in eben dieser Richtung nach Vorarlberg hinein. Die penninischen Stirnen der Adula-, der Tambo-, der Surettadecke stossen um die Ostecke der autochthonen Massive weithin nach Norden vor, ihre Stirnen streichen scharf Nordost, und die ostalpinen Falten der Kalkalpen Vorarlbergs, der Stirnrand der Silvretta, die Falten des Hochducans, sie alle weichen aus ihrer mehr östlichen Richtung in Bayern und Tirol mehr und mehr zurück nach Südwest, hinter die autochthonen Massive. Dasselbe Zurückweichen ergibt sich für die alpinen Wurzeln vom Brenner bis zum Tonale.

Am Ostende des Aar- und Gotthardmassivs drängt also der gewaltige Bogen der Ostalpen vor, in die grosse Lücke zwischen diesen und der böhmischen Masse. Weit spannt er sich vom der Südecke des Böhmerwaldes bei St. Pölten auf eine Länge von über 500 km bis hinter die Bremsklötze der schweizerischen Zentralmassive. Die **tiefern Elemente dieses Bogens, die helvetischen und penninischen Decken, schwenken hinter und mit denselben in das lepontische Segment des westalpinen Bogens ein.** Wie aber verhalten sich die ostalpinen Decken, **die Austriden?**

Schwenken sie in Graubünden, wie heute viele Geologen glauben, definitiv nach Süden zurück, besassen oder besitzen sie in Bünden eine Art seitlicher Nordsüdstirn mit damit Hand in Hand gehendem Ostwestschub? Oder schwenken nicht vielmehr auch sie, wie die tiefern Elemente, in den lepontischen Bogen ein?

Der Westrand der Ostalpen ist in Graubünden ein reiner Erosionsrand. Keine einzige Falte im ostalpinen System verläuft parallel diesem Rand, alle erreichen denselben schief oder quer zu ihrer Axe und brechen an demselben durch Erosion ab. Die Wurzeln der Decken, auch der ostalpinen, drehen nach der grossen Beugung zwischen Brenner und Tonale von neuem in ihr altes **Ostweststreichen** zurück. Irgendwelche Stirnteile von ostalpinen Decken sind bisher im ganzen Verlauf der ostalpinen Wurzeln bis Ivrea hinab nicht bekannt geworden. Und solche sollten sich doch finden lassen, wenn der ostalpine Bogen hinter den Zentralmassiven wirklich endgültig nach Süden zurückschwenken würde. Aber der ostalpine Bogen tut dies eben nicht, er wird durch die Massive nur etwas zurückgebremst und setzt im übrigen hinter denselben **weiter nach**

Westen fort, genau wie er im Osten um die Südecke des Böhmerwaldes in den Bogen der Karpathen einschwenkt. **Er verknüpft sich hinter den Massiven mit dem lepontischen Deckenbogen**, mit demselben einen Knick, einen einspringenden Winkel bildend, wie wir einen solchen zwischen lepontischem und penninischem Segment oberhalb Visp beobachten können. Auf diese Weise erhalten wir für den Verlauf der ostalpinen Stirnen ungefähr die Linie Oberstdorf-Zitterklapfen-Drei-schwestern-Hausstock-Tödi-Finsteraarhorn-Sion-Aosta und, konform dem grajischen Bogen, hinab gegen Turin. Mit dieser Linie stimmt auch die Verbreitung der ostalpinen Klippen am Nordrand der Alpen überein; denn, wo jenseits Aosta der ostalpine Bogen südwärts abschwenkt, hören am Lac d'Annecy auch die Klippen auf. Nur wo dieselben schon primär durch ostalpinen Schub bis auf die Höhe der Penniden getragen worden sind, gelangten sie durch sekundäre Verfrachtung auf denselben auch an ihre jetzigen Standorte. Wo sie südlich zurückblieben, konnten sie natürlich auch später den penninischen Wall nicht mehr übersteigen und fehlen deshalb am Aussenrand. An der Südabdachung der piemontesischen Alpen aber sind sie schon längst dem Abtrag zum Opfer gefallen, und nur ihre Wurzeln erkennen wir noch in den Gesteinen des innern Canavese.

Diese Spur der ostalpinen Stirn verläuft im grossen konform der Dinaridengrenze zwischen Brenner und dem Piemont, sie verläuft konform den Falten der Silvretta und den Stirnen der Penniden in Bünden und Tessin.

Der Knick zwischen ostalpinem und lepontischem Deckenbogen, resp. das **Herumschwenken der Austriden in den lepontischen Bogen**, zeigt sich nun aber auch in der **Anlage der Längentäler Bündens.** Die Längstäler der Alpen sind, darüber kann gar kein Zweifel sein, uralt, in ihnen spiegelt sich die Tektonik der einstigen Oberfläche, d. h. der obersten tektonischen Elemente, am getreusten wieder. Es sei nur an die Tal- und Passlinien Martigny-Chur oder Domodossola-Locarno-Jorio-Veltlin-Aprica-Camonica-Tonale-Val di Sole-Meran erinnert, oder an deren Fortsetzung durch Puster- und Drautal, oder an die grossen Längentäler des Inn, der Salzach, der Enns, der Mur. Sie alle stellen primäre Längs-furchen dar, die erst sekundär auf Querdurchbrüchen ins Vorland entwässert wurden.

In ihrer ersten Anlage müssen die Längentäler Bündens durch Falten in der höchsten Decke diri-giert worden sein, d. h. die grossen Talläufe bildeten sich dort als Furchen vom Typus der heutigen Juratäler längs den Falten der Silvretta, der oberostalpinen Decke. Die heutigen Täler aber sind nur das mehr oder weniger modifizierte Erbe jener alten Anlagen, denn die einmal bestehenden Talläufe schnitten sich in der Folge, unbekümmert um den nun in der Tiefe erschei-nenden Bau des Gebirges, meist mehr oder weniger senkrecht, zu mindest in derselben Richtung, weiter ein. Auch die heutigen Längentäler Bündens zeigen deshalb noch im Grossen die Richtung der seit Jahrtausenden abgetragenen Silvrettafalten, in ihnen muss sich daher die Richtung derselben auch heute noch spiegeln. Der Verlauf der grossen bündnerischen Längsfurchen weist nun aber deutlich auf das **Umschwenken** jener Falten aus dem ostalpinen in den lepontischen Bogen, d. h. deren Weiterziehen in die Westalpen hinein. Sehen wir näher zu!

Das grosse, alte Längstal Meran-Tonale-Aprica-Veltlin-Jorio-Tessin-Centovalli zeigt bis unter Tirano die Richtung des zurückschwenkenden ostalpinen Bogens, von dort bis Locarno die des lepon-tischen Segments. Der Lauf des Centovalli entspricht dem Zurückweichen des lepontischen Bogens zwischen Airolo und Brig, das sich im übrigen auch im Lauf der Rhone von der Furka bis gegen Visp hinab dokumentiert. Zwischen Brig und Ilanz folgt die Rhone, die Reuss, der Rhein dem lepontischen Bogen, unter Ilanz jedoch macht der Bergsturz von Flims eine Ausbuchtung der alten Anlage gegen Norden, im Sinne des beginnenden ostalpinen Bogens, sehr wahrscheinlich. Denn durch eine solche Ausbuchtung erst wird die Unterschneidung der Segneskette, die zum Sturze führte, plausibel.

Sowohl nördliche wie südliche Längentäler Bündens schmiegen sich also dem von uns postulierten Knick im Verlauf der oberostalpinen Falten an. Dass dieses An-schmiegen an Deckenbogen und solche Knicke der Talläufe und Deckenbogen sich auch in den ruhigern und einwandfreien Gebieten der Westalpen findet, zeigt der Lauf der Rhone von der Furka bis Mar-tigny, die Furche der beiden Val Ferret und des Petit St. Bernard, und der Lauf der Isère. Der Knick der Rhone bei Visp fällt mit dem einspringenden Winkel zwischen lepontischem und penninischem Bogen überein, und der Knick der Täler in der Gegend von Courmayeur liegt im Treffpunkt des penni-

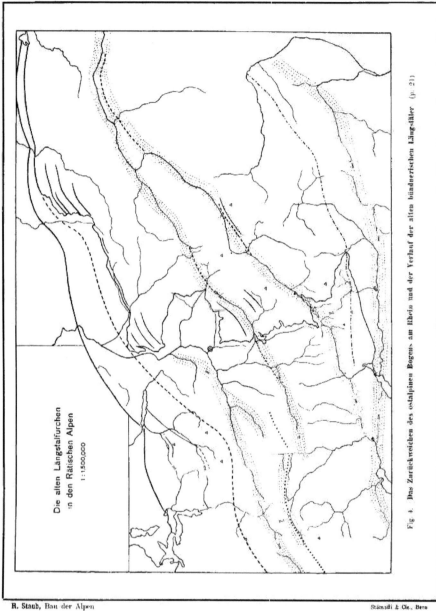

Die alten Längstalfurchen
in den Rätischen Alpen
1:1.500,000

Fig. 4. Das Zurückweichen des ostalpinen Bogens am Rhein und der Verlauf der alten bündnerischen Längstäler (p. 21)

34

nischen mit dem grajischen Segment. Der Lauf der Linth von Linthal bis nach Weesen schmiegt sich weitgehend dem Glarnerbogen an, und der Knick zwischen Thuner- und Brienzersee spiegelt die Kettung des préalpinen und helvetischen Bogens. Das Anschmiegen der Längentäler der Alpen an die alten Deckenbogen scheint daher ein weitverbreitetes, vielleicht allgemeines zu sein.

Die beiden grossen mittleren Längstäler Graubündens zeigen uns dies Verhalten in ganz gleichem Masse. Sie verraten aber auch unzweideutig das Einschwenken der oberostalpinen Falten in die lepontische Richtung, denn ihr Unterlauf zieht heute noch parallel dem zurückschwenkenden ostalpinen Bogen, ihr alter Oberlauf jedoch weist deutlich lepontische Richtung, d. h. West-Ost. Das Umschwenken aus der ostalpinen in die lepontische Richtung vollzieht sich bei beiden bemerkenswerterweise fast auf derselben Höhe.

Eine uralte Längsfurche verrät uns die Tallinie Engadin-Bergell-unterstes Misox. Der Zusammenhang Engadin-Bergell ist seit langem bekannt, die Verlängerung dieser Furche aber trifft genau auf das untere Misox zwischen Roveredo und Castione. Hier, am Tessinerscheitel, nahm, hoch über der Enge von Bellinzona, das Urengadin einst seinen Anfang. Es folgte irgendeiner Falte der oberostalpinen Decke. Dieses alte Tal nun zeigt aber deutlich zwei Richtungen. Die eine mehr Ost-West, zwischen Tessin und Maloja, die andere scharf nordöstlich im heutigen Engadin. Das Umschwenken vollzieht sich zwischen Chiavenna und Maloja, im heutigen Bergell. Erst im Unterengadin nimmt der Tallauf wieder die normale Ostwestrichtung an.

Das **Urengadin** macht also die postulierte **Beugung der Austriden** im Streichen mit, und das heutige Engadin mit seiner so rätselhaft schief zu den jetzt angeschnittenen Falten verlaufenden Längsaxe ist nur das verlorene, aus dem Zusammenhang gerissene Mittelstück jenes Urtales, das dem hier zurückschwenkenden ostalpinen Faltenbogen parallel lief, ein Erbe aus längst vergangenen Zeiten. Die Südwestrichtung des Engadins schwenkt, genau wie wir es für die Stirn der Austriden postulierten, über das Urbergell in die normale Ostwestrichtung des lepontischen Bogens zurück; die Linie Engadin-Bergell-Moësa zeigt uns dieses Einschwenken des ostalpinen in den lepontischen Bogen auch heute noch mit aller wünschenswerten Deutlichkeit. (Siehe Fig. 4.)

Ein zweites grosses Längstalsystem erkennen wir von den Höhen des Rheinwaldhorns durch das Rheinwald hinaus, über den Muttenberg in das Tal der Albula und hinüber ins Davosertal. Dessen weitere Fortsetzung ist im Paznaun zu suchen. Wir bleiben aber mit unsern Betrachtungen in der Schweiz, und hier stehen wir auf sicherem Boden. Rheinwald, Albulatal, Davos sind sicher die Reste einer uralten primären Längsfurche, sie sind durch die auffällige Terrasse des Muttenberges auch heute noch deutlich zu einem System vereinigt. Was aber sehen wir an dieser Furche? Das **Südweststreichen des Davosertales**, das dem Zurückschwenken der ostalpinen Falten und der ostalpinen Stirnen entspricht, dreht über das Albulatal bis hinauf ins **Rheinwald** langsam in die **lepontische Ostwestrichtung** ein, genau dasselbe wie im Engadin. Davosertal und Engadin, Rheinwald und Bergell entsprechen einander völlig, das Umschwenken der Urtäler aus der Südwest- in die Westrichtung ist bei beiden absolut dasselbe.

Die beiden alten Paralleltäler, **Urdavos und Urengadin**, folgen der **Beugung der Austriden**; in ihren obern Teilen schwenken sie beide wieder in die normale Ostwestrichtung ein, damit das Fortsetzen der Austriden in dieser Richtung deutlich bezeugend.

Die Austriden fanden also in Bünden nicht ihr Ende, sie schwenken in Bünden nicht definitiv nach Süden zurück, sondern setzten im lepontischen Bogen hoch über dem heutigen Tessin und Wallis noch weiter nach Westen fort. Der **ostalpine** Bogen **verbindet** sich um den Südrand der schweizerischen Zentralmassive herum mit den Bogen der **Westalpen**, vor allem mit dem lepontischen Segment.

Für die Penniden liegt der Knickpunkt der beiden Bogen bei Olivone. Pioramulde und Lucomagnostirn zeigen deutlich lepontische, Adula-, Tambo-, Suretta- und Margnadecke hingegen schon ebenso deutlich die ostalpine Richtung. Für die Helvetiden bedeutet im grossen der Lauf der Linth zwischen Weesen und Tödi die Grenze der beiden Bogen. Säntis, Churfirsten, Mürtschen- und Glarner-

4

decke gehören zum ostalpinen Bogen, sie sind dessen tiefsten Glieder; Wageten, Wiggis und Glärnisch jedoch sind deutlich lepontisch, westalpin bewegt.

Der ostalpine Bogen schwenkt als Ganzes einerseits um die böhmische Masse in den Karpathenbogen ein, anderseits um Aar- und Gotthardmassiv in den Bogen der Westalpen. Die ostalpinen Decken sind nicht auf den ostalpinen Bogen beschränkt, sie machen vielmehr, wie ja auch die Klippen und Préalpes zeigen, beide grossen Bogen der Alpen mit; genau wie die penninischen Decken nicht nur im westalpinen, sondern auch im ostalpinen Bogen in voller Mächtigkeit erscheinen.

Helvetiden, Penniden und Austriden sind insgesamt zu den zwei grossen Bogen erster Ordnung deformiert, die wir als den westalpinen und den ostalpinen bezeichnen. (Siehe Fig. 5.)

Ähnlich wie der westalpine, lässt sich nun auch der ostalpine Bogen in eine Reihe von Teilelementen gliedern. Wie jener wiederum durch die alten Massive, die freilich in den Ostalpen unter der Deckenflut begraben sind, deren Lage uns aber die Kulminationen im Deckenkörper andeuten. Wir erwarten daher Teilbogen in erster Linie zwischen den sichtbaren Kulminationen.

Als erstes Segment erscheint der gewaltige Doppelbogen der alten rätischen Alpen zwischen Aarmassiv und Tauern. Am Alpenrand zeichnet sich dieser Teilbogen deutlich in zwei Segmente, von Weesen über den Säntis und Dornbirn, gegen Balderschwang im Bregenzerwald, von da über den Grünten bis zur Loisach. Der Innenrand der Kalkalpen zeigt den Bogen gleichfalls, und ebenso deutlich auch seine Zweiteilung durch die Unterengadinerkulmination westlich Landeck.

Die Tauern selber bilden einen zweiten Bogen, den Tauernbogen. Am Alpenrand entspricht ihm das Segment Walchensee-Salzburg, am Innenrand der flache Kopf der Dinariden zwischen Brixen und Villach. Dieser Tauernbogen ist bis zu einem gewissen Grade ein Analogon des helvetolepontischen Segmentes, indem auch hier das stauende Hindernis offenbar mit deformiert worden ist. Es liegt nahe, dies auch hier wie im Tessin mit dem verstärkten Vordringen der Dinaridenscholle in Zusammenhang zu bringen.

Östlich der Tauern folgt, vom Durchbruch der Salzach an bis an den Meridian von Graz, der grosse nordschauende steirische Bogen, gebremst durch die herzynischen Widerlager unter Tauern und Semmering, und wohl auch direkt durch die böhmische Masse. Deren Einfluss macht sich ja schon im Verlaufe des Tauernfensters geltend, dessen Bogen im Grunde genommen nur das Abbild des «Donaubogens» ist. Wie der Tauernbogen bei Kitzbühel, so dringt der steirische Bogen bei Liezen weit in die nördlichen Kalkalpen vor. Östlich des Semmering endlich schwenken die Alpen im Bogen von Wien in die Karpathen ein. Der Semmering selber ist zu einem flachen Bogen, dem Semmeringbogen, deformiert, der sich auch im Kalkalpenrand zwischen Weyer und Wienerwald deutlich abhebt.

So löst sich denn auch der ostalpine Bogen grossen Stils in mehrere Teilelemente, einzelne Segmente, auf. Deren Hauptvertreter sind: der west- und osträtische, der Tauern-, der steirische und der Semmeringbogen, denen sich endlich ganz im Osten der Wienerbogen anschliesst. Diese Segmentierung macht sich auch hier geltend vom Alpenrand bis weit in die Zentralalpen hinein.

Damit übersehen wir nun die natürliche Segmentation des ganzen Gebirges vom Meere bis nach Wien. Von Westen nach Osten folgen einander:

1. der ligurische Bogen,
2. der cottische Bogen,
3. der grajische Bogen,   } der westalpine Deckenbogen;
4. der penninische Bogen,
5. der lepontische Bogen,
6. der rätische Bogen,
7. der Tauernbogen,
8. der steyrische Bogen,   } der ostalpine Deckenbogen.
9. der Semmeringbogen,
10. der Wienerbogen,

Weitaus das mächtigste Segment, mit gegen 200 km Sehne, ist das der rätischen Alpen zwischen Gotthard und Brenner. Nicht vergebens stossen wir gerade hier auf die reichste Deckengliederung.

Von den tiefsten Gneissen der Tessiner- bis hinauf zu den Sedimenten der oberostalpinen Decken ist hier die ganze Stufenleiter der alpinen Decken vertreten. Nicht umsonst spielt gerade dieses Segment die wichtige Rolle für die Erkenntnis des Zusammenhanges zwischen West und Ost. In den nächsten Kapiteln wird sich dies noch des öftern zeigen.

Die Segmentation des Gebirges in Bogen hat vielleicht noch einige Bedeutung für die Verteilung der jungalpinen tertiären Eruptiva gehabt. Prüfen wir dieselbe für einen Augenblick noch von diesem Gesichtspunkte aus!

C. Die Segmentierung der Kette und die Verteilung der jungtertiären Eruptiva.

(Tafel I.)

Die jungen Magmen sind stets besonders gehäuft am Innenrand der Deckenzone, und zwar an den Stellen, wo zwei Bogen zusammentreffen. Die Karte zeigt dies deutlich.

Diese Stellen erlitten gegenüber den vorgeschobenen Bogenstücken, in welche die Massen quasi hineinflossen, eine gewisse **Zerrung** oder Dehnung, der Zusammenhang wurde mehr und mehr ein lockerer, und diese schwachen Stellen benutzten die tertiären Magmen als ihre bevorzugten Wege aus der Tiefe zur Oberfläche. Leichter als anderswo bahnten sie sich hier ihren Weg durch die Gesteinsilut der Alpen, und deshalb sehen wir heute die jungen Gesteine an diesen Stellen gehäuft. Die Figur 6 soll die Verhältnisse erläutern.

Tatsächlich stehen Adamello, Predazzo, die vicentinischen Basalte und die Euganeen gerade an der Stelle, wo der Dinaridenbogen der Lombardei in den des Brenners umschwenkt. Eine Zerrung um diese Ecke herum hat auf alle Fälle stattgefunden. Analog dazu sehen wir das Bergellermassiv im Grossen an der innern Schwenkung des lepontischen zum rätischen Bogen. Der Granit von Baveno steht in der Schwenkung des lepontischen zum penninischen Segment, und die Syenite von Biella, die Diorite von Traversella finden wir in der Ecke zwischen penninischem und grajischem Bogen.

Die Differenzierungen des ostalpinen Bogens waren nicht so bedeutend, dass es dort zu grossen Zerrungen am Innenrande der Einzelbogen gekommen wäre, es sind daher auch die jungen Eruptiva ausgeblieben. Denn auf der ganzen Strecke vom Adamello und Predazzo bis hinüber nach Eisenkappel kennen wir wohl Tonalite und Granite, aber keinen einzigen sicher jungen Kontakt. Nirgends verändern die fraglichen Gesteine auch nur die Trias, geschweige denn jüngere Schichten, und die klassischen Kontakte quer durch verschiedene tektonische Einheiten, wie wir sie kennen vom Adamello und vor allem aus dem Bergell, sie suchen wir hier vergebens. Erst die steirischen Andesite und die westungarischen Laven sind sicher wieder jung, aber weder für den Iffinger noch den Granit von Brixen, noch den Tonalit des Rieserferner oder den von Eisenkappel haben wir tatsächlich Anhaltspunkte für ihr behauptetes junges Alter. Der Tonalit von Eisenkappel, den wir mit *Kober* und *Termier* besuchten, kommt an verschiedenen Stellen mit der Trias der südlichen Karawanken in direkten Kontakt, aber von keiner einzigen Stelle ist jemals ein auch nur ganz bescheidenes Kontaktgestein der Trias an diesem «jungen» Tonalit gefunden worden.

Die Kette der **sicher** jungen «periadriatischen Eruptiva» ist also **unterbrochen** vom **Adamello** bis zu den **steirischen Andesiten** hinein. Diese aber und die westungarischen Vulkanreste, des westen die Thermenlinie von Wien, liegen im Grossen wiederum hinter einer grossen Beugung der Alpen, wie Adamello und Predazzo, die Euganeen und Bergell, wie Baveno, Biella und Traversella, dort wo zwei Bogensegmente einander ablösen. Beim Umschwenken der Alpen um die Ecke der böhmischen Masse in die Karpathen hinein sind die innern Teile des Alpenbogens gezerrt, zerrissen worden, und auf den Rissen oder auch nur auf den Dehnungszonen drang das junge Magma herauf zu den westungarischen und steirischen Vulkanen. Wir brauchen also für eine Erklärung der jungvulkanischen Tätigkeit am Ostrand der Alpen gar keine Bruchlinien, keine Verwerfungen, und dies stimmt auch viel besser mit dem zackigen Ostrand des Gebirges überein, der weit mehr ein allmähliches Untertauchen eines reich erodierten Gebirgskörpers in ein Binnenmeer mit malerischen Fjorden als ein Abbrechen auf geraden Brüchen darstellt.

Damit schliessen wir die allgemeine Gliederung des gesamten Deckenlandes und gehen über zur Verfolgung der einzelnen Bauelemente durch die Alpen hindurch. Wir beginnen dabei mit den Helvetiden.

2. Die Helvetiden.

(Tafel I—III.)

Als von der alpinen Deckenflut erfasste Teile des europäischen Vorlandes haben wir im ersten Kapitel die **helvetischen Decken** erkennen gelernt. Dass ich sie nun trotzdem zusammen mit dem alpinen Deckengebirge behandle, hat seinen Grund darin, dass sie eben doch zu demselben gehören, und einen integrierenden Bestandteil desselben bilden. Ihre Gliederung ist schon lange bekannt, und ihre Parallelisierung in der Hauptsache vollendet. Ich verweise besonders auf die grossartigen Arbeiten von *Lugeon*, von *Arbenz*, von *Albert* und *Arnold Heim*, von *Oberholzer* und *F. Weber* und die prachtvolle Darstellung in der «Geologie der Schweiz». Ich kann mich daher kurz fassen.

Die Senken beidseits des Aarmassivs zeigen die reichste Deckengliederung. Über das Zentrum des Massivs hinweg kamen im allgemeinen nur die obersten Einheiten, die tiefern blieben zurück oder verschmolzen mit den obern.

Westlich des Massivs wurden unterschieden: die parautochthone Decke der Dent du Midi-Dent de Morcles und der Blüemlisalp, des Doldenhorns, der Balmhorn-Altelsgruppe; über derselben die untere helvetische Decke der Diablerets, darüber die Masse der oberen helvetischen Decke des Wildhorns und die Plaine-mortedecke. Vor dem Massiv zwischen Lauterbrunnen und dem Titlis kennen wir nur eine grosse helvetische Decke, die des Wildhorns. Die Diableretsdecke keilt am Nordrand der Blüemlisalp-Gspaltenhornkette zwischen Kandersteg und Lauterbrunnen allmählich aus, und die parautochthonen Elemente des Westens schliessen sich über Jungfrau und Wetterhörner gegen den Titlis hin immer enger an den autochthonen Massivmantel an. Gegen Osten geht nun die Wildhorndecke allmählich über in die Axen- und die Drusbergdecke der Zentralschweiz. Zwischen diesen beiden grossen Einheiten werden die Randketten als Äquivalente der im Glarnerland zwischen Axen- und Drusbergdecke erscheinenden Säntisdecke herausgepresst und auf den Alpenrand geworfen, vom Thunersee über den Pilatus bis an die Linth. Wo dieselben an den beiden Enden des helvetischen Deckenbogens, am Thunersee und an der Linth, gegen Süden zurückschwenken, erscheinen unter ihnen die verschürften Reste tieferer Elemente, vor allem der Diableretsdecke. Die Taveyannazzone vor dem Sigriswilergrat, die Wageten und der Kapfberg bei Weesen gehören hierher. Die grosse Masse der eigentlichen Diableretsdecke tritt erst im Glarnerland, an der Ostseite des gewaltigen Glärnisch und im Klöntal wieder unter der Drusberg-, der Säntis- und Axendecke hervor, in den tiefen Elementen der Mürtschen- und Glarnerdecke, hier mit dem mächtigen Verrukano des Gotthardmassivs verbunden; darunter endlich erscheinen, wie im Westen, die parautochthonen Falten, in der Clariden-, Scheerhorn-, Segnes-, Ringelspitz- und Calandakette, hier aber zum Teil infolge des Vorschwenkens des ostalpinen Deckenbogens weitgehend zu richtigen Decken und strapazierten Schuppen verschleppt. Ihren höchsten Elementen, die wahrscheinlich schon den Diableretsdecke angehören, entsprechen am Alpenrand die isolierten parautochthonen Fetzen der Wageten und des Kapfberges bei Weesen. Im östlichen Glarnerland erlangen all diese tiefhelvetischen Elemente noch einmal mächtige Bedeutung, dann versinken sie am Walensee in den Churfirsten für immer unter der einheitlichen Wildhorn-Säntis-Drusbergdecke. Dieselbe streicht jenseits des Alviers und des Säntis über den Rhein in die Kreideketten Vorarlbergs hinein und versinkt mit reichen Digitationen an der Iller unter ihrem Flysch und den austriden Kalkalpen Bayerns. Der merkwürdige, östlich des Rheins einzig dastehende helvetische Malm der Canisfluh entspricht nur einer axialen Höherstauung der helvetischen Kreideketten, durch welche deren Jurakern lokal zum Vorschein kommt. Es ist die Deckenkulmination des Unterengadins, die hier gegen das Vorland zieht.

Betrachten wir die helvetischen Decken im Raum zwischen Kander und Linth, so ergeben sich, die Karte zeigt dies in voller Klarheit, auf den ersten Blick gewisse Gesetzmässigkeiten. Die tiefern helvetischen Decken, Diablerets-, Glarner- und Mürtschendecke, fehlen im Segment zwischen Lauterbrunnen und Linthal, das ist genau vor dem grossen lepontischen Deckenbogen zwischen Brig und Olivone. In diesem lepontischen Segment der helvetischen Alpen herrscht die Wildhorndecke ganz allein. Wo aber im Westen der penninische, im Osten der ostalpine Deckenbogen mächtig nach Norden drängt, da sind auch die untern helvetischen Decken in grossen Massen über das Aarmassiv hinweggetrieben worden und schwellen von Linthal nach Osten und von Lauterbrunnen nach Westen mächtig an. Auch ihre an der Basis der Wildhorndecke mitgeschleppten Reste treten nur im Bereich des penninischen und ostalpinen Bogens am Alpenrand hervor, bei Thun und bei Weesen.

Die heutige Verbreitung der untern helvetischen Decken erscheint also mit dem Vordrängen der beiden grossen Deckenbogen der Penniden östlich und westlich des Aarmassivs in deutlichem Zusammenhang.

Über der höchsten helvetischen Einheit, der Wildhorn-Axen-Säntis-Drusbergdecke, erscheinen im Westen und im Osten noch Zeugen einer höhern, gleichfalls noch helvetische Facies zeigenden Schubmasse. Es sind die sogenannten ultrahelvetischen Schuppen. Im Westen gehören dazu die Plainemorte-Bonvindecke, die innern Teile der «Zone des Cols», bis an die Basis der Triaszüge, die bereits zum Penninikum zu rechnen sind, dann das berühmte «Néocomien à Céphalopodes», am Alpenrand die Kette der Voirons, der Pléyades, des Montbifé, Teile der Gurnigelzone, die Gesteine von Habkern, der Schlierenflysch, im Osten der Wildflysch der Glarneralpen, die südliche Teilschuppe des Fläscherberges und jenseits Vorarlbergs endlich der Grünten.

Am Grünten aber haben wir jenen langen Saum der Ostalpen erreicht, den man gemeiniglich als die **Flyschzone der Ostalpen** bezeichnet. Von der Iller zieht sie bis nach Wien und in die Karpathen hinein. Was ist sie?

Eine Reihe von Forschern hat sich mit dieser kompliziert gebauten Zone befasst, zuletzt und wohl am eingehendsten *Hahn*, *Trauth* und *Spitz*, in letzter Stunde *Richter* und *Kockel*. In dieser Flyschzone stecken die verschiedensten tektonischen Einheiten. Zunächst ist sicher, dass deren äussern Teile als die Fortsetzung der helvetischen Schuppen des Grünten zu gelten haben, sie stellen die Vertreter der Helvetiden dar. Helvetische Kreide begleitet an vielen Orten, vom Grünten bis nach Salzburg, in den Tälern des Lech, der Loisach, der Isar, am Schliersee, Tegernsee, an der Saalach und der Traun, die ostalpine Flyschzone. Diese helvetische Kreide ist mit helvetischem Flysch verbunden, der seinerseits dann von exotischem Flysch meist kretazischen Alters überfahren wird. Östlich der Loisach und des Murnauer Mooses tritt mit den mächtigen Vordringen des Tauernbogens dieser exotische Flysch von weit südlicherer Herkunft mehr und mehr hervor. In ihm stecken die Klippen von der Art des Pechgrabens bei Weyer oder von St. Veit in Wien, die Vertreter der unterostalpinen Deckengruppe.

Die Flyschzone der Ostalpen ist also **komplexer** Natur, wie besonders *Hahn* und *Trauth* uns gezeigt haben. Der nördliche äussere Teil, der der Molasse aufliegt und der die ostalpinen Klippen im Allgäu trägt, ist helvetisch, der südliche innere an der Basis der Kalkalpen kann teils ultrahelvetisch wie der Wildflysch sein, vielleicht zum Teil auch penninisch wie der Niesen, zum Teil endlich ist er sicher ostalpin, wie seine gelegentliche Verbindung mit den unterostalpinen Klippen zeigt. Oberostalpiner Flysch hingegen dürfte fehlen, man wollte denn, rein nach Faciescharakter, die Gosau als solchen betrachten.

Somit ergibt sich als sicheres Resultat:

Die Flyschzone der Ostalpen enthält Elemente helvetischer und unterostalpiner, vielleicht auch noch penninischer Herkunft. Sie steht als **Ganzes** den Kalkalpen als deren **tektonisches Substrat** scharf gegenüber. Im einzelnen aber sind trotz vielversprechender Anfänge die ostalpinen Geologen noch weit entfernt, überall die verschiedenen Elemente der Flyschzone auseinanderlesen zu können, und ich habe deshalb auf der Karte für die gesamte Flyschzone der Ostalpen, um sie von den Kalkalpen und den unterostalpinen Klippen zu unterscheiden, trotz ihrem komplexen

Charakter und wohl auch ihrem helvetischen Hauptanteil gemäss, die Farbe der helvetischen Decken gewählt.

Gegen **Osten** bleibt unter den Kalkalpen kein Raum mehr für die mächtigen Helvetiden der Schweiz. Sie müssen gegen Osten langsam ausklingen. Damit steht in Zusammenhang die vollständige facielle Verarmung der helvetischen Serie in der Gegend von St. Pölten und im **Wienerwald**. Dort ruht die Molasse direkt auf dem Kristallin des böhmischen Vorlandes; da sind also keine helvetischen Decken grossen Stils mehr zu erwarten, und vergebens suchen wir bei Wien nach einem Säntis oder Glärnisch. Kein Pilatus überragt das Stadtbild Wiens, und die helvetische Zone liegt, faciell hochverändert, versteckt im grünen Wienerwald. Und doch lassen sich auch hier im Osten noch verschiedene facielle Serien der Helvetiden unterscheiden, die als tektonische Schuppen übereinander, auf der Molasse und unter den Klippen und Kalkalpen liegen. Über der Molasse folgt nach *Friedel* zunächst die sogenannte Greifensteinerdecke, darüber die des Wienerwaldes. Letztere zeigt ultrahelvetischen Charakter, mit kretazischem Flysch; erstere dürfte, wie die helvetischen Kreidereste in Salzburg und Bayern, vielleicht auch der Grünten, der helvetischen Hauptmasse entsprechen. So ziehen die Helvetiden, wohl erkennbar, aber stark verkümmert, bis an die Donau.

Nach **Westen** klingen die grossen Bewegungen in den Helvetiden gleichfalls aus. Den Decken der Schweiz folgen schon in **Hochsavoyen** mehr und mehr die parautochthonen und autochthonen Falten des Reposoir, des Mont Joly, der Chaîne des Aravis, des Massif des Bauges und endlich mit der Grande Chartreuse die Ketten des **Dauphiné**, des Dévoluy, des Gapençais, der Baronniés, von Castellane und Nice. Der Deckenschub hat hier nicht mehr senkrecht zur Axe des Vorlandes gewirkt, sondern dasselbe nur seitlich noch etwas angefahren. So liegt **die Hauptmasse der Helvetiden in der Schweiz**, in jenem Alpensegment, das den Ansturm der Deckenflut in voller Kraft senkrecht auf seine Axe zu spüren bekam. Unter den Ostalpen sind allerdings die Helvetiden aus demselben Grunde zwar vorhanden, nehmen jedoch nach Osten infolge facieller Verarmung der ganzen Sedimentserie, infolge Verengung und Verflachung des helvetischen Meeres mehr und mehr ab, und sind zudem grösstenteils von der alpinen Deckenflut der Penniden und Austriden zugedeckt. Ihre Fortsetzung liegt in der subpieninischen Flyschzone der Karpathen.

Interessanten Verhältnissen begegnen wir in den **südfranzösischen Alpen**. Da stossen die Helvetiden zwischen Durance und Var in grossartigen Bogen auf die provençalischen Falten, und treten mit denselben, besonders im Süden bei Draguignan, in komplizierte Interferenz. Noch sind die endgültigen Aufnahmen von *Haug, Kilian* und *Bertrand* aus diesen wichtigen Gebieten abzuwarten. Ein Phänomen aber tritt schon heute hervor. Es ist die Teilung der helvetischen Ketten in die zwei grossartigen Bogen des Bas-Dauphiné, Montagne de Lure-Mont Ventoux, und der Préalpes Maritimes durch den Keil der fremden provençalischen Falten und das Becken der Durance bei Digne. Dabei kam es oft, besonders im Süden, zur Abgabe von alpinen Deckschollen auf das fremde provençalische Gebirge. Auf der Karte sind diese Verhältnisse nur sehr schematisch dargestellt und erheben keinerlei Anspruch auf Vollständigkeit. Die Arbeiten *Haugs* werden hier Klarheit bringen.

An der Ubaye endlich erscheint helvetisches Gebirge nochmals tief unter den penninischen Flyschdecken des Embrunais, in dem prachtvollen Fenster von Barcelonnette. Zwischen Nizza und Ventimiglia treten die helvetischen Ketten ans Meer.

Auf **Korsika** ist von den Helvetiden nichts zu sehen als der Flysch, der dem hinter dem Pelvoux entspricht. Die Hauptmasse der Helvetiden lag einst über dem kristallinen korsischen Block, vielleicht auch, aber nur zum kleinsten Teil, westlich davon im Meere.

Das Längsprofil der Helvetiden ist das der äussern Massive, ich brauche darauf nicht mehr einzutreten. Ihr näherer Bau im Querprofil ist seit langem bekannt, er ist auch in den Hauptzügen auf den Profilen der Tafel II zur Darstellung gelangt.

Damit verlassen wir die Helvetiden und wenden uns der Hauptdeckengruppe der Alpen zu, den Penniden.

3. Die Penniden.

(Tafel I—III.)

In gewaltigen Massen ziehen die Penniden von Korsika und Ligurien durch den Alpenbogen hinauf an den Fuss des Bernina und unter den Ostalpen durch bis hinein nach Kärnten. Sie bilden die Zentralzone der Alpen, den eigentlichen Stamm des Gebirges. Sie beherbergen die typische alpine Facies des Mesozoikums, die Bündnerschiefer, und sie allein führen die mannigfaltigen Serien der alpinen Ophiolithe. Ophiolithe und Bündnerschiefer gelten daher mit Recht seit alter Zeit als das eigentliche Charakteristikum der zentralen Alpenzone. In den zentralen Tiefen des alten alpinen Ozeans abgelagert, nehmen die penninischen Serien auch heute noch tektonisch die zentrale Stellung ein zwischen den Helvetiden am Aussen- und den Austriden am Innenrand des Alpenbogens. An Kraft, Tiefe und Ausdehnung des Deckenbaues stehen sie weit über den Helvetiden, und nur die obersten Schollen des ostalpinen Deckengebändes vermögen mit ihnen an Bedeutung zu rivalisieren. Grosszügigkeit ist das Merkmal aller penninischen Tektonik. Was an ihnen imponiert, das ist die gewaltige Grösse der ins Spiel gesetzten Massen und Energien. Da sind keine kleinlichen Deckfalten mehr wie in den Helvetiden, die ja schliesslich alle nur Schuppen einer einzigen grössern Einheit sind, die sich im Streichen nur allzubald verlieren und ablösen, sondern hier haben wir tektonische Elemente grandioser Dimensionen vor uns, die sich über unermessliche Räume vom einen Ende des Alpenbogens zum andern erstrecken. Diesen gewaltigen Einheiten der Penniden lag der Ansturm auf das alte Europa ob, und sie waren es, die dasselbe aufwühlten, die helvetischen Serien vor sich hertrieben, die Zentralmassive von ihrem festen Untergrund lossplitterten und auftürmten. Sie waren es, die unter dem tiefgehenden Stosse der Dinariden auch noch die Last der Ostalpen weit mit sich nach Norden schleppten, und ihrer gewaltsamen Aufwölbung am Schlusse der Gebirgsbildung verdanken wir die nötige Steilstellung der Gleitbahn für die nordalpinen Massen der Ostalpen, von den Klippen am Genfersee bis hinüber nach Wien.

Die Rolle der Penniden bei der Auftürmung der Alpen ist also eine führende gewesen. *Argand* hat darauf immer wieder hingewiesen. Sie sind der führende Stamm des Gebirges, um den sich alles dreht, dessen Bau infolge seiner gewaltigen Dimensionen die beiden andern Elemente des Gebirges, die Helvetiden und die Austriden, so weitgehend beeinflusst hat.

Das Wahrzeichen der Penniden ist ihre Grösse. Vom einen Ende der Alpen zum andern verfolgen wir weithin ihre Einheiten, vom Meere bis hinauf nach Kärnten. Die vorliegende tektonische Karte zeigt diese grossen Zusammenhänge auf den ersten Blick. Ihnen wenden wir uns nun zu. Wir gehen dabei aus von den Westalpen.

A. Die Penniden der Westalpen.
1. Von Ligurien zum Simplon.

Die moderne Erforschung der Westalpen, die Klarstellung ihres Deckenbaues und ihrer Entstehungsgeschichte ist das Werk von *Argand*, und seinen klassischen Forschungen wäre eigentlich nichts mehr zuzufügen als der Ausdruck der Bewunderung und des Dankes für jene grossartige Synthese, mit der *Argand* seinerzeit die Geologen aller Welt verblüffte. Wenn ich nun hier trotzdem auch über die Westalpen einiges anführe, so geschieht dies nur, um nachher den Zusammenhang mit dem Osten um so markanter hervorheben zu können. Ich halte mich dabei fast beständig an *Argand*.

Vier grosse Einheiten sind es, die aus der gewaltigen Zone der Schistes lustrés hervortreten, die **Dentblanche-**, die **Monterosa-**, die **Bernhard-** und die **Simplondecken.** Bald sind es weitausgedehnte Klippen, die wurzellos auf den Bündnerschiefern schwimmen, wie die Dentblanche, bald mächtige Dome, wie Monterosa und Gran Paradiso, bald riesige Fächermassive, wie die Bernhardzone, die weithin das Gebirge durchziehen.

Der Schlüssel zum Verständnis der Westalpen liegt im östlichen **Wallis**, zwischen Dentblanche und Domodossola. Hier steigt, infolge des allgemeinen Anstieges der Axen aller tektonischen Einheiten gegen den Tessin zu, ein kristallines Element der Westalpen nach dem andern in die

Luft, und darunter erscheint als deren Basis stets das Mesozoikum. So sehen wir die gewaltige axiale Fächerzone des St. Bernhard, deren autochthone Natur vom Meere weg bis ins Wallis bis vor kurzem gesichert schien, im Querschnitt des Simplons in ihrer ganzen Breite als schwimmende Masse den Bündnerschiefern tieferer Decken aufruhen und verfolgen sie als schmales Band über diesen Bündnerschiefern auf 30 km Breite nach Süden. Hier liegt der Deckencharakter der Serie klar zutage, und wir erkennen im axialen Fächer der Westalpen nur die grossartig gestaute Stirn einer ausgedehnten Decke. Wäre nicht das mächtige Ansteigen der Axen zur Tessinerkulmination, nichts würde uns im Westen die Existenz einer solch riesigen Decke verraten. Einzig das Ansteigen der Axen enthüllt uns im Osten das wahre Bild, d. h. die mesozoische Unterlage der kristallinen Zone des St. Bernhard, und damit die wirkliche Existenz einer St. Bernharddecke.

Unter dieser Bernharddecke erscheinen, mit ihr oft verfaltet, die tiefern Gneissdecken des Simplon: Leone-, Lebendun- und Antigoriodecke, unter dieser endlich im Fenster von Crodo der Granit von Verampio. Über die Stellung der Lebendundecke sind heute die Meinungen geteilt. Manche Forscher, wie H. *Preiswerk*, möchten sie heute eher von der Bernharddecke ableiten und betrachten die Lebendundecke als unter die Leonegneisse eingewickelten Teil der Bernharddecke. Diese postulierte Einwicklung aber würde von der Stirn bis in die Wurzeln bei Crevola hinabreichen müssen, denn die Lebendungneisse erreichen das Tosatal in stets gleicher Mächtigkeit und zeigen keine Anzeichen eines nahen Auskeilens. Auch erkennen wir nirgends eine direkte Verbindung der Bernhardstirnteile mit den Lebendungneissen, die bei der Annahme dieser Einwicklung notwendigerweise irgendwo vorhanden sein müsste. Ich halte daher, wohl mit der grössern Mehrzahl der schweizerischen Alpengeologen, bis auf weiteres die alte Deckenfolge des Simplon: Antigorio-Lebendun-Leone-Bernharddecke für die richtige und fasse die Lebendungneisse als primäre Schuppen zwischen Antigorio- und Leonedecke auf. Dasselbe lehrt im Osten die Adula.

In Val d'Antrona und Bognanco erscheint über dem Kristallin der Bernharddecke das Mesozoikum derselben, und darüber legt sich in gewaltigen Massen das kristalline Gebirge des Monterosa. Flach sinkt das Bernhardmesozoikum unter die Rosamasse ein, der Monterosa schwimmt frei als Decke auf den jungen Gesteinen der Zone von Antrona. Von da nach Westen sind Rücken- und Wurzelteile der Bernharddecke in der Tiefe unter den höhern Einheiten der Westalpen begraben, und nur die gefächerte Stirn zieht in weitem Bogen als die axiale Zone der Westalpen bis hinab ans Meer. Die innern Teile deckt der Monterosa zu.

Zu zwei grossen Fächern ist im Wallis die Bernharddecke gestaut. Der innere ist der Mischabelfächer, der unter der Last der anliegenden Dentblanche durch das Hineinbohren der Rosastirn in den Bernhardrücken als gewaltigste Rückfalte der Alpen erkannt worden ist. Der zweite äussere ist der von *Wegmann* neuerdings erst in seiner wahren Grösse erkannte wundervolle Fächer von Bagnes, erzeugt durch das Hineinbohren der Dentblanchestirn. Gemäss dem allgemeinen Axenfallen taucht der Mischabelfächer im Tale von Zermatt unter die Masse der Dentblanche ein. Wo aber jenseits der Axendepression des Wallis die Unterlage der Dentblanche im Streichen wieder erscheint, da stellt sich mit bewundernswürdiger Konsequenz auch der Mischabelfächer wieder ein. Es sind die grossen Rückfalten der Valsavaranche nördlich der Grivola, das vollständige Abbild des Mischabelfächers. Nördlich des obern Arc erscheint dieser innere Fächer der Bernharddecke im Massiv der Vanoise noch einmal, dann aber verschwindet er endgültig unter der grossen mesozoischen Masse der cottischen Alpen. Nur der äussere Fächer von Bagnes zieht beinahe ununterbrochen, aber aufs äusserste gestreckt, als der grosse axiale Karbonzug über Briançon durch die ganzen Westalpen hinab bis ans Meer. Bei Savona trägt er die Granite des ligurischen Massivs, das nichts anderes ist als die Fortsetzung der Dentblanche.

Eine Stelle noch zeigt, wenigstens im Mesozoikum und der allgemeinen Lage angedeutet, den Mischabelfächer auch noch weit im Süden. Es ist das Profil des Monte Viso. Die Rückfalten am Pelvo d'Elva gehören zum Fächer von Bagnes, der Mischabelfächer muss also weiter alpeneinwärts liegen. Wir sehen seine Spur in der doppelten Trias östlich des Monte Viso, die der normalen Bündnerschieferhülle des Doramairamassivs anfliegt. Der Viso gehört zur innern Rückenserie der Bernharddecke, er ist von der Hülle des Doramairamassivs als der Fortsetzung der

Monterosadecke durch die gedoppelte Trias in den Bündnerschiefern scharf getrennt. Diese Trias ist die spitze Umhüllung der Mischabelrückfalte vor dem Doramairamassiv. Das Profil 24, Taf. II, durch den Viso zeigt diesen Zusammenhang deutlicher als viele Worte.

Die axiale Karbonzone setzt in Ostkorsika fort, wie in Ligurien mit Resten einer höhern Granitmasse bedeckt. Trias, Schistes lustrés, Ophiolithe sind dazwischen weit verbreitet, **Bernhard- und Dentblanchedecke lassen sich also bis hinab nach Korsika nachweisen.**

Die Decke des **Monterosa**, deren mesozoische Basis wir aus Val d'Antrona kennen, sinkt zunächst wie alle andern Elemente weiter nach Westen in die gewaltige Depression des Wallis hinab. Westlich des Monterosa bedecken Schistes lustrés und Ophiolithe die schmale Trias und den kristallinen Kern der Decke, von Saas über den Gornergrat bis hinüber in die Aostatäler. Die Decke versinkt unter dem Mesozoikum von Châtillon und Valtournanche. Bei Arcezza im Tale von Challant erscheint sie noch in einer kleinen Kuppel. An der Dora haben wir dann den tiefsten Punkt der Wallisersenke erreicht, und nun taucht mit dem allgemeinen Ansteigen der Axen auch die kristalline Kernmasse des Monterosa wieder aus Tageslicht empor, als die grandiose Kuppel des **Gran Paradiso**. Nichts zeigt uns in diesem enormen Gneisrevier die Deckennatur, als die flache kuppelförmige Lagerung der kristallinen Schiefer. Nirgends ist die mesozoische Unterlage der Gneisse entblösst, und nur die vollständige Analogie mit dem Monterosa, die ausser allem Zweifel steht, lässt uns auch den Gran Paradiso als Decke, als die Fortsetzung des Monterosa erkennen. Den gleichen Fall einer scheinbar autochthonen Kuppel werden wir später in den Massiven der Hohen Tauern wiederfinden.

Im **Massif d'Ambin** am Mont Cenis erscheinen die Gesteine des Paradiso wieder, und im Tale von Susa steigen sie von neuem zu den mächtigen Massiv zwischen **Dora** und **Maira** an, genau wie im Gran Paradiso und im Monterosa eine mächtige Kuppel bildend. Der Zusammenhang ist unabweisbar. Darauf nach *Argand* noch hinzuweisen, ist auch vollkommen unnötig. Die geologischen Karten der Italiener ergeben übrigens diese Zusammenhänge in einer vollendeten Klarheit. Dass die italienischen Geologen die einzelnen Gneisskuppeln als autochthone Dome ansehen, liegt nur daran, dass sie die mesozoische Unterlage derselben östlich des Monterosa nicht kennen oder anerkennen wollen. Schwimmt aber, wie es die Verhältnisse um Antrona in klassischer Weise zeigen, der Monterosa als Decke über Mesozoikum, so müssen dies auch die völlig analogen Massive des Gran Paradiso, des Ambin, der Doramaira tun. Ihr Bau ist vollkommen analog. Im Fenster von Pradlèves erscheint diese mächtige Einheit zum letztenmal.

Jenseits Saluzzo kennen wir die Monterosadecke nicht mehr. Sie verschwindet unter den jungen Sedimenten der Ebene von Cuneo, und an der ligurischen Küste liegt sie tief unter den Sedimenten der Dentblanche begraben. Möglich, dass sie auf Elba wieder erscheint, in Form der porphyrischen Granite im mittleren Teil der Insel.

Doch kehren wir zurück in die Alpen. Einiger **Besonderheiten im Bau der Monterosadecke** sei noch gedacht, die für die weitere Verfolgung derselben wichtig erscheinen. Zunächst fällt auf der domförmige Charakter, das Vorherrschen der granitischen Gneisse, das Auftreten von Chloritoidschiefern und Glaukophangesteinen im Altkristallin, die fast durchwegs bathyale Entwicklung der Sedimente, die grossen Massen der Ophiolithe. Doramairamassiv und Monterosa zeigen tiefgehende Zerschlitzung in Teillappen, Doramaira und Massif d'Ambin sekundäre Rückfalten an der Stirn. Die gleichen Erscheinungen aber kennen wir auch aus der Monterosadecke Bündens, der Tambo-Surettadecke. Die Rückfalten im Ambin und im Doramairamassiv sind die absoluten Analoga zu den Rückfalten im Roffnaporphyr des Avers, und die Zerschlitzung der Decke im Westen entspricht jener Teilung der Decke in Bünden, wodurch dieselbe in die beiden grossen Teillappen der Tambo- und der Surettadecke zerfällt. Die «zona grafitica» des Monte Bracco und von Pinerolo halte ich nicht für ein Wiederauftauchen der Bernharddecke, sondern zähle diese tiefste Einheit des «Massiccio Dora-Maira» als ein ausgezeichnetes Äquivalent der Tambodecke zur grossen Einheit des Monterosa. Wir treffen westlich Turin dieselben Verhältnisse wie nach dem Auskeilen der Splügenermulde im Bergell. **Der Monte Bracco entspricht der Tambo-, die Doramaira der Surettadecke.**

Als oberste penninische Einheit thront im Wallis die Decke der **Dentblanche**. Eine gewaltige Klippe, bisher die grösste der Alpen, wird sie allseitig von Mesozoikum unterteuft. Ihre Stirn bohrt

Beiträge zur geol. Karte der Schweiz, n. F., Liefg. 52.

5

sich wie die des Monterosa in die Bernharddecke ein. Im Süden erkennen wir ihre Teilung in drei Lappen: Dentblanche, Mont Mary und Mont Emilius. Die Masse des Mont Mary zieht in einzelnen Fetzen an der Basis des Matterhorns bis über Zermatt hinaus. Am Mont Emilius ist die Decke mit ihrer Basis, dem Mesozoikum von Châtillon, verfaltet, dasselbe wickelt auf grössere Strecken die untersten Lappen der Decke ein. Dasselbe Phänomen der Einwicklung und der Dreiteilung des kristallinen Deckenkerns werden wir in der Dentblanchedecke Bündens wieder treffen. Mont Emilius, Mont Rafrè und Pillonnet sind die von der Erosion verschont, in der Senke von Aosta erhalten gebliebenen Reste der einstigen Deckenbrücke, die hinüberführte in die grosse Wurzelzone der Dentblanche, die Sesiamasse. In ihr verfolgen wir die Dentblanche noch weiter nach Süden bis in die Berge von Lanzo. Als schmaler Zug erreicht sie dort die Ebene von Turin.

Im Osten wird die Sesiazone begleitet vom Canavese. Diese vielumstrittene Zone ist sehr komplexer Natur. Der äussere Teil desselben steht mit der Sesiazone in primärem stratigraphischem Kontakt, und stellt die normale Sedimenthülle derselben dar. Der innere Teil, gegen die Ivreazone hin, ist eine gewaltige Schuppenzone, die neben hochpenninischen mit Sicherheit auch unterostalpine Elemente enthält. Von grosser Wichtigkeit ist, dass die Sesiazone als Ganzes der Dentblanche entspricht, und dass in ihr nicht etwa noch höhere Decken ostalpiner Herkunft wurzeln, wie beispielsweise *Spitz* angenommen und auch *Henny* spekuliert hat. Die Arollagneisse und die Glaukophangesteine des Mont Emilius treten nämlich in direkten unmittelbaren Kontakt mit dem äussern «Canavese». Die ganze Masse der Sesiazone ist daher absolut penninisch und nicht ostalpin; die Sesiazone ist nur die Wurzel der Dentblanchedecke. Glaukophangesteine und Arollagneisse sind dafür deutliche Zeugen. Wie nach Süden, so verschmälert sich die Sesiazone auch nach Norden und Osten, gegen den Tessin zu, den sie nur als relativ schmale Zone erreicht.

Von grosser Wichtigkeit für die weitere Verfolgung der Dentblanchedecke wird ihr überaus eigenartiger petrographischer Charakter. Unter dem Mesozoikum, das nur in einem kleinen Rest am Mont Dolin im Tale von Arolla erhalten ist, folgen zunächst Paraschiefer, dann die reichhaltige Eruptivsippe der Arollagesteine, die weitgehend an die Corvatsch- und Sellagesteine des Oberengadins erinnert, darunter, wohl als basische Fraktion zur Arollaserie gehörend, die charakteristischen weissen Gabbros, und endlich als Tiefstes jene klassische Série de Valpelline, die den Gipfel des Matterhorns krönt. Hier findet sich eine altpaläozoische metamorphe Gesteinsserie, die sich nirgends sonst in den Penniden wiederholt, und die daher für die Dentblanchedecke in höchstem Masse charakteristisch ist. In Bünden und in den Tauern werden wir dieselbe wiederfinden, und zwar in genau der tektonischen Lage, wie sie der Dentblanche entspricht. Wo wir daher in den Penniden die Série de Valpelline finden, können wir, ja müssen wir mit Sicherheit annehmen, dass es sich um Elemente der Dentblanchedecke, auf jeden Fall aber um hochpenninische Decken handelt.

Im Wallis liegt im allgemeinen die Valpellineserie unter den Gesteinen von Arolla. Deren Eruptivmassen sind dort zwischen die ältern Gesteine der Valpelline und die jüngere Paraserie an der Basis der Trias eingedrungen. Wir haben hier die stratigraphische Folge: Valpelline, Arolla, Paraschiefer von Casannacharakter, Mesozoikum. In Bünden liegt die Sache etwas anders. Dort treffen wir Valpellinegesteine in ganz normalen Profilen sowohl unter als auch noch über den Malojagneisen, die wir als Analoga der Arollagneise anerkennen müssen. Die Eruptivserie ist hier nicht der Grenze zwischen Valpelline- und Casannaschiefern gefolgt, sondern sie ist einfach in die Valpellineserie selber, allerdings in deren obersten Teile, eingedrungen. Dasselbe sehen wir in den Tauern, wo auch die marmorführende altkristalline Serie sowohl unter als auch über den Sonnblickzentralgneisen sich findet (Siehe Fig. 7.) Wir können daher das Kristallin der Dentblanchedecke heute vielleicht auf folgende Art charakterisieren: In eine altkristalline Sedimentserie, die vom Altpaläozoikum bis in die Basis der Trias reicht, deren untere Teile als Valpellinegesteine hochmetamorph, deren obere als Casannaschiefer entwickelt sind, dringt die Eruptivsippe der Arolla-Malojagesteine. Im Wallis drang dieses Magma ungefähr an der obern Grenze der Valpellineserie empor, die Casannaschiefer von denselben abtrennend, in Bünden und in den Tauern jedoch in die obern Teile der Valpellinegesteine selbst.

Die obern Teile der Valpellineserie gehen dort direkt in die Casannaschieferserie über. Auf die stratigraphische Bedeutung der Valpellinegesteine werde ich später zurückkommen, und wende mich nun der weitern **Verbreitung der Dentblanche in den Westalpen** zu.

Dass die Dentblanchedecke von Aosta weg noch weit nach Süden gereicht hat, dafür haben wir drei gewichtige Zeugen. Der erste ist das Fortsetzen des Fächers von Bagnes, den wir als das Produkt der Deckenstirn der Dentblanche kennen, durch die ganzen Westalpen hinab bis ans Meer; der zweite ist jene besonders von *Termier* und *Kilian* studierte Klippenschar von Glimmerschiefern, Gabbros, alten Marmoren und Kalksilikatfelsen auf den Schistes lustrés der Bernharddecke am **Mont Genèvre**, Col d'Alpet und Col de l'Eychauda bei Briançon, in der wir unsere Valpellineserie wieder erkennen können; der dritte, beste endlich ist jene kristalline **Masse von Savona**, das ligurische **Massiv**, das weit im Süden am blauen Meer die Karbonzone der Bernharddecke überschiebt. Schon *Argand* hat dasselbe daher als die Fortsetzung der Dentblanche aufgefasst. In der Folge aber spielte es die Rolle aller möglichen tektonischen Einheiten. Bei meinem ersten Besuche spürte ich die Neigung, es nach seinen petrographischen Ähnlichkeiten mit den Albula-Juliergraniten als unterostalpiner Herkunft aufzufassen. *Termier* sah in ihm ein Stück Dinariden, *Kober* sein Zwischengebirge zwischen Alpen und Dinariden, die Fortsetzung der korsischen Masse. Vom Autochthonen bis in die Dinariden hinein wanderte dies unglückselige isolierte ligurische Massiv.

Heute dürfen wir es, wie *Argand* vorausgesehen hat, mit Sicherheit zur Dentblanche rechnen. Dafür sprechen alle Gründe petrographischer, stratigraphischer und tektonischer Natur. Zunächst liegt dieses Massiv direkt auf den äussern Teilen der Bernharddecke, genau wie im Norden die Dentblanche. Die Ähnlichkeiten der Savonesegranite mit denen des Albula- und Juliergebietes sprechen heute nicht mehr gegen eine Dentblancheherkunft, finden sich doch dieselben Typen auch in der Dentblanchedecke des Wallis, und müssen wir doch nach den neuesten Aufnahmen in Bünden auch grosse Teile der Oberengadinereruptiva selbst zur Dentblanchedecke zählen.

Entscheidend für die penninische Natur des ligurischen Massives aber ist seine Sedimentbedeckung. Im Westen ruht es überschoben auf dem Karbon der Bernharddecke — dasselbe erscheint unter dem Massiv im Fenster von San Quiliano —, im Osten aber trägt es die Schistes lustrés und Ophiolithe des ligurischen Küstenstriches, und die zwischenliegende, hie und da vorhandene Trias zeigt deutlich penninischen Charakter. Das ligurische Massiv schiebt sich ein zwischen die Schistes lustrés im Osten, das Karbon im Westen; was ist daher natürlicher, als dass es selbst die Basis der ligurischen Schistes lustrés ist? Das ligurische Massiv ist die altkristalline Basis von penninischen Sedimenten, es entspricht nach Lage, Facies und petrographischen Eigenheiten der Dentblanchedecke des Wallis.

So treffen wir also in **Ligurien** die Dentblanchedecke in einer Vollständigkeit, um die sie das Wallis beneiden könnte. Die ganze mesozoische Serie, die im Wallis bis auf den klassischen Rest am Mont Dolin fehlt, ist in Ligurien vorhanden. Und zwar in genau derselben urpenninischen Ausbildung wie droben in der Dentblanchedecke Bündens. Dort treffen wir, einzig im ganzen penninischen System, die Schistes lustrés und Ophiolithe der Dentblanche in der Margnadecke Bündens mit Radiolariten verknüpft. Hier in Ligurien finden sich die Radiolarite gleichfalls wie droben in Bünden. Es sei nur an die Gesteine von Cairo-Montenotte, die dieser Zone angehören, erinnert. Die **Dentblanchenatur der ligurischen Alpen**, des **Massivs von Savona** im besondern, ist damit ohne Zweifel **erwiesen**.

Gleichzeitig aber erkennen wir aus all diesen Zusammenhängen, dass die Dentblanchedecke des Wallis nicht etwa, der verblüffenden petrographischen Parallelen mit der Bernina zuliebe, zu den Austriden gezählt werden darf, wie dies neuerdings wieder von verschiedenen Seiten versucht wird, sondern dass auch die **Dentblanche** noch **ein rein penninisches Element** im Alpenbau darstellt. Die penninische Sedimenthülle des ligurischen Massivs mit ihren Schistes lustrés und ihren Ophiolithen schliesst dabei jeden Zweifel aus. So ostalpin die Sedimentfazies der **Bernina**, so penninisch ist die der **Dentblanche**. Die Verfolgung der penninisch-ostalpinen Grenze in Bünden wird uns die Lösung des Bernina-Dentblanche-Rätsels bringen.

Bei Sestri Ponente erscheinen längs eines langen Bandes penninischer Trias dann die Flyschgesteine des **Apennin**. Ohne jede tiefgründige Abgrenzung von den ligurischen Schistes lustrés! Gehören diese nun aber zur Dentblanche, mit andern Worten zur Margnadecke Bündens, so liegt es überaus nahe, im Flysch des Apennin gewissermassen die Äquivalente des Prättigauflysches zu sehen. Wie in Bünden, ist auch hier die Grenze Flysch-Schistes lustrés-Ophiolithe nur eine sekundäre Schubfläche, stellenweise mit dazwischengeklemmter Trias, die der von Chiaravagna entsprechen könnte, und wir gelangen auf diesem Wege dazu, die Flyschzone des Apennin und damit den Apennin selbst in seiner Hauptmasse als hochpenninischer Abkunft anzusprechen. Dafür sprechen ja übrigens schon seine massenhaften Ophiolithe.

Das Massiv von Savona, die ligurischen Alpen zwischen Savona und Genua, und endlich die Flyschzone des Apennin sind Teile des höchsten Penninikums, der Dentblanchedecke. Weder die Austriden noch die Dinariden sind hier irgendwie nachzuweisen. Alles deutet vielmehr klar auf die Fortsetzung der höchsten Penniden.

So erkennen wir die Decke der Dentblanche von Zermatt bis hinab ans blaue Meer.

Alle drei grossen Einheiten der Penniden: Bernhard-, Monterosa- und Dentblanchedecke können wir daher durch die ganzen Westalpen verfolgen, vom Wallis bis nach Ligurien hinab. Auf Korsika, Elba und im Apennin ziehen sie weiter dem Süden zu. Im östlichen Wallis streichen sie über den tiefen Decken des Simplon in die Luft, auf die Höhe der Tosa- und Tessinerkulmination.

Über dieselbe verfolgen wir sie nun weiter nach Osten.

2. Von der Tosa nach Bünden.

Über den mächtigen Dom der lepontischen Kulminationen ziehen die Penniden weiter, Graubünden zu. Aber bis über den Tessin hinaus fehlen die gewaltigen Einheiten der oberen Penniden fast ganz, sie sind über der machtvollen Deckenwölbung schon längst der Erosion zum Opfer gefallen, und nur die tiefen Einheiten des Simplon durchziehen in grossartiger Entfaltung das weite Gneissgebiet der Tessineralpen. Erst östlich des Tessins, wo im Norden die autochthonen Massive von neuem ostwärts zur Tiefe sinken, stellen sich auch die oberen Penniden, eine Einheit nach der andern, wieder ein, und steigt die gewaltige Trilogie der grossen Walliserdecken nach Bünden hinab. Die Äquivalenz der bündnerischen Penniden mit denen des Wallis ist in den letzten Jahren zur Genüge erwiesen worden, es sei nur an die Valpellineserie der Margna- oder die Monterosagneisse und Chloritoidgesteine der Tambosurettadecke erinnert. Die Diskussion über die Zuteilung der bündnerischen Penniden zu denen des Wallis ist daher heute geschlossen. Die **Aduladecken** sind die Fortsetzung der **St. Bernharddecke**, die **Tambo-Suretta-Einheit** entspricht dem **Monterosa**, die **Margna-** und, wie wir sehen werden, auch die **Selladecke** der **Dentblanche**.

Von Bedeutung für die weitere Verfolgung der Penniden in die Ostalpen hinein wird vielleicht der Umstand, dass die Monterosadecke in Bünden in voller westalpiner Macht und Pracht erscheint, die Dentblanche hingegen an räumlicher Bedeutung, wenigstens im Kristallinen, hinter der Entwicklung im Wallis zurücksteht. Die Monterosadecke zeigt in Bünden keinerlei Anzeichen eines nahen seitlichen Ausklingens gegen Osten, wir verfolgen sie in stets gleichbleibender monumentaler Grösse von den Ebenen von Cuneo bis nach Bünden hinein. Die Dentblanche hingegen verliert über die Tessinerwölbung hinweg etwas an Kraft der Entfaltung. So versinken in Bünden die Penniden unter den Ostalpen.

Über die Zuteilung der bündnerischen Penniden zu denen der Westalpen herrscht heute, nach den bisherigen und wohl beidseitig endgültigen Erfahrungen, kein Zweifel mehr, sie sind die Fortsetzung der grossen Wallisertrilogie, und die Anerkennung dieses Zusammenhanges ist heute wohl allgemein. Im vollen Fluss der Diskussion jedoch steht noch das Mittelstück, die Tessineralpen. Hier wuchern die verschiedenen Meinungen über Bau und Äquivalenzen der Penniden üppiger als je. *Argand, Preiswerk, Henny, Albert Heim, Niggli, Jenny* und *Frischknecht. Wilhelm* und *Staub* stehen einander in ihren Ansichten oft diametral gegenüber, und die Stellung der tessinischen Penniden schwankt von der Decke des Monterosa bis hinab zum Autochthonen. Die Lösung des tessinischen Problems liegt in der Verbindung der Ideen von *Argand* mit denen vom Bau der Adula. Die neuesten Arbeiten *Preiswerks, Jennys* und *Frischknechts* sind dafür die sichern Grundlagen. Im folgenden sei versucht, diesem Problem der Tessineralpen etwas näher zu kommen.

Die Tessineralpen.

Über den Bündnerschiefer des Fensters von Crodo im Tal der Tosa legt sich in enormer Mächtigkeit der Gneiss der Antigoriodecke; er bildet die gewaltigen Steilwände des Antigorio- und Formazzatales bis hinauf auf die Höhen der umgebenden Gräte. Wie im Westen am Simplon, legen sich auch hier im Osten über ihn die höhern Einheiten der Lebendun- und der Leonedecke. Die trennenden Mesozoika ziehen von Crevola durch das Gebirge hinauf nach Bosco. Der Antigoriogneiss setzt nördlich davon in voller Mächtigkeit hinüber nach Val Bavona, von San Carlo bis hinab nach Cevio den Hintergrund der westlichen Maggiatäler bildend. In gewaltigen Massen türmen sich hier die Antigoriogneisse zu wilden Gebirgen empor. Die prachtvolle Karte von *Preiswerk* führt uns in dieses entlegene Gebiet. Aus der hintern Formazza über San Carlo in Bavona und den Pizzo di Castello verfolgen wir die Nordstirn der Antigoriodecke bis hinüber zum Pizzo del Mascarpino im Pecciatal. Der Zusammenhang ist lückenlos, der Antigoriogneiss setzt aus Formazza ununterbrochen durch Bavona bis in die Pecciatäler fort, und die *Hennysche* Auffassung der Tessiner Tektonik zerfällt hier in nichts. Mit diesem Irrtum aber bricht der ganze *Hennysche* Deckenbau des nördlichen Tessins zusammen. Die Decke des Monteleone liegt nicht im Gneiss der Val Bavona, sondern hoch über demselben im Maggialappen. Sehen wir weiter zu!

Aus der Rovalekette westlich der Tosa zieht der Gneiss der Leonedecke über den mesozoischen Zügen und den Lebendungneissen der östlichen Gräte des Antigoriotales hinauf gegen die Boscotäler. Die Linie Crevola-Cerentino verläuft nun aber ungefähr konform dem Aussenrand des lepontischen Deckenbogens zwischen Brig und dem Nufenenpass. Mit andern Worten, wir befinden uns bei Bosco, wenigstens einigermassen, im Streichen der «Wurzeln» von Crevola. In diesen «Wurzeln» bei Crevola nun vereinigen sich die tiefern Simplondecken, Antigorio-, Lebendun- und Leonedecke, zu der einheitlichen Gneissmasse von Domodossola, und wir verstehen daher heute das bisher so rätselhafte Auskeilen der mesozoischen Linsen zwischen diesen Einheiten im Cerentino ohne weiteres als das Anzeichen der gleichen wurzelnahen Verschmelzung von Antigorio-, Lebendun- und Leonedecke zu einer einheitlichen Gneissmasse. **Antigorio-, Lebendun- und Leonedecken vereinigen sich südöstlich der Linie Crevola-Cerentino zu einer einheitlichen Masse, der Tessinerdecke.** Die drei Simplondecken erscheinen daher nur als die Stirnlappen der einen grossen Tessiner Gneissmasse. Dieselbe schwimmt aber auf den Bündnerschiefern des Fensters von Crodo.

Suchen wir nun die **Äquivalente der Simplondecken im Tessin** selbst. Östlich Bosco streicht der mesozoische Keil zwischen Antigorio-, Lebendun- und Monteleonedecken nach Nordosten in die Luft. Über die Kuppel von Val Bavona hinweg verbindet er sich mit den Keilen am Pizzo di Castello und am Mascarpino, die gleichfalls den Antigoriogneiss umhüllen. Darüber folgt in den Pecciatälern die grosse Masse des Maggialappens, und dieser stellt daher, wenigstens zum Teil, die Fortsetzung der obern Simplondecken dar. Das Auskeilen der Trias am Mascarpino liegt fast genau im Streichen der Linie Crevola-Bosco, und wenn wir dort die Simplondecken zu einer einheitlichen Masse sich vereinigen sahen, so erkennen wir dies auch hier im Pecciatal. Die Gneisse der Val Bavona und die untersten Teile des Maggialappens vereinigen sich um den Keil des Mascarpino herum zu der einheitlichen Masse der Tessinerdecke.

Was aber bedeutet nun, im Grunde genommen, das rätselhafte Gebilde des **Maggialappens?**

Bis vor kurzem sah man in ihm einfach das Äquivalent der Leonedecke, die ja über die Gegend von Bosco bis ins Hangende der Bavonagneisse nachgewiesen war, und als deren natürliche Fortsetzung jenseits der Bavonakuppel eben die Gneisse des Maggialappens erschienen. *Argand* hat schon 1911 den Maggialappen als die Fortsetzung der Leonedecke angesprochen, und ich habe mich seit 1916 dieser Anschauung angeschlossen. So einfach liegt die Sache aber nun doch nicht. Wohl ist die Leonedecke im Maggialappen vertreten, daneben aber erscheinen auch noch andere Glieder der Penniden, und die

Hauptmasse des Maggialappens ist wohl heute nicht mehr zur Leone-, sondern zur Bernharddecke zu stellen. Die Karte von *Preiswerk*, eigene Begehungen und endlich der Fortgang der Untersuchungen in der Adula haben mehr und mehr zu dieser neuen Auffassung des Maggialappens geführt.

Der Maggialappen ist, *Frischknecht* hat erst vor kurzem eingehend darauf hingewiesen, und ich folge ihm heute in diesem Punkte völlig, das Äquivalent der Adula. Mit der unteren Adula habe ich ihn schon 1919 zusammengestellt. Die neuern Untersuchungen in der Adula haben nun aber ergeben, dass im Maggialappen nicht nur die untere, sondern auch die obere Adula vertreten ist. Der Zusammenhang ist völlig klar.

In der Adula folgen über den Antigoriogneissen des Simanomassivs die spärlichen Gneissschuppen der Val Soja, darüber, durch die komplizierte Zone der Zapportmarmore zweigeteilt, die Decken der Adula. Den gleichen Bau erkennen wir im Maggiagebiet. Über den Antigoriogneissen der Val Bavona liegen, im Innern der Castellomulde, spärliche Gneissfetzen vom Charakter der Sojaschuppen, darüber, durch Marmor- und Ophiolithbänder deutlich zweigeteilt, der Maggialappen. Es sei nur an die Zerschlitzung desselben von der Cristallina und dem Lago Nero bis zum Pizzo Pulpito und an die isolierten Basisschuppen von Gheiba, den Sambucolappen und dergleichen mehr erinnert. Val Bavona entspricht dem Simano, die Schuppenzone der Gheiba den Fetzen der Val Soja, der eigentliche Maggialappen der Adula. Und zwar ist dessen Zweiteilung genau dieselbe wie die der Adula, und ist der obere Teil der Rheinwalddecke, der untere dem Carassinalappen gleichzusetzen. Die trennenden Mesozoika sind die Analoga der Zapportzone. Der Zusammenhang ist klar. Der Bau der Maggiatäler ist der Bau der Adula.

Der obere Teil der Adula aber, die Rheinwalddecke, ist, darüber sind heute alle beteiligten Forscher einig, das Äquivalent der Bernharddecke, und wir kommen daher auf dem Umweg über die Adula dazu, in den höhern Teilen des Maggialappens die Bernharddecke des Wallis als das vermittelnde Mittelstück zwischen Simplon und Adula zu erkennen. Als mächtige Klippe thront die Bernharddecke im obern Maggialappen auf den tieferen Einheiten des Simplon. Der untere Teil des Maggialappens entspricht, wie der Carassinalappen der Adula, der Decke des Monteleone. Dafür spricht seine Lage direkt über den Antigoriogneissen der Val Bavona und den Schuppen von Gheiba.

Diese Schuppen der Gheibazone stehen in der Gegend des Lago Sfundau mit der Masse des Basodino in näherer Verbindung, daneben spricht auch ihre Stellung zwischen Bavona- und Maggiagneissen für ihre Äquivalenz mit der Lebendundecke. Die Karte von *Preiswerk* zeigt dies deutlich. Auch *Frischknecht* kommt zu ähnlichen Schlüssen. Wir halten daher als erstes Resultat, die Tessineralpen betreffend, fest:

Die Gneisse von **Val Bavona** gehören zur **Antigoriodecke**. Darüber folgen in der **Zone von Gheiba** die **Lebendunschuppen** als isolierte Fetzen wie drüben in Val Soja. Die Masse des **Maggialappens** zerfällt in Bernhard- und Leonedecke. Die Bernharddecke bildet im Bereich der Maggiatäler eine grossartige Klippe. Die drei grossen Einheiten des Simplon vereinigen sich auf der Linie Crevola-Bosco-Mascarpino infolge des Auskeilens der mesozoischen Züge zu der einheitlichen Masse der Tessinerdecke. Diese Vereinigungslinie läuft ungefähr konform dem äussern Stirnrand des lepontischen Deckenbogens zwischen Brig und dem Bedretto. Von der Tosa bis zur Peccia fallen die Axen im ganzen erst flach, dann steiler nach Osten.

Östlich von Peccia wachsen die Komplikationen. Da legt sich, scheinbar auf den Maggialappen, die Mulde von Fusio und darüber der Gneisslappen des **Campotencia**. Unter demselben erscheinen in der Leventina die Mulden von Piumogna und Prato, darunter endlich, in scheinbar analoger Stellung wie der Maggialappen, das Massiv des Lucomagno. Aber der Lucomagno ist nicht das Äquivalent des Maggialappens und die Mulde von Piumogna ist nicht die von Fusio. Der Campotencialappen setzt hoch über dem Lucomagno und der Mulde des Pizzo Molare in die Cresta di Sobrio fort, und jenseits des Blegnotales in die Masse des Simano. Dieser aber bildet die Basis der Decken der Adula, d. h. des Maggialappens. Betrachten wir das Längsprofil zwischen Peccia und der Leventina als normal, so folgt daraus, dass Campotencia-Simanolappen der Decke des Grossen St. Bernhard oder gar dem Monterosa gleichzusetzen wären. Der Simano aber besteht aus Antigoriogneiss und bildet in der

Adula deutlich die Basis der typischen Bernharddecke. Auch nach den neuen Untersuchungen von *Jenny*. Die Diskrepauz liegt offen zutage.

Die Lösung, die seinerzeit *Argand* vorgeschlagen hat, räumt jede solche Schwierigkeit aus dem Wege. Sie bleibt auch heute noch die einzige, allen Tatsachen gerecht werdende Lösung. Folgen wir ihr.

Der Maggialappen taucht nur in seinen südlichsten Partien, bei Fusio und Peccia, unter das Gneissmassiv des Campotencia hinab, und auch dies nur unter sehr steilem Winkel. Die Mulde von Fusio steht fast senkrecht. Nördlich des Campolungopasses jedoch liegt der Maggialappen deutlich über der Campotenciastirn. Genau wie drüben am Pizzo di Castello über der Stirn der Antigoriogneisse. Und genau wie dort treffen wir auch hier an der Basis des Maggialappens die Lebendundecke, in den Gneisschuppen nördlich der Meda, die denen von Gheiba entsprechen. Südlich Peccia gelangen wir ohne jeden Unterbruch aus dem Kristallin von Bavona in die Gneisse des Pizzo Ruscada und damit in die Campotenciamasse hinein. Eine Grenze von Bosco bis zum Mascarpino mitten durch dieses Kristallin zu ziehen, wie *Preiswerk* und neuestens auch *Frischknecht* dies tun, widerspricht allen beobachtbaren Tatsachen und geht absolut nicht an. Die obere Grenze des Orthogneisses ist doch noch lange keine tektonische Grenze zwischen zwei Decken. Und eine andere Grenze existiert nirgends. Val Bavona und Campotencia hangen vielmehr direkt zusammen. Nur treten die Orthogneisse im Osten gegenüber den Paraserien mehr zurück. Dies ist der einzige Unterschied. Der Campotencialappen ist die Fortsetzung der Antigoriodecke. Die Mulde von Fusio entspricht der des Mascarpino, sie reicht nicht vergebens bis genau auf dieselbe Breite zurück. Der Maggialappen aber ist zwischen den beiden Domen der Val Bavona und des Campotencia tief quer versenkt in einer steilen Querfalte. Dieselbe ergreift das ganze Tessiner Deckensystem einheitlich und verbiegt dessen Axen zu einer fast Nord-Süd verlaufenden, queren Mulde. Dieselbe ist schwach nach Westen überkippt, und dieser Überkippung verdanken wir die steile Stellung der Mulde von Fusio.

Der südliche Maggialappen liegt in dieser Quermulde tief eingesenkt, eingeklemmt zwischen seine Unterlage im Westen, die Antigoriogneisse, und seine Unterlage im Osten, die Campotenciamasse. Südlich der Linie Mascarpino-Fusio ergreift die Querfalte die vereinigten kristallinen Kerne der beiden Lappen. Das Längsprofil auf Tafel III zeigt die tatsächlichen Verhältnisse. Die Mulde des Mascarpino taucht nordwestlich Peccia steil axial in die Tiefe unter den Maggialappen, bei Fusio jedoch steigt sie wieder, nun nach Westen überkippt, aus der Tiefe unter dem Maggialappen empor, und nach kurzer Zeit normal über den Gneissen des Campotencia in die Luft.

Die Masse des Campolungo-Campotencia entspricht daher unzweideutig der Antigoriodecke, und der Maggialappen erscheint nur als tief in eine Quermulde eingesenkter Teil der Bernhard- und Leonedecke. Östlich der Querfalte von Peccia steigt er steil in die Luft, und seine Fortsetzung ging hoch über die Gipfel des Campotencia hinweg hinüber in die Adula. In dieser Hinsicht stimmt unsere nun seit Jahren verteidigte Anschauung auch völlig mit der nun von *Frischknecht* geäusserten überein. Mit der definitiven Einreihung des Campotencialappens in die Antigoriodecke aber erkennen wir auch die Antigorionatur des Simano, die schon längst durch tektonische Form und Gesteinscharakter gegeben schien.

Damit schliesst sich die Lücke zwischen Tosa und Adula völlig. Die tiefste Simplondecke, der **Antigoriogneiss**, zieht aus Val Formazza durch Bavona und Peccia in die **Campotenciamasse**, und von da über die Cresta di Sobrio hinein in den Simano.

Gegen diese Art der Parallelisierung zwischen West und Ost gibt es nur einen Gegengrund, die Verschiedenheit des Kristallinen in Val Bavona-Formazza einerseits, im Campotencialappen anderseits. Im Westen die mächtigen Kuppeln der Orthogneisse, im Osten in der Hauptsache eine mannigfaltige Paraserie. Dieser stratigraphische Grund ist aber absolut nicht stichhaltig, denn das alte Grundgebirge der Decken ist nirgends ganz gleichmässig gebaut und zusammengesetzt. Beispiele dieser Art kennen wir heute genug, von der Silvretta hinab bis ins Aarmassiv. Der Paracharakter des Campotencialappens spricht also in keiner Weise gegen den Zusammenhang mit der Antigoriodecke. Zwei wichtige Tatsachen sprechen im Gegenteil dafür. Zunächst zeigt sich in der Region von

Peccia, d. h. dem postulierten Verbindungsstück der beiden Deckenteile, tatsächlich ein Übergang von der Orthoentwicklung der Decke im Westen zum Pararegime des Ostens. Die Karte von *Preiswerk* zeigt dies deutlich. Dann aber stellt sich im Osten, jenseits des Tessins, der Orthocharakter der Decke mit allen westlichen Simploncharakteren wieder ein, besteht doch das ganze Massiv des Simano zum weitaus grössten Teil aus den Antigoriogneissen. Der Simano steht im Gesteinscharakter dem Campotencia so fremd gegenüber wie dieser etwa Val Bavona. Aber niemand zweifelt deswegen am Zusammenhang von Simano und Campotencia, trotzdem derselbe infolge der tiefern Durchtalung noch viel weniger ausgeprägt ist als das Fortsetzen der Campotenciamasse nach Val Bavona hinein. Das Aussetzen der Orthogesteine der Antigoriodecke im Campotencialappen ist nur ein vorübergehendes, zeitweises, im Osten setzen dieselben im Simano nur um so kräftiger wieder ein.

Der Gesteinscharakter der Campotenciaserie spricht daher in keiner Weise gegen seine Zugehörigkeit zur Antigoriodecke, im Gegenteil spricht heute der ganze Zusammenhang dafür.

Die **Querfalte von Fusio-Peccia** lässt sich tatsächlich aber auch sehen. Gegen Norden klingt sie aus, wie alle Querfalten der innern Alpenteile, in der flachen Wanne, in welcher der nördliche Maggialappen liegt. Gegen Süden setzt sie fort in den zur Tessinermasse vereinigten Gneissen der Antigorio- und der Leonedecke. Nördlich Peccia nun sehen wir die Gesteine des Maggialappens nicht als völlig konkordante Serie ostwärts zur Tiefe schiessen, sondern dieselben bilden einen gegen oben schwach geöffneten, steilen Fächer. Es ist nichts anderes als der Fächer der Quermulde von Fusio, in der der Maggialappen eingeklemmt liegt. Desgleichen sehen wir aber auch das gegen Westen gekehrte Knie der Querfalte, wo die aus der Tiefe emporsteigenden überkippten Teile der Mulde in geschlossenem Bogen flach nach Osten zurückschwenken. Schon die Karte von *Preiswerk* bezeugt dies im Campotenciamassiv selber. Dann aber zeigt sich nach *Preiswerk* dieses Umschwenken in prachtvoller Art in den Bergen zwischen Maggia und Verzasca, vor allem am Pizzo Piancaccia und am Madone di Giove. Dort sehen wir tatsächlich die östlichen Gneisse, die in ihrer Lage der Tenciamasse entsprechen, in gewaltigem Bogen nach Westen überschlagen, über die Gesteine der höhern Einheiten hinweg. Das Knie des Piancaccia in Valle Osola und die Fächerstruktur des Maggialappens bei Peccia sind deutliche Beweise der Maggiaquerfalte. Ich verweise zudem auf Fig. 8.

Preiswerk hat vor einem Jahr die Querfalte der Tessineralpen gleichfalls akzeptiert, ihr aber eine ganz enorme Breite zugeschrieben. Dieselbe kommt ihr nicht zu. Sie basiert auf der irrtümlichen Parallelisierung der Verzascagranite mit denen von Verampio, deren Zusammenhang durch nichts erwiesen und auch nirgends aufgeschlossen ist. Die kleinere Querfalte, wie sie *Argand* vorgeschlagen hat und wie sie nun auf Tafel III dargestellt ist, trägt den tatsächlichen Verhältnissen genügend Rechnung.

Fassen wir zusammen!

Die Antigoriodecke setzt aus Val Formazza über Bavona und Peccia in den Campotencia und in den Simano fort. Darüber erscheint, mit spärlichen Resten der Lebendundecke an der Basis, **der Maggialappen als Vertreter der Bernhard- und der Leonedecke, im Süden tief in die Antigoriodecke quer eingefaltet und versenkt. Auf der Linie Crevola-Bosco-Mascarpino-Fusio** keilen die trennenden Mesozoika zwischen den tiefern Einheiten aus, und **die Simplondecken vereinigen sich innerhalb dieser Linie zu der einheitlichen Masse der Tessinergneisse.** Südlich dieser Linie sind alle Simplondecken miteinander vereinigt.

Im Norden erscheinen darunter die Gneisse der Leventina und des **Lucomagnomassivs** als die Vertreter der Verampioserie, vom Gotthard tief getrennt durch die Mulden von Piora und Bedretto. Ist diese Serie schon autochthon oder ist es noch eine Decke? Mit andern Worten, geht die Mulde von Piora noch südlich unter den Lucomagno hinein, oder keilt sie in mässiger Tiefe bald aus, und vereinigen sich Gotthard- und Lucomagnomassiv zu einer einheitlichen autochthonen Masse?

Kristalline Facies und Tektonik des Lucomagnomassivs sprechen klar für seine Natur als tiefste penninische Decke. Trotzdem das Liegende dieses Massivs nirgends aufgeschlossen ist, haben wir

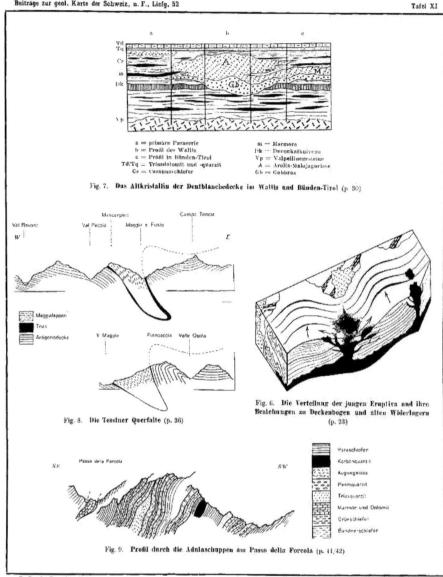

a = primäre Paraserie
b = Profil des Wallis
c = Profil in Bünden-Tirol
Td/Tq = Triasdolomit und -quarzit
Cs = Casannaschiefer

m = Marmore
Dk = Devonkalkniveau
Vp = Valpellinegesteine
A = Arolla-Malojagneisse
Gb = Gabbros

Fig. 7. Das Altkristallin der Dentblanchedecke im Wallis und Bünden-Tirol (p. 30)

Fig. 8. Die Tessiner Querfalte (p. 36)

Fig. 6. Die Verteilung der jungen Eruptiva und ihre Beziehungen zu Deckenbogen und alten Widerlagern (p. 23)

Fig. 9. Profil durch die Adulaschuppen am Passo della Forcola (p. 41/42)

52

mehrere Anhaltspunkte für diese Auffassung. Die Gesteine des Lucomagno sind von denen des Gotthard ziemlich verschieden, es sei nur an das Fehlen der Tremolaserie erinnert. Ein Auskeilen der Pioramulde und eine wirkliche Verbindung mit dem Gotthard kennen wir nirgends. Die Lagerung der Lucomagnogesteine ist nur im Norden, vor dem Gotthardmassiv, eine steile, gegen Süden verliert sie sich rasch und liegen die Gneissbänke horizontal wie in den penninischen Decken. Führen wir die Pioramulde den Gneissen des Lucomagno konform in die Tiefe, so muss dieselbe wie die Gneisse in südlicher Richtung zurückschwenken, d. h. dieselben unterteufen. Die ganze Form des Lucomagnomassivs und seine Tektonik zeigt also dessen Deckennatur. An der Stirn einer Lucomagnodecke können wir den Gotthardfächer begreifen, an der Stirn einer autochthonen Masse jedoch nicht.

Wir betrachten daher den **Lucomagno** als **tiefste Decke des penninischen Systems.** Dieselbe tritt nur im Tessin auf grössern Strecken aus Tageslicht, auf der grossen zentralen Kulmination der alpinen Decken. Im Fenster von Crodo erscheint sie noch im Grunde der Tosakulmination als tiefstes Glied der Simplondecken.

Wo liegt nun die Südgrenze dieser mächtigen Simplondecken im Tessin? Wo zieht die **Basis der Bernharddecke** durch den Tessin nach Bünden hinein? Das Studium dieser wichtigen Frage führt uns weit in den Süden der Maggia- und Verzascatäler hinab. Erst auf vagen Spuren ahnen wir den grossartigen Bau dieser immensen Gneissgebiete. Wieder sind es in erster Linie die in Gang befindlichen Aufnahmen von *Preiswerk*, denen wir neben frühern eigenen Beobachtungen folgen.

Im hintersten **Onsernone** und südlich **Cerentino** in Valle di Campo legen sich über die Gneisse der vereinigten Simplondecken die kristallinen Massen einer höhern Einheit. Es ist die Bernharddecke. Bei Someo erreicht der trennende Zug von Triaslinsen das Tal der Maggia. Das ganze Gneissgebirge südlich dieses Zuges bis an die Wurzellinie hinab gehört dieser obern Einheit an. Nach Osten zieht sie in die südlichen Teile der Verzascatäler, nach Westen hebt sie über der Tosakulmination in die Luft. Wie vollzieht sich der Zusammenschluss mit der Bernharddecke des Wallis?

Argand hat uns gezeigt, dass südlich Val Bognanco die vereinigten Gneissmassen der Simplondecken nochmals nach Süden ansteigen bis zum Colle Selarioli. Erst dort sinken sie steil wurzelwärts zur Tiefe. Bis dort hinein sind sie durch Mesozoikum von der kristallinen Basis der Bernharddecke getrennt. Zwischen Crevola und Val d'Antrona bilden sie eine flache Mulde, den sogenannten «Löffel von Bognanco». Diese grosszügige Bauform muss sich nun auch östlich der Tosa noch zeigen, sie kann nicht ohne weiteres verschwinden, und wir müssen sie in den Tessineralpen wieder finden. In den Gebirgen um Val Vigezzo muss sich dieser Löffel von Bognanco wiederholen. Tatsächlich deutet schon die Karte der Italiener etwas Derartiges an. Zunächst streichen die mesozoischen Ophiolithe zwischen Bernhard- und Simplonwurzeln wenig südlich Domodossola von einer Talseite auf die andere, und in gleicher Richtung weiter, an den Südhängen von Val Vigezzo hinauf gegen Santa Maria Maggiore. Das Gebiet der Pioda di Crana gehört daher mit Sicherheit zu den vereinigten Simplondecken. Von Santa Maria Maggiore leitet nun eine Anzahl bisher isolierter Marmor- und Ophiolithfetzen quer durch das Gebirge über eine Tal- und Passlinie zu jenen Marmoren im Hintergrund von Onsernone, die schon *Bernhard Studer* gekannt hat, und die nun *Preiswerk* neuerdings wieder gefunden. In der Gegend nördlich Santa Maria Maggiore muss sich daher ein ähnliches Knie als Deckenscheitel finden, wie jenseits der Tosa am Passo Selarioli. Dieses Knie zeigt sich übrigens schon in der Kette des Pizzo di Ruscada nördlich des Centovalli, ich habe es seit 1915 von Locarno aus beobachtet. Dem steilen Südfallen im Centovalli folgt gegen die Onsernonetäler hin zunächst das Nordfallen, das dem Umbiegen aus den Wurzelstielen in den Löffel von Bognanco entspricht, dann steigt die ganze Deckenplatte abermals flach nordwärts an, auf die Kuppel der Simplondecken bei Bosco. Genau dasselbe wie in Bognanco. Zunächst steiles Ansteigen der Decken aus den Wurzeln der Tiefe, dann nordwärts Eintauchen in die Mulde von Bognanco, dann endlich Ansteigen auf die Kuppel der Simplondecken. Nichts anderes als der Löffel von Bognanco im Kern der Bernharddecke.

Damit schliessen sich die tektonischen Verhältnisse des Tessins genau denen westlich der Tosa an. Im Kartenbild wiederholt sich die südliche Ausbuchtung der Simplondecken zwischen

Bognanco und den Wurzeln auch östlich der Tosa im Val Vigezzo, und die Kontur des Löffels von Bognanco erkennen wir symmetrisch Val Bognanco im oberen Isornotal.

Vom Ossola bis hinüber in die Maggiatäler kennen wir also heute in grossen Zügen die Basis der Bernharddecke und damit die Südgrenze der Simplondecken. *Preiswerk* setzt dann die Bernharddecke nach Norden ununterbrochen in den Maggialappen fort. Wir können ihm indes auf diesem Wege nicht folgen. Der obere Maggialappen ist nur eine isolierte Klippe der Bernharddecke, und die grosse Hauptmasse der zusammenhängenden Bernharddecke streicht in den südlichen Bergen weiter. Zwischen Maggia und Verzasca fehlen zurzeit zwar noch genauere Beobachtungen, ausser einigen wegleitenden Angaben von *Preiswerk*, in **Val Verzasca** hingegen gewinnen wir wieder den festen Boden des Zusammenhanges.

Als Tiefstes erscheint dort der Tessinergneiss der Leventina und der Riviera, d. h. der Gneiss des Lucomagnomassivs. In gewaltiger Mächtigkeit breitet sich darüber der Verzascagranit, mit seinen grandiosen Felsenmauern die unsägliche Wildheit dieser Täler begründend. Die tiefgerissenen Cañons im flach gelagerten Verzascagranit stehen wohl einzig in den Alpen da, und bilden ein würdiges Gegenstück zur vertikalen Granithandschaft des Bergells. An der Basis dieses Verzascagranites erscheint, völlig isoliert, die Marmorlinse von Frasco. Sie trennt den Granit vom liegenden Tessinergneiss, und an diesem Punkte hat die tektonische Analyse einzusetzen.

Der Marmor von Frasco trennt den Gneiss der Leventina, also des Lucomagnomassivs, vom Verzascagranit. **Der Verzascagranit gehört in den Kern der vereinigten Simplondecken.** Er setzt auch über das südliche Tessintal in die Gebirge zwischen Biasca und Calanca fort, und weiter in den Simano, und seine nördlichen Ausläufer ziehen hinaus in den Campotencialappen. Im östlichen Verzasca nun sehen wir diesen granitenen Kern der Simplondecken unter einem ausgedehnten Bande von Bündnerschiefern verschwinden, und stösst eine obere Decke weit über die Kämme der **Cimalunga** nach Norden vor. Es ist nichts anderes als die Bernharddecke. Im Pizzo di Vogorno sinkt sie in wundervollem Bogen in die Tiefe zur Wurzel, und südlich daran schliessen sich die seit 1915 bekannten Wurzelzonen der südlichen Verzasca an. Südlich Valle della Porta legen sich auf die Bernharddecke des Vogorno die Massen der höheren Penniden, und streichen über die Cima dell' Uomo und den Gaggio nach Osten. Dort treffen wir an der Basis dieser höheren Elemente die mesozoischen Züge der Val Gnosca. Dieselben liegen also höher als der Zug der Cimalunga, sie müssen über Valle della Porta in das Dach der Vogornomasse hineinstreichen. Ophiolithe fand ich seinerzeit noch an den unteren Gehängen der Valle della Porta zwischen die Gneisse eingeklemmt, schenkte ihnen aber damals keine weitere Beachtung. Das Problem der Wurzeln harrt in diesen Gegenden noch immer der definitiven Lösung. Ich hoffe, dieselbe in Bälde durch den Abschluss der Kartierungen zwischen Tessin- und Maggiatal, die Wurzeln betreffend, beibringen zu können. Über den Tessin erreichen wir die synklinalen Züge von Castione und Algaletta, und damit das sichere östliche Ufer des unbekannten Tessin.

In Val Verzasca lassen sich also die Simplondecken ausgezeichnet von den höheren Penniden trennen. Der obere Rand des Verzascagranites, resp. seiner prätriadischen Schieferhülle gibt die Grenze. Über Madone del Giovo und Piancaccia führt er uns gegen das Maggiatal, und nur dort bleibt eine kleine Lücke im Zusammenhang.

Im Grossen aber ist folgendes gesichert: Von Someo greift die Bernharddecke zunächst noch etwas über die Simplondecken hinauf. Dann zieht sie sich über, oder vielmehr infolge der Maggiaquerfalte neben denselben zurück ins südliche Verzascatal, das sie in der Gegend von Gorippo quert. Über den Pizzo di Vogorno stösst sie dann abermals weit nach Norden vor, bis an die Cimalunga, hier auf weite Strecken von der Masse der Simplondecken durch Bündnerschiefer getrennt. **Das Gebiet der oberen Verzascatäler erscheint daher als mächtiges Halbfenster der Simplondecken, rings umrahmt von den klippenförmigen Resten der Bernharddecke.**

Im **Tessintal** zieht sich die Bernharddecke gleichfalls in einem gewaltigen Halbfenster zurück, bis südlich von Claro. Die darunter erscheinenden Simplondecken reichen vom Tal bis hinauf auf den Gipfel des Pizzo di Claro, und erst östlich der südlichen Calanca drängt die Bernharddecke von neuem vor, in die eigentliche Adula hinein. Der kompliziert gebaute Zug der Zapportmarmore bildet dort deren Basis.

Damit haben wir den Anschluss an Graubünden gewonnen und verlassen den Tessin. Noch eine Fülle von Problemen bleibt in diesen Bergen zu lösen, und mehr als je muss hier exakte Kartierung einsetzen. Das Gebiet vom Ossola bis hinüber zur Calanca, und von den Wurzeln bis hinauf zu den nördlichen Stirnlappen muss einheitlich bearbeitet werden. Mögen uns die Aufnahmen *Preiswerks* endlich die wahre Erkenntnis bringen. Damit verlassen wir das riesige Gebiet der Tessineralpen und wenden uns den Penniden Graubündens zu.

3. Die Penniden Bündens.

Die Penniden Bündens füllen den ganzen Raum vom Tessin bis hinauf an die Basis der Ostalpen. Hier finden wir noch einmal die ganzen Westalpen auf kleinem Raume konzentriert beisammen, von den Tiefen des Simplon bis hinauf zu den Höhen der Dentblanche. Das Fallen der Axen in die tiefe Bündnersenke bringt ein Element der oberen Penniden nach dem andern von den Höhen über dem Tessin herab ins mannigfaltige Gebirge Bündens. Das ist ja überhaupt der Vorzug und die Bedeutung Bündens, dass auf unverhältnismässig kleinem Raum die grösste tektonische Mannigfaltigkeit herrscht, eben dank dem einheitlichen anhaltenden Fallen aller Axen in die Depression Graubündens hinab. Das endgültige Untertauchen der autochthonen Massive am Rhein hat uns diese reiche Gliederung gebracht.

Die Penniden Bündens sind in den letzten Jahren so gut bekannt geworden, dass ich darauf nur kurz einzutreten brauche. Ich kann auf meine früheren Darstellungen, und die im Grossen denselben folgenden Kapitel in *Heims* «Geologie der Schweiz» verweisen, und möchte nur das Wichtigste zusammenfassen, einiges Neue beifügen, und etliche Irrtümer, die Deckenzuteilung betreffend, die in der letzten Zeit vorgekommen sind, aufklären. Ich beginne im Westen, in Val Blegno, mit den Decken der **Adula**.

Über der Decke des Lucomagno folgen dort zunächst, genau wie drüben in der Leventina, einige kleinere Deckfalten zwischen Ponte Valentino und Torre, dann darüber die grosse Stirn des Antigoriogneisses im Simanomassiv. Wie weit die Trennung zwischen diesen untersten Einheiten nach Süden reicht, wissen wir nicht. Gehört der Marmor von Frasco hierher, wie fast sicher anzunehmen ist, so ist die Überfaltungsbreite der Simanodecke jedenfalls eine beträchtliche, zirka 15 km. Das ist aber auch im Westen die Überfaltungsbreite des Antigoriogneisses, von der Stirn zurück bis ins Fenster von Crodo. Die kleinen Vorfalten bei Olivone und Piumogna erklären sich dabei leicht als Abschürfungen vor der Antigoriostirn. In Val Soja finden wir darüber die Lebendundecke, nördlich und südlich im Mesozoikum ausklingend. Um die Stirn der Adula gelangen Fetzen der Lebendundecken hinauf in die Bedrettomulde, wie drüben am Passo di Naret um die Stirn des Maggialappens, und um die Stirn des Simano sie diese Lebendundecke eingewickelt wie drüben im Simplontunnel und im obern Formazza unter den Antigoriogneiss. Über der auf diese Weise komplizierten Muldenzone der Val Soja folgen die eigentlichen Decken der **Adula**. Deutlich zweigeteilt in eine untere und eine obere Einheit. Die untere, seinerzeit von mir als Carassinadecke bezeichnet, ist das genaue Äquivalent der Leonedecke; sie führt, wie drüben der untere Maggialappen bei Alpigia, einen mächtigen Zug von Orthogneissen. Darüber folgt, durch die äusserst kompliziert gebaute Zone der Zapportmarmore vom Nordrand der Adula weg bis weit nach Süden hinab von der unteren Einheit getrennt, die Decke der oberen Adula, die im Rheinwaldhorn kulminiert, und die ich deshalb als die **Rheinwalddecke** bezeichne. Es ist das Äquivalent der **Bernharddecke**, das hier in grossartiger Mächtigkeit an den Quellen des Rheins die ganze zentrale und östliche Adula aufbaut. Mit der liegenden Carassinadecke ist diese Rheinwalddecke in einer Art und Weise verfaltet und verschmolzen, wie dies vom Simplon her zwischen Bernhard- und Leonedecke bekannt ist. Das Profil, das *Jenny* und *Kopp* durch die **Adula** zeichnen, **ist das Simplonprofil**. In absolut genauer Wiedergabe sogar. Und wenn die heutigen Adulageologen, d. h. in der Hauptsache *Jenny*, die Einheit der Aduladecke von Val Soja bis zum Bernhardin postulieren, so können sie dies mit demselben Recht auch für die Bernhard-Leonedecke am Simplon tun.

Auf jeden Fall ist die Parallelisierung: **Simano-Antigorio-, Soja-Lebendun-, Carassina-Leone** und **Rheinwald-Bernharddecke** die auch heute noch richtige. Daran können die Adulageologen nicht rütteln, bevor sie nicht für den Simano die behauptete Äquivalenz der Leonedecke tatsächlich nachgewiesen haben. Dies aber ist eine Aufgabe für sich, und deren Lösung liegt weit ausserhalb der Adula, im westlichen Tessin. Dort aber spricht alles für die Parallelisierung Simano-Antigorio.

Ich halte demnach an der alten Parallelisierung der Aduladecken fest und betrachte dieselbe zwar nicht als Grundlage, aber doch als harmonische Ergänzung des früher entworfenen Bildes von der Tektonik der bündnerischen Penniden.

Die Trennung zwischen Simano- und Soja-Carassinadecke, die **Teilung der Simplondecken**, d. h. die Mulde von Val Soja, reicht in ihrem Mesozoikum, und dies allein ist sicher und massgebend, nur zurück bis in die Gegend südöstlich Malvaglia. *Jenny* fand ihre letzten abgequetschten Spuren nördlich Val Pontirone, und verbinden wir diesen Endpunkt der Sojamulde mit der Linie Fusio-Mascarpino-Bosco-Crevola, so erhalten wir einen Bogen, der beinahe parallel dem Stirnrand des lepontischen Deckenbogens verläuft. Ein neuer Beweis für die Antigorionatur des Simano.

Tiefer nach Süden greift die Trennung der **Zapportzone**. Sie hat *Frischknecht* durch den Hintergrund der Calanca über den Calvaresezug bis über den Fil di Nomnone hinaus verfolgt, und zur selben Zone werden wohl auch die Marmore von Landarenco und endlich die auf dem Pizzo Claro gehören, als eine neue tiefere Etage der grossartigen Treppe, die diese Marmorzone vom Zapport bis in die mittlere Calanca darstellt. Die mesozoische Trennung zwischen Leone- und Bernharddecke greift also auch in der Adula mit Sicherheit bis fast in die Wurzeln zurück. Genau wie westlich des Ossola auch. Die Wurzel der eigentlichen Bernharddecke liegt in der schmalen Paraschieferzone nördlich der Algalettatrias, sie ist dort genau so schmal wie drüben jenseits der Tosa, und die Wurzel der **vereinigten** Simplondecken, nicht nur des Simano, folgt erst nördlich davon in den Orthogesteinen der eigentlichen Zone von **Claro** selbst.

Die Algalettatrias entspricht nach wie vor der Trias der Adula, Algaletta ist die trennende Wurzelmulde zwischen Adula-Bernhard-, und Tambosuretta-Monterosadecken. Die neuesten *Koppschen* Argumentationen bestehen hier nicht zu Recht, der Zusammenhang der Marmore vom Clarogipfel mit denen von Algaletta ist durch nichts erwiesen. Alles deutet vielmehr darauf hin, dass die schon am Pizzo di Claro nur gegen 10 m mächtige Mesozoika nicht in den 60—70 m mächtigen Zug von Algaletta hineinziehen, sondern im Kristallin nördlich davon auskeilen. Bezeichnenderweise sind ja auch die Orthogneisse der Zone von Claro durch die von *Kopp* und mir ungefähr gleichzeitig gefundenen Paraschiefer von Peruzzana zweigeteilt, und diese Paraschiefer sind eben die letzten Reste der trennenden Mulden zwischen Simplon- und Bernharddecken. Was südlich von ihnen bis an die Basis der Algalettamarmore liegt, gehört der Bernharddecke an, was nördlich gegen Claro hin folgt, den zur Tessinermasse vereinigten Simplondecken. Mit dem Auskeilen der trennenden Paraschiefer vereinigen sich die Wurzeln der Simplon- und der Bernharddecken zu der einheitlichen Zone von Claro.

Die Zone von Claro umfasst daher, wie ich seit 1915 erklärt habe, die Wurzeln der **Adula-** und **Simplondecken**. Es entspricht nicht den Tatsachen, dass ich die Zone von Claro als die Wurzel der Aduladecke allein betrachtet habe, die darauf bezüglichen Einwände von *Kopp* fallen also dahin. Halten wir fest:

Die mesozoische Trennung zwischen Adula- und Simplondecken keilt südlich des Pizzo di Claro in den kristallinen Schiefern der Zone von Claro, im besondern den Paraschiefern von Peruzzana, aus. Sie erreicht damit die eigentlichen Wurzeln nicht. Die Marmore von Algaletta sind die Wurzel des Adulamesozoikums, der Bernharddecke, der darauffolgende Castionezug die des Monterosa. Die Wurzelgliederung von 1915 bleibt also hier zu Recht bestehen.

Interessant wird nun die weitere **Verfolgung der Simplon-, Tessiner- und Bernharddecken gegen Osten**.

Da wiederholt sich noch einmal deutlich der Löffel von Bognanco auch östlich des Tessin. Die Simplondecken greifen hier im Osten nochmals in ähnlicher Weise tief ins Gebiet der Bernharddecke ein, wie westlich der Tosa zwischen Ossola und Antrona, die grosse «Bucht von Antrona» wiederholt sich spiegelbildlich in der unteren Calanca und Mesolcina. In der untern Calanca greifen die Simplondecken zwischen Pizzo di Claro und Santa Maria Maggiore in einem mächtigen Halbfenster 7—8 km tief unter die Bernharddecke ein, eine Annahme, die nun in letzter Stunde auch durch die neuen Studien Kopps in schönster Weise bestätigt wird. Bei Santa Maria Maggiore aber schwenkt die von Kopp dort rein nach geometrischen Befunden vermutete Grenze zwischen Bernhard- und Simplondecken, Mesozoikum fehlt bis jetzt, scharf nach Osten gegen die Valle di Cama hinein. Dort aber treffen wir an dieser wichtigen tektonischen Linie eine mächtige Linse von Serpentin, ähnlich dem von Chiavenna, die sich als grosses mesozoisches Paket zwischen Simplon-, und Bernhard-Aduladecken einschaltet. Ich habe diese Serpentine westlich Promegno im Südhang des Sasso di Castello im Frühsommer 1922 entdeckt und sie damals schon mit der Untergrenze der Adula in Verbindung gebracht. Die neuen Koppschen Aufnahmen bestätigen heute den vermuteten Zusammenhang vollständig. Kopp hat 1922 die Adulabasis bis nach Cama hin verfolgt, 1923 fand er in der Fortsetzung jener Linie gleichfalls den Serpentin in Valle di Cama und verfolgte denselben weiter, als stark axial nach Osten sinkenden, mit Marmoren verbundenen Zug weit nach Süden, westlich des Pizzo d'Ogino vorbei, in den Hintergrund der Valle di Leggia. Er bildet auf dieser Strecke den axial sinkenden Deckenscheitel der Tessinermasse, darüber legt sich im Osten die Adula. Kopp glaubt die Spuren dieses Zuges noch weiter im Süden, in der Gegend der Bocchetta Val di Cama und in den Lirotälern, zu erkennen, ich möchte ihm jedoch auf diesem Wege nicht mehr folgen. Die Scheitellinie der Decken streicht nach meinen neueren Untersuchungen in dieser Gegend aus der hintern Val Bodengo ungefähr südlich des Lago di Cama vorbei, in den Grat zwischen Sasso di Paglia und Pizzo d'Ogino, und die Berge südlich der Valle di Leggia gehören daher bereits zum Wurzelland; der mesozoische Zug der Serpentine von Valle di Cama, und damit die Adulabasis, muss daher samt der südlichen Adula über den Hintergrund der Valle di Leggia wiederum nach Westen, in die Tessiner Wurzelzone, zurückschwenken. Vielleicht keilt der Serpentinzug aber auch im Hintergrund der Valle di Leggia aus. Auf jeden Fall aber, dies geht aus der Tektonik der Valle di Cama mit Sicherheit hervor, umranden die kristallinen Schiefer der Adula die Simplondecken zwischen Cama und Leggia in geschlossenem Gewölbe im Norden, Osten und Süden, und bilden die vereinigten Simplondecken östlich der Moësa zwischen Valle di Cama und Valle di Leggia ein mächtiges Halbfenster im Rahmen der Adula.

Die Simplondecken greifen daher in diesen südlichen Misoxertälern in einem ähnlichen tiefen Halbfenster ins Gebiet der Bernharddecke ein wie westlich der Tosa zwischen Antrona und Bognanco. Die Symmetrie beidseits der lepontischen Deckenkulmination wird dadurch eine immer grossartigere.

Wenden wir uns nun den höheren Teilen der Adula zu.

Der **Rücken der Adula**, resp. der **Rheinwalddecke**, ist in riesige Teildecken zerschlitzt. Kopp und besonders *Frischknecht* haben dieselben auf ihren Karten prachtvoll herausgeschält, wie denn überhaupt die Erforschung der Adula seit 1920 gewaltig vorgeschritten ist. Es sei nur auf die eben zur Publikation gelangende neue geologische Karte der Adula von *Frischknecht*, *Jenny* und *Kopp* hingewiesen. Die Zone der oberen Adulalappen reicht bis über Misox hinaus. Darüber folgt in der eigentlichen mesozoischen Misoxerzone jener lange Zug von kristallinen Schuppen, der aus dem Wallis als der «Würmlizug» bekannt geworden ist. Ich traf diese oberen Abspaltungen der eigentlichen Adula, deren nördliche Ausläufer draussen in den Valserschuppen liegen, noch in voller Komplikation am Passo della Forcola, ja deren letzte Reste sogar noch beim Abstieg durch die Forcola hinab gegen Chiavenna. Das Mesozoikum der Adula ist demnach auch noch auf der italienischen Seite der Forcola deutlich vorhanden, vielleicht findet es sich in kleinen Resten durch das ungangbare Tobel noch bis hinab nach Gordona. Auf jeden Fall zieht die Deckengrenze zwischen Tambo und Adula nach Gordona hinunter, und gehört der ganze Talhang von dort bis hinauf an den Eingang der Valle San Giacomo schon zur Tambodecke. Diese ist dort schwach in die Adula eingewickelt. Dasselbe beobachten wir auch jenseits des Piano di Chiavenna östlich von Prato. Über Chiavenna selbst streichen die Ophiolithe der Misoxerzone durch das untere Bergell hinauf in die Bondasca, wo sie vom Bergeller-granit abgeschmolzen werden. (Siehe Fig. 9.)

Henny hat den Verdacht geäussert. die obere Grenze der Adula ziehe nicht über Chiavenna nach dem Bergell hinauf, sondern durch den Piano di Chiavenna nach Süden zurück, und die Gebirge zwischen Bergell und Codera seien nicht mehr zur Adula zu rechnen. Ich habe die Verhältnisse am Piano di Chiavenna daraufhin geprüft. Wohl streichen südlich Gordona, etwa vom Eingang der Val Bodengo an, besonders an dem prachtvollen Sporn der Torre di Signam, die Adulagesteine nach Südosten, dem Piano di Chiavenna entlang; am Hügel von Santa Caterina östlich Gordona jedoch, der mitten im Tale als der Rest eines alten Riegels steht, streichen die obern Adulaschichten direkt Ost-West, sogar schwach gegen Nordost. Und dasselbe beobachten wir an der «Capella del Pizzo» südlich Chiavenna.

Der **obere Teil der Adula** zieht demnach **deutlich** in die Kette des **Pizzo Prata** und die Berge von **Codera** hinein, der **tiefere** jedoch schwenkt schon am **Piano di Chiavenna** in die **Wurzel** um. Das ist des Rätsels Lösung.

Nordöstlich Sommaggio und in Val Mengasca südwestlich Samolaco sehen wir die **Scheitel-wölbung der Adula** in klarster Weise aufgeschlossen, und hinter dem Dorfe Bodengo erkennen wir bei Corte Terza dasselbe steile Knie im Kern der Adula wie oben am Pizzo di Cresem und im Misox. Val Bodengo liegt ungefähr im Scheitel der Aduladecke. Die Wasserscheide gegen die Lirotäler hin aber liegt bereits in den Orthogneissen der Tambowurzel, zwischen beiden muss daher die Deckengrenze zwischen Adula und Tambo durchziehen, als Verlängerung der Linie Algaletta-Casta-gneda. In Val Bodengo habe ich von Trias bisher aber noch nichts gefunden. Nur ein mächtiges Band von Paraschiefern schiebt sich dort zwischen die Orthogneisse der Adula- und die der Tambo-Suretta-decke ein. Die Gegend zwischen Chiavenna und dem Misox harrt immer noch der eingehenden Kar-tierung.

Die obere Abgrenzung der Adula bleibt also ungefähr die von 1915. Nur Details sind daran zu korrigieren. Was hingegen seit 1915 mehr und mehr hervortrat, das ist die weitere Zerschlitzung und Teilung der alten Adula. Die **Adula** zerfällt heute in **zwei** grosse Einheiten, die **Simplon-decken** unten, die **Bernharddecke** oben. Im Süden greifen die vereinigten **Simplondecken** in einem 13 Kilometer tiefen **Halbfenster** weit nach Osten unter die Bernharddecke hin-ein, dann **vereinigen** sich die beiden Abteilungen zu der grossen kristallinen **Zone von Claro.** In die Wurzeln reichen die Trennungen nicht. Den Südrand der Adula bildet die Linie Algaletta-Castagneda-Sasso di Paglia-Novate-Bagni del Masino, längs welcher die Adulagesteine unter die Masse der Tambowurzel eintauchen.

Über dem Adulamesozoikum des Misoxerzuges folgt in Bünden das machtvolle Deckenpaar der **Tambo-** und der **Surettadecke,** im Süden zu einer grossen Einheit verschmolzen. Es ist die Monterosadecke, die hier wieder einsetzt. Die typischen Monterosagneisse bilden den inner-sten gemeinsamen Deckenkern. Besonders in Valle San Giacomo und im Bergell erreichen dieselben grossartige Mächtigkeiten. Daneben erscheint wie im Westen die «zona grafitica», und erlangen alt-kristalline Chloritoidgesteine erhöhte Bedeutung. Auch die Glaukophaneklogite des Westens fehlen in dieser Einheit nicht. Durch die tiefe Mulde des Splügenpasses zerfällt diese Monterosadecke Bündens in die zwei grossen Lappen des Tambo- und des Surettamassivs. Im Osten trägt sie die meso-zoischen Gesteine der Zone Avers-Duan-Disgrazia-Malenco, die völlig der Mulde von Zermatt-Châtillon oder der Gegend von Susa entspricht, darüber folgt in der Margna die Dentblanchedecke mit ihren unmissverständlichen Valpellinegesteinen. Die Monterosanatur der Tambo-Surettadecke ist also völlig gesichert.

In neuerer Zeit hat *Wilhelm*, im Anschluss an seine schönen Studien in den Schamserdecken, den Versuch gemacht, die nördlichen Partien der Surettadecke, d. h. den **Roffnaporphyr,** völlig von den südlichen Deckenteilen im Avers, Bergell und Malenk zu trennen. Er hat dieselben einer höheren Einheit, der Margnadecke, zugewiesen. Da das Suretthorn selbst demnach der Margnadecke zugefallen wäre, musste *Wilhelm* den Namen der Surettadecke ersetzen durch einen Bergnamen aus der südlichen «Surettadecke». Er hat dann jene Einheit nach dem Piz Timun die **Timundecke** benannt.

Ich habe nach diesem, seinerzeit schon von *Roothaan* unternommenen Angriff auf die Integrität der alten Surettadecke die entscheidenden Regionen und die *Wilhelmschen* Argumente sorgfältig geprüft. Ich bin aber dabei zur völligen Ablehnung der *Wilhelmschen* Anschauungen gekommen. Aus folgenden Gründen:

1. Der wahre Roffnaporphyr ist nicht nur auf den Norden, d. h. die Surettamasse, beschränkt. Er findet sich auch in den von *Wilhelm* als Timundecke bezeichneten südlichen Deckenteilen. Er ist also beiden Deckenteilen, Suretta und Timun, gemeinsam. Im Bereich der sogenannten Roffnaporphyre der Surettamasse erscheinen sehr häufig «gneissige Varietäten des Roffnaporphyrs». Ich kann dieselben nicht oder kaum von den grünen Orthogneissen in der südlichen «Timundecke» im Bergell unterscheiden. Auch die «gneissigen Roffnaporphyre» sind daher beiden Deckenteilen gemeinsam. Im Bereiche des Roffnaporphyrs, in der Surettamasse, spielen auch die Casannaschiefer eine nicht unbedeutende Rolle. Sie kommen nicht nur im Süden, in der «Timundecke» vor, sondern auch in sicher zur «Surettamasse» gehörigen nördlichen Deckenteilen. Beispielsweise bei Ausser- und Innerferrera, und in Val d'Emet. Es ist also weder der Roffnaporphyr auf den Norden, noch der Casannaschiefer auf den Süden beschränkt, sondern sowohl Casannaschiefer als Roffnaporphyre erscheinen in beiden Deckenteilen. Es besteht daher gar kein Grund, eine Roffnaporphyrdecke von einer Casannaschieferdecke zu trennen, wie dies *Wilhelm* tut.

2. Ein Zusammenhang der Roffnaporphyre mit der Margnadecke ist nirgends zu sehen. Die Gneisse des Plattenhornes im Avers, die *Wilhelm* anführt, liegen noch mitten im Surettamesozoikum, und an die 15 km vom nächsten sichern Margnakristallin am Septimer entfernt.

3. Wohl aber hangen die Roffnaporphyre untrennbar zusammen mit den südlichen Casannaschiefermassen der «Timundecke». Keine einzige mesozoische Mulde trennt die beiden Deckenteile völlig, keine einzige Trias lässt sich aus dem Rücken der Timundecke durch die alte Surettaeinheit hindurch bis in die Deckenbasis des Splügenzuges verfolgen. Schon der alte *Studer* hat vergebens nach einer solchen Trennung gesucht. Sie ist nicht vorhanden. Vielmehr sehen wir deutlich die Triasmulden zwischen nördlichen und südlichen Deckenteilen ausspitzen, auskeilen, dieselben verbinden sich um die Dolomitmulden herum in klarer Weise zu einer einheitlichen Masse, eben dem Deckenkörper der alten Surettadecke. Oft sind diese Mulden in ausgezeichneter Weise symmetrisch gebaut und sehen wir die Dolomitspitzen derselben nach unten deutlich eingefasst und eingerahmt von den basalen Quarziten.

Nach *Wilhelm* liegt die Deckentrennung zwischen Roffnamasse und Timundecke im Trias-Bündnerschieferzug des Piz Mietz. Gerade dieser aber geht am allerwenigstens durch die ganze kristalline Masse der alten Surettadecke hinab, wie es die völlige Trennung der beiden Deckenteile verlangte; er ist weit davon entfernt, bis in die Basis der Decke, d. h. die Splügenpassmulde, hinabzugreifen, sondern wir sehen ihn südlich Alp Emet in halber Höhe des Berges zwischen den Roffnaporphyren, prachtvoll aufgeschlossen, auskeilen, beidseits von den weissen Quarziten der Triasbasis eingefasst. Es ist eine absolut einfache Mulde im Deckenrücken der einheitlichen alten Surettadecke, enggepresst an der Basis, in der Tiefe, gegen oben aber offen. Am Gipfel des Piz Mietz sehen wir dieses fächerförmige Sichöffnen der Mulde in aller wünschenswerten Deutlichkeit, und im Kern derselben finden wir sogar noch die basalen Breccien des Bündnerschiefers eingeklemmt. Das Kristallin der Roffnamasse im Norden verbindet sich um diesen klassischen Triaskeil des Piz Mietz in unzweideutiger Weise mit dem Casannaschieferkristallin des Piz Timun, und der Roffnaporphyr findet sich südlich der Trias noch gerade so gut wie im Norden derselben. Im Streichen dieser Mulde treffen wir am Passo d'Emet nur noch das Kristallin: Casannaschiefer und Roffnaporphyr, und der Kontakt zwischen beiden ist ein normaler. Und unter dem Passo d'Emet queren wir noch viele Hunderte von Metern das flachgelagerte Kristallin, bevor wir hinab in die Trias von Madesimo gelangen, und sehen dieses Kristallin von den Surettastöcken flach in die Timunmasse hinüberziehen, wo doch eine steile mesozoische Trennung zwischen «Surettamasse» und «Timundecke» existieren sollte. Nichts von alledem.

Es zeigt sich vielmehr deutlich, dass die Trias des Piz Mietz nicht quer durch die Decke hindurchgeht und dieselbe in zwei unabhängige Teile trennt, sondern dass dieselbe nur eine sekundäre Mulde im einheitlichen Deckenkörper der Surettadecke im alten Sinne darstellt.

4. *Wilhelm* deutet ferner die Stirn der Rückfalten von Samada, die hoch über dem Tale von Innerferrera in voller Pracht zu sehen ist, nicht als Rückfalte, sondern als überkehrte, unter sich eingewickelte, ehemalige normale Nordstirn eines Lappens der Margnadecke. Nach seiner Konstruktion, die in den Eclogae publiziert ist, verbindet sich die Trias von Ausserferrera über diejenige der Seehörner und des Surettahorns mit der Trias von St. Martin und der oben erwähnten Rückfaltenstirn ob Canicül. Diese Verbindung aber existiert nicht. Wohl lässt sich der Zug von Ausserferrera über das Seehorn und das Surettatal, wie *Wilhelm* richtig beschreibt. z. T. aber auch schon *Zyndel* gewusst hat, zum Surettahorn hinauf verfolgen. Dort aber keilt er aus, und schon *Wilhelm* muss zu weitgehenden Unterdrückungen des Zuges durch «sekundäre Überschiebungen» und dergleichen greifen. Aber auch gesetzt den Fall, die fragliche Trias des Surettahornes verschwinde in einer solchen Überschiebungsfläche im Kristallin der Roffnamasse, so kann diese Überschiebungsfläche nie und nimmer in die Trias von St. Martin münden. Diese endigt nämlich deutlich bei Mutalla sura, und ihre Fortsetzung im Kristallinen verfolgt man ohne jede Schwierigkeit nördlich des Piz Mutalla vorbei. Die fragliche Überschiebungsfläche im Streichen des Surettahorntrias aber würde, dies zeigt das Axengefälle deutlich, viel tiefer liegen, nämlich südlich unter dem Piz Mutalla. Die beiden Triaszüge des Surettahornes und von St. Martin können also nie zusammenkommen. Die Verhältnisse liegen vielmehr so, wie ich es auf meinen «Profilen durch die westlichen Ostalpen» in *Heims* «Geologie der Schweiz» dargestellt habe. Dort sieht man tatsächlich den Triaszug von St. Martin, wie es der Natur entspricht, hoch über dem Ende der Surettahorntrias auskeilen. Das Bild gibt die wahren Zusammenhänge, und die Kombination von *Wilhelm* beruht auf geometrischen Irrtümern. Die Rückfalte von Samada und Starlera lässt sich also nicht im Sinne *Wilhelms* umdeuten, sie **bleibt** eine **Rückfalte** wie von altersher.

Auch die Trennung zwischen *Wilhelms* Lappen von Andeer und seinem Surettahornlappen existiert nicht. Auch *Wilhelm* hat sie bis jetzt nicht gefunden. Das Ausspitzen dieser nördlichen Roffnaporphyre nach Süden, in die Bündnerschiefer der Alp Moos hinein, spricht keineswegs gegen die alte Deutung derselben als Rückfalten, als südwärts gerichtete Keile der Roffnamasse. Dieselben haben nur eine etwas andere Form, als man früher, zu *Albert Heims* und *C. Schmidts* Zeiten angenommen hatte. Und diese südwärtsblickenden Falten, diese Rückwärtskeile im Roffnaporphyr, sind eine allgemeine Erscheinung im Vorderteil der Surettadecke, sie hören auch in der «Timundecke» *Wilhelms* keineswegs auf, sondern sind in derselben über Campsut und Cröt, und durch Val di Lei bis ins mittlere Madristal prachtvoll aufgeschlossen. Die Rückfalten ergreifen also sowohl Roffnamasse wie Timundecke, sie sind eine allgemeine Erscheinung im Rücken der alten Surettadecke. Auf meinem «Profil durch die westlichen Ostalpen» habe ich die Verhältnisse, wie sie sich aus der Beobachtung im Gebirge ergeben, dargestellt, und habe denselben zurzeit nichts mehr beizufügen.

Die Surettadecke bleibt also die Surettadecke, und eine Verstümmelung dieser prachtvollen Einheit in eine abgeschürfte Margnastirn und eine Timundecke widerspricht allen wirklichen Beobachtungen. Die Rückfalten der Surettadecke bilden im Gegenteil ein wichtiges Charakteristikum für diese Einheit. Wir finden sie fern im Westen am Massif d'Ambin und der Doramaira in derselben Monterosadecke wieder, wir werden sie auch wiederfinden in der Monterosadecke der Ostalpen.

Wilhelm hat auch anhand seiner **Glaukophanfunde** meine «Parallelisierungsversuche» mit dem Wallis einer Kritik unterzogen. Er geht dabei aber von zwei falschen Voraussetzungen aus. Erstens stellt er in seiner «Glaukophanfrage von Graubünden» die Sache so dar, wie wenn ich den Funden von Glaukophanprasiniten im Avers und Bergell die grösste Bedeutung in der Frage der Deckenparallelisierung zugesprochen hätte. Die Funde von Glaukophangesteinen, im Bündnerschiefer der Surettadecke waren mir jedoch nicht im geringsten massgebend für die Parallelisierung dieser Einheit mit der Monterosadecke des Wallis. Wohl aber brachten mir eben diese Glaukophangesteine eine willkommene Bestätigung der auf ganz anderm Wege und ganz anderer, breiterer Basis gefundenen Äquivalenz. Ich glaube, ich habe mich in meinem Vortrag von 1919, die Parallelisierung der Decken betreffend, ziemlich klar ausgedrückt. Es heisst dort sogar bei der Besprechung der Surettaophiolithe: «nur fehlten bis jetzt die Glaukophangesteine im Ostens». Daraus erhellt die grosse Bedeutung, die ich damals in meiner Deckenparallelisierung zugesprochen habe. Und an andern Orten, als ich eben über die Glaukophanfunde erstmals berichtete, führe ich sie nicht als die Ursache, sondern «als weitere Bestätigung jener Deckenparallelisierung» an.

Wilhelm sieht ferner eine Dissonanz in meinen Parallelisierungen darin, dass die Glaukophaneklogite der Val di Lei, die ich übrigens gleichfalls seit 1920 kenne, nach meiner Auffassung im Kristallin der Monterosadecke liegen, die analogen alten Glaukophangesteine des Wallis aber in der Bernharddecke. *Wilhelm* hätte seinen Satz vom Gewagtsein der Parallelisierungen weglassen können. Auch ich habe wohl gewusst, dass die Glaukophaneklogite der Val di Lei und die der Val de Bagnes nicht in denselben tektonischen Einheiten liegen, aber deswegen ist mir doch nicht eingefallen, eine Parallelisierung, die auf weiterer Basis gewonnen worden ist, aufzugeben. Im übrigen sind Glaukophangesteine auch in andern Teilen des Monterosakristallins, nicht nur in Val di Lei gefunden worden, es sei nur an die Glaukophaneklogite im Doramairamassiv, das in so vieler Beziehung der Surettadecke entspricht, erinnert. Liegt nun in den Glaukophangesteinen des Surettakristallins mehr Diskrepanz oder mehr Bestätigung der Parallelisierung Tambo-Suretta-Monterosa? Ich finde, gerade die Glaukophangesteine, die *Wilhelm* aus Val di Lei beschrieben hat, sind eine weitere schöne Bestätigung der fraglichen Parallelisierung, geht doch daraus hervor, dass sowohl in Bünden wie in den Westalpen die gleiche Einheit, die **Monterosadecke**, Glaukophangesteine führt, sowohl in ihrem Kristallin als auch in ihrem Mesozoikum. Weder für die Bernhard- noch die Dentblanchedecke, die beide bis heute nur in ihrem Altkristallin Glaukophangesteine führen, trifft dies zu. Nur gerade in der Einheit, zu der wir auch aus andern Gründen die Surettadecke rechnen müssen.

Die Glaukophangesteine der Surettadecke, alte und junge, bilden daher wirklich nur eine Bestätigung der Parallelisierung dieser Einheit mit dem Monterosa, sie sind nicht nur eine vage Basis derselben, wie *Wilhelm* gemeint hat.

Die Monterosanatur der Tambo-Surettadecke bleibt demnach heute gefestigt, sie ist durch nichts erschüttert worden.

Im **Bergell** wird die Monterosadecke vom Bergellergranit schief abgeschnitten, und ihre Hauptmasse liegt eingeschmolzen in der gewaltigen Granitmasse der Forno-Albigna-Bondascagruppe. Nur die obersten Teile sehen wir nach Süden weiterstreichen in jener langen Kette von Schollen, die wir kennen vom Bergell durch das Fornogebiet bis in die Disgrazia hinein, und die die sichere Verbindung herstellen zwischen den Bündnerschiefern des Avers und den Serpentinen von **Malenco**. In denselben erscheint die kristalline Basis der Decke nochmals in dem Fenster von Lanzada, kuppelförmig unter dem Mesozoikum auftauchend, genau wie im Westen die kleine Gneisskuppel der Rosadecke bei Arceza in den Aostatälern. Im Scheitel der Disgrazia wiederholt sich die Kuppel des Monterosa und Gran Paradiso, und der schmale Wurzelkeil der Serpentine von Malenco erscheint als das getreue Abbild des mesozoischen Keiles in Val Anzasca und Gressoney.

Von hohem Interesse für die weitere Verfolgung dieser grossen zentralpenninischen Einheit in die Ostalpen hinein wird neben ihrem Gesteinscharakter in Bünden, und den Rückfalten in der Surettastirn die **Zerteilung der Decke** in grössere **Lappen** im Süden. Dort ist das einheitliche Surettakristallin durch tiefgreifende mesozoische Mulden in eine Anzahl eigener grosser kristalliner Lappen, einzelne Kerne, zerteilt, und oft dringt in diese Mulden von oben her sogar noch die hangende Decke, die Margna, ein. So überschiebt im oberen Bergell der kristalline Lappen des **Lavinairerusch** den normalen Deckenrücken der Duan- und Lizzunzone als ein höheres Teilelement, ein höherer Kern der eigentlichen Surettadecke. In den Schluchten am Nordfuss der Plattenwände der wundervollen Cima del Largo sehen wir denselben abermals überschoben von höhern Teilelementen, und legt sich auf die Bündnerschiefer des Lavinairlappens der Gneiss der Murtairakette. Die dazwischengeklemmte Mulde der Vallun del Larg öffnet sich nach oben, und in ihrem Kerne erscheinen die alten Valpelline-gesteine der Margnadecke, synklinal eingefaltet in eine Mulde des Surettarückens. Der Gneiss der Murtairakette setzt über das Fornogebiet und die Cima di Vazzeda in den Sockel der Disgrazia und das Fenster von Lanzada fort, er bildet zwischen Bergell und Malenk einen gross-artigen eigenen Teillappen der Surettadecke, den **Fornolappen.** Südlich Lanzada greift das Mesozoikum abermals in steilgestellter Mulde unbekannter Tiefe in den altkristallinen Körper der Suretta ein, als die Mulde von Chiesa denselben in die Teillappen von Lanzada und von St. Anna zerspaltend. Und wie in der Murtairakette, füllt auch hier das Altkristallin der Margnadecke den Kern der trennenden Mulde. Auf Tafel 35 der «Geologie der Schweiz» sind diese Komplikationen dargestellt worden. In den Tauern werden wir die Analoga dieser Deckenzerlappung als die Teilung des Venedigerkernes durch die «Greinerscholle» wiederfinden.

Den **Südrand der Surettadecke** bildet in Bünden die Linie Passo Canciano-Torre Santa Maria-Alp Sass Pisöl in Masino. Längs derselben tauchen die mesozoischen Wurzelkeile der Suretta. und damit der Monterosadecke, unter das Altkristallin der Margna-Dentblanchedecke, die Ausläufer des Sesiazone. Zwischen Masino und den Lirotälern kennen wir diesen Wurzelzug erst in vagen Spuren in Valle dei Ratti; westlich des Sees von Novate-Mezzola jedoch setzt er fast geschlossen wieder ein und verfolgen wir ihn durch die nördlichen Lirotäler über das schon *Studer* bekannte Marmorvorkommnis der Alpe Camedo in den Castionezug hinein. Auf weite Strecken setzt er zusammenhängend über Berg und Tal. Gesteinsfazies und tektonische Komplikationen sind dieselben wie im Malenk. nur fehlen, wie bei Castione, die Serpentine. In den Bergen westlich des Tessins verliert sich dieser gegen 90 km lange Wurzelzug der Suretta, und es ist wohl möglich, dass er über der Tessinerkulmination überhaupt in die Luft steigt. Es scheint übrigens, wie wenn über der Tessinerwölbung alle penninischen Decken, von den Simplondecken bis zur Dentblanche, nur eine einzige grosse Stammwurzel besässen, denn nördlich des sogenann-ten Canavese der Dentblanchewurzel dringt in den Verzasca- und Maggiatälern keine einzige sichere mesozoische Wurzelmulde bis in den kristallinen Wurzelfächer hinab. Erst in Onsernone und Vigezzo setzen mesozoische Wurzelspuren wieder ein und leiten hinüber zu den Wurzeln in An-zasca und Gressoney. Das Auskeilen der mesozoischen Wurzelmulden über dem Tessin lässt sich daher sehr wohl erklären durch das Ausheben derselben über der Tessinerkul-mination.

So verfolgen wir heute die **Tambo-Surettadecke** als den **Monterosa des Ostens** durch ihre Wurzeln in Malenco, Masino und den Lirotälern hinein in die Tessinerwurzeln und in denselben bis nördlich Locarno. Jenseits der Maggia jedoch setzt dieser ganze gewaltige Zug in die Wurzel der Monterosadecke des Westens fort. Der Zusammenhang ist heute beinahe lückenlos, die Monterosagneisse setzen beinahe ohne Unterbruch vom Westen in den Osten fort.

Damit verlassen wir die Monterosadecke Bündens und gehen über zur nächsten penninischen Ein-heit des Ostens, zur **Margnadecke.**

Die Margnadecke ist nach allen heutigen Erfahrungen ein grossartiges Äquiv-valent der **Dentblanche.** Ich kann dafür auf meine früheren Arbeiten verweisen. Die Margnadecke führt in ihrem Mesozoikum die typische Jurafacies des Mont Dolin, sie führt als Äquivalent der Arollaserie die Eruptivsippe der Malojagneisse, sie führt an deren Basis die weissen Gabbros, sie endlich führt in der kristallinen Serie von Fedoz die klassischen Gesteine der Valpelline. Der Inhalt der Margna ist der der Dentblanche, vom Altpaläozoikum bis in den Jura hinauf. Auch die Gesteinsfolge im Altkristallinen ist beiderorts dieselbe: Valpelline-Gabbro-Arolla-Casanna-schiefer, im Engadin wie im Wallis. Tektonisch fällt die stärkere Zerschlitzung der Decke in Bünden auf, deren Rücken zerfällt in eine ganze Serie von sekundären Schuppen. Wir werden dieselbe Er-scheinung in den Tauern wiederfinden. Die Einwicklung der Decke in ihre Basis, den Malenco-serpentin, ist dieselbe wie in den Bergen des Mont Emilius. Auch dort wickelt die mesozoische Basis das tiefste Kristallin der Decke ein. Die Teilung des Altkristallinen in verschiedene Lappen finden wir gleichfalls in Bünden wie im Wallis, und die innere Tektonik des Altkristallinen ist an beiden

Orten dieselbe. Der Bau des Matterhorns wiederholt sich an der Margna. So verbindet eine Fülle von Analogien die beiden Deckenteile in Ost und West.

Aber die Übereinstimmung zwischen Wallis und Oberengadin wird heute eine noch viel grandiosere. Bisher schien in Bünden die Margnadecke **allein** die Dentblanche des Wallis zu vertreten, und galt die Margna als das höchste Glied der bündnerischen Penniden. Die über ihr folgende machtvolle Masse der **Selladecke** wurde, trotzdem ihre Gesteine seit ihrer Entdeckung stets an die Arkesine und die Arollagranite der Dentblanche erinnert hatten, bis heute zu den unterostalpinen Elementen des Berninagebirges gezählt. Wie es bisher schien, mit vollem Recht. Gehören doch die Sellagesteine ohne jeden Zweifel zur grossen magmatischen Provinz der Bernina, und zeigten doch sowohl Err- wie Berninamasse eine typisch ostalpine Sedimenthülle. Wohl erkannte ich schon 1912 den noch rein penninischen Charakter der Sellasedimente — «mit ihren Casannaschiefern, ihren Rötidolomiten, ihrem Lias zeigen sie noch mannigfache Anklänge an rhätisch-penninische Facies» —, ich wagte aber damals nicht, die Sella-Eruptiva von denen der Bernina loszureissen, und betrachtete eben deshalb, trotz «penninischer Anklänge», die Sella als die unterste ostalpine Decke. Schien doch gerade durch die Entdeckung der prachtvollen Sellaserie die Zugehörigkeit zum ostalpinen Berninakomplex zur Evidenz erwiesen. Auch zeigten sich so nahe Beziehungen zur nördlich anliegenden, gleichfalls ostalpinen Corvatschgruppe, dass in der Folge ein engerer Zusammenhang der Sella mit der Errdecke des Corvatsch angenommen wurde. Absolute Klarheit über denselben aber war infolge der mächtigen Vergletscherung der entscheidenden Gebiete nie zu erlangen.

An allen diesen Umständen lag es, dass die Selladecke bis heute stets als die tiefste ostalpine Decke des Berninagebirges betrachtet wurde, und dass bis heute ihre wahre Natur verkannt blieb. Die von mir nun neuerdings im Berninagebirge wieder aufgenommenen Studien aber zeigen nun, nach genauester minutiöser Prüfung aller Details, dass diese Anschauung heute verlassen werden muss. Die genauen Aufnahmen in der Sellagruppe ergaben mir dies Jahr die Gewissheit, dass die Selladecke als oberste penninische Einheit zu gelten hat, und als solche, mit der Margna zusammen, der eigentlichen Dentblanche entspricht.

Die Selladecke ist die höchste penninische Einheit Graubündens, sie ist der gewaltige oberste Lappen der Margnadecke, und sie entspricht, wie ihre Facies es schon lange postulierte, den oberen Hauptteilen der Dentblanche im Wallis.

Die Selladecke ist das höchste Glied der Dentblanchedecke Bündens. Die petrographische Äquivalenz der Sellagesteine mit den Arkesinen und den Arollagraniten ist damit erklärt.

Nur wenige Tatsachen seien zur Erhärtung dieser neuen Auffassung angeführt!

Zunächst reicht die Selladecke bedeutend weiter nach Norden, als es nach meinen früheren, noch in den Studienjahren unternommenen, und damals hauptsächlich petrographischen Zwecken dienenden Begehungen der Fall zu sein schien. Die Selladecke erreicht nicht am Lej Alv ihr nördliches Ende, sondern ihre kristallinen Schiefer ziehen unter der mächtigen Schuttmasse des Lej Alv weiter, in die Basis der Plattadecke am Piz Chüern hinein. Die genaue Verfolgung der kristallinen Schuppen unter der Selladecke stellt, zusammen mit dem Charakter der kristallinen Schiefer am Piz Chüern, diesen Zusammenhang völlig sicher. Der kristalline Kern der Selladecke bildet die Basis der Platta-Ophiolithe, die bisher immer zur Margnadecke gezählt worden sind. Die Trias der untersten Ophiolithschuppen am Piz Chüern ihrerseits streicht direkt in den Sedimentzug östlich des Lej Alv hinein, der die Selladecke von den Corvatschgraniten, der Errdecke, trennt. Die Basis der Plattadecke steigt also durch diesen schmalen Sedimentzug über den Chapütschin hinauf, und die **ganze** Masse der Selladecke taucht damit unter die Platta-Ophiolithe ein. Durch die Osthänge von Val Fex endlich erreicht die Selladecke, zu dünnen Schuppen verwalzt, bei Sils das Engadin. (Siehe Fig. 10.)

Die alte Selladecke zieht also weiter nach Norden in die alte Basis der Platta-Ophiolithe hinein. Umgekehrt aber finden sich auch Spuren der Platta-Ophiolithe noch weit im Süden, selbst über den Schiefern der alten ehemaligen Selladecke. Prasinite und Serpentine finden sich in schmalen Lamellen, mit Bündnerschiefern und Tafelkalken, mit Dolomiten und

Rauhwacken zusammen, im Sedimentzug des Lej Alv noch weit über den Chapütschin hinauf.

Es reichen also die alten Sellagesteine einerseits als die Casannaschiefer des Chapütschin nach Norden unter die Platta-Ophiolithe hinein, anderseits steigen die Ophiolithe nach Süden über die Sellagesteine des Chapütschin hinauf. Die Profile sind wohl enorm verwalzt, sie zeigen aber die durchaus normale Auflagerung der Plattaserie auf dem Sellakristallin.

Sella- und Plattadecke gehören daher zusammen. Die Selladecke erscheint als der kristalline Kern der Plattadecke; die Bündnerschiefer, Ophiolithe und Radiolarite der Plattadecke bilden die grösstenteils nach Norden abgeschürften mesozoischen Hüllen der Selladecke.

Am penninischen Charakter der Selladecke kann daher heute kein Zweifel mehr sein. Die Selladecke schliesst sich als oberste penninische Einheit der eigentlichen Margna nach oben an. Sie steht aber auch mit derselben durch verkehrte Serien oft in engem Verbande, besonders im Süden, und die Selladecke gehört damit einfach als ein höherer Lappen der grossen Gesamteinheit der Margnadecke an.

Die Selladecke ist penninisch. Ihre Monzonite und Banatite, ihre Hornblendegranite, ihre grünen Gneisse sind die genauen Äquivalente der Arollagesteine. Die «Casannaschiefer» unter dieser Eruptivserie entsprechen mit ihren Amphiboliten, Prasiniten, Biotitgranatschiefern, Pegmatiten, gelegentlich, aber selten, auch Marmoren, ohne grossen Zwang der Valpellineserie, sie bilden den Kern, oft die Basis des grossen Teillappens der Margna-Dentblanche, den heute die Selladecke darstellt.

Die Dentblanchenatur der Sella ist damit in gleicher Weise garantiert wie die der Margna. Die Sella stellt einen höheren Lappen der gleichen Dentblanche-Einheit dar. Wie aber entwickelt sich nun das Verhältnis zur darüberfolgenden Errdecke? Die doch so eng mit der Sella verbunden schien, und es zum Teil auch ist. Erscheint am Ende auch noch der Piz Corvatsch und damit der Albulagranit als ein Glied der Dentblanche?

Das Aussehen der Corvatschgranite und ihre vollkommene Ähnlichkeit mit den grünen Arollagneissen schien in der Tat zunächst für diesen Zusammenhang zu sprechen. Desgleichen der primäre stratigraphische Verband der Bündnerschiefer in der Corvatschbasis mit den altkristallinen Schiefern und den Graniten dieser Einheit. Die Bündnerschiefer der Chastelets z. B. sind stratigraphisch normal mit den Corvatschgraniten verknüpft, die Basis der Decke zeigt also noch deutlich penninischen Charakter. Was aber entscheidend gegen eine wirklich penninische Corvatsch- und Errdecke spricht, das ist der durchaus rein ostalpine Faciescharakter ihrer normalen hangenden Sedimenthüllen. Besonders der Lias ist schon am Corvatsch als kaum metamorpher Allgäuschiefer entwickelt und steht damit in scharfem Gegensatz zu den stellenweise kaum 200 m darunterliegenden, stark kristallinen Bündnerschiefern der Corvatschbasis, und in der Errgruppe wird die ostalpine Facies ja völlig offenbar. Corvatsch- und Errdecke sind daher bereits als unterste ostalpine Einheit zu betrachten, sie schliessen aber unmittelbar an die höchste penninische Decke, die Dentblanche-Sella-Margna an. Sie zeigt deshalb auch an ihrer Basis noch die letzten penninischen Bündnerschiefer, sie vermittelt quasi den Übergang vom penninischen zum ostalpinen Regime.

Wie stellt sich nun aber die Sache im Süden? Da kehre ich gleichfalls zu meiner ursprünglichen, 1913 und 1914 geäusserten Ansicht zurück. Die Errdecke des Piz Corvatsch keilt gegen Süden zwischen Sella- und Berninadecke aus, und die Selladecke allein zieht um die Berninagruppe herum ins Puschlav. Schon 1912 schrieb ich, dass südlich der zentralen Berninagruppe die Berninadecke unter Zwischenschaltung von Trias direkt auf den Sellagesteinen ruhe. Dies trifft auch nach den neueren Studien völlig zu, und die Errdecke keilt gegen Süden aus. Sie erscheint damit mehr und mehr als der von der Berninamasse weit überfahrene, gegen Süden abgerissene und strapazierte Kopfteil der grossen unterostalpinen Decke. Wir werden später darauf zurückkommen.

Die Abtrennung der Selladecke vom ostalpinen Block lässt sich also heute auf der ganzen Linie durchführen. Die Selladecke erscheint mehr und mehr als das oberste Glied der Margnadecke und damit der Dentblanche des Wallis. Wir erblicken daher das voll-

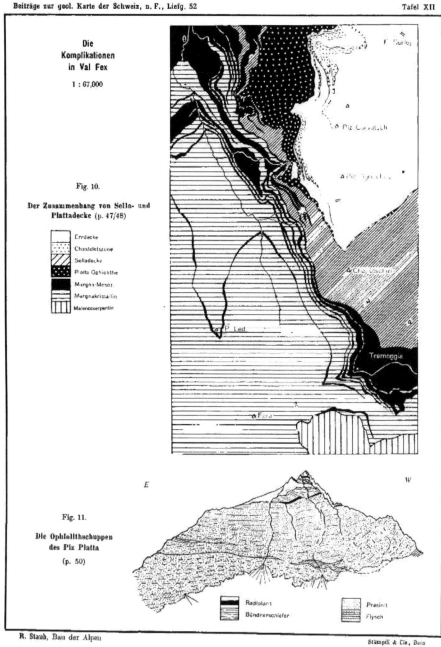

**Die
Komplikationen
in Val Fex**

1 : 67,000

Fig. 10.

**Der Zusammenhang von Sella- und
Plattadecke** (p. 47/48)

- Erddecke
- Chasteletszone
- Selladecke
- Platta Ophiolithe
- Margna-Mesoz.
- Margnakristallin
- Malencoserpentin

Fig. 11.

**Die Ophiolithschuppen
des Piz Platta**

(p. 50)

- Radiolarit
- Bündnerschiefer
- Prasinit
- Flysch

ständige Äquivalent der Walliser Dentblanchedecke in der Gesamtheit der Sella- und Margnadecke Bündens.

Das Äquivalent der Dentblanche ist die Sella-Margnadecke des Oberengadins.

Damit ergeben sich weitere Zusammenhänge mit dem Wallis. Die Hauptmasse der eigentlichen Dentblanche mit der grossen Masse der Arkesine und Hornblendegranite entspricht der Selladecke und ihren Monzoniten und Banatiten. Jeder Kenner der Sellagesteine wird dieselben ohne
Bedenken auch im Wallis wieder erkennen. Die zwei grossen, durch den Margna-Fedoztriaszug getrennten
Hauptkerne der bisherigen Margnadecke entsprechen den tiefern Einheiten der Dentblanche in Val-
d'Aosta, Mont Mary und Mont Emilius. Der Mont Mary ist ja heute gleichfalls noch weit unter der
Dentblanche nach Norden, bis in die Zermattertäler, nachgewiesen, er kann also sehr wohl das Äquivalent z. B. des Fexerkernes sein. Damit aber kommen wir zur naheliegenden Vermutung, dass der dem
Mont Mary auf weite Strecken stets eng benachbarte «obere Würmlizug» *Argands* den Schamserdecken im Osten entsprechen könnte. Ich konnte mich auch letzthin im Wallis dieses Eindrucks nicht
erwehren. Die komplizierte obere Schuppenzone westlich von Zermatt entspräche dann ungefähr den Schuppen von Val Fex; beide erscheinen ja ausserdem an der Basis der gleichen
grossen Granitdecke, der Dentblanche im Westen, der Sella im Osten. Vielleicht werden dereinst
genauere Vergleiche noch weitere Zusammenhänge zwischen Zermatt und Oberengadin, zwischen
Dentblanche und westlichem Berninagebiet ergeben.

Das eine ist heute sicher: Die Dentblanche hat in Graubünden einen gewaltigen
Zuwachs erhalten durch die Erkenntnis der wahren, penninischen Natur der alten
Selladecke. Über den grossartigen Gletscherrevieren der hinteren Val Roseg und der blendenden
Firnwelt von Seerseen erkennen wir heute in den mächtigen Mauern der Sellakette, vom Chapütschin
und Glüschaint bis hinüber an den Fuss des Bernina und an den Palügletscher, bis hinab ins grüne
Puschlav und in die wilden Berge der Scalinogruppe, die höchsten Elemente der Dentblanche, und damit
der Penniden überhaupt.

Die Selladecke gehört als oberster Teilkern der Margna zur grossen Einheit der Dentblanche. Dieselbe zeigt sich auf diese Weise, obwohl in ihrer Facies noch urpenninisch, in tektonischer Hinsicht aufs engste mit dem ostalpinen Berninagebirge verknüpft. Die Errdecke vermittelt
den Übergang vom penninischen zum ostalpinen Regime, sie verbindet quasi Dentblanche und Bernina.

Nach dieser für die Zusammenhänge zwischen West und Ost so wichtigen Klärung der Decken-
zugehörigkeit verfolgen wir nun die Dentblanchedecke Bündens weiter.

Wichtig für die Bedeutung und weitere Verfolgung der Dentblanchedecke im alpinen Deckensystem ist der mächtige Gehalt der Margnadecke an **Flysch**. Derselbe ist im Norden, vom Oberhalbstein an, zu den riesigen Massen der Arblatsch- und Prättigauschiefer gehäuft, im Süden keilt er
als schmales Band unter den höhern Schuppen aus dem Sellalappen, den innern Rückenteilen der
Dentblanche, der Plattadecke, aus. Die Margnadecke ist die einzige penninische Decke der Schweizeralpen mit sicherem Flysch. Sowohl für den Westen wie für den Osten ist dies von Wichtigkeit. Die
Stellung des Niesenflysches an der Basis der Klippendecke kann heute nicht mehr zweifelhaft sein,
es ist der Flysch der Margna-Dentblanchedecke, er ist auch längs der «Zone des Cols» wie in den
Schamserdecken mit typischem Margnamesozoikum verbunden. Von diesem Gesichtspunkt wäre
vielleicht auch die Stellung der westalpinen Flyschmassen der Aiguilles d'Arves und des Embrunais
neu zu prüfen. Interessant ist endlich auch die Stellung des bisher unbekannten Flysches in den Tauern.
Auch dieser findet sich in der tektonischen Höhe der Margnadecke, zu oberst im Penninikum.

Die Sedimentfacies der Margna- wie der Selladecke ist rein **penninisch**, mit Bündnerschiefern und Ophiolithen, mit typisch penninischer Trias, der echte Verrukano
fehlt. Es sei dies gegenüber den Versuchen, die Margnadecke schon zu den Ostalpen zu rechnen, von
neuem kräftig betont. Wer die Margna, und damit die Dentblanche und das ligurische Massiv als ostalpin erklären will, muss auch die Bündnerschiefer und die Ophiolithe als ostalpine Facies anerkennen.
Dies aber wäre reine Willkür.

Die Sella-Margnadecke bleibt daher mit der Dentblanche die oberste penninische Einheit.

Auf die obere Grenze der Penniden in Graubünden werde ich später nochmals zu sprechen kommen, im Abschnitt über die Ostalpen. Hier genüge es, dieselbe als die Abgrenzung der Ostalpen in Bünden kurz anzugeben. Sie zieht vom Fuss des Falknis dem Südrand des Rätikon entlang bis unterhalb Klosters, von dort südwärts nach Langwies, und über das Churerjoch nach Parpan. Durch die Heide gewinnt sie das Albulatal unterhalb Surava und zieht von dort in fast gerader Linie durch die östlichen Terrassen des Oberhalbsteins nach Süden an den Septimer. Von da schwenkt sie in die Bucht des Oberengadins bis hinab nach Surlej, und erreicht endlich durch das westliche Berninagebirge, um den Piz Corvatsch, den Hintergrund von Roseg und die gewaltige Sellagruppe das obere Malenk, und über Alp Grüm am Berninapass das obere Puschlav. Von da zieht sie dem Südrand der Sella-Margnawurzeln entlang, nördlich Sondrio vorbei, über Cevo in Val Masino, Dascio am Lago di Mezzola und die Gandarossa in Traversagna dem Westen zu, um jenseits des Tessin im Triaszug der Valle della Pesta das «Canavese» des Westens, die Wurzel der Dentblanche zu erreichen.

Die Dentblanchedecke Graubündens ist unter der Wucht der sie überfahrenden Ostalpen in grauenhafter Art zerschürft und verwalzt worden. Nördlich des Septimers ist sie im Grossen genommen nur ein Haufen von Splittern, die die ostalpinen Massen von ihrem Rücken losgerissen, mitgeschleppt und im Norden angehäuft haben. Die «Profile durch die westlichen Ostalpen» in der «Geologie der Schweiz» zeigen dieses Phänomen deutlich.

Auf solche Weise zerfällt die Einheit der Dentblanchedecke in Bünden in eine Anzahl ziemlich selbständiger Teilelemente. Teilelemente, die wir auch in den Tauern wiederfinden werden, und die zum Teil regionale Bedeutung erlangen. Da ist zunächst die Hauptmasse des kristallinen Kerns im Süden, der in den Gebirgen zwischen Veltlin und dem Septimer, im westlichen Berninagebirge, gewaltige Bedeutung erlangt. Er ist in drei grosse Lappen zerteilt, den Bergeller-Maloja-, den Fexer- und den Sellakern. Diese Teilelemente werden unter dem Stoss der darüber hinweggehenden Berninadecken gegen Norden mehr und mehr zerschürft und übereinandergestossen zu jener grandiosen Schuppenzone, die wir kennen vom Malenk und Puschlav durch Val Fex hinaus bis ins Oberengadin. Am Septimer erreicht die tiefste kristalline Kernmasse der Decke ihr Ende. Die Schuppenzone aber setzt weiter nach Norden fort und bildet im mittleren Bünden das verwickelte Paket der Schamserdecken. Mit denselben ist der Flysch des Oberhalbsteins und des Prättigaus verbunden, der schliesslich als selbständige Teildecke der Margna bis über das Aarmassiv und die helvetischen Decken hinwegstösst, an seiner Basis hie und da, besonders im Domleschg, begleitet von isolierten Triaslinsen. Schamserdecken und Flysch sind die verschürften einstigen Stirnpartien der obersten penninischen Decke. Darüber legt sich als gewaltige Einheit, von Davos und Arosa bis hinein zur Forcellina, die Ophiolithmasse der Plattadecke. Auf 50 km und mehr überschiebt sie als Schuppe aus den südlichen Rückenteilen des kristallinen Deckenkerns, als der Vorposten der Selladecke, den Flysch der einstigen Margnastirn. Die Plattadecke aber ist wiederum nicht einheitlich, sondern erscheint wie die Schamserdecken als ein riesiges Paket von Schuppen, übereinandergestossen unter dem vordringenden Schlitten der ostalpinen Decken. Stellenweise ist dieses Paket zweimal übereinander gehäuft, und erscheinen darin Fetzen von unterostalpinen Elementen. Ich werde bei der Behandlung der ostalpinen Grenze auf dieselben zurückkommen. Figur 11 zeigt den Bau der Plattadecke am Piz Platta selbst.

Die Plattadecke bildet mit ihren Ophiolithschuppen das oberste Glied des Penninikums in Bünden. Dasselbe werden wir in den Tauern wieder beobachten können. Ähnliches auch in den Wurzeln des Canavese. Was wir aber vor allem festhalten wollen, das ist die Dreiteilung der Dentblanchedecke Bündens in eine kristalline Kernmasse, eine Schuppenzone, die mit dem Flysch verbunden ist, und eine Ophiolithdecke als oberstes Glied des Ganzen. Diese Dreiteilung tritt in den Tauern deutlich wieder hervor, und wir kennen sie auch von der ligurischen Küste, dem Beginn des Apennin.

Im Fenster des Unterengadins sehen wir die Dentblanchedecke wieder erscheinen. Sie bildet dessen innersten Kern. Die höheren Teilelemente des Westens sind gut zu erkennen. Es ist der basale Flysch der Margna- und die Ophiolithschuppenzone der Selladecke. Die tieferen Teile der Schamserdecken sind im Unterengadin noch nicht von der Erosion angeschnitten, dieselbe hat erst bis auf den Flysch der Margna hinabgegriffen. Über demselben liegt ein Mantel von Ophiolithschuppen, die Plattadecke. Am Piz Mondin erscheint dieselbe auch innerhalb des Flysches selbst, und zwar genau wie drüben im Oberhalbstein. Auch dort kennen wir heute die Plattadecke sowohl über als auch unter dem Gros des Flysches. Sie ist dort durch die Einwicklung von Savognin aus ihrer Höhe am Piz Platta in die Tiefe unter den Arblatschflysch geraten. Auf Tafel 35 der «Geologie der Schweiz» sind diese Tatsachen dargestellt.

Damit verlassen wir die Dentblanchedecke Bündens und wenden uns nun noch kurz dem **Nord-rand der bündnerischen Penniden** zu.

Wo liegt dort die **Basis der penninischen Überschiebung**, wo die Grenze der Penniden gegen das Vorland des Gotthard und der Helvetiden? Ich sehe heute diese Grenze in dem langen Zuge von Trias und kristallinen Fetzen, der die Bündnerschiefer des Lugnetz in zwei grosse Hälften teilt. Vor sieben Jahren habe ich ihn als den **Triaszug des Lugnetz** auf meiner «tektonischen Karte der südöstlichen Schweizeralpen» dargestellt. Dieser Zug trennt die penninische Region von den Bündner-schiefern des Gotthardmassivs. Die Bündnerschiefer des Gotthard betrachte ich als die süd-lichste, schon fast penninische Facies der Helvetiden, ich habe dies auch auf der vorliegenden Karte zum Ausdruck gebracht. Ist das Gotthardmassiv der Kern der helvetischen Decken, so muss auch seine mesozoische Bedeckung, eben der Gotthardbündnerschiefer, noch zum Helvetikum gerechnet werden, als dessen südlichste Facies, als das Endglied jener langen Reihe von Faciesübergängen, die wir im Gebiete der Helvetiden von Norden gegen Süden, von den tiefern Stockwerken zu den höhern kennen. So ist also der Bündnerschiefer des Gotthard als eigentlich helvetisch von dem der Penniden zu trennen. Die Grenze bildet der Triaszug des Lugnetz. Er überschiebt die helvetischen Bündnerschiefer des Gotthard von Piora über den Pizzo Columbè und Val Camadra bis hinüber ins Lugnetz und weiter bis hinaus nach Valendás im Tal des Vorderrheins. Die weitere Fortsetzung dieser wichtigen Linie liegt unter den Trümmern von Flims und der penninischen Überschiebung von Rhäzüns. Von dort an liegt sie begraben unter den Alluvionen des Rheins.

Im Wallis greifen die einzelnen Elemente der Penniden in kompliziertem Mechanismus ineinander ein, sich gegenseitig in ihren Formen und in ihrer Wirkung auf das Vorland weitgehend beeinflussend. *Argand* hat uns diesen grossartigen **Mechanismus der Penniden** in glänzender Synthese aufgedeckt. Die Bernharddecke überschiebt zuerst weithin das Vorland, aus dessen Untergrund die Helvetiden nach Norden treibend. Dann rückt die Dentblanchedecke mächtig vor, bohrt sich in den Rücken der Bernharddecke ein, und legt dessen äussere Teile im Fächer von Bagnes in grandioser Rückfalte über sich zurück. Zuletzt endlich folgt der Monterosa, unter der Last der Dentblanche sich in den Körper der Bernharddecke einbohrend, in einer Rückfalte ohnegleichen dieselbe im Mischabelfächer nach Süden zurückzwingend.

Einen ähnlichen Mechanismus der Penniden treffen wir nun auch in Bünden. Aber nicht in dem Masse und nicht am selben Orte wie im Wallis. Wohl sehen wir auch hier in der Monterosadecke die letzten Bewegungen, aber zu solch gewaltiger gegenseitiger Beeinflussung der Penniden wie im Wallis kommt es nicht. Die Tambo-Surettadecke zerschürft wohl die Adula und wickelt Teile der Margna-decke ein, vom Malenco bis hinaus ins Schams, aber nirgends sehen wir die Tambodecke sich in den Rücken der Adula einbohren und in derselben etwa einen Mischabelfächer erzeugen. Die Decken Bündens stossen mehr gleichzeitig, und ohne grosses Hindernis im Norden, über-einander vor. Innerhalb der bündnerischen Penniden kennen wir die grossen Rückfaltungen des Wallis nicht. Hingegen zeigen sich dieselben in grossartigem Massstabe am Nordrand des penni-nischen Blockes, vom Bedretto bis hinüber ins Lugnetz. In Bünden hat der penninische Block als Ganzes die tiefsten Einheiten des Lucomagno und das Vorland des Gotthard zur Rückfaltung ge-zwungen, und kompensiert sich auf diese Weise das Fehlen der Rückfaltung innerhalb der Penniden Bündens in der Rückfaltung des Gotthard, ja sogar des Aarmassivs. Die **Rückfaltung des Gotthard-und des Aarmassivs** ist das Äquivalent, gewissermassen der Ersatz, die **Kompensation** der grossartigen **innerpenninischen Rückfalten** des Wallis und der Westalpen. Dieser **Rück-faltung am Nordrand der lepontischen und rätischen Penniden** wenden wir uns nun zu.

Zunächst sehen wir vor der Stirn des Maggialappens, also nach unserer Auffassung vor der Stirn der Bernhard- und Monteleonedecke, die tieferen Schuppen der Lebendundecke und die Hülle des Lucomagno aufgebäumt und rückgefaltet, wir sehen jenseits der Bedrettomulde den Gotthard in mächtigem Fächer nach Süden zurückgeschlagen. Im Simplonprofil erkennen wir Ähnliches, und aus Val Soja haben wir schon 1915 die Lebendundecke um den Stirnbogen der Adula herumschwenken gesehen, in die isolierten kristallinen Petzen der Terrimulde.

Die Nordfront der Penniden ist rückgefaltet von Brig bis in die Adula. Vor der Stirn der Leone- und der Bernharddecke bäumen sich die Stirnteile der Lebendundecke und die Bedrettomulde deutlich auf.

Von Airolo bis zum Lukmanier bohrt die Stirn des Lucomagno sich in den eigentlichen Gotthard ein, denselben fächerartig darüber zurückfaltend. Dann weicht das Massiv plötzlich scharf nördlich zurück bis jenseits der Passhöhe von Santa Maria. Aber nur oberflächlich. Der südliche Gotthardfächer des Scai taucht nur nach Osten unter die Bündnerschiefer, seine natürliche Hülle, hinab, und seine Fortsetzung liegt in der Tiefe unter dem Piz Terri begraben. Am Scopi aber setzt ein neuer Fächer ein, der des Medels. Was bedeutet er? Nichts anderes als die Rückfaltung des Gotthard vor der Adulastirn. Die Scopimulde zwischen Scai- und Medelserfächer ist das Abbild dieser gewaltigen Stirn der Adula, und der Fächer des Medels erscheint heute durch diese Stirn nach Süden zurückgeschlagen, rückgefaltet, von Camadra bis hinüber zum Lukmanier. Dort steigt dieser nördliche Gotthardfächer des Medels westwärts in die Luft und taucht dafür der südliche des Scai unter seiner Bündnerschieferhülle hervor. Vielleicht ist auch noch die flachere Mulde des Gotthardmassivs in der oberen Camadra, mit der Steilstellung an der Greina, das schwache ferne Abbild einer noch höheren Deckenstirn. Durch das Zwischenmittel der Piz Aul-Mulde vielleicht das Abbild der einstigen Surettastirn hoch über den Gipfeln der heutigen Adula? Fast scheint es so. Sicher ist jedoch der Einfluss der penninischen Nordfront von der Adula bis nach Brig auf die Fächer des Gotthard.

Der Fächer des westlichen Gotthardmassivs verdankt seine Entstehung der Rückfaltung durch die Lucomagnostirn und durch den Maggialappen, der Fächer des Medels entstand unter dem Hineinbohren der Adula. Beide Fächer setzen unter der Bündnerschiefermasse des Lugnetz, von Vals und Safien weiter fort, und der heutige grosse oberflächliche Abstand zwischen penninischen Stirnen und Vorland im Gebiete östlich des Lukmanier, und besonders vom Lugnetz an, ist nur ein scheinbarer. Mit dem Untertauchen der Penniden taucht eben auch ein Glied des Gotthard nach dem andern unter seinen Bündnerschiefern in die Tiefe. Der Südrand des Gotthard läuft unter den Bündnerschiefern von Lugnetz und Safien auf einer Linie weiter, die ungefähr von dem Scai am Lukmanier über den Sosto bei Olivone, den Piz Terri und Piz Aul gegen Safien-Platz und Thusis streicht. So liegt der Heinzenberg eigentlich auf dem Rücken des Gotthardmassivs. Auf diese Weise stirnt auch die Suretladecke nicht 22 km südlich des Vorlandes, wie es die heutige grosse Bündnerschiefermasse von Schams und Domleschg vorspiegelt, sondern nur etwa 10—12 km südlich desselben. Und unter diesen 10—12 km Bündnerschiefern sind noch die Stirnen der Adula und des Lucomagno begraben, so dass der penninische Block auch hier in Bünden, wie überall drüben im Wallis und in den Westalpen, fast unmittelbar an die äussern Massive herantritt. So können wir den Abschub des Gotthard in die Helvetiden verstehen, sonst aber nicht.

Die Rückfaltung des Gotthard aber macht sich in der Tiefe spürbar durch das ganze Massiv hindurch, bis hinaus ins südliche Aarmassiv. Die Überkippung der Mulde von Andermatt zwischen Oberalp und Urlichen, und die Fächerstellung des südlichen Aarmassivs sind die letzten Folgen des gleichen penninischen Stosses, der den Gotthard zur Rückfaltung zwang.

Damit schliessen wir die Betrachtung der bündnerischen Penniden und wenden uns dem Norden der Schweizeralpen zu.

4. Die penninischen Gebiete der nördlichen Schweizeralpen.

Im Gebiet des rätischen Deckenbogens sahen wir den penninischen Flysch der Margna nach Norden vorstossen bis über das Aarmassiv und die Helvetiden hinaus, bis in die Basis der Klippendecken im Prättigau. Dasselbe sehen wir nun auch im Bereiche des penninischen Deckenbogens im Westen. Die Verbreitung des penninischen Flysches im Westen fällt genau mit diesem Bogen zusammen.

und wie im Osten findet er sich auch hier in der Basis der Klippendecke. Wir kennen ihn mit Sicherheit nur im Raum zwischen Arve und Thunersee; es ist der **Niesenflysch**.

Die penninische Abkunft des Niesenflysches ist zuerst von *Argand* postuliert worden, und *Lugeon* hat dann in der Tat an verschiedenen Orten, so bei Gsteig, als kristalline Basis des Flysches Casanna-schiefer und Trias der penninischen Zone gefunden. *Argand* hielt die Niesenzone für den Stirnmantel der Bernharddecke, *Lugeon* dachte daneben noch an die Dentblanche. Beide Forscher jedoch waren einig über die allgemein penninische Abkunft. 1917 glaubte ich die Gründe darlegen zu können, dass der Niesenflysch das Äquivalent des Prättigauschiefers sei, und wie dieser von der obersten penninischen Einheit, der Margna-Dentblanche, stamme. Diese Meinung habe ich auch heute noch. Was wir an der Basis des Niesen sehen, erinnert so vollkommen an die Verhältnisse in den Schamser-decken, dass ein Zweifel am Zusammenhang fast ausgeschlossen ist. Hier wie dort transgrediert der Flysch auf Trias oder Lias; die Liaskalke der Niesenzone entsprechen völlig denen der Schamser-decken, und die Trias des Niesen weist weitgehende Schamsermerkmale. Die Casannaschiefer von Gsteig sprechen meiner Ansicht nach nicht gegen die Dentblanchenatur des Ganzen, sind doch Casanna-schiefer auch in der Dentblanche bekannt.

Ein weiteres Argument zugunsten der Dentblanchenatur des Niesen ist der penninische Charakter der äussern «Zone des Cols». Ich meine besonders die Trias-Liaszüge von Bex, Col de Pillon, Stüblenen, Trüttlisberg, Oberlaubhorn usw. *Arnold Heim* hat, wie mir scheint, sehr mit Recht auf den penninischen Zuschnitt dieser Zone aufmerksam gemacht. Wo treffen wir sonst im Ultrahelve-tischen, im Helvetikum überhaupt, solch mächtige Trias und solchen Lias? Diese Schichtglieder sind absolut penninisch. Die Verschuppung dieser Trias-Liasserien mit dem Niesenflysch ist seit *Lugeon* altbekannt, und auch *Lugeon* verbindet in seinen Profilen die Trias dieser Zonen mit dem Niesen-flysch. Also den penninischen Flysch mit der Trias der «Zone des Cols». Auf jeden Fall stellen die Triaszüge der «Zone des Cols» ein fremdes Element im Helvetischen dar. Ich stelle sie daher wie *Arnold Heim* zur penninischen Zone und fasse diesen untern penninischen Zug der «Zone des Cols» als Abkömmling der Bernharddecke auf. Der Dentblanchecharakter dieser Zone, wie ihn *Albert Heim* in der «Geologie der Schweiz» postuliert hat, scheint mir weniger wahrscheinlich, die Dentblanche setzt erst in der Niesenzone ein. Helvetisch ist in diesen Gebieten nur die Decke des Mont Bonvin und das «Néocomien à Céphalopodes».

Die Zone von Bex, wie wir sie nennen wollen, stammt von der **Bernharddecke**, die **Niesenzone** von der **Dentblanche**. Bemerkenswerterweise fällt auch die Verbreitung der Zone von Bex nur in den penninischen Bogen, wie die des Niesenflysches, während wir ultrahelvetische Reste am ganzen nörd-lichen Alpenrand, von den Voirons bis zum Säntis, ja bis hinaus nach Wien, kennen. Die Lokalisierung der Zone von Bex auf das penninische Segment ist ein weiteres Zeugnis für die penninische Abkunft der-selben. Ganz abgesehen vom Salz und Gips von Bex, das wir bezeichnenderweise am Nordrand der Bernharddecke auch im Wallis wiederfinden.

Die Hauptmasse des Niesenflysches liegt zwischen Rhone und Thunersee. Bis vor kurzem war Niesenflysch westlich der Rhone überhaupt nicht bekannt. *Jeannet* hat dann die verstreuten Vorkommnisse des Chablais in seiner meisterhaften Darstellung der Préalpes in der «Geologie der Schweiz» zusammengestellt, und seiner Darstellung folgt auch die unsere.

Zu den nördlichen Abkömmlingen der Penniden möchte ich nun aber auch noch die **Flysch-zone des Gurnigel und der Voirons** rechnen, d. h. die sogenannte «Zone externe» der Préalpes, mit Aus-nahme der ultrahelvetischen Reste der Voirons selbst, der Pléiades und des Mont Bifé. Östlich des Thunersees sind wahrscheinlich noch die isolierten Klippenreste von Bodmi hierher zu zählen. Gur-nigel- und Niesenflysch gehören beide zum Penninikum; die Vorkommen von Trias, von Gips, von Liasspathkalken in der Gurnigelzone weisen deutlich darauf hin. Ob die beiden Flyschzonen direkt zusammenhangen, wie *Schardt* glaubt, oder ob nach der Meinung von *Buxtorf* zwei getrennte Flysch-decken vorliegen, ist schwer zu entscheiden. Mir persönlich scheint die Lösung von *Buxtorf* die sym-pathischere, ich möchte den Gurnigelflysch als zur Zone von Bex gehörig betrachten, und sehe daher in ihm den von Niesen und Préalpes nach Norden geschleppten Flysch der Bernharddecke.

Beiträge zur geol. Karte der Schweiz, n. F., Lfefg. 52.

8

Sei dem wie ihm wolle, das eine ist sicher, dass Gurnigelflysch und Zone von Bex genau wie die Niesenzone zu den Penniden zu rechnen sind. Sie stellen deren äusserste Vorhut gegen den Jura dar. Im Gurnigel gelangt dieselbe bis auf die Molasse.

Noch unsicher ist die genauere Zuteilung des exotischen Flysches an der Basis der Klippen von Sulens und Les Annes, und endlich die genauere tektonische Stellung der Zone der Aiguilles d'Arves und des Embrunais.

Damit verlassen wir die Penniden der Westalpen und wenden uns den penninischen Gebieten der Ostalpen zu.

B. Die Penniden der Ostalpen.

In Bünden versinken die Penniden unter der gewaltigen Masse der sie überdeckenden Ostalpen. Von Maienfeld am Fuss des Falknis durch das Prättigau und Schanfigg, die Lenzerheide, das Oberhalbstein, bis hinein ins Engadin, Malenco und Puschlav, quer durch ganz Bünden hindurch, sehen wir stets die westlichen Penniden flach unter den Decken der Ostalpen verschwinden. Die Verhältnisse sind altbekannt, sie sind auch erst kürzlich in den Profilen durch die westlichen Ostalpen in der «Geologie der Schweiz» übersichtlich dargestellt worden. Im Fenster des Unterengadins tauchen die obersten penninischen Einheiten, der Flysch des Prättigau und die Plattadecke, nochmals auf. Dann taucht auch dieser letzte Rest westalpiner Herrlichkeit unter die ungeheuren kristallinen Massen der Oetztalergebirge ein, und die ostalpinen Decken schliessen sich völlig über den zur Tiefe sinkenden Penniden. Vom südlichen bis zum nördlichen Alpenrand besteht nun die ganze Breite des Gebirges aus den Deckenelementen der Austriden, die Penniden liegen tief darunter begraben. Am Brenner aber steigen sie wieder aus ihrem Grabe hervor und bilden nun auf eine Länge von 160 km und mehr in dem herrlichen Hochgebirge der Hohen Tauern die mächtige Zentralzone, die Axe, den Stamm der eigentlichen Ostalpen. Ringsum wird dieses penninische Gebirge umrahmt von den höheren Elementen der Austriden, es bildet in denselben ein gewaltiges Fenster. *Termier* ist sein Entdecker gewesen.

Diesem riesigen Fenster der Hohen Tauern wenden wir uns nun zu.

Das Fenster der Hohen Tauern.

Schon *Bernhard Studer*, der Altmeister der Alpengeologie, verglich die Tauern mit Graubünden, dem Wallis, der Maurienne, schon er kannte das grosse axiale Gewölbe der Gneisse, um das sich die «Schieferstraten» von Süden nach Norden legen, schon er kannte die Überlagerung der Tauerngesteine durch die alten Massive im Süden. Schon *Studer* erkannte das Aufsteigen der Bündnerschiefer und Zentralgneisse am Brenner, und schon *Studer* sprach in den Tauern von den «Grauen Schiefern» Bündens. «Die Felsarten der Mittelzone sind nicht verschieden von den in ähnlicher Lagerung in Graubünden, im Wallis oder in der Maurienne vorkommenden, die wir als ‚Graue Schiefer' zusammengefasst haben.» Die geistige Beweglichkeit *Studers* erstaunt uns auch in diesem Falle nicht. War doch *Studer* einer jener seltenen Köpfe, die vor allem die grossen Züge der europäischen Gebirge zu erfassen strebten, und führten doch *Studer* seine Reisen in der damaligen noch eisenbahnlosen Zeit vom Apennin bis nach Ungarn hinein.

In den Tauern erscheinen die Elemente Graubündens wieder. Unter den Oetztalern zunächst die unterostalpinen Einheiten, die eigentlichen Grisoniden, darunter in voller Pracht die Penniden. Von Matrei über den Brenner bis nach Gossensass und Sterzing, bis nach Sprechenstein hinab, überall steigen unter den verschiedensten Elementen der Ostalpen die klassischen **Bündnerschiefer** hervor. Ununterscheidbar von denen **Bündens** mit allen ihren ureigensten Charakteren. Und wo wir auch hinsehen, überall beobachten wir das flache Aufsitzen der ostalpinen Elemente auf diesen Bündnerschiefern, und nirgends treten dieselben über die ostalpinen Massen hinweg.

Die Bündnerschiefer tauchen am Brenner flach unter den ostalpinen Decken hervor, in genau derselben Art, wie sie drüben in Bünden unter denselben verschwunden sind. In einem riesigen Gewölbe von 30 km Breite steigen sie unter den Austriden ostwärts hervor, jenseits des Brenners schon zu Gipfeln von 3000 m und mehr ansteigend. In den Kernen dieses grossen Tauerngewölbes erscheint bald die Unterlage der einheitlichen Bündnerschiefermasse, zunächst eine Zone von Gneisschuppen am Wolfendorn, dann die einheitlichen Kerne von Zentralgneiss, der Tuxer- und der Zillertalerkern, die Masse des Venediger. Durch die Täler der nördlichen Tauern verfolgen wir nun diese Elemente bis hinüber in die Radstättertauern und ins Tal der Mur; überall fallen dabei die Bündnerschiefer nördlich unter die ostalpinen alten Massen ein. Am Ostende der Tauern legen sich die Austriden mit allen ihren Teilelementen um das dort nach Osten untertauchende Bündnerschiefergewölbe als geschlossener Mantel herum und schwenken ein in die grosse kristalline Zone im Süden der Tauern. Durch dieselbe aber verfolgen wir den ostalpinen Ring der Tauern wiederum ohne Unterbruch nach Westen bis ins Tal der Eisack, und im klassischen Kessel der alten Tirolerstadt Sterzing schliesst sich dieser Ring der ostalpinen Elemente vollständig. Die kristallinen Gesteine des Südens streichen ohne jeden Unterbruch in den kristallinen Rahmen des Westens ein, und das Tauernfenster ist auch hier geschlossen. Es hat keine Fortsetzung nach dem Westen, wie einst *Suess* vermutet hat.

Die Bündnerschiefer der Tauern und damit auch deren Grundlage, die Zentralgneisse, werden vollständig von den austriden Elementen umgeben; die Tauern bilden ein geschlossenes Fenster der Penniden in den Decken der Ostalpen.

Betrachten wir nun die Penniden der Tauern näher.

1. Die Gliederung der Penniden in den Hohen Tauern.

Betrachten wir die tektonische Karte! Da schälen sich auf den ersten Blick zwei gewaltige alte Massive aus der Umgebung der Bündnerschiefer heraus, die **Venedigermasse** im Westen, das **Hochalmmassiv** im Osten. Es sind die tiefsten Elemente der Tauern. Sie bilden die Grundlage des Ganzen, auf ihnen ruhen alle höhern tektonischen Einheiten, bis hinauf in die höchsten Austriden. Zunächst erscheinen im Osten die Decken des **Sonnblick**, in den zentralen Tauern der **Granatspitzkern**, am Brenner eine Reihe von **Gneisschuppen**, die alle von den grossen, tieferen Massiven durch Mesozoika. Hochstegenkalk und Bündnerschiefer, getrennt sind. Über dieser zweiten Etage erst folgt die grosse Hauptmasse der Tauernbündnerschiefer und die Ophiolithe, die **Zone des Grossglockner.** Über dieser endlich, ringsum die Bündnerschieferzone nach oben abschliessend, ein Komplex von kompliziert gebauten Schuppen, die im Süden unter dem Namen des **Matreierzuges** bekannt sind; darüber liegen die ostalpinen Elemente.

Ohne Schwierigkeiten erkennen wir schon aus dieser rein tektonischen Verteilung der Massen die Gliederung Bündens wieder. Die obersten Elemente, die Schuppen von Matrei, entsprechen weitgehend den Schamserdecken und der Plattadecke. Die darunter folgenden ersten Gneisschuppen über den tiefsten Kernen des Venediger- und Hochalmmassivs sind die Vertreter der Margnadecke, die grossen Dome und Kuppeln der Zentralgneisse selber sind die Fortsetzung der Monterosa-Tambo-Surettadecke des Westens. Betrachten wir nun die einzelnen Elemente näher.

Vorerst seien die Äquivalenzen in den Tauern selber festgestellt. Wir gehen aus vom Osten. Da erscheint als das tiefste Glied der Tauerndecken die Kuppel der **Ankoglgneisse**, durch Glimmerschiefermulden mit dem darüberliegenden **Hochalmmassiv** zu einem einzigen gewaltigen Dom verbunden. Über demselben erkennen wir im Angertalermarmor und der oberen Schieferhülle der ostalpinen Geologen Trias, Bündnerschiefer und Ophiolithe als normale Sedimentserie dieses Hochalmmassivs. Von Gastein verfolgen wir dieses mesozoische Band der «Schieferhülle» durch das Angertal, die Bockhart- und die Riffelscharte, die Schareckgruppe bis hinüber an die Südseite der Woigstenscharte, hinab nach Mallnitz und weiter ins Mölltal hinaus. Es ist die mesozoische Zone von Mallnitz, die **Mallnitzermulde** der ostalpinen Geologen. Auf der Linie Kolm-Saigurn im hintersten Raurisertal - Herzog Ernst - Wurtenkees - Obervellach legt sich über dieses Mesozoikum die kristalline Masse des **Sonnblickkerns**, als Decke mit mehreren Digitationen weit über dasselbe vorstossend. Im Hochnarr sehen wir deren Stirn hoch über der Mulde von Mallnitz in prachtvoller Weise aufgeschlossen. Wie das Hochalmmassiv und die Mallnitzermulde, sinkt auch der Sonnblickkern als Decke flach axial dem Westen zu. Seine Gneisse und altkristallinen Schiefer verschwinden unter seiner mesozuischen Bedeckung, den Bündnerschiefern der sogenannten Mulde von **Fleiss-Fragant**. Dieselben ziehen vom Hochnarr in den hinteren Raurisertälern durch die westlichen und südlichen Abhänge der Sonnblickgruppe, das Tal von Döllach und Heiligenblut bis hinüber ins Fragant und hinaus ins Mölltal. Bei Obervellach erreichen sie dasselbe. Der Sonnblick steckt als kristalliner Deckenkern zwischen den basalen Bündnerschiefern der Mallnitzermulde und den Mesozoika der Mulde von Fleiss-Fragant. Über letztere legt sich, erkennbar von Kolbnitz im Mölltal an der Tauernbahn durch das Fragant hinein bis hinüber in die Berge von Döllach und Heiligenblut, bis hinaus in die hinteren Raurisertäler, ein neues kristallines Element, mit mächtiger penninischer Trias, die Decke des **Modereck**. Sie trägt die gewaltige Bündnerschiefer- und Ophiolithmasse des Grossglockner, und würde deshalb viel passender als die Glocknerdecke bezeichnet. Gegenüber der Sonnblickdecke ist diese schmale Gneisszone des Modereck nur eine sekundäre Abspaltung, doch ist der Ansatz derselben an den Sonnblickkern nirgends zu beobachten.

Östlich der Kuppel des Hochalmmassivs wiederholt sich dasselbe Bild. Was westlich des Ankogl aus der Tiefe der Glocknerdepression über dem mächtigen Dom des Hochalm in die Luft gestiegen ist, erreicht östlich dieser gewaltigen Kulmination wiederum das Gebirge, und ein Element des Westens nach dem andern sinkt wiederum in dasselbe ein, und in die Tiefe der grossen Senke der östlichen Tauern. Sonnblick- und Modereckdecke erscheinen nämlich auch **östlich** des Hochalmmassivs, sie sind nur bis heute als solche nicht erkannt worden.

Betrachten wir die tektonische Karte der östlichen Tauern, die *Kober* vor kurzem entworfen hat. Da liegt die Sonnblickdecke. Ein kurioses Ding! Einseitig, nur auf der Westseite des Hochalmmassivs, gegen Süden bei Kolbnitz blind in der Schieferhülle, unseren Bündnerschiefern, endigend! Die Modereckdecke keilt nach *Kober* schon früher aus. Dieses tektonische Bild ist unmöglich. Es entspricht auch nicht den tatsächlichen Verhältnissen in der Umgebung von Kolbnitz. Nach meinen allerdings nur sehr kursorischen Beobachtungen stellt der Hügel von Kolbnitz die Fortsetzung der Modereckdecke dar, und der Stiel des Sonnblick zieht hoch oben, in der Bündnerschieferzone über Kolbnitz deutlich ausgeprägt, mit seinen typischen Augengneissen gegen Südosten weiter. Er scheint sich weiter südlich mit dem eigentlichen Hochalmmassiv zu verbinden, und die trennende Mulde von Mallnitz keilt aus. Nicht die Mallnitzermulde umzieht als breiter, leider noch ungegliederter Streifen den Südrand des Hochalmmassivs von Kolbnitz bis hinüber zum Katschberg, sondern die Mulde von Fragant und die Schiefer des Glockner. In dieser Zone aber kann die Modereckdecke sehr wohl noch versteckt sein, bildet doch gerade diese Südecke des Hochalmmassivs, trotz der Nähe der Tauernbahn, noch eines der tektonisch am wenigsten bekannten Gebiete der östlichen Tauern. Der obige Zusammenhang wird durch die Verhältnisse im Osten des Hochalms noch wahrscheinlicher.

Kober trennt das Hochalmmassiv als höhere Decke vom Ankoghmassiv. Zwischen Hafnereck, Mallnitz und Böckstein im Gasteinertal ist aber diese Deckentrennung nirgends durch irgendwelches Mesozoikum garantiert. Die Trennung ist nur eine sekundäre durch alte vortriadische Glimmerschiefer, die eben von den Tauerngeologen seit uralter Zeit einfach mit den Trias- und Bündnerschiefergesteinen als «Schieferhülle» dem Zentralgneiss gegenübergestellt werden. Diese unglückselige «Schieferhülle» ist aber ein solch konfuser Begriff, dass er endlich fallen gelassen werden sollte. Er verleitet nur zur Unpräzision und führt zu tektonischen Irrtümern, wie eben auch in diesem Fall. Ankogl- und Hochalmmassiv werden gar nicht durch Mesozoikum getrennt, sie bilden daher zwei verschiedene Decken. Es handelt sich nur um zwei gar nicht sehr tief getrennte, verschiedene Lappen **einer** und derselben Deckeneinheit. Ich nenne sie die **Hochalmdecke.** Hochalm und Ankogl gehören zusammen. Auch in ihren Gesteinen, auch in ihrer Umgrenzung. **Der Ankogl ist nur ein tieferer Teillappen der Hochalmdecke.**

Am Ostabhang dieser geschlossenen kristallinen Einheit erscheint nun plötzlich von Norden her ein langer Zug von Mesozoikum, d. h. Trias und Bündnerschiefern, die **Liesermulde**. Darüber folgen die nach Norden ausspitzenden, im Süden sich mit dem Hochalmmassiv vereinigenden kristallinen Schiefer einer höheren, bisher unbenamten tektonischen Einheit, die ich in Anlehnung an *Beckes* «Silbereckscholle» die **Silbereckdecke** nenne; der Gipfel des Silbereck liegt in ihr. Über diese Silbereckdecke legt sich, als deren Mesozoikum, die grosse Masse der Bündnerschiefer im **Zederhaustal**, durch Trias und Gneisse am **Schrovinkogel** deutlich in zwei Teile geteilt.

Genau die **Gliederung wie im Sonnblick**. Die Liesermulde entspricht der Mulde von Mallnitz, sie keilt wie diese am Südhang der Hochalmmasse, im Maltatal, aus, die Silbereckdecke ist das Äquivalent des Sonnblick, und der Schrovinkogel die wieder einsetzende Modereckdecke. Und wie im Westen bei Heiligenblut und Döllach, folgt auch hier über der für Tauernverhältnisse so auffällig mächtigen Trias der Modereckdecke am Schrovinkogel die grosse Bündnerschiefermasse des Zederhaustales als Äquivalent des Glocknermesozoikums, und darüber endlich, wiederum genau wie bei Heiligenblut und Döllach, die Schuppen der Matreierzone. Die Äquivalenz zwischen West und Ost ist wahrlich grossartig und in die Augen springend.

Sonnblick und Silbereck gehören zusammen. Sie vereinigen sich um die Reste der Mallnitzer-Liesermulde mit der liegenden Hochalmdecke, und über sie hinweg stösst im Osten wie im Westen das Band der Modereckdecke, das die grosse mesozoische Hauptmasse der Tauern und endlich die Matreierschuppen trägt.

. Es entsprechen sich also beidseits der Hochalmkulmination: **Mallnitzermulde** und **Liesermulde**, **Sonnblick** und **Silbereck**, **Modereck** und **Schrovinkogel**.

Wir unterscheiden daher am **Ostende der Tauern** innerhalb der Penniden drei grosse Einheiten: Die Hochalm-Ankogldecke, die Sonnblick-Silbereckdecke mit der **Modereck-Schrovinkogelschuppe** und endlich die komplizierte Schuppenzone von Matrei. Das Charakteristikum der Modereckdecke ist überall die ausgeprägte Trias.

Verfolgen wir nun diese Elemente der östlichen Tauern nach **Westen**. Hochalm, Sonnblick, Modereck versinken gegen Westen, eine Einheit nach der andern, in der gewaltigen Depression des Glockner. Hoch thronen die Ophiolithe und Bündnerschiefer der höchsten Tauerneinheit über den zur Tiefe sinkenden Elementen der Hochalmkulmination. Aber schon am Grossglockner selbst richten sich die Axen wieder auf, und westlich dieser gewaltigsten Berggruppe der Ostalpen taucht die Unterlage der Glocknerschiefer wieder ans Tageslicht empor (Fig. 12). Was aber sehen wir hier?

Die Matreierzone des Ostens zieht ohne Unterbruch südlich des Glockners vorbei in die Berge von Windisch-Matrei selbst. Sie wird uns später noch eingehender beschäftigen. Die Zone des Glockners verfolgen wir nördlich davon weithin durch die ganzen südlichen Tauern nach Westen bis nach Sterzing. Unter derselben sollten nun die Äquivalente des Modereck und des Sonnblick emporsteigen. Was aber erscheint darunter tatsächlich? Der **Granatspitzkern**.

Was ist nun dieser Granatspitzkern?

Nach den alten Karten und den Aufnahmen von *Löwl*, ja selbst noch auf der neuesten tektonischen Karte von *Kober*, ist dieser Granatspitzkern ein unförmlicher Kuchen von Zentralgneiss in einer «Schieferhülle», ein fast kreisrundes Gebilde, das in absoluter Disharmonie mit dem Osten stand. Nach Westen schien es sich durch eine alte «Schieferhülle» mit dem Venedigerkern zu verbinden, nach Osten tauchte es unter den Grossglockner ein. Es schien also westlich des Grossglockner von der ganzen riesigen Decke des Sonnblick nicht die Spur vorhanden zu sein. Vielmehr deutet alles auf den engen Zusammenhang des Granatspitzkerns mit dem domartigen Gewölbe des Venediger, dessen Bau und Material aber vollständig dem Hochalmmassiv im Osten entspricht. Eine Diskrepanz zwischen Ost und West lag also offen zutage. Im Osten ruhte die Masse des Glockner auf den ausgeprägten Decken des Sonnblick und der Modereck, hoch über dem Hochalmmassiv, im Westen hingegen direkt auf dessen westlichen Äquivalenten. Sollte wirklich der ganze wundervoll regelmässige Bau des Ostens auf der kurzen Strecke unter dem Glockner verloren gegangen sein? Liess sich nicht vielleicht doch eine mesozoische Trennung, etwa Bündnerschiefer, zwischen Granatspitz- und Venedigerkern noch finden? War nicht vielleicht der Granatspitzkern doch eine höhere Decke, entsprach nicht vielleicht der Granatspitz dem Sonnblick doch?

Ich habe dieser wichtigen Frage der Tauerngeologie eine lange Reise bis hinein zum Grossvenediger gewidmet und bin dabei zu folgendem Resultat gekommen.

Überall taucht der Granatspitzkern mit seinen altkristallinen Gesteinen **unmittelbar unter dem Glocknermesozoikum hervor**. Vom Kristallin der Modereckdecke, das ja auch schon im Osten nur eine bescheidene Schuppe des Sonnblick ist, habe ich im Profil der Matreiertäler nicht die Spur gefunden. Hingegen quert man von Matrei zum Tauernhaus hinein mehrere Schuppen von Bündnerschiefern und Ophiolithen, die hie und da durch Trias getrennt erscheinen. So zieht eine Zone von Triaskalk durch die Nordostwände des Hintereck südlich des Frossnitztales, eine zweite nördlich davon durch die Gegend zwischen Frossnitz und Berg. Darunter erscheint der Glimmerschiefer des Granatspitzkerns. Bis hierher entspricht alles völlig dem Sonnblick. Auch das zentrale Kerngestein ist derselbe grobporphyrische Granitgneiss wie drüben am Sonnblick. Die Analogie ist vollkommen.

Wie steht es nun aber mit der für uns so wichtigen unteren Grenze des Granatspitzkerns? Zunächst betrachten wir die Lagerung der Gneisse im Granatspitzmassiv selbst. Bei der Winterbrücke und Raneburg im Matreier Tauerntal sehen wird das Kristallin des Granatspitzkerns steil aus der südlichen Tiefe, der Wurzel, emporsteigen. Bald legt es sich flach nach Norden über, bedeckt von der mesozoischen Hülle, die wir eben zwischen Matrei und der Winterbrücke gequert haben. Die beiden Hänge des Tales gegen Frossnitz und Muntanitz zeigen dieses Sichhinüberlegen der mesozoischen Schieferhülle über die alten Gesteine in prachtvoller Art. Zwischen Muntanitz und Felbertauern bilden dann die flachgelagerten, kristallinen Gesteine des Granatspitz selbst den Kamm, und über das Gebiet der Rudolfshütte und das Kaprunertörl verfolgen wir sie weiter bis in den Hintergrund des Kaprunertales. Von dort hinüber bis zum Weisseneck im Hollersbachtal sehen wir dann die Gesteine des Granatspitzkerns nach Norden unter den mesozoischen Gesteinen verschwinden. Im Osten sind dies die Bündnerschiefer der Wiesbachhörner, des Hohen Tenn, des Kitzstein, gegen Westen verzahnen sich dieselben immer mehr mit den Grünschiefern der Sulzbachtäler, und schliesslich wird das ganze Mesozoikum durch diese Grünschiefer, die Ophiolithe, repräsentiert. Ein Teil dieser Ophiolithzone nun zieht westlich der Felbertauern um die altkristallinen Gesteine des Granatspitzkerns herum in deren Basis, in den Zug von Grünschiefern und Amphiboliten, der im Matreier Tauerntal die Masse des Granatspitzkerns von der des Grossvenediger trennt. Vom Rottenkogel sieht man diese Ophiolithzone als schwarzes Band unter dem Dichtenkogel und Fechtebenkogel in die Terrassen über dem Matreier Tauernhaus hinabziehen, und südlich desselben quert sie auf der Oed «das Tauerntal. Unter ihr erscheinen die Gneisse. Glimmerschiefer und Amphibolite des Venedigerstockes, und hoch über sie hinwegverfolgen wir die Gneisse des Granatspitzkerns in weitgespanntem, flachem Bogen vom Dichtenkogel über die Tabererköpfe bis hinab in die Oed und hinein in die südliche Venedigermasse. Der Granatspitzkern überlagert in gewaltigem Bogen, der östlich des Tauerntales prachtvoll sichtbar ist, die Ophiolithzone des Rottenkogels. Unter derselben steigen im Gschlöss die kristallinen Massen des Venedigerkerns als die Basis des Ganzen ans Tageslicht empor.

Der Granatspitzkern liegt deutlich als Decke über der Ophiolithzone. Genau wie drüben in Bünden die kristallinen Gesteine des Scalino über den Serpentinen von Malenco. Das Bild ist absolut dasselbe. *Löwl* hat den Granatspitzkern als den Typus eines Lakkolithen mit ausgezeichnet aufgeschlossener Sohle beschrieben. Heute erscheint uns der Granatspitzkern als der Kern einer flach von Süden her über die Ophiolithe geschobenen Decke.

Wichtig ist nun natürlich vor allem das **Alter** dieses basalen Ophiolithzuges zwischen Venediger und Granatspitzkern. Bis jetzt waren nur Glimmerschiefer, Amphibolite und Grünschiefer aus dieser Zone bekannt, und es ist daher begreiflich, wenn man dieselbe kurzweg zur sogenannten älteren «Schieferhülle» zog, und deshalb Venediger- und Granatspitzkern zu einer einheitlichen altkristallinen Masse vereinigte. Heute dürfen wir dies nicht mehr tun. Einmal ist schon der Zusammenhang mit den Grünschiefern der Sulzbachtäler entscheidend, denn dieselben verzahnen sich gegen Osten, auch nach *Löwl*, mit den Kalkglimmerschiefern der Glocknerzone, deren Bündnerschiefernatur heute ausser allem Zweifel steht. Schon auf diesem Wege wird also das mesozoische Alter unserer Ophiolithzone sehr wahrscheinlich. Die Amphibolite, die ich zwischen der Oed und dem Gschlöss aus dieser Zone sammelte, sind denn auch absolut die gleichen wie die des Monte del Forno zwischen Suretta- und Margnadecke. Die gleichen schwarzen, feinschiefrigen

Gesteine. Reste von Grünschiefern sind darin oft vorhanden. Die Analogie mit den Suretta-Ophiolithen südlich von Maloja sprang mir sofort in die Augen. Nach einigem Suchen fand ich aber auch noch den dazugehörigen **Bündnerschiefer**. Hochmetamorphen Kalkglimmerschiefer wie drüben im Bergell, oder im Tessin oder am Simplon. Ununterscheidbar von den echten Schistes lustrés der Westalpen, des Wallis, Tessins oder Bündens. Nie werde ich die Freude vergessen, als ich im Angesicht der herrlichen Gletscherwelt des Venediger, die da aus dem Gschlöss heraus in wundersamer Pracht in die herbstlich gefärbten Täler leuchtete, die ersten Blöcke von Bündnerschiefer zerschlug. Da war das sichere Mesozoikum, das zu suchen ich die ganze, lange Reise von Sterzing zurück bis ins Gschlöss hinein unternommen hatte. Da lag das wirkliche mesozoische Alter der Zone zwischen Venediger und Granatspitz klar zutage, und der **Granatspitzkern** wurde damit zur tatsächlichen **Decke**, die weithin **auf mesozoischer Unterlage schwimmt**. Hoch thront der alte Gneiss in flachen, grauen Köpfen über den schwarzen, Bündnerschiefer führenden Ophiolithen des Rotenkogelzuges, wie die Margna über den Serpentinen von Malenco. Die Erkenntnis der **Granatspitzdecke** und deren Abtrennung vom Venedigermassiv war die Mühe der Reise wohl wert.

Jetzt lag der Zusammenhang mit dem Osten klar. Unter dem Glockner erschien wie im Osten zunächst eine mächtige kristalline Decke mit verschiedenen Digitationen, darunter eine neue mesozoische Mulde, darunter erst die grosse Hauptmasse der Zentralgneisse der tiefsten Kerne. Der **Granatspitzkern** ist das Analogon zum **Sonnblick**, die höheren Teildecken in seinem Bündnerschiefer im südlichen Tauerntal sind die Äquivalente der **Modereckdecke**, der **Ophiolithzug** unter dem Granatspitz entspricht der Mulde von **Mallnitz**, der **Grossvenediger** dem Hochalmmassiv. Die Analogien westlich und östlich der Glocknerdepression sind also vollkommen.

Damit ist eine erste Brücke nach dem Westen geschlagen. Verfolgen wir nun diese Elemente der östlichen und mittleren Tauern weiter nach Westen. Durch die südlichen Täler gewinnen wir den Anschluss an den **Brenner** und damit das Westende des grossen, penninischen Fensters.

Durch das Hochgebirge des Grossvenediger und die Dreiherrenspitzgruppe streichen die altkristallinen Massen des Hochalm-Venedigermassivs dem Zillertaler Hauptkamm zu. In mächtigem Gewölbe die jungen Schiefer des Nordens und des Südens trennend. Ein gewaltiger Dom wie drüben im Hochalmmassiv, oder im Westen im Gran Paradiso! Südlich Mayrhofen im Zillertal teilt sich im Gebiet der Berlinerhütte diese einheitliche Masse in zwei selbständige Lappen, den **Zillertaler-** und den **Tuxerkern**, die **Greinerscholle** ins Herz des Venedigermassives ein, als eine Mulde grossen Stils. Was bedeutet sie?

Die Arbeiten *Sanders* haben hier in den letzten Jahren nach den petrographischen Untersuchungen von *Becke* soviel Klarheit gebracht, dass die Analyse der Greinerscholle nicht mehr auf grosse Schwierigkeiten stösst. Zunächst ist sicher, dass die eigentliche Venedigermasse sich nur in Tuxer- und Zillertalerkern fortsetzt, nicht aber in die Greinerscholle. Tuxer- und Zillertalerkern sind zwei Teillappen der Venedigereinheit, und die Greinerscholle stellt dazwischen ein fremdes Element dar. Deren Muldencharakter steht ausser allem Zweifel, denn mit dem Ansteigen der Axen in den beiden Zentralgneisskernen steigt auch die zwischenliegende Mulde der Greinerscholle ostwärts an, und hebt schliesslich zwischen den beiden Kernen aus. Die Greinerscholle bedeutet daher mit Sicherheit eine wirkliche, nach oben offene Mulde zwischen den beiden Massivlappen des Venedigerkernes. Diese Mulde aber ist höchst komplexer Natur. Sie besteht aus Mesozoikum und Altkristallin, die neuen *Sanderschen* Aufnahmen lassen darüber gar keinen Zweifel. Beidseits legt sich an die Zentralgneisskerne zunächst Trias, Hochstegenkalk, an einigen Orten auch Bündnerschiefer und Ophiolithe, Grünschiefer und Serpentin. Dann folgt die grosse Masse der eigentlichen Greinerschiefer als Muldenkern der Greinerscholle, von den Zentralgneissen durch die eben erwähnten Mesozoika getrennt, als von oben in die Greinermulde eingefaltetes Kristallin einer höhern Einheit. Wir nennen dieselbe vorderhand die **Greinerdecke**. Sie trägt, wie im Osten der Sonnblick und der Granatspitzkern, die grosse komplexe Bündnerschiefermasse der Tauern. Wir betrachten sie demnach als das westliche Analogon der Sonnblick- und Granatspitzdecke.

Das Kristallin der Greinerscholle liegt in derselben tektonischen Position wie Granatspitz und Sonnblick, es ist deren Äquivalent. Im Westen wie im Osten folgt über der tiefsten Einheit, dem Venedigerkern, eine höhere kristalline Einheit, die ihrerseits die grosse Bündnerschiefermasse der Tauern trägt. Das Äquivalent der Glocknerzone ist das Bündnerschiefergebiet der Pfundererberge. Dasselbe steht auch durch die südlichen Tauerntäler in lückenlosem Zusammenhang mit der grossen Bündnerschiefer-Ophiolithmasse des Glockners. Der Venedigerkern geht gleichfalls von Osten nach Westen ohne Unterbruch durch, es müssen daher auch die zwischen die beiden Elemente im Westen wie im Osten eingeschalteten kristallinen Serien einander entsprechen. Die **Greinerdecke** ist das sichere Äquivalent der **Granatspitz-Sonnblickdecke** des Ostens.

Im Matreier Tauerntal steigt die Decke des Granatspitzes über den Gneissen des Venediger in die Luft, drüben in den Zillertalerbergen die kristalline Zone der Greinerdecke. Über der gewaltigen Kulmination des Grossvenediger ist die einstige Verbindung zwischen Ost und West abgewittert, und nur die beiden Teilstücke sind uns symmetrisch der Venedigermasse erhalten geblieben. Im Süden aber, in der Wurzelzone, setzen die Gesteine des Granatspitzkernes auch heute noch ohne jeden Unterbruch in die der Greinerdecke fort. Auf weite Strecken von den Gneissen der Venedigermasse durch Mesozoikum getrennt. Sehen wir näher zu.

Am Zillertaler Hauptkamm legen sich die Greinerschiefer als höhere Elemente über das Gneissgewölbe des Zillertalerkerns hinüber, und schiessen nach Süden in die Tiefe. Unter sich das Mesozoikum des Zillertalerkerns, über sich die gewaltige Masse der Tauernbündnerschiefer. Die Greinerschiefer bilden hier deutlich eine kristalline Decke über dem Mesozoikum des Venedigermassivs. Das Gewölbe des Zillertaler Hauptkammes ist der Scheitel, der das Deckenland im Norden vom Wurzelland im Süden trennt. Das Ganze sinkt axial nach Westen, wie alle Elemente der westlichen Tauern überhaupt, und so sehen wir denn auch die grosse Bündnerschiefermasse des Nordens ohne Unterbruch um das Ende des Zillertalerkerns herum in die lange Bündnerschieferzone der südlichen Tauern einschwenken. Die dieser Bündnerschieferwurzel nördlich anliegende erste kristalline Zone ist die Wurzel der Greinerdecke. Von den Zentralgneissen des Zillertalerkerns und damit des Venediger ist diese Greinerwurzel auf grosse Strecken durch Mesozoikum getrennt. Trias und Ophiolithe, hie und da auch Bündnerschiefer, ziehen weithin durch die südliche Zone des alten «Venedigerkerns». Die nördliche Hauptmasse des Zillertaler Hauptkammes gehört zum Venedigerkern und steht mit demselben auch in lückenlosem Zusammenhang. Die südliche Nebenzone aber, die unmittelbar an die Nordgrenze der Bündnerschiefer stösst, ist vom Venedigerkern abzutrennen, es ist die Wurzel der Greinerdecke, einer höheren kristallinen Einheit, deren Deckennatur im Norden unzweifelhaft zutage tritt.

Auf eine Strecke von 25 km verfolgen wir die trennenden Mesozoika zwischen Venedigerkern und Greinerwurzel als enggepresste Keile vom Westrand des Hochfeiler bis gegen St. Peter im mittlern Ahrntal. Dort setzen sie aus, sei es durch tektonische Lamination, oder durch Ausheben der enggequetschten Mulden über der Venedigerkulmination, oder endlich aus Gründen der noch wenig eingehenden Untersuchung jener Gebiete. Die Wurzel der Greinerschiefer aber setzt, mit ihren typischen Gesteinen, an der Basis der grossen Bündnerschiefermasse wie diese weiter nach Osten fort. Sie quert die südliche Abdachung der Dreiherrenspitzgruppe und erreicht endlich östlich der Islitz die Wurzel des Granatspitzkerns. Dort aber setzen, schon vom obersten Umbaltal an, am Ostabfall der Venedigerkulmination, auch die trennenden mesozoischen Wurzelmulden wieder ein, und nach weiteren 25 km sehen wir dieselben im Matreier Tauerntal sich in der Basis des Granatspitzkerns verlieren.

Die Wurzel des **Granatspitzkerns** verbindet sich also südlich der zentralen Hochgebirge durch die südlichen Tauerntäler mit der Wurzel der **Greinerschiefer**, und es ist diese Wurzel auf $^3/_4$ ihrer Erstreckung von der Venedigermasse durch Mesozoikum getrennt. Nur im zentralen Teil fehlen heute noch auf zirka 15 km die trennenden Mesozoika, die übrigen 47 km sind durch die jüngeren Wurzelkeile deutlich und scharf getrennt.

Die Trennung der «Venedigermasse» durch Hochstegenkalk und Grünschiefer war im Westen seit den Untersuchungen *Beckes* und *Lövels* wohl bekannt. Für den Osten jedoch bin ich noch den Nachweis solcher Wurzelmesozoika schuldig. Zunächst sieht man im Tauerntal die Decke des Granatspitz nach Süden in die Tiefe schiessen, und verfolgt man diesen Wurzelstiel des Granatspitzkristallins weithin in die Berge beidseits des Frossnitztales hinein. Der Granatspitzkern ist also auch in dieser Beziehung keineswegs der flache Kuchen, als der er bisher dargestellt worden ist, indem man den Zentralgneiss aus seinem natürlichen Zusammenhang mit den alten Paraschiefern riss und diese mit dem Mesozoikum als Schieferhülle zusammenwarf. Das Kristallin des Granatspitzkerns schwenkt vielmehr mit aller Deutlichkeit und in prachtvoller Art in den Südhang der Venedigermasse hinein. Das liegende Mesozoikum muss dies daher gleichfalls tun, und tatsächlich schwenken auch die Ophiolithe an der Basis der Decke «in der Oed» aus ihrer Nordsüdrichtung in der Granatspitzgruppe scharf nach Westen ein in die Berge nördlich des Frossnitztales; die kristallinen Schiefer der Granatspitzwurzel im Süden von denen der Venedigermasse im Norden scheidend. Südlich des Venediger bilden sie in den Gastacherwänden einen seit langem bekannten, von Dolomit- und Kalkmarmoren, Fuchsitgesteinen, Kalkglimmerschiefern und oft glaukophanhaltigen Eklogiten begleiteten Amphibolitzug, der sich weithin durch die Gneisse und Glimmerschiefer des südlichen Venedigerkerns verfolgen lässt, vom Weisspitz am hintern Frossnitzkees bis ins oberste Ahrntal hinein. Nach *Lövl* eine südliche Zone von Granatglimmerschiefern von den Glimmerschiefern und Gneissen des Venediger trennend. In der Gegend der Johannishütte quert diese Amphibolitzone das Tal der Islitz und streicht hinüber in die westlichen Berge. Ihr weiterer Verlauf ist durch *Weinschenk* näher bekannt; die Eklogitzone zieht in Spuren über das Türml, das Regentörl und den Malhamspitz, das obere Umbalkees und den Ahrnerkopf hinüber bis ins oberste Ahrntal. Jenseits St. Peter aber setzen die Ophiolithe, mit Trias zusammen, wieder in geschlossenem Zuge ein.

Eine genaue moderne Kartierung dieser wundervollen Partie des Tauernsüdabfalles wird sicherlich den Zusammenhang unzweideutig klarlegen und wohl auch weitere mesozoische Linsen zwischen Ahrntal und der Islitz zutage fördern.

Damit ist die Brücke zwischen Ost und West geschlagen. Greinerschiefer, Granatspitzkern, Sonnblick und Silbereckdecke bilden im Grossen eine tektonische Einheit höherer Ordnung, sie überlagern von einem Ende der Tauern zum andern die tiefere Masse der eigentlichen Zentralgneisse, von der Mur bis hinüber zur Eisack. Diese Einheit trägt die grosse Masse der Bündnerschiefer und Ophiolithe, vom Katschberg bis zum Brenner, und zu dieser Einheit gehört damit der höchste Gipfel der Tauern, der Grossglockner. Gegenüber der Hauptmasse der Zentralgneisse hat diese Einheit überall den Charakter einer höheren Decke erster Ordnung, sie überlagert dieselbe überall, im Hochalm-. im Venediger-, im Zillertaler- und im Tuxermassiv. Diese höhere Decke der penninischen Tauern bezeichnen wir von nun an nach ihrem höchsten und schönsten Gipfel, dem Grossglockner, als die Glocknerdecke. Die tiefere Hauptmasse der Zentralgneisse, deren Deckennatur in den Tauern nirgends durch basales Mesozoikum erschlossen ist, nennen wir die Venedigermasse.

Damit haben wir in den Hohen Tauern vorderhand zwei grosse Einheiten erster Ordnung herausgeschält. Die Venedigermasse unten, die Glocknerdecke oben.

In diese beiden grossen Einheiten lässt sich das ganze Penninikum der Tauern einfügen. Es ist nichts anderes als die Zweiteilung der Hohen Tauern, die schon *Termier* erkannt hat, in die «Nappe du Hochstegenkalk» und die «Nappe des Schistes lustrés». Mit dem Unterschied jedoch, dass Greinerscholle, Granatspitzkern, Sonnblick und endlich die Silbereckdecke nicht zur untern Einheit, dem Grossvenediger, gezählt werden, sondern als kristalline Kerne der oberen, der «Nappe des Schistes lustrés», erscheinen. Und ferner mit dem Unterschied, dass die Schistes lustrés nicht nur zur obern, sondern teilweise in grossen Beträgen auch zur untern Decke gerechnet werden. Unsere Trennung ist keine stratigraphische, sondern rein tektonischer Natur, und deshalb finden wir in beiden unsern Einheiten im Grossen die gleiche stratigraphische Folge: Zentralgneiss-Paraschiefer-Trias-Schistes lustrés mit Ophiolithen. Beide unsere Einheiten verfügen über eine vollständige Schichtreihe.

Beiträge zur geol. Karte der Schweiz, n. F., Liefg. 52.

9

die aus dem Paläozoikum über die Trias bis in die Bündnerschiefer hinaufreicht, und die Abtrennung einer eigenen Decke des Zentralgneiss-Hochstegenkalkes von einer Schistes lustrés-Decke muss heute fallen gelassen werden. Für den Westen, den *Termier* in so meisterhafter Art entziffert hat, trifft seine Einteilung vollkommen zu. Im Osten jedoch ändern sich die Verhältnisse, und der heutige Überblick über das Ganze zeigt, dass jene Teilung im Westen nur ein Spezialfall ist, eine lokale Variation der grossen Zweiteilung der Tauern. Aber es bleibt das hervorragende Verdienst *Termiers*, zuerst mit allem Nachdruck und aller Verve diese Zweiteilung der Hohen Tauern gegenüber allen Anfeindungen durchgeführt und verfochten zu haben.

Heute dehnen wir diese **Zweiteilung der Tauern** auf die ganze Kette, vom Brenner bis zum Katschberg, aus. Die höhere Einheit ist die Glocknerdecke, die tiefere die Venedigermasse. Zur **Glocknerdecke** rechnen wir die Greinerschiefer im Westen, die oberen Gneissschuppen im Zillertalerkamm, den Granatspitzkern, den Sonnblick mit seiner Rückenschuppe, der Modereckdecke, und die Silbereckdecke als altkristalline Kerne, zur **Venedigermasse** gehört im Osten das Ankogl- und Hochalmmassiv, im Westen Zillertaler- und Tuxerkern. Die Bündnerschiefer des Süd-, West- und Ostrandes, sowie die Zone des Grossglockners sind der mesozoische Mantel der **Glocknerdecke**. Die mesozoischen Gebiete der nördlichen Tauernabdachung hingegen verteilen sich auf die beiden Einheiten. Sie gehören teils zur Venediger-, teils zur Glocknermasse.

Die Abgrenzung der Venedigermasse ist heute klar. Sie bildet geschlossene Bezirke, die sich seit alter Zeit im Grossen leicht abgrenzen liessen. Das Hochalm-Ankoglmassiv im Osten, das Venedigermassiv mit Tuxer- und Zillertalerkern im Westen. Hingegen ist die obere Einheit weit komplexerer Natur, und wir wollen nun versuchen, diese **Glocknerdecke** weiter im Gebiet der Tauern zu verfolgen und ihren Bau klarzulegen. Wir beginnen damit im Westen, am **Brenner**.

Bis in die Greinerscholle des Pfitschtales haben wir die Glocknerdecke von Osten her im Zusammenhang verfolgt. Sowohl westlich des Hochfeiler wie am Pfitscherjoch zerfällt dieselbe in eine ganze Reihe kristalliner Schuppen, ganz ähnlich wie das Margnakristallin Graubündens. Am Südrand des Tuxerkerns streichen nun diese kristallinen Schuppen der Glocknerdecke weiter in die altbekannten Gneisschuppen über dem Wolfendorn hinein. Überall zwischen der Hauptmasse der Bündnerschiefer im Hangenden und dem Mesozoikum des Tuxerkerns im Liegenden, genau wie drüben im Zillertalerkern. Die ganze Zone zeigt ausgeprägten Schuppenbau, es sei nur an das Profil zwischen Wolfendorn und Amthorspitze erinnert.

Über den Brenner ziehen nun die Bündnerschiefer der Glocknerdecke dem Norden zu, in die grosse Schiefermasse der Valser-, Schmirn- und Navistäler, und über das Tuxerjoch hinüber in die Tux und hinab ins Zillertal. Dabei keilen die kristallinen Schuppen ihrer Basis mehr und mehr aus, bis schliesslich nördlich des Tuxerjochs die Schiefer der Glocknerdecke beinahe unvermittelt auf dem Mesozoikum des Tuxerkernes liegen. Höchstens Triaslinsen trennen dort noch den Anteil der Glocknerbündnerschiefer von den Schistes lustrés des Tuxerkerns, vielleicht hie und da ein verlorener kristalliner Fetzen. Wo die genaue Grenze zwischen den beiden mesozoischen Hüllen zu ziehen ist, werden wohl einst die Untersuchungen *Sanders* ergeben. Soviel ist sicher, dass der Bündnerschiefer des Brenner, von Sterzing bis hinüber nach Steinach und Navis, zur Glocknerdecke gehört.

Im unteren Pfitschtal erscheint in dieser mesozoischen Hülle das Kristallin der Glocknerdecke in Form der Greinerschiefer nochmals in einem kleinen Fenster auf der Scheitelwölbung der Decke. Eine geschlossene kristalline Kuppel, wie in den Westalpen die Fenster von Lanzada, von Pradlèves und Arceza.

Der ganze Westrand des Tauernfensters wird also von den Bündnerschiefern der Glocknerdecke gebildet, und sie müssen nun von dort in die Tux und das Zillertal weiter verfolgt werden. Die Schiefer nördlich Mayrhofen gehören mit Sicherheit hierher. Schwieriger wird ihre Verfolgung am Nordrand der Tauern nach Osten in die Krimmlertäler, wo die mesozoische Hülle der Zentralgneisse ganz schmal wird. Doch sind wohl die nördlichsten Bündnerschiefer vor der Trias von Krimml zur Glocknerdecke zu rechnen. Von der Trias des Venedigerkerns werden sie durch Casannaschiefer getrennt. Möglicherweise gehören sie aber doch noch zum Venedigermassiv, das sich hier wie drüben im Tuxertal in verschiedene kristalline Keile zerspalten könnte, und dürfte das Gros der Glocknerdecke vor der Venedigerkulmination fehlen, durch dieselbe weiter südlich zurückgehalten. Nähere Untersuchungen liegen darüber nicht vor.

Hingegen ist der ganze Bündnerschiefer des östlichen Tauernrandes, von St. Michael im Lungau bis Hofgastein und in die Raurisertäler, bestimmt zur Glocknerdecke zu rechnen. Diese Bündnerschiefermasse liegt deutlich über der Silbereckdecke und dem Schrovinkogel, und deutlich über den Ausläufern des Sonnblick- und Modereckkristallins in den Rauriserbergen. Ein kleiner Teil der Schiefer um Hofgastein gehört noch zur Hochalmbedeckung, der grössere aber bestimmt zur Glocknerserie. Die Komplikationen in der «Schieferhülle» um Hofgastein sind ziemlich bedeutend, und die *Starkschen* Profile sind leider nicht eindeutig genug, um klar zu sehen. Sind doch beispielsweise Gneisse und Arler Kalkphyllite zum Teil mit derselben Signatur bezeichnet. Doch geht aus dem *Starkschen* Text hervor, dass die «Kalkglimmerschiefer-Grünschiefergruppe», die die Gegend um Hofgastein aufbaut, im Süden auf der Modereckdecke liegt. Die Ähnlichkeit mit dem Glocknergebiet ist übrigens sofort in die Augen springend, und wir müssen daher schon die Schiefer um Hofgastein zur Glocknerdecke rechnen. Was für die Hülle des Hochalm-Venedigermassivs hier übrigbleibt, sind nur die Bündnerschiefer im unmittelbaren Hangenden des Angertalermarmors, der als langes Band das Hochalmkristallin umzieht, vom Kötschachtal über das Angertal und die Bockhartscharte bis hinein in die Mallnitzermulde. Nördlich des Silberpfennig werden diese unteren Hochalmbündnerschiefer von Gneiss und Trias der Sonnblick- oder Modereckdecke überschoben, und zwar in bedeutender Mächtigkeit. Darüber aber legt sich die Bündnerschiefer-Ophiolithserie der Wandlkaarhöhe und der Türchlwand, d. h. die westliche Fortsetzung der Schiefer um Hofgastein. Durch die nördlichen Täler streichen dieselben nach Westen, durch die Wiesbachhörner und die Kitzsteingruppe in die Stubachtäler. Westlich derselben sind diese Glocknerschiefer zurzeit von den mesozoischen Hüllschiefern des Venedigermassivs noch nicht reinlich zu trennen.

Damit haben wir die Verbreitung der Glocknerdecke in den Tauern skizziert. Dieselbe baut gewaltige Areale des penninischen Fensters auf, und sie umschliesst schon nach der heutigen lückenhaften Kenntnis die tieferen Elemente des Venediger fast völlig. Dieselben erscheinen in der Masse der Glocknerdecke, die vom äussersten Westen bis zum äussersten Osten reicht, nur als relativ kleine **Fenster** auf den grossen Kulminationen, und die **Hauptmasse des Fensters der Hohen Tauern** wird von der **Glocknerdecke** aufgebaut.

Nicht Venediger- und Hochalmmasse, nicht die grossen Zentralgneisskerne, sondern die **Glocknerdecke** spielt **die Hauptrolle im Penninikum der Hohen Tauern.** (Siehe Fig. 13.)

Überaus wichtig für den Vergleich nach Westen ist der unruhige **Schuppencharakter** der kristallinen Kerne und der obersten Teile der **Glocknerdecke.** Aus dem Osten kennen wir ihn als die Zerschlitzung der Sonnblickdecke, die Abspaltung der Modereckschuppe und die Schuppen des Schrovinkogels und Silberpfennigs. In den zentralen Tauern zeigt der Granatspitzkern deutlich mindestens eine Zweiteilung an der Stirn im hinteren Stubachtal, und eine Zerschlitzung des Rückens nördlich Windisch-Matrei. In der Greinerwurzel im Lappachtal treffen wir dieselbe Zerschlitzung wieder, und in höchstem Masse von hier weg durch den Hochfeiler, die Greinerscholle und die Schuppen am Wolfendorn bis hinaus zum Brenner. Überall dasselbe Bild, weitgehende Zerschlitzung des kristallinen Kernes in einzelne Schuppen.

Die Schuppung der Glocknerdecke findet sich aber in noch höherem Masse in ihrer Bündnerschieferbedeckung. Und zwar bis hinauf an die Basis der ostalpinen Decken. Diese Schuppenzone ist äusserst wichtig und bezeichnend für das oberste Glied der Penniden, das die ganze Wucht der darüber hinwegfahrenden ostalpinen Massen unmittelbar zu spüren bekam. Genau dasselbe Phänomen wie drüben in Bünden in den Schamser- und Plattadecken.

Über den kristallinen Schuppen der Glocknerdecke folgt zunächst noch eine etwas ruhigere Region, die grosse Bündnerschiefer-Ophiolithmasse der Tauern. Wohl ist auch sie nicht einheitlich, wie gerade die Schuppen der Modereck oder des Schrovinkogels zeigen, oder die Triasgneisskeile an der Türchlwand bei Gastein, oder bei Wörth im Raurisertal, die liegenden Falten am Wiesbachhorn und Hohen Tenn, oder die Schuppen am Hintereck nördlich Windisch-Matrei. Aber im Ganzen erscheint diese Bündnerschieferzone einfach und grosszügig, am ehesten vergleichbar etwa der Bündnerschieferzone des Avers oder des Duangebietes, oder der «Zone du Combin» im Wallis. Auf weiten Strecken ruht das Mesozoikum, viele Hunderte von Metern mächtig, kaum gestört, in flacher Konkordanz den Gneissen der Decke auf. In den südlichen Tauern erreicht diese Zone stellenweise eine Mächtigkeit von über 5 km. Von Heiligenblut und Döllach verfolgen wir diese ruhige Zone der Bündnerschiefer und Ophiolithe durch die ganzen südlichen Tauern bis hinüber nach Sterzing und an den Brenner, in immer gleichbleibender, fast monumentaler Grösse.

Dann aber ändert sich das Bild mit einem Schlag. Der ruhigen Grösse der Bündnerschieferzone folgt ein wildes Haufwerk von kleinen Schuppen, mit massenhaftem Kristallin, mit Quarziten, mit Trias, mit Gips, mit Bündnerschiefern und Prasiniten, mit Gabbro und Serpentin. Es ist die berühmte Zone von Windisch-Matrei, der «Matreier Schieferzug» der ostalpinen Geologen. Diesem Matreierzug habe ich besondere Aufmerksamkeit geschenkt, galt er doch bis heute als die Wurzel der Radstätterdecke, und im Westen als die Wurzel des Tribulaun, allgemein als die Wurzel der unterostalpinen Elemente. Und wurde er doch auf diese Weise, ausgesprochen oder nicht, aus seinem natürlichen Verbande mit dem basalen Tauernpennikum losgerissen.

Ich habe diese **Matreierzone** an den verschiedensten Orten gesehen und studiert, von Sprechenstein und Steinach am Brenner bis hinüber in die Berge von Döllach und die Radstättertauern, und endlich auch die klassische Region von Windisch-Matrei selbst. Nirgends habe ich ein Schichtglied gefunden, das nicht **penninisch** sein könnte. Nirgends **ein** typisch ostalpines Element. Weder Verrukano, noch typisch ostalpine Trias, wie sie doch in den Wurzelkeilen bei Mauls, St. Pankraz und Dubino, oder bei Villgraten noch deutlich erkennbar ist, noch Radiolarit, noch Kreidebreccien, keine Spur von alledem. Dagegen die typisch penninische Gesellschaft der Bündnerschiefer und Ophiolithe, mit Serpentin, Diabas, Prasinit, vielleicht auch Gabbro, daneben die schmächtige ungegliederte penninische Trias. Wie drüben in Bünden oder im Wallis. Mit dem gleichen Rechte könnten wir dort Dentblanche und Margna für ostalpin erklären, Dinge, die jeder, der die Westalpen und die betreffenden Gebiete kennt, als reine Willkür empfinden müsste. Ich betrachte daher die **Matreierzone** nicht als die Wurzel der Radstätterdecken und des Tribulaun, nicht als ostalpin, sondern sehe in ihr das höchste enorm strapazierte Glied der **Penniden**, deren höchste Schuppen an der Basis der Austriden. Die Matreierzone wird dadurch das unzweideutige Äquivalent der Schamser- und Plattadecken in Bünden, und die Wurzel der ostalpinen Radstätterdecken und des Tribulaun müssen wir weiter südlich suchen.

Diese penninische Schuppenzone von Windisch-Matrei, kurz gesagt die Matreierzone, ist nun aber keineswegs, wie bisher angenommen, nur auf den Südrand der Hohen Tauern beschränkt. Ich habe sie um das ganze Fenster der Hohen Tauern herum, überall über der grossen Bündnerschiefermasse, an der Basis der ostalpinen Elemente, feststellen können.

Die Zone von Matrei umgibt als ein fast geschlossener Ring die penninischen Gebiete der Tauern. Ich kenne sie von Sprechenstein, vom Brenner, von Steinach, von Matrei bei Innsbruck, aus dem Navisertal und den Tuxertälern, von den Tarntalerköpfen, ich habe ihre Spuren gefunden in den Bergen südlich Zell am See, bei Fusch und in den nördlichen Gasteinertälern, die Anthaupten- und Bernkogelserien von *Kober* gehören hierher, und in den Radstättertauern endlich die grosse basale Mischungszone des Speiereck, bis hinauf an die Basis des unteren Twenger Kristallins und die Trias der Weisseneckschuppe. Dieser Schuppenmantel legt sich also um alle tieferen Elemente der Tauern herum bis an ihren Nordrand, und wir können in dieser Verteilung der obersten penninischen Schuppen einen starken Beweis dafür erblicken, dass wirklich einst die ganze nördliche Alpenzone über die Tauern hinweggefahren ist, dieselben überschoben, und ihre obersten Elemente aufgewühlt und nach Norden mitgeschleppt hat. Die Verbreitung dieser penninischen Trümmer der Matreierzone am Nordrand der Tauern ist ein mindestens ebenso kräftiges Beweismittel für die Deckentheorie, wie die unsichere und unwahrscheinliche Parallele mit den Radstättertauern.

Fig. 12. Profilskizze durch den Grossglockner (p. 57)

Fig. 13. Die Grossgliederung des Tauernfensters in Glocknergebe und Venedigergruppe (p. 25)

Fig. 14. Profil durch die Matreierzone östlich Windisch-Matrei (p. 65)

Fig. 15. Die Matreierzone am Mukeralspitz östlich Döllach Legende s. Fig. 14. (p. 66)

Fig. 16. Profilskizze durch den Bober bei Döllach. Die Komplikationen der Matreierzone (p. 66)

84

Was im Süden zur Matreierzone gehört, ist seit langem bekannt. Doch existieren nirgends auch nur einigermassen detailliertere Profile durch dies wichtige Gebiet. Auch *Kober* gibt nur ein einziges Profil durch den Matreierzug, das der Eckerwiesen bei Döllach. Ich möchte im Folgenden wenigstens eine kleine Reihe von auch nur schematischen Detailprofilen durch die Matreierzone in der Gegend von Döllach, Kals und Windisch-Matrei geben, damit sich der fernerstehende westalpine Geologe ein etwas besseres Bild dieser Zone machen kann, der penninische Charakter des Ganzen hervortritt, und eine Basis entsteht zu Vergleichen mit dem Westen, Osten und Norden. Vielleicht auch, dass dadurch ein ostalpiner Geologe angeregt wird, diese ganze prachtvolle Matreierzone eingehender monographisch zu bearbeiten und genau zu kartieren. Es wäre dies eine wundervolle Aufgabe.

Ich beginne mit dem Profil **von Windisch-Matrei** selbst. Dasselbe ist nur aus der Ferne aufgenommen worden, von den Hängen westlich Windisch-Matrei. Eine äusserst günstige Beleuchtung und die Erfahrungen vom Mohar und von Sprechenstein liessen mich dabei eine Menge von Details unterscheiden, die auf dem einzigen bisher von hier bekannten Profil von *Löwl* fehlen, und die im grossen Ganzen wohl sicher richtig sind. Ich gebe hier dieses Profil, obwohl es nur von ferne beobachtet wurde, weil es ein überaus anschauliches Bild von der enormen tektonischen Komplikation der Matreierzone gibt, und schon in seinem, sagen wir rohen Zustand, an Details alle bisherigen Darstellungen und Schilderungen übertrifft. Ich füge dazu aber die ausdrückliche Bemerkung, dass es nur die grossen Züge gibt, und dass eine Begehung des Grates zwischen dem Hohen Törl und dem Kalsertörl dazu noch manches Detail fügen wird. (Siehe Fig. 14.)

Das Profil beginnt am **Bretterwandkopf**. Dort folgen über den Prasiniten, die am Eingang des Tauerntales den Riegel des «Stein» bilden, zunächst die kalkigen Bündnerschiefer des unteren und mittleren Jura. Sie bilden den Gipfel des Berges. An seinem Südhang legen sich darauf die jüngeren, feinschiefrig phyllitischen Bündnerschiefer, bis hinab ins **Hohe Törl**. Jenseits desselben beginnt die wilde Schuppenzone von Matrei. Einsetzend mit Altkristallin. Altkristallin im Sinne der Schweizergeologen, die damit alle vortriadischen kristallinen Schiefer und Eruptiva bezeichnen, im Gegensatz zu den österreichischen Alpengeologen, die darunter nur die vorpaläozoischen kristallinen Gesteine verstehen. Über diesem ersten Altkristallin am Hohen Törl folgt ein Knollen von Serpentin, und eine gegen unten sich verbreiternde Linse von hellem Triasdolomit. Eine weitere Gneissschuppe bildet den Absturz des **Ganozkopfes**, dessen Gipfel schon wieder aus Bündnerschiefern besteht. An dessen Südgrat folgen darin Prasinite. Dann weitere Schuppen von Gneiss-Trias. Gneiss-Trias, Gneiss-Trias-Bündnerschiefer, dann im Gipfel des «**Weissen Knopfs**» ein mächtiges Paket von Ophiolithen, nach *Löwl* Serpentin, nach dem äussern Ansehen allerdings eher Prasinit oder Gabbro. Gabbro, ähnlich dem feineren des Oberhalbsteins, habe ich in Blöcken um Matrei herum gefunden. Der «Weisse Knopf» folgt erst südlich unter dem Gipfel ob der ersten Scharte. Ein grosser Knopf von Triasdolomit, der vom Ophiolith des Gipfels durch eine Lage von Bündnerschiefer getrennt ist. Unter diesem weissen Knopf erscheinen abermals Bündnerschiefer, darin eine grössere Masse von sicherm Serpentin, das Ganze unterlagert von Dolomit, Quarzit und Gneiss. Dolomit, Quarzit und Altkristallin ziehen weit nach Norden hinab. Darunter erscheinen am Grat gegen den **Blauspitz** aber immer noch weitere Schuppen, Serpentin, Trias, Bündnerschiefer, Gneiss, Bündnerschiefer, Gneiss, Dolomit, Serpentin, Prasinit, Serpentin, Bündnerschiefer, Triasquarzit, dann endlich die grosse Serpentinmasse des Blauspitz selber. Jenseits derselben folgen bis hinab zum **Kalsertörl** phyllitische Bündnerschiefer jüngeren Alters, die selben wie drüben am **Mohar**, nach *Löwl* mit einer Linse von Gips, dann der grosse Quarzit an der Basis der ostalpinen Überschiebung. Vom Bretterwandkopf bis zum Weissen Knopf herrscht das generelle steile **Südfallen** der südlichen Tauerntäler, am Weissen Knopf dreht das Ganze in einem prachtvollen **Fächer** zu steil **überkipptem Nordfall**, gegen das Kalsertörl zu endlich finden wir wiederum steilen Südfall.

Der **penninische** Charakter der ganzen Zone, vom Bretterwandkopf bis hinüber zum Kalsertörl, steht somit ausser jeder Frage. Die schmächtige Trias, die Ophiolithe, die Bündnerschiefer, bis hinein zum Kalsertörl, lassen darüber keinen Zweifel. Erst mit dem Quarzit südlich des Kalsertörl beginnt die unterostalpine Serie. Das ganze Profil von Windisch-Matrei entspricht weitgehend dem untersten Schuppenelement der Radstättertauern. Aber auch dieses müssen wir, wie die Profile am Speiereck zeigen, noch ganz zum Penninikum rechnen; im Gegensatz zu der ruhigen ostalpinen Schuppenregion im Gebiet des Weisseneck und bei Tweng. Die Schuppenzone des Speiereck in den Radstättertauern entspricht weitgehend dem Matreierzug, aber auch sie ist rein penninisch, mit schmächtiger Trias und echten Bündnerschiefern, wie hier im Westen auch.

Man wird mir vielleicht entgegenhalten, das Profil des Grates östlich Windisch-Matrei sei ja nur von ferne aufgenommen worden und deshalb nicht ohne weiteres massgebend. Ich möchte dazu nur sagen, dass auf jeden Fall Serpentin und Triasdolomit von ferne zu erkennen sind, und dass weiter auch Bündnerschiefer und Gneiss, resp. Altkristallin, sich sehr gut unterscheiden lassen. Dass es sich um Bündnerschiefer und Altkristallin handelt, lässt sich wohl aus der Ferne allerdings nicht für jedermann beurteilen, es ergibt sich dies aber aus dem analogen Profil des Mohar, das ich von Süden nach Norden detailliert aufgenommen habe. Zusammen mit *Kober*, *Buxtorf* und meinen Kameraden aus Bünden.

Diesem Profil des **Mohar** östlich von Döllach wenden wir uns nun zu. Wir finden die gleiche wilde Schuppenzone wie drüben im Profil von Windisch-Matrei, mit Bündnerschiefern, schmächtiger urpenninischer Trias, mit Ophiolithen, mit grünem Kristallin. Es folgen über den Bündnerschiefern der Modereckdecke vom Sattel 2452 westlich vom Waschgang zum Gipfel des Mohar folgende Serien, alle nach Süden fallend:

Bündnerschiefer; Triasmarmor, Kristallin, Triasdolomit, Bündnerschiefer; Kristallin, Triasmarmor, Bündnerschiefer; Gips, Rauhwacke, Marmor, Bündnerschiefer; Gips, Bündnerschiefer, Prasinit, Bündnerschiefer; Quarzit, Bündnerschiefer, Quarzit, Bündnerschiefer; Triasdolomit, Bündnerschiefer, den Gipfel des Mohar bildend. (Siehe Fig. 15.)

Der Nordhang des Mohar besteht also schon aus mindestens 7 Schuppen. So geht es aber am Südhang des Berges ununterbrochen weiter. Es folgen über dem Bündnerschiefer des Mohargipfels, immer steiler nach Süden fallend:

Triasdolomit und Quarzit, Dolomit, Bündnerschiefer; Dolomit, Quarzit, Bündnerschiefer; Dolomit, Quarzit, Bündnerschiefer; Dolomit, Gneiss, Quarzit; Bündnerschiefer; Dolomit, Bündnerschiefer (Moharkreuz!); Rauhwacke und Marmor, Bündnerschiefer; Marmor, Bündnerschiefer; grosse Quarzitmasse mit Rauhwacken darin, dann der ostalpine Gneiss, resp. Glimmerschiefer von Albitzen.

Auch hier 7 Schuppen bis an die Basis des Ostalpinen.

Damit kommen wir für den Mohar auf im Ganzen 14 Schuppen. Am Kalsertörl beobachtete ich 11 bis 13. Die Komplikation ist eine grandiose. Aber auch hier am Mohar lassen sich die Schichtglieder noch weithin erkennen, und ist der penninische Charakter ein absoluter. Bündnerschiefer, ununterscheidbar von solchen des Engadins, Ophiolithe, die schmächtige Trias, die grünen, casannamässigen kristallinen Gesteine! Das Ganze ununterscheidbar von den hochpenninischen Schuppenzonen in der Margnadecke, den Schuppen von Puschlav, Fex, Avers, Schams. Auch die Bündnerschiefer sind dieselben. Genau wie in Fex, Avers und Schams wechseln kleine, kalkige Bänke und Knollen unregelmässig in einer grünen oder braunen, sandigen bis phyllitischen Schiefermasse. Das Ganze macht, in Bünden und am Mohar, den Eindruck einer jüngeren Bündnerschieferserie. Vielleicht sind es die Äquivalente der Kreide, die wir hier vor uns haben. Aber der Bündnerschiefercharakter steht bei beiden fest. Dafür sprechen ja auch die Prasinite.

Das Profil des Mohar gleicht also auffallend dem vom Kalsertörl, nur treten die Ophiolithe etwas mehr zurück.

Über den Makernispitz streicht nun die Matreierzone weiter nach Osten. Ich habe dort vom Mohar aus über den basalen Bündnerschiefern der Modereckdecke unterscheiden können: Trias, Bündnerschiefer; Gneiss mit Triaslinsen, Trias, Bündnerschiefer; Gneiss, Bündnerschiefer? Trias; Gneiss, Trias, Bündnerschiefer mit Prasiniten (Makernigipfel); Trias, Bündnerschiefer mit Triaslinsen; ostalpines Kristallin. In demselben gegen den Sadnig zu nochmals eine Dolomitlinse. (Siehe Fig. 16).

Stark erwähnt aus dem Makernigebiet die Grünschiefer noch des weitern, doch konnte ich sie wegen mangelhafter Beleuchtung nicht gut sehen und habe sie daher auf dem Profil weggelassen. Sicher ist der penninische Charakter der ganzen Makernserie, denn die Bündnerschiefer reichen bis an das ostalpine Kristallin, und der ganze Bau ist die direkte Fortsetzung der Moharschuppen, die ich selber begangen habe. Wichtig ist endlich die isolierte Triaslinse im ostalpinen Kristallin. Das ist die Wurzel der Radstättertauern, d. h. eine unterostalpine Wurzel. Der Makerni selbst ist wie der ganze Matreierzug hochpenninisch.

In den **Radstättertauern** nun finden wir an der Basis der eigentlichen ostalpinen Massen dieselbe typisch **penninische Schuppenzone** wieder, die wir von Matrei bis in die Berge von Dollach studiert haben. Betrachten wir das Profil am **Speiereck** zwischen Mauterndorf und St. Michael im Lungau.

Als die Basis des Unterostalpinen erscheint in den südlichen Radstättertauern das Kristallin von **Mauterndorf**, eine untere Schuppe des sogenannten Twengerkristallins. Auf die Tektonik dieser unterostalpinen Regionen werde ich bei der Behandlung der Austriden noch weiter einzutreten haben. Vorderhand genüge es, dieses Mauterndorferkristallin als die Basis des ostalpinen Blockes zu kennzeichnen. Am Grat nördlich der Speiereckhütte nun treffen wir die Unterlage dieses unterostalpinen Kristallins. Es ist die Zone des Speierecks selber.

Was aber treffen wir hier? Die typisch penninische Schuppenzone wie drüben in den südlichen Tauerntälern, nur haben wir hier die Ophiolithe nicht gefunden. Kober erwähnt sie aber aus den basalen Teilen des Speierecks gleichfalls. Aber was wir in der Unterlage des Mauterndorferkristallins gefunden haben, das sind die typischen **Bündnerschiefer** des Mohar, die so absolut denen der Foxerschuppen in der Margnadecke des Engadins gleichen; und das ist die typische penninische Trias, wie wir sie in Bünden gleichfalls besonders aus den Schuppen der Margnadecke kennen. Die Übereinstimmung ist eine absolut völlige.

Unter dem grünen Kristallin der Speiereckhütte folgt ein schiefriger, weisser Quarzit, den wir im ostalpinen Bünden gerne mit dem Verrukano zusammen finden, dann schwarze, karbonische Schiefer, endlich der basale, weisse Triasquarzit als Mittelschenkel des Mauterndorferkristallins. Unter diesem Quarzit erscheint grauer, plattiger Dolomit der unteren Trias, und zunächst hat es den Anschein, als gehöre derselbe ganz normal auch noch zu dem Mittelschenkel des Mauterndorferkristallins. Dies ist nun aber nicht der Fall, sondern schon am nächsten Kopf sehen wir Rauhwacken der mittlern, und gelbe Dolomite der obern Trias sich über die eben erwähnte untere Trias legen, und darüber folgt normal der Bündnerschiefer, mit Marmoren und grünen Sericitphylliten, die Gesteine des Mohar. Zwischen gelbem Triasdolomit und Bündnerschiefer sehen wir weiter einen braunen Phyllit mit Quarziten, ein Komplex, der dem Quartenschieferhorizont entspricht, wie drüben in Bünden, und wie drüben in Bünden liegen in den untersten Bündnerschieferbänken graue Bündnerschieferquarzite. Zu oberst im Bündnerschiefer erscheint ein grünlicher Quarzit, den wir radiolaritähnlich gefunden haben, darüber gelbe Dolomitfetzen als Mittelschenkel unter einer kleinen Triasquarzitklippe. Dieser Quarzit wiederum ist der Mittelschenkel des Mauterndorferkristallins, also ostalpin. Darunter erscheint daher sofort, schon zu oberst in der Schuppenzone des Speierecks, der typische penninische Bündnerschiefer. (Siehe Fig. 17.)

Zeigt schon dieses eine Profil den penninischen Charakter der Speiereckzone zur Genüge, so vervollständigt ein Gang über den Nordgrat des Speiereckgipfels diesen Eindruck noch mehr. Leider war es uns wegen plötzlich einsetzenden Schneetreibens nicht möglich, ein lückenloses Profil von der Triasbasis der Bündnerschiefer im vorigen Profil bis auf den Nordgrat hinauf zu bekommen, doch haben wir auf jeden Fall nirgends ein ostalpines Schichtglied getroffen, und war dann auf dem Nordgrat das Wetter wieder so brillant, dass das folgende Profil zum Speiereckgipfel in aller Ruhe aufgenommen werden konnte. Es liegen dort über dem Bündnerschiefer des Sattels südlich vom Kleinen Lanschütz: Trias, Bündnerschiefer; Dolomit, Rauhwacken, Quartenschieferhorizont, Bündnerschiefer; Casannaschiefer, Karbon, blättrige Permquarzite, tafelige Triasquarzite, grauer Muschelkalkdolomit, gelber Keuperdolomit, Quartenschieferhorizont, Bündnerschiefer; plattiger, grauer und gelber Dolomit des Vorgipfels, schwarze Liaskalke; grüne Quartenschiefer mit Marmoren, gelbe Rauhwacken, Dolomit, Rauhwacken; Triasquarzit, Rauhwacke, Bündnerschiefer; Liaskalk, Rauhwacke, Triasquarzit des Speiereckgipfels; südlich davon grauer Dolomit und Liasbreccien. (Siehe Fig. 18.)

Das Profil zum Speiereckgipfel ist das Moharprofil, nur fehlen die Grünschiefer und treten die Dolomite etwas mehr hervor. Hier wie dort spielen Quarzite, Casannaschiefer, Bündnerschiefer, Rauhwacken eine grosse Rolle. Der Nordgrat des Speierecks ist sicher noch penninisch, reichen doch die typischen, glimmerigen Bündnerschiefer bis an den Gipfelkopf des Berges, und ist doch die damit vergesellschaftete Trias dieselbe wie die der Schamserdecken. Die plattigen Dolomite des Vorgipfels sind die gleichen wie am A v e r s e r Weissberg, und überall treffen wir auf die charakteristische penninische Gliederung in eine untere graue und eine obere gelbe Dolomitmasse. Dazwischen oft wie im Westen Rauhwacken und grüne Schiefer. Auch *Termier*, der mit uns die Trias nördlich der Speiereckhütte besucht hat, vergleicht diese Trias mit der der Vanoise, auch er sieht in ihr ein typisch penninisches Glied. Über die Trias mag man ja schliesslich verschiedener Meinung sein können, die Bündnerschiefer aber schliessen jeden Zweifel aus. Es sind dieselben Bündnerschiefer wie drüben am Mohar, und dort ist deren penninischer Charakter durch die Ophiolithe noch unterstrichen, garantiert, und endlich sind diese Moharschiefer ein solch charakteristisches Glied der Bündnerschiefergruppe, dass ich darin sofort die sichern penninischen Bündnerschiefer der Margnaschuppen in Fex und Avers wieder erkannte. Auch *Termier* sieht in dieser Gruppe typische Vertreter der Schistes lustrés.

Wir trennen daher die **unterste** Radstätterdecke *Kobers* im Süden vom Unterostalpinen ab, und erblicken in ihr das oberste Penninikum, die Fortsetzung der **Matreierzone**. Als deren Basis betrachten wir die mächtigen Schuppen grünen Kristallins, die westlich des Speierecks am Hang gegen das Zederhaustal die grosse basale Bündnerschiefermasse der Glocknerzone überschieben. Das Weisseneck hingegen, das *Kober* gleichfalls zu seiner unteren Radstätterdecke zieht, bleibt auch nach unserer Auffassung ostalpin. Bündnerschiefer führt diese Weisseneckschuppe keine mehr, und auch die Trias ist eine ganz andere. Wir verlegen damit die ostalpine Grenze in den unteren Radstättertauern um eine Etage höher hinauf.

Damit kennen wir nun die Matreierzone dem ganzen Südrand der östlichen Tauern entlang, von der Mur bis über Windisch-Matrei. Überall ist ihr Charakter rein penninisch. Sie ist das oberste Glied der Penniden in den Tauern, wie Schamser- und Plattadecken drüben in Bünden. Von den Radstättertauern kennt man diese Zone einerseits bis hinaus in die Gasteinertäler, anderseits bis über den Katschberg. Zwischen Maltatal und Obervellach an der Tauernbahn sind genauere Daten noch nicht bekannt, doch ist die Verbindung ganz unzweifelhaft, wenn auch vielleicht eng gequetscht, vorhanden. In der Gegend von Mühldorf habe ich in dieser Zone Dolomitlinsen beobachten können, die vielleicht dahin gehören. Von Vellach an aber kennen wir diese penninische Schuppenzone von Matrei über Fragant, den Makernispitz und den Mohar bis hinüber in die Täler von Heiligenblut und Döllach; und von den Höhen des Sonnblicks sahen wir sie, weithin sichtbar, dem Westen zuziehen, über die Terrassen am Nordrand der Schobergruppe bis hinein zum Bergertörl südlich des Grossglockner. Überall normal zwischen die Bündnerschiefer des Glockner und die ostalpinen Gneisse eingekeilt. Am Bergertörl erreicht die Matreierzone eine bedeutende Breite. ich konnte schon vom Sonnblick aus bereits vier Triaslinsen in den Schiefern dieser Zone beobachten. Auf jeden Fall zieht sie ohne jeden Unterbruch über Kals bis Matrei durch, und muss in bedeutender Breite und Komplexität auch westlich der Matreiertäler weiterziehen. Ihre Spuren, Trias, Serpentin und Glanzschiefer, sind denn auch noch weit nach Westen verfolgt, dem Südhang des Virgentales entlang bis zum Klammljoch nördlich der Rieserferner, und über die Weissewand hinüber ins untere Ahrntal. Jenseits desselben aber streicht dieser Matreierzug in jene lange, komplexe Zone von Schuppen hinein, die *Sander* vom Mühlwaldtal durch die Pfundererberge bis hinüber nach Sterzing verfolgt hat. Zwischen Sprechenstein und dem Ausgang des Pfitschtales treffen wir die Matreierzone mit allen ihren Charakteristika wieder.

Auf gegen 200 km Länge schliesst also der Schuppenzug von Matrei das Penninikum der Tauern mit einer letzten gewaltigen Häufung westalpiner Gesteine gegen die altkristallinen Massen des Südens ab. Wohl finden sich noch Lücken, wo der Zusammenhang noch nicht festgestellt worden ist, aber es unterliegt nicht dem geringsten Zweifel, dass diese Strecken, die insgesamt nur etwa 40 km ausmachen, in kürzester Zeit verschwinden werden. Denn dass diese gewaltige Zone in immer gleicher Komplexität durchzieht, ist wohl für jeden Alpentektoniker klar. Der Zusammenhang ist zu offensichtlich, die Gliederung so überall die gleiche, vom fernen Osten bis hinüber nach Sterzing. Betrachten wir nun die Verhältnisse bei **Sterzing** etwas näher!

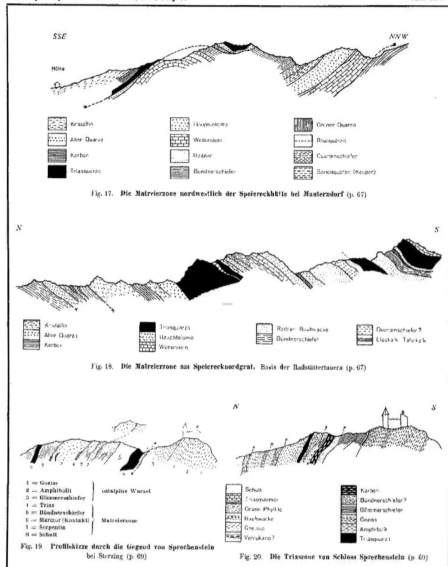

SSE   NNW

Hölle

Kristallin   Hauptdolomit   Gosauer Quarzit

Alter Quarzit   Wetterstein   Rhätquarzit

Karbon   Raibler   Quartenschiefer

Triasquarzit   Bündnerschiefer   Serizitquarzit (Keuper)

Fig. 17. Die Matreierzone nordwestlich der Speiereckhütte bei Mauterndorf (p. 67)

N   S

Kristallin   Triasquarzit   Raibler Rauhwacke   Quartenschiefer?
Alter Quarzit   Hauptdolomit   Bündnerschiefer   Liaskalk Tafelkalk
Karbon   Wetterstein

Fig. 18. Die Matreierzone am Speiereeknordgrat. Basis der Radstättertauern (p. 67)

N   S

1 = Gneiss
2 = Amphibolit   ) ostalpine Wurzel
3 = Glimmerschiefer
4 = Trias
5 = Bündnerschiefer   )
6 = Marmor (Kontakt) (Matreierzone
7 = Serpentin
8 = Schutt

Fig. 19. Profilskizze durch die Gegend von Sprechenstein
bei Sterzing (p. 69)

Schutt   Karbon
Triasmarmor   Bündnerschiefer?
Grane Phyllite   Glimmerschiefer
Rauhwacke   Gneiss
Gneiss   Amphibolit
Verrukano?   Triasquarzit

Fig. 20. Die Triaszone von Schloss Sprechenstein (p. 69)

90

Wie bei Döllach, Heiligenblut und Matrei wird auch bei Sterzing die grosse Bündnerschiefer-Ophiolithmasse der Glocknerdecke durch eine komplizierte Schuppenzone gegen Süden abgeschlossen. Schuppen von Trias, Kristallin, Serpentin schalten sich wie dort zwischen die grosse Bündnerschiefermasse im Norden und die alten ostalpinen Gneisse im Süden. Das Profil von **Sprechenstein**, seit *Termier* klassisch geworden, gibt uns hier einen prachtvollen Einblick in diesen komplexen Südrand des Tauernfensters. Ihm wenden wir uns nun zu.

Schloss Sprechenstein, eine der schönsten Ritterburgen dieses herrlichen Landstriches, steht auf dem alten Gneiss der ostalpinen Wurzeln. Stellenweise ist derselbe ein typischer Augengneiss, südlich folgen mehrere Amphibolitbänke in Injektionsgneiss — es erinnert vieles an Bellinzona —, am Nordrand ein grossblättriger Glimmerschiefer. Beim Abstieg von Sprechenstein nach Norden quert man nun das ganze wichtige Profil in ausgezeichneter Weise. Zunächst am Glimmerschiefer erscheint ein wilder, kaum 8 m mächtiger Schuppenkomplex, dessen penninische Natur zunächst noch fraglich ist. Wohl haben die direkt an den alten Glimmerschiefer des Schlosses anschliessenden Kalkschiefer den Charakter echter Bündnerschiefer, und können auch die Gesteine der Trias, Marmore, Rauhwacken und weisse Quarzite, ganz wohl penninisch sein, daneben aber erscheinen, mit diesen penninischen Gesteinen verschuppt, schwarze Karbonphyllite mit grünen, verrukanoartigen Schiefern und mit Gneissen. Das Profil dieser Partie ist in Figur 20 wiedergegeben. Es folgen aufeinander von Süd nach Nord: der Gneiss von Sprechenstein, Glimmerschiefer, «Bündnerschiefer», Karbon mit «Verrukano»? Triasmarmor, Triasquarzit, grüne Phyllite und Gneisse, weisse Bündermarmore, grüne Phyllite, Rauhwacken, grüne Phyllite und abermals Triasmarmor. Die direkte Fortsetzung dieses Profils ist im Schutt begraben, hingegen findet sich höher am Gehänge ein Fetzen grünen Kristallins, das diese südliche Zone von Sprechenstein abschliessen könnte. (Siehe Fig. 19 und 20.)

Dieses Profil kann ganz gut penninisch sein, es kann aber auch die laminierte Tarntalerserie darstellen. Die Wurzel des Tribulaun ist es nicht, wie später gezeigt werden kann. Wir können hier nur schwanken zwischen hochpenninisch und unterostalpin. Sicher penninisch wird nun das Profil nördlich des eben genannten letzten Kristallins, nördlich der Triasschuppen am Schloss Sprechenstein. Da folgen die typischen Bündnerschiefer mit zwei bedeutenden Serpentinlagern, dann der grosse Masse des seit langem bekannten sogenannten «Serpentins von Sprechenstein». Der Serpentin steht also keineswegs auf Schloss Sprechenstein an, wie die alte Bezeichnung *Beckes* dies vermuten lassen könnte, sondern einige hundert Meter weiter nördlich. Dieser Serpentin führt Prasinite und Ophicalcite, in seinen nördlichen Teilen auch Marmore. An seinem Nordrand stellen sich die typischen Bündnerschiefer wieder ein, dann folgt ein breiter Zug von Triasmarmor, dann wiederum Bündnerschiefer. Weiter nach Norden haben *Termier* und ich dieses Profil nicht verfolgt, es scheint, dass wir nördlich dieser letzten Trias bereits in der grossen Bündnerschiefermasse gelandet sind, die das Kristallin der Tauern im Westen umgibt.

Es liegt also über der grossen Bündnerschiefermasse der Glocknerdecke auch hier bei Sterzing eine Zone penninischer Schuppen, die vielleicht bis zum alten Gneiss im Süden reicht. Die Analogie mit Windisch-Matrei ist in die Augen springend. Es ist tatsächlich die Zone von Matrei, die wir hier bei Sterzing wiedergefunden haben.

Dieser Zusammenhang ergibt sich auch aus den Aufnahmen *Sanders*, streicht doch diese Zone von Sprechenstein durch die südlichen Pfundererberge nach Osten bis ins Lappachtal, und verdanken wir *Sander* doch Profile aus dieser Gegend, die denen von Matrei vollständig analog sind. Eines der schönsten entnehmen wir *Sanders* «Geologischen Studien am Westende der Hohen Tauern». Da folgen südlich der Bündnerschieferzone der Glocknerdecke am Sattelkopf: Kristallin, Trias und Serpentin als erste Schuppe, dann Kristallin und Bündnerschiefer als zweite, Kristallin, Trias, Kristallin, Amphibolit, Bündnerschiefer als dritte und vierte Schuppe. Genau der Bau von Matrei; wie im Osten und bei Sprechenstein zwischen den Bündnerschiefern im Norden, dem Altkristallin im Süden.

Die Matreierzone zieht also von den Radstättertauern bis hinüber nach Sterzing.

Wir verfolgen ihre Spuren nun aber noch weiter. Nördlich Sterzing legt sich der Bündnerschiefermantel der Glocknerdecke um das nach Westen untersinkende Ende der Venedigermasse und der Greinerscholle herum, und streicht hinüber in die nördlichen Täler, über Gries und Steinach bis hinaus nach Matrei und in die Navisertäler. Überall wird er nach oben abgeschlossen von einer mehr oder weniger ausgeprägten Schuppenzone, in der Serpentin, Triasdolomite und Quarzite, auch Kristallin hervortreten. Es ist die Zone von Matrei, die hier im Hangenden der Bündnerschiefer über denselben weiterzieht. Hierher gehören die Serpentine und Quarzphyllite unter der Trias von Schmuders, die vereinzelten Triasfetzen nördlich der Weissespitze, die Triasschuppen unter dem eigentlichen Tarntalerquarzit am Brenner und bei Steinach, die Trias von St. Kathrein und von Navis, die Rauhwacken und Serpentine von Matrei am Brenner. Matrei am Brenner liegt also im gleichen tektonischen Niveau wie Windisch-Matrei am Venediger, und unsere Zone kann daher mit doppeltem Recht die Matreierzone heissen.

Durch das Navistal streichen die Triasschuppen der Matreierzone über der Hauptbündnerschiefermasse der Glocknerdecke weiter in die Basis der Tarntalerköpfe hinein. Die Trias von St. Kathrein und von Navis ist in einen der Triaszüge südlich des Tarntalmassivs in der Gegend des Sägenhorst zu verlängern. Dieselben streichen hinab in die Nasse Tux und hinaus gegen das Zillertal, in die Basis der Gschösswand. Die Schiefer dieser Schuppe bilden in den Tarntalerköpfen die Unterlage der ostalpinen Massen.

Dieser penninischen Basis der **Tarntalerköpfe** wenden wir uns nun zu.

Über der Trias von Navis, die über der Hauptbündnerschiefermasse der Glocknerdecke liegt, folgt der Bündnerschiefer der Klammalm. Über demselben abermals eine Schuppe von Kristallin und Bündnerschiefern. Darauf das ostalpine Kristallin mit den «Eisendolomiten», die Basis des Tarntaler Triasmassivs im Westen. Südlich des Isslgrabens keilt dieses ostalpine Kristallin aus, und nur die penninischen Schuppen unserer Matreierzone erreichen um den Südabfall des Reckner die Ostseite der Tarntalertrias. **Der Serpentin des Reckner ist ein auf kurze Strecken über das Ostalpine gebrachtes Stück unserer Matreierzone.** Scharf ruht das schwarze Gipfelgestein mit tektonischem Kontakt auf den Radiolariten und Aptychenkalken der Sonnenspitze, und damit auf den Tarntalerköpfen, und nichts beweist die bis heute behauptete primäre Intrusion des Serpentins in diese ostalpinen Malmgesteine hinein. Kein einziges wahres Kontaktgestein ist an der Radiolarit-Serpentingrenze zu finden oder am Aptychenkalk, und die dafür angeschauten Ophicalcite sind rein mylonitischer Natur. Das sind nicht die feinen Kontaktstrukturen, wie wir sie aus den wahren Kontaktophicalciten Bündens, im besondern des Engadins, kennen. Wo sind die Kalksilikatfelse und Silikatmarmore, die wir notwendigerweise erwarten müssten? Wo die herrlichen Hornfelse eines Piz Longhin, eines Mazzerspitz oder Stallerberges, oder der Forcellina und des Septimers? Nirgends! Hingegen schwimmen in der Serpentinmasse selber Kalkschieferschollen, die als primäre Bündnerschiefereinschlüsse in den Serpentin eingehüllt worden sind, und hier lassen sich allerdings schwache Kontakterscheinungen beobachten. Aber nie und nimmer an den ostalpinen Radiolariten. **Die Grenze Serpentin-Tarntalerjura und -trias ist eine glatte Scheerfläche, und der Recknergipfel ist ein Stück des obersten Penninikums,** das seine normale ostalpine Bedeckung auf schwach einen Kilometer **eingewickelt** hat. Der Reckner erinnert an die isolierten penninischen Serpentinfetzen der Todtalp bei Davos.

Von den Höhen des Reckner nun steigen wir hinab nach Osten. In heulendem Sturme queren wir die Lücke nördlich des Berges. Phantastisch ragen die dunklen Zacken des Serpentins über die bleichen Dolomitmauern der Tarntalertrias empor, und nur mit Mühe finden wir in Nebel und Regen den Abstieg. Aber die penninische Unterlage südöstlich des Reckner lässt mir keine Ruhe. Hier oder nirgends musste sich in den Tauern der Flysch des Prättigaus und Oberhalbsteins, des Unterengadins, wiederfinden lassen, befanden wir uns doch hier nach den Postulaten der Deckentheorie im selben tektonischen Niveau. Im Westen bildet der Flysch des Prättigaus die direkte Unterlage des ostalpinen Blockes, er war daher theoretisch auch in den nördlichen Tauern an der Basis des ostalpinen Blockes zu erwarten. Im südlichen Bünden fehlt der penninische Flysch, er ist daher auch in den südlichen Tauern nicht zu suchen. Die Fortsetzung des Prättigauer- und Oberhalbsteiner-, und des Unterengadinerflysches aber war in den Tauern zu erwarten, dieser gewaltige Komplex konnte doch nicht einfach gegen Osten vollständig verschwinden. Er musste in den obersten Partien der Tauern-Schieferhülle, wenigstens im Westen, noch vorhanden sein. Die Basis der Tarntalerköpfe musste in diese Frage die Entscheidung bringen; die Entscheidung über diese für die ganze Alpengeologie so fundamentale Frage. War doch die Entdeckung von Flysch im Tauernfenster an dieser Stelle nicht bloss eine glänzende Bestätigung der Deckenlehre, die die Schiefer des Prättigaus unter den ostalpinen Massen nach Osten weiter ziehen lässt, sondern fiel doch mit einem solchen Flyschfund auch das ganze kunstvolle Gebäude der vorgosauischen Hauptorogenese in den Ostalpen zusammen, und wurde damit die Überfaltung in den ganzen Alpen einheitlich ins mittlere Tertiär verlegt.

Die **Flyschfrage in den Tauern** war also wichtig genug, um ihr die allergrösste Aufmerksamkeit zu schenken, und so strebten wir denn beim grössten Unwetter hochgespannt vom Reckner hinab, der penninischen Basis der Tarntalerköpfe zu.

Nordöstlich vom Geierspitz trafen wir dieselbe. Braune, quarzreiche Schiefer, wie sie auch anderswo in der Schieferhülle der Tauern, wie sie auch anderswo in den Bündnerschiefern Bündens vorkommen konnten. Nichts Charakteristisches. Ich war enttäuscht. Etwas weiter unten jedoch wurden diese Schiefer immer sandiger, braune Sandsteine und Quarzite stellten sich ein. Das sah nun schon mehr nach Flysch aus, und auch *Cadisch*, der beste Kenner des Prättigauflysches, begann sich für diese Serie zu interessieren. Aber immer noch konnte man im Zweifel sein, ob nicht vielleicht gewöhnliche Bündnerschiefer vorlägen. Durch den weichen Schieferschutt rutschten wir hinab, in Nebel, Regen und Schneetreiben, meine Hoffnung auf etwas Bestimmtes war dahin. Da plötzlich reisst der Nebel für einen Augenblick entzwei, und im Riss der Wolken erscheinen gerade rechts unter uns fremdartige Felsen, grau, grün und hellerbraun, massig, kompakt. Das war der Arblatschsandstein. Ohne Zweifel, kenntlich auf den ersten Blick. Das war kein Bündnerschiefer mehr, das war der Flysch, das waren die sichern tertiären Sandsteine, die wir kennen vom Prättigau durchs Schanfigg und die Lenzerheide bis hinein ins Oberhalbstein und Avers, die Sandsteine, die uns auch in Bünden leitend gewesen sind zur Verfolgung des durch Fossilien als tertiär erkannten Prättigauflysches. Im Sturmschritt eilten wir den Hang hinab. Die genaue Prüfung bestätigte den ersten Eindruck voll und ganz. Wir trafen hier in der Mulde unter dem Geierspitz die typischen Flyschgesteine Bündens wieder, Sandsteine, Arkosen, Quarzite, sandige Schiefer und Breccien, brecciöse Sandsteine, grobe Sandsteinbreccien, Konglomerate, Kalkbreccien, braune und schwarze Schiefer, kurz, die ganze Flyschserie Graubündens. Die braunen und grünen Sandsteine sind ununterscheidbar von denen des Piz Arblatsch, von Lenz und Parpan, die gröbern Varietäten ähneln weitgehend dem Ruchbergsandstein. Dies ist auch die Meinung von *Cadisch*, der diese Flyschserien sehr gut kennt. Wenn man die Gesteine von Lenz und Parpan zum Ruchbergsandstein rechnet, so muss man auch diese Tarntalersandsteine zum Ruchbergniveau zählen. Mitten im massigen, gleichmässigen Sandstein finden sich Quarzitbänke, daneben gröbere, scharf brecciöse Partien, Arkosen, die ununterscheidbar sind von der groben Fazies in den Arblatschgesteinen. *Argand* hat seinerzeit diese Arblatschgesteine in Val Faller mit dem Flysch der Aiguilles d'Arves verglichen, *Buxtorf* verglich nun unabhängig davon die Sandstein-Breccienserie im Tarntal mit dem gleichen Flysch der Aiguilles d'Arves. Die groben, braunen Kalkbreccien mit Dolomit-, Lias- und Quarzitkomponenten sind nicht verschieden von solchen, die ich einst mit *Trümpy* im Prättigau gesehen habe, und *Buxtorf* verglich gewisse Varietäten unbedenklich mit dem Niesenkonglomerat. Unter den Schiefern, die diese grob orogene Serie begleiten, und zwischen dieselbe eingeschaltet sind, treffen wir dieselben indifferenten schwarzen und braunen Phyllite wie im Arblatschflysch, die ebensogut Bündnerschiefer sein könnten, wenn sie nicht mit diesen Flyschgesteinen primär verbunden wären. Daneben aber finden sich auch die typischen grünen Flyschschiefer, wie sie im Oberhalbstein vorkommen.

Fossilien haben wir im Tarntal keine gefunden, können also das tertiäre Alter dieser Serie nicht direkt beweisen. Aber das können wir positiv sagen: Diese Flyschserie im obersten Lizumtal ist ununterscheidbar von der Flyschserie des Piz Arblatsch im Oberhalbstein und ununterscheidbar von der Prättigauflyschserie der Lenzerheide.

Diese Prättigauserie ist durch die Nummulitenfunde *Trümpys* am Ruchberg unzweifelhaft in ihrem Alter bestimmt. *Boussac* hat den Nummuliten aus dem Ruchbergsandstein als eine eozäne Form erkannt. Der eozäne Ruchbergsandstein aber geht über die Lenzerheide unmerklich in die feineren Varietäten des Arblatschsandsteins über. Das Ruchbergniveau liegt in den tieferen Teilen des Prättigauflysches, dessen Hauptmasse muss daher eozän, tertiär, sein, und damit auch der Arblatsch- und der völlig gleiche Tarntalerflysch.

Prättigau-, Arblatsch- und Tarntalerflysch gehören zusammen, sie sind gleichaltrig, tertiär.

Damit haben wir nach unserer Überzeugung den Tertiärflysch Bündens auch in den Tauern nachgewiesen, und damit fällt die vorgosauische Überschiebung der Kalkalpen auf das «Lepontinische» in sich zusammen. Sowohl in Bünden wie in den Tauern sind die ostalpinen Massen noch über tertiären Flysch überschoben, und die Überschiebung der ostalpinen Decken ist daher wie jene der westalpinen ins Tertiär zu verlegen. Der ganze Vorgang der Alpenbildung wird wieder einheitlich, vom Meere bis nach Wien, und wir kennen heute nur mehr **einen grossen Hauptparoxysmus der Deckenschübe, eine** Alpenfaltung, die des **Tertiärs.** Auf die Frage der Gosau und der vorgosauischen Bewegungen innerhalb der ostalpinen Decken werden wir noch zu sprechen kommen, für die Hauptüberschiebung der Austriden auf das Penninikum aber steht heute das nachgosauische, tertiäre Alter der Bewegung fest.

Man kann nach den merkwürdigen Funden von *Rollier* und *Arnold Heim*, die von *Cadisch* bestätigt, von *Jeannet* angefochten werden, die Nummuliten als nicht unbedingt für das Tertiär leitend ansehen, eine Frage, die die Fachgenossen Frankreichs wohl noch näher beschäftigen wird. Aber auch die Nummuliten, die *Rollier, Arnold Heim* und *Cadisch* in der Säntiskreide primär, wie behauptet wird, gefunden haben, sind in nachgosauischen Turon- und Senonkreidestufen gefunden worden. Der Flysch des Prättigaus wird, auch wenn man den «tertiären» Nummuliten bezweifelt, höchstens Turon oder Senon, d. h. er bleibt auch in diesem Falle nacheenoman, nachgosauisch.

Die **Tarntalerflyschserie ist daher mindestens oberkretazisch, mit grösster Wahrscheinlichkeit aber tertiär. Der Tarntalerflysch ist das absolute Äquivalent des Prättigau- und damit des Niesenflysches. Der Bau der Ostalpen wird tertiär, und die Vorstellung des vorgosauischen Baues derselben muss heute aufgegeben werden.**

Der **Tarntalerflysch ist das oberste Glied des Penninikums in den nordwestlichen Tauern,** genau wie der Prättigauflysch im nördlichen Bünden, genau wie der Niesenflysch im Berner Oberland. In Bünden ist der Flysch mit den Schuppen der Schamserdecken verbunden, hier im Osten mit den in so vieler Beziehung denselben entsprechenden Schuppen **der Matreierzone.** Er gehört im Norden der Tauern zur Serie der Matreierschuppen. Im Navisertal muss er gleichfalls vorhanden sein, wir fanden ihn wenigstens in grossen Blöcken im Gehänge westlich von Navis.

Der Flyschfund an der Geierspitze war eines der schönsten Ergebnisse unserer Tauernexkursion, und begeistert zogen wir an jenem Abend bei strömendem Regen in die Lizumerhütte hinab. Auch das harte Lager auf dem Boden des überfüllten Berghauses konnte unsere Stimmung nicht herabmindern.

Am nächsten Morgen tiefer Neuschnee! Doch geben der scharf wehende Nord und blaue Fetzen im grauen Gewölk gute Hoffnung auf einen schönen Tag. Durch die Moränenlandschaft der Lizumeralpen ziehen wir dem Torjoch zu. Bald treffen wir das berühmteste Gestein der ganzen Gruppe, die **Tarntalerbreccie.** Von den einen Forschern wird dieselbe als eine tektonische Reibungs- und Riesenbreccie betrachtet, d. h. für einen Mylonit im weitesten Sinne gehalten, so bisher von *Kober.* Andere, wie *Sander* und *Spitz,* sehen in ihr ein bestimmtes stratigraphisches Niveau und stellen sie teils in die Trias, als Raiblerschichten, teils in den Lias oder Malm. Ich muss gestehen, auf den ersten Blick waren wir Schweizergeologen ratlos. Gewisse Züge erinnern sofort an die Liasbreccien des Mont Dolin in der Dentblanchedecke, hingegen unterscheidet sich die Tarntalerbreccie bei näherem Zusehen deutlich von derselben durch das starke Hervortreten der Quarzite. Was *Kober* und andere zu der Deutung als tektonische Breccie geführt hat, ist besonders der Umstand, dass die Quarzite und Kalke, dann gewisse halbkristalline, grüne, casannaartige Schiefer das einemal als Komponente, das anderemal als «Zement» erscheinen. Nach unserem Urteil, d. h. dem von *Buxtorf, Cadisch, Eugster, Frey* und dem meinen, handelt es sich mit Sicherheit um ein stratigraphisches Niveau, um eine wohl mehrere Male neu aufbereitete Breccie, wie wir solche z. B. aus der Kreide Graubündens kennen. Manche «Casannagerölle» entpuppen sich bei näherem Zusehen, das Ganze ist ausserordentlich verwalzt, als fast vom Gros des Bindemittels abgetrennte, abgequetschte Teile des quarzitisch-casannaschiefrigen Zements. Darin schwimmen Triasdolomite und Rhät- und Liaskalke, auf jeden Fall schwarze, teils krinoidenführende Kalke, als gerundete Gerölle. Das Ganze macht den Eindruck, als wären diese Trias-Liasbrocken in einem sandigtonigen,quarzitischen Sediment eingebettet worden. Es ist sogar fraglich, ob der Quarzit nicht auch nur als Komponente dieser Tarntalerbreccie angehört, und nur durch seine gelegentlich über meterlangen, eng mit allem andern verwalzten Bruchstücken oft den Eindruck des Bindemittels macht. An manchen Orten sieht man die Casannaschiefer-Bindemasse deutlich in gröbere, grünliche Sandsteine übergehen, und wurde daher schon hier der Verdacht geäussert, ob nicht die ganze Tarntalerbreccie vielleicht auch zu dem am vorigen Abend gefundenen Flysch gehöre. Beispielsweise als ein Äquivalent der groben Konglomerate am Geierspitz oder der Niesenbreccie. Der Weg zum Torjoch und dessen nördliche Umgebung brachte die Lösung dieser Frage.

Zunächst trafen wir höher am Wege zum Torjoch Triasdolomite und typische Schanser Liaskalke, daneben bündnerschieferähnliche Gesteine. Diese bilden, soviel zu sehen ist, die Unterlage der Tarntalerbreccie beidseits des Torjochs. Im Schutt studierten wir weiter die eigentliche Tarntalerbreccie. Die Idee, es sei Flysch, wurde mehr und mehr bestätigt, indem Übergänge der gewöhnlichen quarzitreichen Tarntalerbreccie in gewöhnliche polygene Dolomitbreccien sich fanden, deren sandigtoniges, «glimmerschiefriges» Zement auffiel. Dasselbe ähnelte stellenweise schon stark den typischen Arblatschsandsteinen. Buxtorf und Cadisch begannen nach Nummuliten zu suchen; der eine sprach von groben Ruchbergbreccien, der andere vom Konglomerat der Aiguilles d'Arves und vom Niesen. Im Gebiet des Schlierenflysches habe er in solchen Gesteinen Nummuliten gefunden, meinte Buxtorf. Mir persönlich fiel besonders die Arblatschsandsteinnatur des Zementes mehr und mehr auf, und so strebten wir denn alle hochgespannt der Höhe des Torjochs zu.

Ein prachtvoller Morgen. Drüben lag die Kette der Tauern in sommerlichem Duft, bis hinüber zum Venediger, und rechts von uns ragte verschneit die helle Triasmasse der Kahlwand in die blaue Luft. Uns fesselte aber der Grat nördlich der Passlücke, wo die Sonne schon tüchtig mit dem Neuschnee aufgeräumt hatte, in allerhöchstem Masse. Hier mussten wir wohl Aufschluss finden über die uns alle in gleichem Masse intrigierende Frage der Tarntalerbreccie. Nach kurzer Rast ging's daher dem Norden zu, am Fuss der Gratflanken der Grauen Wand gegen die Lücke des Hennesteiges südlich der Torspitze.

Was wir hier trafen, war allerdings interessant genug. Zunächst queren wir noch bündnerschieferähnliche Gesteine, von denen wir ohne nähere Untersuchung nichts Bestimmtes behaupten wollen. Es mag sich um richtige Schistes lustrés handeln, auch Sander hält sie für Glanzschiefer. Einzelne Breccienbänke sind ihnen eingeschaltet. Dann folgt am ersten Gratanschwung die typische Tarntalerbreccie, ein polygenes Konglomerat mit psammitischem bis «glimmerschiefrigem» Bindemittel, mit Geröllen von Quarzit, Dolomit, Rhät- und Liaskalken, daneben auch grösseren Brocken dieser Gesteine. Darauf folgt eine Lage grüner, phyllitischer Schiefer, die an sich keinen besonderen Schluss auf irgendein Alter gestatteten, es könnte Verrukano, es konnte aber auch Flysch sein. Der nun folgende massige, mächtige, nächste Komplex, der den Gipfel der Grauen Wand bildet, bringt die Entscheidung. Es ist der Arblatschsandstein. Typisch wie drüben in Bünden, typisch wie gestern am Geierspitz, nur konnten wir ihn heute in aller Ruhe untersuchen und seine Verbandsverhältnisse beobachten. Das Gestein ist nicht unterscheidbar vom Arblatschsandstein in Bünden, gröbere Varietäten sind ununterscheidbar vom Ruchbergsandstein, und abermals begann die Jagd nach Nummuliten. Wir fanden allerdings keine. Wohl aber entdeckten wir in diesen bisher als «Verrukano» erklärten Sandsteinen gröbere Geröllschichten, mit kleinen Kalk- und Dolomitkomponenten; das nachtriadische Alter der Sandsteine liess sich also hier in situ beweisen. Wir fanden aber in dieser Beziehung der Dinge noch mehr. (Siehe Fig. 21.)

Gegen Norden geht unser sicherer Arblatschsandstein in die typische, grobe Tarntalerbreccie über, die beiden Gesteine sind also miteinander stratigraphisch verbunden. Die Tarntalerbreccie gehört daher entweder zum Flysch oder zur unmittelbaren Unterlage desselben. Sehen wir weiter!

Unter dieser Tarntalerbreccie ragt ein hell braunvioletter Kopf hervor, der typische Bündnerschiefer. Ununterscheidbar vom echten Kalkphyllit der Tauern, ununterscheidbar vom Bündnerschiefer der Westalpen. Ein dunkleres Phyllitband trennt diesen Komplex in einen oberen und einen unteren Teil. In beiden, besonders aber im unteren, sind häufig Breccienbänke eingeschaltet, die sogenannten Stengelbreccien *Kobers*. Dieselben sind nichts anderes als unsere typischen Liasbreccien vom Typus Mont Dolin, Fex oder der Brèche du Télégraphe, die gemeinen Bündnerschieferbreccien. Dieser ganze unzweifelhaft jurassische Komplex ist an der Grauen Wand scharf antiklinal aufgewölbt. Er bildet das Liegende der Serie Tarntalerbreccie-Arblatschsandstein.

Interessant wird nun besonders die Nordseite dieses Kopfes gegen den Hennesteig hin. Zunächst treffen wir jenseits der tieferen Bündnerschiefer mit ihren «Stengelbreccien» das Phyllit-Tonschiefernivean wieder, das wir auch in Bünden aus dem Niveau des Doggers kennen. Darüber folgen zunächst nochmals typische Bündnerschiefer mit Breccien, dann aber ein weisser, gebänderter Kalkmarmor. Hyänenmarmor, wie er im Buche steht. Typischer Hyänenmarmor, also Malm, damit zusammen grüne, dichte, radiolaritähnliche Schiefer. Darüber die echte Tarntalerbreccie mit deutlichen roten Verrukanobrocken, mit Dolomit, Quarzit und psammitischem Zement.

Wir haben also hier eine normale Schichtfolge von den untersten Bündnerschiefern, die wir dem Lias zurechnen, über das Tonschieferniveau des Doggers und den Hyänenmarmor des Malm bis hinauf in die Tarntalerbreccie. Die Tarntalerbreccie ist jünger als Malm. Dies geht mit Sicherheit aus diesem Profil hervor. Die weitere Verfolgung desselben aber bringt uns weitere Stützen dieser Annahme.

Nördlich schliesst an unsere eben besprochene Tarntalerbreccie von neuem der typische Bündnerschiefer in schmaler Lage an, gefolgt von typischer penninischer Aversertrias. Plattige, helle, gebänderte Marmore wie am Averserweissberg und in den Schamserdecken. Ununterscheidbar von denselben. Klettern wir zwischen Tarntalerbreccie und nördlichem Bündnerschiefer etwas herum, so finden wir bald den Hyänenmarmor als normales Zwischenglied wie südlich der Breccie auch, in enorm zerdrückten Linsen zwischen die beiden Gesteine eingeschaltet.

Die Schichtfolge ist also auch nördlich der Tarntalerbreccie eine normale. Sie geht von dieser Breccie über Hyänenmarmor und Bündnerschiefer bis in penninische Trias hinab.

Nördlich derselben endlich folgen abermals Bündnerschiefer und typischer Flysch, dann die Überschiebung der unterostalpinen Trias, und endlich des ostalpinen Kristallins mit Karbon und den «Eisendolomiten» am Hennesteig und Torspitz.

Dieses Profil des Torjochgrates oder der Grauen Wand ist für die stratigraphische Deutung der Tarntalerbreccie und der Arblatschsandsteine von hoher Bedeutung. Sicher ist diese Serie jünger als Malm, das zeigt der Bau der Grauen Wand mit aller wünschenswerten Deutlichkeit. Unsicher bleibt, wenn man nur nach den lokalen Aufschlüssen urteilt, ob wir diese Serie der Kreide oder dem Flysch zuweisen sollen. Hier gibt es meiner Ansicht nach zwei Lösungen. Das tertiäre Alter der Sandsteine vom Typus Arblatsch, die den Gipfelgrat der Grauen Wand zusammensetzen, erscheint nach ihrer vollkommenen Ähnlichkeit mit den sicher tertiären Arblatschgesteinen Bündens ausser allem Zweifel. Im Urteil über das Alter der Tarntalerbreccien kann man schwanken. Sie können gleichfalls tertiär, das Basiskonglomerat des Flysches sein, sie könnten aber auch ganz gut die Gosaukreide vertreten. Für ersteres spricht ihr enger Zusammenhang mit den Sandsteinen, für letzteres die Ähnlichkeit mit gewissen Kreidebreccien Bündens. Die Lage der Tarntalerbreccie zwischen Malm und Arblatschsandstein könnte in diesem Sinne gedeutet werden. Weitere Untersuchungen werden sich mit diesem Problem zu beschäftigen haben.

Für die Arblatschgesteine steht auf jeden Fall der Flyschcharakter und damit ihr tertiäres Alter ausser allem Zweifel, und damit haben wir am Torjoch von neuem den penninischen Flysch im Liegenden der ostalpinen Schubmassen festgestellt. Er steht wie in Bünden in Verbindung mit typisch penninischen Jura-

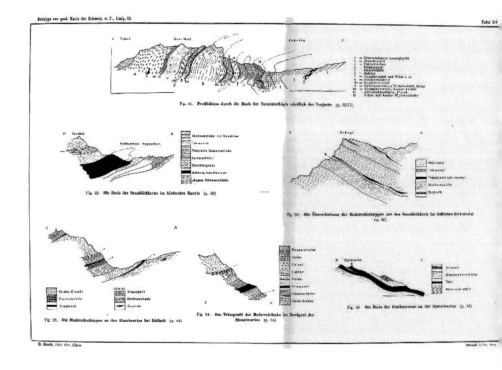

Fig. 21. Profilskizze durch die Basis der Tarntalerköpfe nördlich des Torjoche. (p. 31,71)

Fig. 22. Die Basis des Sandblickkerns im hintersten Nauris. (p. 26)

Fig. 26. Die Überschiebung der Moderveckfelspen auf den Sandblickkern im hintersten Nauris. (p. 26)

Fig. 23. Die Moderveckfelspen an den Stanzwurten bei Döllach. (p. 64)

Fig. 24. Das Triasprofil der Moderveckdecke im Nordgrat der Stanzwurten. (p. 64)

Fig. 25. Die Basis der Glocknerzone an der Stanzwurten. (p. 34)

98

und Triasgesteinen, und liegt als höhere Schuppe den tieferen Bündnerschiefern auf. Wie zwischen Prättigau und Parpan bildet er auch hier mit wenigen Ausnahmen die direkte Basis der Ostalpen, und wie dort ist er auch hier das oberste Glied der Penniden. Die Äquivalenz zwischen West und Ost wird dadurch um ein Bedeutendes erhöht, und es bleibt einer der schönsten Triumphe der Deckenlehre, dass genau an den Stellen, wo dieselbe in den Tauern Flysch erwarten liess, ja eigentlich voraussetzen und verlangen musste, wirklicher unzweideutiger Flysch, wenigstens in der Form der Arblatschsandsteine, nachgewiesen werden konnte. Mir persönlich scheint es wahrscheinlich, dass auch die eigentlichen Tarntalerbreccien, d. h. die Konglomerate mit dem «kristallinen» Zement, noch zum Flysch gehören, doch muss daneben die andere Möglichkeit, dass es sich um Vertreter der Gosau handelt, im Auge behalten werden. Auf jeden Fall aber ergibt sich daraus mit völliger Klarheit der absolut nachgosauische Schub der ost alpinen Decken über das Penninikum.

Als Tarntalerbreccien wurden bisher ganz verschiedene Gesteine zusammengefasst. Gerade wie unter dem Namen Tarntalerquarzit alle möglichen Schichtglieder vom Verrukano und Buntsandstein bis zum Malm hinauf zusammen- und durcheinandergeworfen wurden. Ein Teil der «Tarntalerbreccien» ist sicher liasisch, der Hauptteil kann kretazisch oder tertiär sein, und endlich finden sich «Tarntalerbreccien» im sichern Flysch, also im sichern Tertiär.

Eine Monographie der Tarntalerköpfe zwischen Navis und der Nassen Tux, mit einem westalpin geschulten Auge durchgeführt, wäre ohne Zweifel eines der reizvollsten Probleme der ganzen Alpen, und ihre Durchführung würde eines der verworrensten Kapitel der Ostalpengeologie endgültig klären.

Südlich des Torjochs besteht die ganze Torwand aus Arblatschgesteinen und Tarntalerbreccien, also Flysch in unserem Sinne, und an der Kahlwand wird diese Serie flach von der Trias der Tarntalerköpfe überschoben. In deren Basis ziehen die Flyschgesteine zum Jünsjoch und zum Plüderlig, in die Basis der eigentlichen Tarntalerköpfe hinein, wo wir sie beim Abstieg vom Reckner und Geierspitz getroffen haben. Im Süden ruhen sie den Triasschuppen des Sägenhorst auf, die wir als die Fortsetzung der Matreierschuppenzone kennen. Der Flysch gehört demnach in den Tarntalerköpfen zur Schuppenzone des obersten Penninikums. Genau wie in Bünden, wo er mit den Schamserdecken verknüpft ist.

Damit verlassen wir die penninische Basis der Tarntalerköpfe. Es ist uns gelungen, in derselben Trias und Bündnerschieferbreccien vom Typus der **Schamserdecken** aufzufinden, es ist uns gelungen, das Alter der eigentlichen **Tarntalerbreccien** zwischen Kreide und Flysch fest- zusetzen, und es ist uns endlich gelungen, innerhalb derselben den sichern penninischen **Flysch** in Form der Arblatschsandsteine und -breccien nachzuweisen. **Der Flysch, der im Prättigau und Unter- engadin unter den ostalpinen Massen verschwunden ist, setzt, wie die Deckenlehre es postu- lierte, unter denselben nach Osten fort und kommt in den westlichen Tauern an der Basis der tiefsten ostalpinen Decken wiederum zum Vorschein. Er bildet hier wie dort das oberste Penninikum.** Das vor- gosauische Alter des ostalpinen Hauptdeckenschubes muss daher fallen gelassen werden. Sowohl in Bünden wie in den Tauern wird auch noch der alttertiäre Flysch von den ostalpinen Decken überschoben, und ein vorgosauischer Schub muss sich demnach auf die intraostalpinen Gebiete der Kalkalpen beschränken. Die Ähnlichkeit des Flysches der ostalpinen Flyschzone, also des «lepontinischen» Flysches, mit den Gosauablagerungen der Kalkalpen ist absolut kein Argument dafür, dass zur Zeit jener Flyschbildung die Kalkalpen schon dort lagen, wo sie heute liegen. Zeigen uns doch die Untersuchungen der westlichen schweizerischen Flyschregionen, wie ganz ähnliche, ja identische Flyschserien in ganz weit voneinander getrennten Becken zur Ablagerung gekommen sind, und heute in ganz verschiedenen tektonischen Einheiten liegen. Schlieren- und Habkernflysch sind helvetisch, der Niesenflysch penninisch, der Flysch der Préalpes ostalpin. Und doch gleichen sich alle diese Flyschserien auffallend. Es ist eben überall eine ähnliche stark orogene Sedimentation, entstanden in den Vortiefen der sich stark regenden alpinen Decken- embryonen. Der Gosaucharakter der ostalpinen Flyschzone beweist also gar nichts, als dass er wie die Gosau in der Vortiefe vor sich regenden Deckenstirnen, vor dem werdenden Ge- birge entstanden ist. **Der Flysch der Tarntalerköpfe hingegen beweist unzweideutig, dass die Überschie-**

bung der ostalpinen Decken erst im Tertiär stattgefunden hat, wie die der westalpinen Decken auch. Die Einheitlichkeit in der gebirgsbildenden Bewegung wird dadurch durchgehend vom Meere bis nach Wien, die zeitliche Diskrepanz in den Hauptbewegungen zwischen Ost und West, die zur Annahme von zwei getrennten Gebirgen führte, und mit der die Deckenlehre der Ostalpen bekämpft worden ist, sie existiert nicht mehr. Alles wird klar, der Bau der ganzen Alpen einheitlich, die Überschiebung überall gleichzeitig, wie aus einem Guss.

So ist die Untersuchung der penninischen Basis der Tarntalerköpfe zu einem hochwichtigen Ereignis geworden, das für die gesamte Alpengeologie von weittragender Bedeutung wird.

Verfolgen wir nun unsere Matreierzone nach dieser Flyschstudie weiter nach Osten. In den **Gasteinertälern** haben wir sie wieder gefunden. Wir rechnen dazu die **Bernkogl- und Anthauptenserie** *Kobers* und *Starks*. Südlich des Bernkogls und der Arlspitze stellen sich über der mehr oder weniger einheitlichen Bündnerschiefermasse der Glocknerdecke von Hofgastein Triaslinsen ein, mit Bündnerschiefern und Marmoren, auch Rauhwacken verschuppt. In dieser Zone haben wir Dolinbreccien vom Typus der Schamserbreccien gefunden. Zum Teil mit kristallinen Geröllen, wie drüben im Oberhalbstein bei der Alp Nova. In der Anthauptenserie stecken kristalline Schuppen, Triasdolomite, Liasbreccien, Quarzite, Grünschiefer und Bündnerschiefer. Serpentine finden sich nach *Kober* im Profil des Fuschertales südlich Zell am See zu oberst in der Anthauptenserie. Im Gasteinertal schiesst diese typisch penninische Gesellschaft unter die Klammkalke ein, die der unterostalpinen Deckengruppe zugehören. Südwestlich Klammstein fanden wir in dieser penninischen Zone Breccien und sandige Kalke, die nicht zum Bündnerschiefer gehören, und die wir mit Vorbehalt zum Flysch rechnen möchten, als ein Analogon zum Tarntalerflysch. Dieselben kann ich beispielsweise von Varietäten des Oberhalbsteinerflysches nicht auseinanderhalten. Sichere Sandsteine fanden wir indessen hier nicht. Es ist aber möglich, dass sich solche noch finden lassen werden. Östlich Dorfgastein gehört zum Matreierzug die breite Zone von Schuppen, die *Stark* zwischen Frauenriegel, Kreuzkogel und dem Arltörl südlich des Schuhflickers beschreibt. Bündnerschiefer, Grünschiefer und Triasfetzen stechen in steilen Schuppen vor dem Klammkalk und den richtigen Radstätterdecken in die Tiefe. Nördlich Grossarl streichen diese obersten penninischen Schuppenpakete durch das Ellmautal in die Basis des Draugstein, des Weisseck, des Mosermandls, d. h. in die Basis der unteren Radstätterdecken hinein. Sie schliesst dort zusammen mit der Schuppenzone des Speiereck, die wir bereits als die Fortsetzung der Matreierzone kennengelernt haben. In der Scharte nordwestlich des Weisseneck fanden wir unter dem Bündnerschiefer der Passlücke schwarze Phyllite und Sandsteine, die eventuell als Flysch zu betrachten wären. Desgleichen etwas nördlich des Passes gegen das Schwarzeck zu, an der Basis der Triasschuppen unter der Schwarzeckbreccie. Die Gesteine sehen auch dort arblatschähnlich aus. Doch lässt sich hier vorderhand nichts Bestimmtes sagen.

Sicher jedoch bleibt das wichtige Resultat, dass die Schuppenzone von Matrei als fast geschlossener Ring das ganze zentrale Fenster der Tauern umschliesst, von den Radstättertauern über den Katschberg, Fragant, Makernispitz, Mohar, Bergertörl, Windisch-Matrei, Virgental, Ahrntal und Lappachtal hinüber nach Sprechenstein und Sterzing, von dort über den Brenner und die Tarntalerköpfe bis ins Zillertal, und abermals vom Kapruner- und Fuschertal durch die Gasteinertäler zurück bis in die Radstättertauern. Nur zwischen Zillertal und Fusch bleibt die Zone von Matrei zweifelhaft, doch weisen die Verhältnisse an der Gschöss- und Gerloswand im Zillertal, der Nesslingerwand bei Krimml mit ziemlicher Deutlichkeit auf deren Existenz hin. Die Triaslinsen im Kalkphyllit südlich der Trias von Krimml und tiefere Triasschuppen unter der Radstättertrias der Gschösswand scheinen mir hier die Verbindung zwischen Tarntal und Fusch wenigstens anzudeuten. Eigentlich unsicher bleiben nur die knapp 50 km zwischen Krimml und Fusch, und gerade hier verläuft die ganze obere penninische Zone auf weite Strecken im Schutt der Täler. Wo wir jedoch in den Tauern die Obergrenze der Penniden im Gebirge gut aufgeschlossen sehen, da erkennen wir auch die Schuppenzone von Matrei, und zwar heute auf eine Länge von über 350 km rings um das ganze Fenster herum. Wir halten daher als ein Hauptresultat fest:

Die Schuppenzone von Matrei umgibt als fast geschlossener Mantel die tiefern penninischen Elemente der Hohen Tauern. Sie bildet das oberste Glied des Penninikums in den Ostalpen. Ihre gewaltige

Schuppung verdankt sie dem Traineau der darüber hinweggefahrenen ostalpinen Decken.

Damit haben wir nun einen Einblick in die **Struktur des penninischen Fensters der Hohen Tauern** erlangt, wie sie sich dem westalpinen Geologen offenbart. Drei grosse Einheiten schälen sich heraus: **die Venedigermasse, die Glocknerdecke** und **die Matreierschuppenzone.** Venedigermasse und Glocknerdecke besitzen weitausgedehnte, kristalline Kerne, die Glocknerdecke ein ausgedehntes Mesozoikum. Die **Matreierzone** erscheint gegenüber diesen Elementen nur von sekundärer Bedeutung, sie stellt einfach den von den ostalpinen Massen aufgewühlten und verschleppten, enorm übereinandergehäuften obersten Teil der **Glocknerdecke** dar. Eine eigene Stammdecke können wir in ihr so wenig wie in der Modereckschuppe sehen.

Damit reduziert sich die penninische Deckenfolge in den Tauern auf zwei grosse Elemente: **Die Venedigermasse** unten, die **Glocknerdecke** oben.

Mit diesem Resultat schliessen wir die Untersuchung der innern Struktur der Hohen Tauern ab, und wollen nun, nachdem auf diese Weise die tektonische Gliederung innerhalb der Tauern klargelegt ist, versuchen, die Zusammenhänge dieser Einheiten mit Bünden und den Westalpen aufzuzeigen.

2. Tauern und Bünden.

140 km trennen uns am Brenner vom Westrand der Ostalpen in Graubünden, 120 von den tiefen penninischen Buchten des Puschlav, Malenk und Prättigau, 60 km endlich vom Ostrand des Engadinerfensters. Ist auf diese Strecken ein Fortsetzen der Bündner- in die Tauernelemente zu erwarten?

Zunächst haben wir gesehen, dass **die Einheiten der Tauern** im Grossen **durchgehen von der Mur bis an den Brenner,** das sind über **160 km.** Die tektonischen **Elemente der Westalpen** verfolgten wir in ihrer ganzen Grösse **vom Meere,** ja von Korsika bis nach Graubünden hinein, auf eine Strecke von über **500 km.** Sollen sie dort aufhören? Wo wir sie in voller Pracht unter den Ostalpen verschwinden sehen? Nimmermehr. Die westalpinen Elemente **erscheinen,** nach ihrer 140 km langen Wanderung unter den Ostalpen durch, in den **Hohen Tauern** wieder, eine penninische Decke nach der andern, und wir erwarten und **erkennen** dort auch dieselbe **Gliederung, dieselbe Reihenfolge der tektonischen Einheiten der Penniden wie in Bünden.** Wie wir die Penniden Bündens über die Tessinerkulmination hinweg mit denen des Wallis und der Westalpen in Verbindung setzen konnten, so können wir heute die Penniden der Tauern mit denen Bündens parallelisieren. Der Unterbruch zwischen Wallis und Bünden ist nicht kleiner als der zwischen Bünden und dem Brenner; auch die Strecke Zermatt-Maloja beträgt 150 km.

Unmittelbar unter den ostalpinen Elementen erscheint in den Tauern die Matreierzone, die wir als typisch penninische Schuppenzone erkannt haben. Unmittelbar an der Basis der Ostalpen verschwindet in Bünden die Schuppenzone der Margnadecke in Form der Schamser- und Plattadecken. Die **Matreierzone** entspricht den **Schamser- und Plattadecken Bündens.**

Darunter folgt in den Tauern das gewaltige Gebiet der **Glocknerdecke** mit den kristallinen Kernen der Greinerscholle, des Granatspitz- und Sonnblickkerns. In Bünden kennen wir in analoger Stellung die Margna-Dentblanchedecke. Die Glocknerdecke erscheint demnach als das Äquivalent der eigentlichen **Margnadecke, der Dentblanchedecke der Westalpen.**

Die tiefen Zentralgneisskerne des **Venediger-** und Hochalmmassives endlich, die in den Tauern unmittelbar unter der Glocknerdecke erscheinen, sind als die Fortsetzung der nächsttiefern Decke Bündens und der Westalpen, des **Monterosa,** zu betrachten.

Tiefere Elemente **fehlen** den Tauern. Venediger und Hochalm-Ankogl sind die tiefsten Glieder. Sie entsprechen nach ihrer tektonischen Stellung erst der Monterosa-Tambo-Surettadecke, und die tieferen Elemente der Bernharddecke und des Simplon treten in den Tauern nicht ans Tageslicht. Wie könnten sie auch, angesichts der gewaltigen Mächtigkeiten, mit denen in Bünden Monterosa- und Dentblanchedecke unter die Ostalpen hineinziehen. Sie sind hier im

Osten unter den riesigen Massen der Monterosadecke begraben, genau wie westlich des Monterosa im Gran Paradiso und im Doramairamassiv.

Der tektonische Vergleich führt also zu dem ersten Resultat:

Die Matreierzone entspricht Schamser- und Plattadecken.

Die Glocknerdecke ist das Äquivalent der Margna-Dentblanchedecke.

Die Venediger-Hochalmmasse ist der Vertreter der Monterosa-Tambo-Surettadecke. Sie ist daher von nun an als **Decke, und zwar als die Venedigerdecke, zu bezeichnen.**

Lassen sich nun diese **Äquivalenzen zwischen Ost und West** auch durch den **stratigraphisch-petrographischen** Inhalt der Decken, die kristalline und mesozoische Facies derselben, stützen? Mit andern Worten, finden wir in den Tauern auch gewisse **facielle Charakteristika** der bündnerischen Penniden wieder? Oder bleibt der Vergleich auf rein tektonische Tatsachen gestützt?

Die Exkursion, die mich mit meinen Bündner Freunden und Kollegen unter *Kobers* Leitung durch die Tauern geführt hat, ergab eine ganze Menge von in dieser Beziehung überaus wichtigen Vergleichspunkten. Nicht nur die **allgemein** penninische Facies der Bündnerelemente trat in den Tauern überall unzweideutig hervor, wie im Charakter der Bündnerschiefer und Ophiolithe, mancher Triasprofile etc., sondern es fanden sich in den Tauern **auch die Spezialitäten gewisser Bündnerdecken wieder, und zwar an eben den Orten, in eben den tektonischen Einheiten,** die wir auch aus den oben genannten **tektonischen** Gründen als **Äquivalente der betreffenden Bündnerelemente** ansehen mussten. Der petrographisch-stratigraphische Gehalt der Tauernelemente stützt daher die tektonische Parallele mit Bünden in ausgezeichneter Art, er garantiert uns gewissermassen die Richtigkeit der tektonischen Zusammenhänge. Sehen wir näher zu.

Wir beginnen mit der **Venediger-Hochalmmasse.**

Nach der tektonischen Lage entspricht diese Tauerneinheit der **Tambo-Surettadecke** Bündens. Sie enthält nun auch wirklich die charakteristischen Glieder dieser Bündnerdecke. Zunächst setzen wir der Zentralgneiss-Schieferhüllengliederung der ostalpinen Geologen unsere westalpine Gliederung entgegen. Wir unterscheiden mit Leichtigkeit Altkristallin mit Ortho- und Paragesteinen, Trias und Bündnerschiefer mit Ophiolithen. Genau wie im westlichen Penninikum. *Termier* hat auf diese Übereinstimmung mit dem Westen genügend hingewiesen, und dieselbe ist schon vor 70 Jahren dem alten *Studer* aufgefallen.

Das **Altkristallin der Venedigermasse** zeigt weitgehende Übereinstimmung mit dem Altkristallin der **Tambo-Suretta-Monterosadecke.** Der Zentralgneiss, den wir beispielweise im Zillertal und in der Tux aus dieser Einheit gesehen haben, unterscheidet sich in nichts von den Orthogneissen der Tambo-, der Suretta-, der Monterosadecke. Sowohl der Augengneisstypus vom Charakter der Punt Marlun in der Bondasca oder des Monterosa, als auch der gleichmässig grobe, helle Granitgneiss vom Typus von Promontogno und Bondo im Bergell fand sich in diesem Komplex. Ununterscheidbar von den Typen des Bergell, des Monterosa, des Gran Paradiso. Die Zentralgneisse des Ankogl-Hochalmmassivs zwischen Böckstein und dem Nassfeld sind absolut die gleichen. Auch sie erinnern Schritt auf Schritt an die Augengneisse und Granitgneisse des Bergells, die kristallinen Kerne der Tambo-Surettadecke. Die Tonalitfacies im Hochalmmassiv zeigt grosse Ähnlichkeit mit den basischen Schlieren im Monterosagneiss des Bergells, z. B. den Dioriten von Laret in der Bondasca. Von den jungtertiären Tonaliten unterscheiden sich diese alten Gesteine ziemlich stark. Der primäre Rand der Zentralgneisse wird oft von typischen weissen, seidenglänzenden Muskovitschiefern gebildet; dieselben sind eine metamorphe aplitische Randfacies des alten Zentralgranites. Das gleiche Gestein in gleicher Lage kennen wir aus der Tambodecke des Bergells. Dort hat mir schon *Grubenmann* seinerzeit seine Überraschung über die Gleichheit dieser Gesteine mit solchen des Grossvenediger bekundet. Darunter erscheinen oft, wie drüben im Bergell, feinere, helle aplitische Gneisse in ziemlicher Mächtigkeit, und wiederum sind diese hellen aplitischen Gneisse von solchen von Soglio im Bergell nicht zu unterscheiden. Die goldführenden Erzgänge im Zentralgneiss sind das genaue Analogon der Golderzgänge von Plurs und der Val di Lei.

des weitern des Monterosagebietes. So verbindet eine reiche Fülle von Analogien den Zentralgneiss der Hohen Tauern aufs engste mit dem Monterosagneiss des Westens. Der Zentralgneiss der Venediger-Hochalmmasse ist nichts anderes als der Monterosagneiss selbst. Er nimmt, wie wir gesehen haben, auch die gleiche tektonische Stellung im alpinen Deckengebäude ein, und die Monterosanatur der Zentralgneisse formt sich damit zu einem schlagenden Beweis für die Richtigkeit der deckentheoretischen Postulate. Wir treffen die Monterosagneisse mit allen ihren Charakteristika in den Tauern gerade dort, wo sie nach der Deckentheorie zu erwarten waren, in der östlichen Fortsetzung der Monterosa-Tambo-Surettadecke.

Schon dieses erste Resultat vergleichender Studien erhärtet in vollkommenem Masse die vorgenommene Parallelisierung Venedigermasse-Tambo-Suretta-Monterosadecke. Der weitere Vergleich der Tauernserien mit denen Bündens bringt der Bestätigungen aber noch mehr.

Zunächst habe ich in der Paraschieferhülle der Hochalmmasse kein einziges Gestein getroffen, das nicht ebensogut aus der Tambo-Surettadecke des Bergells hätte stammen können. So z. B. fanden sich beim Aufstieg vom Nassfeld zur Riffelscharte über dem Zentralgneiss absolut dieselben dunklen Biotitschiefer und Granatglimmerschiefer, dieselben oft hornfelsartigen Biotitquarzite, wie ich sie drüben in den Tobeln ob Soglio oder zwischen den Orthogneissen der Bondasca und den Serpentinen von Chiavenna-Dente del Lupo in der Tambodecke kenne. Die Bergellergesteine in absolut genauer Wiedergabe. Daneben erscheint im Bergell als ein typisches Glied der Tambo- und der Surettaparaschiefer in deren obern Teilen ein grauschwarzer, grober Granatglimmerschiefer. Kenntlich auf den ersten Blick. Ein Gestein, das ich in typischer Ausbildung im nördlichen Bergell zu ungezählten Malen getroffen habe. Im Wallis kennt es Argand am Findelengletscher. Am Wege vom Nassfeld zur Riffelscharte fand sich dieses Gestein gleichfalls, ununterscheidbar von dem des Bergells. Wir trafen es, kaum dass ich an der obern Grenze des Zentralgneisses die Vermutung ausgesprochen hatte, wir könnten auf dasselbe stossen. Ferner sind mir im gleichen Profil aufgefallen charakteristische grün und braun gefleckte Biotitschiefer, die ich gleichfalls nicht von solchen aus dem Bergell unterscheiden kann, und endlich finden sich daneben Serizitschiefer und grüne Granatphyllite, mit kleinen Granaten, die in der Tambo-Surettadecke wohl auch vorkommen, hingegen nicht für dieselbe eigentlich typisch sind. Dagegen finden sich in den Granatglimmerschiefern der höheren Paraschieferhülle westlich des Nassfeldes, am Rand des Hochalmkerns, auch die so wichtigen und charakteristischen Chloritoidgesteine des Westens wieder. Becke hat dieselben auch vom Rande des Tuxerkerns im Venedigermassiv des Zillertals, aus der Gegend hinter Mayrhofen beschrieben. Wie im Westen finden sie sich in den obersten Teilen des Altkristallins, wenig unter der Trias, mit allerhand schwarzen, mürben, wohl karbonischen Schiefern zusammen. Das Vorkommen von Chloritoidgesteinen im Altkristallin der Hochalm-Venedigermasse ist eine weitere schöne Bestätigung der Parallelisierung dieser Einheit mit dem Monterosa, findet sich doch die Kombination Zentralgneiss-Chloritoidgesteine auch im Westen nur gerade in der Monterosadecke, im Doramairamassiv, in der Tambo-Surettadecke.

Endlich zeigt das obere Paläozoikum der Venedigermasse, d. h. die obersten Teile des Altkristallins, noch zwei markante Züge, die mit aller Eindringlichkeit auf die Monterosa-Tambo-Surettadecke hinweisen.

Da ist zunächst die «Zona grafitica» der Westalpen. Die dunklen Graphitquarzite und -schiefer, die wir sowohl im Tuxertal unter dem Hochstegenmarmor als auch bei Badgastein unter der Angertalertrias gesehen haben, sind nichts anderes als die Zona grafitica des Westens. Ununterscheidbar von der Karbonzone beidseits der Splügenermulde oder dem Karbonzug unter der Surettatrias des Bergells. Manche Kohlenstoffquarzite, Grauwacken, Arkosen und Sandsteine der ostalpinen Geologen gehören wohl mit Sicherheit in dieses jungpaläozoische Niveau der Zona grafitica.

Den letzten Trumpf aber im Vergleich der altkristallinen Venedigerserie mit der Tambo-Surettadecke Bündens bildet der Fund des Roffnaporphyrs am Nordrand der Tuxermasse, zwischen Zentralgneiss und Hochstegenmarmor. Schon beim Abstieg von den Tarntalerköpfen fielen uns die graugrünen, massigen Wände eines Teiles der gegenüberliegenden Tuxerberge auf und weckten Erinnerungen an die Roffna und die Surettastöcke. Dazu kamen die weithin leuchtenden Triaskeile, die die Ähnlichkeit mit der Roffnamasse erhöhen, und so waren wir denn nicht mehr sehr erstaunt, als wir abends am Wege von Lanersbach nach Finkenberg im Tuxertal plötzlich den klassischen Roffnaporphyr fanden. Es ist jenes Gestein, das die ostalpinen Geologen wohl mit dem Namen der Tuxer Porphyroide bezeichnet haben. Schon *Sander* hat dieselben mit dem Roffnagestein verglichen, und wir müssen sagen, dass wir es absolut nicht von demselben unterscheiden können. Sowohl *Buxtorf* wie *Cadisch* und ich, die wir alle drei viel im Roffnagebiet gearbeitet haben. Es ist das gleiche hellgrüne, oft verwalzte Gestein mit den kleinen Quarzeinsprenglingen wie drüben in Andeer oder in den Ferreratälern. Ununterscheidbar vom echten Roffnaporphyr.

Das typischste Hauptgestein der Surettadecke fand sich also hier in den westlichen Tauern in gleicher Vergesellschaftung mit charakteristischen Paraschiefern und unzweifelhaftem Monterosagneiss. Was wollten wir noch mehr?

Das Altkristallin der Venediger-Hochalmmasse weist also unzweideutige Monterosacharakteren auf. Die Parallelisierung auf tektonischem Wege wird durch den petrographischen Gehalt der Decken in schönster Weise bestätigt.

Die gleiche Bekräftigung der tektonischen Parallele finden wir nun aber auch im **Mesozoikum der Venedigermasse.** Auch Trias und Schistes lustrés derselben zeigen weitgehende Analogien mit den mesozoischen Gebieten der Suretta-Monterosadecke, insbesondere mit der mesozoischen Zone **Avers-Val Malenco.**

Da sind zunächst die basalen Quarzite der Trias. Wo wir sie trafen, im Tuxertal oder in den Gasteinertälern, überall waren es die gleichen weissen, tafeligen Quarzite wie drüben in Bünden. Gröbere Varietäten gleichen den groben Quarziten der Splügenermulde, und wie drüben in Bünden finden sich oft feinblättrige, serizitische Quarzschiefer an der Basis, die weissen Tafelquarzite oben in diesem Niveau. Hie und da führen diese Tauernquarzite Turmalin, wie drüben in der Suretta. Auch rosa Varietäten werden erwähnt, entsprechend solchen der Splügenermulde. Das Profil, das *Becke* vom Angertal beschreibt, ist das Profil an der Basis der Surettatrias. Die graugrünen Gneisse unter dem Quarzitniveau entsprechen wohl dem Roffnaporphyr. An vielen Stellen fehlt der Quarzithorizont fast ganz, wie in der Monterosadecke des Westens. Auf jeden Fall sind die Quarzite im Norden, beispielsweise am Nordrand des Tuxerkerns, viel mächtiger entwickelt als auf dem Rücken der Decke, man vergleiche nur die Profile *Sanders* in den Tuxeralpen mit denen im Hochfeiler. Die Quarzite nehmen daher von der Stirn der Decke gegen Süden an Mächtigkeit ab, genau dasselbe, was wir in der Surettadecke Bündens so schön beobachten können. Im Rücken der Hochalmmasse fehlen sie oft ganz, und geht die Casannaschieferentwicklung des Paläozoikums ohne Unterbruch bis in die untere Trias hinein. Genau wie im Rücken der Monterosa- und der Surettadecke. Die Quarzite verhalten sich also in der Venedigermasse gleich wie in der Surettadecke Bündens.

Von hohem Interesse ist der nächste Horizont der Trias, der altberühmte Hochstegenkalk. Wir haben ihn im Tuxertal an mehreren Stellen, dann ob Finkenberg in unmittelbarer Nähe des Hochsteges selbst gesehen. Als Ganzes erinnert er sofort an die auch in Bünden auffallende mehr kalkige Entwicklung der Surettatrias des Avers. Auch *Buxtorf* ist derselben Meinung. Neben den mehr dunklen, plattig kalkigen Varietäten des eigentlichen Hochstegenkalkes, die ununterscheidbar sind von gewissen Triaskalken des Avers oder von den nicht metamorphen Gesteinen des Castionezuges, finden sich Dolomite, gelb und grau, und in weiter Verbreitung helle, meist gelbliche oder weisse, dichte bis feinkörnige Marmore, oft gebändert und geflammt, von den Aversermarmoren von Cröt und Madris nicht zu unterscheiden. *Becke* hat darin an einzelnen Stellen Fuchsit gefunden, ein Mineral, das ich auch aus den Aversermarmoren kenne. Im Avers, Bergell, und Malenk wird die anisische Basis der kalkigdolomitischen Trias oft von einer Lage bündnerschieferähnlichen Gesteins gebildet, den sogenannten «unteren Bündnerschiefern». Das gleiche beobachteten wir im Hochstegenprofil ob Finkenberg. Auch eine schwach ausgesprochene Trennung in einen untern, mehr plattigen grauen, und einen obern, mehr massigen, gelben Horizont lässt sich ob Finkenberg beobachten. Wie drüben in der Surettadecke. Im Madrisertal, in der Suretta überhaupt, traf ich an vielen Stellen zwischen Trias und Bündnerschiefern einen weissen, ziemlich massigen Quarzit und Glimmerschieferbänke, so im Bergell, im Fornogebiet, an der Disgrazia, ein Niveau, das recht wohl dem

Rhät entsprechen könnte. Im gleichen Niveau fanden wir diesen Quarzit an der Basis der Bündnerschiefer unter der Rifflscharte, also in der mesozoischen Hülle des Hochalmassivs. Der Hochstegenkalk bildet wie die Trias der Suretta kein durchgehendes konstantes Niveau, er wird oft durch die bathyale Facies der Kalkglimmerschiefer seitlich ersetzt, genau wie die Surettatrias des Bergells durch den Bündnerschiefer. So ist die Trias bei Gastein durch Hochstegen- resp. Angertalermarmor vertreten, an der Rifflscharte hingegen durch Prasinite und Kalkglimmerschiefer. Die Analogien zwischen West und Ost sind also auch in der mittleren Trias gross.

Der Charakter der Bündnerschiefer ist der der Westalpen überhaupt. Die Intensität der Metamorphose weist auch hier mehr auf die Surettadecke hin. Die Gesteine der Mallnitzermulde beispielsweise, die wir zwischen der Rifflscharte und dem Sonnblickgneiss gequert haben, gleichen durch und durch den Bündnerschiefern der Val Maroz im Hangenden der Suretta. Die gleichen stark phyllitischen, glimmerigen Bündnerschiefer mit den typischen Fuchsitschiefern und Fuchsitprasiniten wie drüben in Maroz und im südlichen Avers, wie drüben in der Monterosadecke bei Zermatt. Die Bündnerschiefer, die ich zwischen Venediger- und Granatspitzkern im Gschlöss gefunden habe, unterscheiden sich in nichts von den biotitführenden Schistes lustrés des obern Bergells oder des Campolungogebietes, und die dieselben begleitenden Amphibolite sind dieselben wie drüben am Monte del Forno und der Disgrazia. Die Glaukophaneklogite des Ophiolithzuges der Gastacherwände erinnern samt ihren Fuchsitgesteinen und Cipollinen weitgehend an die Hülle der Monterosadecke bei Zermatt. Die Analogie ist daher auch hier eine ganz ausgezeichnete. Was hingegen im Osten fehlt, ist die gewaltige Häufung der Ophiolithe im Süden. Vergebens suchen wir hier die Serpentine von Zermatt und Val Malenco. Vielleicht liegen sie unter dem südlichen Altkristallin begraben, vielleicht aber sind auch die genetischen Verhältnisse hier etwas andere gewesen als dort. Ich werde später noch auf diesen Punkt zurückkommen.

Halten wir uns aber die Übereinstimmung der Zentralgneisse mit den Monterosagneissen, die Zona gratifica, den Roffnaporphyr, die Trias und die Schistes lustrés, und endlich die tektonische Lage des ganzen Komplexes, der Venediger-Hochalmmasse, vor Augen, so wird die Übereinstimmung zwischen Ost und West eine solch frappante, dass sie nur möglich ist bei einer tatsächlichen Äquivalenz, ja Identität der beiden Gebiete.

Venedigermasse und Tambo-Surettadecke entsprechen sich nicht nur tektonisch, sondern auch stratigraphisch und petrographisch. Sie sind Glieder einer einzigen gewaltigen Einheit, der Monterosadecke.

Damit reicht nun die Monterosadecke der Westalpen von Elba über die Doramaira, den Gran Paradiso und den Monterosa nicht nur bis nach Bünden hinein, sondern zieht in monumentaler Mächtigkeit unter den ostalpinen Massen Bündens und Tirols nach Osten durch bis in die Hohen Tauern. Sie bildet dort die Axe, den Stamm des ganzen Gebirges. Durch das zentrale Hochgebirge verfolgen wir sie in ungebrochener Kraft und lapidarer Grösse bis hinüber in die Basis des Grossglockners, und sehen sie endlich fern im Osten im Hochalmmassiv nochmals unter den höhern Massen emportauchen. An der Mur endlich verschwindet sie endgültig unter den austriden Elementen der Steiermark.

Wir kennen daher heute die Monterosadecke als die Hauptdecke der Alpen von Elba bis an die Mur, d. h. auf eine Strecke von weit über 1000 km.

Einige tektonische Besonderheiten der Venediger-Hochalmmasse weisen weitere Analogien mit dem Monterosa und der Surettadecke. Im Osten bildet dieselbe im Hochalmgebiet die gleiche grandiose Kuppel wie drüben im Gran Paradiso und am Monterosa. Wie dort, so erscheinen auch hier in ihrem Rücken mehrere Abspaltungen, Schuppen von Trias und Kristallin, es sei nur an die Schuppen in der Mallnitzermulde erinnert. In der westlichen Venedigergruppe erkennen wir den Paradiso-Monterosa-Dom abermals. Im Westen treten charakteristische Formen Bündens hervor. So erkennen wir am Nordrand der Tuxermasse die Rückfalten des Roffnaporphyrs, von *Sander* ausgezeichnet dargestellt. Die Triaskeile südlich der vorderen Tux sind analog denen der Ferreratäler, und das Ausspitzen der Venediger Zentralgneisse in den Sulzbachtälern zeigt dieselben Rückfalten an. Die gestaute Stirn der Suretta lässt sich daher in den Tauern noch erkennen. Auch hier führt sie, wenigstens im Westen, den Roffnaporphyr. In der Surettadecke Bündens haben wir die grosszügige Zerlappung im Rücken der Decke zwischen Bergell und Malenk erwähnt, in den westlichen Tauern finden wir sie wieder in der Teilung der Venedigermasse in Tuxer- und Zillertalerkern. Wie in Bünden greift auch hier stellenweise die nächsthöhere kristalline Einheit in die tiefen Mulden zwischen den einzelnen Lappen, im Westen in Form der Margna-, in den Tauern in Form der Greinerdecke. In den östlichen Tauern ist eine ähnliche Einkerbung des Deckenrückens angedeutet in der nach Osten einspringenden mesozoischen Bucht der Maresenspitze östlich von Mallnitz. In den Westalpen sind die letzten Bewegungen der Monterosadecke jünger als die Überschiebung der höheren penninischen Einheiten. Dasselbe konstatieren wir auch hier in den Tauern: wo die höhere Glocknerdecke in die Falten der Venedigermasse mit einbezogen ist. Es sei nur an die eingeklemmte Greinerscholle erinnert. In Bünden zerfällt die Monterosadecke in die zwei Lappen der Tambo- und der Surettadecke. In den östlichen Tauern ist diese Zweiteilung der Decke noch angedeutet durch die Glimmerschiefermulden zwischen Ankogl- und Hochalmmassiv. Dieselben entsprechen sehr gut den innersten Enden der Splügenermulde des Westens.

Damit schliessen wir die Betrachtung der Monterosadecke der Tauern. Tektonische Gesamtstellung, petrographische und stratigraphische Übereinstimmung im Altkristallin und im Mesozoikum, und endlich eine Reihe tektonischer Besonderheiten weisen miteinander in aller Schärfe auf den Zusammenhang der Venediger-Hochalmmasse mit der Monterosadecke. Deren Wiederauftauchen in den Tauern, an genau den Stellen, wo sie die Deckenlehre erwarten liess, mit genau denselben Charakteren und Eigenheiten, bleibt wohl ein endgültiger Triumph dieser Auffassung in den Ostalpen. Das Tauernfenster, das man bereits zum alten Eisen glaubte werfen zu müssen, ersteht damit in neuer Pracht mit unabweisbaren Argumenten. Die Gegner der Decken mögen kommen und dieselben widerlegen.

Die Monterosanatur der Venedigermasse konnten wir also anhand von einer Reihe von Punkten genau beweisen. Wie steht es nun aber mit der Glocknerdecke, die in den Tauern die Masse der Venedigerdecke überschiebt? Wenn diese letztere der Monterosa-Tambo-Surettadecke der Westalpen wirklich entsprach, so mussten sich wohl in der Glocknerdecke die Äquivalente der Margna-Dentblanchedecke nachweisen lassen. Haben wir nun stratigraphische und petrographische Anhaltspunkte auch für diese weiteren Zusammenhänge?

Eine ganze Menge!

Dass die Matreier Schuppenzone einen auf Schritt und Tritt an Schamser- und Plattadecken erinnert, habe ich schon mehrfach betont, und es geht dies auch aus den beigegebenen Profilen ohne weiteres hervor. Das grüne Kristallin derselben entspricht weitgehend der Paramalojaserie, die Trias ist absolut dieselbe, die Bündnerschiefer und Ophiolithe auch. Der Fund von Flysch in den nördlichen Ausläufern dieser Schuppenzone im Navis und an den Tarntalerköpfen erhöht die Analogie mit Bünden in hervorragendem Masse, sehen wir doch auch dort den Flysch mit den Schuppen der Schamserdecken verknüpft. Aber die Matreierzone ist nur eine Schar oberer Abspaltungen vom Rücken der Glocknerdecke. Diese grosse Einheit muss der Margnadecke Bündens entsprechen, und wir wollen nun untersuchen, was für Margnaelemente sich tatsächlich in dieser Glocknerdecke nachweisen lassen.

Typisch für das Altkristallin der Margna-Dentblanchedecke ist die Zweiteilung desselben in einen höheren epimetamorphen Eruptivkomplex und eine tiefere, mehr katametamorphe Schieferserie mit alten Marmoren und Grüngesteinen. Typisch ist vor allem die Série de Valpelline, die Fedozserie Bündens. Ihre Wiederauffindung in den Tauern musste entscheidend für jede Parallelisierung zwischen Ost und West sein. Bisher war diese charakteristische Gesellschaft kristalliner Schiefer in den Tauern nicht bekannt. Wir haben sie nun aber im Sonnblickkern gefunden. Und zwar in ganz typischer Ausbildung, wie drüben in Bünden, mit Marmoren, Gabbros, Grüngesteinen. Und wie drüben in den Westalpen zur Hauptsache unter einem mächtigen epimetamorphen Eruptivgneisskomplex.

Nie werde ich den Anblick der Sonnblickgruppe vergessen, als wir an einem strahlenden Morgen auf der Rifflscharte ihr erstmals gegenüberstanden. Das waren die Berge von Fex und Fedoz. In auffallender Ähnlichkeit. Wie dort eine höhere Masse von hellen Granitgneissen, wie dort unterlagert von dunklen Glimmerschieferbändern. Auf den ersten Blick erkannte ich Arolla- Maloja-, und Valpellineserie, so typisch, so gleichartig war die Struktur dieser Berge denen des obersten Engadins. Die nähere Prüfung beim Aufstieg zum Sonnblick und Hochnarr gab diesem ersten Eindruck völlig recht.

Beim Knappen-Neubau unter dem Goldberggletscher treffen wir, von Osten kommend, die Basis der Sonnblickdecke (Fig. 22). Über den Bündnerschiefern und Ophiolithen der Malhnitzermulde folgt als Mittelschenkel der Sonnblickserie ein undeutliches Quarzitband, wenige Meter mächtig, dann eine einförmige, graugrüne Paraschieferserie, entsprechend unsern Casannaschiefern. Beim Knappenhaus legen sich darüber typische schwarze Phyllite und Quarzite des Karbons, wenig westlich davon die ersten Lagen der eruptiven Sonnblickgneisse. Bis hierher ist das Profil absolut das der Margnabasis. Unten die Bündnerschiefer der Zone Avers-Malenk, darüber eine verkehrte kristalline Serie vom Triasquarzit bis hinauf zum Orthogneiss. Die ersten Paraschiefer unter den Graphitphylliten entsprechen den permischen Casannaschiefern der Malojaserie, wie wir sie beispielsweise vom Silsersee kennen, die Graphitgesteine dem Karbon, der Eruptivgneiss dem Malojagneiss. Gewisse Typen desselben sind zudem dem Malojagneiss sehr ähnlich. Was nun jenseits des Baches des Goldberggletschers folgt, ist nichts anderes als unsere typische **Série de Valpelline**. Als oberstes Glied der verkehrten Serie, die wir eben gequert haben. **Braune Biotitschiefer und -gneisse**, hornfelsartige Biotitgesteine, Grünschiefer, auch Amphibolite und Gabbros, zum Teil **absolut dieselben Gesteine wie im Fedoz.** Rostige, grün und braun gebänderte Felsen. In kurzer Zeit fanden wir auch die dazugehörigen Marmore, als winzige Lagen in die Biotitschiefer eingeschaltet, wie drüben im Westen, und schliesslich fanden sich auch vereinzelt **die prachtvollen Kalksilikatfelse** der Serie. In wenig mehr als einer Viertelstunde hatten wir die ganze Serie beisammen. Da war kein Zweifel mehr möglich, das war **das Äquivalent der Série de Valpelline**, und die **Dentblanchenatur der Sonnblickdecke** war damit gesichert. Das waren nicht die jüngeren Glimmerschiefer, für die man sie bisher gehalten hatte, entfernten sie sich doch in ihrer Metamorphose himmelweit von den sichern jüngern Paraschiefern des Knappenhauses. Jene gehörten wohl in das Hangende der Sonnblickgneisse, **diese** Serie aber zeigt gegenüber denselben einmal **eine ganz andere Zusammensetzung, Marmore, Kalksilikatfelse, Grüngesteine, Biotitschiefer,** und anderseits eine ganz andere, **viel tiefere Metamorphose.** Die jüngern Glimmerschiefer des **Knappenhauses** sind nur epimetamorph, die unserer **Goldbergserie** hingegen zeigen tiefen **Meso- bis Katacharakter.**

Über dieser Serie folgen nun beim weitern Aufstieg zum Sonnblick normal die eigentlichen Sonnblickeruptivgneisse, und höher oben die synklinal eingeklemmten jüngeren Glimmerschiefer. Deren Biotitschiefer sind zum Teil noch dieselben wie die unserer untern Serie, der Valpelline, und aus diesem Grunde ist anzunehmen, dass hier im Osten, wie übrigens schon in Bünden, die Eruptivsippe nicht genau an der oberen Grenze wie im Wallis, sondern in die **obersten Partien** der Valpelline eingedrungen ist. Dieser Unterschied gegenüber dem Westen bleibt bestehen. Daneben aber ist der Valpellinecharakter dieser Serie so eindeutig, dass ein Zweifel für einen Kenner beider Gebiete nicht aufkommen kann.

Die Série de Valpelline findet sich also auch in den Tauern, im Kern der Sonnblickdecke. Dort, wo sie nach tektonischen Analogien zu **erwarten** war. Damit ist die **Dentblanche-Margnanatur der Glocknerdecke** zum ersten nachgewiesen.

Dieselbe wird nun aber noch durch eine Reihe weiterer Punkte gestützt. Der Eruptivgneiss des Sonnblickerns zeigt wohl oft Ähnlichkeit mit dem eruptiven Malojagneiss, besonders in den randlichen Partien, oder mit Malojagesteinen aus dem Malenk und Masino, der sogenannten Beola, daneben aber auch noch weitgehende Ähnlichkeit mit manchen Monterosagneissen. Wäre nicht die sichere Série de Valpelline, man könnte oft im Zweifel sein, ob man es nicht auch noch hier mit der **Monterosadecke** zu tun habe. Auch die unmittelbare mesozoische Hülle des Sonnblickkerns erinnert noch stark an Monterosaverhältnisse. Typisch für die Dentblanchenatur bleibt zunächst nur die Basis der Decke und die Série de Valpelline, nebst einigen Eruptivgneissen. Aber schon bald südlich des Sonnblick fällt die enorme Zerschlitzung der mesozoischen Hülle auf, z. B. in der Gegend zwischen Sandkopf und Stanziwurten. An der **Stanziwurten** folgt über dem Mesozoikum des Sonnblick nicht nur die Modereckdecke, wie bisher angenommen, sondern drei voneinander scharf getrennte kristalline Schuppen. Es sind dies mit der Modereckdecke zusammen nur sekundäre Abspaltungen des Sonnblickkristallins, **Schuppen der Sonnblickdecke.** Darüber kann gar kein Zweifel sein. Eine eigene Stammdecke bilden diese lokalen Schubfetzen nicht. Diese Schuppen aber führen nun typische **Margnagesteine.** Das Kristallin ist das grüne casannaschiefermässige der Malojaserie, Triasquarzite und Dolomite sind von solchen der Margna- oder auch schon der Schamserdecken nicht zu unterscheiden, und die Gliederung der kalkigdolomitischen Trias ist absolut dieselbe wie die in der Margna. Diese kristallinen Schuppen bilden die eigentliche **Unterlage** des grossen **Glockner-** und damit des **Tauernmesozoikums.**

An der **Stanziwurten** haben wir diese direkte Unterlage der Glocknermesozoika genau studiert. Es folgen dort über den Bündnerschiefern und Serpentinen der Sonnblickhülle (siehe Fig. 23—25):

Gneisse und Quarzite des Sattels nördlich der Stanziwurten, darüber typische Bündnerschiefer. Am ersten Gratabsatz schiebt sich darüber eine weitere Schuppe von malojaähnlichem Casannaschiefer, Trias und Bündnerschiefer, darüber folgt bis fast zum Gipfel der Stanziwurten das grosse, kristalline Band der Modereckdecke. Die Gliederung der zweiten Schuppe mit der Trias ist überaus typisch. Es folgen von unten nach oben:

Casannaschiefer, turmalinführende, plattige Quarzite, dann die dolomitische Trias. Dieselbe gliedert sich in einen untern Bündnerschieferhorizont des Anisien, graue, plattige Dolomite mit Glimmerbelag des Ladinien, gelbe Rauhwacken der Raibler, und helle massige Dolomite des Hauptdolomits. Darüber folgt direkt der Bündnerschiefer.

Die basalen Quarzite sind gleich wie die der Margnadecke im Fex und Oberengadin. Die grauen Ladiniendolomite sind ununterscheidbar von denen der Fexerschuppen bei Sils und am Crap da Chüern, die hellen Hauptdolomite gleichfalls. Die klare Gliederung penninischer Trias nach dem ostalpinen Schema findet sich im Westen nur in der Margnadecke als der dem Ostalpinen am nächsten. Dass es sich nicht um wirkliches Ostalpin handelt, zeigen die hangenden Bündnerschiefer und Ophiolithe zur Genüge.

Die Trias der **Stanziwurten-Nordwand** ist von der **Fexertrias** nicht zu unterscheiden. Das Kristallin der **Modereckdecke**, das über derselben folgt, ist gleich dem Paraschiefer der **Malojaserie.** Einzelne Lagen mögen noch Ortho- oder wenigstens Injektionscharakter haben. Durch ihre grüne Farbe unterscheiden sich deutlich von den bis hier hinauf meist deutlich braun gefärbten Orthosteinen der tiefern Einheiten.

Der Gipfel der Stanziwurten bringt weitere Überraschungen. Da folgt über dem malojaähnlichen Schiefer der Modereckdecke ein schmales Quarzitband, darauf, den Gipfel bildend, die typische Schamsertrias. Man glaubt am Averser Weissberg herunzusteigen, so gross ist die Ähnlichkeit. Wie dort in der Hauptsache ein weisser, plattiger, oft glimmeriger, rötlich und gelb geflammter Marmor, mit Dolomitbänken und -linsen, dazu Übergänge in graue und gelbe, feine Marmore. Absolut dasselbe Bild wie am Averser Weissberg oder am Piz Tremoggia. Schwarze Phyllite teilen die grosse Triasmasse des Gipfels in zwei Schuppen. In der südlichen fanden wir Marmore mit Tremolit. Das Ganze erinnert schlagend an die Margna- und Schamserdecken.

Darüber folgt am Südhang der Stanziwurten eine grosse Platte von Serpentin. Wie im Avers tritt auch hier das basische Eruptivgestein nicht in Kontakt mit der Trias, sondern liegt mit einer Zwischenlage von Granatglimmerschiefer, also Kristallin, als höhere Schuppe derselben auf. Die Analogie mit den Verhältnissen zwischen Schamser- und Plattadecken springt sofort in die Augen. Über dieser letzten aufgeschlossenen Schuppe der Stanziwurten liegt das grosse Glocknermesozoikum und darüber die Matreierzone, deren weitgehende Übereinstimmung mit den hochpenninischen Schuppen der Margnadecke ich schon mehrfach betont habe. (Siehe Fig. 25.)

Am Stellkogel und an der Roten Wand jenseits des Zirknitztales wiederholen sich die Schuppen der Stanziwurten in absolut gleicher Weise. Es sei auf die Figuren 23—26 verwiesen.

Die Basis der Glocknerdecke zeigt also an den Stanziwurten unzweifelhaften Margnadeckencharakter. Derselbe erstreckt sich aber auch bis in die grosse Masse des Sonnblickkerns hinab, wo der Fund der Valpellinegesteine die Äquivalenz mit Margna-Dentblanche in unmissverständlicher Weise dokumentiert.

Die Glocknerdecke zeigt daher im Osten weitgehende und entscheidende petrographische und stratigraphische Übereinstimmung mit der Margna-Dentblanchedecke, wie ihre tektonische Stellung dies auch erwarten liess.

Die westlichen kristallinen Teile der Glocknerdecke habe ich nicht selber gesehen, kann deshalb auch kein fertiges Urteil über dieselben haben. Doch scheinen mir die hochkristallinen Biotitschiefer der Greinerscholle mit ihrem auffallenden Granat- und Karbonatgehalt, mit ihren Amphiboliten und Garbenschiefern vielleicht die Valpellineserie zu vertreten. Die Biotitamphibolite der Greinerscholle finden sich beispielsweise in ganz gleicher Art, wie *Becke* sie beschreibt, in der Fedozserie des Oberengadins. Gewisse grüne Augengneisse der Wolfendornschuppen endlich erinnern nach der Beschreibung an die Malojagneisse.

Auf jeden Fall aber stellen Greinerscholle und Wolfendornschuppen das Äquivalent des Sonnblick dar, und gehören daher mit demselben in das Stockwerk der Margna-Dentblanchedecke. Weitere Untersuchungen werden hier noch schärfere Parallelen mit dem Westen herausarbeiten können.

Wir halten fest:

Was wir in den Hohen Tauern von Elementen der **Glocknerdecke** gesehen haben, stimmt in seinem petrographischen und stratigraphischen Charakter auffallend mit den Gesteinen und den Gesteinsgesellschaften der Margnadecke überein. Hält man daneben die allgemeine tektonische Stellung der Glocknerdecke im alpinen Deckensystem, und die Monterosanatur der Venedigermasse, so wird einem auch der Dentblanche-Margnacharakter der Glocknerdecke zur Gewissheit.

Die Glocknerdecke erscheint in den Hohen Tauern im Niveau der Margnadecke Bündens, sie zeigt auch die gleichen charakteristischen Gesteinsgesellschaften wie jene, sie ist daher als die Fortsetzung derselben zu betrachten.

Die Margnadecke findet demnach in der **Glocknerdecke** der Tauern ein gewaltiges Äquivalent, und wir kennen heute diese Einheit **von Korsika und Ligurien über Wallis und Bünden bis weit nach Kärnten hinein.** Gleichfalls auf eine Länge von weit über 1000 km. Die kristallinen Kerne des Sonnblick, des Granatspitz, der Greinerscholle entsprechen dem kristallinen Kern der Margna im Oberengadin, die Modereckdecke mit dem Glocknermesozoikum einer ersten Schuppung derselben, die Matreierzone einer zweiten sekundären, ungleich heftigeren an der Basis der Ostalpen. Schamser- und Plattadecken haben ihre Äquivalente zum einen Teil schon in der Glocknerzone, zum andern in der Zone von Matrei.

Es wäre ein eitles Unterfangen, in den Tauern die genauen Äquivalente von Schamser- und Plattadecken angeben zu wollen. Aber die grosse Stammeinheit, die Margnadecke, können wir als solche erkennen und nachweisen, und bis zu einem gewissen Grade dürfen wir in den Tauern auch reden von Vertretern und Analoga der Schamser- und der Plattadecken.

So betrachte ich beispielsweise die Triasschuppen unter dem Tarntalerquarzit am Brenner und bei Steinach, die in den obersten Bündnerschiefern liegen, als sichere Äquivalente oder Analoga der Schamserdecken, desgleichen die Triasschuppen des Sägenhorstes und der Grauen Wand, und von Navis in der Basis des Tarntalerflysches. Der Serpentin des Reckner ist sicher ein Abkömmling des Plattadeckenhorizontes, er ist wie die Ophiolithe Bündens über die tieferen Trias-Flyschschuppen hinweggestossen. Aber weitere engere Zusammenhänge dürfen wir nicht erwarten. Die Äquivalenz der grossen westalpinen **Stammdecken** ist vorhanden, wir können heute dieselben in den Tauern mit vielen Einzelheiten und Spezialitäten wieder erkennen. Das kann uns genügen, mehr wollen wir nicht.

Es ist uns gelungen, den Bau der westlichen Penniden, der in Bünden unter den ostalpinen Massen verschwunden war, auch in den Tauern wiederzufinden. Eine weitere tektonische Analyse hat uns erlaubt, das grosse penninische Gebiet der Tauern in mehrere Stammkomplexe zu gliedern. In denselben erkennen wir endlich die getreuen Analoga der obersten penninischen Glieder Graubündens wieder.

Die Venedigermasse ist eine Decke, sie ist das Äquivalent des Monterosa.

Die Glocknerdecke samt der Zone von Matrei entspricht der Margna-Dentblanchedecke.

In gleicher Reihenfolge, mit denselben stratigraphischen und petrographischen Charakteren, mit denselben tektonischen Eigenheiten, mit dem gleichen Charakter der Metamorphose, tauchen in den Tauern die obersten Elemente der westlichen Penniden unter den ostalpinen Massen wieder hervor, allseitig von den höheren, ostalpinen Einheiten umschlossen, in einem Fenster von gewaltiger Grösse die wahrhaft zündende Wahrheit der Deckenlehre verkündend. Das ist kein Zufall mehr, wenn wir genau an den Stellen, wo die Deckenlehre es erwarten liess, den **Flysch**, den **Roffnaporphyr**, den **Monterosagneiss**, die **Série de Valpelline**, die **Schamsermarmore** finden, das ist Gesetz. Und dieses Gesetz zeigt uns, dass eben die grossen westalpinen Decken ohne Unterbruch unter den ostalpinen Massen Bündens und Tirols weiterziehen, und in den Tauern infolge einer Axenkulmination, die jeder sehen kann, wieder ans Tageslicht heraufkommen. Die Deckennatur der ostalpinen Zentralzone wird dadurch unzweifelhaft, und die Hohen Tauern bilden darin tatsächlich jenes grandiose Fenster, das *Termier* vor nunmehr 20 Jahren zum erstenmal mit genialem Blick erkannt hat.

Mehr als je sind heute die Hohen Tauern ein penninisches Fenster in den Ostalpen, und ihre Gipfel sind ein flammendes Wahrzeichen im Kampf gegen die Autochthonie, die immer noch von den östlichen Geologen behauptet wird. Mögen sie das Licht der Erkenntnis über den wahren Bau des Alpengebirges bald auch in österreichischen Landen verbreiten.

Damit schliessen wir das Kapitel über die Penniden der Alpen und wenden uns der dritten grossen Deckengruppe zu, den Austriden.

4. Die Austriden.

In Bünden versinken die westalpinen Einheiten unter den alten Massen der Ostalpen, und darüber türmt sich, gewaltiger und mächtiger als je, das kunstvolle Gebäude der alpinen Decken weiter zu dem riesenhaften Bau der Austriden. Vom Rheine bis nach Wien, auf über 500 km Länge, beherrschen diese höchsten Elemente der Alpen Struktur und Aspekt des ganzen Gebirges, und bedecken auf ungeheuren Flächen den tieferen Bau der Westalpen, die Penniden und die Helvetiden. Von den südlichen Tälern des Veltlin und Puschlav sehen wir diese gigantischen Massen über das westalpine Gebirge vordringen bis hinaus an den nördlichen Alpenrand, und durch die mannigfachen Täler Bündens verfolgen wir den grossen Schnitt der austriden Überschiebung in herrlicher Klarheit auf über 130 km Breite bis hinaus ins Vorarlberg und Allgäu. Auf 290 km Länge ist die westalpine Basis der Ostalpen in prachtvoller Art, meist hoch im Gebirge, aufgeschlossen, von Masino bis hinaus nach Pfronten, und erkennen wir überall das flache Untertauchen der westalpinen Elemente unter das austride Deckgebirge. Im Unterengadin und in den Tauern ist dasselbe auf hochliegenden Axenkulminationen von der Erosion durchlöchert worden und erscheint wie im Westen nicht das autochthone Grundgebirge, sondern Mesozoikum und Tertiär der Penniden. Im Unterengadin erkennen wir die penninische Basis der Ostalpen auf eine Strecke von über 120, in den Tauern auf eine solche von über 400 km. Somit lässt sich auf über 800 km beobachtbaren Gebirges die Überschiebung der austriden Elemente direkt sehen und deren Deckennatur erkennen.

Das austride Gebirge der Ostalpen schwimmt als Schubmasse grossen Stils auf den tieferen Decken der Westalpen. An gewaltiger Grösse übertrifft dieselbe alle westalpinen, selbst die grössten penninischen Einheiten. Ihr Merkmal ist die Geschlossenheit, das Monumentale des Baues, die souveräne Beherrschung aller andern Glieder. Hoch thronen die ostalpinen Decken Bündens über den zur Tiefe gesunkenen Einheiten der Westalpen, von der Bernina bis hinaus zum Rhätikon. Als ein Symbol ostalpiner Herrlichkeit ragt das Berninagebirge hoch über das penninische Land Grau-

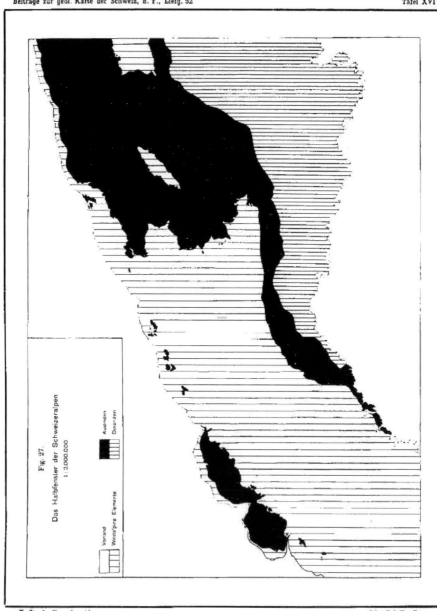

bündens hinaus, und überschauen wir von seinen Gipfeln das penninische Gipfelmeer zu unsern Füssen bis hinüber zu den Eisriesen des Wallis. Als ein wahrer Eckpfeiler der Ostalpen überragt das Berninagebirge in stolzer Pracht das penninische Gebirge Bündens und Tessins, als ein Monterosa des Ostens weit über alle seine Nachbarn hinausschauend; das Wahrzeichen der Ostalpen überhaupt.

Die Hauptmasse der Austriden liegt in den Ostalpen, zwischen Bünden und Wien. Es sind die eigentlichen ostalpinen Decken. Ein kleiner Teil derselben aber greift auch in die Westalpen hinüber, im Norden als die Klippen und Préalpes, im Süden als die Wurzeln der Austriden. In den Klippen und Préalpes erkennen wir die austriden Elemente dem ganzen Nordrand der Schweizeralpen entlang bis nach Frankreich hinein; in den Klippen von Sulens am Lac d'Annecy treffen wir ihre westlichsten Reste. Fast 300 km weit verfolgen wir so die Austriden noch in die Westalpen hinein, und sie liegen auch hier stets zu oberst im ganzen Deckengebäude, wie drüben in Bünden und Tirol. Ein lebendiges Zeugnis, dass die Austriden als gigantische Decke einst die Westalpen bis mindestens nach Frankreich hinein überdeckten, und ein gewaltiges Dokument für die Deckennatur der Austriden überhaupt. Wie wollten wir sonst Zeugen der Austriden in den Westalpen bis hinein nach Frankreich finden, bis auf 300 km vom ostalpinen Rand entfernt? **Die Austriden erreichen also am Nordabfall des Gebirges die grossartige Länge von über 800 km, von Wien bis zum Lac d'Annecy.**

Im Süden greift die Wurzelzone der Austriden gleichfalls weit ins Gebiet der eigentlichen Westalpen ein. Sie bildet vom Puschlav bis über Ivrea hinaus stets die geschlossene südliche Begrenzung des penninischen Landes, auf eine Länge von über 240 km. Ihr Westende liegt genau hinter den westlichsten Klippen am Lac d'Annecy. Das ganze Gebiet der helvetischen, penninischen, lepontischen und westrätischen Alpen bildet zwischen diesen westlichen Ausläufern der Austriden und ihrem Erosionsrand in Bünden ein einziges gewaltiges, fast ganz geschlossenes Halbfenster der Penniden und Helvetiden, mit einer Axe von gegen 300 km Länge und einer mittlern Breite von rund 90 km. **Ein westalpines Halbfenster in riesigem austridem Rahmen, das** an Grösse und Eindruckskraft, daneben auch an Gliederung und Mannigfaltigkeit das Fenster der Tauern um beinahe das Doppelte übertrifft. Der Haupteil der Schweizeralpen fällt in dieses grossartige westalpine Halbfenster, es sei daher als das **Halbfenster der Schweizeralpen** bezeichnet. Dieses grossartige schweizerische Halbfenster enthüllt uns auf weitere 500 km den Deckencharakter der Austriden, es bildet wie die Fenster der Tauern und des Unterengadins, wie die kleineren Halbfenster des Prättigau und Malenk in Bünden, einen schlagenden Beweis für die **Deckennatur der Ostalpen**, und für deren einzigartige Grosszügigkeit. (Siehe Fig. 27.)

Die Austriden erstrecken sich vom Lac d'Annecy bis nach Wien, vom Canavese bis zum Bacher, auf eine Länge von über 800 km. Sie überlagern als höchste alpine Deckenelemente die tieferen tektonischen Glieder der Westalpen, Penniden und Helvetiden, und sie entblössen auf weiten Strecken im Gebiet der Schweizeralpen, des Unterengadins, der Hohen Tauern dieses tiefere westalpine Substrat. Die Tauern und das Halbfenster der Schweizeralpen sind die eindringlichsten Zeugen für die Deckennatur der gesamten Austriden.

Die Austriden zerfallen demnach in zwei grosse geographische Bezirke, die eigentlichen Ostalpen zwischen Rhein und ungarischer Ebene, und die austriden Klippen und Decken der Westalpen. Wir beginnen unsere Betrachtung mit der geschlossenen Zone der eigentlichen **Ostalpen** und fügen nachher den Bau der westalpinen Austriden in unsern gewonnenen Rahmen ein.

A. Die Gliederung der Austriden.

Da schälen sich im Osten seit alter Zeit drei gewaltige Bauelemente heraus, die ostalpine Zentralzone, die nördlichen Kalkalpen, die südlichen Kalkalpen. Zentralzone und nördliche Kalkalpen gehören mit Ausnahme der Hohen Tauern zu den Austriden, den ostalpinen Decken, die südlichen Kalkalpen mit ihrer kristallinen Unterlage setzen fort in die Dinariden hinein, und wurden daher von *Suess* als ein fremdes Gebirge mit anderem Bau von den Alpen abgetrennt. Wir werden später dieses Verhältnis von Alpen und Dinariden genauer zu untersuchen haben, die sogenannte alpin-dinarische

Grenze wird uns eingehender beschäftigen, und wir werden dazu kommen, die Dinariden nur als rückwärtigen Teil der obersten austriden Deckenelemente zu betrachten. Wir werden die Einheit des Alpengebirges von den Ebenen Italiens bis hinüber nach Bayern erkennen, und die *Suesssche* Zweiteilung in Alpen und Dinariden als zwei völlig getrennten Gebirgen verlassen, Alpen und Dinariden sind eins, sie bilden ein einziges grossartiges Orogen, und die Bewegungen werden auch hier einheitlich; die Zerworfenheit und Zersplitterung löst sich auf in die Harmonie eines einzigen einheitlichen Vorganges, und wir erkennen in den südgefalteten Klötzen der Dinariden nur das rückgestante, nach Norden gepresste Rückland der alpinen Kette, die Vorposten der festen afrikanischen Tafel, die die Decken der Alpen vor sich her nach Norden getrieben hat. Für unsere Beschreibung der Ostalpen aber behalten wir vorderhand die landläufige Einteilung in Alpen und Dinariden bei, und behandeln die Dinariden am Schlusse der eigentlichen Ostalpen.

In diesem Sinne zerfällt das grosse Gebiet der ostalpinen Austriden in die zwei grossen, seit alter Zeit bekannten Hauptelemente, die Kalkalpen und die Zentralzone. Auch diese Einteilung behalten wir für die Beschreibung der Ostalpen bei, obwohl die Kalkalpen genetisch und tektonisch nur zu den obersten Teilen der Zentralzone gehören. Aber eine Reihe von Tatsachen lässt sich weit übersichtlicher und einfacher darstellen, wenn wir die Zentralzone als Ganzes gesondert von den Kalkalpen betrachten. Die Kalkalpen bilden eine geschlossene Einheit, die als solche der Zentralzone gegenübersteht. Sie zeigen eine Fülle von Erscheinungen, die für sich betrachtet und verfolgt werden müssen, und deshalb erscheint die Abtrennung der Kalkalpen als eigenes Kapitel gerechtfertigt.

Die Kalkalpen sind ein Paket von übereinander getürmten Schuppen, die alle dem Mesozoikum einer einzigen grossen kristallinen Einheit zugehören. Sie bilden die enorm verschuppte und verstauchte mesozoische Hülle der obersten zentralalpinen Einheit. Sie sind der nach Norden geschürfte und aufeinandergehäufte Sedimentmantel der Silvrettadecke, der Oetztaler, der Pinzgauerphyllite, der Muralpen. Wie gezeigt werden wird, gehören alle diese Glieder der grossartigen Einheit der oberostalpinen Decke an.

Die Kalkalpen erscheinen als der im Norden gehäufte Sedimentmantel der oberostalpinen Decke.

Weit komplexer ist der Bau der Zentralzone. Einmal sind, noch im Gegensatz zu den meisten österreichischen Geologen, besonders der Grazerschule, die Hohen Tauern als ein Glied der Penniden auszuscheiden. Daneben aber zerfällt die eigentlich ostalpine, austride Zentralzone in eine ganze Anzahl von übereinandergehäuften Decken, deren einzelne Unterabteilungen besonders in Graubünden klar erkannt werden konnten. Der austride Bau zerfällt dort in drei Hauptelemente, die **unter-**, die **mittel-** und die **oberostalpinen** Decken. Zur unterostalpinen Deckengruppe gehören die Granitmassive des Oberengadins, Albula, Err, Bernina, im Norden die préalpinen Fetzen des Falknis und der Sulzfluh; zur mittelostalpinen Gruppe Languard- und Campodecke mit Ortler und Engadiner-, Bergüner- und Aroserdolomiten; zur oberostalpinen Decke die Silvretta und die Trias des Rätikon. Unter- und mittelostalpine Decken hangen im Puschlav miteinander zusammen, sie vereinigen sich um den Sassalbo herum zu einer einheitlichen Masse, sie besitzen eine einheitliche Wurzel. Die Silvretta hingegen bleibt von dieser tieferen Deckengruppe, der «unterostalpinen Decke» im alten Sinne, getrennt bis in die Wurzeln hinab, und diese Trennung werden wir auch weithin durch die Ostalpen verfolgen können. Es besteht also neben der in den letzten Jahren im Bündner Deckengebiete notwendig gewordenen Dreiteilung in Unter-, Mittel- und Oberostalpin im Grossen doch nur die 1915 erkannte Zweiteilung in einen oberen und unteren Komplex. **Unter-** undmittelostalpine Einheiten sind nur Glieder einer grössern Stammdecke und stehen miteinander der oberostalpinen Decke der Silvretta, des Oetztales, der Kalkalpen scharf gegenüber. Die Dreiteilung im Deckengebiete Bündens hat sich aber als gut erwiesen, ich möchte sie daher beibehalten, und die Bezeichnung «Unterostalpin» nur auf die untersten Teile der Austriden, Err und Bernina, die Stammdecken der Préalpes, beschränken. Damit wird aber eine neue Benennung der grösseren Einheit, in die Unter- und Mittelostalpin im Puschlav, in der Wurzel, und ganz besonders auch im Osten verschmelzen, dringend notwendig. Um so mehr, als auch ober- und hochostalpine Decken schliesslich auch nur einer Einheit, der Silvretta im weitern Sinne, angehören. Wir müssen daher die beiden **Haupteinheiten,** die ihrerseits in Unter- und Mittelostalpin, in Ober- und Hochostalpin zerfallen, eigens benennen und nach einer passenden Bezeichnung suchen.

Die **tiefere** Einheit, die »unterostalpine Stammdecke« im alten Sinne, enthaltend alle Elemente unter der Silvretta, kennen wir heute vom Lac d'Annecy über Bünden bis hinüber zum Semmering und hinein nach Wien. Aber nirgends auf dieser 800 km langen Strecke erlangen diese Elemente grössere Bedeutung als eben gerade in **Bünden**. In Graubünden bilden sie ausgedehnte Bergmassive, die höchsten Gipfel der Ostalpen überhaupt, ihnen gehört ganz Südbünden an, von der Linie Tiefencastel-Zernez bis hinab ins Veltlin, in Graubünden ist die Gliederung und Entwicklung dieses grossartigen Komplexes die beste, in Graubünden wurde dieser ganze Komplex zuerst erkannt, und Graubünden war der Schlüssel zum Verständnis dieser eigenartigen Deckengruppe. Von Graubünden aus ging die Erkenntnis nach Ost und West, von hier aus ging die Lösung zur Einwurzelung der Préalpes und Klippen, und von Bünden aus verfolgen wir heute wiederum diese gewaltige tiefere ostalpine Abteilung in die Ostalpen hinein bis an die Mur und an den Semmering. Die tieferen ostalpinen Elemente unter der Silvretta sind in hervorragendem Masse ein Charakteristikum **Graubündens**, und sie können daher am ehesten mit einem dies bezeichnenden Sammelnamen benannt werden. Die Lokalnamen sind leider schon längst vergeben, sonst wäre es vielleicht natürlich, von »Berninadecken« zu reden, da im Piz Bernina mit 4055 m die gesamten Ostalpen kulminieren. Engadinerdecken können wir die Gruppe auch nicht nennen, sind doch sowohl Sella-Margna wie Silvretta in gleichem Masse Engadinereinheiten wie unsere tiefere ostalpine Gruppe. Wären »Bündner-« und »rätische« Decken nicht schon zur Genüge verschachert und verwechselt worden, so könnte einer dieser Namen unserem Zwecke ganz gut passen. Eine Bezeichnung jedoch, die den eminent bündnerischen Charakter unserer Deckengruppe zu kennzeichnen geeignet wäre, ist noch unbenutzt geblieben, es ist die alte Benennung der Bewohner dieses Landes. Grischuns, Grigioni, Grisons, Grisonen heissen die Bewohner Bündens seit alter Zeit, und diesen altehrwürdigen Namen der **Grisonen** benutzen wir heute zur Bezeichnung unserer für Bünden so charakteristischen tektonischen Einheit grossen Stils. Wir nennen sie entsprechend den Helvetiden und Penniden die **Grisoniden** und fassen unter diesem Namen die **unter- und mittelostalpinen Elemente der Alpen** zusammen. Die Bezeichnung der Grisoniden hat den Vorteil, in alle Sprachen leicht übersetzbar zu sein, im Gegensatz zu den komplizierten Bezeichnungen der unter- und mittelostalpinen Decken.

Wir bezeichnen von nun an **die unter- und mittelostalpinen Elemente der Alpen als Grisoniden.**

Die Grisoniden liegen zwischen den Penniden und der Silvrettadecke als die unterste Abteilung der Ostalpen.

Die Abtrennung dieser Abteilung von den höheren Einheiten der Ostalpen ist durch eine ganze Reihe von Gründen gerechtfertigt, die im allgemeinen seit langem bekannt sind. Die Grisoniden sind das ausgedehnte Übergangsgebiet vom rein penninischen zum rein ostalpinen Faciesbezirk, und sie stellen auch tektonisch, wie gerade die Stellung der Bernina zu Sella-Dentblanche zeigt, den Übergang zwischen den beiden Elementen dar. Die **Facies der Grisoniden** ist ostalpin, aber **noch nicht in voller Mächtigkeit.**

Den Grisoniden steht nun die **höhere** Abteilung der eigentlichen Ostalpen gegenüber, die oberostalpinen und hochostalpinen Decken. Sie alle bilden Glieder einer Stammeinheit, der **Silvretta-Oetztalerdecke,** und wir könnten sie deshalb die Silvrettiden nennen. Das Wort ist aber etwas ungefüge und entspricht auch gar nur dem einen grossen westlichen Eckpfeiler dieser Deckengruppe, während doch dieses Element durchzieht vom Rheine bis nach Wien. Die Hauptverbreitung der Einheit liegt in Tirol, ganz besonders, wenn man Tirol in weiterem Sinne, als die östlichen Alpen überhaupt, auffasst. Aber auch im alten Stammland **Tirol** erlangen die oberostalpinen Einheiten gewaltige Mächtigkeiten, sie bilden den grössten Teil des Landes; es sei nur an die ausgedehnten Massive der Silvretta und des Oetztals, des Stubai erinnert, oder an die Kitzbüheleralpen und endlich die Kalkalpen zwischen Arlberg und Steinernem Meer, und zudem liegt auch die höchste Erhebung der gesamten oberostalpinen Deckengruppe in Tirol. Mit 3774 m erreicht dieselbe im Wildspitz zwischen Oetz und Pitz ihre höchste Höhe. Wir fassen daher die oberostalpinen Elemente samt ihren hochostalpinen Digitationen als Tiroliden zusammen und stellen sie als höhere ostalpine Abteilung den tieferen Grisoniden gegenüber.

Das Deckenland der Austriden zerfällt demnach in Grisoniden und Tiroliden.

Die Tiroliden bilden den Hauptstamm des ostalpinen Gebirges vom Rheine bis nach Wien. Ihnen gehören an die grossen Einheiten der Kalkalpen, Allgäu-, Lechtal-, Wetterstein-, Inntaldecke, die juvavischen Schubmassen der Hallstätter- und Dachsteindecke, von Berchtesgaden, die Silvretta, die Oetztaler, die Stubaierberge, die Pinzgauerphyllite und die Grauwackenzone, das nordalpine Paläozoikum, die riesige Platte der Muralpen mit den mesozoischen Inseln in Kärnten und den fremdartigen, paläozoischen Schollen der steyrischen Klippen. Ihnen gehören endlich an die Triaszüge der Lienzerdolomiten, der Karawanken, des Tribulaun. In gewaltiger Verbreitung ziehen diese Tiroliden von West nach Ost durch die ganzen österreichischen Alpen.

Darunter erscheinen **überall**, wo wir die Basis der Tiroliden aufgeschlossen sehen, zwischen ihnen und den Penniden die tieferen Elemente der Grisoniden. Im Westen die unterostalpinen Decken Bündens: Err, Bernina, Falknis, Sulzfluh; die Klippen und Préalpen; die mittelostalpinen Decken: Languard und Campo, mit Ortler, Engadiner-, Bergüner- und Aroserdolomiten, im Vintschgau die Laaserserie, am Brenner die Serie der Telferweissen und von Mauls, die Tarntalerköpfe, im Osten die Radstättertauern und der Semmering. Alle diese tiefern ostalpinen Elemente gehören der grossartigen Einheit der Grisoniden an; die nächsten Kapitel werden dies zeigen.

Damit haben wir die Gliederung der Austriden kurz skizziert und wollen nun versuchen, tiefer in den Bau derselben einzudringen.

* * *

Der Schlüssel zum Verständnis der Westalpen war das Wallis, der Schlüssel zum Verständnis der Ostalpen wurde uns **Bünden**. Hier versinken die westlichen Zentralmassive des autochthonen Vorlandes definitiv gegen Osten, und darüber legt sich eine gewaltige Decke über die andere bis hinauf zu den Gipfeln der Silvretta und den Kalkmauern des Rätikon. Von der grossartigen Kulmination der Tessineralpen sinkt ein tektonisches Element der Westalpen nach dem andern wieder ins beobachtbare Gebirge hinab, und über den höchsten penninischen Einheiten türmt sich der Bau der ostalpinen Decken in voller Pracht und gewaltigen Dimensionen zu einem herrlichen Gebirge, den Grisoniden Bündens, empor. Durch die Gebirge Alt Fry Rätiens verfolgen wir dieselben von Feldkirch bis hinein ins Veltlin und hinüber zum Adamello, quer durch das ganze Land hindurch, mit einer grandiosen Überschiebung den tieferen westalpinen Elementen aufruhend. Scharf tritt da überall der Gegensatz der Formationen zutage, vom Prättigau bis ins Malenk. Blendende Kalkmauern über grünen Schieferbergen, vom Prättigau bis ins Oberhalbstein, oder dunkle Diorit- und Granithörner über den grünen Massen der penninischen Ophiolithe oder den leuchtenden Marmorbändern penninischer Trias. Und innerhalb dieser grisoniden Einheit treffen wir, oft ganz verloren und vereinsamt, isolierte Fetzen jüngeren Gesteins zwischen die altkristallinen Massen eingekeilt, die uns die Gliederung dieses gewaltigen Komplexes in einzelne Unterabteilungen ermöglichen. Durch solche Sedimentkeile zerfällt das Kristallin der Grisoniden in 4 grosse Decken, die wir kennen als die Err-, die Bernina-, die Languard- und die Campodecke. Zu oberst endlich thront das Triasgebirge des Ortler als höchste mesozoische Hülle der Grisoniden, vom Ortler bis hinüber ins Oberhalbstein und hinaus nach Davos, und darüber legt sich mit scharfem Schnitt die höchste Einheit Bündens, die Silvretta, mit ihren Triasmulden in der Landschaft Davos und Bergün. Eine Gliederung, wie sie ihresgleichen in den ganzen Alpen sucht. Vom tiefsten Penninikum, ja vom Aar- und Gotthardmassiv durch die Helvetiden, steigen wir durch das ganze Deckengebäude der Alpen bis hinauf zu den Tiroliden, die den ganzen Bau krönen. **Der Deckenbau Graubündens steht in den ganzen Alpen einzig da,** er ist vielleicht heute der verwickeltste Gebirgsbau der ganzen Welt. **Autochthone Massive, Helvetiden, Penniden, Grisoniden und Tiroliden** vereinigen sich hier an den Quellen des Rheins, des Inn, der Adda und der Etsch zu einem wundervollen Gebirgsland, **und dieses bündnerische Hochland wird dadurch zu dem** klassischen Gebiete, von dem aus jede wahre Alpensynthese auszugehen hat. Der ganze Osten bis hinaus nach Wien offenbart sich in **Graubünden**, und wir gehen daher auch in unserer Betrachtung von Graubünden aus.

Die Helvetiden und Penniden Bündens haben wir schon im Zusammenhang besprochen und wollen nun übergehen zum

B. Bau der Austriden in Bünden.

Was gehört in diesem ausgedehnten Gebirgsland zu den ostalpinen Decken? Wo ist die Grenze gegen die Penniden und die Helvetiden zu ziehen? Wo geht der grosse Schnitt zwischen Ost- und Westalpen durch?

Die Arbeiten *Steinmanns* haben diese Fragen 1905 erstmals angeschnitten, und lange Zeit galt die *Steinmannsche* ostalpine Grenze als gesichert und zum festen Bestand der Alpengeologie gehörend. *Zyndel* hat dann 1912, auf weitumfassenden tektonischen Studien aufbauend, diese erste *Steinmannsche* Ostalpengrenze bedeutend verschoben, und 1916 kam ich selber durch meine Studien in Bünden und Vergleiche mit den Préalpes abermals zu einer andern Auffassung. Dieselbe ist unter anderem in den Arbeiten der Bernerschule vertreten und gefestigt worden, sie ist auch übersichtlich dargestellt in der «Geologie der Schweiz». In letzter Stunde nun wird diese ostalpin-penninische Grenze abermals verschoben durch *P. Arbenz*, der auf Grund seiner Studien im Arosergebiet die austride Überschiebung bis weit ins oberste Penninikum hinab verlegt. Es herrscht daher noch nicht geschlossene Übereinstimmung der Meinungen über Art und Verlauf der so wichtigen Ostalpengrenze, und ich erachte es daher als notwendig, zunächst diese ostalpine Grenze in Bünden genau zu umschreiben.

1. Der Verlauf der ostalpin-penninischen Grenze in Bünden.

Als Basis der ostalpinen Decken erkannte *Steinmann* die Überschiebung der Scesaplanatrias und der Silvretta zwischen Feldkirch und Klosters, die Überschiebung der Aroserdolomiten zwischen Klosters und Parpan, die Überschiebung der Trias des Lenzerhorns und der Bergünerstöcke, im Süden die Überschiebung der Granitmassive auf die höheren lepontinischen Decken bis hinein ins Oberengadin. *Steinmann* kannte weder die grossartige Innengliederung des ostalpinen Komplexes noch die eigentliche Grenze der Ostalpen. Nach ihm gehörten Falknis, Sulzfluh, Gürgaletsch, und damit die Klippen und Préalpes der tiefern, lepontinischen Abteilung zu, mit andern Worten der Bündnerschieferzone. Als lepontinisch wurden ja einst alle penninischen Decken bis hinab zum Antigoriogneiss bezeichnet. Diese Abgrenzung des Ostalpinen war sicher nicht die richtige, sie wurde auch rasch durch eine andere ersetzt.

Zunächst wurden die *Steinmannschen* oberen «lepontinischen» Decken, Klippen-, Breccien- und Rhätische Decke, aufgeteilt in wirklich penninische Elemente und solche der ostalpinen Deckengruppe. Als penninisch wurden die Schamserdecken und die Splügenerkalkberge erkannt, die nach *Steinmann* teils der Klippen- und Breccien-, teils schon der ostalpinen Decke entsprochen hatten. Dagegen erschienen Falknis, Sulzfluh und Préalpes, die sogenannte Klippendecke, mehr und mehr als ostalpines Glied, im besondern als Abkömmlinge der unterostalpinen Deckengruppe. Die rhätische Decke, einst über Klippen und Préalpes als oberstes Glied der lepontinischen Deckengruppe betrachtet, gehörte nun zum obersten Penninikum, und damit unter die Klippen und Préalpes. So ergab sich nach und nach folgende Linie als **Basis des ostalpinen Gebirges in Bünden.**

Im Norden erschien der Prättigauflysch als oberstes Glied der Penniden, darüber gehörten Falknis, Sulzfluh und die Mischungszone am Grunde der Silvretta und der Rätikontrias zum ostalpinen Block. Die scharfe Überschiebung an der Obergrenze des Prättigauflysches zieht über Klosters, Langwies, Tschiertschen und Parpan hinein in die Lenzerheide und ins Oberhalbstein. Dort taucht der Flysch unter die ausgedehnten Massen der Plattadecke, diese schiebt sich als weitere penninische Schuppe zwischen den Flysch und den ostalpinen Block. Die obere Grenze der Plattadecke bezeichnet von Tinzen bis an den Piz Corvatsch die penninisch-ostalpine Grenze. Von dort nach Süden die Überschiebungsfläche der Corvatsch- und Berninamasse an der Obergrenze der Selladecke.

Dadurch ergab sich als penninisch-ostalpine Grenze im Norden die Obergrenze des Prättigauflysches, bis hinein nach Tinzen, von dort weg nach Süden die Obergrenze der Ophiolithe der Plattadecke, endlich südlich des Oberengadins die obere Grenze der Selladecke. Der Prättigauflysch ist das höchste Glied der Penniden im Norden, von Maienfeld bis nach Tinzen hinein, die Plattaophiolithe und die Selladecke das oberste penninische Element im Süden. Über diese beiden hochpenninischen Glieder legt sich der Komplex der bündnerischen Austriden.

Die Plattadecke wurde demnach bisher als hochpenninisch betrachtet, was in Anbetracht ihres Inhaltes nur natürlich erschien. Bündnerschiefer und Ophiolithe wiesen ja unzweideutig auf penninischen Charakter hin. Die Ophiolithe der Aroser Schuppenzone, die als die Fortsetzung der Plattadecke erkannt werden konnten, wurden von mir gleichfalls für penninisch erklärt, und ihre jetzige Lagerung über den unterostalpinen Komplexen der Falknis- und Sulzfluhdecke durch Verschleifen der Basis, Überholen von abgetrennten Schürflingen durch tiefere Elemente des Rücklandes, durch Schuppung der Decken erklärt.

Hier setzt nun die Kritik von *Arbenz* ein. Er anerkennt die Fortsetzung der Plattadecke in den Ophiolithen, Aptychenkalken und Radiolariten der Aroser Schuppenzone, wie sie sich aus den Aufnahmen von *Ott, Brauchli, Cadisch* und mir ergeben hat. Aber er hält am ostalpinen Charakter der Aroser Schuppenzone fest, einmal weil dieselbe im Norden überall auf den zum Ostalpinen gerechneten Falknis- und Sulzfluhserien liegt, und anderseits wegen der ostalpinen Charaktere der die Aroser Ophiolithe begleitenden Mesozoika. Die Aroser Schuppenzone hält Arbenz für untrennbar, als eine Einheit, entsprechend der Plattadecke. Er kommt damit auch für die Plattadecke des Oberhalbsteins zur Erkenntnis ihrer ostalpinen Natur. Nach *Arbenz* wird die Plattadecke des Oberhalbsteins und Engadins wie die Aroser Schuppenzone ostalpin, und die penninisch-ostalpine Grenze kommt an die Basis der Plattadecke zu liegen, in die Überschiebung der Ophiolithe auf den Prättigauflysch.

Diese Auffassung scheint mir unhaltbar. **Die Plattadecke ist noch rein penninisch, und die penninisch-ostalpine Grenze befindet sich nicht an der Basis, sondern an der Obergrenze dieser Einheit.** Bei der Wichtigkeit dieser Frage, sowohl für die West- wie für die Ostalpen, erscheint eine Diskussion dieser Grenze unbedingt notwendig, und sie sei daher im folgenden kurz geführt.

Die Plattadecke ist **penninisch**. Aus stratigraphischen und tektonischen Gründen. Stratigraphisch weisen zunächst **Bündnerschiefer** und **Ophiolithe** der Plattadecke unzweideutig auf penninische Facies hin, ein weiterer Hinweis darauf wird ganz unnötig. Sonst müssten wir ja auch die penninischen Gebiete des Wallis zu den ostalpinen Facies rechnen. **Aptychenkalke** und **Radiolarite** der Plattadecke sind allerdings in penninischen Faciesgebiet sonst nicht häufig und weisen vielleicht zunächst eher auf ostalpine Facies hin. Doch ist nicht zu vergessen, dass wir uns in der Plattadecke als dem obersten, ursprünglich südlichsten Penninikum in unmittelbarer facieller Nachbarschaft der unteren ostalpinen Elemente befinden — die Verbindung ihres kristallinen Kernes in der Selladecke mit den Elementen der Bernina zeigt dies deutlich — und dass daher Radiolarite und Aptychenkalke sehr wohl auch im südlichsten Penninikum vorkommen können. Anderseits kennen wir Aptychenkalke aber auch aus tieferen penninischen Decken, beispielsweise der Suretta, und weit drüben im Westen sind sowohl unsere Aptychenkalke als auch die Radiolarite aus dem urpenninischen Gebiete des Mont Genèvre seit langem bekannt. Sie liegen dort oben im Bündnerschiefer der grossen mesozoischen Zone im Hangenden der Bernhard- und Monterosadecke, zwischen Ambin und Briançonnais, und sie gehören daher mit Sicherheit zum mindestens in die Basis der Dentblanchedecke. Sollen wir dieselbe wegen dieser Radiolarite und Aptychenkalke, die sich übrigens auch schon im Briançonnais finden, ostalpin erklären? Das wäre die logische Folge davon, wenn man Aptychenkalk und Radiolarit als unbedingt leitend für Ostalpin ansieht. Ein Beginnen, das in schärfstem Widerspruch steht mit den Beobachtungen *Argands* an der Basis der Dentblanche. Und in gleicher Weise sehen wir endlich auch die Bündnerschiefer und Ophiolithe Liguriens mit Radiolariten eng verknüpft, und doch ist auch dort niemals an ostalpinen Charakter zu denken. Vielmehr weist alles auf rein penninische Abkunft hin.

Die **Radiolarite und Aptychenkalke** der Plattadecke beweisen daher nicht im geringsten, dass dieselbe eine ostalpine Decke ist. Sie stehen in unlöslichem Zusammenhang mit typischem **Bündnerschiefer** und **Ophiolithen**, wir müssen sie daher als **penninisch auffassen.**

Betrachten wir die Trias der Plattadecke. Auch sie ist weit entfernt vom Ostalpinen, gerade wie der Jura und die Ophiolithe. Die tieferen Schuppen zeigen die Schamser Marmorfacies, die höheren hie und da hauptdolomitartige Glieder, wie wir solche ja auch schon in den Schuppen der Margnadecke, also auch nach *Arbenz'* Meinung, im sichern Penninikum erkennen können. Aber nirgends in der Plattadecke treffen wir auf eine wahrhaft ostalpine Gliederung der Trias. Nirgends beispielsweise den in der Errdecke so typischen roten und grünen Buntsandstein, oder den Muschelkalk, nirgends in der ganzen Plattadecke das Rhät, wie wir es beispielsweise aus der Errdecke in so schöner Entwicklung vom Piz Bardella kennen. Die massenhaften Liasbreccien mit kristallinen Komponenten, die in der Albuladecke als dem tiefsten Ostalpin so ungemein bezeichnend sind, sie fehlen den Schuppen der Plattadecke bis auf kleine Reste von dolinartigen Liasbreccien, die zudem auf die primär höchsten Schuppen beschränkt sind, völlig. Karbon und Verrukano, die von mir aus der Plattadecke in der Gegend der Mazzerseen gefunden worden sind, sind sehr wenig typisch. Solche Gesteine finden sich schliesslich auch in der Malojaserie. Auch fehlt beispielsweise der leichtkenntliche violette Verrukano der Errdecke, wie er noch in den Scalottaklippen so schön vertreten ist. Typischen Albulagranit, wie er sofort über den höchsten Elementen der Plattadecke auftritt, habe ich gleichfalls nirgends gefunden. Weder im Engadin noch im Oberhalbstein.

Es bleiben also, um den ostalpinen Charakter der Plattadecke faciell zu stützen, nur die oberjurassischen Aptychenkalke und Radiolarite übrig, die, wie wir oben gesehen haben, auch im tieferen unzweifelhaften Penninikum nicht fehlen. Die Gesteine der Plattadecke unterscheiden sich auch ziemlich stark von den gleichartigen der ostalpinen Decken durch ihre höhere Metamorphose und die geringere Mächtigkeit. Man vergleiche nur einmal die Radiolarit-Aptychenkalk-Ophiolithserie des Piz Platta selbst, mit den Radiolarit-Aptychenkalkgebieten der Val d'Err oder von Saluver. Der Gegensatz wird dort jedem auffallen. Faciell sind die Juragesteine der Plattadecke als die Ausläufer der grossen ostalpinen Radiolaritvorkommnisse im südlichsten Penninikum sehr wohl zu verstehen, sie brauchen gar nicht selber ostalpin zu sein. Ihre Verbindung mit den typisch penninischen Gliedern der Bündnerschiefer und Ophiolithe, mit der Schamsertrias und malojaähnlichem Kristallin, garantiert uns vielmehr den penninischen Charakter der ganzen Serie.

Die Facies der Plattadecke ist rein penninisch. Nicht ein Glied ist vorhanden, das ostalpin sein müsste. Nach der Facies gehört daher die Plattadecke, wie bisher allgemein angenommen wurde, zum Penninikum. Die ostalpine Facies der Plattadecke existiert nicht.

Diese ostalpine Facies war der eine Punkt, der *Arbenz* zu seiner Idee von der ostalpinen Natur der Plattadecke führte. Der zweite ist die schwierige Grenze zwischen Plattadecke und ostalpinem Schieferkomplex. Im Gegensatz zu der klaren scharfen untern Grenze gegen den Flysch.

Die Basis der Plattadecke ist absolut klar nur bis hinein nach Juf. Dann aber wird sie nicht besser als die angefochtene Obergrenze der Plattadecke gegen den Schieferkomplex. Sie lässt sich wohl noch etwas weiter verfolgen, dann aber verliert sie sich, und liegen die Ophiolithe der Plattadecke direkt auf dem Malojagneiss und der Schamsertrias. Was die obere Grenze der Plattadecke anbetrifft, so ist sie, soweit ich sie kenne, eine scharfe und gut definierbare. Granit, Verrukano, Trias, zum Teil auch Nairporphyr, stellen sich an der Basis der «Oberhalbsteinerschiefer» ein, und damit wird diese Einheit mit aller Schärfe von den Ophiolithschuppen der Plattadecke getrennt. Die geologische Karte von Avers und Oberhalbstein sowie die Aufnahmen von *Cornelius* werden dies deutlich zeigen. Weder Granite noch Nairporphyre dieses Horizontes lassen sich von denen der Errdecke unterscheiden, und nördlich der Fuorcla Longhin liegt typischer roter Verrukano, wie er sich im Gebiet der Penniden Bündens nirgends findet, an der Basis des Schieferkomplexes. Der Granit ist ostalpiner Albulagranit, der Nairporphyr ist ostalpines Perm. Vom September bis in die nördlichen Scalottaklippen habe ich die Grenze Schieferkomplex-Plattadecke gut festlegen können. In der Errgruppe geht dies sogar, wie ich mit *Cornelius* ob der Alp Flix gesehen habe, noch bedeutend besser, und an den Carungas nördlich des Piz d'Err schaltet sich gleichfalls eine beträchtliche Schuppe ostalpinen Kristallins zwischen Ophiolithe und Radiolaritkomplex. Die **Obergrenze der Plattadecke ist daher als eine gut erkennbare scharf anzugeben,** und zwar auf eben die gleiche Länge wie die Grenze der Plattadecke gegen den Flysch. Vom September bis nach Tinzen hinaus. Damit ist auch das zweite Argument, das für eine Abtrennung der Plattadecke vom Penninikum, und ihren Zusammenhang mit dem Ostalpinen sprach, widerlegt.

Die Ansicht, die tiefe Tertiärmulde des Prättigauflysches sei die beste tektonische Grenze zwischen Penninisch und Ostalpin, erscheint nicht ohne weiteres zwingend. In einem so eminent kristallinen Deckenlande, wie Bünden und Wallis dies sind, erscheinen in erster Linie die tiefgreifenden mesozoischen Mulden zwischen den altkristallinen Komplexen als die deckentrennenden Züge. Wenn dieselben dabei, wie es hier der Fall ist, noch Tertiär enthalten, so ist dies ein schöner Spezialfall; aber die **Flyschsynklinale** des Prättigauflysches geht eben im **Mesozoikum** noch über 25 km weiter zwischen die altkristallinen Komplexe hinein. Die **mesozoische** Mulde zwischen Margna- und Errkristallin bildet die **wahre** Deckentrennung, und zu dieser mesozoischen Mulde grossen Stils gehört als Teilelement auch die **Plattadecke**.

Die Auffassung von *Arbenz* wäre, entgegen aller Facies zwar, noch möglich, wenn wir die **Deckengrenzen** jeweilen mitten durch die trennenden **Mulden** ziehen würden. Dann würde die Plattadecke als zweifellos oberer Teil der Mulde bereits zum ostalpinen Deckenbereich gehören, der Flysch und die Schamserdecken zum unteren penninischen. Die Trennung mitten durch die mesozoischen Deckenmulden zu ziehen, wäre zweifellos an manchen Orten die richtige. Besonders im tieferen penninischen Gebiete, wo wir grosse verkehrte Serien haben. Aber sehen lässt sich diese Linie als wirkliche Grenze nie. Es gilt daher seit *Argand* die Norm, die Deckengrenze dorthin zu legen, wo sie tatsächlich als eine Grenze sichtbar ist, das ist jeweilen an die **Unterfläche des nächsthöhern Kristallins.** Dort ist der Schnitt zwischen unterer und oberer Einheit wirklich vorhanden, und dorthin verlegen wir auch in unserm Falle die penninisch-ostalpine Grenze. An die Basis des Albulagranites und des Piz Corvatsch, und zwischen diesen beiden kristallinen Gebieten an die in Linsen zerrissene kristalline Basis des Oberhalbsteiner Schieferkomplexes.

Die penninisch-ostalpine Grenze unter die Plattadecke zu legen, lehnen wir daher aus faciellen und tektonischen Gründen ab. Wir ziehen den Schnitt zwischen Ostalpin und Penninisch dort, wo er am besten sichtbar ist, an der Untergrenze der ostalpinen Granite, und nicht mitten durch das mesozoische Synklinalgebiet zwischen den beiden kristallinen Komplexen.

Noch andere Gründe zwingen uns, an der penninischen Natur der Plattadecke festzuhalten. Einerseits erkennen wir südlich der Forcellina die Basis der Plattadecke mit Malojagneiss und Schamsermarmoren, und treten die Platta-Ophiolithe im Engadin mit unzweifelhaftem Malojakristallin und Malojatriasgesteinen in primären Kontakt. Die Platta-Ophiolithe sind daher hier wirklich, wie *Cornelius* zuerst beobachtete, in primärem Verbande mit den penninischen Gesteinen der eigentlichen Margnadecke, und die Plattadecke gehört deshalb unlösbar zum Komplex der Margnadecke. Südlich des Engadins sehen wir im Fex die sichere Malojaserie zu einem gewaltigen Haufwerk von Schuppen getürmt, und deren oberste stehen wiederum in primärem Verbande mit der gewaltigen Masse der Selladecke, die ihrerseits die südlichen Äquivalente der Platta-Ophiolithe trägt. Südlich des Lej Sgrischüs sehen wir dieselben über den Casannaschiefern und Monzoniten der Selladecke weiter ziehen. Die Plattaschuppen streichen mit penninischer Trias, mit Bündnerschiefern und Ophiolithen über die Selladecke hinaus, d. h. unter die tiefste ostalpine Einheit, den Piz Corvatsch, hinein, sie sind durch die Selladecke mit verkehrten Serien aufs engste mit der eigentlichen Margnadecke verknüpft. Hier abermals die grösste Deckengrenze der Alpen, die ostalpine Überschiebung, mitten in die Fexerschuppen hineinzuverlegen, nur der ostalpinen Natur der Plattadecke zuliebe, wäre reine Willkür. Im Gegenteil ist die bis heute als tiefste ostalpine Einheit angesehene Selladecke wegen ihres Zusammenhanges mit den Platta-Ophiolithen ins oberste

Penninikum zu versetzen und wegen ihrer engen Verbindung mit den Fexerschuppen als oberster Lappen der Margna-Dentblanchedecke zu betrachten. Die Plattadecke bleibt, von der Forcellina bis zum Chapätschin, stets aufs engste primär mit der Margnadecke als der obersten penninischen Einheit verknüpft, sie ist daher auch aus diesem Grunde **penninisch.**

Wer die Plattadecke daher als ostalpin erklären will, muss dasselbe heute mit der ganzen **Margnadecke** tun. Noch eher könnte hier z. B. die Fexertrias als ostalpin taxiert werden, oder die Liasbreccien vom Typus des Mont Dolin, so dass wir uns rein faciell, nur die Trias und die Liasbreccien für sich betrachtet, noch eher mit ostalpiner Zugehörigkeit abfinden könnten. Betrachten wir aber die Margnadecke als Ganzes, und dazu gehört mit ihren Bündnerschiefern und Ophiolithen in hervorragendem Masse eben auch die Plattadecke, so ergibt sich die weitaus überwiegend **penninische** Natur dieser Einheit von selbst. Dass daneben die Margnadecke durch ihren Gehalt an Valpellinegesteinen im besonderen der Dentblanche des Westens entspricht, ist heute sicher, und es müsste also in diesem Falle auch die ganze Dentblanche wiederum ostalpin erklärt werden. Dass dies nicht geht, hat *Argand* seit Jahren gezeigt; und dasselbe Fehlschlagen einer ostalpinen Zuteilung dieser Decke kennen wir heute auch aus Ligurien. Auch dort ist das Ganze rein penninisch.

Wir müssen daher aus faciellen, tektonischen und regionalgeologischen Gründen an der penninischen Natur der Plattadecke als oberster Schuppe der Dentblanchedecke festhalten. Dies ergibt sich aus allen neuen Aufnahmen mit zweifelloser Sicherheit. Damit aber kommen wir abermals dazu, nun auch die Ophiolithe der Aroser Schuppenzone, die mit dieser Einheit in ununterbrochener Verbindung stehen, wie dies früher geschehen ist, als penninisch zu betrachten. Es ergibt sich dies aus dem lückenlosen Zusammenhang der Platta-Ophiolithe mit denen von Arosa ganz von selbst.

Die Ophiolithe der Aroser Schuppenzone sind daher gleichfalls penninisch.

Ob aber die ganze Aroser Schuppenzone deswegen noch penninisch ist? Die Aroser Schuppenzone ist, schon wie der Name sagt, eine ganz komplexe Schuppenzone. Sie umfasst in bequemer Weise alles, was zwischen Falknis- und Sulzfluhdecke unten, und den Aroserdolomiten oben liegt. In Wirklichkeit aber ist die Aroserzone ein wildes Haufwerk von Schuppen mit den allerverschiedensten faciellen und tektonischen Elementen. Zur Aroserschuppenzone rechnet die *Arbenzsche Schule* neben den Ophiolithkomplexen: die Schuppen des Aroser Weisshorns, des Plattenhorns, der Weissfluh, der Casanna, des Parpanerweisshorns, des Tschirpen; Elemente, die, so sicher wie die Ophiolithe penninisch, wirklich ostalpin sind. Die stratigraphischen Profile am Parpaner Weisshorn, am Tschirpen, am Aroserweisshorn, oder an der Weissfluh und Casanna sind unzweifelhaft ostalpin, und so zerfällt die ganze **Aroser Schuppenzone in penninische und ostalpine Elemente.** Es sind über den einheitlichen Platten der ostalpinen Falknis- und Sulzfluhdecken in den Ophiolithen der Aroserzone abermals penninische Glieder eingeschaltet, die ihre Lage über den unterostalpinen Paketen der Falknis-Sulzfluhzone durch Überholung dieser, von ihren südlichen Stammorten abgetrennten Serien, im Raum zwischen Parpan und Oberhalbstein erlangt haben. Es liegt also nach unserer Ansicht im Arosergebiet Penninikum und Unterostalpin zweimal oder vielleicht sogar mehrere Male aufeinander, und wir können uns dies sehr wohl vorstellen, indem ein primäres Schuppenpaket, aus Penninikum und Unterostalpin, von den höheren Elementen als Ganzes abermals übereinandergehäuft worden ist, so dass auf diese Weise südliches Penninikum als tieferes Glied jenes primären Schuppenpaketes über nördliches Unterostalpin gelangen konnte. Eine «Einwicklung» braucht es hier gar nicht. Mit dieser Auffassung, die für das nördliche Bünden von *Arnold Heim* stammt, erschweren wir nur das wahre Verständnis, und dieselbe verschleiert und verfälscht nur den wahren Sachverhalt. Ein primäres Schuppenpaket von hochpenninischen und unterostalpinen Gliedern ist bei seiner weiteren Wanderung nach Norden, am Grunde der mächtigen ostalpinen Decken, abermals **weiter übereinandergestossen und miteinander verschuppt** worden, es ist eine weitere **Verschuppung von Decken.** Das ist alles, und dass dies möglich ist, zeigen die ungeheuren Komplikationen der Aroserzone, die nunmehr nach den prachtvollen Aufnahmen von *Cadisch* in aller Ruhe studiert werden konnen, zur Genüge. Figur 28 soll das Verständnis dieser Phänomene erleichtern.

Ein solches doppeltes Schuppenpaket von penninischen und unterostalpinen Gliedern scheint sich nun auch in der Plattadecke des Oberhalbsteins zu finden. Da liegen zunächst auf dem Flysch von Roffna die Prasinitschuppen von Mühlen mit ihren Bündnerschiefern und Radiolariten, darüber die grosse Serpentinschuppe von Marmels, mit ihren Bündnerschiefern auf den Radiolariten der tieferen Schuppen ruhend. Bis hierher ist die Schuppenserie normal, und erkennen wir das Gesetz der Verteilung der Ophiolithe in ausgezeichneter Weise. Was nun zunächst auffällt, ist, dass sich nun das ganze Ophiolithschuppenpaket, bei den Prasiniten angefangen, nochmals wiederholt. Es sind die Prasinitschuppen der Flühseen, die hier den Marmelserserpentin, im Westen den des Mazzerspitz überschieben, und die ihrerseits wiederum von den höheren Serpentinschuppen der Fallerfurka und endlich dem ostalpinen Kristallin und dem Schieferkomplex überschoben werden. Diese Wiederholung der Prasinite über der grossen Serpentinmasse von Marmels war zunächst auffällig. Die zwischen den beiden Ophiolithkomplexen liegende Sedimentzone aber verdient nun unsere Aufmerksamkeit in vollem Masse. Hier finden wir plötzlich, im Walde westlich Marmels, neben grauem Triasdolomit ostalpine Allgäuschiefer und schwarze, sehr falknismalmähnliche Kalke, hie und da übergehend in weissen Aptychenkalk, also sichere oberjurassische Kalke. Daneben rötliche Gesteine, von Couches rouges nicht eben verschieden. Leider ist die ganze Serie nur schlecht aufgeschlossen, in fast undurchdringlichem Wald und unzugänglichen Felsen, so dass die wahren internen Lagerungsverhältnisse sehr schwierig zu entziffern sind; aber das bleibt wohl sicher, dass diese ganze Serie unterostalpinen Charakter hat, und dass sie sich eingeschaltet findet zwischen die beiden grossen Ophiolithschuppenpakete der Plattadecke. Ostalpine Gesteine sind hier wie bei Arosa mitten in die Ophiolithe hineingeraten, oder wenn man lieber den Fall für Arosa drehen will, so schieben sich über diesen ostalpinen Elementen nochmals penninische Schuppen ein, und diese oberen Plattaschuppen der Flühseen und der Fallerfurka liegen damit zwischen unterostalpine Glieder eingespiesst, wie die Aroserophiolithe im Norden. Diese oberen Schuppen der Plattadecke liegen zwischen dem unterostalpinen Fetzen von Marmels, dem wohl auch die Verrukanogesteine der Mazzerseen angehören, und dem unterostalpinen Schieferkomplex an der Basis der Errdecke. Sie entsprechen tektonisch vollständig den penninischen Schuppen von Arosa und sie setzen aller Wahrscheinlichkeit nach auch direkt in die Aroserophiolithe fort. Denn der Serpentin von Marmels legt sich nördlich dieses Dorfes sofort flach nach Norden um und wird von den Prasiniten der Flühseeschuppen am Rande des Flixerplateaus überschoben. Nördlich von Mühlen sehen wir die tieferen Plattaschuppen zwischen dem Arblatschflysch und den Flixerprasiniten auskeilen, und nur die höhere Abteilung der Plattaschuppen erreicht über die Alp digl Plaz die Val d'Err und damit jenes Serpentinband, das *Ott* bis Surava und *Brauchli* von da bis zum Urdenfürkli verfolgt hat.

Die Aroserophiolithe entsprechen daher der **oberen** Abteilung der **Plattaschuppen**, die **tiefere** Schuppenmasse des **Piz Platta** selbst **keilt** zwischen diesen und dem Flysch in der Gegend nördlich **Mühlen** aus.

Damit wird die Analogie zwischen Arosa und dem Oberhalbstein noch grösser. An beiden Orten, nicht nur bei Arosa, liegt Penninisch und Unterostalpin **zweimal übereinander**, und im Oberhalbstein erkennen wir deutlich den Verschuppungscharakter dieses Baues.

Die Aroserophiolithe sind genau dieselben penninischen Einschiebsel im unterostalpinen Gebirge wie die oberen Plattaschuppen. Im Oberhalbstein ist deren Zusammenschluss mit dem liegenden Penninikum zu sehen. Wir dürfen daher heute nicht mehr an diesem Zusammenhang zweifeln.

Die nördlichen unterostalpinen Glieder, die von den höheren Decken bereits von ihren Stammorten abgetrennt waren, wurden in der Folge, bei der weiteren Nordbewegung des ostalpinen Blockes, abermals von südlicheren penninischen Schuppen überfahren, die durch die Bewegung der höheren Decken mitgerissen worden sind.

Die Ophiolithe von Arosa sind keine normalen Bestandteile der ostalpinen Serie, sie gehören ins Penninikum wie ihre südliche Fortsetzung, die Plattadecke.

Aus dem Zusammenhang von Aroserophiolithen und Plattadecke dürfen wir also nicht auf den ostalpinen Charakter der letzteren schliessen, wie dies *Arbenz* getan hat, sondern wir müssen umgekehrt die Aroserophiolithe als penninisch deklarieren und kommen damit dazu, die ganze Aroser Schuppenzone *Cadischs* in penninische und unterostalpine Glieder aufzuteilen. Eine Aufgabe, die, wie wir später sehen werden, anhand der *Cadischschen* Karte sich sehr wohl durchführen lässt. *Cadisch* selber ist nach der Niederschrift dieses Abschnitts zu ähnlichen Schlüssen gekommen.

Die Plattadecke bleibt also penninisch, und die ostalpine Grenze ist die vor einem Jahre in meiner Ophiolitharbeit mitgeteilte. Die Hauptüberschiebung der Ostalpen verläuft an der Obergrenze des Flysches von Maienfeld bis nach Parpan hinein, von dort weg an der Obergrenze der Plattadecke bis hinein ins Engadin, südlich desselben am Oberrand der Selladecke. Der genauere Verlauf ist schon bei der Beschreibung der Margnadecke gegeben worden, ich brauche darauf nicht mehr zurückzukommen.

Damit schliessen wir unsern Exkurs über die penninisch-ostalpine Grenze. Sie verläuft, wie bisher angenommen wurde, hoch über der Plattadecke des Oberhalbsteins, und diese ist das oberste Glied der bündnerischen Penniden mit allen ihren Merkmalen und Eigenheiten. Eine ostalpine Plattadecke gibt es nicht.

*   *   *

Nachdem wir nun auf diese Weise die Basis der bündnerischen Austriden festgelegt haben, können wir dazu übergehen, den inneren Bau derselben des Nähern zu betrachten. Auf Vieles kann nach den Arbeiten der letzten zehn Jahre als etwas Bekanntes hingewiesen werden, eine ausgezeichnete Darstellung der Gesamtergebnisse findet sich ja auch in *Heims* «Geologie der Schweiz»; wir werden daher die Austriden Bündens nur mit kurzen Strichen grob umreissen, das Hauptgewicht auf neue Tatsachen, die innere Gliederung betreffend, legen. Wir beginnen unsere Darstellung an der Basis der Ostalpen und betrachten zunächst

2. Die Grisoniden Bündens.

Als Grisoniden haben wir die unter- und mittelostalpinen Elemente der Alpen zusammengefasst, die Grisoniden entsprechen damit der «unterostalpinen Stammdecke» der Auffassung von 1915. Dieselbe zerfiel in fünf grosse Teilelemente, die Sella-, Err-, Bernina-, Languard- und Campodecke. Das sind heute, mit Ausnahme der neuerdings zum höchsten Penninikum geschlagenen Selladecke, die Elemente der Grisoniden. Das unterste Glied, umfassend die Err- und die Albuladecke, liegt im Westen der Sella- und der Plattadecke als dem höchsten Penninikum auf. Das höchste grisonide Element sinkt im mesozoischen Gebirge der Engadiner-, Bergüner- und Aroserdolomiten unter die kristallinen Massen der Silvretta. So füllen die Grisoniden den ganzen Raum von der Überschiebung der Silvretta zwischen Tiefencastel und Schuls bis hinab ins Veltlin und zum Tonale. In Südbünden bilden sie ein gewaltiges Bergland, das im Berninagebirge mit den höchsten Gipfeln der Ostalpen kulminiert, und das eine Fläche von über 4000 km². umfasst. Im südlichen Puschlav vereinigen sich alle diese grisoniden Teilelemente zu einer einzigen grossartigen kristallinen Masse, die bald darauf im nördlichen Veltlin steil zur gemeinsamen Tiefe absinkt. Die Grisoniden besitzen eine gemeinsame, in sich einheitliche kristalline Wurzel, die sich zwischen den obersten penninischen und den oberostalpinen Wurzeln weithin durch die südlichen Alpen verfolgen lässt. Diese Wurzel entspricht im grossen der Tonalezone und ihren nördlichen Begleitern.

Das eigentliche Deckenland der Grisoniden zerfällt in die seit Jahren bekannten fünf Teildecken. Albula, Err, Bernina, Languard, Campo. Die weitere Erforschung dieser Einheiten ergab nun aber mehr und mehr die Notwendigkeit, den tieferen Komplex der Albula-, Err- und Berninadecken als die eigentlichen unterostalpinen Elemente von den höheren Gliedern der Languard- und der Campodecke abzuscheiden, und wurde zunächst diese letztere, mit ihrer gewaltigen tektonischen Entwicklung und ihrer erstmals vollen Mächtigkeit der ostalpinen Trias, als die mittelostalpine

Decke dem eigentlichen Unterostalpin gegenübergestellt. Zwischen Campo- und «Bernina-Languarddecke» reichte die tiefste mesozoische Trennung des Kristallinen im Sassalbo bis über den Deckenscheitel zurück, und zwischen Campo- und «Bernina-Languarddecke» ergaben sich die grössten Mächtigkeitsschwankungen der ostalpinen Sedimente. Der reichen Entwicklung der Trias im Ortler und Unterengadin, in den Bergünerstöcken, stand die ärmliche ostalpine Trias der Err-, der Bernina-, der Languarddecke gegenüber, und auch der kristalline Gehalt der beiden Deckengruppen wies weitgehende Unterschiede auf. Die ausgedehnten Granitmassive schienen auf die untere Abteilung beschränkt, und die kristallinen Schiefer der Campodecke ergaben oft schon eine gewisse Annäherung an das Silvrettakristallin. Auch in der Wurzel liessen sich anhand der Zone von Brusio die beiden Elemente innerhalb des Kristallinen wenigstens noch bis westlich Sondrio auseinanderhalten.

Die Abtrennung der Campodecke vom unterostalpinen Deckenblock erschien also durch eine Reihe von Punkten gerechtfertigt, und die *Arbenzsche Schule* hat diese Abtrennung für die nördlichen Gebiete gleichfalls übernommen und weiter durchgeführt. Die Abtrennung der Campodecke als mittelostalpine Einheit war von allem Anfang an klar und nicht mit den geringsten Schwierigkeiten verbunden. Hingegen blieb die Stellung der Languarddecke noch länger zweifelhaft. Auf der einen Seite schien sie über den Berninapass aufs engste mit der Berninadecke verbunden, und waren im Puschlav Bernina- und «Languarddecke» nicht mehr zu trennen. Die Languarddecke schien also zunächst sicher mit dem Unterostalpinen verbunden. Anderseits erinnerte aber das Kristallin der Languarddecke im Gebiet des Piz Languard und der Chamueratäler, auch bei St. Moritz und im Mittelengadin, oft überraschend an das typische Kristallin der Campodecke in Valle di Campo selbst, und ergaben sich für die Abtrennung von Campo- und Languardmesozoikum im Gebiet der Casannatäler, bei Zuoz und Scanfs, und am Albulapass die grössten Schwierigkeiten. So schien die Languarddecke zwischen mittel- und unterostalpinem Charakter zu schwanken, und erst die neuen Aufnahmen der letzten Jahre haben hier endlich Klarheit gebracht. Noch 1921 betrachtete ich die Languarddecke als unterostalpin, mit der Berninadecke zusammenhängend; heute aber müssen wir diese Auffassung verlassen und die Languarddecke als tieferes Teilelement zur mittelostalpinen Einheit, zur Campodecke stellen. Die Untersuchungen im einstigen *Spitz-Dyhrenfurthschen* Arbeitsgebiet zwischen Berninapass und den Engadinerdolomiten brachten eine überraschende Lösung des Languardproblems. Die alte «Languarddecke» zerfällt nach denselben in zwei grundverschiedene selbständige Einheiten, die des Piz Languard und die der Stretta. Der südliche Teil der alten «Languarddecke», das Kristallin der Stretta, schliesst mit der Berninadecke zusammen und erscheint als ein oberer Teillappen derselben, der nördliche des Piz Languard aber ist eine tiefere Digitation der Campodecke. Damit ist die definitive klare Grenze zwischen Unter- und Mittelostalpin in den Grisoniden Bündens gegeben.

Err- und Berninadecken bilden mit ihren Digitationen, der Albula- und der Strettadecke, die unterostalpine Deckengruppe. Languard- und Campodecke bilden die mittelostalpine Einheit. Um den Sassalbo herum schliessen Unter- und Mittelostalpin zusammen zum grossen Hauptstamm der Grisoniden.

Damit haben wir das allgemeine Bild der bündnerischen Grisoniden skizziert und betrachten nun deren einzelnen Glieder. Zunächst

a) Die unterostalpinen Decken Bündens.

Zu diesem grossen Komplex gehören in Bünden die mächtigen Granitmassive des Oberengadins, der Err-, Julier- und Berninagruppe, mit den Albula- und Juliergraniten, den Berninamassengesteinen, kurz, die grossen kristallinen Kerne der Err- und der Berninadecken mit ihren weiteren Dependenzen, Sgrischùs, Albula und Stretta. Im nördlichen Bünden erlangen diese Einheiten in den abgeschürften, und von den höheren mittel- und oberostalpinen Massen passiv nach Norden verschleppten Paketen des Falknis und der Sulzfluh die grösste Bedeutung als die östliche Fortsetzung der schweizerischen Préalpen und Klippen, und schliesslich sind auch grosse Teile der Aroser Schuppenzone in diese unterostalpine Einheit grossen Stils zu setzen. Die unterostalpinen Decken umziehen daher als langes Band von wechselnder Breite die höheren mittel- und oberostalpinen Einheiten, vom Puschlav bis hinaus an den Westabbruch des

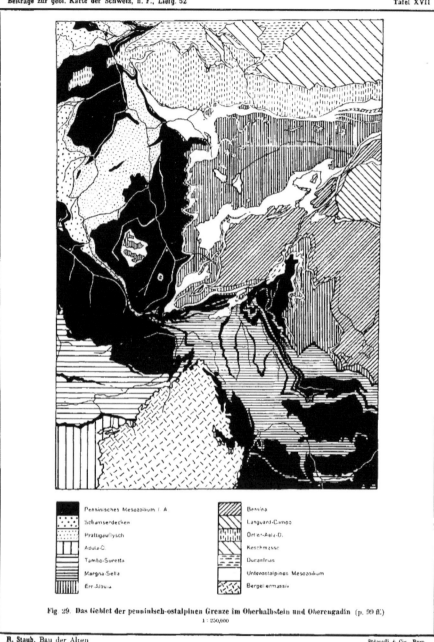

Fig. 29. Das Gebiet der penninisch-ostalpinen Grenze im Oberhalbstein und Oberengadin (p. 99 ff.)

1 : 250,000

126

Rätikon, und weiter in die Allgäuer-Klippenzone hinein. Auf 120 km Breite unterteufen sie stets die höheren ostalpinen Decken und liegen als geschlossene Platte dem höchsten Penninikum auf, und auf um die 250 km Länge ist diese Zone an der Basis der höheren Decken quer durch ganz Bünden und Vorarlberg aufgeschlossen. Der Zusammenhang der Falknis- und Sulzfluhdecken mit den unterostalpinen Einheiten Südbündens, der noch 1915 scharf bestritten wurde, ist heute klar; die Untersuchungen im Unterengadin haben den tatsächlichen Beweis dafür erbracht. Der Zusammenhang zwischen Nord und Süd ist aber nicht zu verstehen ohne die vorherige Kenntnis des ganzen südbündnerischen Deckenpaketes, der ganzen südbündnerischen Grisoniden. Wir werden daher zunächst nur die unterostalpinen Decken Südbündens betrachten, daraufhin den Bau der mittelostalpinen Einheiten bis hinaus nach Arosa verfolgen, und dann in einem eigenen Kapitel auf den Zusammenhang der unterostalpinen Elemente des Engadins mit Falknis-Sulzfluh-Arosa, und endlich den Klippen und Préalpen zu sprechen kommen.

Die unterostalpinen Decken im Engadin und Oberhalbstein.

In gewaltigen Massen türmen sich über den Tiefen des Malenk bis hinaus nach Tinzen und Savognin die kristallinen Massen der Engadiner Granitdecken zu den höchsten Gebirgen der Ostalpen empor. Im Berninagebirge erlangen diese kristallinen Kerne stellenweise eine Mächtigkeit von 5 bis 7 km, und dazwischen schaltet sich, in grosse Linsen zerrissen, die reiche ostalpine Schichtserie oft in Paketen von 1000 m und mehr. Alles in allem eine weithin alles Land beherrschende grossartige Einheit.

Bis vor kurzem war man gewohnt, nördlich des Piz Corvatsch die Unterfläche der Errdecke als die Basis des ostalpinen Blockes anzusehen. Die Untersuchungen im Oberhalbstein ergaben nun aber die Gewissheit, dass auch noch die ehemals zur alten «rhätischen», damit zur Margnadecke gerechneten, zur Hauptsache oberjurassischen **Schieferkomplexe** des Oberengadins und Oberhalbsteins zum ostalpinen Block gehören. Dieselbe ruhen am Piz Scalotta und östlich Piz Cotschen mit aller Deutlichkeit dem Albulagranit der eigentlichen Albuladecke, d. h. der tieferen Digitation der Errdecke, auf. Dieser Albulagranit trennt den Schieferkomplex der Val d'Err und der Scalottaklippen von den hochpenninischen Ophiolithen der Plattadecke. Er bezeichnet **die Untergrenze des ostalpinen Blockes.**

Gegen Norden hat *Ott* in seinen ausgezeichneten Studien diese unterostalpine Grenze weiter verfolgt. Die Fetzen von Kristallin über der Plattadecke ziehen auch nördlich Val d'Err durch die Westflanke der Bergünerstöcke noch weiter, sie trennen bis zum Conterserstein hinaus stets das liegende Penninikum, Plattadecke und Flysch, vom alten «rhätischen» Schieferkomplex der Val d'Err. Die Obergrenze der Platta-Ophiolithe bezeichnet auch auf dieser Strecke die ostalpine Basis, und die darüber folgenden **Radiolarite** und **Aptychenkalke** der **Val d'Err** gehören zum ostalpinen Block.

Damit fällt die tiefe penninische Bucht, die noch 1915 zwischen Bergünerstöcken und Errgranit bis ins Albulatal hinübergriff, definitiv in den Bereich der unteren ostalpinen Decken. Die Grenze des Penninikums verläuft vom Westrand der Errgruppe fast geradlinig weiter, zur Motta Palousa und dem Conterserstein. In den nördlichen Vorbergen der Errgruppe trennt das Kristallin an den Carungas die penninischen Ophiolithe von den ostalpinen Radiolariten.

Gegen Süden erreicht dieser unterste ostalpine Zug der «Oberhalbsteinerschiefer», wie wir sie nennen wollen, über Bivio, den Julierpass, die Roccabella und den Septimer das oberste Engadin und zieht, stets an der Basis der eigentlichen Errdecke, hinab gegen Sils und Silvaplana. Auch hier trennen, beispielsweise zwischen Silsersee und Piz Lagrev, kristalline Linsen und Trias diese obere, ostalpine Serie von den Ophiolithen der Margnadecke, und jenseits des Tales endlich beobachten wir auf der Alp Surlej und am Piz Corvatsch, wie diese trennenden kristallinen Schollen sich zunächst zusammenschliessen, dann gegen Süden mehr und mehr anschwellen und schliesslich, abermals als eine grosse Überraschung, in die mächtigen unteren Digitationen der Corvatschgranite selbst hineinlaufen. Der **ostalpine** Charakter der **Oberhalbsteinerschiefer** ist durch diese **Verbindung mit den Corvatschgraniten** eindeutig bestätigt. (Siehe Fig. 29.)

Die südlichen Ausläufer der Oberhalbsteinerschiefer keilen zwischen den Graniten des Piz Corvatsch aus. Diese neue Erkenntnis ergab sich mehr und mehr bei der erneuten geologischen Aufnahme dieser herrlichen Gebirgsgruppe. Im Detail aber sind die Komplikationen ungeheuerlich. Zunächst teilt sich südlich des Engadins der Komplex der Oberhalbsteinschiefer in drei grosse Keile, zwischen denen die Granite des Piz Corvatsch weithin nach Norden stossen; mehr und mehr ausspitzend und in Linsen zerrissen. Der grösste dieser Keile ist die seit langem bekannte Mulde der Chastelets, die zunächst die Granite des eigentlichen Piz Corvatsch in zwei Teile spaltet. Der nördlich anschliessende Keil dringt nur wenig tief zwischen die Granite ein, es ist die gleichfalls seit Jahren bekannte Schieferzone des «Crapalv» ob Surlej. Vor 10 Jahren glaubte ich diese beiden Keile durch den Granit der Fuorcla Surlej miteinander in Verbindung bringen zu müssen, und nahm dabei im Zwischenstück völlige Auswalzung der Mulde an. Heute ergaben ausgedehntere Untersuchungen, dass diese Verbindung nicht besteht, sondern dass Chastelets und Crapalv zwei verschiedenen, von unten in die Corvatschmasse eingreifenden Keilen angehören. Östlich des Lej Sgrischùs schliesst sich denselben endlich noch ein dritter, bisher unbekannter, äusserst kompliziert gebauter Sedimentkeil an, mit Trias und Bündnerschiefern weit in die Masse des Piz Sgrischùs hinaufgreifend. Die bisher als einheitlich betrachteten Corvatschgranite zerfallen durch die tiefen Keile von Chastelets und Sgrischùs in drei grosse Schuppen. Die beiden obersten verbinden sich um das Ende der Chastelets, deren gemeinsame Kernmasse wiederum vereinigt sich um den Sgrischùskeil herum mit der untersten kristallinen Schuppe. Die beiden untern Schuppen, die sich zur Masse des Piz Sgrischùs zusammenschliessen, tragen die Gesteine des Schieferkomplexes, sie sind deren kristalline Basis; die oberste Schuppe des Piz Corvatsch hingegen ist die direkte Unterlage des ostalpinen Errmesozoikums.

Der Komplex der Oberhalbsteinerschiefer ruht also im Norden dem Albulagranit, im Süden den Graniten des Piz Sgrischùs auf. Die Basis der Oberhalbsteinerschiefer ist daher sowohl im Norden wie im Süden ganz eindeutig ostalpines Kristallin. Im Norden liegt dasselbe als wurzellose isolierte Masse zwischen Platta-Ophiolithen und eigentlicher Erddecke, im Süden jedoch erkennen wir um das Ende der Chastelets- und Sgrischùskeile den direkten Zusammenhang desselben mit den Graniten der Erddecke. Die Schuppe des Piz Corvatsch, die weiterhin nach Norden in die Erddecke hinauszieht, vereinigt sich in der Westwand des Piz Mortél und an der Fuorcla Fex-Roseg mit den beiden Sgrischùsschuppen, d. h. mit der Basis der Oberhalbsteinerschiefer.

Die Basis der Oberhalbsteinerschiefer ist eine untere Digitation der Erddecke. Dieselbe stösst an die 30 km, als zwar enorm verwalzte, aber durchaus selbständige tektonische Einheit nach Norden, bis über die Val d'Err hinaus, vor, dabei auf weite Strecken in eine Reihe von Linsen auseinandergerissen. Deren bedeutendste ist im Norden der Granit der Albuladecke.

Die tektonischen Zusammenhänge weisen also unzweideutig auf den ostalpinen Charakter dieser Einheit hin; der Zusammenhang der Oberhalbsteinerbasis mit der südlichen Erddecke im Gebiet des Piz Corvatsch lässt keinen Zweifel übrig. Diesen Argumenten gegenüber müssen die Einwände, die aus faciellen Gesichtspunkten gegen die ostalpine Natur der Oberhalbsteinerschiefer erhoben werden, in sich zusammenfallen. Der tektonische Zusammenhang ist wohl in erster Linie massgebend für diese Frage. Dass dabei die Facies dieser tiefsten ostalpinen Einheit noch stark penninische Anklänge zeigt, ist ja nur selbstverständlich, und gegen Süden, mit der sukzessiven Annäherung an die Selladecke, werden diese penninischen Charakteren immer stärker, bis wir schliesslich im Gebiet des Piz Corvatsch die reine Bündnerschieferfacies vor uns sehen. Die Gesteine der Chastelets- und Sgrischùskeile sind zum weitaus grössten Teil echte Bündnerschiefer, und dieselben stehen auch zum Teil mit den Corvatschgraniten in primärem stratigraphischem Verbande. Wir erkennen auch hier, wie im südlichsten Penninikum, entweder eine völlig rudimentäre Trias, oder aber sogar facielle Übergänge der altkristallinen Casannaschiefer in die Bündnerschiefer. Der Facies nach wären diese Keile der Chastelets und des Sgrischùs wohl noch zum basalen Penninikum zu ziehen, der tektonische Verband aber mit der durch Sedimente sicher als ostalpin ausgewiesenen Masse des Piz Corvatsch zeigt uns, dass wir hier doch bereits die tiefsten ostalpinen Elemente, mit penninischer Facies zwar noch, vor uns haben. Ein grosser und bezeichnender Unterschied aber bleibt gegenüber dem wahren Penninikum bestehen, das Fehlen jeglicher Ophiolithe. Nur im allersüdlichsten Keil am Piz Sgrischüs sind vage Andeutungen von Prasiniten, als kaum ½ m mächtige Linsen, an einer einzigen Stelle vorhanden. Sonst fehlen, bis hinaus nach Savognin, die Ophiolithe ganz. Die «Oberhalbsteiner Schieferzone» entstammt eben einem südlicheren Faciesbezirk als die Plattadecke, sie repräsentiert den Übergang aus der Tiefe der südpenninischen Geosynklinale zum unterostalpinen Inselrücken, die Zone allmählichen Anstieges gegen das hohe unterostalpine Geantiklinalgebiet. Die Oberhalbsteiner Schieferzone entstammt damit bereits dem **Nordrand der ostalpinen Geantiklinale** grossen Stils, und es erscheint daher begreiflich, dass in ihr die Ophiolithe fehlen. Dieselben drangen ja an der Basis der vorrückenden Geantiklinale, längs der Überschiebungsfläche der vorrückenden embryonalen Decke, nach Norden vor; dieselbe aber mündete im Grossen in die grösste Tiefe der vorliegenden Geosynklinale, der Inselrücken überschob die Vortiefe; und so ist es begreiflich, dass wir die längs der Überschiebungsfläche eindringenden und vorstossenden Ophiolithe wohl in und jenseits der Vortiefe, im heutigen Penninikum, finden; **im Anstieg zur schiebenden Geantiklinale aber nicht.**

Die Grenze zwischen Ostalpin und Penninisch legen wir faciell in die **Tiefe der Geosynklinale** vor der anrückenden ersten ostalpinen embryonalen Deckenwelle. Gegen Norden folgt das rein penninische, gegen Süden mehr und mehr das unterostalpine Regime. In der Nähe der tiefsten Stelle der Geosynklinale aber mussten sich sowohl auf dem südlichsten Penninikum wie auf der gegen Süden ansteigenden Geantiklinale im Grunde dieselben Sedimente bilden. In unserm Falle eben beidseits Bündnerschiefer und Radiolarite. Nur die Ophiolithe ermöglichen heute eine gewisse Scheidung der beiden Bezirke, indem sie, nach unsern Vorstellungen vom Intrusionsvorgang längs den Schichtflächen, — bis heute ist kein Ophiolithquergang von irgendwelcher Bedeutung je gesehen worden -, nur nach vorwärts, in die Sedimente der Vortiefe und ihres nördlichen Vorlandes, d. h. das südliche Penninikum, intrudierten, und den Anstieg aus der Vortiefe zur aktiven Geantiklinale verschonten. Sie flossen nicht plötzlich ganz unmotiviert nach Süden durch die Oberhalbsteiner Schieferzone zurück, und dieselbe ist daher heute ophiolithfrei. Gegen Süden ging diese Oberhalbsteinerfacies mehr und mehr in die grosborogene Geantiklinalfacies der Falknisserie über. Oberhalbsteinerschiefer und Falknisserie gehören **beide noch dem Nordrand der ersten ostalpinen Geantiklinale** an, sie zeigen den Übergang aus den südpenninischen Tiefen zum unterostalpinen Geantiklinalregime. **Faciell gehören sie dem penninischen Becken** als dessen südliche **Randteile** an; tektonisch jedoch marschieren sie als der **Nordteil der ersten ostalpinen Geantiklinale mit den Austriden.** Als solche überschieben sie heute das penninische Land der nördlich davon gelegenen Vortiefe. So erklärt sich die penninische Sedimentfacies der Oberhalbsteiner Schiefer einerseits, die tektonische Verbindung mit der Errdecke anderseits (vgl. dazu Fig. 30).

Wir halten daher die **Zone der Oberhalbsteinerschiefer,** den alten Oberhalbsteiner «Schieferkomplex», mit seiner Basis von Albulagranit und den Sgrischussschuppen, als die **tiefste ostalpine Einheit.** Die Grenze gegen das Penninikum ist die Überschiebungsfläche dieser Zone auf die Platta-Ophiolithe, vom Chapütschin bis hinaus nach Savognin.

Cornelius hat neuerdings in seiner schönen Mitteilung über die Errgruppe gegen die ostalpine Natur der Oberhalbsteiner Schieferzone protestiert. Wie mir scheint, mit Unrecht. Denn eine Grenze meines «Schieferkomplexes» gegen die Ophiolithschuppen ist tatsächlich überall gegeben, von den Carungas bis gegen Bivio, und zwar durch den Albulagranit und die ihn begleitenden kristallinen Schiefer. Was unter diesem Kristallin als «Schieferhornsteinzone», zusammen mit den Ophiolithen vorkommt, gehört auch nach mir in die Platta- und damit in die basale Margnadecke, d. h. auch nach meiner Auffassung ins Penninikum. Ich rechne daher die Zone mit den Ophiolithkontakten östlich Flix gar nicht, wie *Cornelius* zu vermuten scheint, zum «Oberhalbsteiner Schieferkomplex», sondern wie er zur Plattadecke. Mein ostalpiner «Schieferkomplex» deckt sich im Norden, ich habe mich wohl seinerzeit deutlich genug ausgedrückt, gar nicht mit der später definierten «Schieferhornsteinzone» von *Cornelius*, sondern derselbe entspricht, — man vergleiche nur meine Beschreibung in meiner letztjährigen Ophiolitharbeit mit der eben publizierten tektonischen Skizze von *Cornelius*, — im Norden der auch von *Cornelius* als ostalpin angesehenen «Albulazone». Es ist dies eben die Zone, die dem Albulagranit nördlich der Castellins aufruht, und die dort, genau wie auch im Engadin an den Chastelets, durch eine verkehrte Serie auch mit der eigentlichen Errdecke verbunden ist. Diese Zone erreicht aber am Malpass keineswegs ihr südliches Ende, wie *Cornelius* dies zeichnet, sondern sie setzt, wie gerade die Cugnets deutlich zeigen, weiter nach Süden fort. Auch in den Cugnets liegt der ophiolithfreie «Schieferkomplex», die «Albulazone» *Cornelius*', über Nairporphyr als einer eigenen kristallinen Basis auf den Platta-Ophiolithen, und von hier weg zieht eben diese «Schieferzone» ununterbrochen als mein «Oberhalbsteiner Schieferkomplex» weiter dem Süden zu, in die Berge südlich Bivio. Auch das, was ich in der Scalottagruppe als ostalpinen «Schieferkomplex» abgetrennt habe, entspricht in der Errgruppe keineswegs den mit Ophiolithen verbundenen «Schieferhornsteinzonen» ob Flix, sondern nur, wie übrigens auch schon *Zyndel* erkannt zu haben scheint, der nunmehrigen «Albulazone» *Cornelius*'.

Der ostalpine Charakter meines «Schieferkomplexes» wird also gerade durch die neuen Aufnahmen von *Cornelius* gestützt. Die «Oberhalbsteinerschiefer», im besondern die Zone der Roccabella und der Motta da Sett, sind also tatsächlich vom oberen Penninikum abzutrennen und stellen die tiefste ostalpine Einheit dar. Von Tinzen bis in die Berninagruppe hinein bilden dieselben einen konstanten Horizont an der Basis der Errdecke, und sie verbinden die Albuladecke des Nordens mit den Sgrischùsschuppen am Piz Corvatsch zu einer grossen tektonischen Einheit.

Albuladecke und Sgrischùsschuppen gehören daher einer Einheit an, sie sind das tiefste Glied des ostalpinen Blockes. Als solches wird es überall, von der Val d'Err bis hinein zur Fuorcla Fex-Roseg, von der eigentlichen Errdecke überfahren. Dabei werden die nördlichen Deckenteile in der Errgruppe von den südlichen im Berninagebirge abgerissen und nach Norden geschleift, wo sie heute als die Albuladecke ausser jedem Verbande liegen. Die Albuladecke erscheint somit als der von den Sgrischùsschuppen abgerissene, durch die Errdecke nach Norden geschleppte Kopfteil der tiefsten ostalpinen Einheit der Berninagruppe, als der abgerissene Kopf der Sgrischùsmasse. Das Bindeglied zwischen Albula und Sgrischùs ist der «Oberhalbsteiner Schieferkomplex», als der von der Errdecke verschleifte Sedimentmantel der Sgrischùsmasse. Er verbindet Albula und Sgrischùs beinahe lückenlos.

Damit erhalten wir als tiefstes Glied der unterostalpinen Deckengruppe die Sgrischùs-Albuladecke. Wir kennen dieselbe heute auf 30 km Breite, vom Berninagebirge bis zum Conterserstein, und ihre Gesteine liegen dort an die 50 km nördlich der tiefsten ostalpinen Wurzeln im Veltlin.

Die Basis dieser Einheit gibt nun die wahre ostalpine Grenze. Dieselbe verläuft vom Chapütschin um den Corvatsch herum in die Engadiner Bucht, von dort zur Fuorcla Longhin und Motta da Sett. Längs dem Pian Canfér streicht sie am Fusse der Roccabella vorbei in die Westflanke der Errgruppe hinein und zieht durch dieselbe wie früher gegen Falotta. Die penninischen Keile am Julierpass fallen weg. Nördlich der Falotta zieht sie in einer ganz schmalen Bucht gegen Val d'Err hinein, kehrt aber sofort wieder an den Westhang der Carmgas zurück, und erreicht schliesslich über den Boden der Alp Pensa und die Terrassen ob Tinzen und Savognin die Motta Palousa und den Conterserstein.

Westlich ausserhalb dieser Linie erscheinen noch verschiedene Klippen der Albula-Sgrischùsdecke als isolierte Reste derselben auf dem basalen Penninikum. Eine derselben liegt im Oberengadin als kleine Deckscholle von Corvatschgranit auf den Ophiolithen der Plattadecke am Grialetsch, die beiden andern überdecken die obersten Plattaschuppen im Oberhalbstein. Eine mächtige Klippe der Albuladecke erscheint in der Scalottagruppe, eine kleinere zwischen Valletta und Pian Canfér bei Bivio. Beide Klippen werden von kristallinen Deckschollen der Errdecke gekrönt. Am Piz Scalotta greift damit der ostalpine Block noch heute bis ins Quellgebiet des Averser Rheines hinein. Die nähern reichen Details werden sich aus der geologischen Karte des Avers und Oberhalbsteins ergeben.

Damit verlassen wir die Sgrischùs-Albuladecke und wenden uns der nächsten Einheit zu, der Errdecke.

Über die **Errdecke** ist gegenüber frühern Darlegungen und dem eben Mitgeteilten nicht mehr viel zu sagen. Sie überschiebt als mächtiger Traineau von der Fuorcla Sella bis zum Tschittapass hinaus, auf eine Breite von rund 30 km, die tieferen Glieder der Sella- und der Albuladecke, und bildet ausserhalb dieser einheitlichen Masse noch mehrere kristalline Klippen. Piz Blais Martscha, Vallunga und die Kuppe von Falò sind durch die Erosion abgetrennte Stirnstücke der kristallinen Errdecke, und durch die Gehänge unter den Bergünerstöcken verfolgen wir mit *Ott* kristalline Fetzen als Schürflinge der Errdecke weiter in die Motta Palousa hinaus. Westlich des Oberhalbsteins bedecken im Piz Scalotta ausgedehnte Partien von Granit, Gneiss und Verrukano die Sgrischüs-Albulaschieferkomplexe in einer Reihe prachtvoller Klippen, und schliesslich erscheint auch südwestlich Bivio noch ein letzter bis heute nicht bekannter Rest dieser Einheit als winzige Klippe auf den Oberhalbsteinerschiefern.

Hauptbestandteil der Decke ist im Norden der Albulagranit, im Süden die Granitgesellschaft des Piz Corvatsch. Durch das Halbfenster des Engadins ist die Errdecke tief zerlappt und zerfällt durch dasselbe deutlich in zwei Hauptteile, das Errmassiv im Norden, das Corvatschmassiv im Süden. Das vermittelnde Bindeglied ist, tektonisch wie petrographisch, die Gravasalvasgruppe. Die Sedimentserie ist typisch ostalpin, sie reicht vom Karbon und Verrukano bis hinauf in die Kreide, und die für die penninischen Decken so bezeichnenden Ophiolithe und Bündnerschiefer fehlen vollständig. Solche fehlen ja auch schon den jurassischen Schiefern der Sgrischüs-Albuladecke.

Interessant ist nun besonders die **Kreide der Errdecke.** *Cornelius* hat dieselbe vor zehn Jahren erstmals entdeckt und sie die **Saluverserie** genannt. Er zog dabei alle Schichtglieder zwischen Radiolarit und der verkehrten Serie der Julierdecke zu dieser Saluverkreide, die er im übrigen noch nicht weiter nach einem stratigraphischen Schema gliedern konnte. Er unterschied einfach Saluverschiefer, Saluversandsteine und Saluverbreccien. Am Grat nördlich des Piz Nair bei St. Moritz ist diese Serie sehr schön aufgeschlossen und erkennen wir über dem Radiolarit bis hinauf zum Gipfel einen mannigfachen Wechsel aller dieser verschiedenen Saluvergesteine. *Cornelius* rechnet die kristalline Breccie des Gipfels gleichfalls noch zu dieser Saluverkreide.

Ich hatte nun verschiedentlich Gelegenheit, das Profil des Piz Nair näher zu untersuchen, und bin dabei zu weiterer Gliederung und etwas anderer Abgrenzung der Kreideserie gelangt. Zunächst gehören sicher die groben Breccien und Konglomerate des Gipfels nicht der Kreide an, sondern, wie *Theobald* und *Studer* richtig angaben, dem **Verrukano.** Ich habe in dem betreffenden Konglomerat, das längs des Weges auf den Piz Nair sehr gut aufgeschlossen ist, und dessen engen Verband mit dem Juliergranit man an vielen Orten sehen kann, nicht ein einziges Kalk- oder Dolomitgeröll gefunden. Granite, ununterscheidbar vom Juliergranit, Quarzporphyre, Glimmerschiefer, etwa noch Quarzite und Casannaschiefergesteine sind die einzigen Komponenten. Die roten Tonschiefer sind wohl an vielen Stellen nur zerdrücktes toniges Zement. Der Verrukanocharakter ist auffallend. Erst nahe dem Sattel zwischen den beiden Nairgipfeln, wo wir die Basis der Verrukanoplatte erreichen, stellt sich eine jüngere dolomitführende Breccie mit roten Sandsteinen ein. Diese Serie ist aber deutlich von der Gipfelplatte des Verrukano verschieden. Der Gipfel des Piz Nair besteht aus einer, mit scharfer Grenze auf den Kreideschiefern ruhenden Verrukanoplatte, die beinahe nur kristalline Glimmerschieferbreccien enthält, höchst bezeichnenderweise aber auch die typischen, rostiggelben Schiefer des Pyritquarzithorizontes führt, die andernorts stets den Verrukano begleiten.

Es ist daher die oberste Breccienlage der Saluverserie von *Cornelius* aus der Kreide abzutrennen und wieder in den Verrukano zu stellen, wo sie vorher lag. Dieser Verrukano transgrediert auf dem Juliergranit und gehört am Piz Nair in die verkehrte Serie der zerlappten Julier- Berninadeckenstirn.

Damit ist ein erstes wichtiges Resultat erreicht. Wir haben wiederum das klassische Verrukanokonglomerat mit den Berninageröllen, das schon die alten Bündnergeologen als Dokument für das vorpermische Alter der Berninagesteine erkannten. Dasselbe liegt nicht in der Kreide, und damit wird das schönste Berninakonglomerat wiederum zum Verrukano und beweist wie nichts anderes die vorpermische Intrusion und Abdeckung der Berninamasse. Wohl lagen ja noch andere Beweise für diese Altersbestimmung der Berninagesteine vor, wie zum Beispiel die Transgression des Verrukano über die Granitgrenze im Val del Fain, oder die Verrukanoschollen im Diavolezzaquarzporphyr, oder der enge Zusammenhang der permischen Quarzporphyre mit den schon blossgelegten Granitkernen, und anderes mehr. Aber einen solch prachtvollen Zeugen wie die Granitkonglomerate des Piz Nair besassen wir, seit *Cornelius* dieselben zur Kreide stellte, nicht mehr. Heute holen wir ihn wieder hervor und freuen uns dessen.

Unter der Verrukanogipfelplatte des Piz Nair folgt nun die eigentliche **Saluverserie**, die auch ich samt und sonders in die **Kreide** stelle. Hier finden sich die polygenen, teils kristallinen, teils dolomitischen Breccien und Konglomerate, die Sandsteine, die Schiefer. Hier liegt die richtige Kreideserie. Es ist mir gelungen, innerhalb dieser bisher ungegliederten Masse wenigstens drei Horizonte der Unterengadiner- und damit der Klippenkreide wieder zu finden: die **Couchesrouges**, den **Gault** und das **Neokom**.

Zunächst folgen unter der Verrukanoplatte des Gipfels im Nordgrat des Berges rote radiolaritähnliche Schiefer mit hellroten Sandsteinen, dann ein erster Horizont von rötlicher Breccie mit Dolomit. In derselben finden sich drei schmale Lagen roter Kalkschiefer, die ausserordentlich an **Couchesrouges** erinnern. An einer Stelle fanden sich auch die typischen gelben blätterigen Schiefer mit feinen schwarzen Pünktchen und Knoten, wie sie in den Unterengadiner- und Sassalbo-Couchesrouges, oder am Murtiröl so typisch vorhanden sind. Ein Zweifel am Coucherougeshabitus des ganzen Horizontes kann neben diesen Ähnlichkeiten fast nicht aufkommen. Die zwischengeschalteten **polygenen** Breccien sind auch dieselben, die *Jeannet* und ich am Sassalbo mit den **Couchesrouges** vergesellschaftet getroffen haben, sie entsprechen den Couchesrouges-konglomeraten der Waadtländeralpen. Was nun darunter folgt, ist z. T. nicht unterscheidbar vom Unterengadiner Gault. Das Hauptcharakteristikum sind hier die Sandsteine, daneben Quarzite und schwarze Schiefer, teils auch kristalline Breccien. Die Sandsteine sind am Piz Nair meist hellrot gefärbt. Es finden sich aber auch grüne und braune Partien, und feine, fast dichte Quarzite, die von den Gaultgesteinen des Unterengadins nicht zu unterscheiden sind. Auf jeden Fall liegt dieses Gaultniveau wohl nicht zufälligerweise direkt unter den Couchesrouges. Darunter sollte nun nach den Erfahrungen im Unterengadin der Tristelkalk kommen. Ich habe ihn jedoch am Piz Nair nicht gefunden, sondern darunter erscheinen, bis hinab zum Radiolarit, einförmige tonigmergelige feinbankige, selten kalkige Schiefer, oft mit vereinzelten Breccien und Hornsteinbänken. Gegen unten herrscht Übergang zum Radiolarit, gegen oben schalten sich mehr und mehr Sandstein- und Breccienbänke ein, bis wir schliesslich im Gaultniveau angelangt sind. Die ganze untere Schieferserie entspricht daher der unteren Kreide, vornehmlich dem Neokom. Mit Neokomfleckenmergeln besteht oft auch weitgehende Ähnlichkeit. Dass der Tristelkalke in diesem Profil fehlen, ist wohl sehr schade. Doch sind sie ja oft schon im Unterengadin nicht mehr typisch ausgebildet und erscheinen schon dort oft nur als untergeordnete Bänke im Neokom. Es kann also unsere Schieferserie den Tristelhorizont sehr wohl mitenthalten.

Wie dem auch sei, Neokom, Gault und Couchesrouges sind am Piz Nair als solche nachzuweisen, und damit erkennen wir im Grossen dieselbe typisch unterostalpine Kreidegliederung wie am Sassalbo oder Murtiröl, wie im Falknis und im Unterengadin. Eine Feststellung, die für die weitere Deckenparallelisierung von grosser Bedeutung wird.

Cornelius besteht, nach erneuter mündlicher Mitteilung, auf der Kreidenatur auch der «Verrukanoplatte» des Piz Nairgipfels weiter. Er scheint in Val Suvretta Übergänge von der reinen Glimmerschieferbreccie zu den jüngern dolomitführenden Konglomeraten gefunden zu haben, die dolomitführenden Saluverbreccien sind nach ihm durch stratigraphische Wechsellagerung primär mit der «kristallinen» Gipfelbreccie verknüpft. Ich glaube aber trotzdem doch an das Verrukanoalter derselben. Übergänge zwischen den beiden Breccienarten können an sich ja sehr wohl entstanden sein durch die spätere Transgression der Kreide auf diesem Verrukano. Vielleicht sind aber auch noch andere Mesozoika in dieser Saluverserie vertreten, in einer unkenntlichen, groborogenen Facies. Auch *Arbenz* glaubte, am Piz Nair gewisse faciele Übergänge vom Granit zum Verrukano, und von diesem wiederum zur Saluverserie zu erkennen. Es könnte danach die Saluverserie schliesslich mehrere

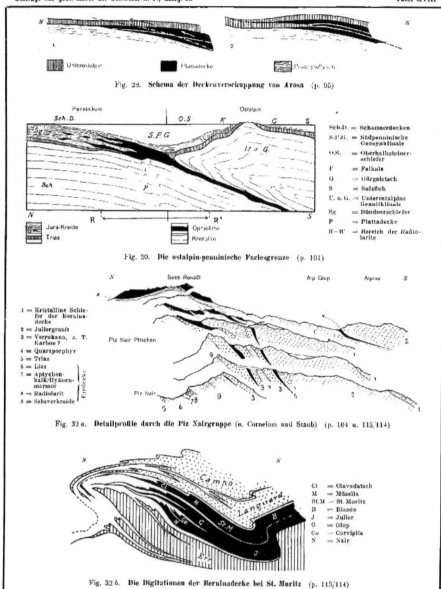

Fig. 29. Schema der Deckenverschuppung von Arosa (p. 95)

Fig. 30. Die ostalpin-penninische Faciesgrenze (p. 101)

Fig. 32 a. Detailprofile durch die Piz Nairgruppe (n. Cornelius und Staub) (p. 104 u. 113/114)

Fig. 32 b. Die Digitationen der Berninadecke bei St. Moritz (p. 113/114)

134

stratigraphische Stufen vertreten, gewissermassen eine groborogene Sammelserie von Sedimenten sein, die in ihrem Alter vom Perm oder vielleicht der untersten Trias bis in die Kreide differieren. In diesem Falle bildete dann die Saluverserie den normalen Muldensack zwischen Bernina- und Errdecke, sie wäre dann mit beiden tektonischen Elementen normal verbunden. Ich glaube aber immer noch — und die tektonischen Zusammenhänge im Berninagebirge, wo die Errdecke noch bis weit nach Süden, bis zum Sellapass hinein, durch Mesozoikum von der Bernina getrennt erscheint, scheinen mich darin zu unterstützen —, dass zwischen dem zur Berninadecke gehörigen Verrukano des Piz Nair und der jüngern, unzweifelhaft kretazischen Saluverserie eine Überschiebungsfläche ausstreicht, die stellenweise die ältern Saluvergesteine des Verrukano von den jüngern mit aller Schärfe trennt. Am Nordostgrat des Piz Nair Pitschen konnten sich auch *Arbenz* und *Buxtorf* dieser Meinung anschliessen. Ich selber glaube diese tektonische Fläche auch am Piz Nair selber zu sehen, und werde darin auch durch Funde von zerdrückten Rauhwacken zwischen den beiden Komplexen bestärkt. Auf jeden Fall aber ist mit der Erklärung, dass die Saluverserie von *Cornelius* aus zwei Teilen, aus Verrukano und Kreide, besteht, das Saluverproblem noch lange nicht erschöpft. Nur eine genaueste stratigraphische Untersuchung auf weitester Basis kann hier die endgültige Lösung bringen. Was mir heute sicher erscheint, das ist der Verrukanocharakter der Nair-Gipfelserie, und die Unterteilung der wahren Kreide in Neokom, Gault und Couchesrouges. Diese Erkenntnis bleibt im grossen wohl bestehen.

Damit sind in der Errdecke erstmals Neokom, Gault und Couchesrouges, die bisher zu fehlen schienen, erkannt. *Cornelius* hat die Saluverkreide mit der Gosau verglichen. Typische Gosau ist es indessen wohl nicht, für eine solche fehlt vor allem die Fauna, wohl aber handelt es sich wie bei der Gosau auch hier um eine groborogene Bildung, abgesetzt in der Vortiefe vor einer vorrückenden Deckenstirn. Darin bleibt die Parallelisierung mit der Gosau zu Recht bestehen.

Die Schichtreihe der Errdecke reicht damit, wie die der andern grisoniden Einheiten, vom Altkristallin geschlossen bis in die Couchesrouges, d. h. das Senon, hinein. Dieses Resultat ist neu, es bezeugt einmal mehr die Solidarität der grisoniden Komplexe. Mit dieser Kreide stehen unsere Grisoniden den ober- und hochostalpinen Elementen der Tiroliden scharf gegenüber. Bis jetzt waren Couchesrouges nur aus der Bernina-, der Languard- und der Campodecke bekannt. Der Fund am Piz Nair erhöht also in hervorragendem Masse die facielle Einheit der Grisoniden gegenüber den Tiroliden.

Damit verlassen wir die facielle Charakteristik der Errdecke und wollen nun noch kurz auf einige tektonische Eigentümlichkeiten derselben hinweisen.

Die ganze Errdecke scheint heute von ihrer Wurzel im Süden durch den Traineau der Berninadecke abgeschert zu sein. Die Verhältnisse am Sellapass und ob dem Rifugio Marinelli sind mehr und mehr in dieser Richtung zu deuten. Die Errdecke keilt, wie ich schon vor zehn Jahren erkannte, nach Süden aus, sie besitzt heute keinen Zusammenhang mehr mit ihrer Wurzel. Sie liegt als ein allseitig isolierter Schubfetzen zwischen Dentblanche- und Berninadecke, und sie erscheint daher heute mehr und mehr als der von der Berninadecke überfahrene und dabei nach rückwärts abgerissene gewaltige Kopfteil der grossen unterostalpinen Einheit. **Die Errdecke ist gewissermassen der Stirnteil der Bernina,** den dieselbe in spätern Schubphasen überfahren hat. Genau dasselbe Verhältnis, das sich uns später zwischen Silvretta und Oetztalermasse in der oberostalpinen Decke ergeben wird. Die Errdecke repräsentiert die alte Stirnpartie der grossen unterostalpinen Einheit, die Berninadecke deren gewaltigen Rücken. So verstehen wir auch die Stellung der Falknis- zur Sulzfluhserie als Stirn- zu Rückenfacies ein und derselben grossen unterostalpinen Stammeinheit ganz ausgezeichnet: die Falknisserie entstammt der einstigen unterostalpinen Deckenstirn, der Errdecke, die ihr so nah verwandte Sulzfluh-Klippenserie dem Rücken der gleichen Stammeinheit, der heutigen Berninadecke. Die scheinbaren Gegensätze zwischen *Cadisch* und mir, die Einwurzelung der préalpinen Decken betreffend, sind damit überbrückt.

Err- und Berninadecken erscheinen heute mehr und mehr nur als zwei gewaltige Schuppen einer einzigen grossen, allerdings weitgehend strapazierten und zerteilten tektonischen Einheit. Der Zusammenhang ist noch viel enger als schon 1916 angenommen wurde. Die einst einheitlich vordringende grosse unterostalpine **Stammasse** zerfiel durch weitere **Schuppung** innerhalb der Decke in zwei grossartige Teilelemente, die nun als selbständige **Decken, Err und Bernina,** weit übereinander und auf ihr nördliches Vorland hinausstossen. Dabei wird das tiefere **Stirnpaket der alten unterostalpinen Masse** nach Süden vollständig **abgerissen und verwalzt: Die Errdecke keilt heute nach Süden in einem blinden Ende zwischen Bernina und Dentblanche aus.**

Auf jeden Fall aber ist die Verschürfung der Errdecke durch die Bernina eine ganz gewaltige und prägt weithin den Charakter der Landschaft. Südlich des Oberengadins fehlen bis auf geringe Reste am Piz Roseg und nördlich der Fuorela Surlej die Errsedimente fast ganz; sie sind durch die Berninamassengesteine von ihrer kristallinen Unterlage, d. h. den Corvatschgraniten, vollständig abgeschert und passiv nach Norden verfrachtet worden. Am Julierpass und bei Samaden liegen sie zu einer mächtigen Sedimentzone gehäuft, und vielleicht stammen aus dieser Gegend der Errdecke, etwa aus dem Hangenden des Piz Corvatsch, auch gewisse Serien der Aroser Schuppenzone. Wir werden später darauf zurückzukommen haben. Das südliche Errkristallin am Piz Corvatsch aber ist von der darüber hinweggestossenen Berninadecke vollständig zermalmt und ausgewalzt worden, es bildet heute eines der herrlichsten Mylonitgebiete der Alpen. Der nördliche Teil der Errdecke hingegen, den der schwere kristalline Hauptteil der Bernina nicht mehr zu erreichen vermochte, ist zu grossartigen kompakten Massen gehäuft, die den massigen Charakter der Granite beibehalten haben. In Val Bever erreicht der Albulagranit gewaltige Mächtigkeit. Östlich Campovasto setzt dieser grandiose Komplex in die Basis des Mezzaun und Murtiröl fort, und erscheint nochmals als kleines Fenster in den Casannatälern. Wir werden später auf diese östlichen Gebiete zurückkommen.

Interessant ist dann vor allem der Nordrand der Errdecke. Eine wirkliche geschlossene Stirn sehen wir nirgends als vielleicht südlich Zuoz. Sonst aber schwenken nirgends die Sedimente des Errückens in auch nur halbwegs geschlossenem Bogen um eine Errgranitstirn in den ausgeprägten liegenden Schenkel der Errdecke herum. Überall stösst der Errgranit, teils steiler, teils flacher, aber ohne Stirnbiegung über seine Unterlage hinaus. Vom Albulapass bis hinüber ins Oberhalbstein. Die Aufbiegung an den Castellins entspricht nicht dem Aufbiegen der Errgranite zur Stirn der Decke, sondern nur der merkwürdigen, scharf in die Errgranite hinaufgreifenden Mulde der Fuorela Mulix, wo die Unterlage der Decke lokal weit in den kristallinen Kern hinaufgreift. Aber weder am Piz Vallunga noch an der Fuorela Tschitta, von Falò oder dem Albulapass ganz zu schweigen, beobachten wir eine wahre Stirn der Errdecke. Dieselbe überschiebt nur das liegende Mesozoikum des Albula- und Tschittapasses, die Albulazone. Diese aber ist nur zum kleinsten Teil in direktem Verband mit der Errdecke; die Hauptmasse gehört zu höhern Elementen, im besondern zur Campodecke. Als Ganzes bildet die Liaszone des Albulapasses die Fortsetzung der Liaszone von Scanfs und damit der Val Trupchun und Valle Fraele, sie ist daher ein sicherer Bestandteil der mittelostalpinen Deckengruppe. Auf Falò und am Tschittapass aber wird diese mittelostalpine Liaszone vom unterostalpinen Errgranit flach überschoben, der Errgranit sitzt derselben in prachtvollen Klippen auf, und wir beobachten auf diese Art eine weitgehende Einwicklung mittelostalpiner Elemente unter das Errkristallin.

Der Nordrand der Errgranite wickelt die mittelostalpine Liaszone ein. Diese hinwiederum bohrt sich in die Basis der Bergünerdolomiten und stösst die gewaltige Aelafalte vor sich her; und diese endlich ist es, die am Chavagigrond auch die höchste Einheit Bündens, die Silvretta, noch unter sich einwickelt. Der Einwicklungsstoss der Errdecke macht sich geltend bis hinaus in die Silvretta.

Die wahre Stirn der Decke aber suchen wir hier vergebens; sie liegt abgeschürft, in viele Schuppen zersplittert, draussen am Falknis, und was wir heute am Nordrand der Errgruppe sich in die mittelostalpinen Elemente einbohren sehen, sind nur die abgeschliffenen, zugespitzten Stümpfe der Decke. **Eine grosse Stirn,** wie sie den tiefern penninischen Decken bis hinauf in die Suretta eigen ist, **fehlt hier vollständig.** Es ist dasselbe Bild der Zerschürfung der Deckenstirn, wie in der Margna, die gleichfalls von den höhern Elementen verwalzt worden ist.

Damit verlassen wir die Errdecke und wenden uns der nächsten Einheit zu, der **Bernina**.

Die **Berninadecke** ist weitaus das gewaltigste unterostalpine Element. Souverän wie ihre herrlichen Gipfel beherrscht sie weithin das tiefere Deckenland, und ihrem Willen und Gesetz beugt sich im Oberengadin die ganze grosse Deckenschar. Die Berninadecke ist es, die als grossartiger Traineau die tieferen Einheiten der Err- und Selladecke überfährt und mylonitisiert, deren Sedimente nach Norden treibt, und jenseits ihrer Stirnen häuft, sie ist es, die durch das Mittel der Errdecke die grandiose Zerschürfung der Margna verschuldet hat, und sie endlich ist es, die auf ihrem Rücken das ganze gewaltige Deckenpaket der mittelostalpinen Einheiten weithin nach Norden trug und dieselben in die Silvretta hineinstiess. Was all dies weiter zu bedeuten hat, wird uns erst bei der Betrachtung der Kalkalpen klar. Der Einfluss der Bernina auf die Tektonik Bündens ist also ein weitgreifender und allgemeiner.

In den letzten zwei Jahren wurden die durch den Krieg und die Aufnahmen im Bergell, Avers und Oberhalbstein unterbrochenen Studien in der Berninadecke wieder aufgenommen und damit eine weitere Reihe interessanter Tatsachen zutage gefördert, die das 1915 entworfene Bild ergänzen.

Zunächst ist von hohem stratigraphischem Interesse, dass nun auch in der Berninadecke, wo sie bisher wie in der Err- und Albuladecke zu fehlen schienen, die alten paläozoischen Sedimente gefunden werden konnten. Dadurch ergibt sich bereits eine Annäherung an das mittelostalpine Campokristallin, die Marmore der Bernina entsprechen denen der Tonalezone. Sie vermitteln den faciellen Übergang von den marmorfreien kristallinen Schiefern der tiefsten ostalpinen Einheiten zu den marmorreichen Schiefern der mittelostalpinen Decken. Die Wurzel der Berninadecke verschmilzt ja im Süden schliesslich mit der marmorführenden Tonalezone selbst zu einer Einheit, und so ist es denn nicht sehr verwunderlich, dass auch im Bernina-Deckengebiet die alten Marmore sich vereinzelt finden. Ich traf solche in ziemlicher Mächtigkeit am Piz Prievlus, dem wildesten Felsengipfel der Bernina, und zwischen Bellavista und Zupò, stets in Verbindung mit dunklen Paraschiefergesteinen und Dioriten. Die Gesteine des Diorit-Essexitkernes treten mit diesen Marmoren in primären Kontakt und erfüllen dieselben mit einer Reihe von Silikaten. Am Piz Prievlus sind die Marmore in grüne Casannaglimmerschiefer eingeschaltet, an der Bellavista liegen sie zum Teil direkt im Diorit. Ein weiterer Marmorfetzen scheint sich in der eisigen Westflanke des Biancograates zu finden, doch ist jene Stelle absolut unzugänglich und wird daher eine wirkliche Entscheidung schwer zu treffen sein. Mit den Marmoren zusammen finden sich Serpentine und Chloritgesteine, wie solche aus der Umgebung von Morteratsch seit Jahren bekannt sind.

Sonst wurde in stratigraphisch-petrographischer Hinsicht gegenüber 1915 nicht viel Neues gefunden. Erwähnenswert sind bloss neue Fundorte von Paisanit am Morteratschostgrat und im Biancograt. Der Kuriosität halber sei auch ein über 15 cm langes prachtvoll gewundenes und angeschmolzenes Blitzrohr aus dem zähesten Gestein der Gruppe, dem Gabbrodiorit des Piz Tschierva erwähnt. Dasselbe zeigt die stärkste Blitzwirkung, die ich aus den östlichen Alpen kenne, und es ist dasselbe ein Kuriosum auch deshalb, weil Blitzröhren aus Massengesteinen bisher nicht bekannt waren.

Interessant ist endlich die Verteilung der verschiedenen magmatischen Facies der Berninadecke im Hinblick auf ihre primären Zusammenhänge mit den Eruptivmassen der Errdecke. Am gemeinsamen magmatischen Herd der Err-Berninagesteine ist heute wohl nicht der geringste Zweifel mehr möglich. Die Blutsverwandtschaft der Err-Berninamagmen ist eine zu offenkundige. Was aber auffällt, ist der Umstand, dass ganz allgemein die Errsippe den saureren Pol, die Berninagesteine dagegen eher den basischen Anteil der Gesamtprovinz darstellen. Wir treffen hier, in der jungpaläozoischen Provinz der postherzynischen Sippe merkwürdigerweise einen ähnlichen Zusammenhang in der Verteilung der magmatischen Teilfacies wie wir sie aus den viel jüngern alpinen Ophiolithen kennen. Die saure Fraktion der Magmen liegt im Gebiet der heutigen Deckenstirn, die basische stellt sich gegen den Rücken zu ein. Die Errdecke stellt ja heute mehr und mehr den grossen Stirnteil der Bernina dar, und die saure Sippe findet sich eben in der Err-, die basische in der Berninadecke. Ob wohl ein engerer Kausalzusammenhang mit früherer Tektonik in dieser Verteilung der Err-Berninagesteine liegt? Ob am Ende auch hier ursprünglich die magmatische Intrusion einseitig von Süden her vordrang, und darum die nördlichsten Ausläufer des übrigens sicher mehrteiligen Magmaraumes als die entferntesten Teile desselben mit den leichtesten, sauersten Magmen gefüllt erscheinen, während die schweren basischen Kerngesteine der Intrusivmasse deutlich auf den Süden lokalisiert sind? War der Vorgang der Intrusion und Differenziation ein ähnlicher wie bei den einseitig gebauten alpinen Ophiolithlakkolithen? Nur dass hier die Dimensionen der mit magmatischen Lösungen erfüllten Räume viel gewaltiger waren, und damit die Differenziation viel weiter gedieh, bis zum sauersten Pol der berühmten Alkaligranite und Paisanite? Oder liegt die auffällige Verteilung der Err- und Berninasippen vielleicht in der Verschiedenheit der beidseits durchschmolzenen und assimilierten Schieferhüllen? Haben vielleicht die neu entdeckten Marmore der Berninaschiefer eine gewisse Bedeutung für die erhöhte Basizität der Berninasippe? In der Errdecke, wo die Marmore fehlen, spielen ja auch die basischen Gesteine nur eine ganz untergeordnete Rolle, und die Granite beherrschen das Feld. Die Marmorvorkommnisse und die Diorite fallen auch innerhalb der Berninadecke merkwürdigerweise zusammen; ausserhalb der Dioritmassen kenne ich die Marmore nicht. Ähnliche Zusammenhänge treffen wir in der Zone von Ivrea, in der Série de Valpelline. Die Marmor-Dioritkombination ist auf jeden Fall sehr verbreitet, und ein Einfluss der Marmore auf die Zusammensetzung der in diese Zonen intrudierenden Magmen erscheint damit mehr und mehr gesichert.

Auf jeden Fall aber steht das Eine sicher: Der stirnwärtige Teil der unterostalpinen Deckenmasse, die Errdecke, zeigt die Häufung der Granite; der rückwärtige südliche Teil derselben, die Bernina, bringt mehr und mehr die Vorherrschaft der Diorite und Gabbros. Die allgemeine Basizität nimmt von Norden gegen Süden auffallend zu. Genau wie bei den Ophiolithen, in völliger Übereinstimmung aber auch mit dem Erscheinen der Marmorzonen. Die Verteilung der Bernina-Eruptiva allein lässt sich sehr wohl durch einfache Differenziation nach der Schwere innerhalb eines vielgestaltigen Eruptivkernes verstehen; der merkwürdige Gegensatz zur Errdecke hingegen scheint in noch anderer Art begründet. Alte Tektonik und die Verschiedenheit der beidseitigen Schieferhüllen haben wohl in entscheidender Weise die heutige Verteilung der herzynischen Eruptiva beeinflusst und reguliert. Noch sehen wir heute nicht völlig klar, und die petrographische Durchforschung des Oberengadins wird sich weiter mit diesem Problem der Err-Berninadifferenziation zu befassen haben. Die magmatische Geschichte innerhalb der Berninadecke jedoch bleibt dieselbe wie die in frühern Jahren mitgeteilte.

Besondere Überraschungen aber brachte das weitere Studium der Berninadecken-**Tektonik**. In frühern Jahren griff dasselbe nicht über die Berninapasslinie hinaus, lag doch jenseits derselben das anerkannte Arbeitsgebiet von *Spitz*, und schien doch dort zwischen den verschiedensten Geologen, *Blösch*, *Trümpy*, *Zyndel*, *Spitz* und *Dykrenfurth* ziemliche Übereinstimmung zu herrschen. Das seitherige Studium dieses **Aussengebietes** der Berninadecke brachte nun eine grosse Überraschung, gleichzeitig aber auch eine bedeutende **Vereinfachung der Deckensystematik**. An unsern eigenen alten Beobachtungen westlich des Berninatales haben wir auch heute in tektonischer Beziehung nichts zu ändern, hingegen muss auf Grund der neuen Beobachtungen zwischen Val del Fain, Livigno und den Camosgaskertälern die tektonische Interpretation unserer alten Beobachtungen von Grund auf geändert werden. Was wir auf Grund der übereinstimmenden Berichte der oben genannten Geologen südlich der Val del Fain als Languarddecke ansahen, ist gar nicht die Languarddecke, sondern lediglich ein oberer ganz kurzer Lappen der Bernina selbst, und was wir im Puschlav die vereinigte Bernina-Languarddecke nannten, ist eben nur der Stamm der Berninadecke selbst. Die Sedimente des Sassalbo gehören nicht mehr in die Languard-, sondern wie die des Piz Alv in die Berninadecke. Sehen wir näher zu (vgl. Fig. 31).

Über dem Berninakristallin lagert, von St. Moritz über Pontresina, Val Languard, die Pischa, Val del Fain und den Piz Alv bis hinein zur Fuorcla Carale südlich der Berninaseen das Mesozoikum, in der Hauptsache Trias und Lias, des sogenannten **Alvzuges**. Als die obere Grenze des Berninakristallins. Über diesem Alvzug folgt im Norden das Kristallin des Piz Languard und Piz Murail, die eigentliche **Languarddecke**, weiter südlich das Kristallin der sogenannten Stretta — das ist der hintere Teil der Val del Fain mit dem gleichnamigen Pass nach Livigno und dem Piz Stretta -, des ferneren das Kristallin der Val Minor, des Lagalb, des Berninapasses. Bisher wurde von allen Geologen, auch von *Theobald*, diese obere kristalline Masse als zusammenhängend betrachtet, und man sah daher im Kristallin der Stretta und des Berninapasses, des oberen Puschlav, ganz logisch die südliche Fortsetzung der Languarddecke. An der Fuorcla Carale verband sich die Strettamasse mit der Berninadecke zu einer tektonischen Stammeinheit, und daraus schloss man logisch weiter, dass eben die Languarddecke sich mit der liegenden Berninadecke vereinige, mit derselben zu einer Stammeinheit verschmelze. Das war die Auffassung, die sich aus dem früheren Beobachtungs-material ergeben musste.

Der petrographische Gehalt der «Languarddecke» am Berninapass, in Val Minor, um La Rösa im Puschlav, und unter dem Sassalbo schien den Zusammenhang mit der Berninadecke auf das schönste zu stützen, finden wir doch eine Reihe gleicher Typen sowohl in der eigentlichen Berninadecke wie wiederum in der Strettamasse. Um so auffallender aber wurde der Charakter der nördlichen eigentlichen Languardmasse. Die dortigen Gesteine waren von denen der Berninadecke weit-gehend verschieden; andere Gesteinsgesellschaften, andere Eruptivgesteine, eine höhere Metamor-phose standen in scharfem Gegensatz zu den südlichen Deckenteilen. Die höhere Metamorphose im Stirnteil der Decke war ein unverständliches Unikum und stand in schroffem Gegensatz zu allen Erfahrungen in den anderen Decken. Er machte mich zuerst auf die Disharmonie zwischen Nord- und Südteil der alten Languarddecke aufmerksam, und ich begann daher die Sache näher zu studieren.

Die bis heute angenommene Verbindung des Languardkristallins mit der Stretta-masse existiert tatsächlich nicht, **die Languardmasse setzt nicht in die Stretta** und damit nicht in das Berninapasskristallin und die Berninadecke fort, sondern in die **Campo-decke, und die Verbindung zwischen Languard- und Strettamasse ist durch einen schmalen Triaszug nördlich der Val del Fain unterbrochen**. An dieser Trias stossen die Schiefer der Languardmasse in schar-fem faciellem Gegensatz mit den Schiefern der Stretta zusammen, und keine Brücke vermittelt den Übergang des nördlichen hochmetamorphen Languardkristallins zu den epi-metamorphen Gesteinen der Stretta. Zwei verschiedene petrographische Provinzen stehen sich beidseits der trennenden Trias gegenüber und zeigen mit derselben die völlige **Teilung der bisherigen Languarddecke** an. Betrachten wir nun dieses wichtige Gebiet etwas näher. (Vgl. Fig. 31).

Zwei mesozoische Züge durchziehen östlich des Berninapasses weithin das kristalline Gebirge. Der eine ist die Synklinale des Piz Alv, der Alvzug, der andere die mesozoische Zone des Sassalbo und von Gessi, die Sassalbozone. Bis heute erschienen dieselben stets durch das Languardkristallin voneinander getrennt. Sie **verbinden** sich nun aber deutlich miteinander im nördlichen Val del Fain und den obersten Camogasker- und Luvinaskertälern. Wir beginnen mit dem Zuge des Sassalbo.

Vom Sassalbo, dem klassischen Wahrzeichen des Puschlav, verfolgen wir die Trias-Juragesteine nach Norden. Auf 9 km Länge trennen dieselben von Valle Trevesina bis an den Eingang der Valle di Campo hoch im Gebirge die beiden kristallinen Komplexe der Bernina- und der Campodecke. Der scharfe Gegensatz derselben ist bekannt. Dann ist auf zirka 5 km Distanz das trennende Mesozoikum völlig ausgequetscht und liegt das obere Kristallin mit Myloniten und scharfer Grenze dem untern auf. Nörd-lich La Rösa setzt an den Gessi Verrukano und Trias wieder ein, und zwar lässt sich diese Trias heute recht wohl gliedern. Zwischen dem Nordende der Gipshügel von Gessi und der Forcola di Livigno wird der Deckenkontakt vom Schutt der Gehänge verhüllt. An der Forcola jedoch erscheint Trias und Verru-kano wieder. Beim Abstieg ins oberste Livigno erkennen wir dieselben an der Nordwestecke des Monte-vagomassivs, und unter dem Colle del Fieno quert diese Zone das Tal des jungen Spöl. Durch die Südost-wand des Piz Stretta zieht die Trias hinauf zum Südgrat dieses Berges und hinüber in die Valle Abrie. Stets unter sich die Granite von La Rösa und Cavaglia, die epimetamorphen Casannaschiefer und die roten Quarzporphyre der Val del Fain, über sich die höher metamorphen dunklen Biotitschiefer und Gneisse der Campodecke. Vom Lago Campaccio ziehen dieselben hoch über dem Mesozoikum nach Valle Abrie hinab, und an der Basis des Ganzen erscheint auch hier der rote Quarzporphyr der Stretta wieder. Am Pizzo Stretta bildet derselbe das nordwärts überliegende Knie eines grossen Gewölbes, es ist die

Stirn der Strettamasse. Tatsächlich sehen wir nun die Trias-Liasgesteine des Sassalbozuges aus den Tiefen der Valle Abrie am Südhang des Pizzo Campaccio unter den Schiefern der Campodecke wieder emporsteigen und über den weithin leuchtenden Monte Garone die hintersten Gründe der **Chamuera** erreichen. Nach *Spitz* streicht diese Sassalbozone westlich des Pizzo Campaccio aus der Valle Abrie in den Hintergrund der Val Federia weiter, und damit in die Triaszüge der Val di Forno und von Lavirum, und ich habe seinerzeit nach dieser *Spitzschen* Angabe gleichfalls den Sassalbozug in die Keile von Lavirum fortsetzen lassen. Diese Verbindung nun existiert nicht. Schon der alte *Theobald* zeichnet zwischen der Trias der Valle Abrie und der von Federia einen mächtigen Komplex kristalliner Schiefer. Dies ist vollkommen richtig. Die Trias- und Liasgesteine der Valle Abrie erreichen den Grat gegen Val Federia **nicht**; derselbe besteht in seiner ganzen Länge, vom Piz Campaccio bis zum Passo di Federia, aus demselben Kristallin der Campodecke, wie drüben die Berge von Livigno und der Monte Vago. Das Mesozoikum der Valle Abrie biegt sich wenig südlich des fraglichen Grates vor diesem Kristallin in steilem Bogen zur Tiefe und zieht beinahe geradlinig hinüber zum Monte Garone und in das hinterste Camogask. Hinter diesem Mesozoikum aber sehen wir im öden Hintergrund der Valle Abrie das Stirngewölbe der Strettamasse in den Quarzporphyren prachtvoll aufgeschlossen.

Die Sassalbozone streicht also in keinem Falle nach Val Federia und in die Lavirumzüge weiter, sondern zieht von Valle Abrie in geschlossenem Zuge nach Südwesten in den Hintergrund der Chamueratäler zurück. Darum herum schwenkt aber auch das Kristallin der Campodecke über den Passo Federia in den Hintergrund von Chamuera ein, und damit in das Gebiet der Languarddecke.

Die Trias des Monte Garone verfolgen wir nun aber weiter dem Westen zu. Über den Quarzporphyren des Piz Stretta steigt sie aus dem Hintergrund der Plaun da Vachas in Val Chamuera steil zum Pass zwischen Piz Chatscheder und Piz Stretta, der Fuorcla Chatscheders empor. Schon *Theobald* hat sie dort gekannt. Auch hier trennt sie, wie drüben in Abrie und Livigno, die liegenden roten Quarzporphyre von den hochmetamorphen Schiefern. Die Schiefer des Piz Chatscheders sind die Fortsetzung derer zwischen Passo Federia und Monte Garone. Sie stehen durch dieselben mit dem kristallinen Gebirge der **Campodecke** in direktem Zusammenhang. Die Gesteine des Piz Chatscheders aber setzen ohne jeden Unterbruch in den Grat südlich Val Prünella und die Schiefer des Piz Tschüffer fort. Dort aber liegen sie direkt auf dem sicheren Alvzug, der sich vom Piz Alv her ohne jeden Unterbruch, mit allen tektonischen Einzelheiten in den Piz Tschüffer verfolgen lässt.

Am Piz Tschüffer liegen daher die sicheren kristallinen Schiefer der Campodecke direkt auf dem Alvzug, in der Position der eigentlichen Languarddecke.

Die kristallinen Schiefer des Piz Tschüffer setzen ohne jede Unterbrechung, stets über dem Alvzug liegend in die **Languardmasse** hinein, und wir kommen auf diesem Wege dazu, die **Languarddecke des Nordens als den basalen Teil der Campodecke zu** erkennen.

Der Trias-Verrukanozug des Monte Garone, den wir als die Fortsetzung der Sassalbozone bis in die Fuorcla Chatscheders verfolgt haben, trennt dort die Schiefer der Stretta von denen der Campodecke am Piz Chatscheder. Diese Trias-Verrukanozone lässt sich nun an der Basis der Chatschedergesteine, stets über den Quarzporphyren und Schiefern der Stretta, auf dem Hochplateau nördlich der Val del Fain in abgequetschten Linsen bis zu dem kleinen See nördlich des Piz Tschüffer verfolgen. Dort setzen die Chatschederschiefer in das Hangende des Alvzuges, d. h. das Kristallin des Tschüffer-Nordgipfels fort, die basalen Schiefer der Stretta streichen über der Alvtrias in die Luft hinaus, und unsere abgequetschten Reste der Garone-Abrietrias vereinigen sich mit der grossen Triasmasse des Alvzuges.

Damit schliessen Alvzug und Sassalbozone um die kristallinen Schiefer der Stretta zusammen. Sie bilden zwischen Sassalbo und Engadin eine einheitliche Zone, und bilden auf dieser ganzen Strecke, von Valle Trevesina bis zum Statzersee, **die Basis des Campo-Kristallins.** Auf über 30 km Breite trennt der **Alv-Sassalbozug** daher die höheren Massen der **Campo-Languard-** von der tieferen Einheit der **Berninadecke.** Die Strettamasse gehört als oberer Teillappen zur Berninadecke selbst, sie wird ja nur durch den wenig tiefen Alvzug selbst auf zirka 10 km Breite von der Berninastammasse getrennt. An der Fuorcla Carale vereinigen sich die Schiefer der Stretta mit denen der Berninadecke um das ausgequetschte Ende des Alvzuges herum zu einer Einheit.

Die Strettamasse erscheint demnach nur als ein oberer rein sekundärer Rückenlappen der Berninadecke, dessen Abtrennung keine 10 km weit ins Herz der Decke zurückgreift. Wir kommen damit dazu, auch die Sedimente des Sassalbo direkt als das südliche Berninamesozoikum aufzufassen.

Die Strettamasse ist eine obere Digitation der Berninadecke, sie heisse von nun an der Strettalappen. Der Sassalbozug als dessen normale Sedimentbedeckung gehört gleichfalls zur Berninadecke.

Der Sassalbo trennt Bernina- und Campo-, d. h. die unterostalpine von der mittelostalpinen Decke.

Der Sassalbozug setzt über den Piz Tschüffer in die Val Languard und die Crasta da Statz fort, weiter ins Mittelengadin, und es sei von nun an dieser ganze über 30 km lange Sedimentzug an der Basis der Campo-Languarddecke, vom Puschlav bis hinaus ins Engadin, als der Sassalbozug bezeichnet. Alvzug nennen wir von nun an nur mehr das 10 km lange, in das Berninakristallin selbst eingefaltete Sedimentpaket zwischen Piz Tschüffer und Forcola di Carale, das im Piz Alv kulminiert. Für das Gebiet nördlich der Val del Fain ist nicht der Alv-, sondern der Sassalbocharakter des Zuges von Bedeutung, da dieser die Basis der mittelostalpinen Einheit bildet. Der Piz Alv hingegen ist heute nur mehr eine sekundäre Mulde innerhalb des unterostalpinen Kristallins der Berninadecke, eine sekundäre Abspaltung des grossen Sassalbozuges. An der Forcola Carale und bis gegen das Berninatal zu ist diese Mulde enggequetscht, wie es sich zwischen mächtigen kristallinen Decken gehört, dann aber beginnt sich im Piz Alv selbst die Mulde mächtig zu öffnen, um gleich nördlich der Val del Fain in die grosse Sassalbozone einzuschwenken. Die abnorme Mächtigkeit des Alvzuges am Piz Alv selbst erklärt sich heute ausgezeichnet als die Öffnung der Sedimentmulde bei der Annäherung an die Stirn des oberen Lappens, der Strettamasse. Dieselbe erreicht am Piz Stretta ihr Ende, und gegen dieses Ende hin öffnet sich natürlich auch die liegende Alvmulde.

Damit schliessen wir für einmal die Betrachtung der Camogaskerberge ab. Unsere Untersuchung hat uns gezeigt, dass Alv und Sassalbo, die ja schon faciell so weitgehende Übereinstimmung zeigten, auch tektonisch miteinander zusammenhängen, Glieder eines einzigen Zuges sind, die beide der normalen Sedimentbedeckung der Berninadecke angehören. Der südliche Teil der alten «Languarddecke» erscheint in der Strettadecke als eine kurze Digitation der Bernina selbst, und die nördliche eigentliche Languardmasse ist das tiefste Glied der Campodecke. Damit ergeben sich gegenüber der früheren Darstellung drei Hauptresultate:

Der Sassalbo gehört zur Berninadecke, der südliche Teil der alten «Languarddecke» ist ein Rückenlappen der Bernina, die eigentliche Languardmasse wird mittelostalpin. (Siehe Fig. 31.)

Dieser überraschende Zusammenhang ist von grosser Wichtigkeit für die facielle Charakteristik der Berninadecke. Dank der Zugehörigkeit des Sassalbo zu dieser Einheit kennen wir nun auch in der eigentlichen Berninadecke mit Sicherheit die ganze ostalpine Schichtfolge vom Karbon bis hinauf zu den Couchesrouges, in einer Facies, die ungemein an die Préalpes erinnert. Ich habe darauf an anderer Stelle hingewiesen. Wohl kannten wir Malm und Kreide vom Piz Schlatain in Saluver und vom Piz Mezzaun, aber diese Elemente standen bisher nur in unsicherem Verbande mit der Berninadecke. Der Sassalbo hat den Vorzug, unzweifelhaft im Hangenden des Berninakristallins zu liegen, er gehört mit seinen Sedimenten unzweifelhaft zur Bernina.

Dies führt uns nun zur weitern Frage: Was gehört eigentlich im Norden des Engadins, und bei Ponte und Scanfs zur Berninadecke?

Bisher kannte man die weitere Fortsetzung des Berninakristallins nur jenseits des Engadins, zwischen Samaden und Sils, in der Masse des Piz Julier und Lagrev, und eine Fortsetzung zwischen Languarddecke und Albulagranit gegen Ponte und Scanfs hinab schien zu fehlen. Einzig der grosse Kalkklotz des Piz Mezzaun galt seit jeher als Vertreter der Berninadecke auf der rechten Talseite des Mittelengadins. Heute wird dies anders. Die neuen Aufnahmen beidseits St. Moritz und im mittleren Engadin, die Klarstellung des Verhältnisses der Languardmasse zur Campodecke in Val del Fain, und endlich eine Reihe kursorischer Begehungen im Gebiete des Piz Padella und der Casannatäler brachten mir die Gewissheit, dass nicht nur die Sedimenthülle der Bernina aus der Gegend von Samaden nach Osten in die Camogaskertäler hineinzieht, sondern auch in grosser Mächtigkeit der kristalline Kern derselben. So kenne ich heute das Kristallin der Berninadecke von Samaden nach Osten bis in die Casannatäler, und ihre Spuren bis hinüber in die Maduleiner Faltenzüge und die Gegend des Albulapasses.

Der Schlüssel zum Verständnis liegt einerseits in der westlichen Umrahmung der Languardmasse, anderseits in der Tektonik der Gegend von St. Moritz. Dieser wenden wir uns nun zu.

Zunächst haben die Aufnahmen zwischen Pontresina und St. Moritz ergeben, dass Trias und Lias der Crasta da Statz in verkehrter Lagerung geschlossen bis zum Südufer des Statzersees hinabziehen. In flachem Zuge überlagert vom Kristallin der Languardmasse, unter sich die Paraschiefer der Berninadecke. Der weitere Verlauf des Statzermesozoikums ist unter Moränen und Alluvionen verborgen, und so bleibt es vorerst ungewiss, ob dasselbe vom Statzersee direkt gegen Celerina hinunterzieht oder durch die Alluvionen noch das Ende des St. Moritzersees erreicht.

Zwei Tatsachen aber schliessen jeden Zweifel aus: Die **Berninatrias** zieht vom **Statzersee** in nördlicher Richtung **direkt gegen Celerina hinab** und schwenkt dort um den Hügel von San Gian herum talabwärts.

Einmal beobachten wir zwischen den Paraschiefern der Bernina- und denen der Languardmasse in der Gegend von Pontresina und St. Moritz eine weitgehende Verschiedenheit. Die Berninaschiefer sind fast rein epimetamorph, Biotitgesteine fehlen sozusagen ganz, grüne Serizit- und Chloritphyllite, grüne Gneisse sind die herrschenden Typen. Die Basis der Languardmasse zwischen Pontresina und Celerina zeigt hingegen massenhaft braune Biotitschiefer und Biotitquarzite, der Hügel von San Gian braune Granatglimmerschiefer vom Typus der Valle di Campo. Die Grenze der beiden metamorphen Bezirke fällt mit der Deckengrenze zusammen, d. h. mit der Trias von Statz. Nördlich des Statzersees ist diese Trias nicht mehr sichtbar, *Theobald* erwähnt zwar solche, aber weder *Blösch* noch *Trümpy*, noch *Spitz* noch ich konnten sie bisher wieder finden. Hingegen wird ihr Verlauf gegen Celerina hinab unzweifelhaft erkennbar, durch die Verteilung der kristallinen Schiefer zwischen St. Moritz, Pontresina und Samaden. Die hochmetamorphen Biotitgesteine der Languardmasse liegen alle ausnahmslos östlich der Linie Statzersee-St. Gian, und die ganze Charnadüra und das westliche Statzerhügelland zeigt nur die epimetamorphen grünen Gesteine der Berninadecke. Nach diesem Verlauf der trennenden Triaszone müsste die Languarddecke nur in einer relativ flachen Schüssel liegen, fällt doch die tiefe Einbuchtung der Languardmasse bis gegen Campfèr hin in diesem Falle weg. Dies wird uns aber unzweideutig bestätigt durch das allmähliche Drehen der Streichrichtung in den kristallinen Schiefern zwischen Pontresina und Punt Muraigl. Dieselben streichen nicht, wie eine tiefe Einfaltung in die St. Moritzer Deckensynklinale dies erheischte, scharf nach Westen in das Statzerhügelland hinein, sondern drehen mehr und mehr in typisches Nordsüdstreichen um. Das Fallen entspricht gleichfalls der Vorstellung einer flachen Schüssel, und in der Gegend südöstlich St. Moritz beobachten wir dasselbe.

Es sprechen also sowohl Natur wie Tektonik der beidseitigen kristallinen Komplexe unzweideutig dafür, dass die trennende Triaszone der Berninadecke vom Statzersee nicht in westlicher Richtung gegen St. Moritz zu zieht, sondern flach nach Norden in die Gegend zwischen Celerina und San Gian einschwenkt. **Die Berninatrias bildet auf diese Weise eine flache Schüssel, in der die mittelostalpine Masse des Piz Languard ruht.** Deren mesozoische Basis greift nicht tief in die Engadiner Deckenmulde hinab, sondern zieht ziemlich flach unter den kristallinen Massen durch. Wir sehen darin eine prachtvolle Übereinstimmung mit der seit *Theobald* bekannten Tatsache, dass in den **Camogaskertälern** an vielen Orten die mesozoische Basis der Languardmasse in den tiefen Talgründen in rings geschlossenen **Fenstern** erscheint. Was unmöglich wäre, wenn die Languarddecke tief in die Engadinersynklinale eingreifen würde.

In Val del Fain, Val Languard und bei Statz sehen wir das Berninamesozoikum unter der Languarddecke verschwinden, und dieselbe bleibt eine geschlossene kristalline Einheit bis hinauf zu ihren

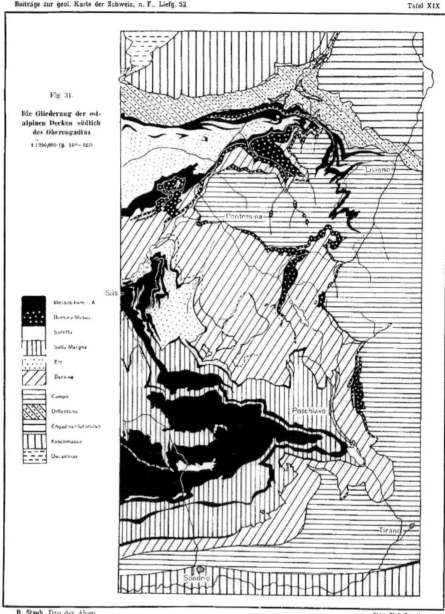

Fig 31.

**Die Gliederung der ost-
alpinen Decken südlich
des Oberengadins**

1 : 250,000 (p. 105—123)

Mesozoikum i. A

Bernina Mesoz.

Suretta

Sella Margna

Err

Bernina

Campo

Ortlerzone

Engadiner dolomiten

Keschmasse

Ducankrias

144

höchsten Gipfeln und hinüber in die Casannatäler. Der Triaszug über der Alvtrias im Val del Fain, der zuerst eine weitere Zerschlitzung der Languarddecke in eine untere und eine obere Teildecke, analog dem Zug des Corn im Norden, zu markieren schien, bildet nach den nunmehrigen Untersuchungen nicht eine innere Teilung der Languarddecke, sondern überhaupt deren Basis, die Verbindung des Sassalbo mit dem Alv. Er kann daher heute nicht mehr im bisherigen Sinne mit dem Mesozoikum am Corn verbunden werden, und die Languardmasse ist einheitlich. Es entspricht daher das erste Mesozoikum, das im Norden unter dem Languardkristallin erscheint, abermals der Berninatrias, und wir erkennen auf diese Weise die Fortsetzung des Sassalbozuges der Val Languard und Val del Fain nicht im Mezzaun, wie seit *Trümpy* und *Blösch* angenommen worden ist, sondern in dem langen, in Linsen zerrissenen Sedimentzug des Corn und der Val Müsella. Die Triasfenster von Prünas, Parait Chavail und Plaun da Vachas in Val Chamuera sind die unzweifelhaften vermittelnden Bindeglieder zwischen Tschüffer und Corn, und das Umschwenken der Berninatrias am Statzersee weist unzweideutig auf das Ende des Corn-Müsellazuges zwischen Samaden und Bevers. Die **Berninatrias**, die im Süden unter der Languarddecke verschwindet, erscheint nördlich der Engadiner Deckenmulde in gleicher tektonischer Stellung wieder, im Zug des **Corn**, und die Trias von Statz bildet das verbindende Mittelstück.

Der Sedimentzug des Corn ist die unter der Languarddecke wieder auftauchende Berninatrias, und was zwischen Munt Müsella bei Bevers und den Casannatälern darunter erscheint, ist nichts anderes als das oberste Teilelement des **Berninakristallins**. Dasselbe überschiebt auf weite Strecken die Trias-Juraserie des Piz Mezzaun, und wird längs des Cornzuges von der eigentlichen Languarddecke überlagert. Nach 15 km Länge verliert sich dieses Kristallin im Schuppengewirr des Murtiröl bei Scanfs. Wir werden es dort noch weiter verfolgen, doch müssen wir vorher, um den Zusammenhang klarer zu erkennen, die **Tektonik der Berninadecke bei St. Moritz** einer genaueren Prüfung unterwerfen.

Cornelius hat vor zehn Jahren diese Gegend eingehend untersucht. Aus seinen Darlegungen, sowie eigenen Begehungen geht folgendes hervor:

Auf dem Albulagranit, dem nur an wenigen Orten westlich der Suvretta noch Gneisse und Nairporphyre beigegeben sind, folgt die vielfach von dieser kristallinen Unterlage abgescherte und verschürfte Sedimentbedeckung der Errdecke. Um Val Saluver erreicht diese Errsedimenthülle oft grosse Mächtigkeit, am Piz Julier und besonders gegen Osten aber wird diese Zone immer schmäler, und trennt nur in schmächtigem Zuge die Granite der Errdecke von den höheren Schubmassen des Piz Padella. Die mächtige Einschaltung der Triaskette des Piz Schlatain, die *Cornelius* bereits zu den höhern Schubmassen rechnet, ist vielleicht nur eine gegen unten abgerissene sekundäre Schuppe des Errmesozoikums. Ein Analogon vielleicht zu den sekundären Rückenschuppen der Errdecke am Julierpass, wo sogar ein bedeutender Komplex von Errkristallin sich zwischen die Zone des Corn Alv und die mesozoische Basis der Julierdecke schiebt. Beide Elemente liegen mitten im Mesozoikum der Errdecke.

Darüber nun legen sich am Piz Julier und Piz Nair Granit und Verrukano der Berninadecke, nördlich Val Saluver die **Traisfluors-Schuppen**. Diese letztern liegen deutlich auf den kristallinen Schiefern zwischen Alp Laret und Alp Giop, die gegen Westen von Juliergranit unterlagert werden. Es ist also sicher, dass die Trias-Juramassen der Traisfluors und des Piz Padella ins **Hangende der Juliergranite**, also in die Berninadecke gehören. Diese Juliergranite nun aber sind nicht die einheitliche Masse, als die sie bisher gegolten haben, sondern sie zerfallen in eine ganze Anzahl separater, nach Norden ausspitzender Keile; die grosse Masse der Berninadecke spaltet sich nördlich des Engadins in mehrere Digitationen. Keile von Verrukano und Trias, auch Lias, greifen von oben, d. h. nach dem axialen Gefälle von Osten her, in die einheitliche kristalline Masse ein; *Cornelius* hat mehrere derselben deutlich erkannt und dargestellt. Zunächst erkennen wir im Piz Nair eine unterste Masse von Verrukano und Juliergranit, die am Südfuss des Berges von Verrukano und Trias bedeckt wird. Darauf folgt eine kleine Schuppe von Quarzporphyr, Verrukano und Buntsandstein, die wiederum deutlich von Juliergranit überfahren wird. Derselbe trägt die Glimmerschiefer und Augengneisse an der Basis der Trias der Padellaschuppen, und dieses Kristallin teilt sich wiederum sekundär in eine grössere untere, und eine kleinere obere Schuppe. Die untere Digitation trägt die Trias der Trais Fluors, die obere die Masse des Piz Padella. Die beiden Traisflnorsschuppen entstammen also einer kristallinen Schuppe der Berninadecke, der von Alp Giop. Diese aber wird nun neuerdings von Juliergranit überschoben, und erst dieser und die ihn begleitenden Glimmerschiefer bilden dann jenseits des Tales das Liegende der Statzertrias, der normalen Rückenbedeckung der Bernina. Bei Alp Giop sinken die Glimmerschiefer der Padellabasis unter den Juliergranit der Alpina, der nur durch den Schutt des Engadins von den grossen Massen der Rosatschkette getrennt wird, und nördlich St. Moritz sehen wir Trias und Lias der Padellaschuppen selber unter das steil gestellte Kristallin von St. Moritz-Dorf einschiessen, das durch die Charnadüra in ununterbrochener Verbindung mit der Basis der Statzertrias steht. Es hängt also die **Statzer-**, und damit die Rückentrias der Berninadecke **nicht** mit dem Padella zusammen. Zwischen beide Elemente schiebt sich eine bedeutende kristalline Schuppe mit Granit und Glimmerschiefern, und **der Padella schiebt sich zwischen verschiedene Schuppen des Berninakristallins** ein. Er ist nicht das hangendste Glied der Decke, sondern auf ihn legt sich, durch die kristallinen Reste auf Clavadatsch mit klassischer Deutlichkeit belegt, noch ein weiterer mächtiger kristalliner Komplex, der immer noch zur Berninadecke gehört. Es ist die Schuppe von St. Moritz, die sich auf solche Weise zwischen den Padella und die Statzertrias einschiebt. Erst auf dieser folgt dann das Kristallin der Languarddecke. (Siehe Fig. 32.)

Es zerfällt also die grosse Masse der südlich des Engadins einheitlichen Berninadecke nördlich von St. Moritz in 4—5 Digitationen, die unzweideutig die Nähe der kristallinen Deckenstirn anzeigen. Eine wahre Stirn jedoch kennen wir nirgends, überall spitzen die kristallinen Keile nach Norden scharf aus, und so ist es möglich, dass Teile derselben durch die Bewegung der höheren Decken erfasst, und noch weit mit ihnen nach Norden mitgerissen worden sind. Die Juliergranite im Prättigau und Unterengadin sind deutliche Zeugen dafür.

Es lassen sich über die Kreide der Errdecke an Elementen der Berninadecke unterscheiden:

1. die Schuppe des Piz Nair;
2. die Schuppe von Corviglia;
3. die Schuppen von Alp Giop, mit dem Padellamesozoikum;
4. die Schuppe von St. Moritz.

Die ersten drei Schuppen hangen enger miteinander zusammen, sie bilden im Westen, wo infolge des Ansteigens aller Axen die trennenden Trias-Verrukanozüge bis auf einzelne von *Cornelius* neuerdings entdeckte Mylonitzonen verschwunden sind, die Prachtsgestalt des Piz Julier. Wir können deshalb die drei unteren Schuppen der Berninadecke, die zusammen die Unterlage der Padellamasse bilden, als **Julierschuppe** der höhern Schuppe von St. Moritz gegenüberstellen. Die **Julierdecke** *Cornelius* erscheint daher heute als **eine grosse basale Teilschuppe der Berninadecke.** Die Trennung der beiden Elemente reicht im Mesozoikum nicht tief zurück, und südlich des Engadins scheinen Julier- und St. Moritzschuppe zu der einheitlichen Berninadecke vereinigt. Es ist aber möglich, dass die bekannten Quetschzonen am Piz Tschierva, Morteratsch und Bernina mit dieser Trennung noch zusammenhangen, und es wird damit der Berninaforschung ein neues Problem, das der **Verfolgung der Stirntrennungen in die Berninamasse** hinein, gestellt.

Julier, Lagrev, Munt Arlas und Piz Surlej bilden auf jeden Fall eine gewisse Einheit, und diese setzt mit Sicherheit in die unteren Partien die Piz Tschierva, Morteratsch, Bernina und Roseg fort. Die höchsten Gipfel dieser Berge aber werden durch die grossartige Quetschzone des Biancogrates von dieser tieferen Juliereinheit getrennt, und es kann diese Trennung sehr wohl der Zweiteilung der Decke durch die Padellamasse entsprechen. Auf jeden Fall bilden Roseg, Seerseen und Bernina mit dem klassischen Biancograt zwei herrliche Klippen einer höheren Berninaeinheit auf der kristallinen Schuppe der Julierdecke; scharf wie ein Messerschnitt umzieht die Trennungslinie zwischen beiden Elementen den wilden Biancograt. Wäre der Name des Bernina nicht schon für die grosse Stammeinheit verwendet, so könnten wir diese Schuppe die «Berninaschuppe» nennen, da mit ihr der Piz Bernina in stolzer Pracht hoch über den tieferen Elementen schwimmt; so aber heissen wir sie, nach dem Pizzo Bianco, die **Biancoschuppe**. Diese **Biancoschuppe überschiebt als höheres Teilelement der Berninadecke die tiefere Julierdecke**, und es ist wahrscheinlich, dass sie direkt in die Schuppe von St. Moritz fortsetzt. Piz Bernina, Bianco, Prievlus, Morteratsch, Tschierva, im Osten Zupò, Bellavista und Palü, im Westen Scerscen und Piz Roseg, sie alle gehören der grossartigen Platte der Biancoschuppe an. An ihrem Grunde erscheinen überall, im Westen wie im Osten, die kristallinen Massen der Julierdecke. Der Kessel von Boval mit seinem gewaltigen Hintergrund ist ein fast geschlossenes Fenster der Julierdecke im Rahmen der Biancoschuppen, und nur die Fuorcla Prievlusa und der Crastagüzzasattel vermitteln den schmalen Zusammenhang der Masse von Boval mit der Julierdecke des Westens. Eine grandiose Architektur offenbart sich damit in dem scheinbar so einheitlichen Eruptivmassiv des Piz Bernina. (Siehe Fig. 33.)

So führten uns die Studien im niedrigen Bergland der Engadinertäler schliesslich zum Verständnis des höchsten Hochgebirges. Von der Richtigstellung der Zusammenhänge im hintern Val del Fain schuf ein Problem das andere, und jede neue Lösung brachte wieder Klarheit in andere Fragen.

Die scheinbar sekundären intrakristallinen Quetschzonen der Berninadecke erhalten aber in der Gesamttektonik Bündens erhöhte Wichtigkeit. Zeigen sie doch deutlich, dass die Sedimentmulden der Decke, die wir noch heute bei Samaden erkennen können, einst bis tief ins Herz des Hochgebirges, 15–20 km weit zwischen die kristallinen Kerne hineingriffen. Heute fehlt dort aber jede Spur mesozoischer Sedimente, dieselben sind von der Biancoschuppe der Berninadecke radikal von ihrer Julierunterlage abgeschürft und nach Norden fortgestossen worden. Wo liegen sie heute? Ihre südlichsten Reste sind am Padella und Mezzaun gehäuft; ihre nördlichen Ausläufer aber liegen, mit den Stirnsedimenten der Decke, noch weiter nach Norden verfrachtet, in den Massen der Sulzfluh und der Préalpes. Die Feststellung ausgedehnter Gebiete im Berninagebirge, wo kristalline Massen ohne jede Spur von Sedimenten übereinandergeschoben erscheinen, schafft uns zusammen mit den Ausquetschungen im Puschlav eine Zone von weit über 40 km ursprünglicher Breite, wo wir die nach Norden abtransportierten Massen der Klippendecke und Teile der Aroserzone bequem einlogieren können. Nicht dass die eigentlichen Klippengesteine ihre Heimat zwischen Julier- und Biancoschuppen im Berninahochgebirge hätten, aber in diese Zonen können wir heute bequem die Sedimente des Padella und Mezzaun, ferner vielleicht Teile der Aroserzone zurückversetzen, und dadurch entsteht an der Stirn der Julierdecke der nötige Platz für die Einreihung der Sulzfluhsedimente und damit der Préalpes

Doch kehren wir zurück zur weiteren Verfolgung der Berninadecke im **Engadin**. Wir gehen dabei wiederum aus von den Bergen um Samaden. Am **Piz Padella** erkennen wir über dem Albulagranit folgende tektonische Gliederung des Gebirges: Zunächst die normale Sedimentbedeckung der Errdecke; darüber, mit kristallinen Basisfetzen, die Padellamasse; über derselben das Kristallin von Clavadatsch. Die kristalline Kappe von Clavadatsch erscheint somit in der Position der St. Moritzerschuppe, d. h. der höchsten tektonischen Sondereinheit der Berninadecke. Sie führt auch neben grünen Glimmerschiefern noch grünen Granit, d. h. die Gesteine der Berninadecke um St. Moritz. Die Schuppen von Clavadatsch sind Klippen der höchsten Berninaeinheit auf dem Piz Padella. Von Languardgesteinen keine Spur. Wir haben daher ob Samaden im Grossen das Profil: Albulagranit, Errsedimente, Padellamasse, Berninakristallin.

Dasselbe Profil aber kennen wir seit Jahren vom **Piz Mezzaun**. Da folgt über dem Albulagranit der Seja eine schmale Sedimentserie, vom Verrukano bis hinauf zum Lias, wie es ja auch bei Samaden meist der Fall ist. Darüber die mächtige Trias-Juramasse des eigentlichen Piz Mezzaun, darüber endlich das Kristallin des Munt Müsella. Der Albulagranit der Seja ist die sichere Fortsetzung der Errdecke, die untere Sedimentserie entspricht der normalen Sedimenthülle der Errdecke bei Samaden, der Piz Mezzaun dem Piz Padella, das Kristallin des Munt Müsella und des Corn, mit samt der Klippe auf dem Piz Mezzaun, den Klippen von Clavadatsch.

Dieser Zusammenhang ist unabweisbar, und über seine Richtigkeit ist nicht mehr zu diskutieren. Er wurde denn auch schon lange anerkannt, nur rechnete man eben die höchsten kristallinen Massen von

Clavadatsch und Munt Müsella zur Languarddecke. Nachdem uns aber die Untersuchungen um St. Moritz gezeigt haben, dass es sich am Piz Padella mit Sicherheit um Fetzen der Berninadecke handelt, und dass die Padellamasse unter den höchsten kristallinen Komplex der Berninadecke einschiesst, müssen wir nun auch die analogen kristallinen Komplexe des Munt Müsella von der Languarddecke trennen und zur Berninadecke rechnen. Wir gelangen also auf dem Umweg über die Samadenerberge genau zum selben Resultat, zu dem uns schon vorher die Untersuchungen zwischen Val del Fain und Samaden geführt hatten.

Der **Munt Müsella** ist nicht ein tieferer Lappen der Languarddecke, sondern gehört zur **höchsten Serie der Berninadecke**. Er ist direkt der Schuppe von St. Moritz gleichzusetzen. Der darüberfolgende **Triaszug des Corn ist die Berninatrias**, die Fortsetzung des Zuges Sassalbo-Abrie- Val del Fain- Statz, und erst **über** diesem enggepressten Mesozoikum des **Cornzuges** treten wir in die **mittelostalpine Decke des Piz Languard** ein. Die strapazierte mesozoische Serie des Corn entspricht auch viel besser den enggepressten, verschürften, zerrissenen Trias-Jurafetzen in Val del Fain und Val Languard als der mächtige Mezzaun. Den **Mezzaun** verstehen wir heute nach den Erfahrungen bei St. Moritz ausgezeichnet als **an der Stirn der Giopschuppen gehäuftes Sedimentpaket der Julierdecke.** Darüber hinaus greift die höchste Berninaschuppe, entsprechend dem Granit der Alpina, und erst darüber folgt die eigentliche Berninatrias. Der Gehalt der Müsellaschuppe ist nicht verschieden von dem der Berninadecke bei Samaden und St. Moritz. In Val Lavirun treffen wir darin sogar den typischen grünen Granit wieder.

Mit dieser Festsetzung greift nun die Berninadecke auch noch weit nach **Osten** in die mittleren **Camogaskertäler** hinein. Stets die vor sich liegende Errdecke überschiebend, und an ihrem Südrand unter die alten Gesteine der Languarddecke tauchend. Sie zieht von Val del Fain ungestört unter der Languarddecke durch und erscheint in der vorderen Chamuera wieder. Um den Westrand der Languardgruppe ist der Zusammenhang dank dem Anstieg der Axen erhalten, in Chamuera selbst wird er durch eine Reihe von mesozoischen Fenstern verraten. **Die Berninadecke umgibt daher die kristalline Masse des Piz Languard auf drei Seiten in geschlossenem Zuge, und die Languarddecke greift dazwischen als gewaltiger westlicher Ausläufer der mittelostalpinen Decke bis an die Ebene von Samaden.** Das entspricht einer **Feststellung der Campodecke 17 km westlich des Sassalbo und 15 km westlich ihrer von** *Spitz* **postulierten Nordsüdstirn in Valle Abrie.** Weder Sassalbo noch Valle Abrie sind eben die seichten Mulden der *Spitzschen* Vorstellung, sie sind eben **15—35 km weit überschobene Reste der grossen mesozoischen Synklinale zwischen unter- und mittelostalpiner Decke.**

Verfolgen wir nun die **Berninadecke in den Camogaskerbergen** noch weiter nach Osten. Der Zug des Corn, der die obere Grenze des Berninakristallins begleitet, führt uns mit Sicherheit durch das Labyrinth der Camogasker- und Casannatäler. Von Bevers zieht er durch Val Müsella, Val Malatt, Val Burdum hinein ins Chamueratal, und über Timun in Val Lavirum hinauf zum Corn. Von da erreicht er über den Westhang des Piz Sutèr den obersten der mesozoischen Keile im Nordgrat dieses Berges und den Hintergrund der Vauglia bei Plaungrand. In der untern Casanella treffen wir ihn zum letztenmal im Zusammenhang wieder, dann verliert er sich im Schutt.

Wir kennen also das Cornmesozoikum ohne nennenswerten Unterbruch von Bevers bis in die **Casannatäler** hinein, und stets erscheint an seiner Basis das typische Berninakristallin der Schuppe von St. Moritz als flache, stets weniger mächtige Platte über der mesozoischen Masse des Piz Mezzaun.

Die Berninadecke erreicht aber bei Casanella noch nicht ihr Ende. Wir müssen jedoch, um sie weiter verfolgen zu können, den komplizierten **Bau des Piz Mezzaun** und des Berges **Murtiröl** bei Scanfs etwas näher betrachten. Die Karte von *Zoeppritz*, einige Mitteilungen von *Spitz* und eigene Begehungen führen uns hier dem Verständnis zu. Schliesslich ergab eine nachträglich unter der liebenswürdigen Führung der nunmehrigen Bearbeiter des Gebietes, *F. Rösli* und *H. Eggenberger*, unternommene Kontrolltour die Richtigkeit der folgenden Ausführungen.

Der mächtige Dolomitstock baut sich über den zerschürften Sedimenten der Errhülle auf, als der Piz Padella des Ostens. Über die grossartige Triasbasis legen sich Rhät, Lias, Dogger und

Malm, vielleicht auch Kreide, darüber eine prachtvolle verkehrte Serie vom Lias bis hinauf zum Verrukano. Über diese schiebt sich von Süden unser Berninakristallin. Dasselbe zeigt weitgehende Ähnlichkeiten mit dem grünen Kristallin des Berninapasses und von St. Moritz, es steht in scharfem Gegensatz zur typischen Campogesellschaft der darüberfolgenden Languardmasse. Unter dem Piz Sutér verfolgen wir dasselbe nach Norden.

Die verkehrte Serie des Piz Mezzaun, durch ihre Trias gut hervorstechend, zieht westlich des Furclettagrates nach Norden hinab bis in den Keil südlich des Piz Arpiglia (P. 2746). Dort treffen wir, enorm zerdrückt, den ganzen Mezzaun mitsamt seiner charakteristischen Liasmasse wieder. Das Berninakristallin reicht über diesem Mesozoikum gleichfalls bis zu diesem Keil, bedeckt vom typischen Zug des Corn. Nördlich des Piz Arpiglia ist dasselbe mit seiner Mezzaunbasis zum Teil arg verschuppt, dieselbe steigt in mehreren Falten, dabei immer dünner werdend, zum tiefsten Sutérkeil hinab. Die Mezzaunmasse digitiert quasi im darüber folgenden Berninakristallin. Der tiefste Sutérkeil im Nordgrat des Piz Arpiglia ist höchst komplexer Natur. Er besteht aus Bruchstücken des Mezzaun, und einer tieferen, bis zum Malm reichenden Sedimentserie. Darunter folgt das Kristallin der Seja, der Ausläufer des Albulagranits.

Zwischen dem tiefsten Keil am Piz Arpiglia und dem Südgipfel des Murtiröl wird nun das sichere Errkristallin von einer Brücke von Verrukano und einzelnen Triasfetzen überwölbt, und wir sehen darin mit *Spitz* die digitierte Stirn des Errkristallins. Gegen Osten verfolgen wir dieselbe über Alp Vaüglia ins Casannatal hinab, und darunter erscheint in den tiefen Tobeln des Vaüglia- und Casannabaches nochmals, schon seit *Theobald* gekannt, der Albulagranit. Der in Fetzen zerrissene Sedimentmantel der Errdecke erreicht, mit den Mezzaungesteinen zu dem tiefsten Sutérkeil verschmolzen, über die mittlere Vaüglia den komplizierten Keil der Alp Casanella und damit gleichfalls das Casannatal. Verrukano, Trias, Lias der Errdecke sind mit Trias, Lias und Malmgesteinen des Mezzaun und mit Trias und Verrukano von dessen verkehrter Serie zu einem kompliziert gebauten Komplex verschmolzen, und dieser Komplex nun, der Err- und Berninasedimente enthält, leitet uns um den ostwärts untertauchenden Albulagranit von neuem in den Murtiröl hinein. Über dem wahren Albulagranit erscheinen ob Punt Vals, von ihm durch Trias und Lias getrennt, weitere Fetzen von Kristallin an der Basis der grossen Juramasse des Murtiröl. Es sind die in Linsen zerrissenen Ausläufer des Berninakristallins, das wir bis Val Casanella verfolgt hatten. Der Zusammenhang zwischen Casanella und Punt Vals ist nicht direkt festzustellen, da ausgedehnte Schuttmassen denselben begraben; aber die tektonischen Analogien stellen den Zusammenhang ohne Zweifel sicher. Von Punt Vals zum Murtiröl hinauf treffen wir noch an mehreren Orten unzusammenhängende Linsen von grünem Granit und Gneiss zwischen Errumhüllung und Murtiröljurazone, und diese Linsen gehören damit gleichfalls in die Zone des Cornkristallins als abgerissene Fetzen der Berninadecke. Der Gipfel des Murtiröl mit seinen Jura- und Kreidegesteinen ist von der Erddecke deutlich durch Mesozoikum, Saluverkreide-Trias, Verrukano und schmale Linsen von Kristallin getrennt, er ist daher gleichfalls zur Berninadecke zu zählen. Der Murtiröl bleibt damit auch nach der neuen Auffassung der nördliche Ausläufer der Sassalbozone, als den wir ihn früher aus faciellen Gründen angesehen haben.

Auch westlich des Murtiröl schalten sich zwischen Errumhüllung und Murtiröljura an mehreren Orten noch Verrukanofetzen ein. Dieselben weisen unzweideutig hinüber in die Gneisse ob Madulein, wir können daher in denselben die weitere Fortsetzung des Berninakristallins sehen. *Eggenberger* hat in dieser Zone, die er die Schuppen von Arschaida nennt, bezeichnenderweise grüne Diorite gefunden, die stark an Berninagesteine erinnern. Die Trias von Guardaval entspricht der am Nordfuss der Seja, also der Errumhüllung, die Trias von Ponte bildet im Errkristallin eine sekundäre Einfaltung, die vielleicht der Mulixerdigitation entspricht. Damit dürfen wir die nächsthöhern Gneisse von Madulein, die Arschaidaschuppen *Eggenbergers*, als die Ausläufer des Berninakristallins betrachten.

Nördlich des Murtiröl erscheinen im Jura der Berninadecke Linsen von Gneiss und Trias, dann eine grössere Gneiss-Triasmasse, darunter der Lias der Val Trupchun. Die ersten Gneisseinschaltungen sind die Reste der Languarddecke, der grosse Gneisstriaszug die Basis der Campodecke. Diese

16

höchste kristalline Zone quert unterhalb Zuoz das Engadin und erreicht bei der Alp Eschia die höchsten kristallinen Züge unter dem Albulalias. Über die nähern Beziehungen zwischen Languarddecke, Campokristallin und den Engadinerdolomiten werden wir im nächsten Kapitel sprechen. Für heute schliessen wir die Betrachtung dieser verwickelt gebauten Region mit dem sicheren Resultat ab: **Die Berninadecke des Oberengadins zieht von Samaden noch weit nach Osten und Norden.** Sie umfasst im mittleren Engadin nicht nur den Piz Mezzaun, **sondern das ganze Gebirge von der Umhüllung des Albulagranites bis und mit dem Cornzug.** Sie erreicht damit die **Casannatäler,** den **Murtiröl** und die **Maduleinerfaltenzüge. Die Languarddecke bleibt auf das Gebirge über dem Cornzug beschränkt.**

Damit schliessen wir unsere Betrachtung über die Berninadecke ab. Es ist uns gelungen, diese Einheit im Puschlav, am Berninapass und östlich Samaden ganz bedeutend zu erweitern, und **heute verfolgen wir die Berninadecke als geschlossene Einheit von den Höhen ob Sondrio auf über 45 km Überschiebungsbreite bis nach Zuoz und an den Albulapass hinaus.** Ausserhalb dieser Masse kennen wir Klippen dieser gewaltigen Einheit von der Vetta di Ron, vom Piz Corvatsch, vom Piz Materdell. Der Piz Materdell ist der westlichste Vorposten der Berninadecke, und von hier nach Osten verfolgen wir auf 30 km im Streichen die Basis dieser grandiosen Einheit durch die Halbfenster des Oberengadins und des Malenk bis hinein zum See von Poschiavo. Dringen wir in der Berninadecke nach Süden vor, so sehen wir nicht bloss im äussersten Westen, im Juliermassiv, seine kristallinen Gesteine über jungen mesozoischen Schichten in die Luft steigen, sondern wir erkennen diese mesozoische Unterlage **überall,** wo wir auch im Gebiete der Berninadecke, selbst im äussersten Osten, bei den Casannatälern, angefangen, gegen Süden vordringen. Stets landen wir in mesozoischen Schichten und in tieferen Decken. Der Süd-, West- und Nordrand der Bernina ist ein Erosionsrand mit allen seinen Launen und Überraschungen, mit seiner hervorragenden landschaftlichen Gliederung und Abwechslung, gegen Osten sinkt das ganze Paket unter die kristallinen Schiefer der mittelostalpinen Massen, auch hier noch **bis auf 15 km im Streichen** unter denselben nachweisbar.

Damit verlassen wir die unterostalpinen Elemente des südlichen Bündens. Mehr und mehr schält sich die grosse Zweiteilung derselben heraus. Sella- und Languarddecke sind heute klar als fremde Glieder abgeschieden, und die **unterostalpine Deckengruppe** beschränkt sich nunmehr auf **Err-** und **Berninadecken.** Aber auch diese beiden gewaltigen Körper erscheinen immer deutlicher nur als eine grossartige **Einheit** höheren Stils. Die Masse der Errdecke ist heute als der mächtige Kopfteil der Bernina erkannt, durch Facies und Tektonik aufs engste mit derselben verknüpft. Die Albuladecke markiert eine untere Abspaltung dieses Kopfes, vermittelt den Übergang zum penninischen Regime. Als mächtige höhere Digitation erscheint im Südosten die Masse der Stretta als Rückenlappen der Bernina. Mehr und mehr tritt die Einheit des unterostalpinen Deckenkörpers hervor. Sowohl gegen oben wie gegen unten. Immer mehr erscheint die Berninadecke als der primäre Stamm, von dem alle andern Glieder sich lösen. Die **Bernina** ist heute das **wahre unterostalpine Zentrum,** das Stammland, aus dem alle andern Einheiten dieser Deckengruppe, Err, Albula und Stretta, hervorgehen.

So fassen wir denn von nun an **die Berninadecke als die grosse unterostalpine Stammeinheit** auf. Ihr Kopf ist die **Err-Albuladecke,** ihr mächtiger Rückenlappen die Masse der **Stretta.** Im Zentrum steht, wie ein Symbol, das weithin leuchtende Hochgebirge der Bernina.

Damit schliessen wir die Betrachtung der unterostalpinen Einheiten im Oberengadin. Ein reichgezackter Erosionsrand ermöglicht uns hier wie selten in den Alpen einen wundervollen Einblick in den alpinen Deckenbau. Auf **30 km im Streichen** und **45 km quer dazu** erkennen wir die **mesozoische Unterlage der Bernina,** auf **38 km im Streichen** und **43 km quer dazu** die **mesozoischpenninische Basis der Errdecke.** Dadurch wird der Aufschluss im Streichen noch gewaltiger als selbst im Prättigau, und die Gebirge des Oberengadins mit ihren herrlichen Gipfeln können mehr und mehr als ein wahrhaft klassisches Land alpinen Deckenbaues gelten.

Wir wenden uns nun den höheren Einheiten der bündnerischen Grisoniden zu, das sind

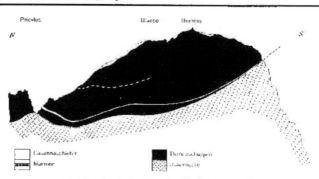

Fig. 33. Tektonische Skizze des Piz Bernina (p. 115)

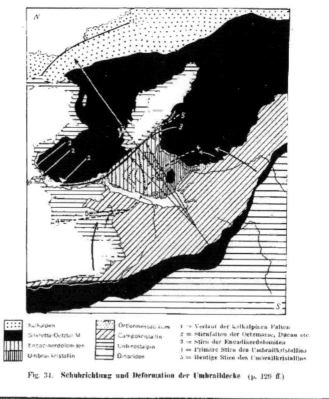

Fig. 34. Schubrichtung und Deformation der Umbraildecke (p. 129 ff.)

b) Die mittelostalpinen Decken in Graubünden.

Das ganze mächtige Bergland zwischen Berninadecke und der Überschiebung der Silvretta gehört heute in den Rahmen der mittelostalpinen Decken. Von der Linie Sondrio-Tonale bis hinauf nach Arosa und hinab ins Unterengadin, und vom Puschlav und Oberengadin bis hinüber zum Ortler, gehört heute das ganze Gebirge zur mittelostalpinen Deckengruppe. Auf 75 km Breite und weit über 50 km im Streichen bedecken deren Einheiten die tieferen unterostalpinen Elemente und das Penninikum, und werden auf diese Weise zum mächtigsten Gliede der Grisoniden. Bei Davos und im Unterengadin bohren sich die Stirnen der mittelostalpinen Decke in die hangende Silvrettamasse ein, und von da nach Süden wird dieselbe auf 25 km Breite von den alten Gesteinen der Silvretta überlagert. Im Westen ist ihre flache Basis auf 15 bis 18 km im Streichen und auf 65 km Breite aufgeschlossen, und erscheinen unter den kristallinen mittelostalpinen Massen stets das Mesozoikum und tiefere Decken. Vom Piz Toissa im Oberhalbstein bis in die Casannatäler östlich Scanfs erkennen wir die penninisch-unterostalpine Basis der mittelostalpinen Glieder sogar auf 40 km im Streichen, und von Parpan bis Klosters abermals auf über 30 km. Um den nach Süden geschlossenen Keil des Sassalbo verschmelzen diese gewaltigen mittelostalpinen Einheiten mit den tieferen unterostalpinen Decken zur Einheit der Grisoniden. Von allen Elementen der Grisoniden erlangen die mittelostalpinen Decken die grösste oberflächliche Bedeutung, und sie sind es auch, die uns in langem Zuge durch das Gebirge des Ortler und des Vintschgaus ohne Lücke hinüberführen werden bis in die Umrahmung der Hohen Tauern.

Bis heute galt als alleiniger Vertreter der mittelostalpinen Deckengruppe die **Campodecke** mit ihren verschiedenen Teilelementen, wie Ortler und Umbrail, Lischanna, Aela und endlich den Aroserdolomiten. Heute müssen wir auch die Languarddecke zum Mittelostalpin, zu dieser grossen Campoeinheit zählen, wie uns die Untersuchung der Camogaskerberge und Val del Fain gezeigt hat. Dieselbe bleibt von Scanfs zurück bis zum Sassalbo deutlich getrennt von den unterostalpinen Elementen der Bernina und der Stretta, sie verschmilzt sogar in der Gegend von Valle Abrie deutlich und unzweifelhaft mit der Campodecke.

Die Languarddecke gehört demnach zur Campodecke, und es erhebt sich die Frage: Ist der Name der Languarddecke daher fallen zu lassen oder liegen die Verhältnisse doch so, dass die Languardmasse nur einen Teil, nicht aber die ganze Campodecke darstellt? Diese Frage führt uns abermals in die verlassenen Gebiete der Camogasker- und Casannatäler, und in das oberste Livigno.

Die Languarddecke ist von der grossen kristallinen Masse von Livigno, die die Basis der Ortler- und Münstertalertrias bildet, auf weite Strecken durch mesozoische Keile getrennt, dieselben reichen aus den Casannatälern bis hinein nach Valle Abrie. Die Languardmasse ist damit noch auf 10—12 km Tiefe von der eigentlichen Hauptmasse der Campodecke in Livigno getrennt. Sie erscheint somit als sekundärer unterer Zweiglappen der alten Campodecke. In Valle di Campo und bis hinüber ins südliche Livigno ist diese Campodecke einheitlich, wenigstens nicht durch Mesozoikum zerlappt, gegen Norden teilt sie sich durch Trias-Verrukanokeile in zwei grosse kristalline Stirnlappen, die der Languardmasse und die des Livigno. Wir können daher heute sagen: Die Languarddecke im heutigen Sinne ist ein unterer Teillappen der Campodecke. Die Campodecke zerfällt gegen Norden in die zwei grossen Stirndigitationen der Languard- und der Livignomasse. Der Livignolappen aber trägt das grosse Triasgebirge des Ortler, und nach diesem wundervollen Hochgebirge wollen wir das obere Teilelement der Campodecke benennen. Wir ziehen daher den alten *Termierschen* Namen der **Ortlerdecke** wieder zu Ehren und nennen Ortlerdecke die grosse obere Digitation der Campoeinheit. Damit können wir heute die Campodecke wie folgt definieren:

Die **Campodecke** liegt im Süden auf zirka 30 km Breite als einheitliche kristalline Platte dem Mesozoikum der tiefern Einheiten auf. Im obern Livigno **spaltet** sie sich in zwei grosse **Stirnlappen**, die **Languarddecke** unten, die **Ortlerdecke** oben. Die trennenden Sedimentzüge zwischen diesen beiden Teilelementen verfolgen wir vom Murtiröl bis nach Valle Abrie hinein.

Diese Trennung zwischen Languard- und Ortlerdecke umfasst die mesozoischen Keile der Fuorcla Casanna und Lavirum, und die mesozoischen Züge der Val Federia. Bisher wurden dieselben stets über das Joch westlich des Pizzo Campaccio mit der Trias-Juraserie der Valle Abrie, und damit dem Sassalbo verbunden. Diese Verbindung existiert aber nicht, und die Triaszüge der Val Federia schwenken im Hintergrund dieses Tales deutlich nach Osten, in das Hangende des Pizzo Campaccio hinein. Sehen wir näher zu.

Zwischen Casanella und der Alp Casanna stossen die kristallinen Schiefer der Languardmasse bis zum Casannabach vor. Nördlich des schutterfüllten Tales bauen sich über den tiefsten Gneissen die Trias-Juramauern der Engadinerdolomiten, als Fortsetzung des Ortler, auf, und nach diesen rein lokalen Beobachtungen würde die Languarddecke hier direkt die Basis des Ortler bilden. Steigen wir aber in Val Casanna nur wenig gegen den altberühmten Casannapass in die Höhe, so sehen wir, dass sich zwischen das Languardkristallin des Casanellagrates und die kristalline Unterlage der Ortlertrias Dolomit- und Verrukanolinsen einschieben, und gegen den Hintergrund der Val Casanna erscheinen zusammenhängende grosse Triasmassen, mit Verrukano- und Liasschiefern verschuppt: Der Beginn der grossen Keile von Lavirum. Im Talkessel der hintersten Casanna sehen wir diese mesozoischen Massen in geschlossener Platte ringsum das Languardkristallin überdecken, dasselbe erscheint als geschlossenes Fenster im Triasjurakeil der Fuorcla Casanna. Südlich derselben sind Languardkristallin und Mesozoikum mehrmals eng miteinander verschuppt, dann setzt die mesozoische Bedeckung des Languardkristallins in den grossen Keil der Valle Everone weiter. Auch hier mit dem liegenden Kristallin verfaltet. Über den Nordostsporn des Piz Lavirum erreicht unsere Trias den merkwürdig verbogenen Triaskeil der Val Forno und von da in steilem Zuge die Val Federia. Überall sinkt er deutlich unter die östlichen kristallinen Schiefer der Livignomasse ein und fällt mehr oder weniger steil vom Languardkristallin ab. Auch östlich Val Federia finden sich verschiedene Verrukano- und Triaskeile. Im Hintergrund des Tales nun treffen wir unsere Haupttriasmasse an der Corna di Gessi wieder. Dort aber schwenkt nun der ganze Komplex in scharfer Kurve nach Nordosten über die Corna di Gessi zurück und steigt schliesslich in mehreren Falten zum Gipfel des Pizzo Cantone. Südlich begrenzt vom Languardkristallin, nördlich von den Schiefern des Livigno.

Die Federiatrias zieht also gar nicht gegen die Trias im Hintergrunde von Valle Abrie hinauf, sondern wendet sich vorher deutlich nach Osten dem Livigno zu. In ähnlicher Art, wie es schon der alte *Theobald* auf Blatt XX dargestellt hat. Nur erreichen Verrukano und Trias am Grat ob Livigno nicht ihr Ende, sondern ziehen über den Pizzo Cantone noch weiter nach Süden. Im Kessel westlich des Monte delle Rezze scheint diese Trias auszukeilen. Doch ist es möglich, dass sie in einzelnen Fetzen noch weiter in die nördliche Campogruppe hineinstreicht; die weitere Kartierung wird dies entscheiden.

Auf alle Fälle ist sicher, dass die **Languardmasse** von den Casannatälern bis ins oberste Livigno stets durch einen ausgeprägten mesozoischen Sedimentzug, den von **Federia**, von der oberen **Hauptmasse der Campodecke**, der **Unterlage des Ortler**, getrennt wird. Im südlichen Livigno keilt der Federiazug aus, und die beiden Lappen der Languard- und der Ortlerdecke vereinigen sich zu dem kristallinen Hauptkern der eigentlichen Campodecke.

Auf diese Weise hat uns die Untersuchung der verlassenen Gebirge zwischen Livigno und dem Engadin zu einem sehr befriedigenden Ergebnis geführt. Die Gliederung der Grisoniden Bündens wird dadurch um vieles einfacher. Dem **Deckenpaar Err-Albula und Bernina** im Unterostalpin steht im Mittelostalpin das **Deckenpaar Languard-Campo** gegenüber, und wir werden später sehen, welch weitgehende Vereinfachung diese Klärung auch in die Probleme der Klippen und Préalpes, der Gegend von Arosa usw. bringt. Sie besteht in der Hauptsache darin, dass im Grunde einer einzigen unterostalpinen Stammdecke auch eine geschlossene mittelostalpine Einheit gegenübersteht.

Im Engadin sind Err- und Berninadecke zu der grossartigen Mulde der Oberengadiner Deckensynklinale gestaut, und bei Pontresina erscheint in deren nunmehr flachem Kern auch die Languarddecke. Durch dieselbe streicht die Deckenmulde weiter nach Osten; stets steigen, sowohl im Süden wie im Norden, die tieferen Glieder in Form der Berninadecke wieder ans Licht empor. In Val Federia erkennen wir die Mulde immer noch, und sehen selbst die Ortlerdecke in flacher Synklinale in die Languarddecke eingefaltet. Die trennenden Triaszüge der Val Federia, vom Cantone und von Val di Forno lassen diese Falten von weitem erkennen. Dem Absteigen der Errdecke vom Piz Corvatsch nach Surlej, dem Absinken der Bernina vom Piz Rosatsch nach Statz, oder dem nördlichen Absinken der Alvtrias in Val del Fain, entspricht das generelle, allerdings in engern Faltentreppen vor sich gehende Absteigen der Federiatrias vom Pizzo Cantone bis zur Val di Forno. Dem nördlichen Ansteigen aller tieferen Elemente aus der St. Moritzermulde, das wir heute kennen vom Avers bis in die Casannatäler, von der Margna- bis in die Languarddecke, schmiegt sich der Federiazug zwischen Val di Forno und der Fuorcla Casanna an. Von dort zieht er allerdings flach nordwärts ab, doch hängt dies mit dem allmählichen Ausspitzen der Languardmasse zwischen Corn- und Federiazug, und der Stirn des Murtiröl zusammen.

Wir kennen damit heute die Engadiner Deckenmulde mit Sicherheit vom Avers bis ins Livigno hinein, auf eine Strecke von weit über 40 km, und sie umfasst in gleicher Weise alle tektonischen Einheiten von der Suretta- bis zur Ortlerdecke hinauf.

In Val Casanna lässt sich die Languarddecke noch deutlich vom Kristallin von Livigno, der Ortlerdecke scheiden. Diese Trennung verfolgen wir nun weiter nach Westen. Das Kristallin der Ortlerdecke zieht aus dem Livigno westwärts in den Casannapass hinein, dabei zwischen der Ortlertrias und dem Federiazuge immer schmäler werdend. Es ist das Ausspitzen des Ortlerkristallins gegen die Stirn zu, das wir infolge des westlichen Anstieges aller Achsen beobachten können. Am Grenzgrat des Casannapasses zerfällt die in Livigno noch einheitliche kristalline Unterlage der Ortlertrias in drei getrennte grössere und mehrere sekundäre kleinere Keile, und zwischen der Federia- und der Ortlertrias schalten sich im Kristallin im Grossen zwei gut verfolgbare Trias-Verrukanokeile ein. Der untere derselben spitzt schon im westlichen Gehänge des Casannapasses gegen Süden in den kristallinen Schiefern aus, der obere sticht direkt südlich des Casannapasses in die Luft. Beide Züge aber lassen sich bis in den Talschutt der Val Casanna verfolgen, und das Auskeilen derselben gegen Norden, wie es die *Zöppritzsche* Karte angibt, ist nirgends zu sehen. Wohl aber beobachten wir östlich des Casannapasses im Riale Toscie und in Valle Saliente, wie sich der Triaszug des Casannapasses um das nördlichste Kristallin herum mit der Ortlertrias vereinigt. Die Casannapasstrias ist also nicht eine gegen Süden offene Mulde, sondern, wie die tiefere, ein gegen Süden geschlossener Keil zwischen den höchsten nach Norden getriebenen Stirndigitationen der Campo-Ortlerdecke. Man kann sich heute fragen, ob nicht auch die Gneisse an der Corna dei Cavalli in gleicher Art eine noch höhere Digitation der Decke vorstellen. Wir kommen damit aber auf die ganze heikle Frage der Rückfaltung der Münstertalertrias und die Frage der Braulioüberschiebung zurück. Sie wird uns weiter beschäftigen.

Vorderhand verfolgen wir nun unsere Languard- und Ortlerteildecken noch nach Westen in den Murtiröl und die Maduleinerzüge hinein. Die Verhältnisse in Val Casanna zeigen, wie sowohl das Ortler—Livigno-, wie das Languardkristallin zu schmalen Keilen ausspitzen, analog etwa dem Ausspitzen des Berninakristallins in Val Saluver. Wir erwarten daher westlich der Casannatäler nur mehr schmale Keile oder losgetrennte dünne Linsen dieser mächtigen südlichen Einheiten, und solche sind nun auch tatsächlich in den Mesozoika des Murtiröl vorhanden. Die Gipfelserie des Murtiröl gehört, wie oben gezeigt wurde, zur Berninadecke. Darüber folgen, wie zu erwarten, zwei Gneiskeile mit Trias- und Juraserien; der tiefere entspricht dem ausgespitzten Languardkristallin, der höhere dem auskeilenden, abgerissenen Kristallin der Ortlerdecke. Das Kristallin des Casannapasses lässt sich auch ohne Unterbruch an der Basis der Ortlertrias bis über Punt Vals verfolgen. Von dort zieht es quer durch den *Zeoppritzschen* «Liasstreifen» direkt in das Kristallin, das mit seiner Triasbedeckung über Schettas gegen Val Trupchum hineinschwenkt, und nach einer wenig mächtigen Nordfalte erreicht es dann, auf grosse Strecken völlig abgerissen, die grosse kristalline Linse am Murtirölnordgrat.

Die nördlichste kristalline Linse des Murtiröl steht demnach in sicherem Zusammenhang mit dem Campo-Livignokristallin, es ist die Basis der Ortlerdecke und der Engadinerdolomiten. Die nächst südlichere kleine Linse entspricht dem ausgespitzten Languardkristallin. Am Murtiröl ist die ganze Deckenserie von der Bernina- bis zur Ortlerdecke durch die Einwicklung unter die Errstirn überkippt. Das Kristallin zwischen Zuoz und Scanfs jedoch liegt schon wieder flach unter der Ortlertrias, und dieser wieder flach gestellte Zug des Campokristallins stösst nun über die Ova Varusch in den Verrukanozug an der Basis des Piz d'Esen hinein. Die Einwicklung der Decken ist also nur eine ganz kurze und das Kristallin der Ortlerdecke stösst nach der Steilstellung am Murtiröl weiter flach unter die Engadinerdolomiten hinein.

Die steilgestellte überkippte Partie von Languard- und Ortlerdecke treffen wir nun endlich auch westlich des Engadins in den oberen Maduleinerzügen. Über dieselben erreichen unsere östlichen Elemente den Albulapass, einzelne kristalline Fetzen sogar die Fuorcla Tschitta und endlich die Westseite der Bergünerstöcke.

Soviel zur Abgrenzung und Gliederung der mittelostalpinen Einheiten im Oberengadin.

Im kristallinen **Kernteil** der Campodecke haben *Hammer* und *Spitz* im Süden mehrere Teilelemente unterschieden, doch finden sich zwischen denselben nirgends mesozoische Reste, die Teilung ist also eine rein sekundäre. Ähnliche Trennungen im Kristallinen habe ich beispielweise in den südlichen Bergen der Valle di Campo gesehen, die vielleicht direkt den *Spitz*schen Unterabteilungen entsprechen, und die möglicherweise bis hinaus in die Trias des Pizzo Cantone zu verfolgen sind, als die innersten Trennungen zwischen Languard- und Ortlerdecke. Die weitere Untersuchung wird sich mit diesen innerkristallinen Fragen zu beschäftigen haben. Noch vor wenigen Jahren waren alle diese innerkristallinen Probleme der Deckenkerne noch nicht gestellt, und man ging an solchen innern Quetschzonen als etwas Sekundärem achtlos vorbei, oder schenkte ihnen wenigstens nicht die nötige Aufmerksamkeit. Heute aber erlangen dieselben eine hohe Bedeutung als die innersten Trennungen zwischen den im Norden mächtig individualisierten Teilelementen der grossen Stammdecken.

Auf die grosse Gliederung der Grisoniden haben diese kristallinen Teilelemente keinen Einfluss. So sind die Grosinadecke von *Spitz* und die südliche Aufschiebung der Tonale- und Pejozone an der Punta di Ercavallo lediglich sekundäre innerkristalline Phänomene im Kern der Campodecke. Mit Deckentrennungen gegen Unter- oder Oberostalpin haben dieselben nichts zu tun.

Wir wenden uns nun dem **Norden** zu. Da liegen längs der grossen Linie Scanfs-Bormio-Königsjoch-Sulden die Sedimente der Campodecke im **Ortler** und den **Engadinerdolomiten** zu gewaltigen Massen gehäuft. In einem riesigen Dreieck bedecken die mesozoischen Gesteine weithin das kristalline Gebirge, und zwischen Bormio und Nauders erlangt diese Sedimenttafel eine Breite von über 40 km. Bei Scanfs greift dieses grossartige Gebirge über das Engadin hinaus nach Westen, und erreicht über den Albulapass und die Bergünerstöcke das Oberhalbstein und den Piz Toissa. Auf 85 km Länge durchzieht dieses Mesozoikum das bündnerische Bergland, vom Oberhalbstein bis hinüber nach Nauders und an die Etsch; und endlich erkennen wir heute seine letzten nördlichen Ausläufer in den Dolomiten von Arosa.

Dieses gewaltige Sedimentgebirge ruht in seiner Gesamtheit im Süden auf den kristallinen Kernen der Campodecke, und wird an seinem Ost- und Nordrand von den alten Gesteinen der Silvretta und des Oetztals überschoben. Von der Etsch kennen wir heute diese grandiose Überschiebung bis hinüber ins Oberhalbstein und hinaus nach Davos, auf eine Länge von über 130 km.

Die **Stellung dieses Sedimentgebirges** im Grossen ist also klar. Es ruht normal auf dem Kristallin der Campodecke und wird seinerseits vom Kristallin der Silvretta überschoben. Die ganze Masse erscheint daher als eine grossartige **Synklinale** zwischen den beiden grossen **kristallinen Deckenkernen** der **Campo- und der Silvrettadecke**.

In diesem Sinne habe ich 1915 diese grosse Sedimentzone des Ortler, der Engadiner- und Bergünerdolomiten aufgefasst und definiert. Als **trennendes Mesozoikum zwischen mittel- und oberostalpiner Decke** erscheint sie uns heute.

Noch 1915 aber war es unmöglich, dieses enorme Sedimentpaket weiter zu gliedern, fehlten doch nähere Untersuchungen über die Innentektonik dieses Komplexes fast völlig, und waren doch vor allem weder Karte noch Text von *Spitz* und *Dyhrenfurth* erschienen. Daneben erschienen die Verhältnisse bei Scanfs, am Murtiröl und am Albulapass, z. T. auch am Südrand der Bergünerstöcke, noch so wenig aufgeklärt, dass damals an eine Innengliederung dieser gewaltigen Sedimentplatte zwischen

Campo- und Silvrettadecke nicht zu denken war. Heute jedoch dürfen wir, nach all den neuen Erkenntnissen der letzten Jahre, ruhig an eine weitere Zergliederung des Campomesozoikums gehen und den Bau dieser grandiosen Gebirge etwas näher betrachten.

Zwei grosse Elemente schälen sich seit alter Zeit heraus, das Kalkgebirge des Ortler und die Engadinerdolomiten. Die Engadinertrias ruht dabei, oft noch mit ihrer kristallinen Unterlage, den Trias-Juragesteinen des eigentlichen Ortlergebirges auf. Schon *Studer* und *Theobald* haben diese Auflagerung gekannt und kartiert. Die Campodecke zerfällt also nicht nur in ihrem Kristallin in mehrere grössere Teilelemente, sondern solche finden sich in noch höherem Masse in ihrer Sedimentbedeckung.

Längs der Linie Scanfs-Bormio-Königsjoch-Sulden folgen über den nach Norden zur Tiefe tauchenden kristallinen Schiefern von Livigno und Bormio der Verrukano und die Trias des Ortler, darüber die Rhät-Liasmassen von Fraele. Diese Ortlerzone ist die eigentliche normale Sedimentbedeckung der kristallinen Schiefer der Livigno- und Violatäler, und wir fassen daher diese ganze stratigraphisch-tektonische Einheit als Ortlerdecke zusammen. Das Kristallin von Livigno, Viola, Valle di Campo und Bormio, im Osten das kristalline Gebirge um Sulden, ist die vorpermische Basis dieser Ortlerdecke. Dieselbe ist eng mit dem Mesozoikum verfaltet; Trias und Kristallin greifen in scharfen Keilen oft ineinander ein. Zwei solche Keile kennen wir bereits vom Casannapass, ein weiterer ist der Triaskeil von Isolaccia. Ob den Bädern von Bormio greift das Kristallin in einer nordbewegten Falte auf die steilgestellte Ortlertrias hinauf, und weiter östlich beobachten wir Ähnliches südlich der Königsspitze. Zwischen Casannapass und Bormio beobachten wir stets ein steiles Untertauchen der kristallinen Basis unter die Ortlertrias, östlich der Adda führen weitere Verfaltungen vielfach zu saigeren und nordwärts überkippten Kontakten. Dass es sich dabei nicht um Verwerfungen wie den «Zebrübruch» und dergleichen handelt, zeigt die sukzessive Verfolgung der Triasbasis zwischen Bormio und dem Königsjoch zur Genüge. An Stellen, wo dieselbe flach nach Norden fällt, wie stellenweise unter dem Dosso Reit, greift das Kristallin nordwärts in die Täler ein und verläuft der Triasrand zackig wie drüben im Westen. Wo hingegen durch Verfaltung der Kontakt steilgestellt wird, da verläuft die Basis der Trias oft gerade über Berg und Tal, und täuscht an solchen Orten, wie in Val Zebrù, eine wirkliche «Verwerfung» vor. Dass dies aber nicht der Fall ist, zeigt die harmonische Verfaltung der Trias mit der altkristallinen Unterlage. Die Dolomite der Königsspitze bilden eine gewaltige, tief in das Herz des Kristallinen greifende, deutlich nordwärts überkippte mehrteilige Mulde des Triasgebirges zwischen der flachen Antiklinale des Ortler und dem südlichen Kristallin. Gegen Osten steigt die Ortlertrias über ihrer kristallinen Basis im Suldental in die Luft hinaus; der tief eingeklemmte Triasmuldenkern der Königsspitze aber lässt sich zwischen dem Kristallin von Sulden und dem des Cevedale noch 7 km weit nach Osten bis ins Pedertal verfolgen. Der Gips des Pedertales ist der Rest der Königsspitzenmulde. *Hammer* hat diesen Zusammenhang zwischen Schaubachhütte und Pedertal auch festgestellt, und damit ein einwandfreies Zeugnis für die grossartigen Verfaltungen von Trias und Kristallin an der Zebrùlinie geliefert.

Die Ortlertrias ist also weitgehend mit ihrer kristallinen Basis verfaltet, vom Casannapass bis hinüber ins oberste Martell, d. h. auf der ganzen sichtbaren Länge der Ortlerbasis.

Auf grosse Strecken ist die Ortlertrias mit ihrer kristallinen Basis noch in primärem stratigraphischem Kontakt, an vielen Stellen jedoch haben sich zwischen Trias und Kristallin Gleitflächen gebildet, längs denen sich die beiden Elemente noch sekundär aneinander verschoben, längs denen sie sich öfters selbständig voneinander bewegt haben. Es ist ja in einem solch eminent durchbewegten Deckenlande ohne weiteres begreiflich, dass sich die spröde Trias tektonisch anders verhielt als die plastischeren kristallinen Schiefer. Die grossen Mächtigkeitsschwankungen der Ortlertrias sind dadurch ohne weiteres verständlich. Der Kontakt zwischen Trias, Verrukano und Kristallin ist eben auf weite Strecken ein anormaler Gleitkontakt der Trias auf ihrem Kristallin. Eine solch steilgestellte Gleitfläche aber erschien eben einfach als Bruch, und damit wird auch die erste *Hammersche* Auffassung begreiflich. Heute jedoch erkennen wir alle diese steilen «Brüche» als nur sekundär durch grossartige Verfaltungen steilgestellte Gleitflächen. Mit Verwerfungen haben dieselben nichts zu tun, wie schon vor 20 Jahren *Termier* erkannt hat, und der berühmte «Zebrùbruch» existiert als solcher nicht. Es ist nur die durch die Zebrù- und Königsspitzenfaltung steilgestellte basale Gleitfläche der Ortlertrias, die sonst auf weite Strecken deutlich nordwärts unter die Trias einschiesst. Der steilgestellte Nordrand des Campokristallins.

Die Ortlerdecke erscheint also zwischen Königsjoch und Casannapass als ziemlich intensiv gefalteter Komplex von Kristallin, Trias und Jura. Sie ist nicht die ruhige einförmige Platte, die durch die flache Auflagerung im Suldental vorgetäuscht wurde, sondern sie sinkt von Süden in kühnem Faltenwurf in die Tiefe unter die nächsthöhere Einheit hinab.

Die Verfaltungen von Ortlertrias und kristalliner Basis sind aber nicht auf die Zebrùlinie beschränkt, sie finden sich in wundervoller Weise auch weiter im Norden. Auch hier hat sie *Hammer* als Brüche aufgefasst. Am Zumpanell greift die Ortlertrias in tiefem Keile in ihre Unterlage ein und lässt sich in dieser enggepressten Mulde abermals, wie oben bei der Königsspitzenmulde, weit nach Osten, in die Angelusgruppe hinein verfolgen, bis über 5 km ins kristalline Gebirge hinein. Der Gips des Stiereckkammes ist wie der der Pederspitze der letzte tiefste Rest einer eingeklemmten Ortlertriasmulde zwischen den kristallinen Massen der Ortlerbasis. Um ihm herum vereinigen sich die alten Gesteine von Sulden und Gomagoi zu einer kristallinen Einheit, doch ist dieselbe bis weit in die Laasergruppe hinein durch eine Quetschzone in der Fortsetzung der Zumpanellmulde zerschnitten. Man hat kürzlich versucht, dieser Zumpanellinie den Rang einer Deckengrenze zu geben und die Masse von Gomagoi, die unter derselben erscheint, samt den Laasermarmoren, als Bernina-Languard-Decke abzutrennen. Wir halten hingegen die Zumpanellinie bis auf weiteres für eine rein sekundäre Verkeilung im Rücken der Ortlerdecke. Wir werden später die Gründe anzuführen haben, die gegen die Auffassung der Zumpanellinie als Deckengrenze sprechen; vorderhand wenden wir uns wieder dem Westen zu.

Längs der Linie Prad-Stilfs-Trafoi-Stilfserjoch-Monte Braulio sinken die Triasgesteine des Ortler unter das Kristallin einer höheren Einheit ein. Es ist die Basis der Engadinerdolomiten, die hier das Ortlermesozoikum überschiebt. *Termier* hat diese höhere Einheit die Umbraildecke genannt, und wir haben allen Grund, diese Bezeichnung wieder einzuführen. Trennt doch diese Überschiebung vom Vintschgau bis hinüber nach Scanfs die zwei grössten Teilelemente der Campodecke, Ortler- und Engadinerdolomiten, und eignet sich doch kein kurzer Name besser für die Bezeichnung der gewaltigen oberen Einheit als gerade der Umbrail. Der Umbrail, der sowohl Kristallin wie Mesozoikum dieser höheren Serie umfasst, und der als eine klassische Stätte in der Erkenntnis der ostalpinen Decken die Ehre verdient, dass wenigstens die grosse Zweigeinheit seinen Namen trägt. Wir bezeichnen daher fürderhin die Teildecke der Engadinerdolomiten wie *Termier* als die **Umbraildecke**, die Nappe de l'Umbrail.

Vom Vintschgau bis über den Braulio hinaus sind die Sedimente des Ortler von denen der Engadinerdolomiten stets scharf getrennt durch das Kristallin der Umbraildecke. Nach Westen aber verliert sich dasselbe, und liegt meist die Trias der Dolomiten auf den Juragesteinen der Ortlerdecke. *Termier* nahm ursprünglich an, die Umbraildecke sei wie alle andern Einheiten von Süden über den Ortler her gewandert, und er betrachtete den ganzen Bau der Umbrailregion als reines Produkt der allgemeinen Nordbewegung. *Hammer* und *Spitz* haben Gründe beigebracht, dass der Ortler eine gegen Süden offene Mulde zwischen einer südüberliegenden Braulioantiklinale und dem südlichen, im übrigen als autochthon betrachteten Zebrù-Veltlinerkristallin ist. Im besondern sollte das Umbiegen der Rhätmulden in der Bocca del Braulio im Ortlerdolomit sehr klar zu beobachten sein, und endlich schien der ganze Bau der Münstertaler- und Quatervalsgruppe für solche ausgedehnte Rückfaltungen gegen Süden zu sprechen. Man deutete daher in der Folge die Überschiebung des Umbrailkristallins auf den Ortler als Rückfaltung und konnte annehmen, dass dieselbe durch die Stauung der Campodecke an der Unterengadinerkulmination zustande gekommen sei. Diese Auffassung habe ich noch in den Profilen durch die westlichen Ostalpen in *Heims* Geologie der Schweiz vertreten.

Heute mehren sich die Gründe, wieder zur alten *Termierschen* Auffassung zurückzukehren, und wir wollen diese Frage näher prüfen. Zunächst muss gefragt werden, ob Ortler und Engadinerdolomiten um das Ende des Brauliokristallins wirklich **zusammenhangen**, oder ob die beiden Elemente auch westlich desselben voneinander **getrennt sind**.

Die heute vorliegenden *Spitzschen* Aufnahmen lassen darüber keinen Zweifel. **Das Kristallin des Monte Braulio trennt deutlich die Ortler- von der Umbraildecke, eine Verbindung der beiden Triasserien um eine Südstirn der Brauliodecke sehen wir nirgends.** Das Brauliokristallin endigt in spitzen Keilen und Scherben zwischen der Trias der Umbraildecke am Piz Schumbraida und dem Mesozoikum der Ortlerdecke in Val Forcola. In die Fortsetzung dieser einwandfreien Überschiebung fällt aber die prachtvolle, oft diskordante **Schubfläche zwischen Fraelelias und Dolomitentrias** von der Adda bis hinüber ins Engadin. Stets ist die Überschiebung der oberen Umbrail-Triasserie auf den Jura des Ortler eine scharfe. An der Corna dei Cavalli nördlich Livigno schaltet sich nahe der Überschiebung auf den Fraelelias ein kristalliner Keil mit Verrukano und unterer Trias ein, der ein absolutes Analogon zu den tieferen Keilen um den Casannapass, aber im Niveau des Brauliokristallins bildet. **Gegen Norden spitzt dieses Kristallin in der Umbrailtrias aus, es steckt als ein von Süden gekommener Antiklinalkern** deutlich in der aufgeschobenen Trias. Diese Stelle ist eine von denen, die sich mit dem Südschub von *Spitz* am wenigsten vertragen. Sie deutet klar auf die **Nordbewegung** der Dolomitenscholle, der Umbraildecke hin.

Es stehen also am Südrand der Engadinerdolomiten, an der Basis der Umbraildecke, einer Ableitung derselben aus dem **Süden**, über den Ortler hinweg, zunächst keine grosseren Schwierigkeiten entgegen. Die **Umbraildecke** kann daher im Prinzip vom **Hauptkörper** der Campodecke im bisherigen Sinne **abgetrennt**, und als eine **höhere Schuppe** derselben aufgefasst werden. Bisher galt sie als der gestaute Kopfteil der Campodecke, heute können wir sie sehr wohl als gewaltige höhere Schuppe derselben deuten und sie wie alle anderen Einheiten aus dem Süden beziehen. Die Rückfaltung am Stilfserjoch fällt damit weg, und der ganze Vorgang des Deckenschubes gewinnt an grossartiger Einheitlichkeit. Nehmen wir den Ortler als tieferes, nördliches, die Umbraildecke als höheres, südliches Teilelement der Campodecke, so können wir diese letztere ohne Mühe jenseits der grossen Schubfläche an der Punta di Ercavallo einlogieren, und dieselbe findet damit eine prachtvolle Erklärung als innerste Quetschzone hinter der grossen Triassynklinale des Ortler, zwischen Veltliner- und Umbrailkristallin.

Aber daneben stehen doch eine Menge von Schwierigkeiten dieser Auffassung entgegen. Wie sollen wir das fast völlige Fehlen des Kristallins an der Basis der Dolomitentrias zwischen Braulio und dem Engadin mit der Annahme einer von Süden gekommenen Umbraildecke erklären, wo doch nördlich des Umbrail, im Münstertal und in der Sesvennagruppe, diese kristalline Unterlage der Dolomitentrias so gewaltig anschwillt? Da sollten wir bei der Annahme einer von Süden gekommenen Decke doch wenigstens einen Teil dieses mächtigen Münstertalerkristallins auch an der Basis der Trias im Süden, über der Fraelemulde erwarten. Dies ist nicht der Fall. Oder wir müssen zu weitgehenden Ausquetschungen im Streichen greifen, so, dass die Umbraildecke im Osten einen mächtigen kristallinen Kern besitzt, im Westen hingegen nicht. Das Auskeilen des Sesvennakristallins nach Westen müsste mit einer fast erschreckenden Rapidität vor sich gehen, und zwar mindestens längs einer Linie, die vom Monte Braulio gegen Scarl zu liefe. Wir bekämen auf diese Weise eine Art Nord-Süd verlaufender Stirn des Brauliokristallins, die mit dem von *Spitz* und *Dyhrenfurth* postulierten Ostwestschub vereinbar wäre. Wie gehen wir nun diesen Schwierigkeiten aus dem Wege?

Zunächst müssen wir uns über einige weitere Fragen Klarheit verschaffen. Wie verläuft die Stirn der Engadinerdolomiten, welches ist die Hauptfaltrichtung in denselben, wie stellt sich das Verhältnis der Engadinerdolomiten zur Ortlerzone im Westen? Was gehört überhaupt im Westen zu den Engadinerdolomiten? Gerade für die Frage nach dem Verlauf der Stirn, die uns wegen der Schubrichtung so besonders interessieren muss, ist die Frage nach dem weiteren Verlauf der Engadinerdolomiten gegen Westen von höchstem Belang. Die sichere Basis der Ortlerdecke zeigt uns die näheren Zusammenhänge.

Was gehört zur **Ortlerdecke**? Im Osten sind es drei Elemente: kristalline Basis der Livignotäler, Ortlertrias und Fraelelias. Diese Elemente verfolgen wir nach Westen. Über den Monte delle Scale, die Cima di Plator, den Monte Pettini und Monte Crapene zieht die Ortlertrias, mählich sich verschmälernd, hinüber zum Spöl. Stets zwischen den kristallinen Schiefern der Campodecke im Süden, dem Fraelelias im Norden. Jenseits Livigno streicht diese auffällige Zonenfolge weiter, südlich der Punta Casanna erreicht sie das Schweizergebiet. Der Fraelelias zieht in die jurassischen Komplexe der Val Trupchum hinein, und unter demselben sehen wir auch die Ortlertrias weiterziehen in den grossen Triaskeil des Murtiröl. Östlich von Punt Murtiröl ist diese sichere Ortlerserie in Val Casanna in auffälliger Art zu einem nach Norden getriebenen Faltenwerk zusammengestossen. Am Murtiröl ist die ganze Serie wie alle tieferen Elemente vor dem Stirnbogen der Errdecke schwach überkippt, so dass die Ortlertrias den Scanfserlias eine Weile überschiebt. Aber schon in halber Höhe des Berges dreht diese überkippte Trias in scharfem Bogen wieder normal unter den Scanfserlias hinein und bleibt in dessen Basis aufgeschlossen durch die Ova Varusch bis hinaus nach Val Mela unter dem Piz d'Esen. Auch Verrukano und Kristallin erscheinen zwischen Scanfs und Val Mela in fast geschlossenem Zuge. Es ist nichts anderes als die «Trupchumantikline» von Spitz. Nach unserer Auffassung ein Fenster des nördlichen flachgelagerten Ortlerkristallins an der Basis der Ortlertrias und des Scanfser- und Trupchumlias. Diese letztern halte ich für eine einzige, nur durch die sekundäre Verfaltung der Ortlerdecke in Val Casanna bei Scrigns geteilte Juramasse. Zuoberst in derselben erscheinen die Malm- und Kreidegesteine der Val da Botta d'Flöder, darüber, nur durch wenig Lias von denselben getrennt, die Trias der Engadiner Dolomiten am Piz d'Esen.

Die Ortlerserie verfolgen wir demnach zunächst vom Ortler bis nach Scanfs; sie enthält dort als jüngstes Glied die altbekannten Malm- und Kreidegesteine am Südhang des Piz d'Esen.

Wir kennen aber heute die Ortlerserie bis hinüber zum Piz Toissa, ja bis hinaus nach Arosa und Davos. Sehen wir näher zu.

Die Ortlertrias südlich Scanfs setzt ohne jeden Unterbruch im Liegenden des Trupchumlias in die grosse Triasmasse des God-God nördlich Scanfs. In Val Gianduns versinkt sie als geschlossenes Gewölbe unter dem grossen Liaszug von Scanfs und Zuoz, der westwärts in den Piz Blaisun fortsetzt. Bei Gualdauna erscheint deren Trias-Verrukano-Unterlage abermals, darunter sogar eine Linse von Kristallin, und diese Trias verfolgen wir nun weiter in den Albulapass hinein. Der Albulalias gehört ins Hangende der Ortlertrias, er entspricht der Fraele-Trupchum-Scanfserliaszone. Westlich der Passhöhe legt sich die basale Trias, also die Ortlertrias, als flach gegen Nord ansteigende Platte auf den Albulalias, die Serie ist hier überkippt, wie drüben am Murtiröl, und im Kern der Überkippung erscheinen tiefere Elemente, im besondern Lias und Trias der Errdecke, und schliesslich der Albulagranit. Die Ortlertrias aber erreicht über dem Lias der Errdecke die Trias von Station Preda, weiter den Felsen von Naz und sticht weiterhin vor dem Albulalias und den Malmgesteinen von Rots unter die Granitklippen von Falò hinab. Der Albulalias bildet die Basis der Bergünerstöcke, vom Piz Uertsch bis hinüber ins Oberhalbstein.

Damit haben wir die Ortlertrias verfolgt bis in die Basis der Bergünerstöcke hinein. Aber auch die gewaltigen Felswände des Piz d'Aela, des Tinzenhorns, des Piz Michèl, sind nichts anderes, als ebenfalls die Fortsetzung der Ortlertrias. Schon aus der alten *Theobaldschen* Karte geht dies hervor, und die neuen Studien von *Zyndel* und *Spitz* ergeben sichere Anhaltspunkte. Leider stehen uns die neuen Aufnahmen von *Eugster* noch nicht zur allgemeinen Verfügung, doch konnte ich mich unter der liebenswürdigen Führung *Eugsters* in diesem Herbst noch von der Richtigkeit, dem tatsächlichen Bestehen all dieser Zusammenhänge überzeugen. Für alle seine selbstlos mir zur Verfügung gestellten Mitteilungen und manche klärende Diskussion möchte ich hiermit meinem lieben Freunde *Hermann Eugster* ganz besonders herzlich danken.

Die grosse Scanfser Liaszone, die wir als einen integrierenden Bestandteil der Ortlerdecke, also keinesfalls der Engadinerdolomiten kennen, spaltet sich gegen Westen in zwei grosse Liaszüge, den Albulalias im Süden, den wir eben verfolgt haben, und den Bergünerlias im Norden. Dazwischen schaltet sich am Piz Uertsch die Trias der Bergünerstöcke ein. In mehreren Keilen von oben her in die Liasserie eingespitzt. Infolge westlichen Absteigens der Axen bis zum Piz d'Aela werden diese von oben her in den Scanfserlias eingespiessten Keile immer mächtiger, die südliche Albulaliaszone immer schmächtiger, und so sehen wir denn in den Dolomitmauern der Bergünerstöcke mehr und mehr einen von oben herin den Ortlerlias eingefalteten, nach Norden digitierenden weiteren Lappen der Ortlertrias selbst. Die grosse Platte des Piz d'Esen kann dies nicht sein, denn diese liegt über dem Scanfserlias. Die Bergünerstöcke aber gehören mit Sicherheit ins Liegende desselben. Eine Schubfläche innerhalb des Scanfserlias sehen wir nirgends, und gerade die Liasgesteine von Trupchum geben, wie das Vordringen der Ortlertrias in Val Gianduns östlich Prosbierch deutlich zeigt, in die höchsten Teile der grossen Liaszone, beinahe an die Basis der Silvretta, und damit mit Sicherheit in das Hangende der Uertsch- und Aelatrias. Der Bergünerlias ist eine Fortsetzung des Scanfser, und damit der Fraelemulde, und die liegenden Trias-Rhätmassen der Bergünerstöcke sind die mächtigen Äquivalente des Ortler.

Die Bergünerstöcke gehören zur westlichen Fortsetzung der Ortlerdecke. Die Aela-Trias entspricht der des Ortler, der Bergünerlias dem von Fraele. So zieht die **Ortlerdecke** in gewaltiger Mächtigkeit bis ins **Oberhalbstein.** Die Zugehörigkeit der Bergünerstöcke zum Ortler-Triasgebirge bestätigt den landschaftlichen Eindruck, der in diesen mächtigen Dolomitklötzen so sehr an die Berge der Ortlergruppe erinnert.

Aber die Bergünerstöcke sind nur ein oberer Teillappen, eine nach unten tauchende Triasantiklinale im Rücken der Ortlerdecke, nicht die Basis der Decke selbst. Von derselben sind sie durch den Albulalias deutlich getrennt. Im Piz Uertsch steigt dieser grosse Triaskern östlich in die Luft hinaus. Wo liegt seine weitere Fortsetzung?

Die Karten von *Zöppritz*, *Schlagintweit* und *Spitz* sowie eigene Beobachtungen zeigen uns eine Reihe von Erscheinungen zwischen Ortlertrias und Fraelelias, die als die abgeschwächten Reste der Aelafalte gelten können. Zunächst sieht man ja schon im Gebiet der Bergünerstöcke selbst, wie die Intensität der Aelafalten nach Osten zu abnimmt. Einen mächtigen Piz d'Aela oder ein Tinzenhorn müssen wir daher im Osten gar nicht erwarten. Hingegen sehen wir östlich Punt Murtiröl im Casannatal die Trias in einer flachen Falte nach Norden in die Liaszone eindringen, im Kern derselben erscheint sogar das basale Kristallin. Es ist die Falte von Scrigns zwischen Trumpchum und Casanna. Ich halte sie für ein gewisses Analogon der Aela-Uertschfalten. Darüber erscheinen aber die absoluten Abbilder der Uertschfalten in den Westausläufern der Punta Casanna. Zunächst eine tiefere Nordstirn der Trias, dann steiles Ansteigen derselben über den Lias der Val Trupchum. Die mächtige Dolomitmauer nördlich der Alp Casanna zeigt eine Menge von eingefalteten Rhät-Liasbändern, die Trias dringt auch hier in nach Norden geschlossenen Stirnen weit in den Trumpchumlias ein. Um Valle Saliente beobachten wir Ähnliches. Jenseits Livigno hat *Schlagintweit* vom Monte Torraccia ähnliche Verfaltungen der Ortlertrias mit ihrem Rhät-Lias beschrieben, und schliesslich sehen wir auch in der unteren Val Forcola eine mächtige Hauptdolomitstirn in die Rhät-Liaszone von Fraele eindringen.

Es finden sich also vom Engadin nach Osten eine Reihe von Punkten mit analogen Tauchfalten der Ortlertrias in den Ortlerlias hinein, die absolut die Position des Piz Uertsch oder der Bergünerstöcke im Grossen zeigen. Es ist sogar möglich, dass der Ortler selbst als eine obere Zweigfalte der Ortlertrias dem Aela vollständig entspricht. Die Karte von *Hammer* und eigene Beobachtungen lassen diese Möglichkeit offen. Denn die Rhätmulde der Valle di Vitelli und des Nagler braucht gar nicht nach Süden offen zu sein, sie kann ebensogut nach Süden geschlossen sein, und damit unter dem Naglerspitz durch sich mit dem höheren Rhätniveau im Hangenden jener Trias verbinden. Diese Triasmasse kann gegen Osten anschwellen zur Masse des Ortler, die Rhätbänder von Valle di Vitelli ziehen ja durch die nördlichen Gehänge der westlichen Ortlergruppe durch und erreichen das Hochjoch südlich des Ortler. Darauf aber schwimmt die ganze Gipfeltrias des Ortler selbst. Doch lassen wir nähere Beziehungen, sie werden sich bei einer Neuaufnahme ohne weiteres ergeben. Sicher ist, dass der Bau der Bergünerstöcke nicht zu den Engadinerdolomiten gehört, nicht zur Umbraildecke, sondern zur Ortlerdecke.

Die Ortlerdecke zieht nach Westen bis ins Oberhalbstein. Die **Ortlertrias** setzt in die **Bergünerstöcke** fort, der **Ortlerlias** in die Liaszone von Bergün und vom **Albulapass.** Die Aeladecke *Zyndels* entspricht daher nicht den Engadinerdolomiten, sondern der **ersten normalen Sedimentbedeckung der Campodecke, dem Ortler.**

Wo liegt im Westen die **Fortsetzung der Engadinerdolomiten**?

Vom Unterengadin weg zieht die grosse Stirnfalte derselben in flachem Bogen über den Piz Pisoc, den Stragliavitapass und die Gegend von Zernez nach Südwesten zurück bis ob Cinuskel, dort streicht sie über dem Trumpchumlias in die Luft, und ihre Fortsetzung suchen wir vergebens. Sie mag einst hoch über dem Albulapass gelegen haben; heute jedoch sehen wir die grosse Unterengadiner Stirnfalte der Umbraildecke nirgends mehr. Sie schwenkt vom Unterengadin nach Südwesten zurück und hebt über dem Trumpchumlias für immer aus. **Eine westliche oder nördliche Fortsetzung derselben kennen wir nicht.**

Die Umbraildecke endigt also an einer nordost-südwest-streichenden Stirn.

Einzelne Fetzen der Engadinerdolomiten können an der Basis der Silvretta nach Norden mitgerissen worden sein. Sie bilden am Überschiebungsrand der Keschmasse die vereinzelten Triaslinsen, die möglicherweise in die verkehrte Serie der Val Tisch, und vielleicht in die Suraver Zwischendecke *Zyndels* einmünden. Die grosse Hauptmasse der Decke aber bleibt im Südosten zurück.

Damit ist wohl auch das Los der **Aroserdolomiten** bestimmt. Sie können wohl prinzipiell vielleicht noch dem ausgequetschten Zuge der Suraver Zwischendecken entstammen, und damit einem grösseren Fetzen der Umbraildecke an der Nordseite der Silvretta entsprechen. Wahrscheinlicher ist jedoch der Zusammenhang der Aroserdolomiten mit der Aelatrias, wie er von *Arbenz* ausgesprochen und von seinen Schülern wahrscheinlich gemacht worden ist. Die Facies der Aroserdolomiten lässt zwar beide Möglichkeiten offen, aber tektonisch scheint mir nur der Zusammenhang mit dem Aela, und damit der Ortlerdecke diskutierbar. Einmal wüsste man nicht recht, ob man diese Aroserdolomiten von der Stirn oder vom Rücken der Umbraildecke ableiten sollte, während man zur Einreihung in die Ortlerdecke gute Gründe hat, die Aroserdolomiten samt dem Aela in den Rücken der Ortlerdecke zu logieren. In das ursprüngliche facielle Verbindungsstück zwischen Ortler und Engadinerdolomiten. Ferner müssten sich, falls die Aroserdolomiten zur Umbraildecke gehörten, dieselben in bedeutendem Masse auch im Engadinerfenster beobachten lassen, entsprechend dem Streichen dieser Decke, während wir mit dem Streichen der Ortlerdecke mit der Stirn der Aroserdolomiten am Davosersee bequem an den Südrand des Engadinerfensters zurückkommen, wo die Dolomite des Crap Putér deren letzten Äquivalente sind.

Ich halte danach auch die Aroserdolomiten für Abkömmlinge der Ortlerdecke.

Damit fassen wir die Resultate, die Ortlerdecke betreffend, zusammen wie folgt:

Die Ortlerdecke steht als oberes Campodeckenteilelement der Languarddecke gegenüber. Sie umfasst die **kristallinen Massen der Livigno-, Viola- und Veltliner-Quelltäler** bis hinüber zum **Cevedale,** von dort bis ins **Vintschgau** das **kristalline Gebirge im Osten von Sulden,** mit der **Laasergruppe,** darüber die **Trias-Juragebirge der Ortlergruppe,** das **Fraele-Casannagebirge,** die **Scanfser Liaszone,** die **Bergünerstöcke** mit dem **Piz Toissa** und endlich die **Aroserdolomiten.** Die Ortlerdecke wird dadurch zu einem gewaltigen Komplex. Sie reicht vom Tonale bis nach Davos und bildet im Grossen die mittlere Hauptdigitation der Campodecke. Darüber folgt die Umbraildecke.

Nun kommen wir auch zum Verständnis des obersten Teilelementes der mittelostalpinen Deckengruppe, der Grisoniden Bündens, d. h. der **Umbraildecke.**

Die Umbraildecke besitzt an der Linie Nauders-Scanfs eine Stirn, die in auffallender Weise dem Verlauf der «Judikarienlinie» zwischen Brenner und Adamello konform läuft. Mit der Feststellung, dass die westlichen mittelostalpinen Elemente nicht der Umbrail-, sondern der Ortlerdecke angehören, erkennen wir, dass die Stirn der Umbraildecke nicht mehr die merkwürdigen Schwankungen mit den Stirnen der Aela- und Aroserdolomiten mitmacht, sondern dass sie in geschlossenem einheitlichem Zuge aus ihrer Ost-Nordost-Richtung im Unterengadin in die Südwestrichtung bei Scanfs einschwenkt. Sie erhält dadurch eine solch einfache grosszügige Form, dass aus ihr leicht auf den Verlauf des Schubes geschlossen werden kann. **Der aufgeschlossene Stirnrand läuft nur Südwest-Nordost,** wir müssen daher auf einen generellen Schub aus **Südosten** schliessen. Dem entspricht auch die Beugung der Dinariden und der ostalpinen Wurzeln zwischen Adamello und dem Brenner. Die Umbraildecke ist daher in unserem Raume, da, wo sie überhaupt aufgeschlossen ist, im Gebiet der **Engadinerdolomiten, nicht aus dem Süden,** etwa aus der Gegend von Tirano, sondern stark aus dem **Südosten**, etwa aus der Val del Sole hergewandert. Der Scheitel des Stirnbogens, sagen wir die Gegend des Piz Plavna-dadaint und der Laschadurella, ist von Südosten, über den Ortler hinweg, gestossen worden. Die Stirn des Münstertalerkristallins verläuft aber sogar Nordsüd; wir müssen daher annehmen, der ersten Schubphase, die die Stirn der Umbraildecke schuf und dieselbe in die Silvretta einbohrte, sei in einem späteren Stadium der Faltung ein weiterer Vorschub aus südöstlicher Richtung von den Judikarien her gefolgt und habe die Stirn der Umbraildecke weiter sekundär zusammengestaut. Wir dürfen diese zweite Phase vielleicht mit dem insubrischen Schub des Westens zusammenbringen, wodurch die Dinaridenscholle Südtirols noch weiter in den schon fertigen Alpenbau hineingetrieben wurde und denselben längs der Judikarienlinie nach West-Nordwest, längs des Pustertales nach Norden schob. In dieser Phase konnte eine solche Verbiegung der kristallinen **Umbrailstirn**, wie wir sie heute sehen, sehr wohl entstehen, und dieselbe mochte, durch dieses Zwischenmittel der Umbrailstirn, sehr gut einzelne westwärts gekehrte Falten in der Ofenpassgegend erzeugen. Ganz abgesehen davon, dass in dieser Phase auch die hangende Oetzmasse noch weiter nach West und Nord gedrückt wurde.

Wir nähern uns damit heute den Auffassungen von *Spitz* in beträchtlichem Masse insofern, als auch wir mit einer **reinen** Süd-Nordbewegung zur Erklärung des Baues der Engadinerdolomiten **nicht** auskommen. Wir betrachten die Umbraildecke als aus dem **Südosten, d. h. dem** Winkel zwischen Judikarienlinie und Adamello her gewandert, und erklären die **queren Stirnen** als Produkte des **weitern dinarischen Vordringens** zur Zeit der **insubrischen Phase.**

Als Ganzes aber, und damit unterscheiden wir uns scharf von den Ansichten von *Spitz* und seinen österreichischen Kollegen, betrachten wir **das ganze Paket der Ortler- und Umbrailmasse als ortsfremde Decken,** die wie alle anderen von ihrem Wurzelraum im innern Teil des Alpenbogens nach **aussen** gewandert sind. Nur war diese Schubrichtung hier nicht wie gewöhnlich eine südnördliche, sondern ging **mehr von Südosten nach Nordwesten.** So können wir begreifen, dass das Kristallin der Umbraildecke im Westen völlig ausspitzt und die Trias direkt auf der Ortlerdecke liegt, und heute erscheinen uns auch die Phänomene der Engadinerdolomiten mit diesem generellen Schub von Südost nach Nordwest besser erklärt als mit der alten Rückfaltung der Ortlerunterlage in die Stilfserjochgneisse hinauf.

Einmal war diese Rückfaltung mitten im nordbewegten Deckenland von jeher eine unangenehme Sache, mechanisch schwer vorstellbar, zeigten doch sowohl die Ortlerunterlage wie die Klippen über der Umbrailtrias deutlich **Nordbewegung** an, und dann gingen ja die trennenden nach Süden offenen Mulden unter dem Umbrailkristallin so weit nach Norden zurück, bis sie überhaupt unter den Oetztalern verschwanden. Sie konnten daher ebensogut nach Norden offen sein. Auch die Umbiegungen der Rhätmulden in der Braulioschlucht verlieren an Bedeutung, sehen wir doch bei genauerer Prüfung, dass es sich nur um Fältelungen in der Rhät-Liasmulde handelt, aber nicht um ein einwandfreies Umbiegen der Ortlerdolomite nördlich um dieses Rhät herum. Dass wir auch im Westen nirgends einen konkreten Muldenschluss zwischen Ortler- und Escntrias finden, geht aus der *Spitzschen* Karte zur Genüge hervor.

Wir stellen damit heute fest, dass die **Umbraildecke,** und damit die Engadinerdolomiten, nicht dem nördlichsten Teil der Campodecke entsprechen, sondern dass dieselbe eine grossartige Schuppe aus dem **Rücken** derselben ist, die hoch über den Ortler hinweg von Südosten her auf die Ortlerdecke geschoben wurde. Als ihre Wurzel kann die Zone zwischen Noce und Tonale angesehen werden, die an der Punta Ercavallo mit einer scharfen Überschiebung diskordant auf die Ortlerbasis geschoben ist.

Im aufgeschlossenen Gebirge läuft die Stirn der Umbraildecke stets Nordost-Südwest, d. h. **im ganzen Dolomitengebiet herrschte der Südostschub.** Der Verlauf der alpinen Wurzeln macht es aber wahrscheinlich, dass auch die Umbrailstirn sehr rasch, vielleicht schon bei Scanfs, in die normale Ostwestrichtung wieder einschwenkt. Dasselbe würde dann auch die kristalline Stirn tun, die im Osten so stark nach Süden zurückbog. Die kristallinen, von Süden her eingespitzten Keile der Corna dei Cavalli sind ein Beweis dafür. Denn schwenkte die kristalline Stirn der Umbraildecke weiter in Südwestrichtung zurück, so hätten wir niemals mehr kristalline Schuppen und Stirnen an der Stelle der Corna dei Cavalli.

Mit diesen Feststellungen erhalten wir für die Stirn der Umbraildecke, auch für die ursprüngliche Anlage, eine stark gegen Südost, d. h. gegen den Ortler zurückspringende Einbuchtung. Beim weiteren Vorschub der Dinariden, der im Westen von Süden, im Osten von Südost und Osten her kam, musste es in dieser Einbuchtung zu den queren Stauchungen kommen, die wir heute tatsächlich sehen. Der Schub wirkte geradezu konzentrisch, und diesem konzentrischen Schube ist die heutige verwirrende Detailarchitektur der Umbraildecke, der Engadinerdolomiten zu danken. (Siehe Fig. 34.)

Damit löst sich die nördliche Campodecke tatsächlich in zwei gewaltige Teilelemente auf: Die Ortlerdecke unten, die Umbraildecke oben. Die Ortlerdecke ist der normale Rückenteil des Campostammes, die Umbraildecke eine weit aus dem Südosten stammende höhere Schuppe desselben. Die Ortlerdecke reicht mit ihrer Stirn bis in die Aroserdolomiten und die Gegend um Davos, die Umbraildecke bleibt 25 km weit hinter derselben zurück, auf der Linie Nauders-Scanfs-Piz d'Err. Die Ortlerdecke wird von der Silvretta ausgewalzt und ihre Stirnteile weit nach Norden verschleppt, die Umbraildecke aber bohrt sich mit mächtiger Stirn in die Silvrettabasis ein. Sie wird direkt überfahren und verwalzt von den kristallinen Schiefern der Oetzmasse. Dieselben lösen gewaltige Splitter vom Mantel der Umbraildecke los und häufen nach Norden Schuppe auf Schuppe. Endlich wird der ganze Schuppenbau durch die letzten Stösse aus Süden und Südosten noch sekundär zusammengestaut und verfaltet.

Damit verlassen wir die mittelostalpine Deckengruppe Bündens. Es ist uns gelungen, innerhalb derselben drei grosse Einheiten auszuscheiden, die im Süden alle zu dem gewaltigen Körper der Campodecke verschmelzen. Als untere Digitation erscheint die Languarddecke, 15 km weit von der Hauptmasse der Decke durch Mesozoikum getrennt. Darüber folgt die Ortlerdecke als der Hauptteil der Campodecke, von Arosa und dem Piz Toissa bis hinüber zum Vintschgau, und endlich erkennen wir als höchste Schuppe des Campostammes die Umbraildecke mit den Engadinerdolomiten. Es gibt keine Rückfaltung in dieser grossartigen Campoeinheit, sondern allseitig nur Vorfaltung, und die queren Falten der Engadinerdolomiten erklären sich durch die Interferenz von Süd- und Südostschub in späteren Bewegungsphasen.

c) Die Grisoniden im nördlichen Bünden.

Auf der Linie Tiefencastel-Bergün-Scanfs-Schuls versinkt der grisonide Bau des südlichen Bündens unter den einheitlichen kristallinen Massen der Silvretta. In schmalem Zuge aber ziehen die Elemente der Grisoniden um den Westrand der Silvretta herum und erreichen unter derselben durch das Gebirge von Arosa und Davos. Die Ortlerdecke haben wir bereits von den Bergünerstöcken in die Aroserdolomiten hinaus begleitet, darunter aber erscheinen, gegen Norden mehr und mehr zu einem grossartigen Komplex gehäuft, auch die tieferen Glieder des grisoniden Baues Südbündens, die unterostalpinen Decken. In der Falknis- und Sulzfluhdecke, in der Schuppenzone von Arosa erlangen dieselben mächtige Bedeutung — sie zeigen dabei die Facies der Klippen und Préalpes —, und zwischen penninischem Flysch und Silvretta verfolgen wir deren Elemente um das ausgedehnte Halbfenster des Prättigau herum und durch den Rätikon hinaus bis zum Westfuss der Drei Schwestern ob Vaduz. Auf 80 km Länge bilden diese unterostalpinen Elemente Nordbündens von Parpan bis hinaus nach Vaduz die Basis der Ostalpen, und scharf wie ein Messerschnitt scheidet die basale Überschiebung derselben das tiefere Flyschgebirge ab. Als eine herrlich gegliederte Krone sitzt das ostalpine Gebirge rings um das Prättigau und Schanfigg den niedersinkenden penninischen Schiefermassen auf. Im Vorarlberg und Allgäu zieht diese komplexe Basalzone der Austriden in verschärften Fetzen unter den nördlichen Kalkalpen weiter, bis hinaus an den Nordrand der Alpen und die Molasse, und unter den kristallinen Gipfeln der Silvretta erreicht sie in stets gleicher Grösse und Mächtigkeit das Fenster im Unterengadin. Die Basis der nördlichen Kalkalpen werden wir im Zusammenhang mit denselben behandeln, wir betrachten daher zunächst nur die Grisoniden der nördlichen Bündnertäler, das ist das Gebiet von Arosa und der Rätikon, im Osten das Fenster des Unterengadins. Wir beginnen im Westen mit dem

1. Bau der Grisoniden um Arosa und Davos.

Als unterstes Glied erscheint, wie seit langem bekannt, die **Falknisdecke**. Vom Falknis verfolgen wir heute diese grossartige Einheit dank den sorgfältigen Forschungen von *Cadisch* als ununterbrochenes Band durch den ganzen Rätikon hinein bis nach Klosters, und durch das Arosergebirge zurück bis östlich Parpan, und in losgerissenen Fetzen erkennen wir die Falknisserie noch in der Gegend von Belfort und in der Basis der Bergünerstöcke. Dort hat *Ott* in der Tgavronlasserie unter der Motta Palousa ihre letzten südlichsten Reste gefunden. Stets liegt diese gewaltige Schuppe als heimat- und wurzelloser Schubsplitter grossen Stils, im Innern enorm zusammengestaut und sekundär verschuppt, als erstes ostalpines Glied über dem basalen Flysch, von der Luziensteig bis hinein nach Tiefencastel. Von ihrem Nordende ob Vaduz bis hinein nach Parpan wird diese erste ostalpine Schuppe von einer ebenso mächtigen zweiten überfahren, es ist die Decke der **Sulzfluh**. Im Rätikon bildet diese Zone grossartige Bergstöcke, im Arosergebirge schwindet sie ähnlich wie die Falknisdecke zu schmächtigen Linsen und Schuppen zusammen, und östlich Parpan keilt diese mächtige Sulzfluhdecke des Rätikon in schmalen verlorenen Linsen an der Basis der Aroserzone aus. Ob Surava hat *Ott* den seit *Zyndel* dort vermuteten letzten südlichsten Rest des Sulzfluhkalkes in den Serpentinen der Aroserzone gefunden.

Sulzfluh- und Falknisdecke sind damit heute auf eine Strecke von rund 50 km Breite bekannt, sie reichen beide von den Höhen ob Vaduz bis hinein in die Basis der Bergünerstöcke, an die Nordseite des Contersersteins. An dessen Südflanke aber beginnen bereits die unterostalpinen Schubfetzen Südbündens, in analoger Position wie Falknis und Sulzfluh im Norden, zwischen Flysch- und Ortlertrias. Falknis und Sulzfluh müssen daher heute in die unterostalpinen Decken Südbündens eingereiht werden, der Zusammenhang wird unabweisbar. Die Verhältnisse im Unterengadin heben übrigens jeden Zweifel. Von einer Einlogierung der Falknis-Sulzfluhserien in die Margnadecke und damit in das Penninikum kann keine Rede sein.

Über den ruhigen Platten der Falknis- und Sulzfluhserie folgt nun die berühmte **Aroserschuppenzone**. Ein wildes Haufwerk von Schuppen, wie an der ostalpinen Basis in Fex, Oberengadin und Oberhalbstein, oder wie drüben in der Zone von Matrei der Hohen Tauern. Nur dass hier nicht nur Elemente eines einzigen Faciesbereiches zusammengeschoben und übereinandergestossen worden sind, sondern Glieder sowohl ostalpiner wie solche penninischer Herkunft. Die Aroser Schuppenzone löst sich auf in penninische und unterostalpine Bestandteile.

Die prachtvollen Karten von *Cadisch* und *Brauchli* gestatten in klarer Weise einen Einblick in die grossartige Schuppenstruktur und Komplexität der Aroser Schuppenzone. Es liegen zwischen Silvretta und Prättigauflysch in der Gegend von **Arosa** heute folgende tektonische Einheiten, von oben nach unten, übereinander:

1. die Silvrettatrias der Lenzerhorn-Amselfluhkette;
2. die Silvrettabasis der Kummerhubelkette;
3. die Aroserdolomiten;
4. das Rothornkristallin;
5. die Tschirpenschuppen am Parpaner Weisshorn;
6. der Schiefer-Ophiolithkomplex des Urdenfürkli und von Arosa;
7. die Schuppen des Plattenhorns und Aroser Weisshorns;
8. der Ophiolithzug der Urdenschwelle;
9. die Sulzfluhschuppe am Aroser Weisshorn;
10. die Weisshornbasisschuppe;
11. der Ophiolithzug der Ochsenalp;
12. die Sulzfluhdecke;
13. die Falknisdecke;
14. der Prättigauflysch.

Fast dieselbe Gliederung erkennen wir aus den Untersuchungen *Cadischs* in der **Weissfluhgruppe**. Silvretta und Aroserdolomiten ziehen ohne weiteres durch, Falknis- und Sulzfluhdecke über dem Prättigauflysch ebenfalls. Aber auch die zwischenliegenden Elemente der Aroserschuppenzone bleiben auf dieser 20 km langen Strecke erhalten. Die Tschirpenschuppen erkennen wir in den Davoserbergen an der Casanna und im Schafleger, die Schiefer-Ophiolithzone des Urdenfürkli im Serpentin der Totalp, die Weisshornschuppen an der Weissfluh und der Cotschna, und endlich den Ophiolithzug der Ochsenalp über der Sulzfluhdecke an der Schwärzi. Die einzelnen Elemente haben demnach weit durchgehenden Charakter, sie erlangen regionale Bedeutung, und sie dürfen wohl deshalb auch näher auf ihre **Herkunft** untersucht werden.

Nach den neuern Resultaten in Südbünden mag dies heute versucht werden. Im Engadin unterscheiden wir unter der oberostalpinen Decke der Silvretta zwei grosse tektonische Gruppen, die unter- und die mittelostalpinen Decken. Die unterostalpine Einheit zerfällt in zwei grosse Teildecken erster Ordnung, die Err-Albula- und die Berninadecke. Denselben steht als mittelostalpines Element die Stammeinheit der Campodecke gegenüber, mit ihren sekundären Digitationen der Languard-, Ortler- und Umbraildecke. Die Umbraildecke stirnt auf der Linie Schuls-Scanfs, die Ortlerdecke haben wir über die Bergünerstöcke bis in die Aroserdolomiten hinaus verfolgt, die unter denselben liegenden Elemente der Aroserschuppenzone, vom Tschirpen an abwärts, müssen also wohl den tieferen südbündnerischen Elementen zwischen Languard und Err entsprechen.

Nun sehen wir den Serpentin der Plattadecke sozusagen ohne Unterbruch von Tinzen in die Basis der Motta Palousa ziehen, und verfolgen ihn mit *Cadisch* und *Brauchli* weiter in die Zone des Urdenfürkli und damit von Arosa hinaus. Die **Aroserophiolithe** stellen daher mit Sicherheit einen **penninischen Einschlag** im Schuppenpaket der Aroserzone dar, und die mit denselben primär vergesellschafteten jurassischen Schiefer, Aptychenkalke, Radiolarite, gelegentlich auch Triasfetzen, müssen daher gleichfalls zum Penninikum gerechnet werden. **Diese penninischen Elemente nun schalten sich zwischen die ostalpinen Glieder ein.**

Wir erkennen im Gebiet von Arosa, wo die Gliederung der Schuppen die reichste und beste ist, eine dreimalige Einspiessung penninischer Ophiolithe, und dazwischen erscheint jedesmal ein unterostalpines **Schuppenpaar**. An der Basis des Ganzen liegen Falknis- und Sulzfluhdecke, auf dem ersten Ophiolithzug der Ochsenalp folgt das untere Schuppenpaar des Weisshorns, in dem sich die Sulzfluhdecke noch einmal wiederholt, auf dem zweiten Ophiolithpaket der Urdenschwelle liegen die oberen Schuppen des Plattenhorns, gleichfalls wieder mindestens zwei Einheiten. Über den letzten Ophiolithzug endlich schieben sich die Schuppen des Tschirpen, darüber folgt das Silvrettakristallin am Rothorn. (Siehe Fig. 35.)

Es liegt nun überaus nahe, in diesen dreimal übereinandergetürmten unterostalpinen Schuppenpaaren zwischen Falknisdecke und Hörnliophiolithen die tektonisch vervielfältigten, sekundär übereinandergehäuften grossen Einheiten des unterostalpinen Deckenpaares Südbündens, der Err- und Berninadecke zu sehen. Die penninische Basis repetiert sich dreimal, warum sollen sich nicht auch die unterostalpinen Schuppen repetieren? Die Sulzfluhdecke erscheint ja wirklich im untern Schuppenpaket des Weisshorns nochmals. Ich fasse daher die zwei grossen Schuppenpakete des Aroser Weisshorns und Plattenhorns, im Osten die Schuppen der Weissfluh, als **Repetitionen der basalen Falknis-Sulzfluhserien** auf, als Rückenschuppen jener Einheiten, die bereits so weit aus dem Süden stammen, dass sie schon die Facies der südlichen Deckenteile, d. h. die Engadinerfacies, tragen. Die Sulzfluhkalke in den untern Weisshornschuppen weisen deutlich auf diesen Zusammenhang hin. In den obern Weisshornschuppen ist auch dieser letzte Rest von Sulzfluhfacies verlorengegangen, und dieselbe ist ersetzt durch Aptychenkalke und Radiolarite, wie wir sie in den südlichen Engadinereinheiten finden.

Wir fassen also **die tieferen Trias-Juraschuppen der Aroserzone** am **Weisshorn** und **Plattenhorn** auf als höhere, ursprünglich südlichere Schuppen der **Falknis-** und der **Sulzfluhdecke.** Diese beiden Einheiten entsprechen dem unterostalpinen Deckenpaar im Engadin. Die Schuppen des Tschirpen und des Parpaner Weisshorns liegen dem gegenüber höher, sie wurden auch erst vor kurzem, und

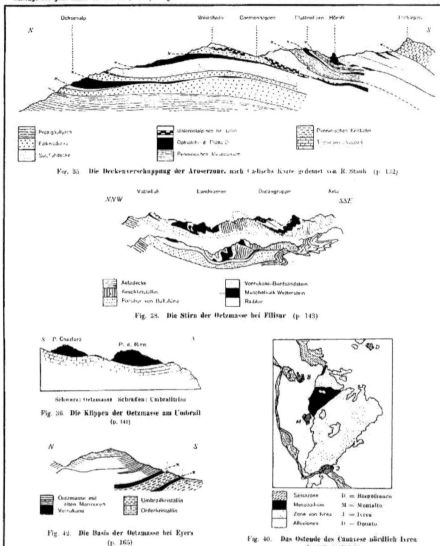

Fig. 35 Die Deckenverschuppung der Aroserzone, nach Cadischs Karte gedeutet von R. Staub (p. 132)

Fig. 38. Die Stirn der Oetzmasse bei Filisur (p. 143)

Fig. 36. Die Klippen der Oetzmasse am Umbrail (p. 141)

Fig. 42. Die Basis der Oetzmasse bei Eyers (p. 165)

Fig. 40. Das Ostende des Cauaxese nördlich Ivrea (p. 162) 1 : 130,000

168

keineswegs einstimmig, der Aroser Schuppenzone angegliedert. Ihre Facies stellt sie schon in die Nähe der Aroser Dolomiten, und tatsächlich liegen sie ja auch direkt unter dem Silvrettakristallin.

Wo sollen wir nun diese **Tschirpenschuppen** einreihen? Unsere Studien im Engadin haben ergeben, dass von den Grisoniden Südbündens nur Err-, Bernina- und Ortlerdecke in grössern Massen nach Norden ziehen. Die Albuladecke ist teils in einer vollen Stirn gefangen, die Sgrischüsschuppen bleiben schon weiter zurück, die Languarddecke verliert sich an der Basis der Ortlertrias. Es erreichen also wahrscheinlich **Nordbünden nur Err-, Bernina- und Ortlerdecke.**

Die Stellung der Tschirpenschuppen an der Basis des Silvrettakristallins am Rothorn macht es nun äusserst wahrscheinlich, dass dieselben nichts anderes sind als eine untere vordere Digitation der Aroserdolomiten. Die Schuppenhäufung der Aroserzone wiederholt sich hier nochmals. Dort hatten wir die Serie Platta-Falknis-Sulzfluhdecke dreimal übereinander gehäuft, hier erscheinen Aroserdolomiten-Silvretta zweimal übereinander. Das Parpaner Weisshorn wurde als nördlicher Ausläufer der Aroserdolomiten — vielleicht auch noch als eine untere Schuppe vor denselben — mit denselben in einer ersten Phase durch die Silvretta überfahren, dann schob sich das nunmehr bestehende Paket Aroserdolomiten-Silvretta, durch neue Schubflächen zerteilt, abermals übereinander, so dass die Kopfteile des primären Schuppenbaues, Rothorn und Parpaner Weisshorn, nun abermals von einem weiter rückwärts folgenden Paket Aroserdolomiten-Silvrettadecke überfahren wurden. Ich fasse daher die **Tschirpenschuppen als mittelostalpine Basis der Silvretta,** den **Kopfteil der Ortlerdecke** auf. Der rote Lias derselben, auch die Trias und das Rhät, erinnern stark an Aela-verhältnisse. Die untere Trias fehlt wie dort auch meistens, und das tiefste Glied ist in der Mehrzahl der Fälle die Raibler Rauhwacke. Die Radiolarite und Aptychenkalke entsprechen denen der Scanfser Mulde und von Trupchum. Der Zusammenhang liegt klar zutage. Die tektonische Stellung direkt unter der Silvretta stützt diese Auffassung in ausgezeichneter Weise.

Ich trenne daher mit *Brauchli* die **Tschirpenschuppe** aus der Aroserzone ab und gliedere sie wie die Aroserdolomiten der **mittelostalpinen Einheit** an. Im Westen ist dieselbe nur durch Mesozoikum vertreten; im Osten aber schaltet sich in grösserer Menge Kristallin an ihrer Basis ein. Es ist das Kristallin des Schaflegerzuges, im Norden das der Cotschna. Dieses Kristallin nun unterstreicht unzweideutig die mittelostalpine Natur der Tschirpen- und Casanna-schuppen, dasselbe führt die für das Campokristallin so charakteristischen alten Kontakt-marmore und Pegmatite. Ein Stück Tonalezone liegt hier in diesen grünen Bündnerbergen verloren zwischen den Sedimenten drin.

Damit kommen wir zu dem definitiven Resultat: Die **Tschirpenschuppen** sind **mittelostalpin,** sie sind die Ausläufer der **Ortlerdecke.** Was **darunter** in der **Aroserzone** an ostalpinen Elementen erscheint, betrachten wir als sekundäre **Verschuppungen des Deckenpaares Falknis-Sulzfluh,** und damit **unterostalpin.**

Falknis- und Sulzfluhdecke entsprechen daher mitsamt ihren Rückenschuppen in der **Aroserzone** den **unterostalpinen Decken** Südbündens. Als solche kommen heute nur mehr **Err-** und **Berninadecke** in Betracht, letztere allerdings mit ihren mächtigen oberen Digitationen. Die Sgrischüs-Albuladecke bleibt mit ihren primären kristallinen Kernen so weit zurück, dass sie für die Herleitung der Falknisserie, die an und für sich nicht ausgeschlossen wäre, kaum in Betracht kommt. Sehen wir doch den abgescherten Sedimentmantel dieser Decke schon im Oberhalbsteiner Schieferkomplex, und stellt doch schon die Albuladecke deren weit nach vorn geschleppte abgerissene Stirn dar. Sedimente der Albuladecke sind daher nördlich von Tiefencastel kaum mehr zu erwarten. Es bleiben also nur **Err- und Berninadecke** mit ihren Dependenzen, und in diese **müssen** wir heute, wie seit Jahren vermutet, **Falknis und Sulzfluh** und damit **die Préalpes** einlogieren.

Der Gedanke, beide Einheiten in der Errdecke unterzubringen und damit die Berninadecke zur Heimat der Aroserzone freizubekommen, wie ihn *Cadisch* zunächst verfochten hat, muss heute fallen gelassen werden. Wir kennen in Nordbünden zwischen Vaduz und Parpan die Falknis-decke in einer Breite **von über 40 km,** die sekundären Falten nicht mit eingerechnet, und in fast gleicher Breite die Sulzfluhdecke. Dazu kommen die Repetitionen dieser Serie in der

Aroserzone, die zum Teil bis in den Rätikon hinausreichen, also eine Serie von ursprünglich gegen 100 km Ablagerungsbreite. Dazu reicht eben der nur 40 km breite Ablagerungsraum um Stirn und Rücken der **Errdecke** allein nicht aus, zumal von diesen Partien nicht einmal alles für die Herleitung der Falknisserie verfügbar wird. Wir können zur Not die 40 Falkniskilometer um die Stirn der Errdecke herum und in das Gebiet des heutigen Verkehrtschenkels einlogieren, und die heutigen Errsedimente am Julierpass, die ja grösstenteils an einer Gleitfläche dem Albulagranit aufliegen, in den Corvatsch und die Rosegbasis zurück versetzen, aber dass wir daneben auch noch die Sulzfluhserie in der Errdecke unterbringen können, ist vollständig ausgeschlossen. Wir müssen heute die Sulzfluhserie in die nächsthöhere Einheit, die Berninadecke, einreihen, und zwar wohl weitaus am ehesten in die Stirn- und Rückenregion der Julierdecke. In den höheren Partien der Berninadecke endlich können wir die höhern Glieder der Aroserzone bis hinaus in den Rätikon beheimaten. Einzelne allerhöchste Teile derselben mögen schliesslich auch noch verschürften Teilen der Languarddecke angehören; doch können aus jenen wenig tiefen Synklinalen zwischen Languard- und Ortlerdecke wohl kaum grössere Komplexe hergeleitet werden, so dass wir in unsern Bezugsmöglichkeiten der nördlichen Elemente in der Hauptsache auf Err- und Berninadecken angewiesen sind. Die Verhältnisse im Unterengadin lassen auf dieselben Zusammenhänge schliessen.

Wir wenden uns vorerst noch kurz dem Rätikon zu.

2. Der Rätikon.

Im Rätikon wiederholt sich das zwischen Parpan und Klosters von *Cadisch* so grossartig gegliederte Bild. Über dem Prättigauflysch folgen in mehreren Schuppen die Falknisgesteine, darüber, zu gewaltigen Bergstöcken getürmt, die Serie der Sulzfluhdecke. Dass dieselbe auch im Rätikon zweimal übereinander liegt, zeigt das von *Cadisch* aufgenommene prachtvolle Madriserjochprofil. An der Sulz- und Drusenfluh sind die Sedimente der Decke in mehreren Paketen übereinandergetürmt, und darüber folgen sich die mannigfachen höheren Schuppen der Aroserzone wie drüben in den Bergen des Schanfigg. Die Weissfluh- und Casannaschuppen hat *Cadisch* bis weit über das Madriserjoch hinaus verfolgt, und in analoger Stellung treffen wir das grandiose Schuppenpaket der Tilisunagegend. Da sind zwischen Sulzfluh und Silvrettaüberschiebung grüne Granite und Gneisse, Glimmerschiefer und Verrukano, Trias, Rhät, Lias und Radiolarit, Aptychenkalk und Saluverkreide, Diorite und Serpentine miteinander zu einer Schuppenzone gehäuft, die ihresgleichen in den Alpen sucht. Die grünen Granite der Aroserzone sind wie drüben im Schanfigg oft kaum von den grünen Berninagraniten zu unterscheiden, und der Diorit des Schwarzhorns erinnert weitgehend an Berninagesteine. Die Hauptmasse der Sulzfluhdecke, deren Breite auf zirka 30 km zu schätzen ist, lässt sich eben schon in den tieferen Teilen der Berninaeinheit, in der Julierdecke, beheimaten, wie denn auch die basalen Granitfetzen der Sulzfluhdecke ganz besonders an den Juliergranit erinnern. Die höheren Teileelemente der Berninadecke, Biancoschuppen und Strettalappen, lieferten die höheren Teile der Aroserschuppenzone, unter anderem die Schwarzhorndiorite. Auf denselben transgrediert, wie im Unterengadin auf das Tasnagranit oder im Oberengadin auf dem Juliergranit, die Kreide, und saluverartige Sandsteine finden in dieser Tilisunagegend nach den bedeutenden Funden von *Cornelius* eine weite Verbreitung. Dieselben müssen allerdings nicht aus der Errdecke herbezogen werden, kennen wir sie doch auch aus der Berninadecke vom Murtiröl bei Scanfs oder gar vom Sassalbo. Serpentine, Variolite, Diabase, Radiolarite und Aptychenkalke sind mit allen diesen zweifellos ostalpinen Gliedern zu einer unbeschreiblichen Mischzone zusammengeschweisst.

Alles in allem eine grandiose Verschuppung von unterostalpinen Schubsplittern mit Fetzen der Plattadecke wie drüben bei Arosa und an der Totalp, wie dort gekrönt von mittelostalpinen Fetzen der Ortlerdecke.

Auf 50 km Länge ist diese grossartige Trümmerzone an der Basis der höheren Austriden zwischen Vaduz und Klosters im Kalkgebirge des Rätikon aufgeschlossen. Deren höchste Elemente dringen in Form der Aroserzone noch weit in den Silvrettakörper ein, an der Basis der grossen kalkalpinen Teilschuppen zwischen Saminatal und Seesaplana bis 10 km weit ins Innere derselben verschleppt.

Es sind die berühmten exotischen «Schollenfenster» im nördlichen Rätikon, die *Seidlitz* als erster beschrieben hat.

Im Kessel von Gargellen erscheinen die jungen Gesteine und der Bau des Rätikon nochmals in einem kleinen Fenster unter den kristallinen Massen der Silvretta, 5—6 km östlich des einheitlichen Silvrettarandes an der Madrisa. Der Grund desselben besteht aus den Kreideschiefern der Falknisdecke, darüber bilden Sulzfluhserie und Aroserzone die komplizierte Basis der Silvretta. Die penninischen Schiefer des Prättigaus sind tief darunter begraben.

Damit schliessen wir unsere Betrachtungen im Prättigau und Schanfigg ab. Es ist uns gelungen, die komplizierte Schuppenzone an der Basis der Silvretta und der Aroserdolomiten, die als Falknis-, Sulzfluh- und Aroserzone zusammengefasst worden ist, in drei prinzipiell verschiedene Elemente zu zergliedern. Der oberste Teil mit den Tschirpen-Casannaschuppen gehört zur mittelostalpinen Basis, die Weisshorn-Weissfluhschuppen mit Sulzfluh- und Falknisdecke sind die Vertreter der unterostalpinen Einheiten Südbündens, die zwischen dieselben und die mittelostalpinen Schuppen geschalteten Ophiolithe, Schiefer, Aptychenkalke und Radiolarite gehören zum basalen Penninikum, es sind mitgerissene und verschleppte Fetzen der Plattadecke. Die tektonische Serie Margnadecke-Unterostalpin ist bei ihrer Verfrachtung an der Basis der Silvretta, z. T. auch auf dem Rücken der tiefern Penniden, abermals übereinander gehäuft worden, so dass wir heute im Gebiete von Arosa und im Rätikon die ostalpine Basis nicht nur einmal, in einem Niveau sehen, sondern zwei oder drei- oder mehreremal übereinander. Die basale Überschiebung der unterostalpinen Decken auf das Penninikum ist von den späteren Bewegungen sekundär wiederum erfasst worden, und die Serie Platta-Err-Bernina-Decken wurde weiter übereinander getürmt und sekundär miteinander verschuppt, wie wenn es sich um eine normale Schichtreihe handelte. Die Berge von Arosa sind ein grossartiges Beispiel für diese Verschuppung der Decken. Tektonische Serien sind in den Bergen von Arosa wie normale Schichtfolgen übereinander getürmt worden.

Mit dieser Lösung wird auch die Einlogierung der nördlichen Einheiten in die Decken Südbündens, von denen sie durch den Schub der Silvretta abgerissen worden sind, erleichtert, verteilt sich doch die ganze grosse basale Schuppenzone unter dem Tschirpen auf die zwei grossen unterostalpinen Einheiten der Err- und der Berninadecke. Die Falknisdecke gehört zur Err-, die Sulzfluheinheit zur Berninadecke. In den Weisshornschuppen sind südlichere Teile der Falknis-Sulzfluhserien mit der penninischen Basis verschuppt.

Falknis und Sulzfluh sind die unzweifelhaften Äquivalente der Klippen und Préalpes, und damit erlangen unsere Resultate, die Einwurzelung von Falknis- und Sulzfluhdecke, erhöhte Bedeutung. Auch die Klippen und Préalpes sind nunmehr endgültig nur noch mit den unterostalpinen Decken des Oberengadins, Err- und Bernina, in Zusammenhang zu bringen.

Nach der Niederschrift dieses Abschnittes ergab eine Diskussion mit *J. Cadisch*, dass derselbe gleichzeitig zu ähnlicher Auffassung der Gebirge um Arosa und Davos gekommen ist, und eine seither von ihm erschienene Mitteilung über den Bau des zentralen Plessurgebirges ergibt eine weitgehende Übereinstimmung mit den hier unabhängig von *Cadisch* entwickelten Ideen.

Damit verlassen wir das Halbfenster des Prättigaus und wenden uns dem Unterengadin zu.

3. Das Fenster des Unterengadins.

Auf eine Länge von über 55 km treten im Unterengadin zwischen Guarda und Prutz die tiefern Glieder der Grisoniden wieder unter den kristallinen Massen der Silvretta empor. Die Untersuchungen der letzten Jahre haben, seit der Entdeckung der Falkniskreide durch *Cadisch*, mehr und mehr die komplexe Natur des Fensterinhaltes aufgezeigt, und heute erkennen wir im Unterengadin unter den gewaltigen Massen der Silvretta und des Oetztals sämtliche Elemente des Prättigaus und Schanfiggs wieder. Falknis, Sulzfluh und Aroser Schuppenzone erscheinen nacheinander in derselben Reihenfolge über dem basalen Flysch und schiessen gegen Süden unter die mittelostalpinen Massen der Engadinerdolomiten und die Oetztaler, gegen Norden und Westen unter die Silvretta ein. Die Funde von Falknisbreccie, Falknisneokom, Tristelkalken, Gault und Couchesrouges, der Fund von Sulzfluhkalk, in analoger Stellung über der Falknisserie wie drüben im Prättigau, stellen heute trotz *Hammers* den Kern der Dinge nicht treffendem Einspruch die Anwesenheit der Falknis- und Sulzfluhdecke im Engadinerfenster sicher; und zugleich sehen wir, wie diese typisch préalpinen Jurakreideserien untrennbar verbunden sind mit ostalpinem Lias, ostalpiner Trias, ostalpinem Verrukano und ostalpinen Graniten vom Albula-, Err- und Berninatypus. Die préalpine Falkniskreide transgrediert unzweifelhaft auf unterostalpinem Granit und Diorit, und damit fallen die letzten Argumente gegen eine ostalpine Herkunft der préalpinen Serien. **Im Unterengadin ergibt sich klar und deutlich der primäre Zusammenhang von Klippensedimenten mit Err- und Berninagraniten.** *Cadisch* und ich haben in unserer Unterengadiner Arbeit zur Genüge auf diese Tatsache hingewiesen.

Über den Schuppen der Falknis- und Sulzfluhserie erkennen wir im Unterengadin die Äquivalente der Aroser Schuppenzone. Dieselbe umzieht als breites Band ringsum das Fenstergebiet und lässt sich heute, wie die Aroserzone des Westens, in eine Menge von einzelnen Elementen gliedern. Der Fund von Radiolarit und Aptychenkalk, die beide bisher im Unterengadin zu fehlen schienen, wurde für die Deutung dieser Zone von grosser Tragweite. Wir kennen heute, bis an die saluveartigen **Sand**steine, im Gebiete des Unterengadins alle stratigraphischen Glieder der Aroserzone wieder, vom Altkristallin und Verrukano bis zum Malm hinauf. Auch die Ophiolithe fehlen nicht. Zuoberst folgt im Süden, analog dem Parpaner Weisshorn, direkt an der Basis der Silvretta, der Dolomit des Crap Putér.

Die ganze Fensterserie bildet ein grossartiges Gewölbe. Auf der Stossseite desselben, d. h. im Süden, wo die Oetztaler und die Stirnen der Engadinerdolomiten mächtig andrängen, ist die Gliederung von Val Plavna bis hinab ins Kaunsertal eine sehr komplizierte, und infolge der gewaltigen Reduktion und Ausschürfung gegen Norden nur sehr schwer zu deuten. Immerhin steht sicher, dass sowohl Falknis-Sulzfluh-, wie Aroser Schuppenzone dem ganzen Südrand des Fensters entlang durchziehen, von Ardez bis hinab nach Prutz. Die Profile, die *Hammer* zwischen Nanders und Prutz beschrieben hat, die beiden prachtvollen *Hammerschen* Kartenblätter Landeck und Nanders, sowie unsere eigenen Beobachtungen zwischen Ardez und Martinsbruck, stellen dies sicher. Kreide, Malm, Kristallin, hie und da auch Trias und Lias, daneben die Ophiolithe, ziehen in enorm verschupptem Zustand, oft in Linsen zerdrückt, von Ardez bis hinab nach Prutz. **Die unterostalpinen Einheiten erkennen wir also dem ganzen südlichen Fensterrand entlang.**

Grossartig sind dieselben aber am **Nordrand des Fensters** entwickelt, von Ardez über das Samnaun bis hinab ins Talbecken von Prutz. Wir unterschieden vor zwei Jahren im Gebiete zwischen Ardez und Val Fenga über den Schuppen der Plattadecke folgende breit entwickelte Einheiten: Die Falknisserie in den untern (Clünas-Ardez), die Sulzfluhdecken in den obern Tasnaschuppen (Val Maha-Chaschlogna), darüber die Gipszone, über derselben den Liaszug des Samnaun, darüber die Ophiolithschuppen und die Radiolarite, über den letzten beiden Elementen das Silvrettakristallin. Alle diese Schuppen führen auch Malm und Kreide.

Diese Gliederung der Ardezerzone verfolgen wir nun nach den Darstellungen *Hammers* durch das Samnaun hinab bis nach Prutz.

Die Falknisserie streicht, zunächst ohne Trias, nur mit Malm und Kreide, unter dem Stammerspitz durch in die Blauwand zwischen Samnaun und Stubental. Östlich derselben erscheinen auch die basalen Triasfetzen wieder, und nun verfolgen wir diese unterste Trias-Jura-Kreideserie auf *Hammers* Blatt Landeck über den Triasfetzen des Minderskopfs und die Höhen ob Serfaus bis hinab in die grosse Zone der sbunten Schiefer von Ried und Fendels. Dort haben wir den Ardezermalm mit verdrückten Aptychenkalken selber wieder gesehen, die Falknisserie streicht also tatsächlich durch.

Die Sulzfluhserie erreicht mit den obern Tasnaschuppen über der grossen Basisscholle der Stammertrias das Samnaun. Die Stammertrias aber zieht über Chè d'Mott und Tilolet in abgeschürften Fetzen in die Triaskeile unter dem Frudigerkopf, und über der Falknisserie weiter dem Osten zu. Über Pezid- und Bentelkopf ist sie weiter wohl mit dem Dolomitzug des Burgschroffen östlich des Inntals zu verbinden, der die Malmkreideserie von Fendels gegen Norden abschliesst. Die Schiefer von Prutz und Kauns gehören demnach wohl in die Sulzfluhserie.

Über derselben folgt im Westen die Verrukano-Gipszone von Zeblas-Salàs, als Basis einer neuen Jurakreideschuppe. Sie lässt sich über den Fliesserberg und die Trias nördlich des Fundigerkopfes in die Verrukanozüge des Arrezjoches und von dort in langem Zuge über Kadratsch und Fiss bis Ladis und Prutz verfolgen. Über die Höhen ob Kauns schwenkt diese Zone, stark reduziert, über den Rodeiswald in den südlichen Fensterrahmen ein.

Die Liaszone, die im Fimbertal und Samnaun so grossartig entwickelt ist, keilt wenig östlich der Landesgrenze zwischen der Gipszone und den Ophiolithschuppen an der Basis der Silvretta aus, sie erreicht das Talbecken von Prutz nicht. Hingegen zieht die Zone der Ophiolith-schuppen vom Fimbertal, wenn auch in eine ganze Reihe von Linsen auseinandergerissen, längs dem Silvrettarand nach Osten durch, bis jenseits Prutz, und über das Kaunsertal in den südlichen Fenster-rahmen hinein.

Die unterostalpinen Elemente von Ardez ziehen also durch das ganze Fenster zwischen Penninikum und Silvretta hinab bis über Prutz hinaus und schwenken dort, wie bei Ardez am Crap Putèr, in den süd-lichen Fensterrahmen ein. Sie umschliessen das penninische Schuppenland der Margnadecke ringsum und schieben sich zwischen Penniden und Silvretta als breite trennende, durchgehende fremdartige Platte ein.

Als Fremdling steht allen diesen Fensterelementen im Südwesten der Dolomit des Crap Putér an der Basis der Silvretta gegenüber. Er ist das Äquivalent des Parpaner Weisshorns, das die Aroser Schuppenzone krönt, und damit ein Glied der Ortlerdecke. Im schweizerischen Fenster-teil steht er vereinzelt da; hingegen stellen sich in den Bergen von Prutz, vielleicht auch bei Nauders, die weissen Dolomite an der Basis der Silvretta, über den höchsten Ophiolithschuppen der Aroserzone, abermals ein. Es sind die altbekannten Triasgesteine, die beidseits der Enge von Pontlatz vor dem Silvrettakristallin zur Tiefe schiessen. Über Puschlin sind sie, ähnlich wie bei Guarda, zwischen das oberostalpine Kristallin eingeklemmt, sie lassen sich in demselben bis über Harbern hinaus verfolgen und trennen auf diese Weise das eigentliche Oetzmassiv von dem der Silvretta. Um einen Mittelschenkel der oberostalpinen Decke handelt es sich hier nicht, erscheint doch der Verrukano, beispielsweise nordwestlich Prutz, nicht zwischen dem Dolomit und dem Silvrettakristallin, sondern bezeichnenderweise an der Basis des Dolomites. Derselbe stellt also einen eigenen Schürfling an der Silvrettaüberschiebung dar. Genau wie Crap Putér und Parpanerweisshorn, genau wie übrigens auch die Casanna-Tschirpenschuppen im Rätikon. Die Analogien sind vollkommen.

Damit trennt sich vom unterostalpinen Inhalt des Engadinerfensters der höchste Dolomitkomplex Crap Putér-Prutz als ein mittelostalpines Glied ab, wir erkennen ihn heute als Schürfling der Ortlerdecke. Die tiefern Fensterserien müssen wir, wie im Prättigau und um Arosa, von den unterostalpinen Decken Südbündens ableiten. Die Falknisschuppen von der Err-, die Sulzfluhserien von der Berninadecke, speziell aus der grossen untern Teildecke derselben, der Julierdecke. Die höhern Serien, die hier im Gegensatz zu Arosa ohne penninische Zwischenschaltungen über der Sulzfluhserie folgen, erkennen wir als Glieder der höheren Berninaelemente, der Biancoschuppe und des Strettalappens. Der Charakter der ältern Glieder dieser Unterengadinerdecken stützt diese Herleitungen in weitgehendem Masse; erkennen wir doch die typischen Glieder der Errdecke, Albula-granit und Nairporphyr, klastischen Verrukano, an der Basis der Falknisgesteine bei Ardez, den typischen Juliergranit mit Dioriten an der Basis der Sulzfluhserie, und weisen doch gerade die Gipszone und die Liasserie von Samnaun weitgehende Analogien zum Gehalt der oberen Berninaschuppen in Valle Abrie und auf Gessi auf.

Wir stellen somit heute im Fenstergebiet des Unterengadins unter dem Kri-stallin der Silvretta und der Oetztaleralpen folgende Deckenserie fest: Silvretta, Ortler, Bernina und Err, darunter die Schuppen der Plattadecke, als Basis des Ganzen den Prättigau-flysch. Das Unterengadinerfenster enthält also über dem basalen Penninikum und unter dem Sil-vrettakristallin Vertreter der Err- und Berninadecke, die unterostalpinen Elemente, und Schürflinge der tiefsten mittelostalpinen Einheit, der Ortlerdecke. Die Analogien seien in folgender Tabelle zusammengestellt:

Unterengadin.	Prättigau-Arosa.	Südbünden.
Silvretta	Silvretta-Parpanerrothorn	Silvretta-Keschmasse
Crap Putér	Parpanerweisshorn, Casannaschuppen	Ortler-Aeladecke
Ophiolithe und Radiolarite	Zone Urdenfürkli-Totalp	Plattadecke
Liaszone des Samnaun	Weisshorn-Weissfluh-Cotschnaschuppen,	Biancoschuppe-
Gipszone Zeblas-Salàs	Aroserzone	Südbernina
Obere Tasnaschuppen	Sulzfluhdecke	Julierdecke
Untere Tasnaschuppen	Falknisdecke	Errdecke
Ophiolithschuppen von Champatsch	—	Plattadecke
Basaler Flysch	Prättigauflysch	Arblatschflysch

Das Engadinerfenster wird ringsum von höher ostalpinem Kristallin umrahmt, im Westen von der Silvretta selbst, im Norden von den Gneissen des Fervall, im Südosten vom Oetztalerkristallin, im Süden vom «obern Schulsergneisszug». Das Oetztalerkristallin stellt den grossen südlichen Abschnitt der Silvrettadecke dar, der Schulserzug galt bisher als ein tiefer, an der Stirn der Engadiner Dolomiten hinabgreifender Einwicklungskeil derselben, die Silvretta im eigentlichen Sinne bildet als gewaltiges Mittelstück der kristallinen Einheit ein grossartiges Gewölbe über der Kuppel des Engadinerfensters, das Fervall endlich entspricht der gestauten gefächerten Stirn der Decke.

Im grossen Ganzen deckt sich das heutige Fenster mit dem auf den alten Karten angegebenen Bündnerschiefergebiet. Die neueren Aufnahmen haben die Silvrettagrenze nur um unbedeutende Beträge verschoben; einzig im Südwesten ergaben die neueren Studien eine weitere Verzweigung und Zerlappung des Fensters in die Silvretta hinein. Hingegen ist die Gliederung innerhalb des Fenstergebietes eine ganz andere geworden, indem sämtliche Elemente über dem Tasnagranit als unterostalpin vom penninischen Basalteil abgetrennt wurden. Das ist der Hauptunterschied gegenüber früher.

Am Südrand des Unterengadinerfensters schliessen die Engadinerdolomiten mit einer herrlichen Stirnfalte das Gebiet der Umbraildecke nach Norden ab. Ich brauche auf diese Phänomene nicht mehr zurückzukommen. Von den Bergen der Quatervalsgruppe bis hinüber zum Piz S-chalembert sehen wir stets, auf eine Länge von über 30 km, diese Dolomitenstirn in gewaltigem Bogen vor der Silvrettamasse zur Tiefe schiessen, und eine weitere nördliche Fortsetzung der Engadinerdolomiten kennen wir aus. Östlich Val d'Uina versinkt dieser ganze grossartige Bau unter den kristallinen Massen der Oetztaler, und es bleibt zweifelhaft, ob er weiter nach Nordosten eine Fortsetzung hat. In Val d'Assa erscheint der Verrukano und ein winziges Fenster von Umbrailkristallin zum letztenmal, dann schiesst die ganze grosse Stirn des Piz S-chalembert über demselben ostwärts in die Tiefe. Nur die oberen Lias-Malmschuppen, die denen des Lischannaplateaus entsprechen, ziehen zusammen mit Triasgesteinen an der Basis des Piz Lad dem Osten zu und erreichen die Gegend von Nauders. Die eigentliche Nordstirn der Engadinerdolomiten versinkt in einem Tunnel östlich Val d'Assa unter dem Piz Ajüz, und ihre streichende Fortsetzung zieht südlich unter dem Piz Lad in die Oetztaleralpen hinein.

Man kann sich nun wiederum fragen, ob wirklich der ganze «obere Gneisszug von Schuls», vom Straghavitapass bis nach Nauders, eine einheitliche Masse darstellt, ob er wirklich nur, wie bisher angenommen wurde, zum eingewickelten Oetz- und Silvrettakristallin gehört. Die Möglichkeit, dass er auch noch tiefere Glieder enthält, ist immer noch gegeben. Wir könnten uns vorstellen, dass kristalline Fetzen der Ortlerdecke an der Basis der Crap Putérdolomite, wo wir ja solche sehen, auch weiter im Osten den Südrand des Unterostalpinen begleiten. So könnte die sogenannte «Lischannatrias» unter der Gneissbasis des Piz Lad sehr wohl bereits dem Dolomit des Crap Putér und damit der Ortlerdecke entsprechen, und der darunter erscheinende Gneisszug dürfte sein normales Liegendes sein; er entspräche dann ungefähr dem Schaflegerkristallin bei Davos. Er liegt auch in ähnlicher Position fast direkt über den höchsten Ophiolithen. Die brecciöse Natur dieser sogenannten Lischannatrias und deren Weiterstreichen in die Prutzer und Pontlatzer Triasmasse macht die obige Kombination wahrscheinlich. Es erscheint also heute möglich, einen Teil des Schulserzuges doch von der Silvretta abzutrennen und unter die Basis der Dolomiten, aber zur tiefern Einheit der Ortlerdecke, zu stellen. Die Silvretta-einwicklung wird dadurch nicht berührt, sie wird nur etwas weniger tief. Auch ein erneutes Hervortauchen der Uinagneisse nördlich der Dolomitenhauptstirn halte ich nicht mehr für ausgeschlossen, die Ähnlichkeit der kristallinen Schiefer in Val d'Uina und südlich Sur-En deutet auf diese Möglichkeit hin. Die eben erschienene neue Karte von *Hammer*, das prachtvolle Blatt Nauders, zeigt auch deutlich, dass dieser östliche Schulserzug nirgends mit der eigentlichen Oetz-masse zusammenhängt, er ist bis über Nauders hinaus stets durch mesozoische Linsen und Überschiebungsflächen von derselben getrennt. Der östliche Schulserzug kann also sehr wohl noch als ein Basissplitter des Umbrailkristallins, als eine Art unterer Digitation der Dolomitenstirn betrachtet werden. Zur Silvretta gehörte in diesem Falle nur mehr der westliche Schulserkeil, der noch heute sichtbar mit der Nunamasse zusammenhängt. In letzter Stunde ist nun durch *Eugster*, der die Neukartierung der Dolomitennordfront an die Hand genommen hat, die mittelostalpine Natur des Schulser Hauptzuges mit vielen Details nachgewiesen worden, er ist tatsächlich ein Basissplitter der Campodecke, ein Bestandteil der grossen Stirn der Engadinerdolomiten.

Die höchsten Elemente der Grisoniden stirnen in den Engadinerdolomiten im Angesicht des Fensters, die tieferen Glieder ziehen unter der Silvretta weiter dem Norden zu. In isolierten Fetzen die Ortlerdecke, zu gewaltigen Sedimentpaketen gehäuft die unterostalpinen Einheiten der Err- und der Berninadecke.

* * *

Damit schliessen wir das grosse Kapitel über die Grisoniden Bündens ab. Vieles hat sich seit 1915, seit jener ersten Synthese, geändert und modifiziert, eine grosse Reihe neuer Zusammenhänge haben die Studien der letzten Jahre eröffnet, und heute überblicken wir die Grisoniden Bündens mit einem ge-schärften Auge um vieles klarer als damals, wo so viele Probleme erst in der Luft lagen. Aber das grosse Gesamtbild ist dasselbe geblieben, und alle Beobachtungen seit 1915 fügen sich zwanglos in den alten Rahmen ein. Die Gliederung von 1915 besteht in grossen Zügen auch heute noch, nur erkennen wir viel weitere Zusammenhänge und verfolgen heute die einzelnen Elemente jenes alten Baues nicht nur weithin im südlichen Gebirgsland Alt fry Rhätiens, sondern quer durch die Alpen hin-durch, vom Veltlin bis an den Alpenrand. Das ist der grosse Fortschritt seit 1915, und wir verdanken ihn den systematischen Untersuchungen, die allerorts unter der Ägide der schweizerischen geologischen Kommission in Graubünden unternommen worden sind, im Norden den prachtvollen Arbeiten der Bernerschule unter der Führung von *Arbenz*, im Osten den Arbeiten von *Spitz* und *Dyhrenfurth* und *Hammer*, im Süden den weitern Aufnahmen auf Blatt XX.

Das Element der Grisoniden erlangt eine grossartige Bedeutung im Bau der ganzen Alpen, und es schien mir daher notwendig, dieses lange unbeachtete Glied etwas genauer zu behandeln.

Wir gehen nun über zu den höchsten Einheiten des Bündner Deckenhaufens, den oberostalpinen Decken der Silvretta, des Oetztales und des Rätikon.

3. Die Silvrettadecke Bündens.

In geschlossener Masse überschiebt die Silvrettadecke nördlich der Linie Tiefencastel-Scanfs-Schuls die tieferen Einheiten der Grisoniden und Penniden, und stösst über dieselben und die Helvetiden hinaus bis an den Alpenrand. Ein geschlossener Traîneau, der rücksichtslos die tiefern Elemente mit sich reisst, auswalzt, von ihrer südlichen Heimat abschert und in grossartigen Massen im Norden häuft. Die Rolle der Silvretta ist die des souveränen Traîneau écraseur. Die Silvretta ist das oberste Glied der Austriden in Bünden, sie schiebt sich als mächtiger Deckel über die tieferen Einheiten hinweg. Sie ist durch keine höhere Einheit verwalzt und strapaziert worden, und so hat denn auch ihre alpine Tektonik die ruhige Grösse der obersten Platte im Deckengebäude der Alpen bewahrt. Der

Ban der Silvrettadecke ist gegenüber dem der Grisoniden einfach und grosszügig, und vergebens suchen wir die grossartige Innengliederung, die uns in den Grisoniden entgegengetreten war. Einheitlich bleibt der kristalline Kern der Silvretta vom Arlberg bis ins Oberengadin, auf 60 km Distanz, und die wenigen Sedimentkeile, die in den kristallinen Körper eingreifen, sind nur wenig tief und keilen stets nach wenigen Kilometern zwischen den alten Massen aus. So wird uns die Tektonik der Silvrettadecke nicht lange aufhalten, und wir können uns nach der eingehenden Schilderung der Komplikationen in den Grisoniden relativ kurz fassen.

Die Rolle der Silvretta ist die des Traîneau écraseur, vom äussersten Süden bis an den Alpenrand hinaus. Selbst die gewaltigsten Glieder der Grisoniden, Bernina- und Campodecke, die selber auf ungeheure Strecken die Rolle eines Traîneau gegenüber den tieferen Elementen spielten, selbst sie wurden schliesslich durch die erdrückende Masse der Silvretta zu dünnen Keilen ausgewalzt, ihre stirnwärtigen Partien vom Deckenstamm abgerissen und nach Norden verschleppt, an der Basis der Silvretta bis hinaus zum Alpenrand. So scheint die Silvretta weithin den tieferen Gliedern Bündens das Gesetz des Baues zu diktieren, sie beherrscht auf den ersten Blick die Tektonik ganz Bündens, und ihr gegenüber erscheinen alle tiefern Elemente zunächst als rein passive Einheiten. Der Südrand der geschlossenen Silvrettamasse aber zeigt uns, dass auch hier nicht ein Glied der Gesellschaft sich ungestraft über alle anderen hinwegsetzen darf, dass früher oder später eine Auflehnung gegen erlittenes Unrecht kommt. So sehen wir denn am Südrand der Silvretta die von derselben so arg verschärften und drangsalierten Grisoniden zu gewaltigem Stosse gegen den Bedrücker ausholen, und diesmal ist es die Silvretta, die sich dem Willen und Gesetz der Grisoniden beugen muss. Am ganzen Südrand bohren sich die grisoniden Elemente in grossartigen Stirnen tief in den kristallinen Körper der Silvretta ein, dieselbe von neuem in mächtigem Stosse nach Norden treibend. Durch dieses grisonide Vordringen wird der ganze kristalline Kern der oberostalpinen Decke in zwei grosse sekundäre Schuppen gespalten und übereinandergestossen, der grisonide Stoss trennt durch sein Vordringen die südlichen Deckenteile der Oetztaler Alpen von denen der Silvretta, und schiebt sie schliesslich auf bedeutende Strecken übereinander. Die Silvretta, die einst so selbstherrlich ihre grisoniden Brüder unterdrückte, wird nun, durch dieselben aufgereizt, von ihren eigenen südlichen Teilen überfahren und zermalmt. **Die Oetztaler überschieben als gewaltiger Rückenteil der Silvrettadecke in dieser späten Phase der Einwicklungsstösse den Kopfteil der Decke, die Silvretta selbst.** Die neuerwachten südlichen Grisoniden schoben ihre Bedeckung, die Oetztaler, als mächtige Decke über die nördliche Silvretta hinaus, und sie waren es damit auch indirekt, die den Abschub der Kalkalpen von der Silvretta und deren Häufung im Norden derselben bewirkte. **Der Stoss der Grisoniden überschob die Oetztaler auf die nördliche Silvrettamasse, deren Sedimente wurden dadurch von ihrer kristallinen Unterlage abgeschürft und nach Norden zu den Schuppen der Kalkalpen übereinandergestossen.**

Infolge dieser grisoniden Reaktion zerfällt die Silvrettadecke Bündens, wie die oberostalpine Decke der Ostalpen überhaupt, in drei getrennte Teile, die Oetztalermasse, die Silvrettamasse und die Kalkalpen, d. h. das Triasjuragebirge des Rätikon.

Die Oetztalermasse tritt längs der Schlinigüberschiebung in das Gebiet Graubündens ein. Als flache kristalline Decke überschiebt sie das Sedimentgebirge der Engadinerdolomiten, die Umbraildecke, und damit das oberste Glied der grossen mittelostalpinen Einheit, der Campodecke. Von Schleis in der Malserheide verfolgen wir diese grossartige Überschiebung über den Schlinigpass und die Kämme östlich Val d'Uina bis hinüber ins Unterengadin. Stets thront das Kristallin als flache Platte über den zur Tiefe sinkenden Elementen der Engadinerdolomiten, und im Rojental erscheinen dieselben abermals in einem kleinen Fenster unter ihrer kristallinen Bedeckung. In isolierten Resten erkennen wir diese flache Platte der Oetztaler noch weithin als prachtvolle Klippen auf dem westlichen grisoniden Gebirge der Lischanna-, der Münstertaler- und der Umbrailgruppe: die Oetztalermasse ruht in einer grossartigen Klippenschar den Engadinerdolomiten auf. Zwischen Engadin und Veltlin kennen wir heute dank den Untersuchungen von *Spitz* und *Dyhrenfurth* die stattliche Zahl von über 35 Klippen, davon die grössten auf viele Quadratkilometer das basale Gebirge

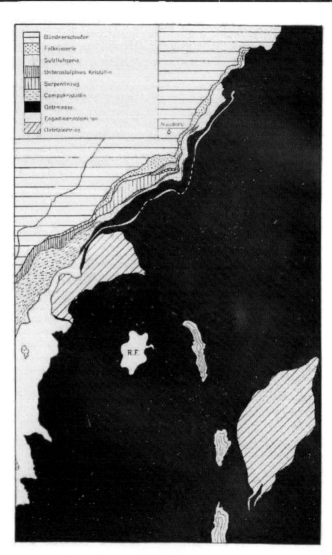

Fig. 37. Tektonische Skizze der Ecke von Nauders (p 141)

1 : 100,000

bedecken. Die schönsten sind die seit *Termier* klassischen Klippen des Piz da Rims und Chazforä, deren dunkle kristalline Gräte scharf dem weissen Triasgebirge aufsitzen (Fig. 36). Schon *Theobald* hat sie gekannt. Teils liegen diese Klippen vollständig über dem Mesozoikum der Umbraildecke, teils sind sie von Süden her in die Umbrailsedimente eingespiesst. So am Cuclér da Jon da d'Ontsch und am Passo dei Pastori. Auch auf dem Piz da Rims fanden *Argand* und ich seinerzeit noch Hauptdolomit, so dass auch diese Klippe nur eine grosse Einspiessung des oberen Kristallins in die Umbrailserie bedeutet. Nördlich des Piz Lad sind diese obersten kristallinen Elemente harmonisch mit der basalen Trias verfaltet. Die äussersten Vorposten dieser Klippen sind die des Monte Cornacchia ob San Giacomo di Fraele, 25 km ausserhalb der Schlinigüberschiebung, der zusammenhängenden Masse der Oetztaler bei Mals und Schleis. Das ergibt, zusammen mit den 5 km, auf welche uns das Rojenfenster die mesozoische Basis der Oetztaler freilegt, eine beobachtbare Auflagerung der Oetzmasse auf dem Mesozoikum der Umbraildecke, also den mittelostalpinen Elementen, **auf 30 km im Streichen.** Wir werden später sehen, dass es nicht bei diesen bescheidenen Zahlen bleibt, sondern dass die grisonide Basis der Oetztaler Alpen im Vintschgau sich noch weiter nach Osten im Streichen unter der Oetzmasse verfolgen lässt, auf mindestens abermals 25 km.

Die Auflagerung der Oetzmasse auf die Grisoniden ist daher heute gesichert, es zweifelt wohl auch im Ernst, mit Ausnahme vielleicht von *Heritsch* und Genossen, niemand daran. Über die Schubrichtungen allerdings und das Ausmass der Bewegungen sind die Meinungen geteilt. Aber dass wir grosse horizontale Bewegungen der Oetzmasse **auf mindestens 50 km** annehmen müssen, ergibt sich aus der auf dieser Strecke **im Streichen aufgeschlossenen mesozoischen oder permischen Basis** derselben. Wir werden darauf zurückkommen. Vorderhand verfolgen wir diesen wichtigen Rand der Oetztaler weiter dem Norden zu (vergl. dazu Fig. 37).

Von Süden und Osten bis in die Unterengadinerberge bildete stets das Oetzkristallin die Basis der Decke. Nördlich Val d'Uina aber wird dies für eine kurze Strecke anders. Da greift von oben die Triasmulde des Piz Lad und Piz Ajüz tief in das Kristalline ein, und unter dem Piz Ajüz erreicht dieselbe sogar die Basis der ganzen Decke. Dort wird die Triasmulde des Piz Lad von der grossen basalen Überschiebungsfläche der Oetztalerdecke schief abgeschnitten, und eine Weile ruht das Triasgebirge des Piz Lad, das ins Hangende der Oetzmasse, also zur oberostalpinen Decke gehört, direkt auf den obersten Lias-Malmschuppen der Engadinerdolomiten. Nur dünne Linsen von Casannaschiefer und Verrukano begleiten hie und da die Überschiebung der oberostalpinen Trias auf die mittelostalpinen Elemente. Aber schon knapp 2 km weiter nördlich erscheint an der Basis der Piz Lad-Trias das Oetzkristallin wieder in voller Pracht und zieht nun als geschlossene Masse über den Bündnerschiefern und der Engadinerkreide zwischen Nauders und Prutz dem Nordosten zu. Um die gewaltige Nordstirn der Engadinerdolomiten biegt sich die Basis der Oetzmasse steil nordwärts zur Tiefe und verliert sich zwischen ihr und dem langen Gneisszug von Schuls. Zwischen Engadinerdolomiten und das Fenstergesteinen erscheint deshalb die Basis der Oetzmasse zu einem schmalen Keile eingewickelt. Dank dem Ansteigen aller Axen gegen Westen steigt westlich Nauders dieser von oben her eingespiesste Oetztalerkeil in die Luft. Erst wo die Axen aller tektonischen Elemente westlich Schuls wieder gegen den Westrand des Engadinerfensters hinabsinken, da stellt sich auch der Einwicklungskeil der Oetztalermasse als von oben her eingespiesster schmaler Zug vor der Dolomitenstirn wieder ein. In Val Plavna ist er ausgezeichnet entwickelt, ich nenne ihn daher, da der alte Name des Schulserkeiles ja heute nicht mehr zutrifft, den **Plavnakeil.** Gegen Westen aber verschmilzt derselbe mit der grossen Masse des Piz Nuna bei Zernetz.

Die Masse des Piz Nuna ist das Äquivalent der Oetztaler westlich der Engadinerdolomiten. Der grossartige Fächer jener Berge zeigt in herrlicher Weise das Sichöffnen der falschen Mulde des Plavnakeiles in die eigentliche Oetzmasse hinein. Es ist der Einwicklungsfächer der Silvrettadecke vor der Dolomitenstirn.

Durch das Einbohren der Engadinerdolomiten in die Basis der oberostalpinen Decke, das uns durch das Einschwenken von Oetzmasse und Nunakristallin in den Plavnazug enthüllt wird, wurden nun diese südlichen kristallinen Massen weiter nach Norden gestossen, und bei Guarda und ob Prutz sehen wir deshalb diese südlicheren Elemente der oberostalpinen Decke, d. h. die **Oetzmasse**, auf die nördlichen Teile derselben, die eigentliche **Silvretta** aufgeschoben. Die Aufschiebung ergreift die ganze Kernmasse der Oetztaler, nicht nur deren oberen Teile, denn die Oetzmasse ist mit ihrer mesozoischen Basis — das sind die Triasfetzen der Ortlerdecke vom Crap Putér und von Prutz — über das eigentliche Silvrettakristallin hinweggeschoben. Bei Guarda überschiebt die Nunamasse, mit ihrer Triasbasis vom Crap Putér, die kristallinen Schiefer der eigentlichen Silvretta; bei Harbern am Venetberg, zwischen Prutz und dem unteren Pitztal, dringt die eigentliche Oetzmasse, mitsamt den obersten Triasschuppen des Fensters, d. h. der Trias nördlich Prutz, über die zur Tiefe sinkenden Silvrettagneisse vor.

Durch den Vorschub der Engadinerdolomiten, d. h. der Grisoniden, zerfällt also zwischen Guarda und Oetz die ganze kristalline Kernmasse der Silvrettadecke in **zwei grosse Schuppen** erster Ordnung, die südliche eigentliche **Oetzmasse**, die nördliche eigentliche **Silvrettamasse**. Dazwischen schiebt sich von unten, sowohl bei Guarda wie bei Prutz, ein grisonider Schubfetzen mittelostalpiner Trias weit zwischen die beiden Komplexe ein.

Von Guarda ostwärts ist die Trennung der Silvrettadecke in Oetz- und Silvrettamasse klar. Die Oetzmasse bildet den Südrand des Engadinerfensters in der Nunagruppe, im Plavnakeil, im Piz Lad und zwischen Nauders und Prutz, ihr gehören auch die Klippen im Lischanna- und Umbrailgebiete an, und die Silvrettamasse im engeren Sinne ist auf den Nordrand des Fensters zwischen Ardez und Prutz, und auf den Venetberg beschränkt. Wie aber verhält es sich im Westen?

Die Teilung der alten Silvrettadecke Bündens in eine südliche und eine nördliche, eine obere und eine untere, eine Oetz- und eine Silvrettamasse, existiert im Westen tatsächlich auch; nur sind die beiden Schuppen nicht so deutlich durch basales grisonides Mesozoikum getrennt, und liegen längs einer intrakristallinen Schubfläche übereinander. Zwischen Prutz und Pitz sahen wir die Oetzmasse auf gegen 10 km Breite der Silvretta aufgeschoben; diese Teilung muss daher in bescheidenem Masse auch noch im Westen vorhanden sein. Sie lässt sich denn auch wirklich finden.

Zunächst setzt die Oetzmasse aus der Nunagruppe deutlich quer über das Engadin in die Gebirge der Vadretgruppe fort. Der Fächer von Zernez zieht in die Scalettagruppe hinein. Alles, was südlich dieser Berge liegt, entspricht im engern Sinne der Oetztalermasse, im besonderen die Gruppe des Piz Kesch. In derselben greifen, genau wie am Piz Lad, die oberostalpinen Trias-mulden stellenweise bis in die basale Silvrettaüberschiebung hinab, und wir erkennen heute in der Mulde des Hochducan die westliche Äquivalente des Piz Lad.

Zwischen Süs und Lavin setzen die kristallinen Schiefer der Nunamasse über den Inn und ziehen in die Berge nördlich der Flüelastrasse hinein; darunter steigen am Piz Linard die antiklinal aufge-wölbten kristallinen Massen der eigentlichen Silvretta empor. Es erweist sich demnach als sicher, dass das ganze Gebirge südlich der Flüelastrasse, d. h. die Grialetsch-, Vadret-, Scaletta- und Keschgruppe, zur Decke der Oetztalermasse gehört. Die Trias von Guarda verliert sich gegen Westen in einer Schubfläche zwischen Nuna- und Silvrettakristallin, die in ihrem näheren Verlaufe noch keineswegs genügend untersucht ist. Die Trennung der beiden Teilelemente lässt sich bisher bloss nach der Innentektonik der kristallinen Massive einigermassen festlegen. So erscheint sicher, dass die Masse des Piz Linard, der Verstankla-, Platten- und Ungeheuerhörner, auch ein Teil der Flesser-berge, nach ihrer gewölbeartigen Lagerung der Silvrettamasse angehören. Südlich davon er-kennen wir sowohl in Fless wie in Sagbains deutliche Schubflächen, über denen dann das gefächerte südliche Gebirge erscheint. Die Grenze zwischen südlichem Fächer und Silvrettakuppel gibt daher Anhaltspunkte für die Verfolgung der Trennungslinie. Dieselbe zieht durch die hinteren Vereinatäler nach Westen in die Pischa hinein. 5 km westlich derselben aber treffen wir die Triaskeile am Davoser Seehorn, in analoger Position von unten zwischen die Sil-vrettagneisse eingeklemmt, wie drüben im Engadin die Trias von Guarda. Die Ver-suchung ist gross, die beiden Triaskeile, Guarda und Seehorn, miteinander durch die trennenden Quetsch-zonen mitten durch das Silvrettahochgebirge zu verbinden; um so mehr, als die beiden Triaskeile auch soust im selben tektonischen Niveau liegen. Beide gehören in die äussersten Vorposten der verschürften Ortlertrias. Die Aufnahmen im Silvrettagebiet haben hier noch ein schönes Problem zu lösen.

Auf jeden Fall aber steht das Gebirge südlich des Flüelapasses, die Keschmasse, mit seiner Fächertektonik dem ruhigen Kuppelbau der eigentlichen Silvretta scharf gegenüber und überschiebt dieselbe auf bedeutende Strecken. Die Keschmasse erscheint daher als sicheres **Analogon der Oetzmasse**, und die **Triasmulde des Hochducan** entspricht der **Mulde des Piz Lad**.

Die Zweiteilung des oberostalpinen Kristallins in eine obere Oetz- und eine untere Silvrettamasse kennen wir heute nicht mehr nur im Osten zwischen Pratz und Pitz, sondern in ausgedehntem Masse auch im Westen, bis hinüber an das Westende der ganzen Decke bei Davos. Das ist auf eine Erstreckung von 90 km im Streichen.

Die **oberostalpine Decke zerfällt** also durchgehends **in zwei grosse kristalline Schuppen, die Oetz- und die Silvrettamasse.** Der südliche Teil der alten Silvrettadecke Bündens, das Gebirge südlich des Flüelapasses, gehört zur **Oetzmasse,** und zur Oetzmasse gehören auch die Nunagruppe, der Plavnakeil, die Klippen im Münstertal und endlich die Triaszüge des Hochducan und des Landwassertales. Über dem Gewölbe der Silvrettamasse steigt diese ganze höchste Einheit Bündens nordwärts in die Luft hinaus. Wir benennen diesen südlichen Teil der Silvretta von nun an als die **Oetztalerdecke.**

Darunter steigt im Silvrettagebirge die tiefere Schuppe der eigentlichen **Silvrettadecke** hervor, die sich nordwärts bis an den Rand der Kalkalpen, an den Arlberg, ostwärts bis Oetz erstreckt. Sie trägt als normalen Sedimentmantel die Triasjuraserien des Rhätikon, im Osten die tieferen kalkalpinen Schuppen, und ihr gehört das ganze gewaltige Gebirge nördlich des Engadinerfensters und der Linie des Flüelapasses an. Bei Davos versinkt sie unter die Aroserdolomiten und erreicht schliesslich weit im Westen noch das Parpaner Rothorn. **Das Rothornmassiv erscheint uns damit heute als der letzte südlichste Rest der von der Oetzmasse überfahrenen Silvretta, als tiefere oberostalpine Schuppe.** Zwischen beide Elemente schaltet sich auch hier, in den Aroserdolomiten, die tiefere Vorposten der Ortlerdecke ein. So mehren sich die Parallelen von Jahr zu Jahr. Aroserdolomiten. Davoser Seehorn, Guarda, Crap Pntèr, Harbern, sie alle gehören zu **einem Zuge** zusammen, und sie trennen auf 100 km Länge die höhere Oetz- von der tieferen Silvrettamasse.

Die Muldenzüge der **Landwasser-** und **Ducantrias** gehören ins Hangende der **Oetztalerdecke.** Sie dokumentieren mit ihrem ausgeprägten Faltenbau vielleicht die Nähe der **Oetzerstirn.** Dasselbe zeigen die sekundären Zerlappungen der Decke an, längs denen beispielsweise die Landwassertrias und ihre Porphyrbasis in der Teilung von Pnez bis auf 7 km unter das Hauptkristallin an der Basis der Ducantrias hinein gelangt, und das Auskeilen des Kristallins, das wohl noch in der Ducan- und der Muchettaschuppe, nicht mehr aber in der Landwasserplatte vorhanden ist. Das **Auskeilen des Oetzkristallins** bei Filisur und Bergün ist nicht eines in ostwestlicher, sondern eines in südnördlicher Richtung, vom Rücken der Decke gegen deren Stirn hin (vergl. Fig. 88).

Die Triasgebirge der Landwasser- und Ducanmulden gehören ins Hangende der grossen südlichen oberostalpinen Schuppe, ins Hangende der Oetztalerdecke. Die Trias des Rhätikon, der Scesaplana im besondern, hingegen ist der Sedimentmantel der nördlichen, der Silvrettaschuppe. Die **Faciesdifferenzen zwischen Rhätikon und Hochducan finden damit ihre ungezwungene Erklärung;** ebenso wird der schon sehr südliche Habitus der Facies in diesen Triaszügen verständlich, da wir ja nun erkannt haben, dass dieselben der grossen südlichen Schuppe der oberostalpinen Decke angehören. Die Anklänge an lombardische Verhältnisse, besonders an Tessin und Bergamaska, sind daher sehr begreiflich.

Arbenz und *Leupold* haben merkwürdige Phänomene aus diesen Alpenteilen beschrieben. Südost und Nordost verlaufende Falten scheinen sich zu überprägen. Ich kann auf diese Einzelheiten hier nicht näher eingehen; vielleicht handelt es sich um sekundäre Drehungen des ganzen westlichen Oetzblockes im Winkel zwischen west- und ostalpinem Streichen, beim weiteren Vorschub der westlichen Grisoniden und Penniden. Vielleicht auch nur um sekundäre Mächtigkeitsschwankungen der Porphyrschilde. Daneben ist auch nicht zu vergessen, dass diese obersten Elemente des Alpenbaues ungehindert frei nach allen Seiten ausweichen konnten, und daher durch die unteren tiefern Schübe der Grisoniden und Penniden in beliebiger Richtung verdreht werden konnten. So konnten auch alte Gosaustrukturen, die bei der südlichen Stellung dieser höchsten Elemente ja direkt zu erwarten sind, bei der tertiären Hauptfaltung beliebig verdreht werden. Grossartig ist hier die Bruch- und Gleittektonik entwickelt, die wie die Facies weitgehend an Lugano und die lombardischen Alpen überhaupt erinnert.

Die Silvrettamasse bildet die Basis des **Rhätikon**. In der Umgebung von Schruns ist dieselbe mit der hangenden Trias verfaltet, die Rhätikontrias dringt in mehreren Keilen in das Silvrettakristallin ein. Jenseits des Gauertales aber häuft sich eine Triasjuraschuppe auf die andere; der kristalline Kern ist im Südosten zurückgeblieben, und das Kalkgebirge des Rhätikon liegt direkt auf den grisoniden Elementen der Prättigauer Umrahmung. In dünnen Keilen greift diese grisonide Unterlage zwischen die einzelnen Triasschuppen ein, an der Basis derselben jeweilen mitgeschleppt, mit ihren fremdartigen Gesteinen die exotischen Schollenfenster des Rhätikon bildend. *Trümpy*, *Ampferer*, *Seidlitz*, *Mylius* und andere haben diese grossartige Schuppenstruktur des silvrettiden Rhätikons untersucht und dargestellt. Dieselbe ist das letzte Ausklingen der Struktur der nördlichen Kalkalpen. Wir werden ihr dort wieder begegnen.

Eine merkwürdige nördliche Zweiteilung der Silvrettamasse hat *Hammer* erst kürzlich aus der Gegend um Landeck beschrieben. Dort trennen Verrukano- und Triaslinsen die kristalline Kernmasse der eigentlichen Silvretta abermals in zwei Teile. Es ist der lange Linsenzug, der von der Basis der Oetzmasse auf Puschlin bei Prutz, bis über das Paznaunertal hinaus, auf über 16 km die Landecker Phyllitzone von der eigentlichen Silvretta Kernmasse abtrennt. Die Silvrettagesteine überschieben dabei die Landeckerphyllite längs einer mässig steilen Fläche, die westwärts im Kristallin noch bis über die Rifflergruppe hinaus in die Berge um St. Anton am Arlberg fortsetzt. Wir kennen damit diese nördliche Zweiteilung der Silvretta auf eine Strecke von gegen 30 km. Östlich Prutz werden sowohl Silvretta wie Landeckerphyllite von der Oetzdecke überfahren.

Was bedeutet diese neue Zweiteilung? Nichts anderes als die östlich der Unterengadiner Kulmination wieder ins Gebirge hinabtauchenden letzten Spuren der berühmten Mittagspitzenmulde im östlichen Rhätikon. Dieselbe findet sich in genau derselben tektonischen Position wie die Trias-Verrukanofetzen an der Thialspitze südlich Landeck, und auch sie teilt eine nördliche Phyllitzone mit mächtigem Verrukano als die Basis der Kalkalpen von der eigentlichen Silvretta. Diese Trennung bedeutet nur eine **sekundäre** Zerschlitzung der Silvrettastirn, die im Westen, im Rhätikon, relativ gut erhalten geblieben ist, in der Gegend um Landeck jedoch infolge des hier stärkeren Vordringens der Oetzmasse völlig zermalmt worden ist.

Damit glaube ich in aller Kürze ein Bild der Silvrettadecke Bündens entworfen zu haben. Dieselbe bildet zwar gegenüber den Grisoniden eine einzige, wahrhaft geschlossene Einheit, in sich aber zerfällt sie in zwei grosse Schuppen, die Oetzdecke im Süden, die Silvrettamasse im Norden. Zur **Oetzdecke** gehören im Osten die Oetztaleralpen, die Klippen der Münsteraleralpen und die Trias des Piz Lad, weiter des Endkopfes; im Westen die Nuna-Keschmit den Triasmulden des Hochducan und des Landwassertales. Die **Silvrettamasse** selbst umfasst das ganze kristalline Gebirge der Fervall- und Silvrettagruppe bis hinaus in die Kalkalpen. Sie sinkt südwärts unter die Oetzmasse ein, und ihre letzten südlichsten Reste erkennen wir im Parpaner Rothorn. Im Norden zerfällt sie durch die Keile der Mittagspitzenmulde und die Quetschzonen südlich Landeck abermals in zwei Teile und erscheint als weiterer Stirnlappen der Silvretta die Phyllitzone von Landeck. Als **Ganzes trägt die Silvrettamasse die Trias des Rhätikon und der Kalkalpen**; dieselben stellen zum grössten Teil den **von der Oetzmasse abgeschürften Sedimentmantel der Silvrettamasse** dar.

So kennen wir auf beinahe **100 km Breite die oberostalpine Decke Bündens über den tiefern Einheiten der Grisoniden**, vom Umbrail bis hinaus nach Vaduz.

* * *

Damit wäre der Deckenbau Graubündens so weit analysiert, dass wir auf dieser Grundlage als einer festen Basis weiter in die östlichen Alpen hinein vordringen können. Das Bild Graubündens wäre aber unvollständig, wenn wir nicht vorher noch die Wurzeln dieser grandiosen Deckenflut in aller Kürze besprechen würden. Die Wurzelfrage bildet ja noch heute eines der umstrittensten Probleme der ganzen Alpengeologie, und wegen «Fehlens» der Wurzeln wird noch heute, allerdings nur von grossen Laien der Alpengeologie, der Deckenbau als solcher vernichtend kritisiert. Es soll daher in aller Kürze der Zusammenhang der bündnerischen Deckeneinheiten mit ihren Wurzeln beleuchtet werden.

4. Die Wurzeln der bündnerischen Austriden.

Am See von Poschiavo schliessen sich die ostalpinen Decken Bündens über den nach Osten zur Tiefe sinkenden Penniden. In gewaltigem Gewölbe biegt eine Einheit nach der andern über den Scheitel des Passo d'Uer südwärts zur Tiefe, erst flach, dann immer steiler, und schliesslich sehen wir von Brusio abwärts bis hinaus nach Tirano, und von dort über den Apricapass bis hinüber nach Edolo und Malonno in Val Camonica, alle kristallinen Schiefer steil zur Tiefe schiessen zu einer weit über 20 km breiten grossartigen Wurzelzone. Als ein gewaltiger Fächer zieht dieselbe weithin durch die südlichen Alpen des Veltlins, und gegen Norden sehen wir stets die Gesteine steil aus dieser Wurzel aufsteigen. gegen das Puschlav hin flach in die einzelnen bündnerischen Decken hineinstreichen, und schliesslich über den Scheitel des Passo d'Uer nach Norden in das grosse Deckenland Graubündens ziehen. Der Wurzelfächer, wie ihn uns die südlichen Täler des Puschlav. der Val Fontana. des Malenk, der Valle Masino entblössen, gehört zum Schönsten. was die Alpentektonik uns bietet, und dank dem bedeutenden Axialgefälle des gesamten Deckenpaketes erkennen wir, wie jede einzelne **Decke** Bündens, von der Suretta-, ja von der Adula- weg hinauf bis in die Campo-, in die Ortlerdecke, über das Scheitelgewölbe des Passo d'Uer zu ihrer jeweiligen **Wurzel** absinkt. Wohl sehen wir Ähnliches auch am Brenner, im Becken von Sterzing oder in den südlichen Radstätter Tauern, oder endlich drüben in den Bergen des Ossola, aber nirgends in den Alpen ist der **Zusammenhang der nordwärts abfliessenden Decken mit ihren steil zur Tiefe schiessenden Wurzeln auf so herrliche und eindrucksvolle Art zu sehen wie am Passo d'Uer.** Der Passo d'Uer verdient, einst klassisch zu werden.

Östlich des **Passo d'Uer** sehen wir ein tektonisches Element Bündens nach dem andern im Tunnel der sich über ihm schliessenden nächsthöheren Glieder verschwinden, von der Suretta über Margna-. Sella- und Bernina- bis zur Campodecke, und um diesen grossartigen **fünffachen Tunnel** ziehen die Einheiten Bündens in gewaltigem **Bogen** aus dem nördlichen **Deckenlande** in die lange südliche **Wurzel** ein. In diesem **Umschwenken der Bündnerdecken in die Veltlinerwurzeln** liegt der grosse Angelpunkt der ganzen alpinen Wurzelfrage, und eine Kritik der alpinen Wurzeln hat daher hier, und nicht, wie *Heritsch* in völliger Unkenntnis der ausschlaggebenden Tatsachen glaubt, an irgendeinem Detail im Tessin anzusetzen. Wir werden dieses Umschwenken der tektonischen Elemente in gleichem Masse finden in den Tauern, bei Sterzing und am Katschberg, wir werden es aber in viel grösserem Masse wieder finden im Bogen von Ligurien und endlich im Umschwenken der Alpiden bei Gibraltar. Auch der Bogen von **Gibraltar** ist ein **Passo d'Uer**, nur in viel grösserem Massstabe. Wir werden darauf zurückkommen.

Vorderhand verfolgen wir unsere Bündner Einheiten in ihre Wurzelzonen hinab.

a) Bis zum Comersee.

Den Südrand der **Margnawurzel** bildet, wie eben die Tektonik des Passo d'Uer selber zeigt, jener lange Zug mesozoischer Linsen, der von Le Prese am See von Poschiavo über den Passo Canciano und Pizzo Scalino, die Val di Togno und den Monte Foppa ins mittlere Malenco zieht. Bei Torre Santa Maria quert er das Tal und streicht beinahe ununterbrochen zum Monte Arcoglio und Monte Caldenno weiter; dort keilt er, weitere Funde noch vorbehalten, gegen Westen langsam aus, und die Wurzeln der Margna verbinden sich darum herum mit denen der Sella-decke zu der fürderhin einheitlichen Wurzel der Dentblanchedecke. Aber auf 25 km Länge sind diese beiden Teillappen der höchsten penninischen Einheit auch in der Wurzel noch getrennt.

Auf die Margnawurzel folgt daher im Osten die breite **Wurzel der Sella**, die wir heute zugleich als die **Wurzel der Plattadecke** bezeichnen dürfen. Diese Sellawurzel legt sich, wie die der Margna, im östlichen Malenk in der Cima Vicima, dem Pizzo Painale und dem Pizzo Scalino flach nach Norden über, und schliesst um die Trias von Le Prese lückenlos mit dem Kristallin der Selladecke im Berninagebirge zusammen.

Die vereinigten Wurzeln der Sella- und der Margnadecke bilden als die Wurzel der **Dentblanche** das **östliche Äquivalent der Sesiazone**.

Darüber folgt nun, durch weit ausgedehnte Züge von Prasiniten, Trias und Bündnerschiefern scharf von der Sellawurzel getrennt, die **Wurzel der Berninadecke** als die **unterostalpine Stammwurzel** überhaupt. **Err, Bernina, Falknis, Sulzfluh, Klippen und Préalpes, sie alle** wurzeln in der **Zone von Brusio**. Eine eigene Wurzel der **Errdecke** gibt es heute nicht mehr, dieselbe ist ja nur ein grosser **Stirnteil der Bernina**. Auf 35 km Länge schieben sich, vom Puschlav bis gegen Berbenno hin, die trennenden mesozoischen Keile zwischen Dentblanche- und Berninawurzeln ein. Dann scheinen sie sich zu verlieren; der Marmor von Cevo in Valle Masino jedoch, der sich nach einem Unterbruch von kaum 10 km in ihrer Fortsetzung einstellt, zeigt, dass diese tiefe, ostalpin-penninische Trennung westwärts weiter zieht und das Bergellermassiv erreicht. Vielleicht stellt der Marmor von Buglio die Verbindung her. Dann wird sie von den jungen Tonaliten quer durchbrochen, und ihre Fortsetzung finden wir erst wieder am Lago Mezzola.

Wie die Margna-Sellawurzeln, so legt sich in der Zone von Brusio auch die Wurzel der Berninadecke über Val Fontana und den Pizzo Canciano flach nach Norden um, und über die Enge von Brusio und die östlichen Hänge des Puschlav verfolgen wir diese Berninawurzel lückenlos in die Berninadecke hinein.

In **Valle Trevesina** östlich des Lago di Poschiavo keilt das trennende Mesozoikum zwischen Bernina- und Campodecke, der **Sassalbo**, zwischen unter- und mittelostalpinem Stammkristallin aus. Doch verfolgen wir die Trennungslinie der beiden Elemente im Kristallin bis über Brusio zurück, und in ihrer Fortsetzung erscheint noch im obersten Valle Sajento, ob dem Schmugglernest der einstigen Republik Cavajone, ein letzter abgequetschter Rest des trennenden Mesozoikums, der Keil von Tre Croci, den *Cornelius* gefunden hat. Noch ein gewisses Stück mag dann die Trennung zwischen Mittel- und Unterostalpin weiter ziehen, dann aber verschmelzen diese beiden Einheiten endlich zu dem grossartigen **Wurzelstamm der Grisoniden.** Derselbe umfasst von Val Fontana-Ponte-Chiuro westwärts stets die nördliche **unterostalpine Zone von Brusio** und die südliche **mittelostalpine Tonalezone.**

Östlich Ardenno verliert sich das Charaktergestein der Berninazone, der Banatit von Brusio, primär zwischen den kristallinen Schiefern, und damit verschmelzen die beiden Leithorizonte der östlichen Veltlinerwurzeln zu einer einheitlichen Gneisszone. Die Tonalezone im südlichen Teil derselben wird nun der alleinige Leithorizont für die weitere Verfolgung der grisoniden Wurzeln. Am Südrand des Bergeller Tonalits vom Monte Spluga zieht dieselbe weiter dem Westen zu und erreicht bei der Station Dubino den Piano del'Adda. Im Osten quert diese Tonalezone zwischen Teglio und dem Ausgang des Puschlavs das Veltlin und erreicht über die oberen Teile der Quelltäler des Oglio den Tonale.

Den Südrand dieser gewaltigen grisoniden Wurzelzone begleitet auf weiten Strecken Verrukano und Trias in rein ostalpiner Facies, von derselben Ausbildung wie in den Unterengadiner Dolomiten und im Ortler. Es ist der lange Zug **Dubino-Monte Padrio.** Hieher gehören die Triaszüge von Dubino-Cercino, von Ardenno-Masino, wo die Trias in doppeltem Zuge erscheint, und endlich die Rauhwacken am Monte Padrio. Die 16 km zwischen Dubino und Ardenno ist der Triaszug fast geschlossen; dann setzt er, weitere Funde sind zwar gar nicht ausgeschlossen, auf 40 km, zum Teil im Schutt der Täler aus. Am Monte Padrio sind die vereinzelten Triasfetzen wieder auf zirka 6 km zu verfolgen, dann fehlen abermals sichere Mesozoika bis hinüber zum Tonale. Die analoge Stellung der Triaszüge von Dubino und von Padrio schliesst aber jeden Zweifel an deren Zusammengehörigkeit aus, und zudem werden diese heute weit getrennten Wurzelmuldenreste durch weit durchziehende Gesteinsgrenzen und Mylonitzonen miteinander verbunden. Die nördlichen Tobel um Sondrio, besonders die Schlucht des Mallero unmittelbar hinter der Stadt, bieten prachtvolle Einblicke in diese grossartige Quetschzone. Vom Monte Padrio hat *Spitz* die Quetschzone und Mylonite bis über Monno hinaus verfolgt, stets in der Stellung der Trias des Padrio, als südliche Begrenzung der Tonalezone, und endlich treffen wir im Streichen dieser Quetschzone unmittelbar östlich der mit Moränen überkleisterten Höhe des Tonale drei Horizonte, die sicher als Ganzes die Fortsetzung der Dubinozone markieren. Zunächst sind da die sogenannten Kohlenstoffphyllite, die ins Karbon zu stellen sind; nördlich derselben die sogenannte «klastische Grenzbildung» von Stavel, die ein Mylonit des Verrukano sein kann, auf jeden Fall aber zwischen den alten Gneissen der Tonale- und denen der südlichen Edolozone eine jüngere Einschaltung darstellt, und endlich die weissen Quarzite im Süden der Kohlenstoffphyllite. Stellen wir diese letzteren ins Karbon, so können die Quarzite ungezwungen ins Perm gehören. Sei dem wie ihm wolle, auf jeden Fall zieht über den **Tonale** in Fortsetzung der Trias-Verrukano-Mylonitzone des Veltlins und der oberen Camonica eine **Einschaltung jüngerer Gesteine.** So schliesst heute auf 90 km Länge diese Zone von **Dubino-Monte Padrio die Wurzel der Grisoniden gegen Süden** ab.

Östlich des Veltlins wird die Wurzel der mittelostalpinen Einheiten auf grosse Strecken von einer gewaltigen Aufschubfläche durchzogen, längs welcher die südlichen Serien des eigentlichen Tonale die nördliche Phyllitregion, die Ortlerbasis überschieben. Durch die Täler von Pejo und Rabbi zieht diese Überschiebung weit nach Osten, gegen Westen wird sie wohl das Veltlin erreichen. Sie bedeutet nichts anderes als die **Aufschiebung der Umbrailwurzel** auf das Kristallin der **Ortlerdecke.** Das Ortlermesozoikum ist längs dieser Linie durch das Umbrailkristallin abgeschürft, an der Basis der Umbraildecke nach Norden verfrachtet und im heutigen Ortlergebiet gehäuft worden.

Jenseits der Linie Dubino-Monte Padrio-Tonale folgt das steilgestellte Kristallin der **Catena Orobica, die Edolo-Morbegnoschiefer.** Dieselben entsprechen den kristallinen Massen der Silvretta- und der Oetztalerdecke, sie sind die **Wurzel der oberostalpinen Einheiten.** Von der oberen Camonica ziehen diese höchsten Wurzeln über Edolo hinüber ins Veltlin und durch die Catena Orobica hinab bis zum Comersee. Stets sind die Schichten stark südwärts überkippt, von den südlich folgenden dinariden Elementen unterschoben. Der Wurzelcharakter der Catena Orobica ist ein absolut einheitlicher und eindeutiger, ich habe darauf an anderer Stelle hingewiesen. Geschlossene Antiklinalen kann hier keiner sehen, und das, was *Henny* und *Lugeon* in Val Camonica als die «insubrische» Antiklinale bezeichnet haben, zieht, wie an anderer Stelle gezeigt wurde, südlich der kristallinen Zone der Catena Orobica, durch die Hintergründe der südlichen Bergamaskertäler. Die **Catena Orobica** ist eine **Wurzel,** und zwar, nach ihrer tektonischen Lage **und** auch nach ihrer petrographischen Beschaffenheit, die **Wurzel der Silvretta,** der **oberostalpinen Decke.** Sowohl *Cornelius* wie *Hammer* haben neuerdings, jeder ohne die geringste Vorliebe für die Silvrettanatur der Catena Orobica, einige typische Gesteine derselben am Nordrand der Silvretta gefunden. Zur völligen Gewissheit wird uns aber diese Silvrettawurzel bei ihrer Verfolgung nach Osten, wir werden dort darauf zurückkommen. Vorderhand sei nur daran erinnert, dass diese grossartige südlichste kristalline Wurzel direkt an die Dinariden grenzt, ja teilweise direkt in sie übergeht, dass sie östlich des Brenner in die Basis des Drauzuges, und damit die Decke der Muralpen ausläuft. Diese aber ist nichts anderes als die östliche Fortsetzung der oberostalpinen Decke. **Über den fernen Osten hangen also tatsächlich Catena Orobica und Silvretta-Oetztalerdecke miteinander zusammen.** Die späteren Kapitel werden dies näher zeigen. Vorderhand verfolgen wir nun unsere Wurzeln der bündnerischen Austriden durch das südliche Gebirge weiter dem Westen zu.

b) In den Tessin.

Den Südrand der Margnawurzel bezeichnet, vom Lago di Mezzola bis hinüber in den Tessin, auf 30 km Länge ein nur wenig unterbrochener Zug von Serpentin und Peridotit, der **Zug der Ganda Rossa.** Unmittelbar südlich desselben folgt die Gneiss-Amphibolit-Marmorgesellschaft der **Tonalezone,** und von einer Wurzel der Berninagesteine sehen wir hier, wie ja schon im westlichen Veltlin, nichts. Dieselbe muss in der «Tonalezone» versteckt sein. Die Tonalezone aber zieht durch die Liro-

und Traversagnatäler geschlossen weiter dem Westen zu, sie mündet im Tessin in die **Zone von Bellinzona**, und dort habe ich seinerzeit westlich des Tessins julierartige Granite, enorm verwalzt zwar, gefunden. Auch diese westliche Tonalezone wird an ihrem Südrande auf weite Strecken, wie östlich der Adda bei Dubino, von Verrukano und Trias begleitet, vom Comersee über den Sass Pell und den Passo **San Jorio** auf 20 km Länge bis in die Val Morobbia hinein. Teils liegt der Verrukano südlich, teils nördlich von der eingeschlossenen Trias, und stellenweise lassen sich, wie bei Dubino, die einzelnen Stufen der ostalpinen Trias wohl unterscheiden. Ob Carena keilt dieser, von der obern Camonica her über 90 km im Streichen verfolgbare triadische Wurzelzug der bündnerischen Grisoniden aus, und seine sichere Fortsetzung kennen wir bis heute nicht. Es scheint, dass über der allgewaltigen Tessinerkulmination auch die Axen der enggepressten mesozoischen Wurzelmulden in die Höhe steigen, und dass wir daher wohl noch tiefgreifende Quetschzonen im Kristallin, aber nicht mehr die Triasmulden finden. Auf solche Weise **steigt über der Tessinerkulmination die Trennung zwischen grisoniden und oberostalpinen Wurzeln in die Luft**, und dieselben **vereinigen sich** schliesslich zu der einheitlichen **Masse der Zone von Ivrea und des Seengebirges**. Vielleicht bringt einmal die genauere Verfolgung der Quetschzonen in den Strona-Brissagogneissen genaueren Aufschluss über die Fortsetzung des Dubino-Joriozuges.

Südlich des Joriozuges endlich folgt das breite kristalline Land des **Seengebirges**, als die Fortsetzung der Catena Orobica und damit der oberostalpinen, der Silvrettawurzel. Über den Cenere zieht dieselbe ununterbrochen in den Monte Tamaro hinein und über den Langensee in die Stronagneisse fort. Ihr Südrand wird, wie in der Catena Orobica, von einer steilen Synklinale von Karbon, Verrukano und Buntsandstein, stellenweise auch Muschelkalk begleitet; es ist der lange, heute noch oft unterbrochene, aber deutlich zusammengehörige Zug, der von Dongo am Comersee über Val di Colla, Taverne und Manno bis nach Luino zieht. Er trennt wie in den orobischen Bergen das nördliche steilgestellte **Wurzelkristallin** vom südlichen **dinarischen Sockel**, der die Luganeseralpen trägt. Die Grenze gegen die Dinariden zieht diesem Zuge entlang. Wir kennen sie heute vom Adamello bis an den Langensee auf 130 km Länge, und damit auch die oberostalpine Wurzel.

c) Die Gegend von Locarno.

Über Locarno und den Lago Maggiore verfolgen wir diese ostalpinen Wurzeln abermals weiter. Hier, zwischen Bellinzona und dem Centovalli ist es, wo nach der Meinung von *Henny* meine ganze Wurzelkombination und Deckenparallelisierung von 1915 in die Brüche gehen sollte. Ich habe damals die Tonalezone über die Zone von Bellinzona in die Gesteine des Ivreazuges fortsetzen lassen, eine Meinung, die ich auch heute noch habe. Der Triaszug des San Jorio, d. h. die Wurzel der Engadinerdolomiten, des obersten grisoniden Mesozoikums, setzte demnach nicht ins Canavese fort, sondern südlich der Zone von Ivrea längs einer langen Quetschzone, deren Spuren ich von Brissago gekannt. Die Tonalegesteine erscheinen in der Zone von Ivrea mit allen ihren Merkmalen, Marmoren, Amphiboliten, Kinzigiten, Pegmatiten, Dioriten wieder, und die Trennung gegen das penninische Wurzelland war hier, wie weiter im Osten, stets eine scharfe. Die Gesteine des Canavese hielt ich für hochpenninisch, im besten Falle für unterostalpin, aber niemals kam mir der Gedanke, dieselben wie *Henny* für dinarisch zu erklären. *Henny* hält die Zone von Ivrea für den Sockel der Dinariden, da dieselbe gegen Süden und Osten ohne jede sichere mesozoische Trennung mit dem Seengebirge zusammenhange. Dieser Zusammenhang aber ist einmal durch die durchgehenden Quetschzonen zwischen der Zone von Ivrea und dem Seengebirge gestört; Quetschzonen, die allerdings nicht den Amphibolit und Diorit von Ivrea als solchen vom Stronakristallin trennen, sondern die eben die **Zone von Ivrea**, zu der neben den basischen Gesteinen auch Kinzigite, Gneisse, Marmore, Glimmerschiefer usw. gehören, von der eigentlichen südlichen, **inneren Stronazone**, in der dann die basischen Gesteine zurücktreten, scheiden. Zwischen den basischen Gesteinen der Ivreazone und ihrer Paraschieferhülle besteht allerdings ein primärer Intrusivkontakt, aber zwischen dieser kristallinen **Gesamtzone**, die durch die **basischen Intrusiva** charakterisiert ist, und dem südlichen Teil der **Stronagneisse sind Quetschzonen vorhanden**.

Dieselben fasse ich heute als die **Fortsetzung der Joriolinie**, die Südgrenze der grisoniden Wurzeln auf. Aber auch gesetzt den Fall, die Quetschzonen seien von rein untergeordneter Bedeutung, und der Ivreazug hange mit dem Stronakristallin wirklich zusammen, so ist auch dann noch immer nicht diese ganze Ivrea-Stronazone dinarisch. Denn die **Ivrea-Stronazone** bleibt als **Ganzes** vom wahren dinarischen Sockel der Luganeser-Kalkalpen **getrennt** durch den langen Karbon-Verrukano-Triaszug, der sich von Dongo über Val di Colla und Manno bis nach Luino und weiter verfolgen lässt. Wir kennen heute diese Trennung vom Adamello bis zum Langensee, auf 130 km. **Die Ivrea-Stronazone kann also niemals dinarisch erklärt werden**, sie bleibt alpin.

Indem *Henny* die Zone von Ivrea zu seiner insubrisch-dinarischen Antiklinale rechnet, kommt er dazu, das Canavese von **Losone** und Centovalli als die Wurzel der ostalpinen Trias anzusehen. Im Westen aber ist dieses selbe Canavese der normale Hangendschenkel der Dentblanche, und *Henny* müsste demnach auch die Dentblanche ostalpin, ja sogar als Silvretta-Äquivalent, erklären. *Henny* setzt die Trias des San Jorio und von Dubino, die sicher die Wurzel der Engadinerdolomiten sind, in die Kalke von Losone fort, d. h. ins Canavese. Ein Gedanke, der so absurd ist, dass jeder, der penninische und ostalpine Trias wirklich kennt, ihn gar nicht diskutieren wird. Die **Trias** von Losone, denn solche ist dort — bisher allerdings nicht bekannt — tatsächlich, zusammen mit Quarziten, Liaskalken und Bündnerschiefern, als typischer rötiartiger Dolomit in schmalen Lagen vorhanden; diese Trias ist so **urpenninisch**, wie sie nur sein könnte, und die damit vergesellschafteten Kalkschiefer sind dieselben Tafelkalke und Bündnerschiefer, wie wir sie im penninischen Lias treffen. **Die Serie von Losone ist absolut penninisch**, und von einer Wurzel der Engadinerdolomiten oder gar von dinarischem Habitus sehen wir gar nichts. Warum treffen wir denn keinen Verrukano, keinen Luganeser Quarzporphyr, keine Luganeser Porphyrite, warum nicht den Buntsandstein, das so typische Muschelkalkniveau usw.? Weil eben die ganze Serie mit den Dinariden nicht das geringste zu tun hat, und, wie kürzlich ein bekannter französischer Geologe meinte, der «dinarische Charakter» dieser alpinen Zone, von der Drau bis ins Piemont, eben nur in *Hennys* Phantasie existiert. Mit *Hennys* Annahme, dass der Joriozug in die Losonetrias hineinziehe, kommen wir übrigens auch zu dem netten Ergebnis, die Trias des Mont Dolin von einigen 20 Metern Mächtigkeit mit der doch ziemlich bedeutenden Trias der Engadinerdolomiten zu verbinden, oder vielleicht sogar, nach *Hennys* Vorstellung, mit der noch mächtigeren der Bayrischen Kalkalpen? Ich weiss es nicht, doch scheinen mir alle diese Kombinationen in solcher Art gesucht, und ihre Begründung in *Hennys* summarischer Arbeit über das Canavese so mangelhaft, dass eine ernstliche Diskussion gar nicht von Nöten wird. Es genügt mir, die **Verhältnisse bei Losone** kurz zu schildern; daraus wird ohne weiteres der Zusammenhang hervorgehen, der wie 1915 der einzig richtige ist; nämlich, dass die Zone von **Bellinzona** als die grisonide **Wurzel** in die Zone von **Ivrea** fortsetzt, und das **Canavese von Losone** das südlichste **Penninikum** darstellt.

Am **Ende der Ivreazone** zwischen Brissago und Losone treffen wir zunächst absolut dieselben Gesteine und Gesteinsgesellschaften wie drüben in der Zone von Bellinzona. Man hat mir entgegengehalten, bei Bellinzona bestehe der Grossteil der Zone aus Gneissen und Glimmerschiefern, Kinzigiten und Marmoren, aber die basischen Gesteine spielten dort eine untergeordnete Rolle. Ich habe aber auch nie das Gegenteil davon behauptet, es steht dies jederzeit in meiner Wurzelarbeit von 1915 nachzulesen. Die Zone von Ivrea zwischen Losone und Brissago besteht aber, entgegen der bisherigen Anschauung, gleichfalls zum grössten Teil aus Paragésteinen, Kinzigiten, Gneissen, Marmoren, Glimmerschiefern, und die basischen Intrusiva der Zone treten östlich des Gridone an Bedeutung mehr und mehr zurück. Sie keilen in parallelen Lagern gegen Osten mehr und mehr aus, sie verzahnen und verfingern sich mit den Paragesteinen, und so erreicht bei Ascona nur ein knapp 800 Meter breiter Zug von basischen Gesteinen, der zudem im Innern durch Paraschieferkeile noch zerlappt ist, die Ebene des Tessin. Sollen wir unter solchen Umständen bei Bellinzona die grosse, viele Kilometer mächtige basische Zone des Westens erwarten? Nimmermehr! Die Verhältnisse innerhalb der Ivreazone bei Ascona zeigen deutlich, dass die basischen Gesteine sich allmählich nach Osten zwischen ihrer Paraschieferhülle verlieren, und an Mächtigkeit und Bedeutung sukzessive abnehmen.

Das Streichen dieser ganzen Ivreazone zwischen Brissago und Losone ist ein allgemeines scharf nordöstliches. Die Gneisse der Isole di Brissago weisen gegen die Verzasca hin. Zwischen Ronco und Ascona-Losone kennen wir kein anderes, mehr als lokales Streichen, als ungefähr N 60° E; die aufgerichteten Gneiss- und Amphibolitbänke weisen deutlich über Locarno gegen den Eingang der Verzasca hin. Dort dreht das Streichen in E-W gegen Giubiasco hin, aber ungefähr von Gudo weg schwenkt die ganze Zone abermals scharf nach Nordosten ein und streichen die Schichten oft direkt gegen Castione, nördlich von Bellinzona hin. Bei Bellinzona aber vollzieht sich der Übergang in das normale Alpenstreichen, und so erreichen wir aus der Zone von Ivrea tatsächlich, auch bloss mit dem Streichen der Gesteinszonen gerechnet, die Tonalezone von Bellinzona.

Der Gesteinsinhalt der Ivreazone ist der der Tonalezone, die beiden Elemente setzen auch direkt ineinander fort. Die Ivreazone ist die Fortsetzung der Tonalezone, und damit der grisoniden Wurzel.

Bemerkenswerte Übereinstimmung zeigt sich auch in der Verteilung der die Ivreazone zusammensetzenden Gesteine am Langensee und bei Bellinzona. Bei Ascona wird die amphibolitreiche Nordhälfte des Ivreazuges durch eine auffällige Marmorzone vom südlichen kinzigitreichen amphibolitarmen Teil desselben getrennt : die Marmore von Ascona scheiden die Diorite des Monte Verità von den Schiefern von Ronco-Brissago. Bei Bellinzona sehen wir dasselbe: der Marmorzug von Schloss Schwyz trennt die amphibolitreiche nördliche Zone, die von Bellinzona selbst, von den amphibolitarmen Schiefern südlich der Stadt. Einen Zweifel am Zusammenhang von Bellinzona und Ascona gibt es daher nicht; die interne Anordnung der Gesteine ist an beiden Orten dieselbe. Die Ivreazone ist die Tonalezone, das ist heute absolut sicher.

Aber nicht nur die Ivreazone streicht bei Ascona und Losone scharf schief nordöstlich gegen Solduno und Orselina hin, sondern auch das sie nördlich begrenzende Canavese. Ich habe dieses Canavese südlich San Lorenzo genau untersucht. Es besteht aus gelben und grauen schmächtigen Dolomitlinsen, Kalk- und Glanzschieferbänken, darin hie und da aptychenkalkähnlichen Gesteinen, das ganze Paket misst vielleicht 10—12 Meter. Im Norden wird dieses mesozoische Paket von grünen malojagneissähnlichen Schiefern, den grünen Schiefern von Losone, im Süden von Pegmatit durchbrochenen Biotitquarziten, dem Anfang der Ivreazone begrenzt. Das Ganze streicht unmittelbar am Rand der Ebene von Losone mit N 60° E scharf gegen Nordost, das ist gegen San Lorenzo hinüber, das Fallen dreht dabei wenig um 90°. Weiter oben messen wir in diesem steilgestellten Sedimentzug sogar ein Streichen von N 45° E, also rein Nordost, allerdings nur als lokale Abweichung. Das mittlere Streichen bleibt bis gegen Valle hinauf N 60° E. Das gleiche Streichen zeigen aber auch die umgebenden kristallinen Schiefer (Fig. 39).

Es schwenkt also das Ende des steilgestellten Canavese-Mesozoikums bei Losone mit Nordoststreichen in die Alluvionen der Maggia hinaus. Von einem Ostweststreichen im Sinne von *Henny* ist dabei nicht die Spur zu sehen. Das Streichen N 60° E ist das allgemeine bis an den Südrand der Ivreazone, und das lokale Streichen dreht sogar bis N 25° E, d. h. Nord-Nordost. Durchwegs bei fast saigerer Stellung. So endet das Canavese bei Losone, und so streicht auch die Zone von Ivrea und die nördlich anschliessende Sesiazone. Die Fortsetzung des Canavese von Losone kann nicht über den Jorio gehen, sie muss nördlich Locarno in die Triaszüge der südlichsten Verzasca, der Valle della Pesta, und bei Arbedo in die Margnawurzel hineinstreichen, und man kann sich nur fragen, ob diese wichtige Grenze über Trinità oder unmittelbar nördlich oder durch Locarno sogar der Verzasca zuzieht. Auf jeden Fall aber streichen beispielsweise die Gneisse beim Castell südlich Minusio am See unverkennbar direkt gegen Ascona hin, und dasselbe wissen wir schon lange von den Gneissen von Orselina und Trinità.

Es setzt also die Zone von Ivrea unzweideutig über Locarno, Cugnasco und Gudo in die Zone von Bellinzona, und damit in die Wurzeln der Grisoniden fort, und die Anschauung von 1915 bleibt aufrechtzuerhalten.

Das sogenannte Canavese erscheint daher im Tessin als das höchste penninische Glied, und die Zone von Ivrea bleibt die Wurzel der Grisoniden, der unter- und mittelostalpinen Decken. Dieselbe vereinigt sich südwärts mit der steilgestellten Stronazone, d. h. der oberostalpinen Wurzel, zu der gewaltigen einheitlich kristallinen **Wurzelzone der Austriden** überhaupt. Gegen den dinarischen Sockel bleibt diese alpine, isoklinal gebaute Zone getrennt durch den schon mehrfach erwähnten mesozoischen Zug Dongo-Luino.

d) Von Locarno bis Ivrea.

Diese Verhältnisse setzen weit gegen Westen fort. Stets wird die eigentliche basische Ivreazone nach Norden abgeschlossen durch den weiter westlich immer komplexer werdenden Zug des «Canavese». Serpentine, Diabase, Peridotite, Bündnerschiefer, Triasdolomite, Gips, stellen sich ein, und oft erreicht diese hochpenninische Schuppenzone als ein Matreierzug des Westens eine bedeutende Breite. Im Norden wird sie stets von den Glimmerschiefern der Sesiazone begleitet. In den Serpentinen von Finero und der Sesiatäler erkennen wir die Analoga zum grossen Serpentinzug zwischen Mezzola und Tessin, das typisch penninische Ophiolithikum der Margna-Dentblanchedecke. Ostalpine Wurzeln finden sich hier keine. Die Serpentine aber ziehen bis über Ivrea weiter.

Die **Zone von Ivrea** zeigt zwischen Locarno und der piemontesischen Ebene auf grosse Strecken eine deutliche Differenzierung in einen nördlichen respektive äusseren dioritreichen und einen südlichen an Intrusiva ärmeren Teil. Abgesehen von der ganz anderen Zusammensetzung der eigentlichen Stronagneisse östlich der Linie Borgosesia-Mergozzo-Brissago. Nun haben wir gesehen, dass wir in der Zone von Ivrea als Ganzem die Wurzeln der Grisoniden, das ist der unter- und mittelostalpinen Decken zu suchen haben. Die nördliche dioritreiche Zone dürfte dem unterostalpinen Wurzelgebiet entsprechen, die südliche mit ihrer Häufung der Kinzigite und Marmore und den mehr vereinzelten Amphiboliten der Wurzel der mittelostalpinen Decken. Die Diorite der Ivreazone zeigen nun, auch u. d. M., oft überraschende Ähnlichkeit mit den Dioriten der Zone von Brusio und den Berninadioriten, und in der südlichen kinzigit- und marmorreichen Ivreazone erkennen wir ohne Schwierigkeiten das Campokristallin wieder. Es ist also möglich, und die Verhältnisse westlich der Dora Baltea werden uns in dieser Ansicht stützen, in der im grossen einheitlichen Ivreazone des Westens immer noch unter- und mittelostalpine Glieder zu unterscheiden. Unter- und mittelostalpine Decken lassen sich hier wenigstens in der Anordnung des kristallinen Inhaltes bis zu einem gewissen Grade noch erkennen. Eine klare tektonische Trennung der beiden Elemente jedoch suchen wir hier vergebens. Alles ist, bis hinüber hinter die grosse Walliserdepression, zu dem einheitlichen grisoniden Hauptstamm verschmolzen.

So ziehen die hochpenninischen Linsen der Losonezone und der Ivrea-Stronazug weiter dem **Piemont** zu. Stets erscheinen, bis hinüber nach Ivrea an die Dora Baltea, nordwestlich des Diorit-Kinzigitgebietes im sogenannten «Canavese» nur penninische Gesteine. Die malojakristallinähnlichen grünen Schiefer von Losone ziehen als die Schiefer von Rimella und Fobello von Locarno bis an die Sesia, und südlich derselben folgt stets, wie am Lago Maggiore, eine Schuppenzone mit Kalken und Dolomiten penninischer Trias. Auf 35 km Länge bilden dieselben zwischen Finero und Rimella einen fast ganz geschlossenen Zug. Derselbe ist das typische Äquivalent der Margnawurzelkeile zwischen Puschlav und Masino, die wir auf 40 km im Streichen kennen, und des weitern der gewaltigen Matreierzone der Hohen Tauern. An vielen Stellen sind den Rimella-Losoneschiefern echte Schisteslustrés, Bündnerschiefer, eingeschaltet, so bei Losone selbst, im Centovalli, bei Rimella und Fobello. Am Kontakt gegen die Ivreazone treten Ophiolithe auf, Serpentine, Amphibolite, Prasinite, und zwar vom Centovalli bis hinüber nach Ivrea. Südlich der Sesia schiebt sich zwischen Canavese und die normalen Sesiagneisse ein Porphyrit-Melaphyrzug ein, der das normale Hangende der Sesiazone bildet. Er trägt an vielen Stellen die Losone-Rimellaschiefer, d. h. unsere Para-Malojaserie, daneben Linsen von penninischer Trias, Serpentin und Prasiniten. Auch er gehört daher deutlich zum Hochpenninikum, und die Serie ist das normale Hangende der Dentblanchewurzel, der Sesiazone.

So verfolgen wir dieses «Canavese» als **hochpenninischen Wurzelzug** von **Locarno** bis 8 km an die **Dora Baltea.** Dort tritt ein **neues** Element hervor, das **wahre** Canavese. Dasselbe beherrscht auf 32 km Länge den Alpenrand zwischen Ivrea und Levone. Dort endet es, nur 25 km nördlich von Turin, unter den Schottern der Ebene, und seine Fortsetzung kennen wir nicht. Das Canavese hat in der Alpengeologie eine solche Rolle gespielt, und es ist so verschieden gedeutet worden, dass im Folgenden einige Worte darüber gesagt sein sollen.

e) Das Canavese.

Bis 8 km an die Dora heran haben wir den Margna-Dentblanche-Wurzelzug, das «Canavese» der bisherigen Autoren verfolgt, mit typisch penninischem Charakter, stets begleitet von den Dioriten und Kinzigiten der Zone von Ivrea im Süden, von der Sesiazone im Norden. Bei Costa-Grande 3 km nordöstlich Cerisito treffen wir das penninische Canavese mit Melaphyr, Trias und Serpentin zum letztenmal. Die Zone von Ivrea aber zieht nach Süden weiter; sie erreicht bei Ivrea selbst zwar die Ebene, setzt aber in den Hügeln des grossartigen Ivreerzungenbeckens und über die gewaltigen Moränen der Serra noch bis Castellamonte fort. Die Dioritzone reicht als absolut sicheres Element bis zum Ponte dei Preti bei Baldissero.

Eine halbe Stunde nun hinter Ivrea setzt bei Montalto die **Sedimentzone des Canavese** ein, als deutliche enggepresste komplizierte **Mulde in der Zone von Ivrea selbst**. Sowohl aus der Karte der Italiener als den Profilen von *Spitz* geht dies deutlich hervor. Diese Mesozoika sind ein Element innerhalb der Zone von Ivrea. Am Lago Nero nördlich des komplexen Sedimentzuges setzen die Diorite von Ivrea abermals ein. Das ist von fundamentaler Wichtigkeit für die ganze Deutung dieser vielumstrittenen Zone. Sie wird damit intraostalpin, und hat mit dem ganzen, bisher gleichfalls als Canavese bezeichneten Zug an der Aussenseite der Ivreazone, der über Rimella nach Losone zieht, gar nichts zu tun. Derselbe zieht, in schmale Linsen zerquetscht, erst nördlich, ausserhalb des Ivreakristallins, an der Südgrenze der Sesiazone durch. Wir halten danach als erstes Resultat fest (s. Fig. 40):

Das Canavese von Montalto Dora ist eine Synklinale in der Zone von Ivrea, es ist daher wie diese ostalpin. Vom Canavese der **Rimellazone** und damit den **Sesiagneissen** wird es durch über 1000 m Ivreadiorit getrennt. Die Rimellazone ist **penninisch**, das Canavese dagegen **ostalpin**.

Dafür spricht nun ja auch, wie schon seit *Argand* und besonders durch *Spitz* bekannt, die Facies der Sedimente bei Montalto, die **Facies des Canavese** überhaupt. Verrukano, roter glimmeriger Buntsandstein, helle Triasdolomite, Liasbreccien, rote Krinoidenkalke, Hierlatzkalke und allgäuartige Schiefer, Aptychenkalke, oft mit Breccien, Radiolarit, daneben auch saluverartige Sandsteine und Schiefer, das alles ohne eine Spur von Ophiolithen, was erinnerte da nicht vollkommen an ostalpine, besonders grisonide Verhältnisse. Kein einziges Glied, das nicht unterostalpin im engeren Sinne sein könnte. Die lückenhafte, schmächtige, oft brecciöse, doch sicher ostalpine Trias, man vergleiche sie nur mit der Trias des Rimellazuges, der Hierlatzkalk, die Liasbreccien und besonders die Malmbreccien erinnern durchwegs an Bünden; die Malmbreccien entsprechen dabei vortrefflich den Falknis- und Murtirölbreccien der Err- und Berninadecke. Unter dem Verrukano erscheinen, genau wie drüben in der Bernina, rote und grüne Quarzporphyre mit grünen und violetten Tuffen, und endlich die prachtvollen roten und grauen Canavesegranite. Die Granite, die ich im Lausanner Institut aus den Aufsammlungen *Argands* gesehen habe, sind ununterscheidbar von denen des Piz Lagrev oder des Munt Albris im Berninagebirge, die Quarzporphyre gleichfalls. Der Charakter des Canavese, d. h. des wahren Canavese zwischen Montalto Dora und Levone, ist absolut ostalpin.

Dieses Canavese liegt, wie die Verhältnisse bei Montalto zeigen, in der **Zone von Ivrea** selbst. Seine Sedimente sind dort mit Ivreagesteinen, Graniten und Quarzporphyren verschuppt, und gegen Osten steigt die ganze Mulde der Canavesegesteine analog dem Ansteigen aller Axen aus der Depression von Aosta in die Höhe. Ihre Fortsetzung liegt hoch über der Diorit-Kinzigitzone in der Luft. Bei Vidracco nun erscheint an Stelle des die Montalto-Doramulde nördlich abschliessenden Diorites von Borgofranco d'Ivrea der rote Granit und Quarzporphyr des Canavese: **Der rote Canavesegranit ist daher die Fortsetzung der Diorite von Borgofranco, er gehört wie jene unzweifelhaft in die Ivreazone** selbst. Es finden sich darin auch noch vereinzelte Dioritschollen, nur sind sie bis jetzt der Beobachtung entgangen. Gegen Nordwesten wird diese Granitzone des Canavese, wie die Zone von

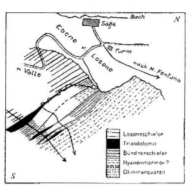

Fig. 39. Das Ende des „Canavese" bei Losone (p. 150)

Fig. 39 a. Planskizze des sog. Canavese
ob der Strasse Losone-Valle (p. 156)
Legende Fig. 39

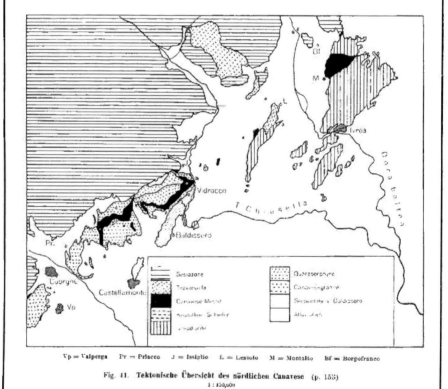

Fig. 41. Tektonische Übersicht des nördlichen Canavese (p. 155)
1 : 150,000

Ivrea östlich der Dora, von den Sesiaschiefern durch Mesozoikum getrennt, und zwar auf der ganzen Strecke von Borgofranco bis hinab nach Levone, soweit überhaupt das Canavese bekannt ist. Es sind Kalkschiefer, Triasdolomite, und Serpentine, genau wie weiter im Norden in der Zone von Rimella. Die Zone des eigentlichen **Canavese** wird also von der **Sesiazone** auf ihrer ganzen Erstreckung durch **penninisches Mesozoikum** getrennt.

Das **Canavese liegt als höhere Einheit** der Sesiazone, das ist der Dentblanche-Margnawurzel, in steiler Platte auf. Und zwar auf ihre ganze Länge, von Borgofranco d'Ivrea bis hinab nach Levone. Dort streicht die Canaveseplatte samt dem liegenden Mesozoikum und den Sesiagneissen scharf nach Süden in die Ebene von Turin.

Dieses Canavese nun, d. h. die Serie Granit-Perm-Trias-Lias-Malm-Kreide, ist in sich sekundär geschuppt; die Profile von Montalto und Vidracco-Borgiallo, der Torre Cives und Becca Figlia zeigen dies in eindrücklicher Weise. *Argand* hat mir sein bei Vidracco aufgenommenes, unveröffentlichtes Detailprofil von den Sesiagneissen bis zum Serpentin von Baldissero, das eine Menge von Einzelheiten enthält, zur Verfügung gestellt; dasselbe zeigt dieselbe komplexe Verschuppung des Mesozoikums mit Graniten und Quarzporphyren, wie das von *Spitz* mitgeteilte bei Montalto. Der Zusammenhang Montalto-Vidracco-Rivara-Levone ist also unzweifelhaft, und damit ebenso unzweifelhaft die Ivreanatur der ganzen Zone.

Spitz hat bei Vidracco ein allmähliches Auskeilen der Canavesegranite in kristallinen Schiefern beobachtet, der Granit hort also wohl gegen Osten zu allmählich auf, er wird östlich der Dora durch die Diorite der eigentlichen Ivreazone vertreten. Der Granit stellt eine lokale Facies des Magmas dar, das im Osten den Hauptdioritstamm der Ivreazone gebildet hat. Er steht mit dem Ivreadiorit im selben Verhältnis wie die roten Alkaligranite der nördlichen Berninagruppe zu den Berninadioriten. Diese Gesteinsverschiedenheit spricht also keineswegs gegen tektonische Zusammengehörigkeit, und der Verlauf der Canavesesedimente schliesst jeden Zweifel an der tektonischen Zugehörigkeit der Canavesegranite zur Ivreazone aus. Wie die Diorite und roten Granite der Berninadecke, so gehören auch die roten Granite des Canavese und die Ivreadiorite zu einer Einheit. Sie entsprechen sogar, wie eben gezeigt werden wird, den betreffenden Gesteinen der Berninadecke auch tektonisch.

Südlich Vidracco stossen die Canavesegesteine in überkippter Stellung an die Serpentine und Peridotite von Baldissero-Canavese und Castellamonte. Was bedeuten diese ultrabasischen Gesteine? Sind sie nicht mit den penninischen Ophiolithen in Verbindung zu bringen? Das ist der erste Gedanke; doch lassen sich dafür gar keine Beweise erbringen. Aber 800 m östlich dieser Peridotitmassen tauchen am Ponte dei Preti die typischen Ivreadiorite hervor, und so ist es denn wohl natürlicher, den Verhältnissen im Canavese und bei Montalto viel eher entsprechend, wenn wir die basischen Gesteine von Baldissero als Äquivalente der Peridotite betrachten, die beispielsweise zwischen Scopa und Varallo als primäre ultrabasische Schlieren zur Ivreazone gehören. Wir halten also die Peridotite von Baldissero für Äquivalente der Ivreazone, und kommen damit schliesslich zu folgendem Resultat:

Die **Granite des Canavese, die basischen Gesteine von Baldissero-Castellamonte und die Diorite des Ponte dei Preti gehören zur Ivreazone.** Das Canavesemesozoikum erscheint innerhalb derselben, als eine **sekundäre steilgestellte komplizziert geschuppte Mulde. Das wahre Canavese** bedeutet also eine **Teilung der Ivreazone,** und damit endlich eine **Teilung der ostalpinen Wurzel.** (Siehe Fig. 41.)

Die Zone von Ivrea ist die Fortsetzung der Zone von Bellinzona, die die Wurzeln der unter- und mittelostalpinen Decken enthält. Die Zone von Ivrea ist die Wurzel der Grisoniden. Ihre Teilung nun durch die Sedimente des Canavese ist nichts anderes als die westlich der Tessinerkulmination im Gebiete der Walliserdepression wieder ins Gebirge einsinkende synklinale Trennung der unter- und mittelostalpinen Wurzeln. Die nördliche Zone mit den Graniten und den Sedimenten des Canavese entspricht den unterostalpinen Decken, die südliche von Ivrea selbst, die weiter nach Baldissero-Castellamonte streicht, der Campodecke Bündens.

Damit erkennen wir heute die **Wurzel der Campodecke** bis an den **Orco**, die unterostalpine Wurzel der **Err-** und **Berninadecken** bis nach **Levone**.

Dass die Zone des Canavese wirklich den unterostalpinen Einheiten Bündens entspricht und im Westen deren Wurzel darstellt, zeigt eine Reihe von bemerkenswerten Tatsachen. Die Facies der Sedimente haben wir schon aufgezählt, sie stimmt überraschend gut mit der unterostalpinen Facies des Engadins. Besonders die Quarzporphyre des Verrukano, die Trias- und Liasbreccien, die Breccien des Malm, die saluverartigen Gesteine. Daneben aber ergibt sich auch eine absolute Übereinstimmung der kristallinen Kerne. Im Canavese erkennen wir die enge primäre Vergesellschaftung der **roten Granite** mit **Dioriten** und **Serpentinen**, daneben von «grauen» Graniten. Es ist die altbekannte klassische Kombination der Berninadecke. Rote Granite mit Dioriten und Serpentinen zusammen finden wir nirgends im ganzen Bündner Deckengebiet als ausgerechnet in der Berninadecke, und wenn wir diese Berninakombination heute dort wieder finden, wo wir aus tektonischen Gründen heute auch ihre Wurzel annehmen müssen, so zeigt dies wie nichts anderes die Richtigkeit der tektonischen Parallelisierung. Dass die roten Quarzporphyre gleichfalls in der Hauptsache auf die Berninadecken beschränkt sind, in der Campodecke fehlen sie, ergibt weitere Übereinstimmung mit dem Canavese. Und endlich erkennen wir in diesem Canavese, 200 km vom Oberengadin entfernt, dieselbe **Zweiteilung** der unterostalpinen Einheit im Grossen, wie wir sie in Bünden als die Teilung in **Err-** und **Berninadecke** kennen. Es gibt, von Vidracco bis hinab nach Levone, in der Hauptsache stets zwei voneinander durch Mesozoikum getrennte Granitzüge, und ich zögere nicht, in denselben die Äquivalente der Err- und Berninadecke zu erblicken. Weitere Studien in dieser herrlichen Gegend, von einem Kenner der Engadinerberge durchgeführt, würden sicher zu manchem überraschenden Ergebnis führen.

Damit haben wir die Wurzeln der Grisoniden Bündens bis in die Ebene von Turin hinab verfolgt. Es ist uns gelungen, innerhalb derselben, im Canavese, wiederum die über der Tessinerkulmination verloren gegangene Gliederung in unter- und mittelostalpine Elemente zu finden, und in denselben die wahrhaftigen **Äquivalente der Err-Bernina- und Campodecke** nachzuweisen.

Die **Canavesegranite** und **Canavesesedimente** sind die südlichsten **Ausläufer der unterostalpinen Decken Err und Bernina**; die **Zone von Ivrea** selber, die südlich dieses Canavese bis **Castellamonte** weiterstreicht, ist die **Wurzel der Campodecke**. Das Canavese ist ein intra-austrides Element, es hat mit dem bis dahin gleichfalls als «Canavese» bezeichneten langen Zuge im Norden der Ivreazone gar nichts zu tun. Das Canavese streicht östlich Montalto Dora über der Ivreazone in die Luft, und seine Fortsetzung finden wir erst weit im Osten im **Sassalbo** und den **Decken der Bernina**. Der Joriozug liegt weit südlicher, der Zug der penninischen Wurzeln weit nördlicher.

Damit wird es notwendig, den langen Zug von mesozoischen Linsen, der die Ivreazone nördlich abschliesst, und der von Levone bis zum Lago di Poschiavo auf eine Strecke von über 240 km die südliche Begrenzung der Penniden bildet, da er nicht zum Canavese gehört, anders zu benennen. Es ist nichts anderes als die Fortsetzung der grossartigen Schuppenzone von Fex, und ich schlage daher vor, die **gesamte mesozoische Schuppenzone des obersten Penninikums**, vom Schams, Avers, Oberhalbstein und Oberengadin durch die Wurzeln hinab bis nach Ivrea und Levone als die **Fexerzone**, die **Zona di Fex** zu bezeichnen. Der Name hat den Vorzug der Kürze.

Diese Fexerzone nun erreicht im Gebiete von Ivrea noch weitere Bedeutung. Sie ist es, die westlich der Dora mit dem **Diorit von Traversella** in primären Kontakt tritt. Die Marmore der italienischen Karte sind nach *Argand* Trias, zum Teil auch nach *C. Schmidt*. Diese hochpenninische Trias liegt mit Marmoren und Quarziten mehrfach übereinander zu einem Schuppenpaket gehäuft, und diese **Schuppenzone wird durch den Eruptivstock von Traversella** quer durchbrochen. Eine genaue Aufnahme in grossem Massstab ergäbe hier ein prachtvolles Analogon zum Bergell. Auch die Gesteine des jungen Massivs sind zum Teil dieselben wie im Bergell.

Damit könnten wir unsere Betrachtung über das Canavese schliessen, wenn nicht ein Problem noch zu erörtern wäre. Es ist die Stellung der Peridotite von Lanzo-Monte Musinè. *Argand* hat sie s. Z. als die Fortsetzung der basischen Gesteine von Baldissero-Canavese genommen, und damit in die Ivreazone gestellt. Es scheint mir aber nach den vorliegenden Aufnahmen der Italiener wahrscheinlicher, dass sie eine grosse Anhäufung der basischen Gesteine der Fexerzone sind, die ja längs dem Nordrand des Ivreazuges als penninisches Ophiolithikum bis Levone streichen. Von dort aber biegen sie deutlich gegen Lanzo hinüber, und so halte ich denn heute die basischen Massen von Lanzo für **hochpenninisches** Ophiolithikum, für ein Wurzeläquivalent der **Plattaophiolithe im Oberhalbstein**. Westlich Turin erreichen deren letzten Reste beinahe die Chisola.

Damit erreicht der **Wurzelzug der Dentblanche-Margnadecke, die Fexerzone,** als der Matreierzug des Westens die grossartige Länge von über 280 km zwischen Puschlav und Turin.

Damit haben wir die **Wurzeln der Grisoniden Bündens** vom **Tonale** bis nach **Turin** verfolgt und aufgezeigt. Es bleibt uns noch übrig, nun auch die Silvretta-Oetztalerwurzel, die wir von Osten durch die Catena Orobica und das Seengebirge bis an den Langensee und von dort in die Stronagneisse hinein erkannt haben, bis zur Ebene zu verfolgen.

Eine mesozoische Trennung der Silvrettawurzel von den Grisoniden ist hier im Westen nirgends mehr zu finden, die beiden Komplexe sind miteinander zu einer einzigen grossen kristallinen **Stammwurzel der Austriden** verschmolzen. Die **Silvrettawurzel** zieht daher östlich der eigentlichen Diorit-Kinzigit-Marmorzone durch die Berge von Canobbio und Pallanza in die Hügel um den Lago d'Orta und der Umgebung von Borgosesia hinein. Sie erreicht die Ebene östlich von Biella. Vom niedersinkenden dinarischen Sockel bleibt diese Wurzelzone auch hier durch Perm-Triasmulden getrennt. Es sind die Quarzporphyr-Triasmulden am Südende des Lago d'Orta und in der Umgebung von Borgosesia die Fortsetzung des langen Zuges, den wir vom Adamello her bis Luino verfolgt hatten.

Damit haben wir nun sämtliche Wurzeln der bündnerischen Austriden vom Tonale bis an die piemontesische Ebene verfolgt, und die Gliederung Bündens hat sich auch hier von neuem bewährt. **Die zwei grossen Stämme der Grisoniden und Tiroliden sind auch in den Wurzeln noch getrennt bis in den Tessin hinein,** dann verschmelzen über der Tessinerkulmination auch diese tiefstgetrennten Einheiten zu einem grossartigen einzigen kristallinen Stamm, der austriden Stammwurzel. Vom **penniden Block** und vom **Sockel der Dinariden** aber bleibt diese austride Wurzel stets getrennt bis hinüber an die Ebene.

So kennen wir den Bau Graubündens bis hinab nach Turin. Wir verfolgen ihn nun weiter in die Ostalpen hinein. Zunächst jedoch wollen wir, des Zusammenhanges halber, noch einen ganz kurzen Blick werfen auf die abgetrennten westlichen Reste der bündnerischen Austriden, die Klippen und Préalpes der Schweiz und Savoyens.

C. Klippen und Préalpes.

In langem Zuge streichen die bündnerischen Austriden am Nordrand der Schweizeralpen dem Westen zu, bis hinab zum Lac d'Annecy. Bald sind es nur isolierte, ringsum von jüngerem Gestein unterteufte und umgebene Klippen, bald bildet diese austride Zone mächtige Gebirge, wie westlich des Thunersees und in Savoyen. Immer aber ruhen diese den helvetischen Alpen fremden, daher exotisch genannten Massen dem Deckenhaufen der Helvetiden oben auf, sie bilden westlich des Rheins das oberste Glied des Alpenbaues. *Jeannet* verdanken wir in einem ausgezeichneten Kapitel in der «Geologie der Schweiz» die glänzendste und modernste Darstellung dieses wichtigen Alpenteils. Es sei ausdrücklich auf dieselbe verwiesen.

Schardt hat diese exotischen Massen am Nordrand der Schweizeralpen erstmals als eine von Süden über die Zentralzone des Aar- und Montblancmassivs hergewanderte, in sich weitergefaltete Schubdecke aufgefasst. Ihre Wurzel suchte er mit *Haug* im Briançonnais, und lange Zeit galt dieses Briançonnais als die Heimat der Klippen und Préalpes. Erst die *Steinmannschen* Studien erbrachten den Nachweis, dass das préalpine Gebiet höher, in der Bündnerschieferzone, wurzeln müsse

Steinmann erblickte die Heimat der Préalpen in den heutigen Schamserdecken, die noch typisch penninisch sind. Er unterschied die Klippen-, die Breccien- und die Rhätische Decke. Heute wissen wir, dass die préalpinen Decken der Nord- und Westschweiz und Savoyens zum weitaus grössten Teil in den unterostalpinen Decken Bündens beheimatet sind und dass sie damit, wie diese selbst, in der Zone von Ivrea, speziell im **Canavese**, ihre Wurzel besitzen.

Die **unterostalpine Natur der Klippen und Préalpes**, die bestimmt erst 1916 ausgesprochen und nachgewiesen wurde, erkennen wir einmal in der Lage dieser Einheiten auf dem hochpenninischen Niesenflysch, andererseits in der prachtvoll unterostalpinen Facies ihrer Sedimente. Dieselben entsprechen bis in Details der mesozoischen Schichtreihe der unterostalpinen Decken Bündens, zu denen wir nach den Studien der letzten 10 Jahre nun ja auch Falknis- und Sulzfluhdecken, die altbekannten bündnerischen Äquivalente der Préalpes, sowie die Aroserzone rechnen müssen. Als deren südliche Heimat kommen heute nur mehr Err- und Berninadecke in Betracht, und so erkennen wir denn in den Préalpes weitgehende Übereinstimmung der mesozoischen Facies mit der Schichtreihe der Err- und Berninadecke Bündens. Es sei im Folgenden kurz darauf hingewiesen.

Da sind zunächst Karbon und Perm in der Brecciendecke, Granite und Porphyrite in der Simmendecke des Chablais. Fossilführendes Karbon wie das des Chablais kennen wir allerdings aus Graubünden bis jetzt noch nicht, doch finden sich durchaus ähnliche graue und schwarze Glimmersandsteine und Breccien, Quarzkonglomerate, daneben auch Anthrazitschmitzen in verschiedenen Bezirken der Err- und Berninadecke. So am Nordrand der Errgruppe, am Piz Corvatsch, unter dem Sassalbo. Das Perm der Brecciendecke ist ununterscheidbar vom roten Verrukano der Err- und Berninadecken. Die Granite der Simmendecke erinnern z. T. an Bernina-Canavesegranite, die Porphyrite hingegen sind überraschend ähnlich denen aus dem Campokristallin. Daneben finden sich allerdings Gabbros, die von den berühmten groben Diallaggabbros der Plattadecke im Oberhalbstein nicht zu unterscheiden sind, und dasselbe gilt z. T. auch von den Radiolariten und Aptychenkalken dieser Region.

Die Trias der Préalpen, der Klippendecke im Besonderen, zeigt nach den prachtvollen Untersuchungen von *Jeannet* und *Rabowsky* soviel ostalpine Züge, dass daran nicht erinnert werden muss. Als typisch gilt, dass zwar die Gliederung nach dem ostalpinen Schema in vielen Fällen, besonders in der südlichen Zone, gut möglich ist, an anderen Orten wiederum nicht, dass aber in dieser ostalpinen Trias noch die «helvetischen» Quartenschiefer vorkommen. Genau dasselbe gilt für Bünden. Auch hier finden sich innerhalb der Err- und Berninadecke oft prachtvolle Triasprofile mit allen Stufen der ostalpinen Entwicklung, mit Muschelkalk, Wetterstein, Raibler und Hauptdolomit, daneben aber, meist in den obersten Horizonten, auch die Quartenschiefer. Die Triasentwicklung im Oberengadin entspricht weitgehend der der Préalpes, nur treten stellenweise die Breccien noch etwas mehr hervor, wie am Piz Alv. An beiden Orten stellen sich an der Basis der Trias, oft ununterscheidbar, die weissen Quarzite ein.

Das Rhät des Oberengadins ist z. T. ununterscheidbar vom Klippenrhät. *Jeannet* hat mit mir zusammen am Piz Alv am Berninapass die ganze Rhätgesellschaft der Préalpen wiedergefunden, Contortaschichten mit Tonschiefern und Mergeln, Dolomitbreccien, Lumachellen, Korallenkalke, Bactryllienschiefer, dazwischen Dolomitbänke, die Serie, die wir in jedem préalpinen Rhätprofil erkennen.

Der Lias erinnert zunächst nicht gerade an ostalpine Verhältnisse, doch finden sich auch hier typische, beiden Gebieten gemeinsame Glieder. Die Spathkalke finden wir wieder in unseren grauen und rötlichen spätigen Liaskalken im Ober- und Unterengadin, die schöne Varietät der Pierre d'Arvel entspricht weitgehend dem Steinsbergerkalk. Die roten Cephalopodenkalke sind dieselben wie die roten Liaskalke des Sassalbozuges oder des Piz Mezzaun, und schliesslich hat *Jeannet* in der Vallée de la Grand'Eau auch die Allgäuschiefer Bündens wieder gefunden. Die Konglomeratbänke der Pierre d'Arvel entsprechen den bunten Liasbreccien des Oberengadins, die grauen Liasbreccien der Brecciendecke finden wir besonders in der Errdecke wieder. Der Dogger der Préalpes, der im ganzen Gebiet vom Chablais bis an die Mythen eine so grosse Rolle spielt, fehlt in Bünden bis auf geringe

Reste an der Sulzfluh in préalpiner Facies gänzlich. Er wird im Süden durch die obersten Bänke der Allgäuschiefer vertreten.

Typisch hingegen ist der Malm. Die Malmkalke der Klippen und Préalpen entsprechen bis in Einzelheiten dem Sulzfluhkalk der Berninadecke, und die konglomeratischen Partien, z. B. das Steinbergerkonglomerat, erinnert stark an die Falknisbreccie. Die Schistes ardoisiers der Brecciendecke, die mir *Jeannet* gezeigt hat, ähneln in vielem verdrückten Radiolariten und Tiefseetonschiefern der bündnerischen Deckenregion, sie führen auch tatsächlich Radiolarien. Die Schistes ardoisiers können somit sehr wohl den Malm der Brecciendecke repräsentieren, und die feine «obere Breccie» kann demnach schon zur Kreide gehören, als Äquivalent der Kreidebreccien in den unterostalpinen Decken Bündens. Der Malmcharakter der oberen Breccie wird damit zweifelhaft.

Dass die Kreide der Préalpen in allen Einzelheiten in der Falknis- und Sulzfluhserie sich wieder findet, ist besonders seit den Untersuchungen *Trümpys* zur Gewissheit geworden. Die Fleckenkalke und Fleckenmergel, die Couchesrouges, sie finden sich in Falknis- und Sulzfluhserie ganz gleich. Im Osten treten Aptien und Albien als Tristelkalk und Gaulthorizont mehr hervor, und diese Serien kennen wir heute mit Bestimmtheit auch in den südlichen unterostalpinen Gebieten der Err- und der Berninadecke. Der Zusammenhang ist lückenlos. Die Funde von Couchesrouges in der Err- und Berninadecke fügten den Schlussstein in die Parallelisierung der préalpinen mit den unterostalpinen Sedimenten.

Albert Heim hat die Decken der Préalpes die romanischen genannt, im Hinblick auf ihre Hauptverbreitung in der *Suisse romande*. Sie werden aber romanisch in noch weiterem Sinne, wenn wir sie mit den unterostalpinen Decken des Engadins und Oberhalbsteins, dem Hort der rätoromanischen Sprache zusammenfügen. Die romanische Schichtreihe der Préalpes reicht über die Klippen, den Falknis und die Sulzfluh bis hinein ins urromanische Gebiet des Engadins.

So viel zum faciellen Zusammenhang der Préalpen mit den unterostalpinen Decken Bündens. Die romanische Facies ist beiden Gebieten in gleichem Masse eigen.

Die tektonische Stellung der Préalpen stützt diesen Zusammenhang mit den unterostalpinen Elementen Bündens in vollem Masse, ja dieser Zusammenhang ist beinahe führend geworden für die Erkenntnis der unterostalpinen Natur der Préalpen.

Der Niesenflysch ist das Äquivalent der Prättigauer Flyschserie, und über derselben folgen eben, wie im Osten die Falknis-Sulzfluh-Aroserserien, die Elemente der Préalpes. Das unterste Glied der Préalpen muss daher aus tektonischen Gründen schon in die unterostalpine Serie gestellt werden, genau wie es im übrigen auch die Facies verlangt.

Vom Abbruch des Rhätikons am Rhein führt eine Menge von Klippen als Reste einer einst durchgehenden Brücke hinüber zu den geschlossenen Massen am Thunersee, von der Grabserklippe bis hinüber zu den Klippen der Giswilerstöcke. Das klassische Klippenland der Urschweiz stellt diese Verbindung her. 10 km trennen die Grabserklippe vom Falkniswestrand, 45 km die Grabserklippe vom Ostrand der Ybergerstöcke. Auf 60 km Länge markieren dann die urschweizerischen Klippen die auf weite Strecken fast geschlossene Fortsetzung der unterostalpinen Serien, und knappe 30 km jenseits der Giswilerklippen erhebt sich dann der grosse geschlossene Préalpenblock. Auf 145 km zwischen Falknis und Thunersee fallen nur die zwei grösseren Lücken zwischen Grabserklippen und Ybergerstöcken, und zwischen Thunersee und Giswilerklippen. Beinahe die Hälfte des Weges zwischen Rhein und Thunersee wird so durch die Klippen markiert. Der tektonische Zusammenhang der Préalpen mit den unterostalpinen Serien der Falknis- und Sulzfluhdecken und damit den unterostalpinen Einheiten Bündens ist daher durch Facies und Tektonik heute gänzlich gesichert.

In den Préalpen wurden drei selbständige tektonische Elemente unterschieden, die Klippen-, die Breccien-, die rhätische Decke. Letztere wird heute mit Recht, da sie in der Hauptsache mit der rhätischen Decke Bündens nichts zu tun hat, als Simmendecke bezeichnet. Über derselben folgen schliesslich ganz im Osten, an den Ybergerstöcken, noch die Reste einer höheren Einheit.

Als gewaltige weitdurchgehende Elemente liegen diese Schuppen in den Préalpes übereinander, und auf 15 km Breite und mehr überlagern sie sich in immer gleicher Reihenfolge von der Arve bis zur Aare. Sie müssen daher, wie die Unterabteilungen der unterostalpinen Decken Bündens, durchgehenden regionalen Charakter haben, und man kann deshalb mit vollem Recht versuchen, diese Untereinheiten der Préalpen mit den Unterelementen Bündens in Parallele zu setzen. Dies sei heute, nach den abgeschlossenen Studien von *Jeannet* und *Rabowsky* im Westen, von *Christ* u. A. in den Klippen, von *Cadisch* im Rhätikon und um Arosa, von mir im südlichen Bünden, abermals unternommen.

Die heutige **Reihenfolge der préalpinen romanischen Decken** im Gebiete der Préalpes ist von oben nach unten: die **Simmendecke**, die **Brecciendecke**, die **Klippendecke**. Lange Zeit galt diese Deckenfolge der Préalpes als die primäre; die Klippendecke war die tiefste, die Simmendecke die höchste Einheit. *Lugeon* hat dann im Verein mit *Jeannet*, zum Teil mit *Argand*, erstmals diese alteingebürgerte Anschauung verlassen und die Brecciendecke der Hornfluh und des Chablais als die ursprünglich tiefere Einheit der Préalpen erklärt. Die Klippendecke erschien dabei als die höhere Schuppe, und nur durch eine relativ schwache Einwicklung von im Maximum 10 km Breite lokal unter die Brecciendecke eingewickelt. Die penninischere Facies der Hornfluh-Chablaisdecke gegenüber der deutlich ostalpinen der Klippendecke wurde so plausibel gemacht, ebenso die eigenartige Stellung der «Hornfluhdecke» direkt auf dem Niesenflysch am Chamossaire, und endlich schien sich auf diese Weise eine ungezwungene Parallele der Hornfluh-Chablaisbreccie mit der Falknisserie Bündens zu ergeben, lag doch dieselbe in ähnlicher Entwicklung unter der der eigentlichen Klippendecke entsprechenden Sulzfluhserie. Sowohl Hornfluh-Chablais-, wie Falknisdecke führten neben kümmerlicher Trias und préalpiner Kreide die charakteristischen Breccienhorizonte des Lias und des Malm, und so hatte die Parallelisierung Falknis-Hornfluh-Chablais-Brecciendecke und damit die primär tiefere Stellung der letzteren gegenüber den Préalpes médianes der Klippendecke in der Tat viel Verlockendes. Auch die Einwicklung der Klippenserie unter die «tiefere» Brecciendecke schien vollständig plausibel, sehen wir doch im Gebiete der Préalpes romandes solcher Einwicklungen noch mehr. Fast überall am Südrand derselben wickelt eine tiefere tektonische Serie unter dem Stosse des gewaltigen penninischen Deckenbogens eine höhere tektonische Etage ein. Die Diableretsdecke zwingt die Zone von Bex zu dem langen Keil vom Pas de Cheville, die Niesenzone ergreift davor die Klippendecke und wickelt sie in den Keilen von St. Triphon und südlich Spiez bis zu 4 km ein. So habe ich denn die These der Einwicklungen seit 1916 verteidigt, und als die beste Lösung der Beziehungen zwischen Ost und West angesehen.

Heute, wo wir dank den Fortschritten der letzten Jahre, wie sie im Westen besonders die Untersuchungen und Zusammenfassungen *Jeannets* und *Rabowskys*, im Osten die *Cadischs* darstellen, weitere Einzelheiten über Bau und Zusammensetzung der beidseitigen Serien kennen gelernt haben, und wo wir den Bau des ganzen Deckenpaketes viel besser überblicken können, müssen wir diese *Lugeonsche* Auffassung verlassen. So verlockend und bestechend sie war, so hat doch eben die neuere Forschung, auch *Lugeon* selbst, eine Menge von Tatsachen aufgedeckt, die das alte Bild der **Deckenfolge in den Préalpen** als wahrscheinlicher erscheinen lassen.

Zunächst waren bis vor kurzem Äquivalente der «oberen Breccie» des Chablais und der Hornfluh, d. h. «Malmbreccien» in Bünden ausser der Falknisbreccie nicht bekannt. Die Falknisdecke war das einzige tektonische Element, das ein Analogon zur «Brèche supérieure» lieferte. Heute ist dies nicht mehr so, wir kennen Malmbreccien auch in den höheren Teilen der unterostalpinen Decke, sowohl aus der Aroserschuppenzone wie auch aus der Berninadecke im Oberengadin, vom Murtiröl und vom Sassalbo. Es erscheinen also Äquivalente der «Brèche supérieure» auch im Osten über der eigentlichen Klippendecke, der Sulzfluhserie. Die Parallele mit dem Falknis verliert daher an Wert, und mit derselben fällt auch die feste Stütze von der Umkrempelung der préalpinen Einheiten im Sinne *Lugeons*. Wir können heute ganz gut die Hornfluh-Chablaisdecke mit den brecccienführenden oberen Schuppen der Aroserzone vergleichen und verbinden, und dieselbe damit wie die betreffenden Serien in Bünden als die primär höhere Decke gegenüber der Klippendecke betrachten. Die neueren Untersuchungen von *Jeannet* und *Rabowsky* ergaben gleichfalls mehr und mehr die Richtigkeit der alten *Schardtschen* Auffassung, dass die Klippendecke die tiefere, die Brecciendecke die primär höhere Einheit darstellt. Das Auskeilen der Klippendecke unter der Hornfluhserie gegen Süden, das wir mit *Lugeon* als einen Einwicklungskeil angesehen hatten, erscheint ebenso ungezwungen als Folge der auswalzenden Wirkung der höheren Brecciendecke.

So verlasse ich denn heute meinen seit 1916 verteidigten Standpunkt von der Deckenfolge in den Préalpen, und die Parallelisierung der Brecciendecke der Hornfluh-Chablaisregion mit dem Falknis, und anerkenne die alte Folge: **Klippen-Breccien-Simmendecke** als die richtige und die primäre.

Wie sind nun diese drei Einheiten des Westens mit den Austriden Bündens zu verbinden? Zunächst ist sicher, dass sie überhaupt mit einer kristallinen Stammdecke des Südens in Zusammenhang gebracht werden müssen, und dass als solche infolge der durchwegs unterostalpinen Facies der Préalpen und Klippen in der Hauptsache nur die unterostalpinen Decken Bündens in Frage kommen können. Aber welche? Die Frage ist heute, nach der Reduktion der unterostalpinen Decken auf Err und Bernina, nicht mehr sehr schwierig.

Zunächst ist sicher, dass die Falknisserie zur Err-, die Sulzfluhserie hingegen zur Julierdecke, die Aroserschuppenzone zu den höheren Digitationen der Berninadecke gehört. Die Frage ist daher: Was sind deren Äquivalente im Westen?

Die Parallele **Sulzfluh-Mythen-Préalpes** steht ausser jeder Frage. Hier haben wir anzuknüpfen. Der Sulzfluhkalk ist der Riffkalk der Mythen und der Préalpes, die Couchesrouges sind absolut dieselben, die untere Kreide mit den Fleckenmergeln zeigt weitere Analogien, dazu die schmächtige Trias, die Liasfacies usw.; das Callovien der Zwischenmythen hat *Cadisch* bei Langwies gefunden. D i e **Klippendecke** ist nichts anderes als die Sulzfluhdecke Bündens.

Was aber entspricht im Westen der in Bünden so mächtigen **Falknisserie**? Warum fehlt dieselbe den Préalpen bis auf einige unsichere Spuren fast völlig, dieses gewaltige Schuppen- und Faltenpaket? Das war das grosse Rätsel, wenn man die Hornfluhdecke von der Falknisserie trennte. Ein Blick auf die geologische Karte der Schweiz lehrt uns aber sofort, dass wir in Tat und Wahrheit die Falknisdecke Bündens im Westen gar nicht erwarten dürfen. Wir sehen die Falknisdecke Bündens südlich Vaduz in mehreren grossartigen Faltenpaketen **stirnen, und** nur schmächtige Schubfetzen der Serie können noch weiter nach Norden transportiert worden sein. Die Klippen und Préalpes aber liegen in ihrer streichenden Fortsetzung gegen Osten weit nördlicher, in den grossen Flyschmulden Vorarlbergs, von der Amdenermulde bis hinaus gegen die Molasse. *Cornelius* hat ihre östlichen Äquivalente kürzlich in den Klippen des Balderschwangertales in der Umgebung des Feuerstätterkopfes entdeckt und beschrieben. Die **Feuerstätterklippen** entsprechen der wahren Fortsetzung der Préalpen und Klippen der Schweiz, und die Stirn der **Falknisdecke** liegt weit südlicher. Sie erreicht deshalb auch im Westen **nicht die eigentlichen Préalpen**. *Cornelius* hat in den Vorarlberger- und Allgäuerklippen deutlich zwei getrennte Serien unterscheiden können, die Scheienalpschuppe, nur aus Kreidefetzen bestehend, darüber die Feuerstätterdecke mit einer vollständigen Malmkreideserie und kristallinen Basisschollen. Aptychenkalke mit Geröllen, Fleckenkalke und -mergel, gaultartige Gesteine, Couchesrouges liegen dort als die nördliche Fortsetzung der Sulzfluh über den verschürften Kreidefetzen der Falknisdecke und der wohl helvetischen Flyschserie. Den weiteren Mitteilungen und Forschungen unseres alten Studienfreundes sehen wir daher mit steigendem Interesse entgegen.

Wir dürfen also die grosse Masse der Falknisdecke in den Klippen und Préalpen gar nicht mehr erwarten. Nur geringfügige losgerissene Stirnfetzen der Decke, analog der Scheienalpserie können die eigentlichen Préalpes der Westschweiz und die Klippen erreicht haben, und solche Malmkreidebasisfetzen kennen wir nun tatsächlich sowohl aus den Klippen wie den Préalpen. Solche begleiten in einzelnen Linsen den Südrand der Klippendecke von den Mythen bis hinüber zu den Klippen von Les Annes. An den Mythen gehört wohl der sogenannte Seewerkalkfetzen unter der grossen Mythe, vielleicht auch die untersten Malmkreideschuppen unter der Rotenfluh hieher, am Stanserhorn die untere Arvigratschuppe, im Simmental die Basisschuppe des Twirienhorns, an der Rhone vielleicht der Chamossaire, an der Grand'Eau das brecciöse Schichtpaket zwischen Niesen und

Klippendecke, ob Monthey die Schuppe von Trévenensaz, in Savoyen die Basisschuppe der Klippen von Les Annes. Das sind die einzigen und noch keineswegs durchaus sicheren Analoga der Falknisdecke im Westen. Deren Hauptstirn bleibt eben weiter südlich zurück, sie erreicht mit ihren ausgequetschten Nordenden eben allerhöchstens gerade noch knapp den Südrand der Klippen und Préalpen.

Die **Falknisdecke und damit die Errdecke** ist daher im Westen nur in **Rudimenten** erhalten, ihre **Hauptstirn** zog von Vaduz, dem helvetischen Streichen konform, hoch über **Glarus-Pragelpass-Brünig-Frutigen-Adelboden gegen Bex und Tanninges**, und die **eigentliche Falknisdecke** ist daher **westlich des Rheins** schon längst der **Erosion** zum Opfer gefallen. Einzig die Grabserklippe stellt noch einen verschleppten Rest der Falknis- und damit der Errdecke dar.

Von hohem Interesse ist, dass neuerdings auch *Lugeon*, nach einem Vortrag vor der schweizerischen geologischen Gesellschaft in Zermatt, den Chamossaire von der Brecciendecke abtrennt und in ein tieferes tektonisches Niveau, unter die Klippendecke versetzt. Lugeon glaubt an einen Zusammenhang mit der «Zone interne» der Préalpes, doch lassen seine interessanten Mitteilungen über den lokalen Sachverhalt meiner Meinung nach auch noch die Falknisnatur des Chamossaire offen. Die Hauptsache ist, dass der Chamossaire ganz unabhängig, von verschiedenen Seiten, aus dem Verbande mit der Brecciendecke gelöst worden ist.

So erscheint das **Problem der Falknisdecke** in den Préalpes im Prinzip gelöst. Die weitere Untersuchung wird sich damit zu befassen haben, ob die unter den eigentlichen Préalpen erscheinenden «**Basissplitter**» der Klippendecke vielleicht die nähere **Falknisfacies** zeigen. Auf jeden Fall können keine anderen Elemente als diese für die Falknis-Errdecke in Frage kommen.

Damit fällt der ganze grosse Raum der eigentlichen Préalpes, von Yberg und den Mythen bis hinüber nach Sulens, in den Bereich der grossen **Berninastammdecke**. Der **Klippendecke** entspricht im Osten die **Sulzfluh**, und diese ist heute unzweifelhaft mit der **Berninadecke**, und zwar mit deren grosser unterer Abteilung, der **Julierschuppe**, zu verbinden. Die heute erkannte grossartige Innengliederung dieser gewaltigen kristallinen Einheit erleichtert in ungeahntem Masse das Verständnis, indem wir dadurch weite **Räume** ohne jede Sedimentbedeckung erkennen, wo wir die grossen Massen der Préalpen nunmehr bequem einlogieren können. Die **Klippensedimente** gehören in die Stirn- und Rückenregion der Julierschuppen, und damit ins Herz der eigentlichen Berninadecke. **Die Quetschzonen im Berninahochgebirge sind die Heimat der Klippen und Préalpen.**

Die Klippendecke entspricht der Sulzfluhserie und damit den unteren Abteilungen der Berninadecke.

Ich habe seinerzeit in den Klippen der Urschweiz und den Préalpes der Waadt nördlich der zwei bekannten Faciesbezirke des Zoophycus- und des Mytilusdoggers noch ein eigenes groborogenes Stirnfaciesgebiet der Klippendecke postuliert und erkannt, die sog. **Mythen-Geantiklinale**. Dieselbe ist teils scharf angegriffen, teils überhaupt ignoriert worden, einzig *Christ* hat sie als wirklich existierend anerkannt. Ich selber habe in dieser Sache keine weiteren Beobachtungen gemacht, hingegen ersehe ich sowohl aus den Studien von *Smit-Sibinga* an den Mythen, wie von *Christ* im Stanser-Buochserhorn-Giswilerstockgebiet, als auch aus den Mitteilungen von *Huber* und *Henny* aus den Préalpes, dass sich die Spuren dieser nördlichsten Geantiklinalregion der Klippendecke, die Stirnfacies der Bernina-Julierdecke, mehr und mehr erkennen lassen. Diese Stirnfacies wird durch die zentrale Region der Zoophycusdogger deutlich von der südlichen Mytilusdoggerregion getrennt, die gewöhnliche Facies der Zoophycusdoggerzone geht allmählich gegen Norden in die Mythen-, gegen Süden in die Mytilusdoggerfacies über. Auch wenn die Mythen ihren Rösslisprung über die Rotenfluh, wie *Schardt* sagt, tatsächlich ausgeführt haben, was ich ihnen nicht zutraue, so bleibt die Tatsache bestehen, dass der Lias der Zoophycusdoggerzone der Préalpes sich erst südlich der Mythenfacies einstellt. Die **Mythenfacies** ist die **nördlich** der Zoophycusdoggerregion vorgelagerte **groborogene Stirnfacies** der ganzen Klippendecke. Wir kennen dieselbe heute von Savoyen bis ins Allgäu, d.h. von Les Brasses bis zu den Klippen des Feuerstädterkopfes. Daran schliesst sich die äussere Zone der Préalpes: Rocher de Naye-Stockhorn-Stanzer-Buochserhorn-

Rotenfluh an, an diese endlich die innere Zone mit dem Mytilusdogger, zu welcher faciell wohl auch die Sulzfluhzone selber gehört. Von dort vollzieht sich dann der facielle Übergang in die Engadinercentwicklung; die Zwischenstufen liegen in der Aroserzone.

Kehren wir zurück nach Westen. Da folgt über der Klippendecke, von der Arve bis ins Simmental, die grossartige Klippenschar der **Brecciendecke.** Wo haben wir diese Einheit heute einzureihen? Die Untersuchungen *Rabowskys* und *Jeannets* zeigen uns deutlich, dass diese Brecciendecke sicher die höhere Decke ist als die Préalpes médianes, und die prachtvollen Untersuchungen *Cadischs* haben nunmehr ihre östlichen Äquivalente mit aller Deutlichkeit aufgedeckt. Es sind die Schuppen der **Weissfluh,** die unteren Elemente der Aroser-Schuppenzone. Dort findet sich Verrukano, Trias, Rhät und Lias in gleicher Ausbildung wie in der Hornfluh-Chablaisdecke des Westens, und wie dort liegt diese Serie meist direkt über der Klippendecke. Die Schistes ardoisiers entsprechen z. T. dem Malm, z. T. dem Oxford, die «Brèche supérieure» den Wallbrunnenbreccien *Cadischs.* Die facielle Übereinstimmung ist nun, nach den wichtigen Funden der jüngeren polygenen Breccien im Weissfluhgebiet, eine ausgezeichnete, und ich zögere nicht mehr, in diesen Schuppen der Davoser Weissfluh die tatsächlichen Äquivalente der Hornfluh-Chablaisdecke zu sehen. Im Arosergebiet und im Sapün schalten sich zwischen die Sulzfluhdecke und die Weissfluhschuppen einzelne Pakete penninischer Ophiolithe. Dasselbe sehen wir teilweise auch im Westen. Auch dort finden sich oft Ophiolitfetzen zwischen Klippen- und Brecciendecke eingeklemmt.

Ich betrachte daher heute die **Brecciendecke der Préalpen** als die Fortsetzung der **Schuppen der Davoser Weissfluh** und stelle sie damit in die **Aroser-Schuppenzone.** Ich übernehme also in dieser Hinsicht die Auffassung von *Cadisch.* Hingegen kann ich meinem Freunde in seinen Schlüssen nicht folgen, wenn er nur die Breccienserie in der Berninadecke beheimaten will. Heute erkennen wir aus den tektonischen Zügen Bündens deutlich, dass wir nicht nur die Breccien-, sondern auch die Sulzfluhklippendecke in der Bernina unterbringen müssen. Die Sulzfluhklippenserie stammt aus der grösseren unteren Teilschuppe, der Julierdecke, die Weissfluh-Breccienserie hingegen aus den oberen Digitationen der grossen Stammeinheit der Berninadecke. Ich komme daher heute zu folgender Anschauung:

Klippen- und Brecciendecke der Nordschweiz entstammen beide der grossen Stammeinheit der **Berninadecke.** Die **Klippendecke** entspricht deren grosser unterer Abteilung, der **Julierdecke;** die **Brecciendecke** den machtvollen höheren Digitationen der **Bianco-** und **St. Moritzer-,** auch der **Strettaschuppen.** Die **Klippendecke** stammt aus dem Herzen der Berninadecke, die Breccienserie aus ihren höheren Rückenteilen. Die Errdecke, die in Nordbünden in der Falknisserie so mächtig vertreten ist, tritt in den Préalpen und Klippen nur in unbedeutenden Schubfetzen auf, da ihre Stirn nicht so weit nach Norden reichte und über den helvetischen Ketten zurückblieb.

Damit erklären wir **Klippen- und Brecciendecke, d. h. die gewaltige Hauptmasse der Préalpen, als die machtvollen äussersten Vorposten des Berninagebirges im Angesicht der schweizerischen Hochebene.** In den Préalpen stösst das Berninagebirge bis auf 30 km an den Jura vor.

Mit dieser neuen Parallelisierung erhalten die Sedimentzonen des Sassalbo erneute Bedeutung. Fänden wir doch auch im Sassalbo, der nun als der oberste Teil der Berninadecke der Brecciendecke entspricht, dieselbe charakteristische Brecciengesellschaft wie im Chablais und an der Hornfluh. Karbon, Verrukano, Trias, Rhät, Lias, die Malmbreccien, die Couchesrouges des Sassalbo, es sind die Glieder der Brecciendecke. Nicht umsonst hat *Rabowsky,* der ausgezeichnete Kenner der Hornfluhregion, die polygenen Breccien des Sassalbo mit der «Brèche supérieure» verglichen.

Gehen wir weiter. Über der Brecciendecke, oder vor deren Stirn auf der Klippendecke, folgen zwischen Thunersee und Arve, und endlich bei Yberg, die verdrückten Reste einer höheren Einheit, die **Simmendecke.** Gemäss ihrer Lage über der Brecciendecke muss sie nach dem ersten Eindruck einer höheren Decke zugerechnet werden. Tatsächlich spricht auch der Charakter ihrer Jura-Kreideserie für mindestens mittelostalpine Abkunft. Granite, Porphyrite, Diabase, die auf dem Plateau des Gets über dem Flysch der Brecciendecke liegen, zeigen denn auch Ähnlichkeit mit gewissen Gesteinen der Campodecke, und es kann daher sehr wohl sein, dass der Grossteil der Simmendecke aus dieser mittelostalpinen Einheit stammt. Aber andrerseits gleichen die Gabbros und Variolite, auch ein Teil der Radiolarite und Aptychenkalke, so sehr den obersten penninischen Serien der Plattadecke, dass eine Abkunft derselben aus dem obersten Penninikum noch immer nicht von der Hand zu weisen ist. Besonders wenn wir heute sehen, wie die Ophiolithe der Plattadecke durch die Lücke des Urdenfürkli und von Arosa bis weit in die Schollenfenster der Rhätikontrias, in die Silvretta, hineinverschleppt worden sind. Wir haben ja auch bei Arosa und an der Weissfluh noch grosse penninische Ophiolithmassen über der Brecciendecke. Es mag also ein Teil der Simmendecke, der durch die Ophiolithe charakterisiert ist, sehr wohl noch penninischen Ursprungs sein, und durch ähnliche Überholungen und Verschleifungen, wie wir sie bei Arosa konstatiert haben, hoch in die unterostalpine Sedimentserie hinauf verschleppt worden sein. Der **Hauptteil** der Simmendecke aber, mit seinem charakteristischen fossilführenden, bereits an Gosau erinnernden Cenoman jedoch gehört wohl sicher mindestens zum mittelostalpinen, ja vielleicht sogar zum oberostalpinen Faciesbereich und dürfte der Campo- oder der Silvrettadecke entstammen.

Die **Ophiolithe der Simmendecke** betrachte ich noch als verschleppte Reste der **Plattadecke**, also als penninisch; die sedimentäre Hauptmasse der Simmendecke hingegen ist sicher höher ostalpin, sie mag von der Campo- oder von tieferen Schuppen der Silvrettadecke stammen. Die Simmendecke zerfällt in zwei grundverschiedene Teile, und es wäre vielleicht angezeigt, die gute Bezeichnung «Simmendecke» fürderhin allein auf den sicher ostalpinen Deckenteil, die Jura-Kreideschuppen, zu beschränken.

Endlich erkennen wir, wenigstens im Osten in den **Ybergerklippen**, noch die sicheren Reste der **Silvrettadecke**. Wie im Rhätikon die Silvrettatrias die ophiolithführenden Quetschzonen mit Radiolarit und Aptychenkalk und schliesslich die Sulzfluhserie überschiebt, so liegt in den Ybergerklippen die Triaskappe des Roggenstockes, der Hauptdolomit der Mördergrube, des grossen Schienberges über der ausgewalzten Simmen- und der Klippendecke. Die Analogie zwischen **Roggenstock- und Rhätikonbasis** ist eine prachtvolle, und ich möchte daher mit *Jeannet* und *Albert Heim* die Trias der Ybergerklippen von der eigentlichen Simmendecke abtrennen und sie direkt mit der Rhätikontrias, d. h. der **Silvrettadecke** zusammenhängen. Weiter westlich kommt diese oberste Einheit der Klippen nicht mehr vor.

Die Trias der Ybergerklippen ist der letzte westliche Ausläufer der Silvrettadecke. Der Roggenstock entspricht den Drei Schwestern am Rhein, und damit ist die **Silvrettadecke** nochmals, 60 km westlich des Rhätikon, in der **Zentralschweiz** nachgewiesen.

Nun können wir, nachdem auf diese Weise die näheren Zusammenhänge der Klippen und Préalpen mit Bünden klargelegt sind, auch auf die Frage nach den Wurzeln derselben eine genauere Antwort geben. Die Wurzel der Préalpen ist eben die Wurzel der **Berninadecke**, und als solche haben wir im Westen das Canavese erkannt.

Klippen- und Brecciendecke entsprechen der **Berninadecke**, sie wurzeln im eigentlichen **Canavese**, d. h. im Inneren der Zone von Ivrea. Die **Simmendecke** entspricht zum grössten Teil, von ihren penninischen Einschiebseln abgesehen, der **Campodecke**, ihre Wurzel liegt für die Gegend von **Yberg** im Joriozuge, für die Préalpen am Innenrand der grossen Ivreazone. Die **Roggenstocktrias** endlich findet ihre Wurzel im **Seengebirge** der Luganeser Alpen.

Die tieferen Einheiten der Préalpes Romandes, südliche Basisschuppen, Niesenflysch, Zone interne und externe, wurzeln tiefer. Es sind an ihrem Unterbau, ihrem Substrat beteiligt: die Err-, die Dentblanche- und die Bernharddecke, endlich die höchsten Schuppen der Helvetiden.

So enthält also das grandiose exotische Schuppenpaket nördlich der helvetischen Ketten Glieder aller Elemente der Zentralalpen, von der tiefsten penninischen bis zur höchsten ostalpinen Einheit. Es ist der Schaum, der von den heranrückenden gewaltigen Deckenwellen über das Vorland Europas gespritzt worden ist.

Penniden, Grisoniden und Tiroliden sind in den exotischen Massen der Nordschweiz zu einem gewaltigen Bau gehäuft.

Damit verlassen wir die westlichen Austriden und wenden uns dem Osten zu.

D. Die Austriden der Ostalpen.

In 100 km Breite zieht der Bau Graubündens vom Arlberg und Tonale in die gewaltige Zentralzone der Ostalpen hinein, eingerahmt von den Kalkalpen im Norden, den Dinariden im Süden. Als grossartiger Stamm des Gebirges streicht diese zentrale Zone durch die ganzen östlichen Alpen, und mit ihr verfolgen wir weithin, bis an den Rand der ungarischen Ebene, die Elemente, die komplizierte Struktur, den Bau Graubündens. Im Westen tauchen die grisoniden Elemente Bündens unter die erdrückenden Massen der Oetztaler Alpen, die eigentliche ostalpine Zentralzone ein, im Osten versinkt diese selbe Zentralzone unter den Ebenen Ungarns. 450 km trennen uns am Westrand der Schlinigüberschiebung auf der Malserheide vom Ende der Zentralzone bei Wiener Neustadt, 525 km vom Durchbruch der Donau bei Pressburg. Aber auf dieser über 500 km langen Strecke sehen wir **auf mehr als die Hälfte des Weges** immer wieder die grisonide und pennide **Unterlage der ostalpinen Zentralzone aufgeschlossen,** und erkennen damit **den Bau Graubündens bis nach Wien und Ungarn** hinein. Das grosse penninische Fenster der Hohen Tauern haben wir schon behandelt und seine wahrhaft klassische Fensternatur aufgedeckt, wir verfolgen nun auch die ostalpinen Bauelemente der Westalpen, in erster Linie Graubündens, dem Osten zu.

Gemäss unserer Übereinkunft beginnen wir mit der Zentralzone.

1. Die austriden Elemente der ostalpinen Zentralzone.

Durch das Fenster der Hohen Tauern zerfällt unsere Zentralzone in drei grosse natürliche Unterabteilungen: Das geschlossene austride Gebiet westlich desselben, d. h. die Region zwischen Ortler und Brenner, das geschlossene austride Land östlich der Tauern, das sind die Muralpen und der Semmering, samt dem ganzen Ostrand des Gebirges, und endlich die austride Umrahmung des Tauernfensters selbst, zwischen Brenner und Katschberg. Alle drei Elemente wiederum teilen sich in ein weit ausgebreitetes Deckenland im Norden, eine schmale steilgestellte Wurzelzone im Süden. Wir werden diese Wurzelzone am Schlusse des Kapitels über die Ostalpen für sich behandeln und verfolgen nun zunächst den Bau Graubündens

a) Vom Ortler zum Brenner.

Wir haben den Bau Graubündens klargelegt und seine einzelnen Strukturelemente im Zusammenhang verfolgt bis an die grosse Überschiebungsfläche der Oetztaleralpen, die Basis der oberostalpinen Decke, die Basis der Tiroliden. Von der historischen Enge von Pontlatz bis hinauf zur Malserheide sahen wir stets die mächtigen Einheiten der Grisoniden, unter- und mittelostalpine Decken, unter der gewaltigen kristallinen Platte der Oetztalermasse verschwinden. Wie setzt dieser Bau nun nach Osten fort, was für Elemente Graubündens erkennen wir noch zwischen Ortler und Brenner, wo zieht der grosse Schnitt an der Basis der Tiroliden weiter, lässt sich überhaupt der kristalline Kern der tiroliden Masse, die Oetztaler, im Osten noch vom grisoniden Unterbau trennen? Verschmilzt nicht vielmehr alles Kristallin zwischen Ortler und Brenner zu einer einheitlichen grossartigen Masse und verschmelzen damit die oberostalpinen Elemente mit dem Ortler? Warum haben wir, soll das Strukturbild Graubündens nach Osten weiter ziehen, keinen Ortler mehr zwischen Oetzmasse und Laaserkristallin? Lässt sich überhaupt die Gliederung Bündens auf den Osten übertragen? Eine Fülle von Fragen, eine gefährliche Klippe der Alpensynthese, und bis jetzt keine rechte Antwort, kein Ausweg aus dem Dilemma.

Die Strukturelemente Bündens setzen vom Ortler bis zum Brenner fort. Dies ist das Resultat unserer vergleichenden Studien, hauptsächlich im Becken von Sterzing. Dort liegt der Schlüssel zum weiteren Verständnis, und wir werden bei der Behandlung der Tauernumrahmung weiter darauf zu sprechen kommen. Vorderhand sei das Resultat vorweggenommen.

Zwischen Ortler und Brenner erkennen wir vom ganzen Bau Graubündens nur noch die zwei obersten Elemente, die **ober-** und die **mittelostalpine** Decke. Diese Einheiten aber ziehen geschlossen bis zum Brenner, und damit bis in die Umrahmung der Tauern durch. Die beiden Einheiten werden getrennt durch die **Schlinigüberschiebung,** die sich über Schlanders in das

Schnalsertal und die Texelgruppe und von da in den Hintergrund der Passeiertäler zum Schneeberg und schliesslich hinüber zur Telfer Weissen zieht. Auf weiten Strecken von Verrukano oder Trias mit Rhät und Lias begleitet. Das Gebirge nördlich dieser langen Linie zwischen Mals und Pflersch gehört in seiner Gänze zur **oberostalpinen** Decke, zu den Tiroliden, das Gebirge südlich davon bis hinab zum Wurzelzug von Mauls-St. Paukraz-Tonale ist die östliche Fortsetzung der **mittelostalpinen** Einheit Bündens, der Campodecke.

Zur **Campodecke** gehört einmal die grossartige kristalline Basis der Ortlertrias, wie wir im Westen gesehen haben. Vom Zumpanell ob Sulden verfolgen wir die Ortlerserie, Trias und Verrukano, über Trafoi-Kleinboden-Übergrimm-Stilfs bis hinaus nach Schmelz und Prad im Vintschgau. Über ihr erscheinen im Westen die kristallinen Schiefer der Umbraildecke, mit mesozoischen Fetzen am Montoni, am Munwarter, Fallaschjoch etc., darüber die Klippe des Chavalatsch. Östlich der Ortlerserie taucht deren kristalline Basis auf, die um das Ortlerhochgebirge herum ununterbrochen mit der Campodecke zusammenhängt. Bei Prad erreicht dieselbe unter der Ortlertrias die Etsch. Der Ortlerverrukano quert das Tal und erscheint an der untersten Basis der Oetztalergruppe bei Eyers und Vezan, und so wird denn von Prad nach Osten das ganze Südgehänge des Vintschgaus aus der gewaltigen kristallinen Unterlage, der Basis des Ortler, der Campodecke gebildet. Die kristallinen Schiefer des oberen Veltlins, der Val Furva, der Sobretta, des Confinale streichen auch ununterbrochen in die Martell- und Ultentäler, in die Angelus- und Laasergruppe, und mit ihnen die charakteristische alte Marmorserie. Die alten Marmore der Sobretta und des Confinale setzen fort in die des Martelltales und der Laasergruppe, und diese Laasermarmore, altberühmt durch ihre Steinbrüche, sind damit nichts anderes als die paläozoischen Marmore unserer bündnerischen Campodecke. Der Marmorreichtum dieser kristallinen Serie wird ein wichtiges Charakteristikum der Campodecke im Osten. Wir kennen die Marmore in der ganzen Breite des kristallinen Stammes, von der Jennewand bei Laas und dem unteren **Martell** ob Latsch durch die Zufritt-Veneziagruppe und den Confinalekamm, die Sobrettagruppe bis hinab ins Ultental, die Täler von Rabbi und vom Tonale. Überall ist diese alte Marmorserie aufs engste mit den kristallinen Schiefern verwachsen, wie im Penninikum die Marmore von Valpelline, und von Mesozoikum und daraus konstruierten tieferen Decken kann hier nirgends die Rede sein. Wie in Valle di Campo sind diese Marmore auch hier des öfteren mit staurolithführenden Gesteinen, den «Laaserschichten» verknüpft, und wie dort durchziehen zahlreiche Amphibolitzüge das kristalline Substrat. Massige Intrusivstöcke durchstossen, wie im Westen in der Valle di Campo oder der Serra unter Bormio das altkristalline Gebirge, es sei nur an den Martellergranit, den blauen Granit von Gomagoi oder die Granite der Vedrignana im Süden erinnert. **Die kristalline Facies der Campodecke** zieht ununterbrochen nach Osten durch, sie wird mehr und mehr zu einem **Charakteristikum**, einem Leithorizont, durch die östlichen Alpen. Zwischen Schlanders und Meran quert diese charakteristische Serie das Vintschgau und erreicht über die südliche Texelgruppe die Passeiertäler, über den Jaufen das Ratschingstal und damit das Becken von Sterzing. In der Gilfenklamm haben wir diese Marmorserie, oft von Pegmatit durchwachsen, wieder gesehen. Sie unterscheidet sich in nichts von den alten Marmoren unserer westlichen Campodecke zwischen Puschlav und Bormio, oder in den Wurzeln der Tonalezone oder von Bellinzona, und es unterliegt nicht dem geringsten Zweifel, dass die Marmorserien der Gilfenklamm mit der Ratschingstäler die direkten Äquivalente der Laasermarmore sind. **Die kristalline marmorführende Serie der Ratschingstäler** gehört daher ohne jeden Zweifel zu unserer **Camposerie**; sie ist es, die jenseits der Wölbung der Mareiterberge die Basis der Trias-Juraserie der Telferweissen bildet, und sie wiederum ist es, die gegen Osten ununterbrochen in das Kristallin von Sprechenstein, das Liegende der Maulsertrias einbiegt. Wir werden darauf im nächsten Kapitel zu sprechen kommen; vorderhand sei die **Obergrenze dieser mittelostalpinen Einheit zwischen Sterzing und dem Ortler** noch weiter aufgesucht.

Das marmorführende Campokristallin von Mareit und Ridnaun trägt, darüber sind *Sander* und *Frech* mit *Termier* und mir einig, die Trias der Telfer Weissen; es ist charakterisiert durch die typischen Granatglimmerschiefer des Ridnaun. Diese Granatglimmerschiefer im unmittelbaren Liegenden der Telferweisscntrias verfolgte *Sander* ohne Unterbruch nach Westen in die Passeiertäler, und über denselben folgt stets, wenn auch in oftmals unterbrochonem Zuge, die in Linsen zerrissene Fortsetzung der Telferweisscntrias. Dieselbe erscheint in den altberühmten Marmorbergen der Moarerweissen und zieht ohne nennenswerten Unterbruch über das Rauhe Joch und die Nordgehänge des Pfelderstales in die Texelgruppe hinein. Sie ist dort kompliziert mit den liegenden und hangenden Schiefern verfaltet, aber es unterliegt keinem Zweifel, dass einzelne Triaszüge dieser noch recht wenig bekannten Region das Pfossen- und Schnalsertal noch erreichen. Dort trennen uns aber keine 10 km mehr von den Verrukanozügen ob Schlanders, die nach den Aufnahmen und Angaben *Hammers* entsprechend der Judikarienbeugung in scharf nordöstlicher Richtung gegen die südlichen Penauder Berge hinaufziehen. Von Schlanders bis zur Texelspitze fehlen 18 km, davon sind 5 durch Verrukano gekennzeichnet, die weiteren 13 aber noch nicht näher untersucht. Die Triasmarmore der Telfer Weissen können hier auf ähnliche Strecken unter der Last der Oetztaler ausgewalzt sein wie drüben zwischen Telfer Weissen und Moarer Weissen, oder wie die Trias des Ortler ja auch von Prad bis über Schlanders auf über 15 km fehlt und durch Verrukanoschiefer ersetzt wird.

Es besteht somit für jeden Tektoniker nicht der geringste Zweifel mehr, dass **die Zone von Triaslinsen**, die von der Telfer Weissen ob Sterzing über die Passeiertäler und die Texelgruppe nach Südwesten zieht, in **die Verrukanozüge zwischen Schlanders und Mals einmündet.** Auch *Sander* hat diese Ansicht ausgesprochen, und *Spitz* schon hat einen ähnlichen Zusammenhang wahrscheinlich gemacht.

Im Osten wird die Trias der Telferweissen deutlich von den Oetztalern überfahren; die Linie Telfer Weissen-Schlanders markiert daher im Grossen die Überschiebung der Oetztaler auf die mittelostalpine Decke, der Tiroliden auf die Campodecke der Grisoniden. Wie steht es nun im Westen?

Über der Ortlertrias folgt, vom Stelvio bis hinab nach Prad, stets das Kristallin der Umbraildecke, darüber das zerdrückte Mesozoikum und der Verrukano der Engadinerdolomiten, mit den Klippen der Oetztaler im unteren Münstertal. Das Umbrailkristallin setzt in die Basis der Engadinerdolomiten über, das Mesozoikum wird nördlich Schleis längs einer ununterbrochenen Linie von den Oetztalern überschoben. Diese ganze Umbrailserie, also die Decke der Engadinerdolomiten, schrumpft schon westlich der Etsch auf kleine Mächtigkeiten zusammen. Sie quert aber an der eigentlichen Basis der Oetztalerdecke zwischen Schleis und Mals das Etschtal und erscheint, wie im unteren Münstertal nur mit Kristallin und Verrukano, auch in den Nordgehängen des Vintschgaus als der Fuss der Oetztalergruppe. *Hammer* hat diese Zone, die er anfangs nur als Quetschzone im Kristallinen deutete, nun weiter studiert und gefunden, dass sich in diesen Quetschzonen Verrukano zwischen die älteren kristallinen Schiefer als Rest der abgeschürften Sedimentdecke eingeschaltet findet. So können wir heute, dank der ausgezeichneten Terrainaufnahmen *Hammers*, die Schlinigüberschiebung, d. h. die Basis der Oetztaler, über dem Verrukanoband der Engadinerdolomiten, dem Verrukano der Umbraildecke, von Schleis am Ausgang des Schlinigtales über die Basis der Gehänge der Vintschgauer Sonnenberge bis über Schlanders hinaus auf 25 km Erstreckung noch erkennen. Unter diesem Umbrailverrukano erscheint das zerdrückte Umbrailkristallin, in Form der Münstertalergneisse, darunter endlich der Verrukano der Ortlerdecke bei Eyers und östlich Schlanders. Die Gliederung ist vollkommen (vergl. Fig. 42).

Weiter östlich scheinen die beiden Untereinheiten der Campodecke, Umbrail- und Ortlerdecke, nicht mehr voneinander zu trennen zu sein; es ist möglich, dass die Umbraildecke langsam gegen Südosten, d. h. gegen ihre Wurzel hin, über der Ortlerdecke auskeilt, dass sie zwischen dieser und der Oetzmasse vollständig nach Nordwesten abgeschert worden ist, und dass ihre Hauptmasse, mit der Fortsetzung der Unterengadinerdolomiten, unter den kristallinen Massen der Oetztaler und Stubaierberge ruht. Doch sei dem wie ihm wolle, es ist uns auf jeden Fall gelungen, **die Trennung zwischen mittelostalpinen und oberostalpinen Decken**, wie sie in Bünden zwischen Grisoniden und Tiroliden so scharf hervortrat, nun auch im Osten durchzuführen, und zwar **bis in das Becken von Sterzing.** Von dort werden wir sie weiter verfolgen können. Wir wenden uns nun aber zunächst dem Nordrand der Oetzmasse zu.

Beiträge zur geol. Karte der Schweiz, u. F., Liefg. 52.

22

Zwischen Prutz und Oetz sahen wir den Nordrand der Oetzmasse sich über die zur Tiefe sinkenden nördlichen Elemente der Silvretta und die Phyllitzone von Landeck überschieben. Östlich Oetz tritt die Oetzmasse, besonders in der Gegend von Telfs, fast direkt an die Kalkalpen heran. Bis gegen Innsbruck bleibt dies so; wenigstens erlaubt der breite schutterfüllte Einschnitt des Inntales keine anderen Schlüsse. Aber schon wenig unter Telfs erscheinen die tieferen Elemente der Silvretta unter der Stirn des Hocheder wieder, und münden schliesslich in die grosse Quarzphyllitzone von Innsbruck ein.

Die Innsbrucker Quarzphyllite sind die östliche Fortsetzung derer von Landeck, sie gehören zur Silvretta im engeren Sinne. Darüber thronen hoch und stolz die kristallinen Massen der Oetztaler mit ihren prachtvollen Triaskappen, und längs der Brennerfurche steigen sie, konform dem Ansteigen aller Axen gegen die Tauern, über den Silvrettaquarzphylliten in die Luft. Am Patscherkofel liegen die letzten Reste der Oetzmasse. Von dort nach Osten fehlt diese höchste Einheit der Zentralzone über weite Strecken, und erst in den östlichen Radstättertauern taucht sie mit dem ganzen Deckenpaket wieder nach Osten ins Gebirge ein.

Die Zweiteilung der Tiroliden, wie wir sie in Bünden durchführen konnten, geht also mindestens bis zum Brenner durch. Die oberostalpine Decke zerfällt im Tirol in zwei grosse Schuppen erster Ordnung, die Quarzphyllite von Innsbruck, d. h. die Silvrettamasse, und die kristallinen Schiefer der Oetztaler- und Stubaierberge, die Oetztalerdecke. Diese letztere trägt die Trias-Juraserien der Saile, der Gschnitzberge und der Tribulaungruppe. Gegenüber der Silvretta des Westens ist auch hier die Oetz-Stubaimasse eine mächtige höhere Schuppe. Die Überschiebung der Oetzmasse aber beträgt im Maximum 15—20 km, sehen wir doch, sowohl bei Prutz wie bei Matrei a. B., die Quarzphyllite der Silvretta gegen Süden an den tieferen Bauelementen enden, hier am Tauern-, dort am Engadinerfenster, und stellen somit die Silvrettaquarzphyllite nur die von den südlicheren Teilen der Oetzmasse nachträglich überfahrenen Kopfteile ein und derselben Einheit, der oberostalpinen Decke dar.

Im Osten tragen die kristallinen Schiefer der Oetztalerdecke die prachtvollen Sedimentkappen der Kalkkögl, der Kirchdach-Serlesgruppe, des Tribulaun. Wir werden im nächsten Kapitel näher auf deren Stellung eintreten. Diese Trias-Juraserien bilden wundervolle dolomitenähnliche Gipfel und Klippen, sie ruhen flach den steilgestellten kristallinen Schiefern auf. Im Westen entspricht diesen Kalkkögl-Tribulaunkappen der merkwürdige Kalkberg des Jaggl im Osten der Malserheide, der schon von unsern Schweizerbergen aus so seltsam aus den dunklen Schiefern der Oetzmasse herausleuchtet. Er ist von *Hammer* eingehend studiert worden. Aus seinen Aufnahmen geht unzweideutig hervor, dass der Jaggl nicht etwa ein letzter, unter den Oetztalern nochmals auftauchender Rest der Engadinertrias ist, sondern dass derselbe tatsächlich primär mit einer normalen Schichtreihe den kristallinen Schiefern der Oetztalerdecke aufsitzt. Er bildet in denselben eine mehrteilige, gegen Süden auskeilende, etwas schief gedrehte, nach Osten scharf aushebende Sedimentmulde. Die neue *Hammer*sche Karte zeigt auf Blatt Nauders das Auskeilen im Süden in zwei Verrukanoschwänzen prächtig. Der Jaggl ist ein Analogon zum Piz Lad ob Nauders, nur gehört er einem südlicheren Muldenzuge der oberostalpinen Decke an. Noch mehr als der Lad erinnert er an die tiefgreifenden Dueanmulden der Oetzmasse im Westen. Er kann jedoch nach seiner südlichen Lage den Dueanfalten kaum direkt entsprechen, dieselben ziehen bestenfalls über den Piz Lad dem Osten zu.

Merkwürdig erscheint, dass sowohl im Westen in der Malserheide, als auch im Osten am Brenner die gewaltige Masse der Oetztalerschiefer im Streichen abnorm schnell an Mächtigkeit abnimmt. Besonders im Osten ist dies auffallend, wir werden diesem Phänomen im nächsten Kapitel begegnen. Da dünnen sich die grossartigen, Tausende von Metern mächtigen Oetztalerschiefer zu einem schmalen Bande aus, und auch im Westen erreichen sie kaum mehr als 1000—1200 Meter Mächtigkeit. Am Piz Lad reduziert sich das Ganze lokal sogar auf Null. Es ist, wie wenn die ganze Oetzmasse in halbplastischem Zustande in die grosse Depression zwischen Tauern- und Unterengadiner Kulmination allseitig hineingeflossen wäre, während über die Kulminationsgebiete selbst nur ganz geringe Teile hinübersteigen konnten. Die Häufung in der Depression ist auf alle Fälle grossartig.

Die **innere Tektonik** der Oetztaleralpen ist durch die Untersuchungen *Hammers* in neuester Zeit aufgeklärt worden. Die noch unpublizierten Aufnahmeblätter dieses nimmermüden Alpengeologen werden uns noch manche weitere Ergänzung bringen. Zunächst scheinen sich auf weite Strecken abermals zwei getrennte Schubmassen übereinander zu lagern, die besonders im Vintschgau, im Matschertal, sehr schön zu erkennen sind. Der Norden besteht aus mehreren steil aneinandergeschobenen äusserst komplizierten Fächern, die wohl nicht nur tertiärer Entstehung sind. Daneben beobachtet man oft Falten von gewaltigem Ausmass, wie wir eine solche beispielsweise im hinteren Gschnitz am Habicht erkennen konnten. Sie erinnern mit ihren weiten Radien direkt an penninische Verhältnisse. Für weitere Einzelheiten sei auf die Blätter Glurns-Ortler, Nauders, und Landeck, sowie die ihrem Abschluss nahen Aufnahmen Hammers auf Blatt Meran und Oetz verwiesen. Für uns war vorderhand die äussere Abgrenzung der Oetztaler Einheit als solche das Wichtigste, und dieses Ziel glaube ich nunmehr im Vorstehenden erreicht zu haben.

Die **Oetztalerdecke** ruht nicht nur im Westen, zwischen Prutz und der Malserheide, und im Osten am Brenner als alte kristalline Masse den jungen Sedimenten der Engadinerserien und der Tauern in flachen Überschiebungen auf, sondern die Überschiebungsflächen des Westens verbinden sich direkt mit denen des Ostens, sowohl im Norden wie vor allem im Süden, und die **Masse der Oetztaler** wird allseitig von grossartigen Schubflächen begrenzt, sie schwimmt als eine grossartige **Klippe** von 95 km Länge und 55 km Breite allseitig auf fremder Unterlage, tieferen Decken und jüngeren Sedimenten. Sie wird zu einer grossartigen allseitig freien Deckscholle, sie wird zur grössten **Klippe der ganzen Alpen.** An Masse übertrifft sie selbst die klassische Dentblanche um ein mehrfaches.

Bis heute kannte man wohl eine West-, eine Nord-, eine Ostgrenze der Oetztalerdecke, gegen Süden aber schien diese Masse mit den nun als mittelostalpin erkannten kristallinen Massiven der Laaser- und Ultentaleralpen, der Basis des Ortler, den Gebirgen des Passeier zusammenzuhangen. Unsere Beobachtungen im Becken von Sterzing, sowie die Untersuchungen *Sanders* und *Hammers*, endlich der ganze Vergleich, die Verfolgung der Elemente von Bünden her, ergaben aber heute mit Sicherheit, dass die Oetzmasse auch im **Süden** längs einer **Schubfläche,** der Fortsetzung der Schliniglinie, von diesen tieferen Massen getrennt werden muss. Diese tieferen Massen sind die deutliche Fortsetzung unserer mittelostalpinen Einheiten im Westen, der **Ortler- und Umbraildecke,** sie gehören deutlich in die Fortsetzung des grossen Campodeckenstammes in Graubünden und Veltlin.

Die **Zentralzone zwischen Ortler und Brenner** zerfällt daher in die zwei grossen Einheiten der **Tiroliden** und der **Grisoniden,** genau wie in Graubünden auch. Von den Tiroliden sind **Silvretta** und **Oetztalerdecke** vertreten, von den Grisoniden nur die **Campodecke.** Tiefere Einheiten fehlen. Die **Oetztalerdecke** umfasst das Gebiet der eigentlichen Oetztaler- und Stubaieralpen, sie trägt die Sedimentkappen des Jaggl, des Piz Lad, der Kalkkögl, der Tribulaukette, und die **Silvretta** erscheint in den Innsbrucker Quarzphylliten als den Äquivalenten der Landecker Phyllitzone wieder. Die Südgrenze der Oetztaler wird markiert durch die Linie Mals-Schluderns-Schlanders-Hochwilde-Schneeberg-Telfer Weissen; längs derselben erscheinen unter dem Kristallin der Oetzmasse die zerdrückten Sedimente: Perm, Trias, Rhät, Lias der mittelostalpinen Decken. Südlich dieser Linie besteht das ganze kristalline Land bis hinab zur Wurzellinie Tonale-Ultental-Meran-Penserjoch-Mauls aus dem kristallinen Kern der Campodecke. Längs der Linie Cevedale-Hochwart-Mareit ist diese tiefere Serie zu einer mächtigen Antiklinale aufgewölbt, und östlich Mareit sehen wir im **Kern** derselben die jungen Gesteine der **Tauern** erscheinen. Diese Linie ist der **Deckenscheitel,** die Verbindung der Axe der Tauern mit dem Deckenscheitel Bündens. Auf gegen 120 km Länge zieht diese gewaltige Wölbung vom See von Poschiavo bis hinüber nach Sterzing. Sie verbindet die Deckenscheitel der **Westalpen** mit der Axe der **Tauern.** Südlich davon liegt das Wurzel-, nördlich davon das Deckenland. Genau wie im Westen auch. Die Analogien sind vollkommen.

Eine Frage noch erscheint von Wichtigkeit. Wo liegt die Fortsetzung des Ortler, wo die der Engadinerdolomiten? Es ist doch schwer verständlich, wie bei der Annahme der Deckentheorie diese mächtigen Bauelemente der grisoniden Basis im Osten fehlen. Wir werden sie am Brenner nirgends treffen, ausser in windigen Fetzen, die mit dem stolzen Hochgebirge des Westens nicht die Spur einer landschaftlichen Ähnlichkeit mehr aufweisen.

Die Erklärung wird auch hier einfach bei der Betrachtung der Alpenkarte. Da sehen wir einmal, wie alle Strukturelemente konform der Dinaridenfront, parallel der Judikarienlinie, aus ihrem Oststreichen im Westen mehr und mehr umdrehen, abbeugen in scharf nordöstliches, oft sogar nord-nordöstliches Streichen zwischen Val di Sole, Meran und der Eisack. Wir befinden uns daher, längs unserer Basislinie der Oetztäler, und am Brenner, nicht mehr im Streichen der grossen Trias-Juramassen des Ortler oder der Engadinerdolomiten, sondern nur mehr im Streichen von deren spitzen südlichen Enden. Wir sehen nur deren abgequetschten ausgewalzten südlichen Partien, die den Fetzen der Schlinigüberschiebung oder der ausgedünnten südlichen Fortsetzung des Ortler, die heute im Ortlergebiet abgewittert ist, entsprechen. Die grosse Masse der mittelostalpinen Sedimente liegt begraben unter der Masse der Oetztaler, im Osten wohl unter den Pinzgauerphylliten. Wir sehen sie nirgends. Erst weit im Osten, in den Radstättertauern, erkennen wir die machtvolle Entwicklung der Ortlertrias wieder, in den höheren Decken jener Serie. Die Strecke Prad-Sterzing-Steinach entspricht einer Region, die im Westen weit südlich der heutigen Sedimentanhäufung in Ortler und Engadinerdolomiten liegt, wo diese Muldenkeile allmählich zwischen den kristallinen Schiefern sich verlieren.

So treffen wir denn zwischen Ortler und Brenner in der Hauptsache nur ein kristallines Land; und diesem Umstande verdanken wir es, dass bis heute eine richtige Parallelisierung mit dem Westen nicht möglich geworden ist. Die Fortsetzung der Schliniglinie in die Telfer Weissen wurde nicht erkannt; in dieser Erkenntnis aber liegt der Schlüssel zum Verständnis des ganzen grossartigen Zwischenstückes zwischen Ortler und Brenner, zwischen Tauern und dem Engadin.

Die obersten Elemente Bündens, **Oetztaler, Silvretta und Campodecke** ziehen **durch das westliche Tirol** ununterbrochen an den Brenner, die **Gliederung Graubündens hält an,** und die Brücke zwischen West und Ost ist heute geschlagen. Bauen wir sie weiter aus.

Wir betrachten zu diesem Zwecke als unser nächstes Ziel

b) Die Umrahmung der Hohen Tauern.

In den Hohen Tauern tauchen die penninischen Decken Graubündens in gewaltigen Massen wieder unter den in die Luft steigenden Elementen der Tiroliden, den Oetztalern und der Silvretta empor, und zwischen diesen beiden grossen Einheiten erscheinen, in langem wechselvollem Bande, auch die aus Bünden uns bekannten Zwischenglieder, die Grisoniden. Es war zu erwarten, dass dieses mächtigste Strukturelement des Westens sich auch am Brenner wieder finden würde, doch schienen gerade hier unlösbare Probleme zu harren. Einerseits wurde die Existenz solcher tieferer ostalpiner Glieder zwischen Oetzkristallin und den Bündnerschiefern des Fensters direkt in Abrede gestellt, andererseits wurde die grosse Sedimentmasse der Tribulaune und der Tarntalerköpfe miteinander zusammengeworfen, dieselben als unterostalpin erklärt, und ihre Lage über den Quarzphylliten und Oetztalern durch grosse sekundäre Einwicklungen gedeutet: «Die Tauern treten am Brenner über ihren Rahmen.» In den Radstättertauern stand es nicht viel besser. Auch hier grosse Schwierigkeiten, indem das unterostalpine Mesozoikum in die «oberostalpine» Schladmingermasse und «Quarzitdecke» eingewickelt, eingehüllt erschien. Dass über die Einwurzelung der Brenner-, Tarntaler- und Radstätterserien die gleiche Unklarheit herrschte, haben wir schon bei der Behandlung der Matreierzone gesehen, die als Wurzel dieser tiefsten ostalpinen Serie betrachtet worden ist, aber auf ihrer ganzen Länge nur penninische Glieder enthält. Die Trias von Sprechenstein galt als die Wurzel des Tribulaun, die von Mauls mit ihren doch noch sehr zentralalpinen Merkmalen als die Wurzel der Kalkalpen. Mit einem gewissen Recht haben denn auch die ostalpinen Geologen seit langem die Unhaltbarkeit dieses Deckengebäudes dargetan; dieses primitive Gerüste konnte ja auf die Dauer nicht befriedigen, und es stand auch im Widerspruch zu den unterdessen gewonnenen Erfahrungen in Bünden. Für diese Widersprüche jedoch den Schöpfer des Tauernfensters, *Termier*, verantwortlich zu machen, war in höchstem Masse ungerecht; ist doch nicht zu vergessen, dass *Termier* wohl die grosse Idee des Deckenbaues lancierte, dass er sich jedoch im Einzelnen eben auf die veralteten Aufnahmen seiner österreichischen Kollegen stützen musste. Die Vorwürfe gegen *Termier* fallen also auf österreichische Seite zurück. Wo *Termier* wie am Umbrail, im Ortlergebiet, im Becken von Sterzing und im Zillertal selber beobachtet hat, da kann jeder ostalpine Geologe ihn nur bewundern, vielleicht auch von ihm lernen. Sein Zusammenhängen der Tribulauntrias mit der von Sprechenstein erscheint mir heute absolut verständlich, habe ich doch selber mit *Termier* zusammen die Sprechensteinertrias bis dicht an den Tribulaun heran verfolgt, und kannte man eben vor 20 Jahren weder die ungeheure Komplikation am Brenner noch den Bau Graubündens, um diese Verbindung mit der nötigen Vorsicht bis zum letzten Ende nachzuprüfen. Heute können wir wohl Einzelheiten der Synthese *Termiers* kritisieren, wie z. B. eben die Stellung des Tribulaun, und dessen Zusammenhang mit der Trias von Sprechenstein, und weiter der Matreierzone, auch die Kalkalpenwurzel bei Mauls existiert nicht in *Termierschem* Sinne, aber der grosse **Grundgedanke des ostalpinen Deckenbaues, die Fensternatur der Hohen Tauern**, das alles bleibt unangetastet, und die neueren Untersuchungen gestalten diesen *Termierschen* Bau, trotz aller kleinlichen Gegenrede von unberufener Seite her, nur noch zu einem herrlicheren grossen Ganzen. Die **Architektur des Baues**, der Stil, die Reinheit, der klassische Schwung des Ganzen ist geblieben, und nur die **Ornamente**, die letzten **Feinheiten** dieses grossartigen Bauwerkes wurden weiter ausgestaltet und vollendet. Der Sieg *Termiers* ist ein vollständiger.

Die drei schwachen Punkte der Tauernumrahmung sind der Brenner, die Tarntalerköpfe, die Radstätter Tauern. Wir haben nun teils mit *Kober*, teils mit *Termier*, teils mit beiden, alle diese drei fraglichen Regionen besucht, und ich glaube heute, dass dieser Bau der Tauernumrahmung sich sehr gut in unser bündnerisches Deckengebäude einfügen lässt. Was wir am Brenner, an den Tarntalerköpfen und in den Radstättertauern gefunden haben, entspricht so vollkommen unseren Erfahrungen in Bünden, dass ich nicht zögere, die Gliederung Graubündens bis in die Radstättertauern auszudehnen. Dass dies für die Penniden der Hohen Tauern selber in höchstem Masse zutrifft, haben wir schon gesehen. Aber auch die höheren Glieder, die Grisoniden, mit ihren unter- und mittelostalpinen Teilelementen, treffen wir, stets zwischen Penniden und Tiroliden eingeklemmt, in langem Zuge wieder, oft mit all ihren charakteristischen Einzelheiten, bis hinüber an die Mur. **Der Deckenbau Graubündens zieht vom Brenner ungestört nach Osten weiter, wir kennen ihn heute bis an die Grenzen Steiermarks.**

Diesen Zusammenhang aufzudecken, seien die nächsten Kapitel mitgeteilt. Wir beginnen im Westen mit

1. Brenner und Tribulaun.

Vier grosse Einheiten türmen sich zwischen Innsbruck und Sterzing zu dem wundervollen Gebirge empor, das im Tribulaun den Höhepunkt seiner Wildheit und Eigenart erreicht. Es sind unsere alten Bekannten aus dem Westen, die Oetztaler- und die Campodecke, die den Grossteil dieser herrlichen Gegend aufbauen. Darüber erscheint am Brenner ein neues Element, das berühmte Karbon des Nösslacher resp. Steinacher Jöchls, das als die Nösslacherdecke die Tribulauntrias überschiebt, und an der Basis des ganzen Paketes erscheinen, direkt über den höchsten penninischen Elementen, die letzten Ausläufer der Tarntalertrias, als die Repräsentanten der unterostalpinen Decke. So finden wir auch hier die Elemente Bündens wieder, die ober-, die mittel-, die unterostalpinen Decken, in genau derselben primären Reihenfolge wie drüben im Engadin. Die Nösslacherdecke kommt als neues höchstes Deckenelement hinzu. Betrachten wir nun diese Verhältnisse näher.

Wir beginnen mit dem Tribulaun, hier liegt der Schlüssel zum Verständnis des Ganzen.

Man hat zunächst den Tribulaun für sich als ein Glied der Fensterserie, unserer heutigen unterostalpinen Decken betrachtet. *Termier* glaubte seine Trias vom Ausgang des Pflerschtales bei Gossensass über Tschöfs-Schmuders-Thuins nach Sprechenstein verfolgt zu haben und versetzte damit den Tribulaun in die höchste Serie des Fensters. Da aber diese Trias am Tribulaun unzweifelhaft dem Oetztalerkristallin aufsass, nahm *Termier*, mit *Suess* zusammen an, die Fensterserie sei am Brenner lokal über ihren Rahmen hinausgetreten, nach unserer Terminologie, der Tribulaun hätte die ursprünglich hangende Oetztalerdecke lokal unter sich eingewickelt. Dies blieb die Vorstellung der Vertreter der Deckentheorie. Sie ist indessen heute unhaltbar geworden. Die Trias des Tribulaun setzt nicht in die von Tschöfs fort, sondern steigt über die Telfer Weissen südwärts in die Luft, und der Zusammenhang mit dem Fenster muss aufgegeben werden. Die **Auflagerung der Tribulauntrias auf dem Oetzkristallin ist nicht** eine lokale, sondern hält an bis **hinaus nach Innsbruck,** und der **Kontakt zwischen Tribulauntrias und Oetz-Stubaikristallin ist** ein **normaler.** Von irgendwelchen Einwicklungen ist nichts zu sehen, die Tribulauntrias ruht normal stratigraphisch den Oetztalern auf. Wir haben diese **Basis des Tribulaun** im Sandestal im hintersten Gschnitz gesehen, und sie zieht in gleicher Weise sowohl nach Süden ins Pflerschtal und bis Gossensass, als auch nach Norden über das Pinnisjoch ins Stubai und hinüber an die Saile.

Im Sandestal erkennen wir unter der grossen Tribulaundolomitmasse, die durch schwarze Carditaschichten in einen oberen Hauptdolomit und einen unteren Wettersteinhorizont gegliedert ist, die **normale Basis der Trias:** 10—15 Meter gelbe Basisdolomite, darunter weisse und gelbe Marmorbänke mit mehreren schmächtigen Lagen von weissen Triasquarziten, unter denselben endlich der typische Verrukano, ein feines Konglomerat mit Quarzrollstücken, ungefähr ein Meter mächtig, darunter eine braune vorpermische Verwitterungskruste der kristallinen Schiefer. Die obersten Bänke derselben ähneln weitgehend den schwarzen Karbonschiefern des Steinacherjöchls, darunter folgen Casannaschiefer und endlich der Granatglimmerschiefer der Oetzmasse (s. Fig. 43).

Wohl ist das Ganze von sekundären Gleitflächen durchzogen und durchwoben, aber von einer verkehrten Schichtreihe oder einer grossen Scherfläche zwischen Tribulauntrias und Oetzkristallin kann keine Rede sein. **Der Verrukano und die Triasquarzite bürgen uns dafür, dass die Auflagerung** eine wohl im einzelnen gestörte, aber im Prinzip **normale ist.** Eine Einwicklung des Oetzkristallins unter den Tribulaun kann daher absolut nicht in Frage kommen; die Tribulauntrias ruht unter Zwischenschaltung von Verrukano und Quarziten normal dem Oetzkristallin auf. Wir müssen uns mit der eigenartigen Facies der Tribulaune, die beispielsweise oft direkt an die Splügener Kalkberge erinnert oder auch an den Aela, abfinden und dieselbe als eine besondere, in Wahrheit zentralalpine Facies des oberostalpinen Faciesbereiches betrachten. Wer die Tribulauntrias nur für sich, nach der Facies beurteilt, der stellt sie unbedenklich neben die Splügenerkalkberge oder den Ortler oder den Aela, und damit in tiefere tektonische Stockwerke. Wer aber die Auflagerung derselben auf den Oetztalern gesehen hat, der muss die oberostalpine Natur der Tribulaune anerkennen.

Der Tribulaun ist die normale Sedimentdecke des Oetztalerkristallins, und damit oberostalpin. Die **Tribulaunfacies** ist eine Spezialausbildung der kalkalpinen Facies. Gegen Norden geht die Tribulaunserie auch ohne jeden Unterbruch in die normale Triasentwicklung in der Serles-Kirchdachspitz-Gruppe über, wie wir uns im Gschnitztal ohne jeden Zweifel überzeugen konnten.

An Pinnisjoch treffen wir dasselbe Profil der Tribulaunbasis wie im Sandestal. Auf den steilgestellten kristallinen Schiefern der Oetztalerbasis folgt eine oft unterbrochene, deutlich hervortretende Bank von Verrukano und Triasquarzit, darüber deutlich die feinschichtigen Basisschichten des Muschelkalkes, das Anisien, darüber in gewaltigen Platten an der Kalkwand der graue Dolomit des Wettersteins. Am Schatten unter der Ilmspitze erkennen wir das schwarze Band der Raibler, die Carditaschichten, und darüber türmt sich der Hauptdolomit zu den fantastischen Zacken der Kirchdachspitze. Ein Triasprofil von einer grandiosen Wirkung. Das ganze ruht als flachgeneigte Platte zum Teil diskordant auf den basalen Schiefern von Gschnitz und Stubai, dem Oetzkristallin. Am Pinnisjoch ist dieselbe mit der kristallinen Basis verfaltet, kristalline Keile dringen wie im Berneroberland in die Kalkplatte ein. Dahinter bäumt sich die grossartige Falte des Habicht in die blaue Luft. Ein Bild von ergreifender Grösse (Fig. 44).

Über dem Hauptdolomit der Kirchdachspitze folgt, schon von weitem kenntlich, das Rhät, darauf der rote Liaskalk des Hutzl, der Kesselspitze. Auch Liasbreccien sollen nach *Sander* vorhanden sein. Kalkschiefer, Pyritschiefer, bunte Glimmerkalke und Tonschiefer bilden wohl den höheren Jura. Wir haben wenigstens in der Rossgrube der Trunneralm östlich Gschnitz Glimmerkalke gefunden, die eine verzweifelte Ähnlichkeit mit unsern bündnerischen Aptychenkalken aufweisen. Auch *Spitz* hält das Auftreten von Malm in der Tribulaungruppe für wahrscheinlich.

Diese ganze normale, nicht metamorphe Sedimentserie der Serlesgruppe mit ihren typisch nordalpinen Merkmalen geht **nun allmählich über in die Marmorserie des Tribulaun.** Trias, Rhät und Jura werden mehr und mehr marmorisiert und kristallin, und so sehen wir denn das eigentliche Tribulaungebirge in fantastischen hellen Marmortürmen die dunklen Schiefer der niedersinkenden Oetzmasse überragen. Die Marmorisierung ist eine durchgehende, sie ist wohl durch die enorme tektonische Verknetung der Tribulaunserie mit dem Karbon und Kristallin der Nösslacherdecke in Zusammenhang zu bringen. Irgendwelche regionale Metamorphose oder sogar irgendwelcher Telekontakt ist völlig ausgeschlossen. Die metamorphe Serie geht ja auch gegen Norden, sobald die Verknetungen mit der Nösslacherdecke aufhören, rasch in die normale Sedimentserie der Serlesgruppe über. Die Marmorisierung der Tribulaune ist eines der schönsten Beispiele der reinen **Dynamometamorphose**; sie ist es auch gewesen, die *Termier* in seiner Idee, es handle sich um tiefere Fenstergesteine, bestärkt hat.

Die Marmorisierung der Tribulaune ist ein grossartiges tektonisches Phänomen.

Von der Saile ob dem blühenden Tale von Innsbruck verfolgen wir die Basis der Tribulauntrias über den Oetztaler- und Stubaierschiefern am Westrand der Kalkkögl, die mit ihren blendenden, flachgelagerten, fast ungestörten Kalkmauern und Türmen schon ganz an die Südtirolerdolomiten erinnern, hinein ins Stubai und durch das Pinnistal und Pinnisjoch hinüber ins Gschnitz. Die ganze Serie ruht überall als flache Platte dem Kristallin auf, und nur nördlich der Serles beobachtet man im Rhät-Jurakomplex eine stärkere Faltung. Im Gschnitz greift die kristalline Basis als 8 km tiefes Halbfenster weit unter die Tribulaunplatte ein, bis fast zur klassischen Gschnitzmoräne bei Trins. Über St. Magdalena und das Sandestal erreicht sie dann die Wasserscheide zwischen Inn und Etsch am Pflerscherpinkel und zieht von da in flacher Kurve durch die Nordgehänge des Pflerschtales hinaus gegen Gossensass. Hier werden wir sie eben wieder finden.

Auf der ganzen Strecke von der Saile bis ins Pflersch ruht stets die Tribulaunserie als flache Platte auf den ostwärts untersinkenden kristallinen Schiefern der Oetzmasse. Sie steigt gegen Westen über denselben in die Luft, und ihre Fortsetzung liegt hoch über den eisigen Gipfeln der Stubaier und Oetztaler Gletscherwelt. Eine Menge von isolierten Klippen dieser geschlossenen Triasplatte liegt noch im Westen dem Oetzkristallin auf. Die wichtigsten sind Weisswandspitze und Garklerin im Gschnitz, die Elferspitze im Pinnistale. Am Pflerscherpinkel beobachten wir dasselbe keilförmige Eindringen des Oetzkristallins in die Tribulaunserie wie drüben am Pinnisjoch. Schon *Frech* hat dasselbe gezeichnet.

Nach alledem kann ein Zweifel an der **oberostalpinen Natur der Tribulaunserie** gar nicht mehr aufkommen. **Der Tribulaun liegt überall, von Innsbruck bis ins Pflerschtal, dem niedersinkenden Oetzkristallin normal auf.** Die Marmorisierung des Tribulauns ist nur eine **lokale** Erscheinung an der Basis der Verknetungen mit dem **Nösslacher Kristallin.**

Es scheint also nach allem Vorausgegangenen die kristalline Oetzmasse gegen Osten unter den Tribulaun und damit unter den Brenner unterzusinken. Sinkt sie am Ende sogar unter die **Tauern**? Das Problem der Oetztalerdecke gewann mit der Feststellung der oberostalpinen Natur des Tribulauns nur noch an Komplikation und Reiz. Wie endeten die **Oetztaler am Brenner,** wie gestaltete sich das **Verhältnis zu den Telfer Weissen,** zur Trias von Tschöfs, von Schmuders, wie überhaupt stellte sich nun der Tribulaun zum Fenster der Hohen Tauern? Eine Fülle von Fragen, die wir heute beantworten können.

Ein Besuch des vorderen **Pflerschtales** mit *Termier*, sowie die *Sanderschen* Publikationen und eine Diskussion mit *Sander* selber ergaben folgendes Resultat:

Die Tribulaunserie zieht vom Pflerscherpinkel das Pflerschtal hinaus, stets über den Schiefern der Oetzmasse. Am Geierskragen erscheint darüber das Kristallin der Nösslacherdecke. Im Westen ist die Trias-Juraserie an den Tribulaunen selbst von grossartiger Mächtigkeit, gegen Osten jedoch nimmt sie beständig an Bedeutung ab. Östlich Innerpflersch ist die ganze gewaltige

Serie zu einer einzigen einheitlichen Felswand zusammengeschmolzen, und weiter gegen Gossensass hin wird auch diese immer dünner. Etwa von der grossen Pflerscherkurve der Brennerbahn an steigt diese verkümmerte Tribulauntrias wieder flach gegen Osten in die Höhe, und mit ihr die sie begleitenden kristallinen Serien der Oetz- und der Geierskragen-Nösslacherdecke.

Das Nösslacher Kristallin liegt in einer flachen queren Schüssel der Tribulauntrias, die Tribulauntrias selber in einer flachen Quermulde, einer Depression der Oetzmasse. Dieses Ansteigen gegen Osten, das wir im vorderen Pflersch so schön beobachten können, hält nun der ganzen Brennerfurche entlang an bis hinüber nach Steinach, und unter den alten Gesteinen der Nösslacherdecke erscheinen stets, vom Geierskragen über die Steinalm am Brenner und Zagl bei Nösslach bis Plon ob Steinach die verwalzten Sedimente des Tribulaun. Bei Plon traf Dr. Meyer noch den roten Lias an der Basis der Nösslacherdecke (vergl. Fig. 45).

Die Tribulauntrias hebt sich also vor dem Brenner wieder definitiv nach Osten empor; sie steigt unter dem Nösslacherkarbon, unter das sie im Westen versank, auf der ganzen Linie, von Gossensass bis Steinach, wieder heraus, und ihre östliche Fortsetzung liegt hoch über den Tauern in der Luft. Von einem Untertauchen unter die Tauern kann daher keine Rede sein.

Die Oetzerbasis dieses Tribulaunzuges zwischen Gossensass und Steinach erscheint in einem langen Zuge von Glimmerschiefern, stets direkt unter dieser Tribulauntrias, und steigt wie diese ostwärts in die Luft. Darunter erscheinen nun die tieferen Einheiten.

Bis heute hat man stets angenommen, die Tribulauntrias setze im vordersten Pflerschtal in die altbekannte Trias-Juraserie der Telfer Weissen fort. Dies erschien jetzt um so merkwürdiger, als die Tribulauntrias ja nun als die Sedimentplatte der Oetztaler erkannt werden konnte, während man den Zug der Telfer Weissen in die Passeierberge verfolgen konnte und dort dieselben unter die gleiche Oetzmasse eintauchen sah. Die kristalline Basis der Telfer Weissen setzte ja nach Westen ohne jede Unterbrechung in die Basis des Ortler, d. h. in die Campodecke fort, und setzte man die Tribulaune in das tektonische Niveau der Telfer Weissen, so erschienen damit Ortlerbasis, d. h. Campodecke, und Tribulaunbasis, d. h. die Oetztaler, zu einer kristallinen Einheit verschmolzen. Im Westen aber waren dieselben bis gegen das Schnalsertal deutlich und scharf durch die Fortsetzung der Schliniglinie tektonisch getrennt. Die ganze regionale Tektonik Südwesttirols, von allen deckentheoretischen Erwägungen abgesehen, verlangte daher eine Trennung zwischen Telfer Weissen und Tribulaun. Die Telfer Weissen, deren Basis der Ortlerbasis entsprach, musste tiefer liegen als die Tribulauntrias, sie musste unter dieselbe einschiessen, wie im Westen der Ortler und die Engadinerdolomiten auch.

Die Begehung des vorderen Pflerschtales hat nun dieses Einschiessen der Telfer-Weissen-Trias unter die Tribulaune in prächtiger Weise gezeigt. Schon *Frech* und *Sander* haben die Verhältnisse gekannt und dargestellt, sie glaubten jedoch nicht an eine regionale durchgehende Trennung. Die Tatsachen sind folgende:

Die Trias-Juraserie der Telfer Weissen sinkt von der Schleyerwand mit zunehmender Steilheit nach Norden gegen das Pflerschtal. Sie ist aufgeschlossen bis auf die schutterfüllte Terrasse ob Ausserpflersch. Auch dort sieht man sie, nur 400 m über dem Tal, noch mässig steil gegen das Pflerschtal hinuntersinken. Die waldigen Hänge unter dieser Terrasse sind beinahe ohne Aufschlüsse, so dass man nicht sagen kann, ob die Schleyerwandtrias am Ende das Pflerschtal bei Ausserpflersch überhaupt erreicht oder ob der Gehängefuss noch aus kristallinen Schiefern besteht. Dies ist vorderhand auch gleichgültig, die *Sander*schen Aufnahmen werden dies schon ergeben. Aber dies ergibt sich schon aus der ganzen Lagerung der Schleyerwandtrias, dass dieselbe, in auch nur geradliniger Fortsetzung ihres Fallens, nördlich der Pflerschtalfurche tief unter die Tribulauntrias am Geierskragen zu liegen kommt. Schon *Frech* hat dies auf seinem Profil durch die Schleyerwand so dargestellt, schon nach *Frech* entsprach der Granatglimmerschiefer auf dem Gipfel der Schleyerwand dem Oetzkristallin an der Basis des Tribulaundolomites.

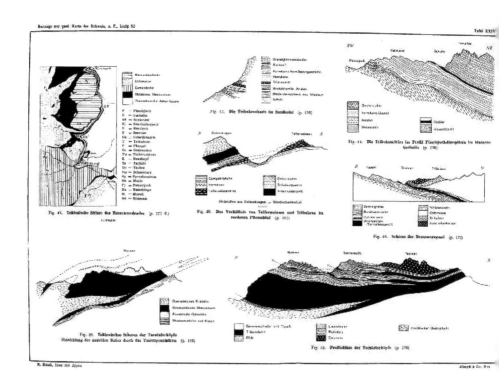

Fig. 47. Tektonische Skizze des Tauernwestendes (p. 175 ff.)

Fig. 43. Die Tribulaunbasis im Sandestal (p. 170)

Fig. 46. Das Verhältnis von Telfermoisen und Tribulaun im vorderen Pflerschtal (p. 173)

Fig. 44. Die Tribulaunkette im Profil Pluvisjochdinnagitzen im hinteren Gschnitz (p. 170)

Fig. 48. Schema der Brennermassel (p. 175)

Fig. 40. Tektonisches Schema der Tarntalerköpfe Entwicklung der aufirirten Folten durch das Tauernpenniknen (p. 176)

Fig. 49. Profilskizze der Tarntalerköpfe (p. 176)

214

Wir haben nun tatsächlich die Trias der Telfer Weissen und der Schleyerwand nördlich des Pflerschtales weit unter dem Tribulaundolomit am Geyerskragen gefunden. Diese tiefere Trias ist durch Kristallin vom eigentlichen Tribulaun getrennt, sie schiesst flach unter denselben ein. Sie erscheint knapp über der Linie der Brennerbahn nördlich Vallming. Wir finden dort über dem Kristallin, das merkwürdig schwarze Schiefer enthält, etwas verrukanoähnliche Schiefer, dann einen zerdrückten zerbrochenen, teilweise marmorisierten Dolomit, oft mit rötlichen Lagen, wie in den Triaskeilen bei Mauls. An seiner Obergrenze wird das kaum 50 Meter mächtige Paket von kristallinen Schiefern überlagert, dann folgt der grosse Bergsturz- und Gehängeschutt unter der Wand der Tribulauntrias. Am Fuss ders lben treffen wir, 200—250 Meter über der Trias der Telferweissen, das Oetzkristallin, wenig Verrukano und Quarzite, darüber folgt als die grosse Wand die Tribulauntrias. Deren Basis ist dieselbe wie drüben im Sandestal. Sie liegt aber um 200—250 Meter, genaue Messungen konnte ich infolge scheusslichen Regens nicht vornehmen, über der Trias an der Brennerbahn. Diese 200 Meter Kristallin stellen hier die ganze Oetzmasse dar. Weiter im Osten wird dieselbe ja noch schmäler (s. Fig. 46).

Dieses merkwürdige westöstliche Auskeilen der Oetzmasse liesse sich auch nicht vermeiden, wenn wir die Trias an der Bahn noch zum Oetzkristallin nähmen, denn am Brenner reduziert sich ja der ganze tektonische Raum zwischen Tribulauntrias und Bündnerschiefer auf kaum mehr als 300 Meter. Das Auskeilen gegen Osten ist also sowieso vorhanden, und wir sehen daher heute schon in der kristallinen Zone zwischen Tribulauntrias und der Trias an der Bahn ob Ausserpflersch die ganze nach Osten enorm zusammenschrumpfende Masse des Oetzkristallins. Die Trias an der Bahn halten wir für die Fortsetzung der Telfer Weissen und trennen damit heute die Telfer Weissen als tiefere Serie von den Tribulaunen ab.

Die Trias-Juraserie der Telfer Weissen schiesst unter die Oetzmasse ein, von der Texelgruppe bis hinüber nach Gossensass, und die Oetzmasse mit der auf ihr ruhenden Tribulauntrias stellt gegenüber der Telfer Weissen eine höhere Einheit dar. Oetzmasse und Tribulaun sind die Vertreter der oberostalpinen Decke, die unter sie einschiessenden Trias-Juramassen der Schleyerwand-Telfer Weissen gehören mit ihrer kristallinen Basis, wie die tektonischen Zusammenhänge und die kristalline Facies der südlichen Zone es verlangten, in die mittelostalpine Einheit.

Der Tribulaun gehört zur Silvretta-Oetztalerdecke, die Telfer Weissen hingegen zur Campodecke.

Auf der Linie Moarer Weissen-Telfer Weissen-Ausserpflersch sinkt das Mesozoikum der mittelostalpinen Einheit, oft in Linsen zerrissen, oft zu grösseren Paketen gehäuft, unter die Masse der Oetztaler ein. Oetztaler- und Campodecke sind daher auch im Osten, genau wie im Westen scharf voneinander getrennt, und die Gliederung Graubündens treffen wir noch hier. Eines der schwierigsten Probleme der Deckenparallelisierung zwischen Bünden und den Tauern ist damit gelöst.

Die Trias der Telfer Weissen zieht über den Brenner wahrscheinlich noch weiter nach Norden, in einzelne Linsen und Fetzen aufgelöst. So trafen wir auch nördlich Nösslach die sogenannte «Tribulauntrias» doppelt; d. h. wir können auch hier die untere Triaszone als die der Telfer Weissen betrachten. Die Gliederung ist genau die des Südens. Erst unter dieser unteren «Tribulauntrias» erscheinen die basalen Triasserien mit dem Tarntalerquarzit, und zwischen hinein finden wir das Kristallin der mittelostalpinen Decke an der Basis des Telferweissenzuges, stets über der Tarntalerserie, eingeschaltet. Bis hinüber nach Steinach.

Im Süden trägt die mittelostalpine Trias-Juraserie in der Schleyerwand mehrere prachtvolle Klippen vom Granatglimmerschiefern der Oetzmasse, und das ganze mesozoische Paket sinkt südostwärts unter die Granatglimmerschieferkappe des Sterzinger Rosskopfs ein. Durch den Flanerwald hat schon *Termier* diese Schleyerwandtrias weiter nach Osten verfolgt und glaubte in der Trias, die nördlich Tschöfs die Schlucht der Eisack quert, ihre Fortsetzung gefunden zu haben. Auf diese Weise kam er zu dem Zusammenhang Tribulaun-Flanerwald-Tschöfs-Schmnders-Thuins-Sprechenstein. Dieser Zusammenhang existiert aber auch für die Trias der Telfer Weissen, geschweige denn für den Tribulaun, nicht. Die mittelostalpine Trias des Flanerwaldes hält sich von der

Beiträge zur geol. Karte der Schweiz, n. F., Liefg. 52.

23

Trias mit dem Tarntalerquarzit nördlich Tschöfs stets deutlich durch **Kristallin getrennt**, sie findet sich auch wenig unter **Thuins** noch bedeutend **höher** als die tiefste Triasserie, die im Niveau von **Sprechenstein** liegt. (Siehe Fig. 47.)

Die Trias der Telfer Weissen umzieht den ganzen Rosskopf als dessen mesozoische Basis, über Tschöfs bis Thuins. Weiter verhüllen Gehängeschutt und Moränen auf der Südseite des Rosskopfs jedes Anstehende. Es unterliegt jedoch nach Fallen und Streichen der Gegend nicht dem geringsten Zweifel, dass der höhere Triaszug von Thuins, in Linsen zerrissen, vielleicht auch ganz ausgewalzt, über die Südhänge des Rosskopfs hinauf wieder die zusammenhängende Triasmasse an der Telfer Weissen erreicht, und der **Rosskopf** als **kristalline Klippe der Oetzmasse** auf der **mittelostalpinen Serie** vollständig **schwimmt**, als grösseres Gegenstück zu den Klippen der Schleyerwand. Das Kristallin des Rosskopfs steigt denn auch, wie im Norden das der Oetzmasse und des Nösslacherjochs, **stark nach Westen** in die Höhe, und damit ist die Möglichkeit einer Verbindung der Thuinsertrias mit der Telfer Weissen auch im **Süden** ohne weiteres gegeben.

Im Profil Telfer Weissen-Mareit-Ratschingstal sehen wir die Basis der Telfer-Weissen-Trias als eine Serie von gewaltiger Mächtigkeit das Gebirge beidseits des Ridnauntales aufbauen. In der Kette, die das Ridnaun vom Ratschingstal trennt, ist diese Serie antiklinal aufgewölbt; die Nordseite fällt flach nach Norden unter die Telfer Weissen und die Oetztaler ein, die Südseite zeigt steiles Südfallen. Stellenweise lassen sich Scharniere dieses gewaltigen **Deckenscheitels** beobachten.

Im Kern dieses grossartigen kristallinen Gewölbes erscheinen nun im vorderste Marcitertal zwischen Thuins und Gasteig die jungen Gesteine der Tauern, die Bündnerschiefer. Dieselben entsenden von Sterzing einen kleinen Ausläufer in das Mareitertal hinein. Derselbe versinkt aber schon an der Brücke der Jaufenstrasse über den Mareiterbach unter den kristallinen Schiefern der ostalpinen Serien und dieselben **schliessen sich über dem Ende des Fensters.**

Zwischen den Bündnerschiefern der Hohen Tauern und der Basis der Telfer Weissen aber erscheint nun im schmalen Zuge das tiefste ostalpine Glied, das Äquivalent der **unterostalpinen Decken**. Es ist der lange Zug von **Quarzphyllit, Tarntalerquarzit und Dolomit**, der **unter der Telferweissentrias** von Thuins am Fuss des Gehänges direkt über den Bündnerschiefern des Custozzahügels erscheint, und der nun, stets im Hangenden des Bündnerschiefers, über **FlainsSchmuders-Ried** zum **Brenner** und von dort bis **Steinach** zieht. Stets als deutlicher tektonischer Horizont zwischen den obersten Bündnerschiefern und der mittelostalpinen kristallinen Basis der Telfer Weissen. Dieser lange Zug entspricht nach seiner Lage der Trias von **Sprechenstein**. Er hängt aber eben nicht nördlich von Tschöfs mit der **Telfer Weissen**, und diese nicht mit der **Tribulauntrias** zusammen, sondern dieser basale **Triaszug zieht tief unter der Telfer Weissen- und Tribulauntrias**, stets im **unmittelbaren Hangenden der Bündnerschiefer**, in die Brennerfurche hinein, und über dieselbe nach Norden in die Basis des Innsbrucker Quarzphyllits, und endlich in die Tarntalerköpfe. Der Quarzit dieses Zuges ist vom Mareiterbach bis nach Steinach der typilsche **Tarntalerquarzit**, die Basis der Trias. Er entspricht dem Quarzit der unterostalpinen Decken.

Nur nach dem Verbande dieses Quarzits in der Gegend von **Sterzing** tritt der ostalpine Charakter der Serie nicht eindeutig hervor. Wenn wir dagegen diesen gleichen Quarzit in den Tarntalerköpfen und den Radstättertauern als den Träger einer wundervoll ostalpinen Sedimentserie vom Buntsandstein bis zum Malm, ja bis zur Kreide, erkennen, so müssen wir auch diese basale Quarzitserie bei **Sterzing** schon zum Unterostalpinen rechnen, und deren kümmerlichen Charakter auf die grossartige Auswalzung durch die höheren Elemente zurückführen.

Im Profil des Ridnauntales erkannten wir die grossartige Mächtigkeit des mittelostalpinen kristallinen Deckenkerns. Im Becken von Sterzing ist dieses selbe Kristallin aber auf wenig mehr als 100 Meter zusammengeschwunden. Es zeigt also das **Campokristallin** die gleiche Erscheinung des seitlichen Ausdünnens **gegen die Tauernkulmination** hin, wie das **Oetzkristallin** im Pflersch- und Gschnitztal. **Beide kristallinen Einheiten scheuen die Überwindung der grossen Tauernwölbung, sie fliessen mit ihrer Hauptmasse in die grosse zentrale Depression der Oetztaler hinein.**

Endlich erkennen wir um das Westende des Tauernfensters, das als ein kleiner «Passo d'Uer» vom Hauptfenster noch zirka 4 Kilometer nach Westen vordringt, das Einschwenken und Umbiegen des mittelostalpinen Kristallins in die grosse kristalline Zone von Sprechenstein, die normale Basis der Maulsertrias. Bei Mauls und am Penserjoch treffen wir die Triasserie der Telfer Weissen wieder, z. T. mit ganz charakteristischen Merkmalen, wie beispielsweise der weitgehenden Marmorisierung oder den rötlichen Kalkbänken an der Basis des Ganzen. Wir betrachten daher die Trias von Mauls als den Wurzelkeil der Telfer Weissen; die Trias von Mauls schliesst erst die mittelostalpine Wurzel gegen Süden zu ab. Die Trias von Mauls entspricht nicht der Wurzel der nördlichen Kalkalpen, sie ist die Wurzel der Ortler- und Engadinertrias, die hier im Osten unter den Oetztalern begraben liegt. Der Zusammenhang ist vollständig.

Die Wurzel der oberostalpinen Decke der Oetztaler und der Tribulaune, und der Nösslacherdecke, muss südlich der Maulsertrias gesucht werden, sie liegt im Granit von Brixen und den südlich anschliessenden Quarzphylliten.

Damit schliessen wir unsere Betrachtung des Fensterrahmens am Brenner. Es ist uns gelungen, über den Bündnerschiefern desselben sämtliche austriden Elemente Bündens, wenigstens in Rudimenten, wieder zu finden. Es folgen über den höchsten penninischen Serien, die der Margna-Dentblanchedecke des Engadins entsprechen, die unterostalpine Decke als der Zug der Tarntalertrias, die mittelostalpine Decke als die Serie der Telfer Weissen, die oberostalpine Decke in der Masse der Oetztaler und des Tribulaun. Über dieselbe endlich legt sich als neues rein östliches Element, mit dem Tribulaun verzahnt, das Kristallin und Karbon der Nösslacherdecke. Sämtliche Einheiten steigen über den Tauern in die Luft, sie nehmen dabei gegen Osten stark an Mächtigkeit ab.

Die Struktur des Brenner und der Tribulaune, die sich lange nicht in den Bau der rhätischen Alpen zu fügen schien, schliesst sich heute harmonisch an die Deckenschar Graubündens an. Auch die ostalpinen Elemente steigen am Brenner in gleicher Gliederung und gleicher Reihenfolge über den penninischen Schiefern in die Luft empor, wie sie drüben im Engadin über denselben zur Tiefe gesunken sind. Der Bau des Brenners ist im Grossen immer noch der Bau Graubündens.

Wenden wir uns nun nach Osten. Wir treten in das schwierige Gebiet der

2. Tarntalerköpfe.

Auch hier liegt die ganze grisonide Serie nur zu schmalem Zuge zusammengepfercht zwischen dem basalen Flysch der Tauern und dem oberostalpinen Quarzphyllit. Von grisonidem Kristallin ist keine Spur mehr zu sehen; die Quarzphyllite gehören samt und sonders zur Innsbruckermasse und damit zur eigentlichen Silvrettadecke, und dieselben sind nur auf zirka 3 km Breite überholt oder eingewickelt worden von den grisoniden und penniden Sedimentmassen. Denn darüber kann heute nicht der geringste Zweifel herrschen, dass die Sedimentserie der Tarntalerköpfe ein grisonides Element im Alpenbau bedeutet. Wir können uns nur fragen, ob dieselbe zur unter- oder zur mittelostalpinen Einheit gezählt werden soll, oder vielleicht zu beiden.

Die tektonische Situation der Tarntalerköpfe entspricht im Grossen ungefähr der von Arosa oder allgemein des Prättigaus. Dafür spricht schon der Flysch zu oberst im Penninikum der Tauern, und das ergibt auch ein Blick auf die geologische Karte. Die Tarntalerköpfe liegen im Streichen der Prättigauer- und Unterengadinerserien, und deshalb dürfen wir hier auch gar kein grisonides Kristallin in grösserer Menge mehr erwarten. Dasselbe ist im Süden zurückgeblieben, wir haben ja auch sein Auskeilen am Brenner beobachten können.

Die tektonische Situation der Tarntalerköpfe ist also mit der des südlichen Bündens nicht zu vergleichen. Hingegen erklärt sich der ganze Bau der Tarntalerberge zwanglos, wenn wir sie mit dem Bau des nördlichen Bündens vergleichen.

Dort ruhen über dem Flysch in der Hauptsache nur unterostalpine Sedimentserien, mit penninischen Fetzen vermischt. Über denselben ganz schmächtige Serien tiefster mittelostalpiner

Herkunft, darüber endlich die grosse Masse der Silvretta und der Oetztaleralpen. Die grossen kristallinen Kerne der Grisoniden sind im Süden zurückgeblieben, desgleichen die Hauptmasse der mittelostalpinen Sedimentserie.

Dasselbe Bild treffen wir in den Tarntalerbergen. Zu oberst die **Oetzmasse am Patscherkofel,** die alles tiefere überfährt; darunter, teils über, teils unter den **Quarzphylliten,** die unterostalpinen **Schuppen der Tarntaler** mit penninischen Fetzen, oft von oben in den Quarzphyllit eingespiesst, an der Basis der **Flysch.** Sehen wir näher zu (s. Fig. 48).

Die südlichsten Tarntalerköpfe, Geierspitz, Reckner, Sonnenspitz, Kalkwand, wahrscheinlich sogar noch der Nederer, ruhen zweifellos direkt, ohne jede Zwischenschaltung von Quarzphyllit, dem Flysch der Tauern, dem Penninikum, auf. Südlich der Zirbenschroffen trafen wir keinen sicheren Quarzphyllit mehr. Nördlich des Torjochs erscheint der erste Quarzphyllit am Hennesteig; bis dorthin reichen Trias, Bündnerschiefer, Malm, Kreide und Flysch der penninischen Serie. Es liegt also südlich der Verbindungslinie Zirbenschroffen-Hennesteig das Tarntaler Trias-Juragebirge direkt auf dem Penninikum. Der Innsbrucker Quarzphyllit dringt nur bis in die Basis der nördlichen Tarntalerköpfe vor, er keilt dort gegen Süden aus. An mehreren Orten sind deutliche Scharniere am Südende dieses kristallinen Komplexes zu sehen, die deutlich beweisen, dass der Quarzphyllit nur durch Einwicklung lokal unter die Tarntalserie geraten ist. So südlich der Klammalm und am Hennesteig. Gegen Norden gehen diese Quarzphyllite unmerklich in andere kristalline Bildungen über, die insgesamt der grossen Basalschuppe der oberostalpinen Decke, der Silvretta angehören. Längs der Linie Innsbruck-Matrei werden dieselben von der Oetzmasse überfahren, genau wie bei Prutz und Guarda im Unterengadin. Dabei sind mesozoische Basisschollen der grossen Oetztalerüberschiebung stellenweise von unten zwischen Oetztaler und Innsbruckerkristallin hineingeraten, genau wie im Engadinerfenster auch. Hier sind es die Serpentine, Quarzite, Rauhwacken und Dolomite von Matrei, die das Gegenstück zu den Triasfetzen von Harbern und von Guarda bilden.

In ähnlicher Weise kann man sich sogar die Überholung des Quarzphyllits durch die grisoniden Elemente an den Tarntalerköpfen selber denken, wenigstens die Einspiessungen am Mieslkopf und am Hippold.

Die **Quarzphyllite der Tarntalerberge** gehören somit sicher ins primäre **Hangende der Tarntaler Trias-Juraserie,** sie sind die genauen tektonischen **Äquivalente der Silvrettamasse** des Westens, im Besonderen der **Phyllitzone von Landeck.**

Von den **grisoniden** Elementen sind in den Tarntalerköpfen, wie oben dargelegt, in der Hauptsache nur die **unterostalpinen** Glieder, und zwar auch hier nur die Sedimentserien zu erwarten. Die Trias-Jura-Sedimente des eigentlichen **Tarntalermassivs** zeigen denn auch nur typisch unterostalpine Facies, und wer in den Tarntalerbergen wandert, glaubt sich in die Gegend des Urdentales, in die Aroserzone versetzt. Wir haben dieses Massiv von der Klammalm über den Isslgraben und die Tarntaler-Sonnenspitze ins Lizumertal hinab gequert. Was wir dabei über dem penninischen Flysch gefunden haben, ist alles typisch unterostalpin. Bis an den Serpentin, der als fremde penninische Schuppe, genau wie bei Arosa die Schuppe des Urdenfürkli oder der Totalp, dem Ganzen oben aufsitzt und an der Sonnenspitze in ähnlicher Weise wie in Arosa mit dem unterostalpinen Sedimenten verschuppt ist.

Über dem eingewickelten Quarzphyllit des Zirbenschroffens und einer basalen Juraschuppe erkannten wir als erste grosse Tarntalserie ein prachtvolles Profil vom Hauptdolomit über Rhät und Lias bis hinauf zum Aptychenkalk und Radiolarit, die Isslgrabenschuppe. In ihr hat *Spitz* auch die Raiblerschichten in Engadinerentwicklung vorgefunden. Über dieser ersten grossen Schuppe, die das ganze Massiv umzieht, liegt eine zweite am Nederer und eine dritte am Sonnenspitz, jede von der Trias bis zum Radiolarit hinaufreichend. Zu oberst erscheint mit scharfer Grenze der Serpentin des Reckner als grossartiger penninischer Einschub. Analog den penninischen Schuppen von Arosa. (Siehe Fig. 49.)

Das ganze Schuppenpaket des Tarntalermassivs ist absolut unterostalpin. Es wird von der Ophiolithschuppe des Reckner als oberstem penninischem Gliede überfahren und gekrönt.

Die anderen Tarntalerserien, die des Miesikopfes, des Hippold etc., haben wir nicht besucht. Wir wollen daher über dieselben auch nichts Bestimmtes aussagen. Wahrscheinlich handelt es sich um an der Basis der grossen Oetzüberschiebung auf die Quarzphyllite mitgeschleppte Reste unterostalpiner und hochpenninischer Schürflinge, eventuell sind auch noch höhere, mittelostalpine Elemente an diesen Splittern beteiligt. Sichere mittelostalpine Elemente fehlen.

Auf jeden Fall aber ist festgestellt, dass sich an den **Tarntalerköpfen**, zwischen Penninikum und oberostalpinem Quarzphyllit, **unterostalpine grisonide Glieder** in bedeutender Mächtigkeit einschalten und mit denselben in unerhörter Weise, ähnlich wie um Arosa, verfaltet worden sind. Nordöstlich des **Torjochs** und nördlich der **Klammalm** endlich sieht man diese **grisoniden Elemente unter dem Quarzphyllit** verschwinden und nach Osten und Westen weiterziehen. Die **Überlagerung der Grisoniden durch die Silvrettamasse** ist also auch **hier**, trotz aller Verfaltung, doch eine deutliche.

Drei unterostalpine Schuppen liegen im Tarntalermassiv zwischen Penninikum und Oberostalpin, und diese Schuppen ziehen nun weiter über den Penkenkopf und die Gschösswand ins Zillertal. Auch dort schalten sich, wie seit *Termier* bekannt, und nun durch *Sander* bestätigt und neu aufgenommen, Trias-Juraserien zwischen die Schisteslustrés und die Quarzphyllite ein. Über den ersteren folgt zunächst ein erster Trias-Rhätkomplex, mit Quarziten und Breccien, darüber am Gipfel der Gschösswand abermals Quarzit, über demselben am Penkenberg eine neue Serie. Schon *Termier* hat diese Zusammenhänge erkannt und richtig gedeutet. Wir präzisieren hier seine Auffassungen dahin, dass es sich bei den Triasschuppen der **Gschösswand** und damit auch der Gerlos- und Nesslingerwand jenseits des Zillertales um **unterostalpine Glieder** des alpinen Deckengebäudes handelt, vielleicht auch noch um Schuppen höherer Elemente. Jedenfalls aber um **grisonide Glieder, die unter den Quarzphyllit des Zillertales einschiessen**, und die penninischen Einheiten der Hohen Tauern **überschieben.**

Damit schliessen wir das Kapitel über die Tarntalerköpfe ab. In denselben erlangen die unterostalpinen Glieder Bündens grosse Bedeutung, **sie schalten sich wie dort zwischen Penninikum und oberostalpine Decken ein.** Die Tarntalerköpfe zeigen den Bau des nördlichen Bündens bis hinab ins Zillertal. Über die Gerlos- und die Nesslingerwand ziehen diese Einheiten weiter der Salzach zu.

Im Gasteinertal haben wir diese Zone wiedergesehen, in der berühmten

3. Gasteiner Klamm.

Hier nähern wir uns schon den Verhältnissen in den Radstättertauern. Die Gliederung der Klammgegend ist jedoch von der in den südlichen Radstättertauern noch so verschieden, dass ich sie für sich allein kurz besprechen will.

Über der Bernkogl- und Anthauptenserie, die als Ganzes unseren Matreierschuppen, den Schamser- und Plattadecken, der hochpenninischen Schuppenzone von Fex, entsprechen, folgt, mit «Porphyroiden» — das sind wohl Mylonite von Quarzporphyren oder sonstiges grünes Kristallin —, mit prachtvollem Verrukano und Trias an der Basis, der grossartige Komplex des sogenannten **Klammkalkes**. Wir haben diesen Klammkalk etwas studiert, können aber sowenig wie unsere ostalpinen Vorgänger etwas Bestimmtes darüber sagen. Von der Trias, die mit ihm zusammen vorkommt, und mit welcher er oft verfaltet ist, scheint er gut unterscheidbar. Nach Liaskalken sieht er auch nicht gerade aus. Am ehesten könnte er dem oberen Jura entsprechen. Auf jeden Fall ist der Klammkalk in den Tauern dasjenige Gestein, das am ehesten als ein Äquivalent der Sulzfluhkalke der Klippendecke angesehen werden kann. Gegen Norden geht dieser typische helle, graue oder rötliche Klammkalk mehr und mehr in kalkige Mergelschiefer über, die wir mit Vorbehalt als Neokom taxieren könnten. Mehr haben wir nicht herausgebracht, trotzdem zwei gute Klippendeckenspezialisten, *Buxtorf* und *Cadisch*, dabei waren. Zu oberst auf den Klammkalken endlich thronen auf den Gipfeln der umliegenden Berge, westlich und östlich der Gasteinerklamm, die Triasgesteine der höheren Radstätterdecke.

Am Ausgang der Klamm trafen wir nahe den Häusern von Kerschbaum die **Basis der grossen oberostalpinen Grauwackenzone.** Ein unaufmerksamer Geologe wird hier unfehlbar vom Klammkalk in die paläozoischen Gesteine von Dienten hineinlaufen, ohne es zu merken. Dieselben sehen hier dem nicht metamorphen **Bündnerschiefer** des Prättigaus sehr ähnlich, eine bündnerschiefrige Beschaffenheit nimmt auch der Klammkalk gegen Norden an, und so kann man prächtig aus den jurassischen unterostalpinen Klammkalken in das Dientener Paläozoikum hineinspazieren. Die Grenze zwischen den beiden Regimes ist aber eine ausgezeichnete und scharfe. Denn zwischen die gleichförmigen Serien der **Klammschiefer** und der paläozoischen **Grauwacken** schaltet sich, wenn auch nur wenige Meter mächtig, ein prachtvoller typischer rot, grün und violetter **Verrukano** ein. Dieser Verrukano von Kerschbaum erlangt als Scheide zwischen Klammschiefern und Dientenerpaläozoikum, d. h. zwischen **Grisoniden** und **Tiroliden,** eine hervorragende Wichtigkeit.

Wie ist nun dieses **Klammprofil** zu deuten? Die oberen Triasklippen beidseits des Tales über der Klammserie entsprechen ohne weiteres der oberen Decke der Radstättertauern. Die Klammserie selber ist typisch **unterostalpin.** Darauf weist einmal ihre Lage, und dann die Verbindung des bunten Verrukano mit Granit-, Diorit- und Quarzgeröllen mit grünen Porphyroiden. Es ist die unterostalpine Gesellschaft der Err-Berninadecken, die wir hier in der Klamm mit aller Sicherheit wieder vor uns sehen. Die obere Radstätterdecke entspricht, wie im nächsten Kapitel gezeigt werden wird, der mittelostalpinen Einheit Bündens.

Somit sind die Hauptelemente Graubündens auch in der Gasteinerklamm erkannt.

Über der höchsten **penninischen Schuppenzone,** die den Schamser- und Plattadecken Bündens entspricht, folgt mit Verrukanobasis und kristallinen Fetzen die **unterostalpine Serie der Klammkalke,** von der Trias in den oberen Jura, vielleicht bis in die Kreide reichend; darüber die **oberen Radstätterdecken,** die **mittelostalpine Einheit.** Am Nordende der Klamm schiessen diese **grisoniden** Elemente an steiler Fläche unter das Paläozoikum der **oberostalpinen Decke** ein.

Damit haben wir den Osten der Tauern erreicht und wenden uns nun hochgespannt zur östlichen Umrahmung des grossen penninischen Fensters der Ostalpen, das sind

4. Die Radstättertauern.

Die Untersuchungen *Uhligs* und *Kobers* haben hier einen grossartigen ausgedehnten Deckenbau aufgezeigt. Über dem penninischen Gebirge der Hohen Tauern erscheinen in mächtiger Entfaltung die sogenannten Radstätterdecken, darüber das grosse ostalpine Kristallin der Schladminger- und Muralpen. Dasselbe entspricht im Grossen der Silvrettadecke des Westens, vor allem der Quarzphyllitzone von Innsbruck; es trägt auch wie jene die ostalpine Grauwackenzone. Die Radstätterdecken als Ganzes erscheinen daher als die Äquivalente der tieferen ostalpinen Einheiten Bündens, der Grisoniden.

Unser Besuch der Radstättertauern, es war allerdings nur ein kurzer, hat uns, dank der liebenswürdigen und umsichtigen Führung durch *Kober,* so ziemlich durch alle Teilelemente dieses wundervollen Gebirges geführt, und er hat uns in prachtvoller Weise auch hier abermals die völlige Übereinstimmung mit dem Bau Graubündens gezeigt. Die Radstättertauern sind das schönste Gegenstück des austriden Graubündens in den Ostalpen. Hier finden wir endlich, seit Sterzing zum erstenmal wieder, die kristallinen Kerne der tieferen ostalpinen Elemente, die Kerne der Grisoniden, und hier auch erkennen wir die gleiche Gliederung derselben wie in Bünden. Die **Radstättertauern** als Ganzes entsprechen den **Grisoniden** des Westens, sie zeigen aber auch dieselben grossen **Unterabteilungen** wie die Grisoniden **Bündens.** Das Paket der **Radstätterdecken** zerfällt wie die Grisoniden in **zwei** grosse Deckenserien, eine **unter-** und eine **mittelostalpine,** und diese beiden Komplexe zeigen denn auch in weitgehendem Masse stratigraphisch-petrographische **Übereinstimmung** mit den entsprechenden Gliedern Graubündens. Dieselben gehen so weit, dass wir heute sogar von Äquivalenten der Err- und Berninadecken in den Radstättertauern sprechen können, so gut wie drüben im Unterengadin oder im Canavese. Sehen wir näher zu.

Uhlig hat zwischen den Kalkphylliten der Hohen Tauern und dem Kristallin des Schladminger-massivs vier grosse Radstätterdecken unterschieden: Die Speiereckdecke, die Hochfeind-Weis-seneckdecke, die Lantschfelddecke, die Tauerndecke. *Kober* kam zu der einfacheren Gliede-rung in eine **untere** und eine **obere** Radstätterdecke. In die untere stellte er die Speiereck-Weisseneck-und Hochfeindelemente, und nannte sie entsprechend auch die Hochfeinddecke, in die obere fielen die Lantschfeld- und Tauerndecken *Uhligs*, d. h. die grosse Hauptmasse der Radstätter-tauern. *Kober* bezeichnete dieselbe nach ihrem zentralen Gipfel als die Pleislingdecke. Zwischen beide Einheiten schiebt sich von Süden, als Unterlage der oberen Radstätterdecke, das be-rühmte **Twengerkristallin**. Das Ganze wird auch heute noch, nach *Kobers* letzter Darstellung, umhüllt vom **Schladmingerkristallin**; d. h. das Radstätterdeckenpaket als Ganzes wickelt die han-gende kristalline Serie weit unter sich ein.

Wir haben nun zunächst die Speiereckschuppen als **hochpenninische** Schubsplitter von den Radstättertauern losgelöst und ins oberste Penninikum gestellt. Damit beginnt die Rad-stätterserie für uns mit dem **Kristallin von Mauterndorf** im Lungau, wir sehen in ihm die **ostalpine Basis**.

Dieses Kristallin von Mauterndorf aber ist nun zweigeteilt durch einen Trias-Liaszug, der mitten durch das Dorf zieht. Das untere Mauterndorferkristallin liegt westlich des Dorfes in über 1000 m Mächtigkeit dem obersten penninischen Triasdolomit oder Bündnerschiefer auf, stellen-weise mit einem ausgezeichneten Mittelschenkel, wie drüben im Oberhalbstein die Errdecke. Es zieht nun ohne nennenswerten Unterbruch gegen Norden in die Basis der Weisenecktrias hinein, man sieht es in steiler Platte am Westhang des Taurachtales in die Höhe steigen. Es trägt die grosse Trias-Liasschuppe des Weisseneck und lässt sich, immer schmäler werdend, nach Norden zu auskei-len, bis mindestens in die Weisseneckscharte, das ist der Pass, der vom Zederhaus nördlich des Weisseneck vorbei nach Tweng führt, verfolgen. Wir trafen wenigstens dort an der Basis der ausge-dünnten Weisenecktrias dieses Kristallin sowohl östlich wie auch noch nördlich des Passes, am Grat gegen das Schwarzeck hinauf, noch immer vor. Am Südgrat des Schwarzeck liegen unter den in Linsen zerrissenen Dolomiten der Weisseneckserie noch immer ganz schmale Keile und Spitzen von Kristallin, als letzte Ausläufer des unteren Mauterndorferkristallins. Ob dieser Zug noch weiterstreicht, etwa in die Basis des Hochfeind, vermögen wir nicht zu beurteilen; wir waren dort nicht, und die bestehenden Karten erlauben kein Urteil darüber. Aber zwischen Mauterndorf und Weisseneckscharte steht diese tiefste ostalpine Schuppe sicher, und auf eine Länge von über 12 km wird sie auch von den höheren kristallinen Zügen des eigentlichen Twenger-kristallins sicher durch Mesozoikum getrennt. Wahrscheinlich zieht diese trennende Weisseneck-trias in dem unübersichtlichen Gelände zwischen Mauterndorf und dem Katschberg noch weiter, und entsprechen die tieferen Triaskeile am Katschberg, bei St. Peter und am Stubeck der Weisen-ecktrias noch, so dass wir dadurch auf eine mindestens 25 km tiefe Trennung der untersten Schuppe der Grisoniden kommen. Nach ihrer Hauptentwicklung am Weisseneck nennen wir sie die **Weisseneckschuppe**.

Die Weisseneckschuppe ist das tiefste Glied der ostalpinen Serie in den Radstättertauern. Sie umfasst das **untere Mauterndorferkristallin** und die **Trias-Juragesteine** des **Weisseneckzuges**. Dieselben werden **überfahren** von der nächsten Radstätter Einheit, dem **Twenger-kristallin**.

Das untere Mauterndorferkristallin zeigt weitgehende Ähnlichkeit mit den Casanna-schiefern des Puschlav, ja ich fand westlich Mauterndorf sogar ganz typische Vertreter der Puschlaverserie wieder. Ich sammelte dort Gesteine, die arg zerdrückten mylonitisierten Banatiten des Zuges Corno delle Ruzze-Viale-Le Prese oder den Gneissen östlich Cologna äusserst ähnlich waren, daneben blaugraue Casannagesteine mit braunen und schwarzen Biotitblättchen, wie sie mir ebenfalls aus der Puschlaver Selladecke oder der Zone von Brusio bekannt sind. Die Trias beginnt mit massigen Quarziten vom Typus der unterostalpinen Decken, beispielsweise des Piz Alv oder Sassalbo, darüber liegen in mächtiger typisch ostalpiner Folge die höheren kalkigdolomitischen Elemente. Es lassen sich an der Basis Pyritschiefer, nach unserer Auffassung anisischen Alters, sehr wohl ausscheiden;

darüber erkennen wir einen unteren und einen oberen mächtigen Dolomitkomplex, die durch gelbe und schwarze Schiefer, Rauhwacken etc. getrennt sind. Wir sehen darin den Wetterstein-, Raibler-, und Hauptdolomithorizont. Rhät haben wir am Weisseneck kein sicheres gesehen, aus dem Hauptdolomit geht dort direkt eine graue und bunte Liasbreccie hervor. Höhere Glieder haben wir in dieser Einheit keine gesehen, auch irgendwelche Ophiolithe fehlen. Die Weisseneck-serie ist mehrmals miteinander verschuppt, die Trias wiederholt sich mindestens drei-, das Kristallin mindestens zweimal übereinander. An der Nordseite des Weisseneck haben wir diese Schuppen sehr schön gesehen. Die ganze Facies ist typisch ostalpin. Die Triasplatten des Weisseneck erinnern direkt an Aelaverhältnisse. Die Weisseneckschuppe ist also sicher ostalpin, sie bildet das tiefste Glied der Radstätterserie, auf ihr liegen nun alle höheren Elemente.

Als Ganzes liegt zunächst das obere Mauterndorfer- oder das Twengerkristallin den Trias-Juraserien der Weisseneckschuppe auf, und über demselben folgen die Trias-Juramassen der oberen Radstätterdecken. Es hat daher den Anschein, als ob damit direkt über die Weissen-eckschuppen schon die oberen Radstätterdecken zu liegen kämen. Dies ist auch im Grossen noch die Darstellung *Kobers* in seinem «östlichen Tauernfenster» und in seinem Alpenwerke. Auf der Strecke zwischen Mauterndorf und Tweng sieht man allerdings nicht viel anderes; hingegen zeigen uns die prachtvollen Aufschlüsse im Kessel nördlich des Weisseneck bis hinüber zum Hohen Nock, dass die Verhältnisse im Einzelnen viel komplizierter sind. Zwischen die kristalline Unter-lage der oberen Radstätterdecke, d. h. die Basis der Triaswände ob Tweng, und die Weisseneck-serie schaltet sich eine **dritte** grosse Einheit ein, mit Kristallin, Verrukano, Trias, Lias und Kreide, in einem wilden Schuppenhaufwerk übereinander und zwischen die beiden grossen ruhigen Trias-platten der unteren und der oberen Radstätterdecke geschoben. Wir nennen sie die **mittlere Rad-stätterdecke** oder, nach ihrem enormen Gehalt an «Schwarzeckbreccien», die **Schwarzeckdecke**. Im Kessel zwischen Weisseneck und Hohem Nock lässt sich diese prachtvolle Serie am besten studieren, und hier lässt sich auch am klarsten ihr unabhängiger tektonischer Charakter erkennen.

Über den Triasplatten des Weisseneck folgt zunächst Liasbreccie der Weisseneckschuppe, dar-über ein weiterer Rückensplitter derselben Einheit, wiederum mit Kristallin, Trias und Liasbreccie. Nun setzt die neue Serie ein. Zunächst mit einem wenig mächtigen Kern von grünem Twenger-kristallin, stark zerdrückt, mit Verrukano und Trias. Der Verrukano ist konglomeratisch, rot und violett, gewisse feinsandige Partien gleichen beinahe Radiolariten. Auch Manganputzen finden sich darin. Die Trias enthält Quarzite vom Tarntalerhabitus und Dolomit, ohne weitere Gliederung. Das Ganze ist enorm strapaziert. Darüber legt sich nun zunächst noch eine polygene dolo-mitische Breccie, die wir noch zum Lias, oder zum Jura überhaupt, stellen möchten, über der-selben endlich in Hunderten von Metern Mächtigkeit die berühmte **Schwarzeckbreccie der Rad-stättertauern**.

Diese «Schwarzeckbreccie» haben wir nun genauer studiert. Sie wurde bisher von *Suess*, *Uhlig* und *Kobr* als eine tektonische Reibungsbreccie grössten Stils betrachtet, und auch *Termier* bezeichnete sie zunächst als einen «Mylonit». Wir Schweizergeologen können uns dieser Ansicht nicht anschliessen, unser übereinstimmendes Urteil ist: Die Schwarzeckbreccie ist **stratigraphischer** Natur, sie bedeutet einen **bestimmten stratigraphischen Horizont**. Dafür spricht einmal ihre Mächtigkeit, dann aber auch ihr ganzes Aussehen. Die Komponenten sind oft ausgezeichnet gerun-det, Übergänge in sicher sedimentäre kalkigdolomitische Breccien, in Sandsteine, in Tonschiefer sind zu sehen, und nur das «glimmerschiefrige» Zement unterscheidet sie in der Hauptsache gegen-über den sicher sedimentären Breccien des Lias und des Jura. Die Schwarzeckbreccie unter-scheidet sich in nichts von den analogen Breccien Graubündens, der Saluverserie, des Sassalbo, der Weissfluh, den Kreidebreccien im Unterengadin und im Rhätikon. Die Übereinstimmung ist eine grossartige. Das «glimmerschiefrige Zement» ist leicht erklärlich, indem Glimmerschiefermaterial, überhaupt kristalliner Detritus, zusammen mit den Dolomit-, Kalk-und Quarzitgeröllen sedimentiert wurde. Die Sedimentgerölle wurden in den kristallinen Detritus quasi eingebettet und einsedimentiert. Dass dabei grössere Schollen kristalliner Schiefer gleichfalls mitgehen, ist selbstverständlich, und oft erreichen dann dieselben eben solch riesige Grössen, dass sie als tektonische Schürflinge gedeutet worden sind. Es mag sein, dass solche Phänomene sonst in den Ostalpen fehlen, die Gosau sollte zwar vorsichtiger stimmen, aber auf jeden Fall gleichen die Schwarzeckbreccien bis in Details hinein unseren bündnerischen Malm- und Kreidebreccien. Besonders den Kreidebreccien der Saluverserie des Sassalbo und des Unterengadins. Kein Wunder, dass auch *Paulcke* diese Gesteine z. T. mit der Minschunbreccie des Unterengadins verglichen hat. Sie gleichen derselben auffallend. Wir kommen zu dem Resultat:

Die Schwarzeckbreccie ist eine groborogene, teils konglomeratische, teils brecciöse Bildung der Kreide, sie enthält, in kristallinen glimmerigen Detritus eingebettet, gröbere und feinere Brocken und Gerölle von kristallinen Schiefern, von Trias- und Juragesteinen. Sie entspricht den mächtigen Kreidebreccien Bündens.

Am Grat nördlich der Weisseneckscharte liegt diese Breccie, wahrscheinlich tektonisch, auf dem Triasquarzit der Schwarzeckschuppe, weiter östlich auf Triasdolomit und Liasbreccie. Sie transgrediert also mindestens über Trias. Die weitere Verfolgung des Schwarzeckhorizontes brachte aber der Überraschungen noch mehr (vergl. Fig. 51).

Im Kessel westlich des Hohen Nock sehen wir die Schwarzeckbreccie ganz allmählig in den mylonitisierten grünen Granit des Twengerkristallins übergehen. Gegen den Granit zu werden die Dolomitkomponenten immer seltener, die Breccie geht in eine Art feinen Detritus des Granites über, und liegt dann scharf am Granit. Einzelne Breccienpartien finden sich noch einige Meter innerhalb der nun einheitlich werdenden kristallinen Zone. Genau dasselbe Bild, wie wir es im Unterengadin an der Basis der Minschunbreccien kennen. Die kristalline Breccie transgrediert auf dem Kristallin; sie greift in Vertiefungen desselben ein, die ersten paar Meter bestehen grösstenteils aus kristallinem Detritus mit wenig Sedimentgeröllen, dann geht diese fast kristalline Bildung mit Dolomitgeröllen allmählich in die gewöhnliche grobblockige Breccie über. Die Schwarzeckbreccie transgrediert hier ohne jeden Zweifel auf dem Twengerkristallin. Dasselbe enthält grüne Granitmylonite vom Typus des Piz Corvatsch, und wir sehen daher hier, 260 km östlich der Unterengadiner Kreidebreccien, dieselbe groborogene Transgression der Kreide auf dem granitischen Grundgebirge wie bei Ardez. Die Gesteine sind dieselben; die Schwarzeckbreccie entspricht den Minschunbreccien, und an beiden Orten sehen wir dieselbe Transgression auf granitischem Grundgebirge. Wer die bündnerischen Kreidebreccien gesehen hat, wird am Zusammenhang und der Natur der Schwarzeckbreccien nicht den geringsten Zweifel hegen. Die Übereinstimmung von *Cadisch, Eugster, Frei* und mir war denn auch eine vollständige.

Die Schwarzeckbreccie gehört in die Kreide, sie transgrediert hie und da auf Trias und Lias, meist aber auf Granit und kristallinen Schiefern. Genau dasselbe Bild, wie 260 km weiter westlich bei Ardez im Unterengadin. Und genau an der Stelle, in der tektonischen Position, wo wir diese Unterengadinerkreide auch erwarten durften, in den tiefsten Stockwerken der unterostalpinen Decken. Die Transgression der Kreide auf Kristallin ist ein so eminent unterostalpines Merkmal, dass fürderhin, von der tektonischen Stellung an der Basis des Radstätter Deckenkomplexes ganz abgesehen, an der typisch unterostalpinen Natur dieser tiefsten Radstätterdecken nicht mehr im geringsten gezweifelt werden kann.

Die Schwarzeckbreccie wird dadurch zu einer der glänzendsten Bestätigungen unserer Deckenparallelisierungen. Wir finden sie genau dort, wo wir sie nach den Erfahrungen in Bünden treffen mussten, und in genau demselben Verbande mit genau denselben granitischen Gesteinen wie drüben in den Schweizeralpen. Kann man mehr verlangen?

Die Serie der Schwarzeckbreccie liegt in mehreren Schuppen übereinander. Die basale Unterlage mit Kristallin, Verrukano, Trias und Lias haben wir schon beschrieben, ebenso deren Auflagerung auf den Triasjuraschuppen des Weisseneck. Über der basalen Schuppe folgt nun die grosse gegen 1500 Meter mächtige Zone der Schwarzeckbreccie. Dieselbe ist aber nicht einheitlich, sondern in einer Art und Weise, die zunächst jeder Entzifferung spottet, mit ihrer stratigraphischen Unterlage, dem Twengerkristallin, verfingert, verzahnt und verschuppt. Mehrere solcher kristalliner Keile konnten wir in dieser komplexen Zone deutlich unterscheiden. Darauf legt sich die grosse Hauptmasse des sogenannten Twengerkristallins in normalem stratigraphischem

Verbande, d. h. der Grossteil der Schwarzeckbreccie liegt als verkehrte Serie unter und zwischen dem Twengerkristallin. Dieses **Twengerkristallin dringt in Keilen in die Schwarzeckserie ein**, als eine **eigene tektonische Einheit**, die in der Hauptsache nur **Kristallin und Kreide** enthält. Die grosse **Schwarzeckzone** ist deren **liegender Schenkel**, und die ganze Serie liegt verkehrt (s. Fig. 52). War diese Anschauung richtig, so musste sich die Schwarzeckbreccie auch im Hangenden des Twengerkristallins wieder finden lassen, und konnte dasselbe nicht das direkte Liegende, die Basis der höheren Radstättertrias, sein. Denn es war nicht gut möglich, dass auf diesem Twengerkristallin an der Unterseite eine Hunderte von Metern mächtige Kreideserie direkt transgredierte, meist ohne jede Spur von Trias, und dass wir auf dessen Oberseite die ganze normale Schichtreihe der Radstättertrias, mit Verrukano und allen Triasniveaus, ohne jede Spur von Kreide fanden. Es konnte doch keine Decke geben, die in ihrem Rücken nur Verrukano, Trias und Jura in Tausend Meter Mächtigkeit, ohne jede Spur von Kreide, besass, in ihrem Liegendschenkel und an ihrer Stirn hingegen direkt die Kreide auf Kristallin transgredieren liess. Auf eine Entfernung von wenigen Kilometern. Denn das Twengerkristallin reicht ja vom Hohen Nock nicht mehr sehr weit nach Norden. Wir erwarteten daher, nach unseren in diesem Falle von *Kober* verschiedenen Anschauungen, die Schwarzeckbreccie auch noch über dem grossen Twengerkristallin, und suchten dasselbe damit von der eigentlichen Unterlage der oberen Radstätterdecke zu trennen.

Das **Profil am Hohen Nock** bestätigte unsere Vermutungen in vollem Masse. Über den verdrückten Granitmyloniten vom Corvatschtypus fanden sich Casannaschiefergesteine, hie und da mit Quarziten, darüber konglomeratischer Verrukano, über demselben direkt die Schwarzeckbreccie, mit kristallinen Komponenten wie unter dem Twengerkristallin auch, und durch eine 1—2 m mächtige Dolomitbank in zwei Teile geteilt. Das war der **normale Rücken unserer Schwarzeckdecke.** Darüber folgt als **Mittelschenkel** der höheren Radstätterserie Triasdolomit, zu oberst mit Muschelkalk, also eine **verkehrte** Serie; über derselben endlich die wahre kristalline Unterlage der oberen Radstätterdecke, gewöhnliche kristalline Schiefer mit Quarziten, casannamässige Gesteine, alles enorm mylonitisiert, und über dieser kaum 100 Meter mächtigen kristallinen Serie endlich liegen normal die Triasgesteine der oberen Radstätterdecke (s. Fig. 53).

Damit haben wir nun einen genaueren Einblick in die Deckenfolge zwischen Penninikum und oberer Radstätterdecke gewonnen. Zu unterst liegt, mit Kristallin, Trias und Jura die **Weisseneckdecke** mit mehreren Rückenschuppen; darüber, mit vielen sekundären Keilen, mit Kristallin, Verrukano, Trias, Jura und Kreide die **Schwarzeckdecke**; über dieser endlich die obere Radstätterdecke, die **Tauerndecke** *Uhligs*.

Diese **Tauerndecke** *Uhligs* konnten wir von der Ambrosalm ob Tweng ausgezeichnet übersehen. Es folgen über dem Kristallin von Tweng, das in die Fortsetzung des Kristallins am Hohen Nock gehören muss, Verrukano und Quarzit, darüber nach Muschelkalk aussehende Basisschichten der Trias, über denselben die grosse ungegliederte Triaswand ob Tweng. Eine sichere Gliederung dieses Triaskomplexes liess sich von weitem nicht erkennen, doch könnte ein schwarzes Band in halber Höhe der Trias eventuell den Raiblerhorizont vertreten. Wir hätten dann auch hier eine Teilung in einen unteren Wetterstein- und einen oberen Hauptdolomit. Sicher ist dies aber keineswegs. Am Hohen Nock folgen über dem höchsten Kristallin direkt die Raibler Rauhwacken und der Hauptdolomit, und es könnte sich daher bei den schwarzen Schiefern im Dolomit über Tweng auch um rhätisch-jurassische Einfaltungen handeln. Auf jeden Fall aber erinnert die ganze Trias mit ihrer schlechten Gliederung auffallend an Ortler und Umbrail, oft auch an den Mezzaun.

Über der Haupttrias folgt dann der sichere weithin ziehende Rhät-Jurahorizont, die Pyritschiefergruppe; darüber, oft mit verkehrten Dolomitlagen, oft direkt mit Quarzit beginnend, eine neue Triasserie. Dieselbe schwillt gegen Norden mächtig an und wird endlich von dem verkehrten Schenkel der Schladmingermasse überfahren. Über dem Dolomit folgen Triasquarzit, Verrukano und Quarzphyllit am Gurpetschek, am Gipfel des Berges die hochkristallinen Schiefer des Schladmingermassivs. Ein Deckenprofil, wie man es prachtvoller in Bünden nicht sehen kann.

Kober spricht der verkehrten Serie unter dem Gurpetschek grosse Bedeutung zu. In der Tat folgen von oben nach unten: Altkristallin, Quarzphyllit- Casannaschiefer, Verrukano, Quarzit,

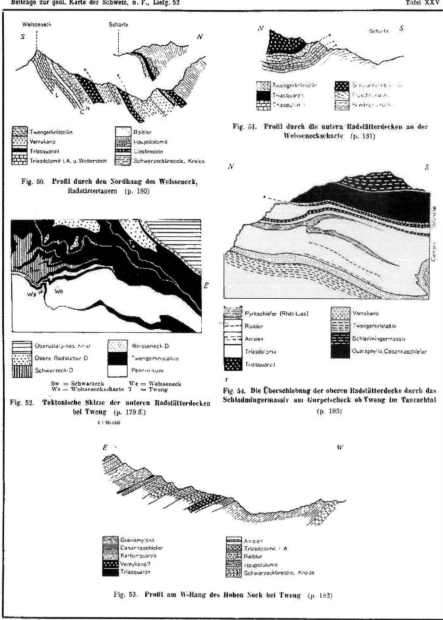

Twengerkristallin
Verrukano
Triasquarzit
Triasdolomit i. A. u. Wetterstein

Raibler
Hauptdolomit
Liasbreccie
Schwarzeckbreccie, Kreide

Fig. 50. Profil durch den Nordhang des Weisseneck, Radstättertauern (p. 180)

Twengerkristallin
Triasquarzit
Triasdolomit

Schwarzeckbreccie
Flyschkreide
Bündnerschiefer

Fig. 51. Profil durch die untern Radstätterdecken an der Weisseneckscharte (p. 181)

Oberostalpines Krist.
Obere Radstätter D
Schwarzeck-D

Weisseneck-D.
Twengerkristallin
Penninikum

Sw = Schwarzeck   We = Weisseneck
Ws = Weisseneckscharte   T = Tweng

Fig. 52. Tektonische Skizze der unteren Radstätterdecken bei Tweng (p. 179 ff.)

1 : 80.000

Pyritschiefer (Rhät-Lias)
Raibler
Anisien
Triasdolomit
Triasquarzit

Verrukano
Twengerkristallin
Schladmingermassiv
Quarzphyllit-Casannaschiefer

Fig. 54. Die Überschiebung der oberen Radstätterdecke durch das Schladmingermassiv am Gurpetscheck ob Tweng im Taurachtal (p. 183)

Granitmylonit
Casannaschiefer
Karborquarzit
Verrukano?
Triasquarzit

Anisien
Triasdolomit i. A.
Raibler
Hauptdolomit
Schwarzeckbreccie, Kreide

Fig. 53. Profil am W-Hang des Hohen Nock bei Tweng (p. 182)

226

Rauhwacken, Jura-Bänderkalke, und *Kober* glaubt deswegen in der ganzen oberen Radstätterdecke eine verkehrte Serie des **Schladmingermassivs** zu sehen; er betrachtet dieses daher gleichfalls, wie die Radstätterdecken, als unterostalpin. Ich möchte aber diese verkehrte Serie doch noch etwas bezweifeln. Denn gerade *Kober* erwähnt ja aus dem «Verrukano» an der Casannaschieferbasis der Schladmingermasse «Kalk- und Granitgerölle». Ob hier nicht am Ende doch ein jüngerer Horizont, etwa Malm oder Kreide vorliegt? Das Problem sei hiemit gestellt. In diesem Falle erschiene die obere Serie der oberen Radstätterdecke als normale Rückenschuppe derselben, und diese oberen Schuppen ob Tweng würden ausgezeichnet mit denen der Lischannagegend beispielsweise harmonieren. Auch dort wird ja an der Basis der Oetztalerklippen oft durch Trias eine verkehrte Serie vorgetäuscht, die in Wahrheit nicht existiert. Aber auch wenn die Serie am Gurpetschek wirklich verkehrt wäre, so hätten wir noch gar keinen Grund, deswegen das Schladmingermassiv noch zu den unterostalpinen Decken zu zählen. Nicht die verkehrte Serie ist das Wichtige, das Fundamentale für die Stellung der Decke, sondern die Stellung der Decke selbst. Und diese liegt unzweifelhaft hoch über der Radstätterdecke, und die **Schladmingermasse ist damit**, ob mit verkehrter Serie oder nicht, **eine höhere Einheit als die Radstätter Tauern** (vergl. Fig. 54).

Gegen Süden schwillt die Unterlage dieser oberen Radstätterdecke schon bei Tweng mächtig an, sie steigt, mit der Trias verfaltet, hoch hinauf, und so bleibt südlich von Tweng zwischen Schladminger- und Twengerkristallin nur noch ein schmales mesozoisches Band übrig, das weiter nach Süden zieht. Das Ausdünnen des oberen Radstättermesozoikums in der Twengergegend erinnert damit weitgehend an das Verhältnis des Lischanna-Sedimenthaufens zum schmalen Zuge des Schlinigtales, und die Falten von Tweng an die der Val Sesvenna. Dieser obere Radstätterzug lässt sich über Mauterndorf gleichfalls bis mindestens zum Katschberg, wahrscheinlich noch weiter verfolgen. Gegen Norden erlangen die oberen Radstätterdecken in den **Radstättertauern** selber gewaltige orographische Bedeutung, sie bilden leuchtende Kalkberge vom Aussehen der Aroserdolomiten oder der Kalkberge im Engadin. Überall werden sie vom kristallinen Gebirge der Schladmingermasse überdeckt. Teils greift dasselbe in prachtvollen Klippen weit über die Radstättertrias hinaus, wie am Spazieger, teils erscheint diese letztere in den klassischen Fenstern des Enns- und Taurachtales oder im grossen Halbfenster des Lungauer Kalkspitzes im Weissbriachtale, tief unter dem kristallinen Gebirge. Nördlich der Wasserscheide ist dieses hangende Kristallin kompliziert mit der Radstättertrias verfaltet, dieselbe wickelt auch auf kurze Strecken das obere Kristallin unter sich ein.

Im Gebiet der südlichen Radstättertauern jedoch haben wir von dieser Einwicklung nichts gesehen. Was dort unter dem obern Radstättermesozoikum erscheint, ist nicht mehr Schladmingerkristallin, sondern gehört den tieferen Schuppen der Radstätterserie selber an. Die grosse *Uhligsche* Einwicklung existiert nicht, und was im Süden unter der Kette Draugstein-Mosermandl-Stamperfwand, oder am Weisseck für eingewickelte Serizitquarzite gehalten wurde, bleibt ohne oberflächliche Verbindung mit dem wahren Hangenden der Radstättertauern; dasselbe gehört durchwegs tiefern kristallinen Serien an. Teils der Fortsetzung der kristallinen Schuppen um Tweng, teils sogar der penninischen Matreierzone.

Mit diesen Feststellungen erhalten wir in den Radstättertauern folgende **Deckengruppierung.** Es liegen von oben nach unten:

1. Das Schladmingermassiv, die **Schladmingerdecke.**
2. Die obere Radstätterdecke, die **Tauerndecke**, mit mindestens 2 grossen Digitationen.
3. Die mittlere Radstätterdecke mit dem Twengerkristallin und der Schwarzeckbreccie, die **Schwarzeckdecke.**
4. Die untere Radstätterdecke, oder die **Weisseneckdecke.**
5. Das Penninikum mit der **Matreierzone.**

In dieser Gliederung erkennen wir den Bau Graubündens auf den ersten Blick. Das **Schladmingermassiv** entspricht der **Silvretta**, es hängt auch ohne jeden Unterbruch durch seine Serizitquarzite mit den Quarzphylliten von Innsbruck, und damit der Silvrettadecke, direkt zusammen. Darunter liegen wie in Graubünden **drei** Decken erster Ordnung über dem Penninikum, es sind unsere **Grisoniden.**

Die obere Radstätterdecke mit ihren beiden grossen Digitationen entspricht nach ihrer Stellung direkt unter der Silvretta der Campodecke des Westens, die mittlere und untere Decke des Schwarzecks und Weissenecks sind die Vertreter der Err-Berninadeckengruppe. Die Analogie ist wundervoll. Wir betrachten daher Weisseneck- und Schwarzeckdecke als Äquivalente und Fortsetzungen der unterostalpinen Decken; die obere Radstätterdecke, die Tauerndecke Uhligs, als mittelostalpin. Die Schladmingermasse endlich ist die Fortsetzung des oberostalpinen Kristallins.

Diese rein tektonischen Analogien zwischen Radstättertauern und Graubünden werden nun durch eine Reihe von weiteren Punkten in überraschender Übereinstimmung gestützt. Wir treffen hier, in genau derselben tektonischen Position wie drüben in Bünden, unsere unterostalpinen Charakteristika wieder. Das Mauterndorfer Kristallin mit seinen Casannaschiefern erinnert weitgehend an die Gesteine der Selladecke im Puschlav, also das Übergangsgebiet zwischen Dentblanche- und Berninadecke, den Err-Rayon; die Trias des Weisseneck könnte ebenso gut die des Corn-Alv am Julierpasse sein, und die Liasbreccien der Weisseneckschuppe gleichen ebenfalls denen der Errdecke aufs Beste; Liaskalke sind gleichfalls vorhanden. Wie die Errdecke, liegt auch die Weisseneckdecke in mehreren Schuppen übereinander, und wie die Errdecke wird auch die Weisseneckserie vom höchsten Penninikum noch durch basale Schubfetzen vom Charakter der Sgrischùs-Albulaschuppen im Oberhalbstein, und durch einen Mittelschenkel getrennt. Das obere Mauterndorferkristallin, das die Basis der Schwarzeckbreccie bildet, erinnert z. T. auffallend an Corvatsch- und Berninapass-Verhältnisse. Der grüne Granit von Mauterndorf ist z. T. ununterscheidbar von Granitmyloniten des Piz Corvatsch oder auch von den grünen Myloniten von Cavaglia. Die ersteren gehören bekanntlich in die Err-, die letzteren in die Berninadecke. Auf alle Fälle aber hat dieses Kristallin der Schwarzeckdecke deutlich unterostalpinen Charakter. Auch die mit ihm vergesellschafteten Casannaschiefer. Die Trias ist, wo vorhanden, gewöhnlich unterostalpin, ohne besondere Merkmale, als eben die schlechte Gliederung; der Fund von roten Quartenschiefern wäre hier vielleicht zu erwarten. Bezeichnend ist aber vor allem die Transgression der Kreide. Dieselbe stellt ein so typisch unterostalpines Phänomen dar, das wir weder im Penninikum noch im mittelostalpinen Faciesbereich wieder finden. Die mittelostalpine Kreide ist in Bünden mit Neokom, Aptychenkalken und Couchesrouges schön bathyal entwickelt, sie zeigt nirgends Anklänge an die grossartige Breccienentwicklung, die wir an den Stirnen sämtlicher unterostalpiner Glieder treffen. Die Kreidebreccien der Grisoniden sind ein Charakterzug der unterostalpinen Decke. Sowohl Err- wie Berninadecke führen diese groborogene Kreide. Die Schwarzeckbreccie beweist daher wie nichts anderes den unterostalpinen Charakter der Schwarzeckserie. Damit wird natürlich auch die unterostalpine Natur der liegenden Weisseneckdecke klar bestimmt. Es wäre eine lohnende Aufgabe, die Kreidebreccien in den Radstättertauern weiter zu gliedern; vielleicht finden sich dort bei aufmerksamem Suchen wirklich einzelne Bündner-Kreidestufen wie Gault und Tristelkalk im Unterengadin. Auch Couchesrougesfunde wären gar nicht ausgeschlossen.

Die beiden tieferen Radstätterdecken, Weisseneck und Schwarzeck, sind damit auch nach ihrer Facies typisch unterostalpin.

Ihnen steht die obere Radstätterdecke ziemlich scharf gegenüber. Hier findet sich eine mächtige Trias, wie wir sie in den unteren Decken nirgends treffen. Hier finden wir die ausgedehnten Dolomit- und Kalkgebirge wie drüben in den mittelostalpinen Regionen Bündens. Die Trias ist viel mächtiger, mehr als das Doppelte der unterostalpinen, und sie lässt sich stellenweise auch gliedern. Oft erinnert sie stark an den Ortler. Rhät und Lias sind deutlich ausgeprägt, und zwar nicht, wie in den unteren Decken mit Breccien, sondern als Pyritschiefer, röthliche Kalke, Kalkschiefer usw., in einer ganz andern Facies. Es ist die Facies der Fraele- und Quatervalsgegend. Rote Liaskalke erinnern an den Lias der Lischannagruppe oder den des Aela, und wie dort wird diese Liasserie schliesslich von hellen gelben Marmoren überlagert, die zweifelsohne unsern Aptychenkalken entsprechen. Sie entsprechen vielleicht teilweise auch den Klammkalken der unterostalpinen Serie. Das Kristallin der Tauerndecke ist nicht sehr typisch; es erscheint nördlich von Mauterndorf auch nur in schmalen Bändern, die petrographisch noch sehr wenig eingehend studiert sind. Mit dem bequemen Ausdruck «Diaphthorit» ist man der Erkenntnis nicht näher gekommen. Sicher aber bleibt die Tatsache, dass die oberen Radstätterdecken in ihrem Mesozoikum überaus starke Anklänge an die mittelostalpinen Decken Bündens zeigen. Sie nehmen ja auch deren tektonische Stellung an der Silvrettabasis und über den sichern unterostalpinen Elementen ein.

Ich zögere daher nicht, die obere Radstätterdecke *Kobers*, die Tauerndecke *Uhligs* in ihrer Gesamtheit zur mittelostalpinen Deckengruppe zu stellen.

Damit sind in den Radstättertauern die ostalpinen Bauelemente Graubündens klarer als sonst irgendwo festgestellt. Facies und tektonische Stellung der Radstätterdecken schliessen jeden Zweifel aus, ja wir können sogar noch einen Schritt weiter gehen und sagen, es wiederholen sich in den Radstätterdecken sogar die Unterabteilungen der bündnerischen Einheiten. Wie in Bünden ist auch hier die unterostalpine Serie im Grossen zweigeteilt und steht der einheitlicheren mittelostalpinen Gruppe als tieferes Deckenpaar gegenüber. Wie Err- und Berninadecken im Westen individualisiert dem grossen Block der Campodecke gegenüberstehen, so sehen wir hier Weisseneck- und Schwarzeckdecken den mehr geschlossenen Massen der Tauerndecke gegenüber. Im Grossen stellt die Tauerndecke ein geschlossenes Element gegenüber den beiden tieferen Schuppen dar; im Detail aber erkennen wir hier, wie in der Campodecke des Westens, wiederum eine Dreiteilung. Über dem tiefsten kristallinen Zug der Tauerndecke erscheinen zwei weitere ausgedehnte Späne von Quarziten, vielleicht auch älteren Gesteinen, durch welche die ganze Tauerndecke in drei Unterabteilungen zerfällt. Soll ich daran erinnern, dass die Campodecke aus Languard-, Ortler- und Umbraildecken besteht?

Ich will keineswegs behaupten, die Weisseneckschuppe sei nun die Errdecke, oder die Schwarzeckschuppe sei die Berninadecke, oder endlich wir müssten in den drei Teilelementen der Tauerndecke die Languard-, Ortler- und Umbraildecke sehen; das wäre entschieden zu viel verlangt. Aber dass solche Vergleiche überhaupt möglich sind, zeigt uns wie nichts anderes die Richtigkeit unserer Parallelisierung der Radstätterdecken mit der mittel- und unterostalpinen Deckengruppe Bündens.

Die Radstätterdecken zerfallen in zwei grosse Unterabteilungen, die unter- und die mittelostalpine Decke. Die unterostalpine Decke enthält im Süden die Weisseneck- und die Schwarzeckschuppen, die gegen Norden in die Hochfeind-Zmüling-Weisseckgruppe ziehen. Die mittelostalpine Decke umfasst das Gebiet der Tauerndecke *Uhligs*; zu ihr gehören die grossen Kalkgebirge der eigentlichen Radstättertauern, der Pleisling- und Mosermandlgruppe. Zu ihr auch gehören die Fenster in Enns- und Taurachtal.

Damit haben wir am Ostrand der Hohen Tauern, zwischen Hochalm- und Schladmingermassiv, dieselbe Deckenfolge wie 300 km weiter westlich in Graubünden: Ober-, Mittel-, Unterostalpin, Margna, Suretta, in gleicher Reihenfolge, gleicher Facies, gleicher tektonischer Stellung, mit denselben Metamorphosen, denselben tektonischen Eigenheiten. Ein schlagender Beweis für das Anhalten des bündnerischen Deckenbaues, eine glänzende Bestätigung der Deckennatur der östlichen «autochthonen» Alpen. Die grisoniden Elemente Bündens kennen wir nun heute vom Canavese und von Savoyen bis nach Kärnten und Salzburg hinein, auf eine Strecke von über 600 km. Wer soll an diesem grosszügigen Bau heute noch zweifeln?

* * *

Auf drei Seiten haben wir die ostalpine Umrandung der Hohen Tauern nun betrachtet. Im Westen, im Norden, im Osten tauchen stets die Penniden unter die Grisoniden und diese wiederum unter die Tiroliden. Genau wie in Bünden. Wir betrachten nun noch rasch den

5. Südrand der Hohen Tauern.

Vom Katschberg zieht das ostalpine Kristallin in geschlossenem Zuge nach Westen, durch die Kreuzeck-, die Schober-, die Defregger- und Rieserfernergruppe bis hinüber an die Eisack, wo es mit dem westlichen Rahmen zusammenschliesst. In der Gegend des Katschberges keilen die trennenden mesozoischen Züge zwischen unter-, mittel- und oberostalpinem Kristallin aus, und so ziehen denn diese kristallinen Massen als vereinigter Deckenkern der gesamten Austriden in gewaltiger Masse dem Westen zu. Zwischen den hochpenninischen Schuppen der Matreierzone im Norden, dem Dolomitgebirge des Drauzuges und seiner Fortsetzung, den Triaslinsen von Bruneck, im Süden. Aber die nähere Untersuchung zeigt, dass auch diese grossartige Masse nicht einheitlich ist. Vereinzelte Linsen und Züge mesozoischer Gesteine, Verrukano und Trias, zur Seltenheit sogar Rhät, teilen diese grosse kristalline Zone in 2—3 Unterabteilungen. Zwischen den vereinzelten mesozoischen Linsen stellen tiefgreifende Quetschzonen die Verbindung im Streichen her, genau wie im Veltlin, so dass sich das ganze kristalline Gebirge schon heute, wenn auch die Aufnahmen noch sehr im Rückstande sind, in zwei grosse Unterabteilungen gliedern lässt. Es sind die Wurzeln der Grisoniden und der Tiroliden, die wir auch im Süden noch relativ gut auseinanderhalten können.

Durch den **Triaszug von Kalkstein-Villgratten** und die **Trias von Mauls** zerfällt das Gebirge zwischen Matreier- und Drauzug in zwei verschiedene Zonen. Die südliche steht in normalem Verbande mit dem Verrukano- und Triasgebirge der Lienzerdolomiten und des Drauzuges, sie steht nach Osten in lückenlosem Zusammenhang mit der oberostalpinen Masse der Muralpen und des Schladmingermassivs; die nördliche hingegen zeigt schon in ihrem Gesteinsinhalt deutlich grisonide Merkmale. Alte Gneisse — hochkristalline Schiefer mit Sillimanit, Granat, Staurolith — Marmore, — Amphibolite — pegmatitische Injektionen —, daneben wahrscheinlich karbonische Intrusivstöcke von granodioritischem, oft tonalitischem Charakter, erinnern sofort an die grosse grisonide Wurzel des Westens, die Tonale-Ivreazone. Tatsächlich streicht die Tonalezone über Meran und Mauls ohne jeden Unterbruch in die nördliche kristalline Zone im Süden der Tauern hinein. Durch die Triaszüge von Mauls und Innervillgratten wird sie von der südlichen oberostalpinen Zone im Liegenden des Drauzuges getrennt. Gegen Norden stösst sie direkt an den hochpenninischen Matreierzug.

Wir gliedern daher den kristallinen Rahmen im Süden der Tauern in einen grisoniden und einen tiroliden Teil. Die Trennung geht durch die Triaskeile von Mauls und Innervillgratten und die dazwischen sich bemerkbarmachenden Quetschzonen; im Osten stellen sich an der Grenze beider Elemente die Triasfetzen am Katschberg ein, die in die Radstättertauern, und zwar in die höchste Einheit derselben, die Tauerndecke einschwenken.

Die nördliche Zone umfasst die Wurzeln der unter- und mittelostalpinen Decke, die südliche die der Silvretta. Wir werden später eingehender darauf zu sprechen kommen. An einzelnen Orten können wir nun auch den nördlichen kristallinen Zug noch weiter teilen, durch einzelne verlorene Fetzen von Trias. So sah ich solche an der Weisswand südlich des Defreggertales, deutlich nördlich des Villgrattenzuges; doch glaubt Frau Dr. Cornelius-Furlani, dass es sich noch um alte Tonalemarmore handeln könne. Eine noch nördlichere Teilung aber zeigen auf jeden Fall die Triaslinsen am Sadnig östlich Döllach, unmittelbar südlich der Matreierzone an. Diese Unterteilungen der grisoniden Zone mögen einzelnen Radstätterdecken entsprechen. Durchgehend sind sie nicht.

Die Gliederung des südlichen Tauernrahmens liegt noch sehr in den Anfängen. Immerhin lassen sich zwei Hauptzonen unterscheiden, die weithin durch Triaskeile getrennt sind: Eine nördliche als Äquivalent der unter- und mittelostalpinen Decken, und eine südliche als die Wurzel der oberostalpinen Einheit. Sicher enthält diese grosse kristalline Zone im Süden der Tauern die kristallinen Kerne aller drei grossen Unterabteilungen der ostalpinen Decken: Die Kerne der unter- und der mittelostalpinen Massen sind zu der Tonalezone verschweisst, die Kerne der oberostalpinen Einheit erkennen wir in den alten Gesteinen des Puster- und Drautales im Liegenden der Drautrias.

*　　*　　*

Damit haben wir die ostalpinen Untereinheiten rings um das ganze Tauernfenster verfolgt. Dasselbe ist überall, im Westen wie im Osten, im Süden wie im Norden, geschlossen von ostalpinen Elementen umhüllt. Im Süden erkennen wir die mächtigen kristallinen Kerne der Grisoniden; im Osten und Westen sehen wir dieselben um die untertauchenden penninischen Serien nach Norden umschwenken; zwischen ihnen stellen sich, zum Teil in grosser Mächtigkeit, die grisoniden Sedimente ein; gegen Norden keilen zwischen denselben die kristallinen Kerne aus, und im nördlichen Rahmen des Tauernfensters begleiten daher nur mehr grisonide, meist unterostalpine Sedimentserien die grosse Überschiebung der oberostalpinen Massen. **Die grisoniden kristallinen Kerne erreichen den Nordrand des Fensters nicht, sie keilen auf ihrer Reise über die Tauern aus.** Brenner und Radstättertauern zeigen dies deutlich. Nur die ungeheure kristalline Masse der Oetztaler und Silvretta, mit ihrem grossartigen Paläozoikum, überstieg als der Deckenkern der **gewaltigsten alpinen Decke, als riesiger Traineau-écraseur das Fenster der Tauern.** Alle tiefern kristallinen Elemente bleiben im Süden und über der Tauernwölbung zurück. Damit **erklärt sich der** Gegensatz zwischen Nord- und Südrand der Tauern auf unsäglich einfache Weise. Die Deckentheorie verlangt gar nicht eine vollständige Symmetrie der beiden Ränder, sie **postuliert** im Gegenteil sogar deren **Verschiedenheit.** Die **Diskrepanz zwischen Nord- und Südrand der Tauern ist** nichts anderes als die **Folge des natürlichen Zurückbleibens der älteren Deckenteile gegenüber den jüngeren.** Ein alter Satz der Deckenlehre bildet hier in den Tauern die einfache Erklärung für die ihr zur Last gelegten Widersprüche zwischen Nord und Süd.

So zeigt denn die ostalpine **Umrahmung der Hohen Tauern,** gleich wie die **penninischen Serien des Fensters, eine vollständige Übereinstimmung mit dem Bau der östlichen Schweizeralpen.** Der Deckenbau, der von österreichischer Seite noch immer geleugnet und bezweifelt wird, er zieht in grossartigem Massstab bis an die Grenzen Steiermarks. Das **Fenster der Hohen Tauern hat seine Probe glänzend bestanden.** Zeigt es doch bis in Einzelheiten hinein den Bau der östlichen Schweizeralpen, und können wir doch heute die tektonischen Elemente Graubündens durch die ganze östliche Zentralzone bis an die Grenzen Steiermarks verfolgen. **Der Deckenbau geht durch, trotz allen Protesten, das Fenster der Tauern besteht,** in glänzender Übereinstimmung mit Bünden, und die **Deckennatur der nördlichen Ostalpen lässt sich nicht mehr widerlegen.**

Dringen wir weiter, in die grüne Steiermark hinein.

c) Vom Katschberg nach Osten.

Auf der Linie Katschberg-Radstatt versinkt der grandiose Bau der Tauern unter dem riesigen Mantel kristalliner Schiefer, die bis hinaus an die Ebene Ungarns das zentrale Gerüste der östlichen Alpen bilden. Der «kristalline Horst der grünen Steiermark» ist es, unter dem wir im Westen überall die ihn untertenfenden jungen Sedimente bis hinauf in die Kreide und die tieferen Decken verschwinden sehen. Es ist die gewaltige Karapace der oberostalpinen Decke, die sich an den Quellen der Mur aus den Tälern der Drau bis hinüber zur Enns in gigantischem Bogen spannt. Unter sich alle tieferen Elemente des Alpenbaues begrabend. In grossartiger Einfachheit und lapidarer Grösse liegt dieser oberostalpine Deckel als ruhige Platte über den in der Tiefe weiter ziehenden Einheiten der Westalpen, und die spärlichen Sedimentreste dieser Region liegen als flache wenig gestörte Tafeln dem herzynisch gefalteten Grundgebirge auf. Sähen wir diesen gewaltigen kristallinen Körper gegen Westen nicht über jungen Sedimenten in die Luft steigen und in die bis 100 km weit nach Norden überschobenen Massen der Silvrettadecke übergehen, nichts würde uns die Deckennatur dieses enormen Gneissreviers verraten. Die steirischen Zentralalpen unterscheiden sich denn auch auf den ersten Blick in nichts von den alten Horsten des europäischen Vorlandes, und «der kristalline Horst der grünen Steiermark» ist die beredte Formulierung dieses ersten Eindrucks. Die Tektonik der Radstättertauern aber zeigt uns die grossartig komplexe junge Unterlage dieses kristallinen Horstes zur Genüge, und das Wiederauftauchen der Radstätterdecken am Semmering, zusammen mit der durchwegs flachen Lage der mesozoischen Tafeln in Kärnten und Steiermark, bürgt uns dafür, dass diese tieferen Deckenelemente unter der gewaltigen kristallinen Platte der Muralpen durchziehen, und dass damit auch die Muralpen als wirkliche kristalline Decke auf jungen Sedimenten und tieferen Decken schwimmen. Keine 120 km trennen die jungen Gesteine der Radstättertauern von denen des Semmering;

sollen wir da am direkten Zusammenhang beider tieferen Serien zweifeln, wo wir dieselben doch auf über 300 km im Streichen stets zusammenhängend in der Unterlage des oberostalpinen Kristallins verfolgt haben? Soll der Bau Graubündens, der auf 300 km Länge westlich und östlich des Rheins nachgewiesen ist, und der in den Radstättertauern in voller Pracht mit allen seinen Gliedern unter die Muralpen versinkt, soll dieser Bau plötzlich aufhören, wo doch die höheren Elemente der Kalkalpen ohne jede Spur eines Wechsels in der Tektonik ungestört und ungehindert weiter ziehen? Nur den autochthonen Lokalgeologen Steiermarks zuliebe? Der tiefere Bau Graubündens setzt auch unter den Muralpen fort; er erscheint am Semmering abermals unter der gewaltigen Hülle der oberostalpinen Decke, und die Muralpen selber entsprechen nur den höchsten tektonischen Elementen Graubündens, der Silvretta und den Oetztaleralpen. In Bünden und Tirol sind diese höchsten alpinen Einheiten auf weiten Strecken durchlöchert worden und zeigt sich darunter in Fenstern und Halbfenstern der grossartige tiefere Bau; in Steiermark hingegen sinken die Axen aller Elemente so tief, dass die Erosion selbst die höchste alpine Einheit noch nicht durchlöchern konnte. Das Muralpenkristallin liegt deshalb heute noch als einheitliche, fast unversehrte Platte über den in der Tiefe begrabenen Elementen der Tauern, Tirols, und Graubündens, und nur die mesozoisch-tertiäre Sedimentbedeckung desselben ist in einzelne isolierte Reste, Klippen, Inseln zerstückelt worden. Es beginnt eben das generelle gewaltige Sinken aller Einheiten gegen die ungarische Ebene hin, das begründet ist in dem Niedersinken des europäischen Vorlandes zur flachen russischen Tafel. Nur die scharf aufragende Südecke der böhmischen Masse hat die niedersinkenden alpinen Elemente noch einmal etwas höher, zu einer kleinen Kulmination gestaut, und auf dieser Kulmination erscheinen denn auch, zwar nicht die penninischen, aber doch die grisoniden Elemente des Westens in der Unterlage der Muralpen wieder. Es ist die Kulmination am Semmering.

Schon diese allgemeinen Überlegungen ergeben für jeden nicht durch die «Autochthonie der Steiermark» geblendeten Alpengeologen die Deckennatur dieses gewaltigen Reviers. Ganz abgesehen davon, dass die kristallinen Gebiete der westlichen Muralpen heute ohne jede Lücke in die sicher oberostalpinen Elemente des Westens verfolgbar sind, und zwar sowohl im Norden, durch die Quarzphyllit- und die Grauwackenzone des Pinzgaus in die Quarzphyllite von Innsbruck und in die Silvrettadecke, als auch im Süden in die oberostalpine Wurzel. Daneben aber haben die Studien der letzten Jahre auch in den Muralpen selbst einen immer grossartigeren Deckenbau aufgedeckt, sodass die oberen Teile dieser kristallinen Gebirge heute auch von den eingefleischten Autochthonikern nicht mehr als autochthon angeschaut werden können. Sehen wir näher zu.

Über dem Mesozoikum der höchsten Radstätterdecken erscheint im Westen, oft in Klippen aufgelöst, zunächst das Schladmingermassiv, unten Quarzphyllite, oben hochkristalline Schiefer vom Typus des Oetztals oder der Silvretta. *Kober* hat versucht, diesen kristallinen Hauptkomplex noch weiter zu gliedern. Er hat eine Anzahl Schubflächen im Kristallin der oberen Murtäler gefunden und geglaubt, dieselben als fundamentale Deckengrenzen zwischen verschiedenen ostalpinen Decken betrachten zu müssen. So folgt über seinem Schladminger Massiv die Decke der Murauer Granatglimmerschiefer, darauf die Masse des Bundschuhgneisses. Über derselben die Trias des sogenannten «Karbons» der Stangalpe. *Kober* hält nun das Schladmingermassiv für den kristallinen Kern der unterostalpinen Decken, da dessen Kristallin sich in normalem Verbande mit der Trias der Radstätterdecken befinde. Dieselben seien nur das jüngste Glied einer verkehrten Serie, deren Kern das Schladmingermassiv bilde, dieses müsse daher gleichfalls, wie die Radstätterdecken, noch unterostalpin sein. Die darüber folgende Murauer Glimmerschieferdecke hält *Kober* für mittelostalpin, den Bundschuhgneiss an der Basis der Stangalpentrias für oberostalpin in unserem Sinne.

Ein Schuppenbau im Muralpenkristallin ist zweifellos vorhanden; doch handelt es sich hier nicht um verschiedene Decken unter-, mittel- und oberostalpiner Provenienz, sondern nur um Teilschuppen der einen grossen kristallinen Einheit der Muralpen. Die *Koberschen* Deckengrenzen enthalten denn auch nirgends sicheres Mesozoikum, es sind nur intrakristalline Phänomene in einem gegen aussen einheitlichen Deckenkern. Unsere Untersuchungen in den Radstättertauern haben uns gezeigt, dass das unterostalpine Element sogar tiefer liegt als der Hauptteil der Radstätterdecken, und dass die Gesamtheit derselben vom Schladmingermassiv einheitlich überfahren wird. Das **Schladmingermassiv** stellt, auch wenn es sich durch das Mittel einer verkehrten Serie in normalem Verbande mit der Radstättertrias befände, was heute wiederum zweifelhaft ist, eine höhere Decke als die Radstättertauern dar. Es ist, wie wir gezeigt haben, und wie von der grossen Mehrzahl der österreichischen Geologen, bis vor kurzem ja auch von Kober, angenommen wurde, das Äquivalent der Oetztaler und der Silvretta, allgemein der **oberostalpinen Decke**, und die Murauer Glimmerschiefer und der Bundschuhgneiss sind nur innerkristalline Scherben in dieser grossartigen Einheit, sekundäre Schuppen, vielleicht nicht einmal alle alpinen Ursprungs, in der Masse der oberostalpinen Decke. Das mag sein, dass zwischen dem basalen Quarzphyllit und dem höheren Hochkristallin eine Schubfläche sich weiter verfolgen lässt, wie bei Innsbruck und Prutz zwischen Oetztalern und Silvretta; aber eine Aufteilung des ganzen Komplexes in unter-, mittel- und oberostalpine Elemente ist ganz bestimmt nicht am Platze. Die unterostalpinen Decken liegen in den Radstättertauern nur in den Schuppen des Weisseneck und Schwarzeck, die mittelostalpine Decke bildet die Hauptmasse der oberen Radstätterdecken mit den mesozoischen Fenstern im Enns- und Taurachtal, und Schladmingermasse, Murauerphyllite und Bundschuhgneiss sind nur verschiedene, sekundäre Teilelemente der oberostalpinen Decke. Sie sind auch nirgends durch sicheres Mesozoikum getrennt. Einzig im Tal von Nikolai scheint Trias zwischen Schladmingermasse und Murauerphyllite einzugreifen, doch kann es sich auch hier um sekundäre Phänomene im Rücken der einheitlichen Decke handeln, wie wir ja solche im Westen auch als weithinziehende Triasmulden im Silvrettakristallin gefunden haben, von Landeck und Prutz bis hinüber in den Rhätikon.

Die **Muralpen entsprechen daher als Ganzes der Silvretta-Oetztaler-, der oberostalpinen Decke**, und Schladminger-, Murauer- und Bundschuhkristallin sind nur sekundäre innerkristalline Schuppen im Kern derselben.

An der **Stangalpe** westlich von Turrach, eine Gegend, die schon der alte *Studer* bereist hat, folgt auf dem Kristallin der Muralpen wenig Verrukano, dann die Trias und das Rhät, in einer Mächtigkeit von mehreren hundert Metern. Bis vor kurzem für karbonisch gehalten, hat neuerdings ein Zoologe diese Trias entdeckt. Ein Beweis für die ganz mangelhafte Durchforschung dieses im Rayon der Grazergeologen liegenden östlichen Berglandes. Und dabei meinen sowohl *Heritsch* wie *Schwinner*, das Heil in der Alpengeologie müsse von ihnen ausgehen! Die Trias des Stangalpe hat Fossilien geliefert und gliedert sich deutlich nach dem ostalpinen Schema. Darüber legt sich das pflanzenführende «transgressive» Karbon der Stangalpe als neuerliche Decke. Dasselbe Profil wie drüben am Brenner, zwischen Gossensass und Steinach. An der Basis das oberostalpine Kristallin der Muralpen, entsprechend dem Kristallin von Oetz und Stubai; darüber die Stangalpentrias als Analogon der Tribulaune; als Höchstes beidseits Karbon, im Westen das von Nösslach, im Osten das von Turrach. **Nösslacher- und Turracherkarbon gehören ein- und derselben Stammdecke an**, die als **höchste alpine Einheit über die Trias der oberostalpinen Hauptmasse hinweg gefahren ist**. Im Westen kennen wir von derselben noch Quarzphyllite, im Osten scheinen solche zu fehlen.

Auf jeden Fall aber **wiederholt** sich hier, fast 200 km östlich der Tribulaune, das **Profil des Brenners** wieder. Ein weiteres glänzendes Zeugnis für die **Durchgängigkeit der grossen tektonischen Gliederung. Das Deckenprofil** der Stangalpe beweist schlagend die Oetznatur der Muralpen, und **die Karbondecke** der Stangalpe zeigt uns deutlich, wie «autochthon» dieses Bergland aussieht.

Weiter im Osten hat *Tornquist* Schuppen- und Teildeckenbau zwischen Murau und Unzmarkt, besonders im Gebiet der Grebenze, nachgewiesen. Bis heute gilt derselbe als intrakristallin, da die Bänderkalke, Dolomite und Kalkschiefer in der Unterlage des Murauerkarbons noch für paläozoisch gehalten werden, für Äquivalente des Grazerdevons. Man kann sich aber heute, nach der Entdeckung der Trias an der Stangalpe, bei der Betrachtung der neuen geologischen Karte Steiermarks, die *Heritsch*, in allerdings nicht sehr feiner Art entworfen hat, fragen, ob diese Sedimente wirklich alle paläozoisch sind. Ob nicht hier vielleicht auch Trias und Jura in diesen «paläozoischen

Kalken» versteckt und maskiert sind, und ob wir nicht das **Paläozoikum von Murau**, das allseitig von diesen Kalken unterteuft wird, als **Klippe der Turracher Karbondecke** auf dem tieferen Murauerkristallin betrachten können. Wir haben diese Kalke im Tal unter Murau, zwischen Frojach und Nieder-Wölz, gesehen, leider nur von weitem; aber es schienen uns Trias und Rhät nicht ganz ausgeschlossen. Vielleicht, dass auch einmal ein Zoologe zum Ärger der Grazergeologen darin Triasfossilien entdeckt. Das Problem sei damit gestellt. Diese Kalke sind bis heute fossilleer, sie sind nur aus Analogiegründen zum Paläozoikum gestellt worden. Es wäre interessant, dieselben einmal auch auf die Triasmöglichkeiten hin zu prüfen. Eine sichere Entscheidung ist heute nicht möglich.

Sei dem wie ihm wolle, auf jeden Fall steht der Schuppenbau auch der Gegend von Murau fest, und damit haben wir ein weiteres Argument zu Gunsten der Deckennatur des steirischen Horstes.

Soeben erhält die oben ausgesprochene, für steirische Verhältnisse durchaus ketzerische Vermutung, ein Teil der Murauerkalke möchte mesozoischen Alters sein, eine unerwartete, fast alarmierende Bestätigung, und zwar, das Schicksal liebt die Ironien, aus Graz. *Tornquist*, der ausgezeichnete Kollege *Heritschs*, der sich seit Jahren mit der mühevollen Untersuchung dieser schwierigen Gebiete befasst hat, kommt auf Grund eingehender Vergleiche zu dem Schluss: «Die Murauer Kalkmarmore sind als mesozoische Schichtglieder anzusprechen. Die aus Grünschiefer und Serizittonschiefer aufgebaute Frauenalpscholle stellt oberkarbone Schichtglieder dar, über welcher die hier vorwiegend devonische Decke altpaläozoischer Kalke folgt.»

Das Paläozoikum von Murau erscheint also tatsächlich als die Klippe einer höheren Einheit, als gewaltige Deckscholle im Herzen des «steirischen Horstes», und die basalen Marmore sind die Äquivalente der Marmorgebirge am Tribulaun.

Es folgen die **mesozoischen Klippen in Kärnten**, die Triaskreideinseln von St. Veit und St. Paul, vom Krappfeld, von Guttaring usw. Dieselben liegen flach auf dem stark gefalteten Kristallin der Muralpen, und dieser Gegensatz zwischen stark gefaltetem Grundgebirge und einer ungestörten Sedimenttafel hat dazu geführt, für dieses Gebiet jede grössere nachtriadische Störung in den Lagerungsverhältnissen abzulehnen. Gosau und Flysch speziell sollten auf dem kristallinen Gebirge diskordant transgressiv zur Ablagerung gekommen sein, und ein nachgosauischer Schub der Muralpen schien selbst für *Uhlig, Suess* und *Kober* nicht möglich zu sein. Die Verhältnisse liegen aber, wie aus der Literatur hervorgeht, doch etwas anders.

Wohl liegt das gesamte Mesozoikum dieser kärntnerischen Sedimentinseln diskordant transgressiv auf dem herzynisch gefalteten Grundgebirge, im einzelnen aber zeigen auch die jüngeren Sedimente, Gosau und Flysch, **keine** ungestörte Lagerung. Sie sind gefaltet und gebrochen, wie an anderen Orten auch. Sie sprechen daher nicht im mindesten gegen die grosse Nordbewegung der Muralpendecke als Ganzes, als Block, sondern sie sind in dieser Vorstellung absolut verständlich. Man sehe doch einmal die flachen Triasklötze der Innsbrucker Kalkkögl an, denen auch niemand ohne weiteres ansieht, dass sie auf dem Rücken des Oetzkristallins an die 50 km nach Norden gewandert sind. Zudem lassen sich Falten in dem schlecht aufgeschlossenen Hügelgelände Kärntens auch nur sehr schwer übersehen. Man beobachtete oben nur die flache Auflagerung, die Diskordanz an der Basis, gegen das Grundgebirge, und betrachtete alles andere als sekundäres Phänomen. Dem ist nicht so; die Triaskreideinseln Kärntens tragen deutliche Spuren ihrer tertiären Nordbewegung auf dem Rücken des kristallinen Muralpenblockes, und dasselbe gilt für die flachen Tafeln des Grazerpaläozoikums und der Gosau der Kainach westlich von Graz. **Alle diese Elemente sind rein passiv, ohne grosse Eigenbewegung, mit dem kristallinen Rücken der Muralpen, der oberostalpinen Decke nach Norden gewandert.**

Im Becken von Klagenfurt transgrediert das Miozän, ungestört oder nur flach gewellt, über dem gefalteten alpinen Gebirge. Erst dieses Miozän ist wirklich dort abgelagert worden, wo es heute liegt, und vom grossen alpinen Schub unbetroffen geblieben. Alle tieferen Elemente sind nicht mehr autochthon, sondern mit der oberostalpinen Decke als elementare Bestandteile derselben weithin nach Norden gewandert. **Das Tertiär von Klagenfurt hingegen transgrediert wie das ungarische Tertiär auf dem fertigen Deckengebirge.**

Das **Grazer Paläozoikum** liegt wie das von Murau als ein Fremdkörper der oberostalpinen Decke oben auf. Und zwar wie die Verhältnisse am Südrand der Kalkalpen uns zeigen werden, auf den obersten Teilen derselben. Auf weite Strecken ruht dort Silur-Devon auf Karbon und Perm, als eine höhere Schuppe des vortriadischen Blockes, des alten Deckenkernes. Die tiefere Schuppe besteht aus Schladmingerkristallin, **Quarzphyllit**, Karbon und Perm, die höhere aus **Silur, Devon, Karbon** und Perm. Zwischen beide Elemente schaltet sich im Norden oft Trias ein, von der Salzach bis hinüber an den Semmering, als **Teilung der nordalpinen Grauwackenzone**.

Welches ist nun überhaupt die **Stellung des nordalpinen Paläozoikums, der Grauwackenzone?** Gehört dieselbe zur **Silvretta** - oder zur **Oetztalerschuppe?** Ich glaube, die Verhältnisse sind heute soweit geklärt, dass wir annehmen müssen, das **Silur-Devon der Nordalpen** sei eine Art **Facies des Silvrettadeckenkernes**, die im Westen fehlt. Die Studien *Ohnesorges* in den Kitzbühleralpen zeigen deutlich, wie das nordalpine Silur-Devon primär mit dem Pinzgauer-Zillertaler-, und damit dem Innsbrucker-Silvrettaquarzphyllit verbunden ist. Die Teilung dieses Silvrettapaläozoikums durch den **Mandlingzug** entspricht nur einer sekundären Zerschlitzung der Silvrettastirn, der Mandlingzug ist in dieser Hinsicht vielleicht ein Analogon der **Mittagsspitzenmulde** des Westens. Er trennt zwei **Teilschuppen der Silvretta**, eine untere mit **Hochkristallin, Quarzphyllit**, **Karbon** und **Perm**, von einer oberen mit **Quarzphyllit, Silur, Devon, Karbon** und **Perm**. Der Quarzphyllit der oberen, Silur-Devon-Schuppe, wird im Westen, südlich Innsbruck, vom Oetzkristallin überfahren, im Osten vom eigentlichen Muralpenmassiv. *W. Schmidt* hat die Grenze dieser Einheiten in **Steiermark** prachtvoll klar durch die Gebirge der Rottenmanner- und Sekkauertauern zwischen Schladming und Leoben verfolgt. Zwei grundverschiedene Gebirge liegen einander mit scharfer Grenze gegenüber. Das nördliche mit dem Granitmassiv des Bösenstein und der Sekkauertauern, zeigt intensive Mylonitisierung aller seiner Gesteine, eine grossartige tektonische Beanspruchung. Das südliche Gebiet der Muraergranatglimmerschiefer, das Massiv der eigentlichen **Muralpen**, zeigt von solcher mechanischer Beanspruchung und Durchbewegung keine Spur; seine Gesteine sind rein kristalloblastisch und von ganz verschiedener metamorpher Tracht als die der Sekkauertauern. Die Grenze beider Massive ist eine, allerdings oft steilgestellte Überschiebung. Die **Sekkauertauern** sind primär mit der **Grauwackenzone** des Liesing- und Paltentales verbunden, sie bilden das normale Liegende derselben; die **Muralpen** liegen darüber als **fremde** eigenartige Masse.

Sekkauertauern und Grauwackenzone sind die Analoga der Silvrettamasse im engeren Sinne, **die Muralpen entsprechen dagegen den Oetztalern.** Sie zeigen dieselbe tektonische Stellung über den Elementen der Grauwackenzone wie die Oetzmasse bei Innsbruck, und sie zeigen auch dieselben Gesteinsgesellschaften, dieselbe metamorphe Tracht wie die Oetztaler.

Die Muralpengranatglimmerschiefer sind als Oetztalerteildecke der oberostalpinen Einheit über die Grauwackenzone und deren Altkristallin, die als Ganzes der Silvrettamasse entsprechen, überschoben; sie liegen derselben als höhere Teilschuppe erster Ordnung auf, und ihre Überschiebung ist es, die das unterliegende Sekkauermassiv so durch und durch mylonitisiert hat.

Die **Muralpendecke** entspricht der **Oetztalermasse**, die **Sekkauertauern** mit der **Grauwackenzone** der **Silvretta** und den **Innsbruckerquarzphylliten**. Die Grenze beider Einheiten lässt sich, dank den Untersuchungen des ausgezeichneten *W. Schmidt* in Leoben, verfolgen von der Enns bis hinüber an das Fenster des Semmering. Auf weite Strecken schalten sich dabei Ophiolithe, Gabbro und Peridotit, Serpentin längs dieser Überschiebungsfläche ein; es sind die Vorkommnisse des Hochgrössner, des Eisenpasses, von Kraubath. Diese basischen Massen stehen in primärem Kontakt mit dem nördlichen Sekkauerkristallin, sie werden mechanisch erdrückt und überfahren von der Muralpenmasse.

Zwischen Enns und Mur erreicht die tiefere Scholle der Sekkauertauern, unsere Silvrettateildecke, grosse Mächtigkeit. Jenseits Kraubath-St. Michael-Leoben jedoch wird dieser basale Splitter der oberostalpinen Decke immer dünner, schmächtiger, schmäler, und jenseits Bruck an der Mur ruht das Muralpenkristallin direkt auf den obersten Decken des Semmeringsystems, genau wie am Brenner oder im Unterengadin die Oetzmasse ohne Zwischenschaltung der Silvretta direkt auf den mittelostalpinen Elementen liegt. Das Muralpenkristallin steigt längs der Linie Bruck-Stanz-Fischbach-Birkfeld-Anger über den Semmeringdecken in die Luft, konform dem östlichen Ansteigen des Grazerpaläozoikums, und erreicht den Alpenrand wenig östlich von Graz.

Unsicher schien zunächst die Stellung des **Schladmingermassivs**. Es liegt teils über den Quarzphylliten der Silvretta, z. B. am Gurpetschek, teils schiesst es im Ennstal unter dieselben ein. Sicher liegt es tiefer als das eigentliche Muralpenkristallin. Die Lösung liegt vielleicht darin, dass sich das Schladmingerhochkristallin als innerer Silvrettakern mit seiner Quarzphyllit-Serizit-quarzhülle verfingert und dabei als Ganzes von den Muralpen als Oetzmasse überfahren wird. Interessant ist dabei, dass wie die Silvretta, auch das Schladmingermassiv gegen Süden zu unter den höheren kristallinen Massen auskeilt. Am Katschberg liegt das Muralpenkristallin, wie am Brenner oder südlich Prutz die Oetzmasse, direkt auf den tieferen grisoniden Elementen.

Es erscheint somit heute der Zusammenhang zwischen West und Ost wie folgt: **Schladmingermassiv, Pinzgauer- und Ennstalerphyllite, Sekkauertauern und Bösenstein** mitsamt der ganzen **Grauwackenzone** sind die östlichen Äquivalente der **Silvrettadecke**. Sie bilden die **Basis der Tiroliden** zwischen Radstättertauern und Semmering und ziehen unter den höheren Einheiten der **Muralpen** ohne jeden Unterbruch von den **Tauern** zum **Semmering**. Darunter erscheinen in den Radstättertauern und am Semmering direkt die obersten **Grisoniden**, die mittelostalpinen Elemente.

Über dieser tiefsten tiroliden Einheit, der **Silvretta-Schladminger-Sekkauermasse** folgt im Norden, primär mit diesem Basiskristallin verbunden, die **Unterlage der Kalkalpen** in der **Grauwackenzone**. Im Süden wird dieser ganze tiefere Komplex überfahren vom Kristallin der eigentlichen **Muralpen**, dem östlichen Äquivalent der Oetztalermasse. Die Oetzmasse überschiebt auch hier, wie im Tirol, die vor sich liegenden Silvrettagesteine, sie schob deren primäre mesozoische Bedeckung, d. h. das kalkalpine Mesozoikum, von dieser seiner normalen Unterlage ab, und trieb dasselbe nach Norden zu dem gewaltigen Deckenhaufen der Kalkalpen zusammen. Die Deckenhäufung der Kalkalpen erscheint damit auf der ganzen Linie, von Bünden bis zum Semmering, als das Resultat des eigenmächtigen Vorschubes der Oetztaler-Muralpenmasse, des höheren Splitters der oberostalpinen Decke. Die Oetz-Muralpenmasse hat das Silvrettamesozoikum von seiner Unterlage abgeschert und in den Kalkalpen Schuppe auf Schuppe gehäuft. **Als die von der Oetztalerdecke abgeschürfte und zusammengestossene Sedimenthaut der Silvretta erkennen wir daher heute die Kalkalpen vom Arlberg bis zum Semmering.** Wir brauchen damit kein besonderes Abgleiten der kalkalpinen Decken mit rätselhaften Verschluckungen unter der Grauwackenzone, **der Schub der Oetzmasse genügt zur Erklärung des kalkalpinen Baues vollständig.** Wir werden uns bei der Behandlung der Kalkalpen noch weiter mit diesem Problem zu beschäftigen haben. Vorderhand studieren wir den Bau der östlichen Zentralzone noch weiter.

Über den Granatglimmerschiefern der Muralpendecke, also unsern Oetztalern, folgen weitere kristalline Schuppen dieser grossen Einheit. Im Westen sind es die Bundschuhgneisse, die das Verrukanotriasgebirge des Königstuhls an der Basis des Stangalpen-Turracherkarbons tragen, im Osten die Masse der Seetaleralpen, der Koralpe, der Sanalpe etc. Die steirischen Geologen unterschieden hier eine Menge von Unterabteilungen. Ammering-, Speik-, Rappolt- und Almhausserie, die alle übereinander und über dem Muralpenkristallin liegen. Seetaleralpen und Koralpe überschieben die tieferen Serien der Stubalpe, die zum Muralpenkristallin im engeren Sinne gehört; der ganze Komplex trägt mit scharfer Diskordanz das Paläozoikum von Graz, im Westen das von Murau. Das Murauerpaläozoikum ist das Analogon des Stangalpenkarbons, es gehört daher sicher einer geschlossenen höheren Einheit an, die im Westen durch Trias von den Muralpen getrennt ist; das **Grazerpaläozoikum** hingegen selten zunächst «normal auf dem kristallinen Horst» zu ruhen.

Kober hat s. Z. die Schiefer und Kalke unter dem Grazer Silur und Devon, besonders Semriacherschiefer und Schöckelkalk, als Karbon erklärt; um damit im Süden dieselbe Serienfolge wie in der Grauwackenzone zu erhalten, wo stets Karbon unten, Silur-Devon und die Kalkalpenserie hingegen oben liegt. Die *Koberschen* Argumente vermögen aber hier nicht ganz zu überzeugen, um so mehr als die Grazergeologen sich geschlossen gegen diese Deutung wehren, und heute ein direkter Zusammenhang zwischen Grauwackenzone und Grazerpaläozoikum ja gar nicht mehr anzunehmen ist. Liegt doch das Grazer Paläozoikum deutlich über dem Muralpenkristallin und damit im Dach der Oetzmasse, die Karbon-Perm-Silur-Devonserie der Grauwackenzone hingegen an der Stirn der Silvretta. Die ganzen Oetztaler legen sich dazwischen. Ich betrachte daher mit den Grazergeologen die Folge Muralpenkristallin-Grazer Silur-Devon als die normale und sehe von karbonen Einschaltungen zwischen Muralpenkristallin und Grazer-Devon vorderhand ab.

Das **Grazer Devon** gehört damit scheinbar ins normale Hangende, in den Rücken der Oetztalermasse, als eine lokale Facies derselben. Die **wahre Stellung des Grazer Paläozoikums** ist aber eine andere. Wir müssen das Grazer Paläozoikum aus faciellen Gründen dem Murauer Devon gleichsetzen. Damit aber auch der Schubmasse der Stangalpe. Dieselbe liegt deutlich auf Trias und schwimmt als höhere Einheit auf der grossen Decke der Muralpen. Das Paläozoikum von Graz würde auf diese Weise einer höheren Decke über den Muralpen angehören und wäre damit von den Oetztalern zu trennen. Die Gleitflächen an seiner Basis geben die Möglichkeit dieser Deutung ohne jede Schwierigkeit zu, und der ganze Zusammenhang spricht für sie. Auf jeden Fall steht das Devon von Graz in der Oetztalerdecke ganz vereinzelt da; es ist dagegen ein sicheres Äquivalent des Murauer Paläozoikums, und dieses wiederum ist durch die Klippe des Karbons von Paal so eng mit dem Stangalpenkarbon verbunden, dass ein Zusammenhang dieser vier grossen paläozoischen Felder als Erosionsresten einer einzigen gewaltigen paläozoischen Decke sehr wahrscheinlich wird. Dieselbe kennen wir ja übrigens auch aus dem Westen vom Tribulaun und Nösslacherjoch. Da wir dieses eigenartige Paläozoikum nirgends nördlich des Drauzuges wurzeln sehen, wohl aber Silur, Devon, Karbon und Perm in den karnischen Alpen in weiter Verbreitung als die alte Basis der Dinariden erscheinen, so können wir sehr wohl diese weitverstreuten paläozoischen **Klippen** über dem Muralpenkristallin und der Königstuhltrias, von der **Stangalpe** bis nach Graz, und wiederum am **Tribulaun**, als **dinarische Klippen auf dem Alpenkörper** deuten. Die Autochthonie von Graz, dieser Hochburg der modernen «Deckenfreunde», wäre dadurch allerdings auf das Höchste gefährdet.

Auf jeden Fall gehören aber **Grazer, Murauer, Paaler und Stangalpen Paläozoikum** zusammen; sie sind die Äquivalente der **Nösslacherdecke am Brenner**, und sie bilden mit derselben zusammen die **Reste** einer ausgedehnten gewaltigen tektonischen **Einheit**, der höchsten der **Alpen**, die einst über die ganze Oetzmasse hinweg gegangen ist. Ich nenne sie nach ihrer Hauptverbreitung in Steiermark die **steirische Decke** (La nappe de Styrie), sie ist das höchste Element der ostalpinen **Zentralzone**. Bei der Behandlung der Kalkalpen werden wir auf die Rolle dieser steirischen Decke näher zu sprechen kommen.

Vorderhand aber wenden wir uns dem letzten Element der ostalpinen Zentralzone zu, dem

d) Fenster des Semmering.

Auf gegen 90 km Länge tauchen zwischen Bruck a. d. Mur und Wiener Neustadt am **Semmering** die tieferen ostalpinen Einheiten in Form der **Semmeringdecken** wieder ans Tageslicht empor. Wohl haben in neuerer Zeit *Schmidt* und mit ihm die andern steirischen Geologen, *Heritsch* voran, versucht, auch am Semmering die Fensternatur, das Wiedererscheinen tieferer Bauelemente zu verneinen; das «Fenster am Semmering» sollte geschleisst werden und aus der alpinen Literatur verschwinden, wie im Westen die Hohen Tauern; ich glaube aber kaum, dass die Argumente jener Geologen dazu geschaffen sind, das Fenster am Semmering zu widerlegen. *Schmidt* glaubt, dass die Semmeringdecken ins Hangende der Muralpendecke, zwischen Muralpenkristallin und Grazer Paläozoikum einzufügen sind, bloss weil die «Grobgneisse» der Semmeringdecken denen der Sekkauertauern ähnlich sind, und wie diese «tektonische Facies» zeigen. Wäre der *Schmidtsche* Gedanke richtig, so müsste das Semmeringdeckensystem von den Höhen über den Muralpen irgendwie stark über dieselben nach Nordosten herabsinken. Wir sehen aber im Gegenteil, wie zwischen Mürz und dem Alpenrand östlich Graz das Muralpenkristallin unter dem Grazer Paläozoikum nach Nordosten in die

Luft steigt, und wie die Semmeringdecken unter demselben ans Tageslicht emporsteigen. Die Semmeringdecken können daher, auch beim besten Willen nicht, aus dem Hangenden der Muralpen abgeleitet werden. Ganz abgesehen von den ausserordentlichen Ausquetschungen, die bei dieser Anschauung an der Basis des Paläozoikums notwendig würden. Müsste doch das ganze gewaltige Semmeringsystem innerhalb weniger Kilometer zwischen Muralpenkristallin und Grazer Paläozoikum nach *Schmidts* Anschauung auf Null reduziert werden. Der Zusammenhang der Sekkauergneisse mit den Semmeringgneissen ist auch tatsächlich nirgends zu sehen, er wird durch den Schutt der Täler «maskiert». Die fundamentale Tatsache aber bleibt, dass das Muralpenkristallin unter dem Grazer Paläozoikum gegen die Semmeringdecken nach Osten emporsteigt, und dass die Semmeringdecken daher niemals ohne grossen Zwang in das ursprüngliche Hangende der Muralpen versetzt werden können. Von einer Einreihung des Semmeringsystems in die böhmische Masse, wie sie in neuester Zeit von verschiedener Seite propagiert worden ist, kann gar keine Rede sein, wir brauchen diesen Zusammenhang nicht zu diskutieren.

Die alte Anschauung von *Suess, Uhlig, Mohr* und *Kober*, dass am Semmering tiefere Elemente des alpinen Deckensystems abermals unter der grossen «ostalpinen» Decke emporsteigen, ist auch heute, nach Abschluss so und so vieler Detailuntersuchungen noch immer die Beste, und sie harmoniert auch weitaus am schönsten mit dem Bau der Tauern und damit dem gesamten Ostalpenbau bis hinüber nach Bünden. Die Facies der Semmeringdecken ist die der Radstätter-tauern, unzählige Forscher haben dies schon hervorgehoben. Sie ist wie die der Radstättertauern unter- und mittelostalpin, und *Diener* und *Suess* haben schon vor 40 Jahren die Ähnlichkeit der Semmeringtrias mit der des Berninapasses hervorgehoben. Das Grundgebirge ist reich an Graniten, darunter solchen, die, wie der rote Kirchbergergranit, direkt an Berninagranite erinnern. Die wenig metamorphen Gesteine des Wechsels, die zu tiefst im Semmeringsystem erscheinen, und die bisher als eingewickelte Vertreter der ostalpinen Grauwackenzone, also für oberostalpin gehalten wurden, entsprechen nach den Beschreibungen vorzüglich unseren unterostalpinen, in Bünden so verbreiteten und auch den Radstättertauern nicht fehlenden Casannaschiefern. Porphyroïde, Quarzite, z. T. auch richtiger Verrukano bilden die Unterlage der Semmeringtrias. Dieselbe zeigt die gleiche lückenhafte Entwicklung wie die der unterostalpinen Decken im Engadin, oder des Ortler, das Rhät erinnert in seiner Facies wiederum stark an Bündner Verhältnisse. Ein Charakteristikum der Semmeringdecken bilden die ober-jurassischen z. T. koralligenen Kalke, die ein Äquivalent unserer Sulzfluh- und Mythenfacies darstellen. Höhere Glieder fehlen am Semmering.

Die Serie ist typisch grisonid, mittel- und unterostalpin. Ophiolithe und Bündnerschiefer fehlen. Desgleichen bis jetzt die Radiolarite. Von einem Wiederauftauchen penninischer Glieder kann daher nicht mehr die Rede sein, und die **Semmeringdecken** müssen heute mit unter- und mittelostalpinen Gliedern des Westens in Zusammenhang gebracht werden.

Man unterscheidet im Grossen vier Hauptdecken am Semmering. Zu unterst die Wechselserie, dann die Kernserie oder die Kirchberg-Stuhleckdecke, darüber die Mürzdecke, zu oberst endlich die Thörldecke mit der Digitation am Drahtekogel. Die oberen Einheiten, Thörl-, Drahtekogel- und Mürzdecke, vielleicht sogar auch die Stuhleckdecke, sind mittelostalpin, sowohl nach Lage wie nach Facies. Sie entsprechen den oberen Radstätterdecken. Die Wechseldecke hingegen ist sicher bereits unterostalpin, ihrer Lage und Casannaschieferfacies nach. Penninische Glieder sind nicht ausgeprägt. Es mag sein, dass man auch noch die Stuhleckdecke mit den Kerngraniten zum Unterostalpinen ziehen muss, als Äquivalent der Berninadecke, doch bleibt dies vorderhand eine offene Frage. Sicher ist jedoch, dass am Semmering der Unterbau der Tiroliden in Form der Grisoniden nochmals erscheint, in gleicher Facies wie drüben in den Radstättertauern, und dass penninische Glieder am Aufbau des Semmering nicht beteiligt sind.

Der Rahmen des Fensters ist nur auf drei Seiten aufgeschlossen, im Westen, im Norden und im Osten. Im Süden erreichen die grisoniden Serien den Alpenrand, und verschwinden unter dem jungen Schutt der Ebene. Im Westen liegen die Muralpengesteine mit dem Grazer Paläozoikum, also die Oetzmasse, den Semmeringdecken auf, im Norden die Grauwackenzone der Silvretta, mit einzelnen hochkristallinen Elementen und ihrer Teilung in Karbon-Perm und Silur-Devon-Karbon-Kalkalpenserie. An der Grenze der beiden Entwicklungen schaltet sich oft Trias als das Äquivalent des Mandlingzuges ein. Im Osten markieren die Semmeringkalke bei Wiener Neustadt die Grenze des Fensters. Dieselben ziehen durch die östlichsten Ausläufer der Alpen dem Süden zu. So ist das Semmeringfenster auch gegen Osten geschlossen. Stets sinken im Westen, Norden und Osten die grisoniden Fensterelemente unter die höheren oberostalpinen Serien ein. Über das Leithagebirge erreicht dieses grisonide System in schmalem Zuge die Donau bei Pressburg und die Kleinen Karpathen.

Das Fenster des Semmering existiert, trotz aller Gegenwehr der östlichen Geologen. Es ist aber nur ein Teil einer weit grösseren Fenstereinheit, die von der Mur bis in die Karpathen hinein reicht. In ihm tauchen die grisoniden Glieder der Tauern und Graubündens, wenn auch z. T. schon mit deutlich karpathischen Zügen, nochmals unter den tiroliden Massen der oberostalpinen Decken des östlichen Alpenrandes empor und erreichen über die Donau die Karpathen.

*   *   *

Damit schliessen wir die Betrachtung der ostalpinen Zentralzone. Es ist uns gelungen, den Bau der Schweizer Alpen, der in Graubünden in klassischer Schönheit über unsere Grenzen zieht, bis an die Tore Wiens und die Ebenen Ungarns zu erkennen. Die tiefen Einheiten der Grisoniden ziehen unter dem grossartigen Block der Tiroliden ununterbrochen nach Osten fort, und sie lassen sich in den Tauern und am Semmering, trotz mannigfacher Modifikation im Einzelnen, noch ausgezeichnet, in genau derselben tektonischen Stellung, derselben Facies, mit denselben Eigenheiten ihres Innenbaues, derselben Metamorphose ihrer Gesteine, wieder erkennen. Unter- und mittelostalpine Decken unterscheiden wir noch mit absoluter Sicherheit in den Radstättertauern, am Ostrand des grossen penninischen Fensters, im Quellgebiet der Mur, und die grisonide Einheit an und für sich ist auch am Semmering und der Donau noch festgestellt. In den Hohen Tauern erscheinen unter den Grisoniden in voller Pracht auch die Penniden Graubündens in gleicher Reihenfolge, gleicher Facies, gleicher Metamorphose, mit denselben tektonischen Eigenheiten, wie sie drüben in Bünden unter den Grisoniden verschwunden waren, und sie ziehen in voller Entwicklung auch unter die Muralpen hinein. Ihr Ende ist nicht abzusehen. Über Penniden und Grisoniden aber legt sich der gewaltige Bau der Tiroliden und erlangen tektonische Einheiten enorme Mächtigkeiten, die dem Westen völlig fehlen. Aber was im Westen an tiroliden Elementen vorhanden ist, Silvretta, Landecker-Phyllitzone und Oetztaleralpen, samt ihrer normalen Sedimenthülle, das treffen wir auch, in immer gleicher Folge und derselben grossartigen Übereinstimmung in Facies und petrographischem Inhalt wie die tieferen Elemente, bis hinüber an die Ebene Ungarns und nach Graz. Die zwei grossen Einheiten der Silvretta und der Oetztaler, sie ziehen durch vom Rheine bis zum Semmering, und sie steigen dort in voller Pracht über den Semmeringdecken in die Luft empor. Im Süden verlieren sie sich in der weiten Ebene Ungarns, und deren Substrat wird daher zum weitaus grössten Teil alpines tirolides Deckenland. Die Grauwackenzone erkennen wir im Hangenden der Silvretta von Innsbruck und Landeck bis hinüber nach Gloggnitz im Wienerbecken, und darüber folgen, durch den Vorschub der Oetzmassen abgeschürft und zusammengestaut, auf der ganzen Linie die Kalkalpen. Die Aufschiebung der Oetzmasse auf die Silvretta kennen wir nun soweit wie die Silvretta vom Rheine bis zum östlichen Alpenrand; sie wird zu einem grossartigen Phänomen, das für die Gestaltung der ganzen nördlichen Alpen von weittragendem Einfluss war. Dem Vorschub der Oetzerfront verdanken wir den Bau der Kalkalpen vom Rheine bis nach Wien, und damit wird dieses Phänomen zu einem der gewaltigsten der ganzen Alpen. Die Kernmasse der Tiroliden zerfällt in zwei grosse Teilelemente der oberostalpinen Decke, die Silvretta und die Oetzmasse. Durch die ganzen Ostalpen, vom Rheine bis nach Steiermark hinein. Darüber folgt endlich, in Bünden unbekannt, ein höchstes Deckenelement, die steirische Decke, mit ihrem grossen

Palthe Paläozoikum. Nösslacher Joch. Stangalpe. Paaler-, Muraner- und Grazer Paläozoikum sind deren einzelne, von der Erosion verschont gebliebenen Klippenreste. Es sind die höchsten Glieder des alpinen Deckenbaues, sie stammen mit grösster Wahrscheinlichkeit direkt von den karnischen Alpen und stellen somit Klippen und Deckschollen der **Dinariden** auf den **Alpen** dar. Auf der Linie Wien-Graz-Marburg versinkt dieser grandiose ostalpine Bau unter den Fluten des ungarischen Tertiärs, und nur einzelne isolierte Inseln in demselben verraten, dass dieser gewaltige Deckenbau der Alpen auch unter den ungarischen Ebenen weiter zieht. Die Ebenen Ungarns sind sowenig autochthon wie Silvretta oder Dentblanche.

Alles Land nördlich der Linie Poschiavo-Meran-Sterzing-Klagenfurt-Marburg ist heute Deckenland, und die Zeit der autochthonen Ostalpen ist endgültig vorbei. Wir kennen heute den **Deckenbau der Schweizeralpen vom Mittelmeer bis nach Ungarn hinein**, und wir werden auch seine Wurzeln finden.

Vorderhand aber wenden wir uns dem abgeschürften Sedimentmantel der Tiroliden zu, den

2. Kalkalpen zwischen Rhein und Wien.

Die nördlichen Kalkalpen bilden die gewaltige **Nordfront der Tiroliden**, von Bünden bis nach Wien. In ihnen liegen die Sedimente der beiden grossen tiroliden Einheiten, der Silvretta und der Oetztalermasse, zu grandiosen Schuppenpaketen gehäuft; sie sind der mächtige Brandungsschaum derselben, weit über das Vorland im Norden hinausgetrieben. Auf 45 km Breite stossen diese machtvollen Sedimentserien als selbständige, von ihrem kristallinen Untergrund losgelöste Decken zweiter Ordnung über das tiefere grisonide und helvetische Vorland vor, ja ihre äussersten Wellen erreichen oft noch die Molasse. Die Komplikation in diesem Schuppenhaufen ist eine ungeheure, dank der gewaltigen Stösse, die immer wieder aus dem kristallinen Rückland in diese passiv daliegende Masse hinein erfolgten, und dank vor allem der grossartigen Starrheit der die Hauptrolle spielenden Dolomitklötze der ostalpinen Trias. Im Einzelnen herrscht daher ein grandioser Teildeckenbau, der zudem noch sekundär in den letzten Phasen der alpinen Bewegung zusammengestaut und gefaltet wurde. Kompliziert werden ausserdem die Verhältnisse noch durch das verschiedene Alter dieser Teilschübe, indem die Gosauformation stellenweise über Deckenkontakte transgrediert und damit die ursprüngliche primäre tektonische Gliederung verschleiert. Erschwert auch wird die Erkenntnis der Tektonik durch die mannigfachen lokalen Übergänge der Facies, die hier üppiger wechseln als je, und endlich liegt eine grosse Schwierigkeit für das Verständnis darin, dass dieser ganze Bau der nördlichen Kalkalpen von den ihn bearbeitenden bayrischen und österreichischen Geologen bis heute noch mit wenigen Ausnahmen als relativ autochthon angesehen wird.

So sind wir denn heute noch weit entfernt, in diesem grossartigen Kalkalpenpaket eine durchgehende Gliederung zu erkennen, wie wir dies beispielsweise in den Préalpes oder den helvetischen Kalkketten der Schweiz seit langem tun können. Mehr als je sind wir hier noch auf Vermutungen über die engeren Zusammenhänge angewiesen, und so stellen denn auch die folgenden Ausführungen über die Kalkalpen nur vage Andeutungen über diesen grossartigen Bau dar. Das Eine jedoch bleibt sicher, dass in den Kalkalpen weder mittel- noch unterostalpine Glieder vertreten sind, dass es sich durchwegs um tirolide Elemente, tirolide Sedimente handelt. Die nördlichen Kalkalpen zwischen Rhein und Wien sind die zusammengestaute, nordwärts getriebene Sedimentdecke der oberostalpinen Decken, der Tiroliden der Zentralzone; sie stehen damit in ihrer Gesamtheit dem nordwärtsgetriebenen Sedimentmantel der **Grisoniden**, der die Préalpen und Klippen bildet, in aller Schärfe gegenüber.

Die nördlichen Kalkalpen sind die abgeschürfte Sedimenthaut der Tiroliden, die Préalpes und Klippen der Brandungsschaum der Grisoniden. Die Facies der Kalkalpen ist rein oberostalpin, rein austrid, die der Préalpen und Klippen hingegen unterostalpin, romanisch, grisonid. Kalkalpen und Préalpes mit den Klippen stehen sich als **tirolide** und **grisonide** Elemente im Alpenbau gegenüber.

241

.   So ist die grosse **Einheit der Kalkalpen** als **oberostalpines Schuppenpaket** gegenüber den tieferen Bauelementen gesichert. Die Grisoniden ziehen, in Linsen zerrissen, und unter der Masse der Kalkalpen zermalmt und zerrieben, an der Basis der Kalkalpen vom Falknis bis nach Wien. Die grosse Masse der Kalkalpen folgt über diesen grisoniden Basisschollen als geschlossene einheitliche Platte, als das souverän oberostalpine Element, als gewaltiger Traîneau Ecraseur.

Wir erkennen daher in den nördlichen Kalkalpen nicht mehr die tiefgehende Deckengliederung wie in den inneren kristallinen Alpenteilen, wo wir drei grosse Deckensysteme, die Penniden, die Grisoniden und die Tiroliden unterscheiden konnten, sondern die Kalkalpen bilden eine gegen aussen geschlossene Einheit, sie gehören in ihrer Gesamtheit nur einer grossen Stammdecke der Alpen an, der oberostalpinen. Neben dieser Erkenntnis tritt jede Untergliederung zurück, und alle Teildeckentektonik der Kalkalpen wird ein durchaus sekundäres Phänomen im gewaltigen Gesamtbild der oberostalpinen Decke.

Man hat eine Reihe von **Teildecken** innerhalb der Kalkalpen unterschieden. Im Westen die **Allgäu-, die Lechtal-, die Wetterstein-, die Inntaldecke.** Im Osten die **Frankenfelser-, die Lunzer-, die Oetscherdecke.** Darüber folgt, von der Salzach an besonders, ein noch höherer Komplex mit fremdartiger Facies, die **hochostalpinen Decken des Salzkammergutes** und der östlichen Kalkhochalpen, die **juvavische Masse** *Hahns*, wiederum mit mehreren Unterabteilungen.

Über die **Deckenfolge zwischen Rhein und Inn** ist dank der grossartigen Forscherarbeit von *Ampferer* und den bayrischen Geologen im Grossen wohl endgültige Klarheit erreicht. Die einzelnen Bauelemente liegen in prachtvoller Klarheit übereinander, sie sind ohne jede Schwierigkeit auseinanderzulesen und weithin durch die Kalkalpen zu verfolgen. Insbesondere ziehen **Allgäu- und Lechtaldecke** vom Rhätikon geschlossen bis an den Inn, die Lechtaldecke in mächtiger Entwicklung, die Allgäudecke als schmale nördliche Randschuppe unter derselben. Der Kontakt beider Decken im Lechtal ist einer der schönsten Erosionsränder, die man sich denken kann. Die Allgäudecke greift bei Reutte und im Hornbachtal in tiefen Halbfenstern bis 20 km unter die Platte der Lechtaldecke ein. Am Heuberg östlich des Inn nördlich Kufstein verschwindet die Allgäudecke für lange Zeit unter der machtvoll vorstossenden Masse der Lechtalerdecke.

Über diesen beiden tiefsten Einheiten der Kalkalpen, die *Hahn* zur **bajuvarischen Zone** zusammengefasst hat, folgen die höheren Elemente der **Wetterstein- und Inntaldecke.** Diese beiden Glieder gehören zusammen, es sind nur verschuppte und miteinander verfaltete Teile ein und derselben grossen Teileinheit. *Hahn* hat sie die **tirolische** genannt. Auch sie kennen wir heute vom Arlberg bis zum Inn. Stets überdeckt sie die tieferen Serien der Lechtaldecke in grossen Massen oder vereinzelten Klippen, oder sie ist in Muldenzüge der Lechtalerfalten eingesenkt, als deren innerster Muldenkern. Der *Ampferersche* Querschnitt zeigt grossartige Beispiele dieser Art. Die Inntaldecke erscheint tief in die Kreidefalten der Lechtaler eingesenkt. Das ganze Schuppenund Faltenpaket wird im Süden steil nordwärts überkippt, und schliesslich steigen auch die kristallinen Massen der Oetztaler schief über die Triasplatten der Inntaldecke empor. Das tektonische Bild des Inntales wird auf weite Strecken, von Landeck bis hinab gegen Wörgl, von diesem grandiosen Zuge beherrscht. Wichtig für die Deutung des ganzen Baues ist, dass hier auch die Kreide, und zwar inklusive Gosau, harmonisch mit den älteren Trias-Jurasedimenten verfaltet ist. Die Faltung ist hier also sicher nachgosauisch, und nichts hindert uns, auch hier die Alpenfaltung ins Tertiär zu verlegen. Was ja übrigens schon durch die Überschiebung der Kalkalpen auf den Allgäuer- und Vorarlbergerflysch bewiesen wird. Die Kreidezüge finden sich sowohl in der tieferen Abteilung der Lechtaldecke, wie auch in den höheren Elementen der Inntaldecke. Zu ersterer gehören beispielsweise die **Jura-Kreidezüge** im Lechtal, an der Basis des Wetterstein und des Karwendels, die Thierseermulde, und die des Sonnwendgebirges, zur Inntaldecke vor allem die Gosaumulde des Muttekopfs nordöstlich Landeck. Das ganze Deckenpaket zwischen Rhein und Inn zeigt also einheitlichen Bau, eine Deckenhäufung, in die die Gosaubildungen mit eingeschlossen sind, und wo von vorgosauischer Tektonik nur die Gerölle der Gosau oder eine schwache Diskordanz erzählen. **In den westlichen Kalkalpen ist die Haupttektonik tertiär, nachgosauisch.**

Interessant ist der innere Bau der **Wetterstein-Inntaldecke.** Dieselbe überdeckt von der Valluga am Arlberg durch die Passeyergruppe, die Heiterwand, das Mieminger- und Wettersteingebirge bis weit über das Karwendel hinaus als riesige Platte die tiefere Lechtaldecke. Ihre Hauptmasse liegt vor der grossen Depression der Oetztaleralpen, im Mieminger-Wetterstein- und Karwendelgebirge, und im Quellgebiet des Lech und zwischen Brixlegg-Rattenberg und Wörgl steigt die ganze Einheit über den Kulminationen des Unterengadins und des Venedigers in die Luft. Durch die von unten, aus der Lechtaldecke, keilförmig als falsche Gewölbe in diese Stammasse eingreifenden Muldenzüge des Puitentales und der Jurazone Enger Grund-Spielisjoch-Johannestal zerfällt die ganze Einheit in einen nördlichen Teil, die eigentliche Wetterstein-, und einen südlichen, die eigentliche Inntaldecke. Zwischen Mittenwald und dem hinteren Karwendeltal jedoch ist die ganze Schubmasse vor der Oetzdepression so tief versenkt, dass die von unten eingreifenden Mulden weit unter der jetzigen Oberfläche liegen, und Wetterstein- und Inntaldecke eben nur noch eine grosse Stammasse bilden. Die jungen Gesteine südlich des Wettersteins, im Puitental und im östlichen Karwendel sind daher als grossartige schmale Halbfenster der Lechtaldecke zu deuten, die beiderseits an die 20 km tief ins Herz der Wettersteinmasse eindringen. Der Wetterstein erscheint damit nur noch als eine nördliche Dependance der grossen Inntaldecke.

Der Süd- und Westrand des Wettersteins vor allem ist ein klarer Überschiebungsrand; doch zeigt auch seine Nordseite, die gern als mit dem basalen Gebirge zusammenhängend betrachtet wird, überall Gleitflächen und jüngere Einschaltungen unter den grossen Wettersteinmasse. Die sogenannte Wambergscholle ist nur der Faltenkern eines südlichen Gewölbes der Lechtaldecke, und mit einem Fenster hat dieselbe nichts zu tun.

Endlich liegt die Wettersteindecke östlich des Aachensees noch in mehreren grösseren, aber isolierten Klippen von Wettersteinkalk der tieferen Lechtaldecke auf. Es sind die Klippen des Guffert und Unnutz nördlich des Sonnwendgebirges, des Pendlingzuges, und endlich weit im Norden am Alpenrand des Wendelsteins.

Auf 150 km Länge überdeckt daher die Wetterstein-Inntaldecke westlich des Inn **die tieferen baju-varischen Einheiten der Allgäu- und der Lechtaldecke,** und die Gliederung der Kalkalpen ist **damit überall,** vom Rhein bis an den Inn dieselbe, eine **klare grossartige kalkalpine Deckentrilogie.**

Schwieriger wird nun die weitere Verfolgung dieser gesicherten Bauelemente Tirols nach Osten, in die **Gebirge zwischen Inn und Salzach** hinein. Hier stehen sich die Meinungen der verschiedenen Forscher noch schroff gegenüber, besonders was die hochostalpine juvavische Deckenfolge betrifft. Doch schälen sich folgende sichere Züge bereits klar aus dem wilden Chaos dieser Gebirge heraus.

Die **Lechtaldecke** überfährt am Heuberg die Allgäudecke vollständig und strebt darüber beidseits der Thierseermulde mit vielen Faltenzügen weiter dem Osten zu. Sie baut die Bayrischen Voralpen südlich des Chiemsees zum weitaus grössten Teil auf; an der Kampenwand und in der Hochfellngruppe wird sie, wie westlich des Inn im Wendelstein, von Klippen der Wettersteindecke gekrönt. Im Tal von Hohenaschau erscheint die Lechtaldecke als kleines Fenster am Grunde der Kampenwandscholle. Zwischen Traun und Saalach verschwindet endlich diese gewaltige Einheit unter den auch die Thierseermulde schliesslich überstossenden Triasmassen der **Wettersteindecke,** die am Stauffen bis an den Alpenrand vordringt. Alles Gebirge südlich der Linie Stauffen-Kofstein gehört zur **Wetterstein-Inntaldecke.**

Vor allem das **Kaisergebirge.** Es ist die direkte Fortsetzung der Inntaldecke des Westens, und wie jene liegt es mit seinen wilden Dolomittürmen fast direkt dem vortriadischen Gebirge im Süden auf. Nur spärliche Schubsplitter tieferer Elemente schalten sich zwischen die Inntaldecke des Wilden Kaisers und das Verrukano-Werfener-Gebirge des Ellmauertales ein. Dieses Permo-Werfénien-Gebiet stellt die zurückgebliebene alte Basis der Lechtalerdecke dar, die durch die Kaiserdecke von dieser ihrer primären Unterlage abgeschürft und nach Norden gestossen worden ist. Die Verrukano-Buntsandsteingebirge des **Ellmautales** sind nicht die normale Basis des Kaisergebirges, der Kaiserdecke, sondern die der **Lechtaldecke.** Die alte Basis der Kaiserdecke muss höher liegen. Wir sehen denn auch den Verrukano von Ellmau im Süden vom Kitzbüheler Altpaläozoikum an der Hohen Salve überfahren. Silur überschiebt Verrukano. Das **Altpaläozoikum ist die normale Unterlage der Inntal-Wetterstein-Kaiserdecke.** Weiter im Osten wird dieser Zusammenhang klar.

Die Triasmauern des Kaisers setzen über die Senke von St. Johann i. T. ohne jeden Unterbruch in die gewaltigen Mauern der Loferer- und Leoganger Steinberge über, und diese liegen nun mit aller wünschenswerten Deutlichkeit dem Kitzbüheler Paläozoikum in normaler Folge auf. Wir kommen daher dazu, die tieferen kalkalpinen Einheiten, **Allgäuer- und Lechtalerdecke, unter der Silur-Devonserie von Kitzbühel** einzulogieren, die höhere Einheit der **Wetterstein-Inntal-Kaiserdecke** hingegen **über** demselben.

Zwischen beide paläozoische Komplexe schiebt sich im Osten der **Mandlingzug.** Von der Salzach bis zur Enns, und in verlorenen Zügen bis gegen den Semmering stets zwischen Karbon-Perm einer unteren, und Silur-Devon-Karbon-Perm einer oberen Serie eingeschaltet. Es sind daher die Reste der tieferen kalkalpinen Einheiten, im besonderen der Lechtalerdecke, die uns im Mandlingzug entgegentreten. Die Trennung der Allgäu-Lechtal-Decke von der Wetterstein-Inntalerserie, also von Bajuvarisch und Tirolisch, ist daher eine weitgehende und tief ins paläozoische Herz der oberostalpinen Decke eingreifende. Sie lässt sich bis ins Zentrum der **Grauwackenzone** verfolgen, und wir vermögen heute dieselbe aufzuteilen in einen Anteil der Lechtaler und einen der Wetterstein-Inntaldecke. Die **Lechtal-Allgäuer-Einheit, die bajuvarische Decke** Hahns, zeigt die normale alpine Serie **Quarzphyllit, Karbon, Verrukano; die Wetterstein-Inntal-** oder die tirolische Einheit führt daneben noch Silur und Devon. Das ausgedehnte **Paläozoikum der Nordalpen zwischen** Kitzbühel und Radstatt, im Besonderen das Gebiet von Dienten, ist der **Kern der Wettersteindecke.** Es hat mit hochostalpinen Elementen nichts zu tun. Dies ist der grosse Unterschied gegenüber der alten Auffassung *Kobers.*

Wir kommen also dazu, die grossen Tirolereinheiten, Allgäu-, Lechtal-, Wetterstein-, Inntaldecke in die **nordalpine Grauwackenzone** und ihr Liegendes einzulogieren. Allgäu- und Lechtaler- in die untere, die Wettersteindecke in die obere Abteilung derselben. Damit stimmen wir mit den ostalpinen Geologen überein, dass wir heute diese Einheiten nicht wie die ältere Wienerschule aus dem Drauzug herbeziehen, und als Kalkalpendecken die ganze Zentralzone überschreiten lassen, sondern dass wir sie vom Nordrand der Zentralzone und ihren Rückenteilen ableiten. Die Zentralzone selbst allerdings hat die Tauern überschritten, und mit ihr natürlich auch ihre Bedeckung, die Kalkalpen. Aber wir beheimaten heute beispielsweise das Kaisergebirge nicht jenseits der Tauern im Pustertal, sondern vielleicht über den Pinzgauerphylliten.

Die **Teilung der Silvretta** in eine untere, nur Karbon und Perm, und eine obere, daneben auch Silur und Devon führende Serie stellt sich also heute dar als die tiefgreifende Trennung zwischen **bajuvarischer und tirolischer Einheit der Kalkalpen.** Die tieferen kalkalpinen Einheiten, Allgäu-, Lechtal-, Wetterstein- und Inntaldecke erscheinen damit als die abgeschürfte und übereinandergestossene Sedimenthaut der eigentlichen Silvretta. Als die treibende Kraft betrachten wir den Vorschub der Oetzmasse über die Silvretta, deren Überschiebung wir heute kennen von Davos bis hinüber zum Semmering, und südwärts zurück bis ins Engadin und an den Katschberg.

Die **oberostalpinen Teildecken der Kalkalpen Bayerns und Tirols sind also der** von der Oetz-masse nach Norden geschürfte, abgescherte und zusammengestossene Sedimentmantel der Silvrettamasse.

Wie steht es nun weiter im Osten? Allgäu- und Lechtalerdecke, die bajuvarischen Schubmassen, verschwinden an der Traun unter der gewaltig vorrückenden tirolischen Einheit der Wettersteindecke. Dieselbe zieht in grossartiger Entwicklung nach Osten fort, und über ihr erscheinen die höchsten Elemente des nordalpinen Baues, die hochostalpinen **Einheiten der Berchtesgadener-,** der Hallstätter- und der Dachsteinmasse, mit einem Wort, die **juvavische Masse** *Hahns.* Dass über der tirolischen Einheit der Wetterstein-Inntaldecke eine höhere Schubmasse liegt, darüber herrscht bei allen ostalpinen Geologen Übereinstimmung. Die juvavische Masse liegt seit den klassischen Darlegungen von *Lugeon* und *Haug* als höhere Decke mit fremdartiger Facies der Wettersteindecke auf. Was aber im Einzelnen zu dieser juvavischen Einheit gehört, darüber sind bis heute die Akten noch nicht geschlossen. Die Einen rechnen beispielsweise die Dachsteindecke *Haugs* zur tirolischen Einheit, die Anderen zur juvavisch hochostalpinen, und diese Unsicherheit macht sich bemerkbar bis hinüber an den Semmering. Sie ist es auch, die das Verständnis dieser eigenartigen Deckengruppe bis heute erschwert hat.

Ich habe die betreffenden Gebiete nicht gesehen, doch scheint sich mir aus Karten und Literatur ungefähr folgendes Bild zu ergeben.

Die Wetterstein-Inntaldecke des Kaisergebirges, wir nennen sie von nun an nur noch kurz die **Wettersteindecke**, setzt über die Loferer- und Leoganger Steinberge ohne jeden Unterbruch in das Steinerne Meer und den Hochkönig, in das Hagen- und Tennengebirge, mit Sicherheit bis in die Gegend von Abtenau fort. Nördlich des Waidringertales gehören dazu die Massen der Kammerkehrgruppe, des Kien- und Rauschenberges, der Stauffen nördlich von Reichenhall, das Sonntagshorn. Die Trias bildet zwischen Alpenrand und den südlichen Plateaubergen eine flache Schüssel, in welcher Jura- und Kreidesedimente und schliesslich die juvavische Deckscholle liegen. Von Bedeutung wird, dass die Facies des Nordteils der Wettersteindecke hier noch deutlich bajuvarisch-tirolisch ist, im Südteil hingegen bereits starke Anklänge an juvavische Verhältnisse sich geltend machen. Das zeigt nur, dass wir die juvavischen Sedimente in ihrem Ablagerungsraum unmittelbar südlich der Wettersteinserie einschalten müssen. Die **juvavische Scholle** bildet im Gebiet von Berchtesgaden eine grossartige Schubmasse; Werfenerschichten liegen als deren Basis flach auf Neokom, Jura und Trias der tirolischen Einheit. Die Überschiebung der juvavischen Masse auf die Wettersteindecke ist **vorgosauisch**, die Gosau transgrediert an vielen Stellen in flachen Becken über den Deckenrand. Als Block jedoch wird das ganze System Wetterstein-Juvavische Decke auch noch von den tertiären Bewegungen ergriffen, die sich hier besonders in Brüchen und schwachen Wellungen der Gosau bemerkbar machen.

Die juvavische Schubmasse zerfällt schon in der Gegend von Berchtesgaden in eine untere, fast völlig verquetschte Zone von Hallstätterkalken mit allen möglichen anderen Trias- und Jurastufen, auch mit Neokom vermengt, und eine darüber folgende grosse Hauptmasse mit der Berchtesgadener Facies, den Dachsteinkalken. Es lässt sich also, trotz aller Gegenrede, doch innerhalb der juvavischen Masse eine tiefere «**Hallstätterdecke**» von einer höheren «**Dachsteindecke**» scheiden, die Gliederung *Haugs* besteht also vollständig zu Recht. Die Gegend zwischen Berchtesgaden und Hallein, wo die Hallstätterkalke unter die Masse des Untersberges einsinken, oder der Hohe Göll, wo Dachsteinkalk auf Jura, Lias und Trias einer tieferen juvavischen Schuppe und einer grossartigen Quetschzone liegt, zeigen dies deutlich genug.

Damit haben wir die Salzach erreicht. Es liegen demnach **zwischen Saalach und Salzach** übereinander: die **Wettersteindecke** als tirolische Einheit, darüber die **Berchtesgadener Schubmasse** mit **Hallstätter**- und **Dachsteinschuppen** als die **juvavische Decke**. Dieselbe ist **vorgosauisch** auf die tirolische Einheit geschoben worden, die Gosau transgrediert über beide Einheiten gleichmässig hinweg.

Östlich der Salzach häufen sich die Schwierigkeiten. Zunächst versinkt der tirolische Bau des Tennengebirges an der Linie von Abtenau unter juvavischen Elementen. Darüber erhebt sich der **Dachstein**. *Spengler* und *Hahn*, in neuester Zeit sogar *Kober*, sehen im Dachstein die Fortsetzung der tirolischen Einheit, eine höhere Schuppe der Wettersteindecke. Die Verhältnisse sind überaus schwierig zu deuten. Einesteils sinkt der Dachstein bei Hallstatt unter die Hallstätterserie des Plassen, andererseits bedecken an vielen Orten Dachsteinelemente, die direkt mit dem Dachstein zusammenhangen, die Hallstätterserie. Zwei Lösungen sind heute möglich: Entweder, der Dachstein selbst ist eine höhere Schuppe der tirolischen Einheit, im Sinne *Hahns* und *Spenglers*, darüber folgt die Hallstätterserie des Plassen, von Hallstatt, Gosau usw., die sich in die Basis der Gamsfelddecke fortsetzt und dort sicher von Dachsteinelementen überlagert wird. Dieser erste Fall ist aber recht unwahrscheinlich. Oder es ist die Hallstätterserie doppelt, und der Dachstein selber entspricht der Dachsteinschuppe der Gamsfelddecke. Auf jeden Fall liegen auch weiter im Osten zwei Hallstätterschuppen übereinander, und die hochalpine Dachsteindecke oft darüber. Für die Verfolgung der Faciesübergänge bleibt dies schliesslich gleich. Wir haben in jedem Falle einen Übergang der südlichen tirolischen in die Hallstätter Entwicklung, südlich derselben aber wiederum, direkt oder indirekt, eine Wiederholung der tirolischen Entwicklung. Ist doch heute die «Dachsteinserie» als eine selbständige Facies innerhalb der Wettersteindecke, innerhalb der tirolischen Einheit also, festgestellt. Wir treffen ja die Dachsteinentwicklung schon von den Steinbergen und dem Steinernen Meere an, und diese tirolische Dachsteinfacies wiederholt sich in jedem Falle südlich der Hallstätterfacies nochmals. Dies ist äusserst wichtig für das Verständnis des ganzen Zusammenhanges der Kalkalpen.

Tektonisch gesichert ist auf jeden Fall folgendes: Die **Wettersteindecke des Stauffen** setzt jenseits Salzburg in den Gaissberg und die Schafbergzüge im Nordosten des Wolfgangsees und weiter in das Höllengebirge fort. An dessen Basis erscheint in Form der Langbathscholle die Lechtalerbasis der Kalkalpen wieder. Längs der Senke des Wolfgangsees und von Ischl taucht das Faltensystem der Wettersteindecke unter die Massen der Osterhorngruppe — die vielleicht der Inntaldecke und dem Kaiser entsprechen — und weiter unter die sogenannte Gamsfelddecke ein, die im Kattergebirge grosse Bedeutung erlangt. **Diese Gamsfelddecke ist zweigeteilt.** Unten erkennen wir die Hallstätterentwicklung, oben die des Dachsteins. Genau wie drüben in der Schubmasse von Berchtesgaden, deren Fortsetzung ja die Gamsfelddecke ist. Die beiden Komplexe sind längs einer vorgosauischen Schubfläche übereinander und auf die Osterhorn- und Schafbergfalten am Wolfgangsee geschoben. Es ist die **juvavische Decke**, zweigeteilt in Hallstätter- und Dachsteinschuppe. Es könnte nun die untere Gamsfeldentwicklung über das Becken von Abtenau und Gosau mit der Serie von Hallstatt selbst sich verbinden und mit derselben am Plassen über den Dachstein hinaus in die Luft steigen. Vielleicht, dass kleinere Massen dieser Hallstätterdecke im Westen, an den Donnerkögeln, lokal etwas unter den Dachstein eingewickelt sind, ähnlich wie drüben am Sarstein östlich des Hallstättersees.

Wir hätten dann von Nord nach Süd abgewickelt die facielle Folge: Tirolisch mit Dachsteinkalk-Hallstätterfacies-Dachsteinfacies. Nur einmal tektonisch übereinandergehäuft. Dieser Zusammenhang ist aber wenig wahrscheinlich, aus folgenden Gründen:

Der Dachsteinkalk des Dachsteins selbst zieht unter der juvavischen Hallstätterdecke von Hallstatt durch, quert das Gosautal und steigt in die Hochkalmgruppe empor. Östlich des Hallstättersees sehen wir ihn im Sarstein noch weit nach Norden vordringen. Unter dieser Triasserie des Dachsteins selbst erscheint nun bei Goisern und am Pötschenpass die Werfenerbasis des Dachsteins, überschoben auf Hallstätterkalk einer tieferen Hallstätterserie. Diese selbst liegt den Jura-Kreidegesteinen des Totengebirges auf, und lässt sich in Spuren um die ganze Gamsfeldmasse bis hinüber ins Abtenauerbecken verfolgen. Stets über den sicher tirolischen Elementen und unter der eigentlichen Dachsteinserie. Auch südlich des Dachstein liegt die Dachsteinserie nach den Untersuchungen von *Trauth* nicht direkt auf der Grauwackenzone, sondern zwischen hinein schalten sich mehrere Schuppen tieferer Elemente. So trennt Werfenerschiefer die Triaswand des Thorsteins vom Werfener-Trias-Liasprofil des Rettensteins, und an dessen Basis sehen wir abermals Haselgebirge, roten Hallstätterkalk und Liasfleckenmergel in bedeutenden Massen. Also Vertreter der wahren Hallstätterdecke. Auch weiter östlich erkennen wir noch Fetzen dieser Hallstätterserie unter den Dachsteinplatte des Grimming. Vom Sarstein nach Osten sehen wir wiederum die eigentliche Dachsteinserie am Türkenkogel und Lawinenstein einer tieferen Hallstätterserie am Reschenhorn südlich des Grundlsees aufgelagert, und die südlich davon dieser Dachsteinserie aufgelagerten Klippen des Krähsteins und Rotensteins an der Mitterndorfersenke entsprechen der höheren tektonischen Etage der Hallstätterserie, dem Plassen.

Wir erkennen daher im Gebiete des Salzkammergutes eine **mehrfache Deckenfolge.** Über der sicher tirolischen Basis folgt eine erste Hallstätterdecke, über derselben die Hauptmasse der Dachsteindecke, darüber abermals eine obere Hallstätterserie. Keine dieser Hallstätterserien liegt bei Hallstatt selbst, und wir täten daher besser, die beiden tektonischen Einheiten gesondert zu bezeichnen. Die obere, die über der Dachsteindecke liegt, nennen wir die **Plassenschuppe**, die untere, die vom Dachstein überschoben wird, die **Ischl-Ausseeschuppe**. Damit erkennen wir über der tirolischen Entwicklung eine Faciesfolge **Hallstatt-Dachstein, die abermals von Hallstätterresten überfahren wird.** Es handelt sich hier um grossartige **Verschuppungen von Deckenserien**, wie drüben in Arosa an der Basis der ostalpinen Decken. Die Deckenfolge Hallstatt-Dachstein ist in einer spätern Phase der Bewegung, immer aber noch vorgosanisch, nochmals übereinander gestossen worden, als wäre es eine gewöhnliche Schichtreihe. Die vorderen Teile des Schuppenpaketes Hallstatt-Dachstein wurden abermals von Hallstättergesteinen überfahren, die ehedem weiter im Süden zurückgelegen waren. Wie eine normale Sedimentserie wurde auch hier, wie bei Arosa eine ganze **Deckenserie zu einem Schuppenbau zusammengestossen.** (Fig. 55.)

Eigentlich sollten wir über der oberen Hallstätterserie, der Plassenschuppe, nach dieser Anschauung abermals Reste der Dachsteinserie treffen. Im Salzkammergut ist jedoch davon nichts zu sehen. Wenn auch eine Dachsteindecke nochmals über der oberen Hallstätterschuppe, der Plassendecke, lag, so ist sie überall längst abgewittert. Hingegen berichten auch *Kober* und *Heritsch* von zwei übereinander liegenden Hallstätterdecken im Mürzgebiet, die dort von der hochalpinen Dachsteinentwicklung überfahren werden. Auch in der Hochschwab-Gruppe und bei Aflenz erscheinen an der Basis der höchsten Dachsteinserie oft drei Basalschuppen, die sehr wohl unserer doppelten Deckenfolge entsprechen könnten.

Wir halten demnach die Wiederholung der Hallstätterserie über der Dachsteinserie am **Plassen** und in der **Mitterndorfersenke** für ein sekundäres Phänomen, herbeigeführt durch eine nachträgliche **Schuppung** der primären Deckenserie, und betrachten daher wie *Lugeon, Haug* und *Kober* die **Hallstätterdecke** als die primär tiefere, die **Dachsteindecke** als die primär höhere Einheit. **Wir trennen daher den Dachstein** wie die obengenannten Forscher von der tirolischen **Unterlage, d. h. der Wetterstein-Inntaldecke ab,** und erkennen in ihm **das primär höchste kalkalpine Element. Hallstätter- und Dachsteindecke überschieben als höchste Schuppen der Kalkalpen die Wetterstein-Inntaldecke.** Diese beiden Elemente fassen wir heute zusammen als die **hochostalpinen Schuppen.** Wir werden aber sehen, dass diese hochostalpinen Elemente keineswegs einer besonderen kristallinen Stammdecke angehören, sondern dass sie, wie Allgäu, Lechtal und Wetterstein, im Grossen auf dem oberostalpinen tiroliden Kristallin zur Ablagerung kamen.

Die **hochostalpinen Decken des Salzkammergutes**, Hallstätter- und Dachsteindecke, sind **die höchsten Teilschuppen der oberostalpinen Decke,** die höchsten tiroliden Elemente.

Damit ergibt sich nun ein interessanter **Facieszusammenhang.** Einmal geht die gemeine bayrische Facies durch das Mittel der südlichen tirolischen Glieder in den Loferer- und Leoganger Steinbergen und im Steinernen Meer in die Dachsteinfacies des Hoch-Königs über, und daran schliesst sich unmittelbar die fremdartige Hallstätterfacies an. Südlich derselben folgt jedoch abermals die tirolische Facies des Hoch-Königs in der eigentlichen Dachsteindecke, mit Dachsteinkalk und Hauptdolomit. Es zeigt sich also das wichtige Faktum, dass sich südlich der Hallstätterfacies in den obersten hochostalpinen Einheiten die tirolische Facies wiederholt. Die Hallstätterserie erscheint damit nur als eine lokale, beidseitig von der gewöhnlichen bayrisch-tirolischen Ausbildung eingerahmte, eigenartige Sonderfacies **innerhalb** des oberostalpinen Raumes, und wir dürfen sie daher auch in den Wurzeln niemals erwarten. Die Hallstätterfacies geht ja nach Süden rasch wieder in die gewöhnliche tirolische Facies über.

Schon im Salzkammergut ergibt sich dieser überaus wichtige Zusammenhang. Die Dachsteinfacies erscheint als die südliche Repetition der «Dachsteinserien» in den südlichen Gliedern der tirolischen Einheit, der Wettersteindecke, symmetrisch derselben am Südrand der Hallstätterserie einsetzend. Aber diese Dachsteinserie geht gegen Süden sogar weiter in eine mehr und mehr terrigene, stark an die eigentlich bayrische Ausbildung erinnernde Dolomitfacies über, im Triasgebiet von Aflenz. Dort hat *Spengler* den **Übergang** der Dachsteinentwicklung in die südliche Aflenzerfacies mit **tirolisch-bayrischen Anklängen** verfolgt, und so erwarten wir denn, jenseits des gewaltigen Abbruches der Kalkalpen, auf dem tiroliden Kristallin weder die Hallstätter- noch die

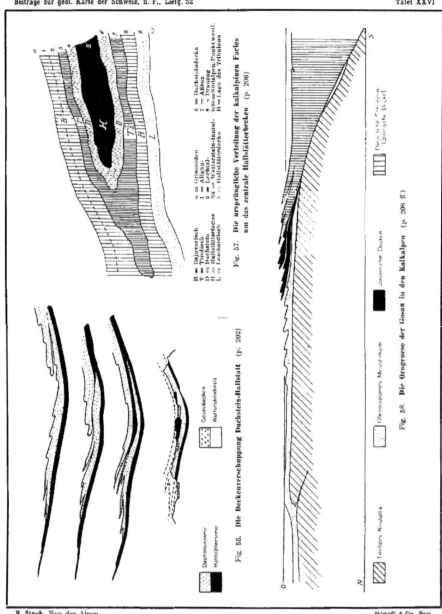

B = Bajuvarisch
T = Tirolisch
D = Dachstein.
H = Hallstätterfacies
L = Lombardisch

4 = Grünmärn.
1 = Allgäu-
2 = Lechtal-
Ma = Wetterstein-Inntal-
5 = Hallstätterdecken

6 = Dachsteindecke
7 = Allenz
8 = Druzzug
9 = Süd-Südalpin. Punkt westl.
H = Lago del Triolanm

Fig. 57. Die ursprüngliche Verteilung der kalkalpinen Facies
un das zentrale Hallstätterbecken   (p. 206)

Fig. 55. Die Beckenverschuppung Dachstein-Hallstatt   (p. 202)

Dachsteinserie
Hallstätterzone
Gosaubecken
Wettersteinbasis

Fig. 58. Die Orogenese der Gosau in den Kalkalpen   (p. 206 ff.)

Tirolisch Kristallin
Obersudalpines Mesozoikum
Juvavische Decken
Bajuvarische
(Tirolische Decke)

Dachsteinfacies mehr, sondern wiederum wie im Norden die tirolisch-bajuvarische. In der Tat zeigen die mesozoischen Inseln in Kärnten, die Trias am Königstuhl, die Trias des Drauzuges nordalpine tirolisch-bajuvarische Facies. Alle diese südlichen Vorkommnisse entsprechen dem südlich des Hallstätter Bezirkes wieder einsetzenden nördlichen Faciestypus der bayrisch-tirolischen Kalkalpen. Damit erscheint der **Drauzug** nicht mehr nur als die Wurzel der tieferen kalkalpinen Einheiten, von der Allgäuer- bis zur Inntaldecke, sondern als die **Gesamtwurzel der Kalkalpen** bis hinauf zum Dachstein. Hallstätter- und Dachsteinwurzeln müssen wir nicht mehr im Süden des Drauzuges suchen, sondern diese Einheiten reihen sich heute weit nördlich des Drauzuges in einem Raume hoch über der Zentralzone ein. Auf die genauere Stellung der hochostalpinen Teildecken kommen wir später zu sprechen, vorderhand kehren wir zurück ins Salzkammergut.

Die sichern hochostalpinen Elemente der Ischl-Aussee-, der Dachstein- und der Plassendecke ziehen über die Senke südlich des Totengebirges hinüber nach Liezen und in die Ennstalerberge hinein. Dort hat *Ampferer* in neuester Zeit beidseits des Gesäuses einen grossartigen Schuppenbau aufgedeckt. Wie drüben am Dachstein liegen auch hier höhere juvavische Schuppen dem grossen Dachsteinkomplexe auf, und sind wie dort mit der Dachsteinbasis verfaltet. Der juvavische Bau zieht also weiter nach Osten.

Schwierig ist vorderhand noch die **Stellung des Totengebirges.** Dasselbe steigt mit seiner jurassischen Bedeckung nördlich unter den Hallstättergesteinen der Ischl-Ausseeschuppen empor und überschiebt im Norden und Nordosten mit tiefen Triasschichten, mit Werfener- und Haselgebirge, die vorliegenden Trias-Juraschuppen des Höllengebirges. Man kann daher im Zweifel sein, ob es sich hier noch um tirolisches Land oder schon um eine tiefste juvavische Schuppe handle. Auf jeden Fall liegt das Totengebirge zwischen Höllengebirge und der unteren Hallstätterdecke, es stellt vielleicht ein vermittelndes Glied zwischen tirolischer Basis und streng juvavischer Decke dar. Es könnte am ehesten der Inntaldecke des Westens entsprechen.

Um den Südrand des Totengebirges keilt die Ischler Hallstätterschuppe allmählich aus, und liegt die Dachsteindecke oft direkt auf dem Totengebirge, mit Werfener- und Guttensteinerkalk direkt am Dachsteinkalk des Totengebirges. Diese Grenze zieht über das Gebirge ins Stodertal, und die Hochmölbing-Warscheneckgruppe gehört zum Dachstein. Sie ist hochostalpin. Auf dem Wurzner-Kampl am Pass Pyrrhn trägt diese Dachsteinserie wie drüben am Plassen und bei Mitterndorf weitere juvavische Deckschollen. Im Becken von Windisch-Garsten und von da über Altenmarkt und St. Barbara gegen Maria-Zell ist die Nordgrenze der juvavischen Massen gegen die «voralpinen» Decken, die tirolisch-bayrische Entwicklung, zu suchen. Auf weite Strecken überschiebt dabei die tiefere Trias der juvavischen Masse mit Werfenerschichten und Haselgebirge das voralpine Faltenland. Im Detail ist die Abgrenzung der beiden Bezirke über grosse Strecken noch zu verifizieren.

Sicheren Boden treffen wir nun wieder im **Osten,** vom Hochschwab bis hinaus ins Wienerbecken. Da haben die Untersuchungen von *Kober, Spitz, Trauth, Ampferer, Spengler*, früher schon von *Bittner*, einen prachtvollen Deckenbau innerhalb der Kalkalpen aufgedeckt. Es folgen vom Alpenrand nach Süden eine typisch unterostalpine **Klippenzone,** mit Fetzen von Granit am Pechgraben, von Porphyrit, von Serpentin; dann Grestener Schichten des Lias, Dogger, Malm und Neokom in unterostalpinem Flysch, darüber die grossen **Decken der Kalkalpen.** Es lassen sich auch hier, wie in Tirol, im grossen drei tektonische Serien der bayrisch-tirolischen Facies erkennen, die **Franken-felser-,** die **Lunzer-** und die **Oetscherdecke.** Die Oetscherdecke zieht über das Sengsengebirge, den Traunstein und das Höllengebirge in die **Wettersteineinheit** des Westens fort; die Lunzerdecke erreicht nördlich davon die Basis des Traunsteins und setzt in die Langbathscholle und damit die **Lechtaldecke** hinein; sie erscheint einerseits auch in einem grossen Fenster im Innern der Oetscherdecke im Gebiete der Alm, und trägt andererseits nördlich der geschlossenen Oetschermasse noch Klippen dieser Einheit. Unter der östlichen Oetscherdecke erkennen wir sie in den Fenstern des Schwechattales bei Baden. Die Frankenfelserdecke, die nur eine sekundäre nördliche Absplitterung der Lunzerdecke ist, könnte ein schwaches Analogon der **Allgäudecke** sein. Sie erscheint auch in Fenstern am Grunde der Lunzerdecke im Erlauftal. Die **Klippenzone** zwischen

Pechgraben, Gresten, Waidhofen, St. Veit und Wien ist selbständig, sie zeigt die unterostalpine Klippenfacies und ist der von der gewaltigen Kalkalpendecke vor sich her getriebene gequälte Untergrund. *Trauth* hat vor kurzem in einer ausgezeichneten Studie gezeigt, wie sich diese exotische Masse sowohl von der äusseren helvetischen Flyschzone wie von den Kalkalpen prachtvoll scheiden lässt. Sie trägt dabei oft Klippen der Kalkalpen, besonders der Frankenfelserdecke. Gegenüber früher bedeutet diese *Trauthsche* Arbeit eine grossartige Bereicherung unseres Wissens. Die **Klippenzone** schaltet sich demnach zwischen helvetischen Flysch und oberostalpine Kalkalpen als selbständiges **grisonides Element** ein. Als Fortsetzung der von *Cornelius* in letzter Zeit so ausgezeichnet analysierten Klippenzonen des Allgäus, und damit der **Falknis-Sulzfluhserien Graubündens** und der Klippen und Préalpen der Schweiz.

Als höchstes kalkalpines Teilelement treffen wir auch hier die **juvavischen** Massen. In den südlichen Kalkhochalpen des **Hochschwab**, der **Veitsch**, der **Schnee-** und **Raxalpe** erreichen dieselben grosse Bedeutung. Wie im Salzkammergut sind sie auch hier in **mehreren Serien** übereinandergetürmt und erkennen wir deutlich, nach den übereinstimmenden Angaben von *Ampferer* und *Kober*, eine **untere** Abteilung von **Hallstätter-** und eine **obere** von **Dachsteincharakter**. Die untere Serie ist oft doppelt übereinander gehäuft, an anderen Stellen wiederum fehlt sie auf weiten Strecken. Die obere Abteilung der Dachsteinentwicklung geht bei **Aflenz** gegen Süden wieder in die normale terrigene Dolomitfacies der tirolischen Ausbildung über. Über der Kulmination des **Semmeringgebietes**, die gegen die Südecke der böhmischen Masse bei St. Pölten zieht, ist die zusammenhängende Dachsteindecke in ein grossartiges **Klippenfeld** aufgelöst. Das ganze hochostalpine Schuppenpaket liegt, meist mit Werfenerschiefern, in der Prein aber auch mit Paläozoikum, flach den tiefern oberostalpinen Elementen auf. Hoch thronen die Plateauberge mit ihren Dolomitmauern über den Faltenzügen der Oetscherdecke. Östlich der Rax ist die hochostalpine Decke von der Erosion durchlöchert worden und erscheinen die tieferen Elemente in **Fenstern** inmitten der hochostalpinen Masse. Die bedeutendsten sind das Fenster des **Hengst** bei Puchberg, und das des **Anzberges** beim Ödenhof im Sirningtal. Auch westlich Schwarzau greift die Oetscherdecke in einem tiefen, am Schwarzriegel mit juvavischen Klippen gekrönten **Halbfenster** in die hochostalpinen Decken ein. An der Thermenlinie von Wien endlich erreicht der ganze kalkalpine Deckenhaufen den **Bruchrand** des **Wienerbeckens** und zieht unter demselben in die Karpathen hinein.

Damit haben wir in aller Kürze den verwickelten Bau der nördlichen Kalkalpen etwas zergliedert. Drei grosse Einheiten mit **bayrisch-tirolischer** Facies lassen sich im Westen und im Osten deutlich erkennen; darüber schalten sich, von der Saalach an, die **höheren** Schubmassen der hochostalpinen, der **juvavischen** Decken. Auch sie zerfallen in Unterabteilungen, die im grossen der *Haugschen* Zweiteilung in **Hallstätter-** und **Dachsteindecke** entsprechen. Nur liegt dieses juvavische Deckenpaket nicht nur einmal, sondern mindestens zweimal übereinander, sodass es zu grossartigen **Verschuppungen** der Hallstätter- und Dachsteinserien kommt. Als Ganzes jedoch sind die juvavischen Massen nicht selbständige Decken, sondern nur die höchsten Schuppen in den grossen kalkalpinen Einheit. Wir unterscheiden daher heute **5 grosse kalkalpine Decken** erster Ordnung, die alle **einer machtvollen Einheit** höherer Ordnung, dem **tiroliden Kristallin**, zugehören. Es sind dies von oben nach unten:

Die **Dachsteindecke.**
Die **Hallstätterdecke.**
Die **Wettersteindecke.**
Die **Lechtaldecke.**
Die **Allgäudecke.**

Alle diese Einheiten liegen heute zwischen Zentralzone und dem nordalpinen Flysch oder der Klippenzone zu dem gewaltigen Paket der Kalkalpen gehäuft. Auch diese Elemente ziehen im Grossen durch, vom Rheine bis nach Wien.

Nun können wir dazu übergehen, die ursprüngliche Heimat dieser heute ortsfremden Schollen etwas näher zu bestimmen. Bisher herrschte hierüber die allergrösste Unklarheit und die grösste

Divergenz der Meinungen. Die einen Forscher halten noch heute die Kalkalpen für autochthon, eine Auffassung, die für jeden einsichtigen Alpengeologen ein Unding ist, die andern beziehen die höchsten Teile aus dem fernen Gebirge der Dinariden. Hindernd für die wahre Erkenntnis des Zusammenhanges war einmal die umstrittene Stellung des Dachsteins und der Hallstätterserie, dann die Annahme, dass das nordalpine Silur-Devon die Basis der hochostalpinen Decken bilde, mit dem Grazer Paläozoikum zusammenhange und mit demselben eine höhere Schubmasse gegenüber der ostalpinen Zentralzone, im besonderen gegenüber den Muralpen bilde. Heute wissen wir, dass diese Annahmen falsch waren. Die Silur-Devonserie liegt nicht an der Basis der hochostalpinen Hallstätter- und Dachsteindecke, sondern sie bildet schon die alte Unterlage der Wetterstein-Inntaldecke und sie gehört daher ins normale Liegende der bayrisch-tirolischen Kalkalpen. Die juvavischen Schubmassen besitzen keine eigene alte Basis, keinen paläozoischen oder kristallinen Unterbau, sie sind einfach die höchsten Teilelemente der Sedimentserie der Kalkalpen.

Suchen wir dieselben nun in unsere zentralalpinen Elemente einzuordnen, den ursprünglichen Facieszusammenhang und die Wurzeln dieser heimatlosen Massen aufzudecken, diskutieren wir die Frage nach der

Herkunft der nördlichen Kalkalpen.

Im Westen sahen wir die Allgäu- und die Lechtaldecke dem Silvrettakristallin aufliegen, südlich des Wilden Kaisers sehen wir die Lechtaldecke vom Kitzbüheler Paläozoikum überschoben. Dieses trägt die Inntal-Wettersteinmasse, allerdings längs einer Gleitfläche. Bei Innsbruck erkennen wir die Überschiebung der Oetztalermasse auf die Quarzphyllite, die weiter östlich das Liegende des Paläozoikums bilden, und im Paltental überschiebt die Oetzmasse in Form der Muralpen dieselbe Grauwackenzone. Es gehören also mindestens Allgäuer- und Lechtalerdecke, und ein grosser Teil der Wettersteindecke unter die Oetzmasse hinein.

Der Vorschub des Oetztaler-Muralpenkristallins hat diese Sedimentserie von ihrem silvrettiden Untergrund abgeschürft, nach Norden getrieben und dort zu dem Kalkalpenpaket gehäuft. Sicher trifft dies für die beiden tiefsten Teilelemente zu. Die höchsten Schuppen der Wettersteindecke jedoch können schon von der eigentlichen Oetzmasse her bezogen werden. Die Hauptmasse der bajuvarisch-tirolischen Einheit, die Nappe de Bavière im Sinne *Haugs*, ist daher der sedimentäre Abschub der Silvrettadecke durch das Kristallin der Oetztalermasse. Die bayrisch-tirolischen Einheiten sind im grossen Ganzen die abgeschürfte übereinandergestossene Sedimenthaut der Silvretta. Ihr Zusammenschub erfolgte vor der nachstossenden Oetzmasse.

Damit gelangen wir dazu, die faciell und tektonisch unmittelbar südlich an die höchsten, innersten Wettersteinschuppen anschliessenden juvavischen Massen der Hallstätter- und der Dachsteindecken in den Rücken der Oetz-Muralpenmasse einzufügen, etwa in das Niveau der Kärntnerischen Triasinseln und der Königstuhltrias. Die juvavische Entwicklung würde den Raum zwischen Königstuhltrias und Wettersteindecke einnehmen, eine Annahme, die durch die Verteilung und die Übergänge der Facies weitgehend gestützt wird. Sahen wir doch, von unten nach oben, abgewickelt von Norden nach Süden fortschreitend, in den Kalkalpen die bayrische Facies über eine immer mehr dachsteinartige tirolische Ausbildung in die Hallstätterserie übergehen, diese aber südwärts abermals von tirolischer Entwicklung im Dachstein und Übergängen zu bayrischer Facies im Aflenzergebiet gefolgt. Was Wunder, wenn wir im Gebiet der zentralen Muralpen, am Königstuhl, bei St. Veit und St. Paul wiederum die bayrische Facies treffen? Im Drauzug ist dieselbe ja wiederum glänzend entwickelt. Dieser Drauzug liegt am Südrande des Oetztaler-Muralpenkristallins, er ist die Wurzel der gesamten Kalkalpen. D. h. der steilgestellte rückwärtigste Teil der kalkalpinen Sedimenthaut, die heute zum grössten Teil, von höheren Schubmassen nach Norden getrieben, in den Kalkalpen draussen gehäuft ist.

Ich rangiere also das Hallstätter- und Dachsteingebiet zwischen eine nördliche bayrisch-tirolische Facies in den Allgäu-, Lechtal- und Wettersteindecken, und eine südliche bayrische Entwicklung im Drauzug. Mit anderen Worten, die Wurzel der juvavischen Massen liegt nicht jenseits des Drauzuges, und nicht im Drauzug, sondern ist weit nördlich davon zu suchen, in dem heute längst abgetragenen Gebiet über den Muralpen und den Hohen Tauern. Die Hallstätter-Dachsteinfacies lag ursprünglich auf einem breiten Streifen Muralpenkristallin, bestimmt nördlich der heutigen Linie Stangalpe-Graz.

Damit ergibt sich ein fundamentaler Unterschied gegenüber der herrschenden Anschauung der Deckenlehre. Ich betrachte die bayrische Facies des Drauzuges und damit den Drauzug selber nicht als die direkte südliche Fortsetzung der bayrischen Facies der Nordalpen, also nicht als die Wurzel des Allgäu-Lechtal-Wettersteinkomplexes, sondern schiebe zwischen die beiden bayrischen Faciesentwicklungen, wenigstens im Osten, die tiefmeerische Ausbildung der Hallstätterfacies ein. Dieselbe ist gegen Norden, in der südlichen Wettersteindecke, und gegen Süden, in der Dachsteindecke, von der Übergangsbildung der Dachsteinfacies eingerahmt, und damit brauchen wir die Wurzel der juvavischen Decke nicht in weiter Ferne, jenseits des Drauzuges, in der dinarischen Narbe, oder den Dinariden selber zu suchen, sondern finden sie, direkt an die südliche Wettersteindecke anschliessend, im Hangenden des Muralpenkristallins.

Wir kommen also zu folgender Faciesordnung innerhalb des tiroliden Komplexes.

Anschliessend an die mittelostalpine Entwicklung der Engadinerdolomiten finden wir im Norden der Silvrettaeinheit die Allgäufacies, die gegen Süden sich langsam verändert und in die normale bayrische Facies der Lechtaler- und Wettersteindecke übergeht. Die letztere entstammt dem Grenzgebiet zwischen heutiger Silvretta und Oetztalermasse. Der Nordrand der Oetzmasse zeigte den Übergang der nördlichen tirolischen Dachsteinentwicklung, darauf folgte, wenigstens im Osten, die tiefmeerische Hallstätterfacies auf der nördlichen Hauptmasse des Oetztaler-Muralpenkristallins. Nach derselben abermals Dachstein- und bayrische Facies im tieferen Rückenteil derselben. Das Wurzelgebiet zeigt abermals die typische bayrische Facies. Der Deckenschub hat dieses ursprüngliche Nebeneinander zu dem Übereinander in den Kalkalpen gehäuft. Figur 56 zeigt den Zusammenhang.

Weiter im Westen scheinen die Hallstätter Sedimente nicht zur Ablagerung gekommen zu sein; sie fehlen dort, wo sie nach dem Obigen erwartet werden sollten, nämlich im Tribulaungebiet, und die nördliche bayrisch-tirolische Facies geht mit wenig Anklängen an den Dachstein scheinbar direkt in die südliche Facies des Drauzuges über. Es scheint daher, dass sich die tiefe Hallstätter Geosynklinale gegen Westen zu allmählich verflacht hat. (Siehe Fig. 57.)

Die Wurzeln der hochostalpinen Decken der Nordalpen sind nicht mehr südlich des Drauzuges zu suchen, sondern sie liegen hoch über dem Rücken der Muralpendecke, schon längst dem Abtrag zum Opfer gefallen. Der Südrand der Muralpen zeigt wiederum bayrische Facies im Drauzug, und es ist dieses Gebiet der normale Übergang von der nordalpinen zur südalpinen Entwicklung, wie von österreichischer Seite schon lange postuliert worden ist.

Der Drauzug ist die Wurzel der gesamten Kalkalpen. Südlich davon folgt im karnischen Gebirge der alte Unterbau der Dinariden mit seinem gewaltigen Paläozoikum. Die alpin-dinarische Grenze liegt nicht mitten im alten Block, zwischen Gailkristallin und karnischem Paläozoikum, oder an der Basis des Dinaridenperms, sondern die Grenze liegt zwischen dem mesozoischen Drauzug und dem alten kristallin-paläozoischen Block der karnischen Alpen. Dieses karnische Paläozoikum nun, das südlich des Drauzuges sofort als die eigentliche Basis der Dinariden anschliesst, dieses karnische Paläozoikum erscheint nun auch noch als weit ausgebreitete Decke über den mesozoischen Fetzen der Muralpen-Oetztalerdecke, in den Klippen der steirischen Masse, von Nösslach am Brenner über die Stangalpe bis hinüber nach Graz. Die Triasserien des Königstuhls oder des Tribulaunus entsprechen der Drautrias, sie sind die direkte nördlich umgelegte Fortsetzung derselben. Was also über derselben liegt, entspricht eben dem karnischen Paläozoikum und damit letzten Endes den Dinariden. Wir kommen also auch auf diese Weise dazu, die paläozoischen Klippen der steirischen Decke als direkte Ausläufer der Dinariden zu betrachten.

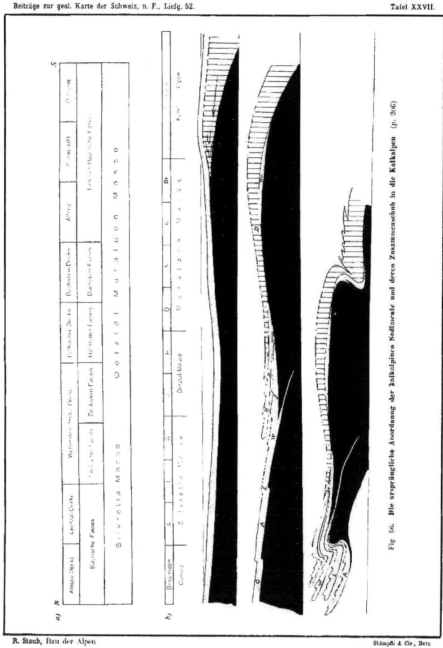

Fig. 56. Die ursprüngliche Anordnung der kalkalpinen Sedimente und deren Zusammenschub in die Kalkalpen   (p. 206)

Die Klippen des Nösslacherjochs und der Stangalpe, das Karbon von Paal, das Paläozoikum von Murau und jenes von Graz müssen daher heute von den Alpen abgetrennt und den Dinariden zugesprochen werden. Nösslacherjoch, Stangalpe, Paal, Murau und Graz sind gewaltige Klippen der eigentlichen Dinariden auf dem alpinen Deckenhaufen; die Dinariden haben also tatsächlich die Alpen bis weit über ihre Zentralzone hinaus als einheitliche Masse in Form der steirischen Decke als grossartiger Traîneau écraseur überdeckt. Die *Termiersche* Vorstellung wird damit in glänzender Weise und in grossem Ausmass, in unerwartetem Umfang bestätigt.

Die Dinariden haben die Alpen überwältigt, ihre nördlichen Teile haben die Zentralalpen auf weiten Strecken überschritten, und ihre letzten Reste ruhen heute gegen die 100 km weit vom dinarischen Block in den paläozoischen Klippen der grünen Steiermark.

Nun verstehen wir auch den Abschub der juvavischen hochostalpinen Sedimentserie von ihrer Muralpenunterlage. Wie Allgäu-, Lechtal- und Wettersteinserien durch den gewaltig andringenden Traînean der Oetz-Muralpenmasse von ihrem heimatlichen Untergrund, dem Silvrettakristallin und der Grauwackenzone, abgeschürft und nach Norden übereinandergetürmt wurden, so hat die dinarische Masse der steirischen Decke die juvavischen Sedimente des Muralpenrückens von demselben losgelöst und als gewaltige Abscherungsmasse vor sich her nach Norden, über die Wettersteinserie hinweg getrieben.

Die Überschiebung der hochostalpinen juvavischen Massen auf die Wettersteindecke ist die direkte Folge des dinarischen Vorrückens über die Alpen. Hallstätter- und Dachsteinserien sind nicht direkte dinarische Abkömmlinge, wie man des öfteren angenommen hat; wohl aber sind sie durch den dinarischen Schub von ihrer Muralpenheimat über die ihr nördlich vorliegenden Sedimentserien der Wettersteindecke gestossen worden.

Die juvavischen Decken sind durch die Dinariden von ihrem hochtiroliden kristallinen Substrat abgeschert und nach Norden über die ihnen vorliegende Serie der Wettersteindecke gestossen worden. Die Überschiebung der juvavischen Masse auf das Tirolikum ist ein Werk der Dinariden.

Dieser juvavische Schub nun aber ist, wie aus allen einschlägigen Arbeiten hervorgeht, vorgosauischen Alters. Die Gosaubildungen transgredieren an vielen Stellen direkt über Deckenkontakte. Wir kommen damit auch auf einen vorgosauischen Schub der Dinariden auf die Alpen. Ein Resultat, das sich ausgezeichnet mit der Erkenntnis der vorgosauischen Überschiebung der Murauerschollen deckt, die *Tornquist* eben festgestellt hat. Diese Verbindung des juvavischen Schubes mit den Dinariden bringt uns nun auch eine natürliche Lösung der Beziehungen zwischen vor- und nachgosauischem Schub in den Ostalpen. Wir gehen damit über zum Kapitel

3. Über das Alter der Deckenschübe in den Ostalpen.

Es ist ungeheuer viel über das «vorgosauische Alter der Ostalpen» geschrieben, diskutiert und auch geschwatzt worden, und man ist soweit gegangen, die Hauptgebirgsbildung der Ostalpen in die vorgosauische Zeit zu verlegen. Man tat dies vielleicht oft, um damit ein Argument gegen die moderne Anschauung des Deckenbaues zu bekommen, konnte man doch mit einem vorgosauischen Schub ein ungleich höheres Alter der Ostalpen gegenüber den Westalpen beweisen und damit «unwiderleglich» dartun, dass die Verhältnisse der Westalpen sich eben nicht in die Ostalpen hinein übertragen liessen und fortsetzten, da West- und Ostalpen ja offensichtlich zwei Gebirge mit ganz verschiedener zeitlicher Entstehung, völlig unabhängig voneinander seien. Heute fügt sich der vorgosauische Schub in den Ostalpen ausgezeichnet in den Rahmen der Deckentheorie.

Zunächst ist folgendes festzustellen:

Vorgosauische Bewegungen sind, ausser in den Dinariden, nur in den oberostalpinen Decken, nur in den Tiroliden zu erkennen. Alle andern, alle tieferen Elemente der Ostalpen, deren Masse ja eine ungeheure ist, und die überall unter den Tiroliden durchziehen, alle diese tieferen Elemente zeigen den vorgosauischen Bau nicht. Die penninischen Glieder führen noch Flysch, in den Tauern so gut wie im Unterengadin und Prättigau, die Grisoniden cenomane und senone Kreide und Flysch, und die Hauptmasse der ostalpinen Decken **überfährt** diese jungen Sedimente, den **Flysch der Penniden** und die **Oberkreide der Grisoniden**. **Die Überschiebung der ostalpinen Decken als Ganzes ist** daher sicher **nachgosauisch, tertiär**. Genau wie der grosse Deckenschub der Westalpen.

In den verschiedenen **Teildecken** der Kalkalpen verhalten sich die **Gosausedimente** ganz **verschieden**. In der Lechtaldecke ist die Gosau bis zur Oberkreide noch harmonisch mit dem Trias-Juragebirge zusammengefaltet; von Diskordanz der Gosau, der Kreide überhaupt, keine Spur. Aber schon in der Wettersteindecke ändert sich das Bild. Schon hier, im Westen zwar nur in den südlichsten Teilen, sehen wir, z. B. am Muttekopf ob Landeck, die Gosau diskordant auf steil gestelltem Hauptdolomit transgredieren, wir erkennen also bereits hier eine vorgosauische Faltung und Erosion des Hauptdolomites. Im Übrigen aber macht auch diese Gosau des Muttekopfs die Detailfaltung des Trias-Juragebirges der Inntaldecke noch mit. Dasselbe gilt für die Osterhorngruppe am Wolfgangsee. Wir sehen also wohl eine gewisse vorgosauische Bewegung; aber die Hauptfaltung hat auch noch die Gosau mit ergriffen und in das alpin-tertiäre Faltenwerk einbezogen. Ähnliches ergibt sich auch im Osten in den Faltenzügen der Schafberggruppe am Wolfgangsee. Auch hier erkennen wir bereits vorgosauische Tektonik, indem die Gosau über Falten der Wettersteindecke hinweggreift. Es handelt sich hier im Gebiet der Wettersteindecke um vorgosauische Falten, die von der Gosautransgression **geköpft** worden sind. Gehen wir nun aber noch einen Schritt weiter, so sehen wir endlich das ganze grosse tektonische Stockwerk der **juvavischen** Masse **vorgosauisch auf die Wettersteindecke geschoben**, und **die Gosau greift hier diskordant über den Deckenkontakt**. Sowohl die Auffahrt der Hallstätterserie auf die Wettersteindecke als wiederum der Schub der Dachsteinserie über die Hallstätterdecke, endlich sogar die Verschuppung beider Elemente, ist **älter** als die Gosauablagerung, denn die Gosau transgrediert über alle diese Deckenkontakte gleichmässig hinweg. **Ein grossartiges vorgosauisches Deckenland ist hier abgetragen und von der Gosau eingedeckt worden**.

Wir sehen also folgendes: Das ganze alpine Land bis in den Rücken der Tiroliden zeigt keine vorgosauische Faltung. Im Ablagerungsraum der Wetterstein-Inntaldecke machen sich die ersten vorgosauischen Falten bemerkbar. Alles Land nördlich davon zeigt völlige Konkordanz der Oberkreide mit den Trias-Jurasedimenten. Südlich dieses Wettersteinraumes nimmt die Bewegung an Stärke rasch zu, und wir sehen das juvavische Gebiet sich weitgehend auf das Wettersteingebiet **überschieben**. Es ist die Zone, die **den Dinariden als der schiebenden Scholle am nächsten** lag, und es erscheint daher nur als logische Folge, dass hier der Zusammenschub sich am **frühesten** geltend machen musste. Ein Teil der Dinariden überschob sich auf die südlichsten eigentlichen Alpenteile und schürfte deren Sedimenthaut vor sich her, als die juvavische Masse auf die weiter nördlich noch ruhig daliegende Wettersteinzone. Der Betrag dieser Überschiebung möchte 50–70 km erreichen. Liegt doch heute das sichtbare Südende der juvavischen Scholle um diesen Betrag nördlich der Triasinseln in Kärnten, und hat sich doch die gegenseitige Lage von Wettersteindecke und juvavischer Scholle seit der Gosau nicht mehr in grösseren Beträgen verschoben. Dieser Betrag stimmt auch ungefähr mit dem Vorstoss der Dinaridenschollen in die steirische Decke, deren Klippen um denselben Betrag nördlich des karnischen Paläozoikums liegen. Es hat also dieser vorgosauische Schub ganz gewaltige Dimensionen erreicht, die sich recht wohl mit denen unserer tertiären Decken vergleichen lassen. Doch wurde innerhalb der Alpen nur das Sedimentgebirge der südlichsten Zone der Tiroliden davon ergriffen und als Abscherungsdecke über die nördlichen noch unbewegten Sedimente der Tiroliden geschoben. Nur dinarisches Kristallin nahm an diesen vorgosauischen Verfrachtungen teil; das alpine liess sich ruhig überfahren und die Haut vom Kopfe ziehen, es wurde erst in einer späteren Phase von der allgemeinen wirklich paroxysmalen Bewegung erfasst. Die juvavischen Sedimente hingegen wurden als grossartige Abscherungsplatte nach Norden geschoben, gefaltet, verschuppt, und vor ihrer Front legten sich nun auch die nördlich benachbarten Gebiete der heutigen Wettersteindecke in schwache Falten. Dieselben sind die Folge des Druckes der andringenden Masse. Als Ganzes legte sich diese juvavische Masse auf ihr Wettersteinvorland, wie eine Epoche später sich der Kettenjura auf den Tafeljura schob, nur war das Phänomen hier viel grösser. Aber der Vergleich passt sehr gut auf diese vorgosauischen Verhältnisse. (Vgl. Fig. 58.)

Die Überschiebung der juvavischen Sedimentplatte auf das ungefaltete tirolische Vorland im Norden entspricht einem ersten grossen Paroxysmus der Alpenfaltung. Es ist der erste gewaltige Hauptstoss der Dinaridenscholle, der die juvavischen Sedimente von ihrem heimatlichen kristallinen Untergrunde löst, über die Plateaus der ruhig liegenden alpinen Serien nach Norden jagt, und über denselben zu einem grossartigen Gebirge, den kretazischen Alpen türmt. Diesem Paroxysmus folgte eine längere Pause. Das vorgosauische Alpengebirge wurde weitgehend abgetragen, durchtalt, oft, besonders im Süden, bis auf den Grund zerstört. Über dieses sterbende Gebirge flutete das Gosaumeer. Im Norden über die gehäuften Schollen der juvavischen Massen, im Süden über das durch den Abschlub der juvavischen und den Abtrag der überschobenen Dinaridenscholle entblösste Muralpenkristallin, oder spärliche Reste zurückgebliebener tirolider Trias wie in Kärnten, oder gar über die Reste der dinarischen Klippen wie bei Graz. Nördlich der juvavischen Masse lagerte sich die Gosau konkordant der noch ungestörten Sedimenttafel der nördlichen Tiroliden auf, im juvavischen Gebirge greift sie diskordant über dessen herauserodierten Decken- und Faltenkomplex, in Kärnten und Steiermark endlich über das entblösste Muralpenkristallin und die dinarischen Klippen. Bei der darauf folgenden eigentlichen grossen alpinen Hauptfaltung wurde das Muralpenkristallin mitsamt den ihm noch auflagernden Triasresten und den neu aufgelagerten Gosausedimenten als starrer Block nach Norden bewegt, so dass der vorgosauische Zusammenhang im Ganzen bewahrt blieb. Nur Brüche und sekundäre Wellungen ergreifen ja diese kärntnerischen Gosauplatten und die Gosau der Kainach, und so lässt sich die ruhige Lagerung dieser Gebiete, als passiv auf dem ganzen Block verfrachtet, mitgetragen, ohne weiteres verstehen. Das nördliche Gebiet der eigentlichen juvavischen Alpen aber wurde nun, mitsamt seiner Wettersteinunterlage, von der Muralpendecke, ihrer einstigen Basis, nach Norden gestossen und zu den obersten Schuppen der heutigen Kalkalpen gehäuft. Dabei verhielt sich die juvavische Masse mit der Wettersteindecke zusammen als ein durch Gosau zusammengeschweisster Block, der als Ganzes die tieferen kalkalpinen Elemente überschob. Dass es dabei noch zu sekundären Verstellungen und Verschuppungen, zu Brüchen und Verkeilungen innerhalb dieser heterogenen Masse kommen musste, ist ohne weiteres klar.

So erkennen wir heute folgendes:

In vorgosauischer Zeit überschob eine mächtige kristalline Schuppe der Dinariden das noch kaum gestörte Alpengebiet in seinen südlichsten Teilen bis auf 50 km Breite. Dabei wurden die Sedimente dieser südlichsten Alpenteile von ihrem Untergrund abgeschürft und nach Norden zu einem Deckengebirge auf ihr unmittelbares, heute tirolides Vorland gehäuft. Dasselbe wurde dabei zu Falten gezwungen. Diese Phänomene entsprechen einem abgeschlossenen Paroxysmus. Wir nennen denselben den dinarisch-juvavischen.

Nach dieser dinarischen Phase wurde das entstandene Gebirge abgetragen zu einem ungleichmässigen Rumpfe, und die obere Kreide, die Gosau, abgelagert. Sowohl gegen Norden wie gegen Süden gingen deren groborogenen Bildungen allmählich in die normalen Kreidesedimente über, nach Norden in die Globigerinenschiefer der tieferen oberostalpinen und der unterostalpinen Decken, nach Süden in die Scaglia der heutigen Dinariden. Bezeichnend für den dinarischen Ursprung dieses Kreideparoxysmus, dieses kretazischen Alpengebirges ist es, dass die Gosau als der grobblockige Schutt desselben nicht nur im juvavischen und zentralalpinen, sondern auch noch im nördlichsten dinarischen Gebiete, weit südlich des Bachergebirges vorkommt. Kossmat gibt die äussersten Spuren noch im Savesystem in der Gegend von Laibach an.

Die dinarisch-juvavische Bewegungsphase ergriff nur das allersüdlichste Stück des heutigen alpinen Terrains in der unmittelbaren Nachbarschaft der einheitlichen dinarischen Scholle. Das eigentliche alpine Land jedoch blieb ruhig im Norden unter seiner kretazischen Meeresbedeckung. Höchstens einzelne Stösse mögen sich dort als ferner Ausklang der gewaltigen dinarischen Schübe im Herausheben einzelner Geantiklinalen bemerkbar gemacht haben. So fällt die Gaulttransgression hieher.

Möglich auch, dass durch dieselben die Intrusionsbahnen der penninischen Ophiolithe aufgelockert wurden, und damit die Intrusion derselben eingeleitet oder doch zum Paroxysmus gebracht wurde. Diese dinarische Schubphase erfolgte nicht nur in den Ostalpen, wie bisher allgemein angenommen wurde, sondern im **ganzen alpinen Orogen**; nur sehen wir in den Westalpen nichts Greifbares davon, weil uns eben dort die höchsten ostalpinen austriden Elemente nicht erhalten geblieben sind. Und im Apennin sind sie in der Tiefe begraben.

Es ist aber wohl möglich, dass man einmal dazu kommen wird, die Intrusion der Ophiolithe in der Kreidezeit tatsächlich als die ferne Folge der dinarisch-juvavischen Schubphase im fernen südlichen Hinterland des penninischen Raumes anzusprechen. Wir hätten dann einen tatsächlichen Beweis für das Durchgehen der Bewegung bis hinüber in den Apennin. Dort enden aber die Ophiolithe, und man müsste auch an ein Ausklingen der juvavischen Bewegung gegen Westen hin denken. Dies ist tatsächlich möglich; denn dort erscheint, gewissermassen als Kompensation für das Erlöschen der kretazischen Gebirgsbildung in den alpinen Ketten zwischen Korsika und Gibraltar, die Pyrenäenfaltung im Vorland. Etwas verspätet allerdings; aber auch dies scheint verständlich, brauchte doch die schiebende Kraft eine gewisse Zeit, um sich durch die iberische Halbinsel bis ins europäische Vorland fortzupflanzen. Wir kämen also auf diesem Wege dazu, die Pyrenäenfaltung, die sich innerhalb des nördlichen Vorlandes abspielt, als eine etwas verspätete Kompensation der Gosaufaltung im Rückland, in den Alpen zu halten. Doch lassen wir weitere Hypothesen und wenden uns wieder dem sicheren Gebäude der Alpen zu.

Die ganzen Alpen, von Korsika bis hinüber nach Wien, und darüber hinaus der Karpathenstamm, lagen bis weit in die tertiäre Zeit hinein als ruhiges, relativ unbewegtes Land vor dem dinarisch-juvavischen Gebirge. Die embryonalen Bewegungen der alpinen Elemente rechnen wir **nicht** zu den eigentlich gebirgsbildenden Phasen, wie dies heute Mode wird; sie gehören, trotzdem es dabei oft schon zu beträchtlichen Überschiebungen, eben den wachsenden Deckenembryonen kam, keinem eigentlichen Paroxysmus an. **Der alpine Paroxysmus** setzte erst im **Alttertiär** mit gewaltiger Kraft ein, und zwar **vom äussersten Westen bis zum äussersten Osten. Das Alter der alpinen Hauptbewegungen ist das gleiche im Osten bei Wien** wie in der Schweiz oder drüben in **Frankreich und Italien. Die grossen Wellen der Hauptgebirgsbildung erreichen Ost- und Westalpen zu gleicher Zeit, und schufen damit erst das einheitlich gebaute Alpengebirge.** Der Deckenschub der Ostalpen, der im Besonderen die tirolischen Einheiten über die **Grisoniden und diese über die Penniden und Helvetiden** trieb, dieser **ostalpine Schub ist tertiären Alters** wie der westalpine, und der eigentliche ostalpine Bau ist der der **Westalpen**. Die Hauptbewegung erfasste die **Ostalpen** nicht **vor der Gosau**, sondern wie die Westalpen im Tertiär. Und was in den Ostalpen von vorgosauischer Tektonik vorhanden ist, das erstreckt sich nur auf einen verschwindend kleinen Teil des ganzen Gebirges, einen Teil, der aus dem fernsten Süden, aus der Dinaridennähe stammt, und der im eigentlichen Alpenbau direkt einen Fremdkörper darstellt, der bloss aus den Dinariden übernommen worden ist. Die vorgosauischen Schübe vermochten wohl die juvavische Sedimentserie vor einem dinarischen Traineau bis auf 50—70 km nach Norden zu stossen, aber sie liessen das eigentlich alpine Land, und besonders die kristalline Basis desselben, **unberührt**. Nicht ihnen verdanken wir die grossartige Überschiebung des gesamten ostalpinen Blockes über die Penniden und Helvetiden, nicht ihnen die Decke der Silvretta, die Klippe der Oetztaler oder auch nur die Überschiebung des oberostalpinen Blockes auf die Grisoniden, sondern all das ist das Werk der **tertiären allgemeinen** Alpenfaltung, die von den Westalpen bis nach Wien in immer gleicher Stärke sich offenbart. Der vorgosauische, juvavische Schub erscheint als ein erster schüchterner Versuch, die alpine Sedimentordnung über den Haufen zu werfen; aber erst dem tertiären Schub ist es gelungen, das grosse Sedimentbecken des alpinen Ozeans zu dem Deckenhaufen der heutigen Alpen zusammenzuschieben und aufzutürmen.

Der Paroxysmus der Faltung ist daher in den Ostalpen der gleiche wie in den Westalpen.

Ost- und Westalpen sind eins, ein einheitlicher Vorgang, ein einheitlicher **Schub** hat sie geschaffen, der tertiäre. Der vorgosauische Schub ist ein Detail, das wohl die Tektonik der Kalkalpen etwas trübt, aber niemals für ihre heutige Lage, ihre Struktur oder gar für die der ganzen

Ostalpen verantwortlich, oder auch nur von grosser Bedeutung ist. Für die Deckenlehre bildet er nicht die mindeste Gefahr, im Gegenteil, er lässt sich heute dank derselben besser verstehen als je.

Ein schönes Beispiel des Zusammenspielens vorgosauischer und tertiärer Tektonik, das auch die Vorherrschaft des tertiären Baues in prachtvoller Weise zeigt, sind die merkwürdigen Bogen der Umgebung von Weyer in Niederösterreich, die sogenannten Weyrerbögen. Da transgrediert in einem breiten Streifen die Gosau über die Falten der Kalkalpen, hier der Äquivalente der Lechtalerdecke, von Gross Raming am Kalkalpenrand bis gegen St. Gallen hinein. Ein ostweststreichendes Faltensystem wird von der Gosau in nordsüdlicher Richtung abgeschnitten, eine vorgosauische Tektonik vom Gosaumeer überflutet. Diese selbe Gosau aber wird nun östlich von den prachtvollen Weyrerbögen überfahren, dieselben zeigen die nachgosauische tertiäre Faltung an. Das Ganze ist heute eine Kettung zweier Falten- und Deckenbögen, eines westlichen, gegen Nord bis Nordost blickenden, von der Raming-Gosau abgeschnittenen, mit einem östlichen stark gegen Nordwesten vorgetriebenen, den tieferen westlichen Bogen übergreifenden höheren Bogen. Gross Raming liegt im Knick der beiden Bogen. Es ist eine Bogenkettung im kalkalpinen Deckensystem, durch die Gosautransgression etwas verschleiert. Der westliche Teil läuft konform dem böhmischen Rand, der östliche ist stark darüber hinweg gegen Westen ausgebaucht, was vielleicht mit dem Vordringen der Semmeringkulmination zusammenhängt, vielleicht auch einem etwas seitlichen Ausweichen der ganzen Massen vor der Spitze der böhmischen Masse zwischen Linz und St. Pölten. Auf jeden Fall aber handelt es sich auch hier um ein sekundäres innerkalkalpines Phänomen, und die grosse Deckenfront läuft auch hier nicht plötzlich Nord-Süd, entlang den Weyrerbögen, sondern ungestört rein Ostwest. Die Weyrerbögen sind also gleichfalls nicht ein Argument gegen die Deckenlehre, sondern ein Zeugnis für die grosse Beweglichkeit der Decken, deren geschmeidiges Ausweichen gegenüber allen möglichen Widerständen, und deren Anpassung an lokal stärkere Schübe. Sie fügen sich ohne weiteres in unser modernes Bild alpinen Deckenbaues, wir können sie vergleichen, wie die Kettung der helvetischen und préalpinen Bogen am Thunersee. Die vorgosauische Tektonik spielt auch hier nicht die Hauptrolle. Sie verwischt und verschleiert nur etwas den eigentlichen Zusammenhang.

Damit schliessen wir für heute unsere Betrachtungen über das verschiedene Alter der ostalpinen Deckenschübe.

Es gibt nur **einen alpinen Hauptparoxysmus,** den tertiären. Der vorgosauische Schub ist nur das schwache Vorspiel zu dem gigantischen Drama der tertiären Alpentürmung gewesen, in den Ostalpen wie in den Westalpen. Der Bau der heutigen Alpen ist tertiär, vom Meere bis nach Wien.

Unsere Reise durch die Gebirge der Ostalpen ist zu Ende. Grossartiger als je erkennen wir den Deckenbau; in überwältigender, in packender Schönheit offenbart er sich uns vom Rheine bis hinein nach Wien und von der Bernina bis hinüber zum ungarischen Tiefland. Von den Höhen des Bernina verfolgten wir die tektonischen Einheiten auf Hunderten von Kilometern durch die ganzen östlichen Alpen, in immer gleichbleibender monumentaler Grösse, von der Tiefe der Penniden bis hinauf zu den dinarischen Klippen. Ein Bau, wie er grandioser kaum irgendwo auf Erden aufgeschlossen ist.

Aber noch bleibt ein Zusammenhang zu erörtern, für die Deckenlehre von fundamentaler Bedeutung; das ist die Frage nach den Wurzeln all dieser heimatlosen Elemente. Ihr wenden wir uns nun in aller Kürze zu.

4. Die Wurzelregion der Ostalpen.

Wo sind die Wurzeln aller dieser grossartigen Decken, wo sind die Stiele aller dieser gewaltigen, nach Norden abgeflossenen Gesteinsmassen, die in so unerhörter Weise den Leib der Ostalpen aufbauen? Einst war diese Frage eine der allerschwierigsten, eine der grössten Klippen der Deckenlehre, und die landläufigen Schulmeinungen sind oft nur schwer oder gar nicht um dieselbe herumgekommen. Üppiger als anderswo sprossten die Hypothesen, und häufig genug wusste man keine rechte Antwort auf die Frage eines Gegners: «Schon gut, aber wo habt ihr die Wurzeln?» So blieb die Wurzelfrage lange Zeit eines der ungelösten Probleme der modernen Alpengeologie, und mehr als einmal wurde an ihr das Versagen, das Débâcle, das Fiasko der ganzen Deckenlehre in «hochwissenschaftlicher» Form demonstriert.

Heute ist dies allerdings anders. Die genauere Verfolgung der Decken, die verfeinerte Analyse, hat auch hier wie für so manches andere die Lösung gebracht. Die Erkenntnis ging auch hier von Bünden aus. Noch sind es keine 10 Jahre, dass *Cornelius* in unermüdlichem Forschungseifer die Wurzelzone des Veltlins analysiert hat und mit dieser Analyse den Schlüssel des Verständnisses schmiedete. Die Veltlinerwurzeln liessen sich ohne Schwierigkeiten mit dem Deckenhaufen Bünens in Verbindung setzen, und ermöglichten andererseits eine weitere Verfolgung einmal erkannter Wurzeln bestimmter alpiner Decken über grosse Räume nach West und Ost. Nach Westen erkennen wir die Wurzelgliederung des Veltlins, wie sie von *Cornelius* und *mir* aufgestellt worden ist, durch das Tessin und Ossola bis hinüber nach Turin, und heute erkennen und verfolgen wir sie auch nach Osten bis in die ungarische Ebene hinein.

Die Decken Bündens streichen durch die ganzen Ostalpen weiter, und dasselbe tun auch ihre Wurzeln. So ist denn heute, wo wir den grossen Zusammenhang mehr und mehr überblicken, auch die Antwort auf die Frage nach den Wurzeln der ostalpinen Decken, der penniden und der austriden eine leichte geworden. Einen hervorragenden Anteil an dieser heutigen Erkenntnis hat Frau *Martha Cornelius-Furlani*, die während Jahren die Wurzelregion im Süden der Tauern eingehend studiert hat, und dabei schliesslich zur selben Gliederung gekommen ist wie ihr heutiger Gatte *Hans Peter Cornelius*. Der Name *Cornelius-Furlani* wird daher auf immer mit der Wurzelfrage der alpinen Decken aufs engste verbunden sein, und diese Studien nehmen einen Ehrenplatz in der Erforschung unseres Alpengebirges ein.

Die Wurzeln der alpinen Decken kennen wir heute von Bünden bis nach Ungarn hinein. Da setzt zunächst die **Tonalezone als grisonide Wurzel** durch die Ultentalerberge über Meran in die Gegend des Jaufen fort und weiter in die Maulsergneisse, südlich begrenzt durch den zusammengehörigen Zug der Triasgesteine von Dubino-Monte Padrio-St. Pankraz in Ulten-Penserjoch-Zinseler-Mauls. Die Facies der Maulsertrias ist die Dubinofacies oder, um in der Nähe zu bleiben, die Facies der Telfer Weissen, und sie ist mit derselben von der typisch nordalpinen Entwicklung weit verschieden. Die Trias von St. Pankraz-Penserjoch-Mauls entspricht eben erst der grisoniden mittelostalpinen Wurzel; Mauls ist die Wurzel der Telfer Weissen, und liegt tief unter der oberostalpinen Wurzel der Kalkalpen begraben.

Der Zusammenhang der Tonalezone mit dem Maulserkristallin, der Zusammenhang **Dubino-Padrio-St. Pankraz-Mauls** ist der sichere Faden für unsere weitere Analyse. Wo liegt nun die Fortsetzung dieses Zuges?

Bisher hat man stets die Trias von Mauls, also unsere grisonide Wurzel, mit der Trias von Bruneck zusammengehängt, und damit die beiden nächstliegenden 35 km weit voneinander getrennten Triaslinsen miteinander verbunden. Die Trias von Bruneck aber setzt gegen Osten ohne Unterbruch in den Drauzug fort, und damit ins Hangende des Muralpenkristallins. Die Trias von Bruneck gehört also wie der Drauzug zur oberostalpinen Wurzel. Der Drauzug ist die Wurzel der Kalkalpen, wir sehen ihn auch gegen Osten in den Karawanken sich allmählich nach Norden umlegen, Verbindung suchend mit den Triasinseln von St. Paul, von St. Veit. An der oberostalpinen Natur des Drauzuges kann also gar kein Zweifel sein, und damit wird auch die Trias von Bruneck als der letzte westliche Rest des Drauzuges eine oberostalpine Wurzel. Wir stehen also nach der bisherigen Ansicht einer direkten Verbindung von Bruneck mit Mauls vor der Tatsache, dass die grisonide Wurzel von Mauls in die oberostalpine von Bruneck übergeht. Das ist nicht möglich. Ich habe mit *Termier* zusammen die Gegend von Bruneck, allerdings nur von der Eisenbahn aus gesehen, und *Termier* hat dieselbe mit *Martha Cornelius-Furlani* begangen. Unser Eindruck geht dahin, dass die Ostwest streichende Trias des Schlosshügels von Bruneck nur sehr **schwierig den Nordrand** des Brixnergranits, und damit die Zone der Maulsertrias erreichen kann. Wir sind vielmehr der Meinung, die Trias von Bruneck streiche südlich am Brixnergranit vorbei, und der Brixnergranit gehöre nicht in die Dinariden wie bisher angenommen, sondern sei eine **ostalpine Wurzel.** Die

Trias von Bruneck zielt deutlich **südlich am Brixnergranit vorbei**, sie ist wahrscheinlich mit der Naiflinie südlich des Iffinger und den ähnlichen Störungen südlich Meran in Zusammenhang zu bringen. Jedenfalls steht schon heute sicher, dass der Brixnergranit und die Iffingermasse zwischen zwei grossartigen Störungslinien sich befinden, und isoklinale Wurzelstellung haben. Die nördliche Linie ist die Quetschzone mit der Trias von Mauls und vom Penserjoch, die südliche entspricht fast sicher der Trias von Bruneck.

Wir kommen also dazu, die oberostalpine Wurzel von Bruneck, den Uranzug, nicht nach Mauls und von da nach St. Pankraz zu verlängern, sondern **südlich des Brixnergranits und des Iffinger vorbei in die Naiflinie** und die **Störung um Völlan**. Damit werden Brixnergranit und Iffingertonalit, deren höheres Alter schon lange feststeht, zu oberostalpinen Wurzeln.

Der **Iffinger und die Granitmasse von Brixen**, richtiger gesagt, der **Franzensfeste**, erscheint daher als die **Wurzel der Oetztaler, der Silvretta, der oberostalpinen Decke** überhaupt. Iffinger und Brixnergranit sind die tirolide Wurzel und werden damit von den eigentlichen Dinariden, dem Dolomitensockel, getrennt.

Damit müssen wir nun für Mauls eine andere nördlichere Fortsetzung suchen. Dieselbe ist ohne weiteres gegeben durch den Triaszug von Kalkstein im Villgrattentale. Wie Mauls und Ardenno liegt auch dieser Triaskeil innerhalb der Tonalezone, die durch die «alten Gneisse» mit Amphiboliten, ihre pegmatitische Injektion, mit ihren Granitstöcken und alten Marmoren so deutlich ausgeprägt ist wie drüben am Tonale selbst oder im Veltlin. Die Serie nördlich der Trias von Kalkstein gehört zur grisoniden Wurzel; die Serie südlich davon, in der Quarzphyllite vom Edolotypus, besonders östlich von Toblach-Innichen, eine grosse Rolle spielen, ist die kristalline Wurzel der oberostalpinen Decken, der Tiroliden. Westlich Bruneck treten die Paragesteine nur sehr zurück wegen seitlicher Ersetzung durch den Brixenergranit.

Die oberostalpine Wurzel zieht durch den Drauzug und das kristalline steilgestellte Gebirge nördlich desselben weit nach Osten. In den **Lienzerdolomiten** ist das oberostalpine Wurzelmesozoikum zu einem grossartigen Gebirge getürmt, in dem eine ganze Menge von Schuppen sich häufen. Von einem geschlossenen Faltengebirge ist hier nichts zu sehen. Natürlich können einzelne Falten auftreten, die für sich geschlossen sind; aber das zeugt noch lange nicht gegen die Wurzelnatur des Ganzen. **Ist doch eine Wurzel nur der steilgestellte rückwärtige Teil einer Decke**, und kennen wir doch aus den alpinen Deckenrücken Tausende von in sich wohlgeschlossenen Falten. Warum sollen also hier keine vorkommen?

Der Bau der Lienzerdolomiten im Grossen aber ist ein isoklinaler Wurzelschuppenbau. Das zeigt sich überall, im Pustertal, bei Lienz und wieder im Osten südlich von Spittal. Durch die **Enge von Villach** zieht dieser Drauzug, wie im Westen in einzelne Keile aufgelöst, in die **Nordkarawanken**, in den **Hochobir** und den **Petzen** hinein, und erreicht schliesslich, zu engem Zuge zusammengequetscht, oft durch Gosau überdeckt und verschleiert, den Südrand des Bachergebirges und die kroatische Ebene. Auch bei **Eisenkappel** ist die Wurzelnatur eine klare, und gerade hier sehen wir den steilstehenden überkippten Wurzelzug in scharfem Knie sich über das Muralpenkristallin hinüberlegen. Auf der ganzen Strecke, vom Bacher bis nach Spittal an der Drau, sinken überall die Muralpengesteine vor dem Drauzug in die Tiefe zu ihrer Wurzel. Das Scheitelgewölbe, das Decken- und Wurzelland in diesem kristallinen Komplexe trennt, ist an mehreren Orten prachtvoll zu sehen; so am Bacher, dann in der Nähe von Spittal und bei Klagenfurt. Die Trias der Stangalpe setzt nicht in den isolierten Kalkzug nördlich der Lienzerdolomiten fort, wie *Kober* meint, sondern ist direkt mit dem Drauzug in Verbindung zu setzen, und der fragliche Kalkzug ist alt, ein Äquivalent der alten Marmore der Muralpenmasse. Das Stangalpenkarbon oder das Murauer Devon treffen wir nirgends an der Basis des Drauzuges, wie es nach *Kober* der Fall sein müsste, wohl aber südlich davon in den Dinariden, der karnischen Kette; und was wir im Liegenden des Drauzuges, d. h. nördlich desselben sehen, das ist das Normalprofil der Nordalpen, mit Verrukano und Werfener über Grauwacken und Quarzphylliten.

Damit kennen wir die Wurzel der oberostalpinen Decken vom Bacher bis hinüber nach Meran und hinein ins Ultental, auf eine Länge von gegen 350 km. Südlich Val di Sole trifft sie auf den tertiären Adamellostock; *Henny* hat hier die Verhältnisse klargelegt. Jenseits desselben erscheinen in gerader Fortsetzung die Edoloschiefer und damit die Zone der Catena Orobica, die wir ihrerseits nun auf 200 km Länge vom Adamello bis westlich des Langensees verfolgen. Wir werden die Südgrenze dieser Zone, die alpin-dinarische Grenze später genauer festlegen. Vorderhand fassen wir den **Zusammenhang** zusammen.

Die Catena Orobica als tirolide Wurzel setzt in den Iffinger und den Brixnergranit fort, weiter in die Pustertalerphyllite, und durch diese längs dem Nordrand des Drauzuges bis hinüber an den Bacher. Im Westen ist der Zusammenhang von Wurzel und Decke durch die Abwitterung überall völlig unterbrochen; im Osten aber ist er erhalten, und sehen wir die kristallinen Gesteine nördlich des Drauzuges, also die Fortsetzung der Pustertalerphyllite, der Edoloschiefer, der Catena Orobica, direkt in die **Muralpen**, das Äquivalent der Oetztalermasse übergehen.

Die oberostalpine Wurzel ist damit festgelegt vom Lago Maggiore bis zum Bacher.

Die nördlich anschliessende grisonide Wurzel erkennen wir von Ivrea bis ins Villgratental südlich der Hohen Tauern, stets von der oberostalpinen Wurzel getrennt durch Quetschzonen und weit auseinanderliegende, aber immer wiederkehrende Triaslinsen ostalpiner Facies. Solche ziehen in langem Zuge vom Passo San Jorio über Dubino, Ardenno, Monte Padrio, St. Pankraz, Penserjoch und Mauls bis hinein nach Kalkstein. Die Trennung ist auf fast 300 km Länge eine ausgezeichnete. Im Kristallin zieht diese Trennung weiter, erreicht nördlich Lienz das Iseltal und über den Berg Isel, die Heimat *Defreggers*, die untere Möll. Von dort aber fehlen keine 50 km mehr bis in die südlichsten Sedimentlinsen der oberen Radstätterdecken zwischen Gmünd und St. Peter am Katschberg.

Die Trias von Kalkstein setzt zweifelsohne in die letzten Triasreste der Radstätterdecken am Katschberg fort, in die mittelostalpinen Elemente, wie drüben ihr Äquivalent bei Mauls in die Telferweissen, oder der Monte Padrio in den Ortler. Die **Wurzel von Kalkstein ist** also **die Wurzel der Radstätterdecken**, und was bisher in der sogen. «Matreierzone» als «Radstätterwurzel» bezeichnet worden ist, ist rein penninisch und hat mit eigentlichen Radstätterelementen nichts weiter zu tun.

Die Wurzeln der penninischen Glieder der Ostalpen haben wir schon besprochen. Sie sind überall vorhanden. Damit fassen wir zusammen.

Die penninischen Elemente der Tauern wurzeln am Südrand der Tauern selbst, der Zusammenhang zwischen Decken und Wurzeln ist nirgends unterbrochen, stets findet man irgendwo den Faden, der von der Deckeneinheit zur Wurzel führt. Die grisoniden **Glieder der Ostalpen**, also Ortler, Telfer Weissen, Tarntalerköpfe, Klammkalke, Radstättertauern, **wurzeln in der Tonalezone nördlich des Triaszuges** St. Pankraz, Penserjoch, Mauls, Kalkstein. Dieser Zug ist die Wurzel des mittelostalpinen Mesozoikums, d. h. der Telfer Weissen, des Ortler, der oberen Radstätterdecken. Die unterostalpinen Elemente, Tarntalerköpfe, Klammserie und untere Radstätterdecken vereinigen sich schon, wie in Bünden die Campo- und die Berninadecke, vor ihrem Niederbiegen zur Wurzel mit dem mittelostalpinen Stamm zu der einen grisoniden Einheit, deren Wurzel wir eben in der **Tonalezone** sehen. Einzelne isolierte Fetzen unterostalpiner Synklinalen mögen darin noch vorhanden sein und von der weiteren Forschung gefunden werden.

Die tiroliden Glieder der Ostalpen, Oetztaler, Silvretta, Quarzphyllite, Grauwackenzone, Muralpen, endlich die ganze gewaltige Platte der nördlichen Kalkalpen, die Innsbrucker Kalkkögl, der Tribulaun, die Königstuhltrias, dies alles wurzelt in der Zone, die **von Edolo über den Adamello, den Iffinger, den Brixnergranit und die nördlichen Pustertalerphyllite** in die **Nordflanke des Drauzuges** zieht; der **Drauzug** selber ist die **Wurzel der tiroliden Sedimentserie,** der **Kalkalpen.**

Die höchste Deckenmasse der Ostalpen endlich, das Paläozoikum von Nösslach, das der Stangalpe, von Paal, Murau und Graz, die steirische **Decke,** wurzelt südlich des Drauzuges, in der **karnischen** Kette, d. h. in den **Dinariden.**

Damit haben wir die Wurzeln aller ostalpinen Elemente aufgedeckt. **Jede grosse Deckengruppe hat ihre eigene Wurzel**, genau wie im Westen auch. Die Decken Bündens verfolgten wir ohne Unterbruch nach Osten bis an die Tore Wiens und die ungarische Ebene, und mit ihnen verfolgen wir heute auch ihre komplizierten kristallinen Wurzeln von der Adda bis zum Bacher.

Der Deckenbau der Schweizeralpen zieht mitsamt seinen Wurzeln durch das ganze Gebirge geschlossen nach Osten durch.

Wir sind am Ende unserer Wanderung durch unser herrliches Hochgebirge angelangt. **Ein Gesetz beherrscht diesen gewaltigen Bau, das der grossen Decken. Sie ziehen durch vom Meere bis nach Wien.**

Damit schliessen wir den grossen Hauptabschnitt über das alpine Deckengebirge und wenden uns der dritten grossen Haupteinheit der Alpen zu, dem dinarischen Rückland.

III. Das dinarische Rückland.

Den starren Block der Dinariden erkennen wir als die treibende Kraft, die erzeugende Scholle des alpinen Deckenbaues, die nimmerruhend, in unentwegter Nordwanderung die Sedimente des alpinen Ozeans in Falten zwang, zu Decken übereinander häufte und in gewaltigem Stosse auf das europäische Vorland trieb. Der dinarische Block als die grossartige **Vorhut der afrikanischen Tafel** ist das aktiv treibende Element bei der Alpentürmung gewesen. Ihm wenden wir uns nun zu.

Zunächst erhebt sich seit alter Zeit, seit den Tagen, da *Suess* in seiner «Entstehung der Alpen» die Dinariden als eigenes Gebirge von den wahren Alpen sonderte, die Frage: «Wo liegt tatsächlich die genaue Grenze dieser beiden Gebirge? Gibt es überhaupt eine solche Grenze oder verschmelzen die beiden Gebirge gewissermassen miteinander zu einem einheitlichen Bau?» Es ist die heikle Frage der alpin-dinarischen Grenze, die wir zunächst zu beantworten haben.

1. Die alpin-dinarische Grenze.

Noch ist der alte Streit um die alpin-dinarische Grenze in vollem Gange, noch stehen sich die Meinungen der verschiedenen Schulen und innerhalb derselben der einzelnen Forscher heute in aller Schärfe gegenüber, und was der eine als richtig geglaubt erkannt zu haben, wird vom andern mit gewichtigen Argumenten bekämpft. So sind wir denn auf den ersten Blick weiter als je von einer befriedigenden Lösung dieser fundamentalen Frage, und erhalten scheinbar diejenigen recht, die überhaupt eine scharfe Grenze zwischen Alpen und Dinariden in Abrede stellen und die Dinariden als zum alpinen Gebäude gehörig betrachten.

Das stimmt wohl in grossen Zügen, aber eine alpin-dinarische Grenze existiert doch,⁂ nur nicht gerade dort, wo man sie bisher stets gesucht hat. Die Lösung der alten Streitfrage wird eine ganz einfache, sobald man die Grenze dort sucht, wo man sie wirklich erkennen kann. zwischen Mesozoikum und Altkristallin oder Paläozoikum, und nicht gerade mitten durch die altkristallinen Schiefer, wo sie niemand sieht.

Das dinarische Gebirge stösst, auf der ganzen Linie vom Piemont bis in die Ebene Ungarns, an das Gebiet der alpinen Wurzeln. Was ist daher logischer als die Grenzlinie, den grossen Schnitt zwischen den beiden Gebirgen, dort zu suchen, wo dieses Wurzelland seine südliche Grenze erreicht, d. h. am Südrand der Wurzel der höchsten alpinen Decke? **Die alpin-dinarische Grenze liegt daher am Südrand der oberostalpinen Wurzel**, und sobald wir über diese Wurzel einig sind, ergibt sich die alpin-dinarische Grenze von selbst. Es ist die Grenze zwischen dem kristallinen Sockel der Dinariden im Süden und dem kristallinen Wurzelgebiet der oberostalpinen Decke.

Aber gerade über diese Wurzelgebiete herrschte ja bis in die jüngste Zeit hinein die grosse Unsicherheit. Was der eine als alpin bezeichnete, betrachtete der andere als dinarisch und umgekehrt. Es fehlte eben die systematische Verfolgung der Zusammenhänge zwischen Decken und Wurzeln, alle und jede Parallelisierung von Wurzel- und Deckengebiet lag ja, besonders für die höheren

Elemente, und speziell im Osten, ganz in der Luft. Leute, die von den tatsächlichen Zusammenhängen der Decken und Wurzeln in Bünden und im Veltlin keine Ahnung hatten, erklärten das Canavese und die Zone von Ivrea, das Seengebirge, die Catena Orobica als dinarisch, und im Osten wurde, abermals in Verkennung der wirklichen Zusammenhänge, die Trias von Mauls als die oberostalpine Wurzel angesehen und die alpin-dinarische Grenze an den Nordrand des Iffinger-Brixenermassivs gelegt. Zwischen Veltlin und Meran herrschte die grösste Unsicherheit; im Allgemeinen hielt man die Tonalelinie, von Dubino über den Tonale nach Meran, und von dort den Nordrand des Iffinger für die grosse Grenzlinie. Im Osten zog man dieselbe mitten durch das alte Gebirge der karnischen Alpen, entweder durch das Gailkristallin oder den Nordrand des karnischen Paläozoikums, mitten durch die kristallinen Schiefer von Eisenkappel oder die konfuse Tonalitnarbe, oder schliesslich, wie Termier in allerneuester Zeit, an der Basis des Dinaridenperms, der Dolomitentafel. Dadurch ergab sich eine ungefähre Linie, die von Ivrea durch das «Canavese» nach Locarno, von dort über den Jorio ins Veltlin und über den Tonale nach Meran und Mauls verlief, im Osten durch das dinarische Sockelgebiet südlich des Drauzuges und der Karawanken. Eine Linie, die in Wirklichkeit alle möglichen alpinen Wurzelstücke enthält, und die von der tatsächlichen Dinaridengrenze gekreuzt wird. Zwischen Ivrea und Locarno war es die Wurzelsynklinale zwischen Penniden und Grisoniden, von da bis Bruneck die Grenze zwischen Grisoniden und Tiroliden, von da nach Osten verlief sie in Wirklichkeit im dinarischen Block. Diese alte alpin-dinarische Grenze ist daher heute unhaltbar geworden, sie entspricht den tatsächlichen Verhältnissen in keiner Weise.

Der Zusammenhang der Wurzeln und Decken in Bünden und den Tauern hat uns gezeigt, dass die oberostalpine Wurzel südlich der Linie Mauls-Tonale-Dubino-San Jorio liegen muss. Diese Studien und ihre Erweiterung nach West und Ost haben uns die Wurzel der höchsten alpinen Einheiten aufgedeckt, und heute kennen wir dieselbe vom Piemont bis hinüber nach Ungarn. Ihre Südgrenze entspricht der alpin-dinarischen Scheide. Sehen wir näher zu.

Den Südrand der oberostalpinen Wurzeln bildet auf eine Länge von über 250 km der mesozoische Zug der Karawanken und der Gailtaleralpen, der sogenannte **Drauzug**. Von der Südseite des Bachergebirges bis hinüber nach Bruneck bildet sein Mesozoikum, Trias und Jura, die scharfe Südbegrenzung des alpinen Wurzellandes. Nördlich folgt das kristalline Land der Muralpen, das sich bald zur ausgesprochenen alpinen Deckenlagerung überlegt, südlich bilden Gailkristallin und karnisches Paläozoikum den alten Unterbau der Dinariden. Innerhalb desselben gibt es wohl grossartige Mylonitzonen und weitgehende tektonische Zermahnungen, aber nirgends eine Grenze von der Grössenordnung und Schärfe wie die durch den Drauzug vermittelte zwischen Muralpenkristallin und Dinaridensockel. Die Grenze beispielsweise durch die Hüllschiefer des Tonalits von Eisenkappel zu ziehen, ist ebenso unnatürlich wie die Behauptung, sie gehe durch den Tonalit selbst, oder der Tonalit sei auf der Grenznarbe zwischen beiden Gebirgen aufgedrungen. Der Tonalit von Eisenkappel ist ein altes Gestein; es zeigt mit der Trias der Koschuta wohl einen mechanischen, aber nirgends einen primären Intrusivkontakt. Es unterscheidet sich auch in seinem Aussehen von den wahren jungen Tonaliten des Adamello und des Bergells. Die grosse Trennung zwischen Alpen und Dinariden ist daher der Drauzug selber, und nicht eine unsichere zweifelhafte Linie im südlich anschliessenden Kristallin oder im Paläozoikum oder im Tonalit. Da wir den Drauzug aber auch als die Wurzel der nördlichen Kalkalpen betrachten müssen, er ist noch ein typisch alpines Glied, so legen wir die alpin-dinarische Grenze an den **Südrand der Drautrias**, zwischen sie und das südlich anschliessende karnische Gebirge. Das karnische **Gebirge** rechnen wir zur **normalen Unterlage der Dinariden**; es ist der **herzynische Sockel** derselben, mit der klassischen oberkarbonischen Diskordanz der Altaiden.

Damit ist **vom Bacher bis nach Bruneck** die **wahre alpin-dinarische Grenze** vollkommen klar.

Man wird mir nun entgegenhalten, die Drautrias sei an vielen Stellen primär mit dem südlichen Dinaridensockel verbunden. Gut, ich behaupte keinesfalls das Gegenteil, sondern sehe darin eben den eigentlichen, ursprünglichen, faciellen Übergang von den Alpen zu den Dinariden. Wenn der Drauzug im Grossen nur eine, allerdings durch Schuppung enorm komplizierte, sonst aber normale Sedimentmulde höheren Stils zwischen südlichstem alpinem und nördlichstem dinarischen Lande ist, so zeigt dies eben, dass es zwischen den obersten alpinen Elementen und den Dinariden in Wahrheit **keinen Sprung gibt**, sondern einen allmählichen **Übergang**, und dass wir darum sagen können, es existiert zwischen Alpen und Dinariden gar keine tiefe Trennung, sondern dieselben sind miteinander durch den Drauzug **zu einem Block verknüpft**. Die Trennung von Dinariden und oberostalpiner Wurzel ist kaum grösser als die zwischen penninischen und ostalpinen Elementen, der Facies nach sogar eher kleiner, und so können wir heute, trotz der Festellung einer existenten Grenze, noch immer sagen: es gibt kein eigenes dinarisches und kein eigenes alpines Land, sondern **Dinariden und Alpen verschmelzen zu einem untrennbaren Ganzen**. Die Dinariden gehen durch das Mittel der oberostalpinen Wurzeln in die höchsten alpinen Decken über, die oberostalpinen Decken hangen unter der Drauzugmulde mit den Dinariden zusammen und legen sich als **direkte nördliche Fortsetzung der Dinaridenscholle** über das tiefere alpine Land hinweg. und die **Dinariden sind nur die zurückgebliebenen**, an der Wurzellinie **tief versenkten südlichen Teile der oberostalpinen Decken**. Nichts anderes als die phantastische Theorie von *Termier*! «**Die oberostalpine Decke liegt als eine nördliche Fortsetzung der eigentlichen Dinariden, als ein Stück dinarischen Landes, auf den eigentlichen Alpen.**» Die Auffassung der Dinge, wie ich sie seit 1915 formuliert und verteidigt habe. **Alpen und Dinariden sind ein und dasselbe Orogen**, sie sind ein und dasselbe Gebirge, und **die Dinariden stellen nur dessen höchste tektonische Elemente dar.** Einen Sprung zwischen Alpen und Dinariden gibt es nicht, es existiert nur ein allmählicher Übergang vom alpinen zum dinarischen Regime. genau wie zwischen penninischem und ostalpinem. oder zwischen helvetischem und penninischem. Aber niemals stossen an der Dinaridengrenze zwei verschiedene Gebirge mit ihren Rücken zusammen, und niemals ist diese Grenze der Ort grossartiger magmatischer Tätigkeit gewesen, wie bis heute aus der Verbreitung der Tonalite geschlossen worden ist.

Die alpin-dinarische Grenze ist nicht mehr als eine **Deckengrenze** innerhalb des alpinen Deckenhaufens; sie trennt und **verbindet zugleich** Alpen und Dinariden als Glieder eines geschlossenen einheitlichen Gebirges. Es gibt keine nordbewegten Alpen gegenüber südbewegten Dinariden, sondern **nur nordbewegte Glieder ein und desselben Alpenstammes.** Die scheinbare Südbewegung in den Dinariden ist eine Rückfaltung. dasselbe Phänomen wie die Überkippung der alpinen Wurzeln; im Grunde genommen nur ein oberflächliches Ausweichen der als solche nordbewegten Scholle vor dem immer stärker sich wölbenden Leib der zentralen Alpenteile. Wir kommen darauf zurück.

Vorderhand verfolgen wir unsere alpin-dinarische Grenze nach dem Westen.

Gegen das Pustertal zu wird der Drauzug als das trennende Element immer schmäler; eine Teilsynklinale nach der andern hebt, konform mit dem Ansteigen der Axen zur grossen Tauernkulmination und dem Andrängen der Dinariden an den Brenner, gegen Westen in die Luft hinaus, und nur die tiefsten Mulden erreichen über Sillian das obere Pustertal. In isolierten Fetzen erkennen wir die Trennung bis über Bruneck hinaus. Das kristalline Gebirge beidseits der Trias ist nicht oder kaum verschieden; wiederum ein Zeichen, dass wohl eine Trennung in Form der Draumulden existiert, aber **keine tiefgehende**. Das Kristallin der oberostalpinen Wurzel geht schon hier um die untersten Spitzen der Drautrias ohne Lücke in das dinarische Sockelkristallin über. Die gleiche Erscheinung wie drüben im Westen, in der Bergamaska und im Tessin. Aber eine tektonische Trennung zwischen Alpen und Dinariden existiert in Form dieser Triaszüge durch das ganze Pustertal hinaus bis über Bruneck, und diese Trennung zieht südlich des Brixnergranites als eine grossartige Quetschzone im Brixner-Quarzphyllit bis gegen die Eisack hin. *Sander* und *Furlani* haben sie aus der Gegend von Mühlbach beschrieben. Dann verliert sie sich vorerst, taucht aber westlich der Eisack schon bei Pens in der sogenannten «Naiflinie» südlich des Iffinger, also in der Fortsetzung der Pustertalerlinie, wieder auf.

Es lässt sich daher heute schon mit Sicherheit erkennen, dass die alpin-dinarische Grenze nach dem Ausspitzen der Drautriasmulden als tiefgreifende **Quetschzone im Kristallin** noch weiter gegen Westen zieht und in die sogenannte «Naiflinie» südlich des Iffinger mündet. **Die «Naiflinie» trennt die oberostalpine Wurzel des Tonalites vom Schild des Bozener Quarzporphyrs.**

Der Tonalit des Iffinger wird also von zwei grossen Störungslinien begrenzt. Die nördliche liegt in der Fortsetzung der Maulser- und Penserjochtrias, es ist die Grenze gegen die Grisonidenwurzel; die südliche trennt die oberostalpine Wurzel mit ihrem Tonalit vom eigentlichen Dinariden-Sockel. Diese beiden Linien finden wir wieder jenseits der Etsch.

Der Tonalit des Iffinger setzt in den Tonalit des Kreuzberges fort. Westlich desselben erscheint als die Fortsetzung der Maulser- und Pensertrias die Dolomitlinse von St. Pankraz in Ulten, östlich als die Fortsetzung der Naiflinie die sogenannte Linie von Völlan. Dieselbe trennt wie östlich der Etsch den alpinen Tonalit vom dinarischen Porphyrschild. Stellenweise ist an der Grenze selber wie am Naifpass unterstes Mesozoikum eingeklemmt, sodass der Zusammenhang, resp. die Trennung überaus klar wird. Bis südlich des Kreuzberges erkennen wir also die Gliederung des Ostens mit aller Deutlichkeit wieder. Am Laugenspitz hingegen scheint sich dieselbe zu verlieren. Dort legt sich der Bozener-Porphyr in mächtiger Platte nach Westen über und erreicht mit seiner Verrukanobasis beinahe das Marauntal. Die Dinariden greifen also hier plötzlich stark nach Westen vor. Wo liegt die Fortsetzung des Tonalits?

Bis heute setzte man die Störung von Völlan an der Ostseite des Kreuzbergtonalites ohne weiteres in die analoge des Gampenjoches östlich der Laugenspitze fort, und über die Malga-Mosco hinab in die Cleser- und Brentaüberschiebung. Der Tonalit müsste in diesem Falle unter dem Quarzporphyr des Laugenspitzes weiterziehen, mit ihm die oberostalpine Wurzel, und in den Schluchten südlich des Monte Ori würde dieselbe anscheinend vollständig von dinarischer Trias umhüllt und ummantelt, es könnte keine Wurzel mehr sein. Nur ein schmaler Streifen von knapp 600 Metern würde am Torrente Barnes am Noceknie nördlich Cles eine schmale Möglichkeit zu einem Weiterstreichen dieser Zone gegen Südwesten offenlassen. Diese Möglichkeit besteht und sie sei damit hervorgehoben. Es sei auch auf ähnliche Einschnürungen dieser Zone im Tale von Pens hingewiesen. Aber daneben besteht auch noch die andere Möglichkeit, dass die Völlanerlinie vom Innenrand des Kreuzbergtonalites gar nicht östlich der Laugenspitze zum Gampenjoch hinaufstreicht, sondern über das moränenbedeckte Plateau westlich Plazers das Marauntal und damit die Judikarienlinie Hofmahd-Proveis-Malè erreicht. Ich halte zur Zeit diese Lösung für die Gegebene und betrachte im ferneren die Störungen am Monte Pin und an der Cima Lac als die streichende Fortsetzung der St. Pankrazertrias. Vielleicht erreicht diese Linie das Nocetal erst bei Mezzana und schwenkt dort in die Tonalelinie ein. Sehen wir doch dort einen Amphibolitzug ganz unmotiviert schief nach Nordosten hinauf streichen. Der Schutt der Val di Sole ist für eine klare Erkennung des wirklichen Zusammenhanges äusserst hinderlich, und wirkliche Klarheit werden gewiss erst neue Aufnahmen zwischen Meran und dem Tonale bringen. Das Eine aber scheint mir heute gesichert, dass, so oder so, die beiden grossen ostalpinen kristallinen Wurzelzonen von der Etsch weg bis zum Adamello durchstreichen, die nördliche grisonide in mächtiger Entwicklung, die südliche tirolide schmächtiger. Genau wie im westlichen Pustertal ja auch. Die Trennung von St. Pankraz zieht in die Tonalelinie hinein, die von Naif-Wöllan in die nördliche Judikarienlinie. Südlich Dimaro aber erreicht dieselbe den jungen Tonalit der Presanella und wird von ihm abgeschnitten.

So gewinnen wir die Verbindung mit dem Westen. Die Trennung von Mauls-Pens-St. Pankraz zieht über den Tonale längs Mylonitzonen ununterbrochen in die Triaszüge des Monte Padrio, von Ardenno und Dubino fort, und damit in die Trias des Passo San Jorio. Das kristalline Gebirge nördlich derselben ist die Wurzel der grisoniden Elemente, wie im Veltlin ja einwandfrei zu sehen ist; die südlich anschliessende kristalline Zone der Catena Orobica und des Seengebirges ist die Wurzel der Tiroliden, der oberostalpinen Decken.

Vom Tessin bis zum Tonale ist diese tirolide Wurzel stets ausgezeichnet von der grisoniden getrennt; es ist die alte «alpin-dinarische» Grenze, die hier auf weite Strecken mit monumentaler Grosszügigkeit durchstreicht. Wo aber liegt die wahre Grenze zwischen Alpen und Dinariden?

Der dinarische Sockel der Bergamaskeralpen wird durch eine grossartige Störungslinie auf der ganzen Strecke, vom Comersee bis zum Adamello, scharf vom tiroliden Wurzelgebirge getrennt. Es ist der lange Zug permotriadischer Mulden und

Pakete, die das steilgestellte Veltliner Kristallin von den bergamaskischen Kalkalpen scheiden. Östlich Val Camonica streicht diese Linie, *Spitz* nennt sie die orobische, durch Val Gallinera direkt in den Adamellotonalit hinein, und es unterliegt nicht dem geringsten Zweifel, dass sie östlich dieses grandiosen postalpinen Batholithen, wie *Lugeon* und *Henny* dies erstmals postulierten, in der «Judikarienlinie» nördlich des Campo Carlomagno wieder erscheint. So wie die grisonide Wurzel in der Gegend nördlich Malé aus ihrem judikarischen Streichen zwischen Pens und Noce scharf in das Veltlinerstreichen der Tonaleregion umschwenkt, so biegt auch die tirolide Wurzel und mit ihr die wahre Judikarienlinie aus dem judikarischen Streichen in das der Val Camonica ein. Die **Gallineralinie**, die westlich des Adamello die Silvrettawurzel von den Dinariden trennt, erscheint im Osten des jungen Massivs als der **nördliche Teil** der **Judikarienlinie** wieder. Die ganze sogenannte «**Judikarienlinie**» zerfällt demnach in zwei grosse grundverschiedene Teile; der südliche, in den Judikarien selber, ist ein einfacher Bruch innerhalb der Dinariden; der nördliche jedoch, von Val Rendena nach Norden bis zur Etsch und hinauf nach Mauls, ist die Fortsetzung der Gallineralinie, und damit die Fortsetzung der alpin-dinarischen Grenze der Catena Orobica. Damit kommen wir auf folgenden Zusammenhang:

Brixenergranit, Iffinger, Kreuzberg, im Osten die Pustertalerphyllite, setzen nach Westen, durch den Adamellostock zum grössten Teil unterbrochen, in die Edoloschiefer und das Kristallin der Catena Orobica fort. Sie bilden die oberostalpine Wurzel. Der Drauzug verschwindet bei Bruneck. Er setzt als intrakristalline Quetschzone durch das untere Pustertal, über den Naifpass und Völlan in die nördlichen «Judikarienlinie», und jenseits des Adamello in die orobische Überschiebung fort. Die **Verrukanomulden der Catena Orobica** sind das Abbild, die **westlichen Analoga des Drauzuges.** An der grossen gegen Südosten ausspringenden Ecke zwischen alpinem und judikarischem Streichen wird die tirolide Wurzel zu einer schmalen Zone gestreckt, während sie sonst im Westen wie im Osten grossartige Mächtigkeit besitzt. Der Zusammenhang wird deshalb etwas verschleiert, lässt sich aber dennoch erkennen.

Der Drauzug setzt in den Permo-Triasmulden am Südrand des orobischen Kristallins wieder ein. Dieselben trennen, wie gerade in der Catena Orobica mit aller Deutlichkeit zu sehen ist, genau wie im Osten der Drauzug, das höchste alpine Wurzelkristallin vom dinarischen Sockel. Aber auch gerade hier erkennen wir die enge primäre **Verbindung** der orobischen Mulden mit dem dinarischen Unterbau, und der Drauzug erscheint hier stellenweise nur als normale wenig tiefe seichte Mulde zwischen tirolidem und dinarischem Kristallin. Die oberostalpine Wurzel verbindet sich eben auch hier mit den Dinariden, und die Trennung durch den Drauzug und die orobischen Mulden ist nur eine sekundäre und oberflächliche. Sie dient uns wohl zur Konstruktion einer gewissen Trennungslinie zwischen Alpen und Dinariden, sie ist fast mehr der Ordnung halber da, aber um die oft wenig tiefen Mulden herum hangen hier überall, genau wie an der Südseite des Drauzuges, Alpen und Dinariden zusammen. Die Dinariden erscheinen auch hier lediglich als ein südlichster Teil der oberostalpinen Decken, oder die oberostalpinen Decken als nördlicher Teil, eine nördliche Fortsetzung der Dinariden. Nichts anderes als die Auffassung *Termiers*, dass die Dinariden über die Alpen hinweggegangen sind. (Siehe Fig. 59.)

Dass das oberostalpine Wurzelkristallin um die orobischen Perm-Triasmulden wirklich enge mit dem dinarischen Untergrund zusammenhängt, zeigt nun weiter auch die Schwierigkeit, westlich des Comersees eine Grenze zwischen der Fortsetzung der orobischen Schiefer und dem Basalgebirge der Luganeser Kalkalpen zu finden. Die beiden kristallinen Massen scheinen vollständig zu einer Einheit, dem Seengebirge, verschmolzen, und nur mit grosser Mühe vermag man auch hier noch eine Fortsetzung der orobischen Mulden, und damit des Drauzuges zu erkennen. Denn der **Drauzug** setzt, wenn auch nur in minimaler Mächtigkeit, und über gewaltige Strecken unterbrochen, auch noch über den Comersee hinaus in die **schweizerischen Südalpen** fort, und das einheitlich scheinende **Seengebirge des Sotto Cenere** wird dadurch auf weite Strecken, wenigstens noch schwach, **zweigeteilt.**

Vom Adamello bis zum Comersee erkennen wir zwischen dem grisoniden Wurzelzug Tonale-San Jorio und den dinarischen Kalkalpen stets drei getrennte Elemente: das Veltlinerkristallin als die oberostalpine Wurzel, dann die orobischen Permo-Triasmulden, und südlich derselben endlich ein gewaltiges Gewölbe, die «insubrische Antiklinale» von *Lugeon* und *Henny*. Diese drei Elemente ziehen sowohl nach Osten wie nach Westen weiter. Die oberostalpine Wurzel streicht in das nördliche Seengebirge hinein, sie schliesst weiter westlich mit der grisoniden Wurzel zu einer kristallinen Stammasse, den südlichen Strona-Ivreagesteinen, zusammen. Das Kristallin der Bergamasker Antiklinale zieht am Nordrand der Kalkalpen gleichfalls in das tessinische Seengebirge hinein, die trennenden Perm-Triasmulden sind also hier im Prinzip gleichfalls zu erwarten. Sie lassen sich tatsächlich auch erkennen. Ein langer Zug von Trias, Verrukano und Karbon zieht von Dongo über Val di Colla, Taverne und Manno bis hinab gegen Luino. Stets das nördliche nur kristalline Terrain des Seengebirges vom kristallinen Sockel der Kalkalpen scheidend. Die Trias von Dongo gehört hieher, in Val di Colla Karbon, Verrukano, Servino, rote Werfener Sandsteine, westlich der Ceneresenke das Permokarbon von Manno-Arosio. Dasselbe liegt als antiklinale Umhüllung bei Manno auf den alten kristallinen Schiefern der Luganeser Basis und neigt sich bei Arosio nordwestlich unter das Altkristallin des eigentlichen Seengebirges, die «Cenerezone» ein. In analoger Stellung treffen wir bei Luino den Trias-Verrukanozug von Valdomino als spitze Mulde zwischen den Glimmerschiefern und sehen ihn südlich Sessa die Tresa erreichen. Die Aufnahmen *Kelterborns* im unteren Malcantone lassen die Möglichkeit einer direkten Verbindung dieses Perm- und Triasstreifens mit dem Karbon von Arosio und Manno durchweg offen, der grösste Teil der Verbindung liegt unter Quartär vergraben. Auf jeden Fall aber erscheinen die Triasgesteine von Luino in analoger Lage mitten im insubrischen Kristallin. Genau wie die orobischen Perm-Triasmulden, denen ja auch das Karbon keineswegs fehlt, im Kristallin der Catena Orobica. Wir dürfen daher heute **die synklinale Zone in den kristallinen Schiefern des Seengebirges** ohne weiteres mit den **orobischen Mulden** parallelisieren und in ihr damit die **westlichen Ausläufer des Drauzuges** sehen. Da der Drauzug ja ein Muldenkomplex mit verschiedenen Muldenspitzen ist, so verstehen wir auch, dass diese westlichen Vorkommnisse im Tessin nicht alle streng im gleichen Streichen angeordnet sind, sondern das eine etwas südlicher, das andere etwas nördlicher. So liegt die Trias von Dongo wohl am nördlichsten, die Züge in Val Colla, bei Manno und Luino etwas südlicher. Es sind einfach die verschiedenen **Muldenspitzen des Drauzuges**, die hier **im insubrischen Kristallin** drin stecken. Wir erkennen daher auch hier nicht eine strenge Scheidung zwischen Alpen und Dinariden, sondern dieselben sind, wie im Osten, durch das Mittel des **Drauzuges** miteinander verknüpft. Alpen und Dinariden verschmelzen auch hier immer noch, trotz der seit 1916 nun erkannten weiteren Teilung, zu einer einheitlichen alten Masse, dem Seengebirge.

Um die **Muldenspitzen des Drauzuges** herum hangen **Alpen und Dinaridenkristallin** zusammen. Der Satz: Alpen und Dinariden sind eins, und die oberostalpinen Decken nur eine nördliche Fortsetzung der Dinaridenscholle, erwahrt sich heute mehr als je. Das Ausspitzen der Triasmulden des Drauzuges im Seengebirge in eine einheitliche kristalline Masse zeigt dies heute nur allzudeutlich.

So verfolgen wir den **Drauzug** bis hinüber nach **Luino** an die Ufer des **Lago Maggiore**.

Aber auch noch westlich dieser grossen Furche lassen sich die Spuren einer Trennung in ein südliches, antiklinal gebautes rein dinarisches Gebiet und ein nördliches, isoklinal struiertes alpines Wurzelland erkennen. So erscheint westlich Arona am Südende des Lago d'Orta ein Keil von dinarischem Quarzporphyr in den insubrischen Glimmerschiefern der Stronazone, und erkennen wir die insubrische Antiklinale mit aller Deutlichkeit an der Sesia. Dort liegen sich die dinarischen Quarzporphyre des Alpenrandes, am Monte Fenera von Trias und Lias bedeckt, über die insubrischen Schiefer und grenzen mit steilem Kontakt nördlich Crevacuore, mit Fetzen von Trias, an die insubrische Hauptmasse an. Diese Linie, wir nennen sie die Linie von Borgosesia, trennt westlich des Lago Maggiore Alpen und Dinariden, die oberostalpine Wurzel vom kristallinen Sockel der südlichen Kalkalpen. **Die Linie von Borgosesia ist die letzte Fortsetzung des Drauzuges.** Nördlich von ihr erkennen wir noch die isoklinal gestellten Wurzeln der obersten alpinen Decken, südlich die flache «insubrische» Antiklinale. Zwischen Sesia und Biella erreicht diese Grenze den Alpenrand und verschwindet unter der lombardisch-piemontesischen Ebene.

Damit haben wir die Grenze zwischen **Alpen und Dinariden** vom **Bacher** bis zur **Sesia**, auf eine Länge von gegen 600 km verfolgt und neu skizziert. Diese Grenze geht durchwegs durch den **Drauzug**, der sich heute in Spuren bis ins **Piemont** hinüber erkennen lässt.

Vor den beiden grossen Dinaridenköpfen Südtirols und des SottoCenere ist dieser Drauzug vollständig ausgequetscht; nur kristalline Quetschzonen vermitteln da die Trennung zwischen alpinen und dinarischen Schiefern und den Übergang vom Drauzug des Ostens zu den analogen Elementen des Westens. Durch die Naiflinie und die Störung von Völlan gelangen wir in die Judikarienlinie und an den Adamello; jenseits desselben führt uns die Gallineralinie ohne Unterbruch in die orobischen Perm-Triasmulden hinein. Diese aber leiten ununterbrochen nach Westen bis über den Langensee hinaus.

So verfolgen wir heute die **alpin-dinarische Grenze** auf neuen Pfaden als eine gewaltige **Leitlinie im Alpenbau** über die ganze Länge des dinarischen Gebietes vom Bacher bis zur Sesia. Es ist mit wenigen Ausnahmen eine klare, wenn auch wenig tiefe Scheidelinie, eine Grenze, die man nicht mit dem Mikroskop suchen gehen muss, sondern eine, die gewaltig hervortritt im Alpenbau. Die Grenze ist klar, vom Bacher bis an den Langensee. **Karawanken, Drauzug, Pustertalermulden** im Osten, **Naif-, Völlan-Judikarienlinie** im Zentrum, zwischen Bruneck und dem Adamello, die **orobischen und insubrischen Mulden** im Westen, so zieht diese Scheide durch die ganzen **Alpen**. Die Dinariden im Süden von den Alpen im Norden trennend.

Die **alpin-dinarische Grenze** ist damit heute definitiv festgelegt.

Nun verstehen wir auch den grossen Zusammenhang der beiden Gebirge.

2. Die Stellung der Dinariden zu den Alpen.

Den Schlüssel zur wahren Erkenntnis dieser wichtigen Beziehungen birgt die **alpin-dinarische Grenze**. Sie ist es, die uns über eines der wichtigsten Probleme der alpinen Gebirgsbildung, der Entstehung der Alpen aufklärt, und deshalb erscheint auch die Aufdeckung der wahren Dinaridengrenze von so überragender Bedeutung. Wohl kennen wir heute diese grosse tektonische Scheide zwischen Alpen und Dinariden auf 600 km Länge vom Bacher bis über den Langensee, von der kroatischen Ebene bis ins Piemont: aber diese Grenze ist nur eine oberflächliche, eine seichte, wenig tiefe, eine konventionelle, eine der besseren Systematik, der vollendeteren Übersicht zu Liebe gezogene. In Wirklichkeit ist der ganze grosse mesozoische Zug zwischen Alpen und Dinariden nur eine Mulde grossen Stils, die die obersten alpinen Wurzeln mit dem dinarischen Kristallin vereinigt und verschweisst. Im Drauzug ist dies nur durch den normalen Verband der Drautrias mit dem Gailkristallin angedeutet; weiter westlich aber sehen wir ja, wie diese Drautriasmulden ausspitzen, in die Luft steigen, und darunter der kristalline Wurzelblock mit dem Sockel der Dinariden zu einer Masse verschmilzt. Oft ist die Trennung eine so oberflächliche, dass nur die Lagerung einen Entscheid bringt, ob wir noch im Wurzelgebiet uns befinden oder schon in der ersten dinarischen Antiklinale. Die oberostalpine Wurzel hängt daher, trotz der scheinbar tiefgehenden Trennung durch den Drauzug im Osten, doch auf das engste mit dem dinarischen Lande zusammen. **Alpen und Dinariden sind eins, sie gehören zusammen.**

Die **oberostalpinen Decken** sind daher nur nördliche Ausläufer der grossen Dinaridenscholle, die **Dinariden** die südlichen Partien der oberostalpinen Decken. Es gibt einen allmählichen Übergang zwischen Alpen und Dinariden, und die heutige Grenze durch den Drauzug und die orobischen Mulden ist nur eine sekundäre. Unter ihr verschmelzen die beiden Einheiten zu einer Masse. So kommen wir denn auch heute wieder zu dem Schluss:

Die oberostalpinen Decken sind als ein Stück dinarischen Landes zu betrachten, und dinarische Massen haben damit den Alpenbau überschritten und ihn bedeckt bis hinaus an die bayrisch-schweizerische Molasse.

Damit ist nun keineswegs gesagt, dass die oberostalpine Decke den heutigen «Dinariden» wirklich gleichzusetzen sei; denn die Dinariden der Schulmeinungen beginnen ja eben erst südlich des Drauzuges, und aus jenen Gebieten, die wir heute, rein konventionell, zu den Dinariden zählen, sind nur kleinere Massen, wie die Steirische Decke mit ihrem Paläozoikum, über die Alpen gegangen. Die heutigen Dinariden der Schulmeinungen sind nur in beschränktem Masse über die Alpen vorgedrungen, aber es gibt eben keine Grenze zwischen diesen «Dinariden» genannten südlichen Alpenteilen und den oberostalpinen Decken. Die oberostalpinen Decken sind eben gerade so gut «Dinariden» wie die Gebiete südlich der alpin-dinarischen Grenze auch. In Wirklichkeit hängt alles zusammen, und wir gelangen aus den südlichsten oberostalpinen Elementen ohne jeden Unterbruch unverwandt in die Dinariden hinein. Die oberostalpinen Decken sind einfach die nördlichen Vorposten der südlichen, nun «dinarisch» genannten Alpenteile, und somit haben solche «dinarische» Massen die eigentlichen Alpen überschritten. «Die oberostalpine Decke liegt als ein Stück Dinariden auf den Alpen», dieser Satz gilt heute noch. Auch mit der Erkenntnis einer besseren Abgrenzung.

Aber die Dinariden sinken doch überall an der alpin-dinarischen Grenze unter die Alpen ein, und die Dinariden sind ein fremdes Gebirge, südbewegt, es steht den nordbewegten Alpen doch verständnislos gegenüber. Ich höre diese Einwände von allen Seiten. Sie sind aber nicht stichhaltig.

Zunächst das Einsinken der Dinariden unter die Alpen. Das ist doch nichts anderes als die seit langem bekannte Überkippung der alpinen Wurzeln, die wir durch die ganzen Alpen von Ivrea bis nach Kärnten hinein, und durch die ganze Breite der alpinen Wurzelzone kennen. Da ist doch die Überkippung auch der obersten alpinen Wurzel auf das südlich anschliessende dinarische Land ohne weiteres verständlich. Die Dinariden liegen dabei nicht anders als die höheren alpinen Wurzeln. Im Tessin sehen wir beispielsweise die Gneisse der Monte-Rosawurzel genau so über denen der Dentblanchewurzel liegen, wie das dinarische Kristallin unter der oberostalpinen, oder die oberostalpine Wurzel unter der Joriotrias. Und doch wird deswegen kein Mensch behaupten wollen, die ostalpinen Wurzeln seien definitiv von den penninischen überschoben, von Norden gegen Süden, und die penninischen Decken seien deshalb das höhere Element. Wir sehen zwischen Tessin und Veltlin im Gegenteil mit aller Deutlichkeit, wie die Überkippung gegen Osten mit dem Fallen der Axen mehr und mehr abnimmt und schliesslich die steilgestellten Wurzelzonen nach Norden in die Deckengebiete abbiegen und sich mehr und mehr flach in dieselben überlegen. Das ist die grosse allgemeine Bedeutung der Profile zwischen Veltlin und Engadin. Die Überkippung der Wurzeln ist also eine durchaus sekundäre übertriebene Steilstellung des ganzen Deckenpaketes, und dasselbe ist der Fall bei der Überkippung der alpin-dinarischen Grenze. Sie ist doch nichts anderes als eine Deckengrenze. Übrigens erkennt man im Osten, wo jenseits der Hohen Tauern alle Axen scharf in die grosse Senke von Klagenfurt hinabsinken, wie die Überkippung, die vom Tessin bis hieher beinahe überall die Regel war, aufhört, wie die Grenze sich zuerst steil senkrecht stellt und schliesslich im Tale von Eisenkappel und weiter östlich steil gegen Norden ansteigt. Dabei legt sich das dinarische Kristallin deutlich über den Drauzug hinweg. Die Dinariden liegen dort, auch im engeren Raum der offiziellen Dinariden selbst, auf den alpinen Elementen. Die Überkippung hört hier im Osten, wo die Dinariden gegen Südosten zurückweichen, wo das ganze Gebirge breiter wird, weniger zusammengepresst erscheint, auf, und wir erkennen damit im Anschub der Dinariden selbst die Ursache der gewaltigen Überkippung, der alpin-dinarischen Grenze sowohl, als der alpinen Wurzeln.

Das Einsinken der Dinariden unter die alpinen Wurzeln vom Tessin bis zur Drau ist daher lediglich eine Folge der Überkippung der gesamten Zentralalpen über das in der Tiefe weiter nach Norden schiebende dinarische Land. Die Überkippung der Wurzeln und das inverse Fallen der alpin-dinarischen Grenze sind nur die Folge der allgewaltigen Nordbewegung der Dinaridenscholle selbst. Dieselbe hat in einem letzten Stadium der Orogenese das vor sich liegende alpine Deckenpaket, das sie nicht mehr weiter zu übersteigen vermochte, unterfahren, aufgewölbt, über sich rückgefaltet, unterschoben.

Ein letzter Stoss der Dinariden hat die alpinen Wurzeln überkippt und das primär tiefere alpine Land über sich zurückgefaltet, wie der Monterosa die Bernharddecke im Mischabelfächer. Das Einsinken der Dinariden unter die Alpen ist daher lediglich ein sekundäres Phänomen, genau wie die Überkippung der alpinen Wurzeln, und es ist kein Argument gegen die Anschauung, dass die Dinariden die Alpen überschoben haben.

Bleibt die **Südbewegung der Dinariden**, die ja in den neueren Synthesen eine so grosse Rolle spielt. Eine primäre Südbewegung der Dinariden existiert **nicht**; die **gesamte grosse Scholle der Dinariden** hat sich **nur nach Norden, gegen die Alpen zu**, bewegt. Als ein integrierender Bestandteil der Alpen selbst. Und was für die Südbewegung spricht, ist lediglich eine Reihe von Bogen, die nichts anderes sind, als der Ausdruck des **Rückwärtsausweichens** der **gegen Norden gedrängten**, dort aber nicht mehr weiter kommenden **oberen Teile des Dinaridenblockes**.

Man betrachte nur die Alpenkarte! Was spricht denn für die primäre Südbewegung der Dinariden? Die kleinen Bogensegmente, die ihre Front dem Süden oder Südwesten zukehren? die wir kennen durch Dalmatien hinauf, über die Venetianischen Alpen bis hinein in den Tessin? Man bleibe doch in erster Linie bei den grossen Zügen!

Da hebt sich auf den ersten Blick ein gewaltiger Bogen ab, der seine ganze einheitliche Front dem **Norden** zukehrt; **der Bogen der Dinariden zwischen Langensee und dem Bacher**. Dieser Bogen der alpin-dinarischen Grenze stösst deutlich gegen Nord. Ihm verdanken wir doch die grossartige Überkippung der **Zentralalpen**, ihm verdanken wir die Beugung der Alpen zwischen Rhein und Brenner, ihm verdanken wir die grossartige Einengung des alpinen Raumes im Tessin und am Brenner. Man sehe sich nur die grandiose Einschnürung der penninischen Zone im Tessin oder die Verengung der ostalpinen Zentralzone am Brenner an. Diese zwei grossen Verengungen des alpinen Baues fallen deutlich in die Gebiete der beiden grossen **Dinaridenköpfe**, und ausserhalb oder neben denselben schwellen die betreffenden Zonen wieder mächtig an. Man vergleiche nur das Gebiet der Zentralalpen im Querschnitt des Oberengadins mit dem am Brenner oder im Meridian vom Kitzbühel oder gar von Klagenfurt. Die Einschnürung geht oft bis auf die Hälfte der normalen Alpenbreite. Und diese gewaltigen Einschnürungen liegen **ausgerechnet** vor den beiden grossen Dinaridenköpfen des **Sottocenere** und des **Brenners**, da ist doch der Sinn der Bewegung der Dinariden ein absolut klarer. Die beiden **Dinaridenköpfe** bilden zwei grosse nach Norden schauende, nach **Norden in den Alpenkörper vorstossende Bogen grossen Stils**, mit Sehnen von **200 und mehr km**, gegenüber denen **alle jene südbewegten Bogensegmentlein** als kleine geringfügige **Details**, als ein **Kinderspiel** verschwinden. Wo ist in den Dinariden, wenigstens im Abschnitt der Alpen, ein Bogen, der sich an Grösse und Gewalt des Baues, an regionaler Bedeutung, an eiserner Konsequenz der Bewegung, auch nur halbwegs mit den beiden grossen nordbewegten Dinaridenköpfen messen könnte? Die **Randbogen der lombardischen Alpen** bilden kleine rückläufige **Guirlanden innerhalb des lombardisch-insubrischen Bogens grossen Stils**, es sind kleine **rückläufige Wellen in den grossen nordbewegten Hauptwoge**. Das Umschwenken der lombardischen Alpen in die Brenta-Gruppe und die Etschbucht hinein ist nicht ein Gegenstück zu den beiden grossen Dinaridenköpfen, dem lombardischen und dem südtirolischen, es ist nur die grosse Alpenbeugung zwischen Rhein und Brenner, die auch diese südlichen Elemente, mit samt ihren südgerichteten lokalen Überschiebungen, mitmachen. Alle Südfaltung der lombardischen Alpen ist eine Rückfaltung, und die grosse italienwärts gekehrte Überschiebung der Brentascholle auf das Etschbuchtgebirge ist nur ein der Judikarienbengung folgendes Analogon derselben. Übrigens sind gerade in den lombardischen Alpen Nordbewegungen auch in den Dinariden in grossartigem Massstabe bekannt geworden, es sei nur an den Bau der schweizerischen Südalpen oder an die grossen Nordüberschiebungen in den Bergamaskeralpen, an der Presolana usw. erinnert. Die Hauptbewegung ging auch hier, trotz den Bogen der Brenta und der Etschbucht, gegen Norden, auf die Alpen zu.

Und dasselbe erkennen wir im **Osten**. Der ganze südliche Alpenrand beschreibt einen Bogen, dessen Hinterseite nicht in den Alpen, sondern in der **venezianischen Ebene und der Adria** liegt, und selbst die grossen Guirlanden der venezianischen Überschiebungen ordnen sich zu einem Bogen, dessen Front nach **Norden** schaut. Cima d'Asta- und Tagliamento-Überschiebung schauen wohl im Einzelnen nach Süden, aber die gesamte Zone bildet einen deutlich nordwärts blickenden Bogen. Soll ich noch von dem grossen Umschwenken der venezianischen Alpen in die dinarischen und dalmatinischen Berge sprechen? Wo die Gegend von Triest und Görz im **Innenraum** eines gewaltigen nordgerichteten Bogens erscheint, wo man wie droben an den beiden Dinaridenköpfen das **Einbohren** der südlichen Rindenstücke in das **Alpengebirge** zu sehen, zu hören meint? Ein Bogen von gewaltiger Konstanz, der eben, wie der Westalpenbogen die piemontesische Ebene, als eine mächtige nordbewegte Mauer die venezianische Niederung umschliesst, und gegenüber dem alle südwärts gekehrten Stirnen und Bogen innerhalb der Dinariden ein Kinderspiel sind.

Die **Südbewegung der Dinariden** existiert als solche nicht. Alle **primäre Bewegung** ging wie in den Alpen **nach Norden**, und die südgerichteten beobachteten lokalen Überfaltungen und Überschiebungen innerhalb der Dinaridenscholle sind nur sekundäre **Rückfaltungen**, entstanden durch das grosse emporgestaute Hindernis der Zentralalpen im Norden, das die **oberen dinarischen Elemente** zum **Ausweichen nach Süden**, über ihr Rückland zwang.

Die **Bewegung der Dinariden ist eine nördliche**, genau wie die der Alpen auch. Alpen und Dinariden sind ein Gebirge, **erzeugt durch den grandiosen einheitlichen Schub der afrikanischen Tafel auf das alte europäische Vorland im Norden**. Alle Südbewegung in den Dinariden ist Detail, Ornament, und die grosse Architektonik zeigt wie das ganze Gebirge den geschlossenen **Schub der Massen von Süd nach Nord**. Es gibt **keine eigenen südbewegten Dinariden**, kein eigenes dinarisches Gebirge, die **Dinariden verschmelzen längs der alpin-dinarischen Grenze**, dem Drauzug, **unlösbar mit den Alpen**, und die **Dinariden** sind daher, nach Facies und Tektonik und Sinn der Bewegung, **nur ein Teil der Alpen**. Das gestaute zerbrochene, in sich selbst **verschuppte** zersplitterte **Rückland der Alpen**.

Alpen und Dinariden sind eins, die Nordbewegung der afrikanischen Tafel hat sie beide geschaffen. Den Deckenbau der Alpen durch Überschiebung, den Bau der Dinariden durch Unterschiebung. Ein eigenes dinarisches, primär südbewegtes Gebirge gibt es in Europa nicht.

Damit haben wir das Verhältnis der Dinariden zu den Alpen, sowohl nach ihrer Grenze, wie nach ihrer Schubrichtung geprüft und gehen nun mit kurzen Worten über zur

3. Gliederung der Dinariden.

Der grosse dinarische Block im Süden der Alpen ist das **Rückland des Alpengebirges**. Tektonisch das Gegenstück zum helvetischen Vorland im Norden. In gewaltigem Marsche schob diese einheitliche Masse die alpinen Serien vor sich her und türmte sie mehr und mehr zu dem gigantischen Bau, den wir heute vom äussersten Westen bis zu den Ebenen Ungarns kennen gelernt haben. Der alpine Ozean ächzte unter dem ungeheuren Druck der heranrückenden afrikanischen Tafel, er gab demselben in grenzenlos feiner plastischer Bewegung nach und schob sich nach Norden übereinander. Bis der ganze alpine Meeresboden zum enormen Deckengebäude zusammengehäuft war. Jetzt traf der südliche Block erhöhten vervielfachten Widerstand, er vermochte auf die Dauer die nördlich anliegende alpine Region nicht mehr in grossem Stile weiterzubewegen, und schliesslich erwies sich der Nordrand der afrikanischen Tafel selbst als die nachgiebigere Masse, die nun ihrerseits, ähnlich wie das Vorland im Norden, mehr und mehr zersplitterte. Dabei nach Süden, nach der offenen Tafel des weiteren Rücklandes ausweichend. Die plastische Zone des alpinen Ozeans fügte sich dem andringenden Schub durch Häufung von Falten und Decken, ohne dass der Zusammenhang im Grossen in die Brüche ging; der Nordrand der **afrikanischen Tafel** aber krachte in allen Fugen, zersplitterte zu starren **Scherben** und **Klötzen**, die oft gar regellos übereinander getürmt worden sind, und zwischen denen häufiger als anderswo das Magma der Tiefe auf Spalten und Rissen bis an die Oberfläche emporgedrungen ist. Die **Tektonik der Alpen** ist die des **Fliessens**, der plastischen Meeresgründe, die der **Dinariden**, wenigstens zum Teil, die **Tektonik** der **Brechens**, des **Krachens**, der starren kontinentalen Sockel.

Die Dinaridenscholle **zersplitterte** also bei ihrer grossen und nachhaltigen Nordbewegung im Angesichte der **Alpen** zu einem **Schuppenpaket**, ähnlich wie wir dies von den nördlichen helvetischen Massiven des Vorlandes berichtet haben. Es repetiert sich in den Dinariden noch einmal die Tektonik, der Mechanismus des nördlichen Vorlandes. Aber lange nicht in der Gewalt und mit der Grösse und Einheitlichkeit, die der Vorlandzone eigen ist, und vor allem nicht unter dem richtenden und ausgleichenden quasi zügelnden Einfluss der grossen alpinen Deckenflut. Die dinarischen Elemente sind wie **kleine rückläufige Wellen** auf einer grossen

Woge, die entgegen der allgemeinen Bewegung laufen, die helvetischen Decken aber und die nördlichen Zentralmassive sind nicht freie Wellen, sondern fügen sich der allgemeinen grossen einheitlich nach Norden drängenden Deckenflut. Sie sind viel gesetzmässiger, geschlichteter quasi, als die ungefügen und oft eigenwilligen Wellchen der Dinariden.

Schwinner, Kossmat, Kober, Dal Piaz u. a. haben in neuerer Zeit in den Dinariden einen Deckenbau aufgezeigt, der im Grossen gegen Süden gerichtet ist. Es sind die rückläufigen Wellen der grossen Woge, es ist die Rückfaltung der dinarischen Scholle vor dem wachsenden alpinen Widerstand, das Ausweichen auf die freie Innenseite der afrikanischen Tafel. Dabei kam es oft zu merkwürdigen Verkeilungen, die dem alpinen Deckenbau bis an dessen obersten Teile fremd sind, und auf die insbesondere *Kossmat* im Winkel zwischen venezianischem und dinarischem Streichen aufmerksam gemacht hat. Keines der dinarischen Teilelemente geht auf grössere Erstreckungen durch, wie es eben dem oberflächlichen freien Charakter der dinarischen Tektonik entspricht. Im Grossen sind alle diese dinarischen Elemente nur Splitter einer und derselben faciell ziemlich einheitlichen Tafel, und Deckengruppen wie die Helvetiden, die Penniden, die Austriden mit allen ihren faciellen Eigenheiten und ihrer reichen tektonischen Gliederung finden wir in den Dinariden nicht.

Im Grossen lassen sich neben verschiedenen kleineren **zwei grosse Splitter** unterscheiden. Die **südliche Zone bildet den Alpenrand von Fiume und Triest bis hinüber zum Gardasee**. An ihr beteiligen sich im Osten vor allem Kreide und Flysch, in ihr liegt auch das einzige Paleozän der Alpen, westlich der Piave schaltet sich in grösseren Massen auch südalpine Trias ein. Der kristalline Aufbruch von Recoaro ist das tiefste aufgeschlossene Element dieser Gruppe. Die Molasse des Alpenrandes wird durch diese erste dinarische Zone steil südlich angefahren. Längs der Linie Karfreit-Belluno-Feltre wird Kreide und Flysch, zum Teil auch Miozän dieser ersten Zone, von der Trias-Jura-Kreide-Serie einer zweiten überschoben. Von Feltre nach Westen zieht sich diese Überschiebung allmählich zurück und vereinigt sich in Val Sugana mit der berühmten dritten grossen Überschiebung der Südalpen, längs der, an der Val Suganalinie, das dinarische Kristallin der Cima d'Asta, die Unterlage der Südtirolerdolomiten, über Kreide und Tertiär nach Süden gestossen ist. **Die Cima d'Asta erscheint als der Kern der grossen zweiten dinarischen Zone**, man könnte sie daher die Cima d'Astaschuppe nennen. Über derselben folgen, sowohl in den Dolomiten und in der Brentagruppe wie in den Julischen Alpen noch die Reste höherer Schuppen, meist mit Perm und unterster Trias an der Basis, die aber kein eigenes Kristallin mehr führen und nur sekundäre Absplitterungen des südalpinen Triasmantels sind. Zu diesen höchsten Elementen gehören im Osten die **Steineralpen** südlich Bad Vellach im Tale von Eisenkappel. Die Eisnern- und Ulrichsberger Grauwacken erscheinen im tektonischen Niveau der Cima d'Asta. Die innere dinarische Zone grenzt mit ihrem Nordrand an den Drauzug, sie liegt dem karnischen Paläozoikum und dem Puster- und Gailtalerkristallin auf.

Zwischen Etsch und der Linie Fiume-Agram ist diese Gliederung überaus deutlich und klar ausgesprochen. Von einer weiteren Zergliederung in grössere Komplexe ist vorderhand abzusehen; alle weiteren Untereinheiten lassen sich zwanglos in diese beiden Gruppen einrangieren. An der **Etsch** erhebt sich die grosse Frage: Was geschieht mit der dinarischen **Aussenzone**? Zieht sie über den Gardasee weiter nach Westen oder sinkt sie längs einer der Roveretaner Tertiärmulden unter die höhere Einheit ein, und verschwindet am Alpenrand? Gehört das Etschbuchtgebirge zur Aussenzone, ins Liegende der Cima d'Asta, oder aber ins Hangende derselben? Oder hört die Störung der Cima d'Asta, die Überschiebung der Val Sugana gegen Südwesten auf, und sind beide Zonen in der Etschbucht vereinigt, nur durch kleinere Überschiebungen in der dinarischen Sedimenttafel von einander getrennt? Lauter Fragen, die noch nicht ganz abgeklärt sind. Sicher ist folgendes:

Die Cima d'Asta trägt den Bozner Quarzporphyr und die Dolomiten, sie trägt damit auch das Faltenbündel des Nonsberges, das direkt der Bozener Porphyrtafel aufsitzt. Diese Falten streichen parallel der Judikarienlinie, überschoben von der Brenta, hinab zum Alpenrand am Gardasee und sie erreichen um die Ecke von Brescia den Rand der lombardischen Alpen. Im besten Falle. Es baut daher nicht die Zone von Recoaro, die adriatische Aussenzone *Kobers* die lombardischen Alpen auf, sondern mindestens die Äquivalente der Cima d'Astaschuppe. Die Zone von Recoaro erreicht am Gardasee den Alpenrand und verschwindet unter der Ebene; nur die höheren Dinaridenschuppen der Cima d'Asta und das Etschbuchtgebirge mit den aufgelagerten Elementen der Dolomiten und der Brentagruppe zieht gegen Westen weiter, das heisst ist weiter gegen Westen aufgeschlossen. Diese obere Dinaridenschuppe bildet westlich des Gardasees die südlichen Kalkalpen bis hinaus zum Alpenrand. Wir könnten daher diese obere Einheit, die allein die lombardischen Alpen aufbaut, die Lombardische nennen, im Gegensatz zu einer unteren Venetianischen, die den venetianischen Alpenrand bis hinüber in den Karst aufbaut und die im Grossen der «Adriatischen Aussenzone» Kobers entspricht. Wir hätten dann: im Süden die venezianische Einheit mit der kristallinen Basis von Recoaro, darüber längs der Val Sugana- und Tagliamentolinie aufgeschoben die lombardische Einheit mit dem Kristallin der Cima d'Asta, den Dolomiten und der Brentagruppe.

Die venezianische Einheit bildet den Alpenrand von Fiume bis zum Gardasee, die lombardische das Gebiet der Dolomiten und der Julischen Alpen zwischen venetianischer Einheit und der alpin-dinarischen Grenze, westlich des Gardasees die ganzen lombardischen Alpen.

Schon die venezianische Einheit zeigt Unterabteilungen, besonders im Osten im Ternowanerwald und am Südrand der Sette Communi; doch treten dieselben im Gesamtbild zurück. Wichtiger werden die Teilschuppen im lombardischen Stockwerk, im Hangenden der Val-Suganalinie. Schwinner hat hier mehrere Elemente unterschieden. Er trennt dabei die Bozener Einheiten mit dem Bündel des Nonsberg und der darauf geschobenen Brentagruppe von den eigentlichen lombardischen Einheiten. Ich möchte glauben, dass beide im Grunde zusammen gehören, und dass die Brenta selbst im Grossen einem Teil der lombardischen Alpen entspricht. Die Brenta-Überschiebung scheint am Lago d'Idro in die Basis der Trompialinie hinein zu laufen und damit in die Berge beidseits des Iseosees. Darüber schiebt sich, aber immer mit nur ganz geringen Beträgen, die innerste Einheit der Dinariden als Äquivalent der Brenta mit der kristallinen Basis des Monte Muffetto und der Tafel der Bergamaskischen Berge. Es ist die camunische Überschiebung, die weiter auf geringe Strecken zwei Sonderelemente der lombardischen Einheit trennt. Über den Lago d'Endine streicht sie dem Westen zu, vielleicht bis in die Brianza. Die Brenta entspricht im Grossen der Dolomitentafel der Ampezzanerdolomiten, und damit stellen die bergamaskischen Triasgebirge im Hangenden der insubrischen Antiklinale mit samt den Luganeser Alpen das nördlichste Teilstück der Dinariden, das alpennächste dar. Von einer Vertretung der venezianischen Einheit, der adriatischen Aussenzone, in der Bergamaska oder den Luganeseralpen kann keine Rede sein. Die Bergamaskeralpen stellen im Gegenteil den innersten höchsten dinarischen Komplex dar und liegen damit so, wie die Facies es verlangt, in unmittelbarer Nachbarschaft des Drauzuges. Schon Schwinner hat darauf hingewiesen, allerdings in anderem Zusammenhang und mit etwas anderen Zielen; aber es ist immerhin bemerkenswert, wie Schwinner, ohne den wahren Zusammenhang erkannt zu haben — er weiss nichts von der Fortsetzung des Drauzuges in die orobischen Mulden —, ganz unabhängig von uns die lombardische Facies als die der Drauzugfacies am nächsten liegende erkannte. Damit stimmen wir mit Schwinner überein, dass wir die Draufacies kontinuierlich in die lombardisch-bergamaskische übergehen lassen und die hochostalpine Hallstätter- und Dachsteinentwicklung nördlich der Drautrias einwurzeln. Wir erkennen heute folgendes ursprüngliche Nebeneinander der Facies: Bayrisch—tirolisch mit Dachsteinfacies — Hallstätter — tirolisch mit Dachsteinfacies — bayrisch — Drauzug — lombardisch — Dolomitenfacies — venezianisch. Der Drauzug setzt aber dabei nicht in die lombardischen Kalkalpen, sondern unmittelbar nördlich davon fort, in die orobischen Mulden. Aber faciell gehört er direkt zum lombardischen Bezirk. Westlich Lugano müssen wir die direkten Übergänge noch finden.

Damit haben wir in kurzen Zügen die Innengliederung der Dinaridenscholle skizziert. Zwei Einheiten schälen sich heraus, die Venezianische und die Lombardische. Beide zerfallen wiederum in eine Anzahl Unterschollen, die aber nicht mehr regionale Bedeutung haben. Im Osten erlangen die Teilelemente der venezianischen Einheit im Winkel zwischen Karst und Laibach grössere

Bedeutung, im Westen die Einheiten der lombardischen Masse. Noch vieles wäre zu berichten über die weitere Unterteilung dieser grossen Schollen, deren Mechanik, deren Ablösen, deren Verkeilungen, besonders im Winkel zwischen alpinem und dinarischem Streichen im Isonzogebirge, oder von den grossartigen Komplikationen der Julischen Alpen, der Gegend von Laibach usw., den Spezialschollen der Dolomiten und der Brentagruppe, doch liegt dies nicht mehr im Rahmen unserer Studien. Uns genügt es, die grossen Einheiten zu erfassen und zu skizzieren. Das ist im Wesentlichen auch für die Dinariden geschehen.

Ein interessantes Phänomen aber muss noch erwähnt werden. Es ist die Stellung der südalpinen Molasse. Bisher hat man ja die dinarisch-venezianische Aussenzone bis an den Langensee verlängert und kamen damit die Molassebildungen bei Como und Varese und die am Südrand der venezianischen Alpen zusammen in eine Einheit. Heute aber ist dies anders; die Molasse von Como liegt auf der lombardischen, die der venezianischen Ebene aber auf der tieferen venezianischen Einheit. Die Molasse transgrediert daher über zwei verschiedene dinarische Einheiten, und wir erkennen damit zum mindesten das vormiozäne Alter des dinarischen Deckenbaues. Ein Resultat, das gut mit unsern anderen Erfahrungen über den Alpenbau übereinstimmt. Die südalpine Molasse transgrediert nicht nur bei Como über die lombardische Einheit, sondern gleichzeitig im Osten des Gardasees über der venezianischen. Die südalpine Molasse transgrediert daher auf dem fertigen dinarischen Gebirge. Nur die jüngsten Bewegungen haben auch sie ergriffen, steil gestellt und stellenweise noch überfahren. Auch nördlich Belluno legt sich die lombardische Einheit noch über das Miozän der venezianischen Einheit. Die Hauptzüge des Baues jedoch waren wie in den Westalpen schon im Oligozän vorhanden.

Es stimmt dies auch überein mit der Tatsache, dass die postalpinen Tonalite des Adamello und des Bergells, die wir als Gerölle in der südalpinen Nagelfluh treffen, zur Zeit ihrer Intrusion den Alpenbau schon fertig vorfanden. Die Intrusion dieser Massen fällt mindestens ins unterste Miozän; der Bau der Alpen musste daher schon damals in den Hauptzügen der heutige sein, und die Molasse musste auf und um diesen Bau transgredieren. Wenn wir nun tatsächlich heute die südalpine Molasse im Westen auf der höheren, im Osten auf der tieferen dinarischen Einheit transgredieren sehen, so ist dies eine schöne Bestätigung des vormiozänen Alters der alpinen Hauptbewegungen. Die Innengliederung der Dinariden bestätigt also, was wir aus den jungen Eruptiva der Alpen geschlossen: der Bau der Alpen ist zur Hauptsache vormiozän.

Die Stellung der periadriatischen Eruptiva wäre noch kurz zu skizzieren. Zunächst wurden als solche betrachtet: Adamello, vizentinische Berge und Euganeen, Predazzo, Kreuzberg, Iffinger, Brixen, Rieserferner, Eisenkappel, Prävali, Bacher, die steirischen Andesite, Smrekouz usw. Später kam das Bergellermassiv dazu. Kober nennt daneben noch Val Sassina und einen Granit der orobischen Kette, und sicher sind endlich auch die Syenite von Biella und der Diorit von Traversella hieher zu rechnen.

In dieser Reihe von periadriatischen Massen ist heute eine beträchtliche Revision vorzunehmen. Traversella und Biella bleiben, dazu kommt westlich des Langensees wahrscheinlich Baveno. Val Sassina und orobische Granite fallen weg, desgleichen die Reihe Kreuzberg, Iffinger, Brixnergranit, Rieserferner. Alle diese Vorkommnisse sind alpin disloziert, also älter. Dasselbe gilt vom Tonalit von Eisenkappel und vom Granit des Bachergebirges. Es bleiben daher sicher jung nur Traversella, Biella, Baveno, Bergell, Adamello, Predazzo, Euganeen, vizentinische Berge, Prävali und die steirischen Andesitvulkane. Alle andern Vorkommnisse, vielleicht auch der Granit von Biella, sind unsicher, und haben aus dieser Gesellschaft auszuscheiden. Der Rest verteilt sich in Bezug auf tektonische Einheiten wie folgt:

Traversella liegt in der Dentblanche-Schuppenzone, im obersten Penninikum. Desgleichen Biella. Baveno steckt in der ostalpinen Wurzel, Bergell in den penninischen Decken und Wurzeln, bis in die ostalpine Wurzel hinab; der Adamello durchbricht die alpin-dinarische Grenze. Predazzo, die vizentinischen Berge, und die Euganeen liegen völlig in den Dinariden, das erstere in der lombardischen, die letzteren in der venezianischen Einheit. Prävali durchbricht die Jurakalke des Drauzuges, die steirischen Andesite den Nordrand der Dinariden. Die jungen Vulkane Westungarns und der Basalt des Lavanttales sitzen der oberostalpinen Deckenkarapace auf.

Drei grosse Gruppen schälen sich heraus: eine westliche mit Traversella, Biella und Baveno, eine zentrale mit Adamello-Euganeen, flankiert von Bergell und Predazzo, und eine östliche mit den steirischen und ungarischen Vulkanen. Jede dieser Gruppen erscheint am Innenrande einer Beugung der Alpenkette im Streichen, längs welcher intensive Dehnungen der tektonischen Körper, und daher Auflockerungen stattfanden. Die westliche Gruppe liegt in der Beugung vom lepontischen zum westalpinen Segment, die zentrale im Grossen in der Beugung des schweizerischen zum ostalpinen Bogen, die dritte östliche Gruppe endlich in der Beugung von der alpinen in die karpathische Richtung. In der **Tiefe hangen wohl alle diese Eruptiva zusammen und bilden einen durchgehenden Zug von Granodioriten,** wie wir ihn aus den Ketten Nordamerikas kennen; an die **Oberfläche des Gebirges** aber vermochten diese Magmen nur zu kommen an gewissen durch die **Tektonik dazu prädestinierten Stellen,** eben den grossen **Beugungen im Streichen.** Die Tektonik der Alpen hat die Stellen bestimmt, wo einst mächtige Vulkane das Gebirge überragen sollten, um ihre Aschen weithin in die tertiären Meere zu werfen bis hinaus ins Helvetikum; die **Tektonik ist das Leitende, das aktive Element,** und die **Magmen folgen rein passiv** den ihnen von der Tektonik vorgezeichneten Wegen. **Magmatische Bewegungen können daher niemals als Ursache der Gebirgsbildung angeschaut werden,** wie dies in neuester Zeit immer wieder geschieht. Sie sind stets die Folge, und zwar die **späte Folge** derselben.

Damit haben wir nun auch den **Bau der Dinariden** kurz geschildert und sind am Ende unserer Wanderung angelangt. Die Dinariden sind nichts anderes als ein zurückgebliebener **Bestandteil der Alpen,** sie sind die **rückwärtigen Teile der oberostalpinen Decken.** Das dinarische Land ist alpines Land, und seine Bewegung ging nicht, von den Alpen gesondert, gegen Süden, sondern wie in den Alpen gegen **Norden.** Alle Südfaltung in den Dinariden ist blosse **Rückfaltung,** nur oberflächliche Reaktion auf stauende nördliche Widerstände. Ein **eigenes dinarisches Gebirge gibt es nicht, die Dinariden gehören als integrierender Bestandteil zu den Alpen.** Sie sind deren nach Norden vorgetriebenes, in sich selbst zersplittertes **Rückland.**

Damit erkennen wir die grosse **Einheit der Bewegung in der ganzen Kette,** von der Molasse im Norden bis zu den Ebenen der Lombardei und an die Adria. **Der Nordschub der afrikanischen Tafel hat Alpen und Dinariden als Glieder eines nordbewegten Gebirges geschaffen, und eine Teilung in nordbewegte Alpiden und südbewegte Dinariden gibt es nicht.**

Damit schliessen wir unsere Gliederung des Alpengebirges ab und fassen nun im Folgenden kurz deren Ergebnisse zusammen.

IV. Bau und Entstehung des Alpengebirges.

Da leuchtet aus dem reichen Schatz der Ergebnisse ein Punkt heraus, die Erkenntnis von der Allgemeingültigkeit der Deckenlehre. Wie nichts anderes haben unsere Untersuchungen gezeigt, wie der Deckenbau der Westalpen an den Grenzen der Schweiz nicht Halt macht, sondern in grossartiger Entfaltung durch die ganzen östlichen Alpen zieht. **Die Decken ziehen durch, vom Meere bis nach Wien.** Den Bau der Schweizeralpen, wir kennen ihn heute von Korsika und Ligurien bis hinauf nach Ungarn, und das gezeigt zu haben, betrachte ich als das Hauptresultat meiner Arbeit. Die Gliederung, die wir in den Schweizeralpen durch Generationen von Forschern, möchte ich fast sagen, vorbereitet fanden, sie geht durch, vom einen Ende des Gebirges bis zum andern. Lassen wir noch einmal im Fluge die grossen Einheiten an uns vorüberziehen.

Da ist das **Vorland im Norden.** Von Korsika und Sardinien durch Frankreich hinauf, und durch die Nordschweiz und Süddeutschland bis hinüber nach Österreich und der Tschechoslowakei. Aussen die alten Horste: Korsika, Estérel, Zentralplateau, Vogesen, Schwarzwald und die böhmische Masse, darauf die Tafelländer der Rhoneniederung, die Sedimentplatte der Bourgogne und des Tafeljura, die schwäbische Alb, der eingebrochene Streifen des Rheingrabens. Dann folgen die ersten mächtigen

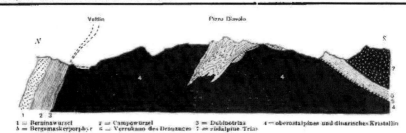

1 = Berninawurzel   2 = Campowurzel   3 = Dubinotrias   4 = oberostalpines und dinarisches Kristallin
5 = Bergamaskerporphyr   6 = Verrukano des Drauzuges   7 = südalpine Trias

Fig. 59. Der Zusammenhang von Austriden und Dinariden in der Catena Orobica (p. 219)

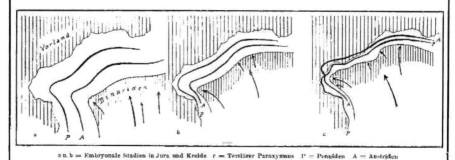

a u. b = Embryonale Stadien in Jura und Kreide   c = Tertiärer Paroxysmus   P = Penniden   A = Austriden

Fig 60. Der Zusammenschub der Tethys zum alpinen Kettengebirge (p. 230)

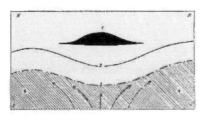

1 = Anlage einer alpinen Kulmination
2 = Stirn der embryonalen Decke
3 = Front der Ophiolithintrusion
4 = Ophiolithe

Fig. 61. Der Einfluss der mesozoischen Kulminationen auf die Embryonen der Decken und die Intrusion der alpinen Ophiolithe (p. 235/237)

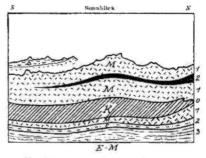

E = Epizone   M = Mesozone   K = Katazone
1 = Sonnenblickgneiss   2 = jüngere Paraschiefer, Permokarbon?
3 = Bündnerschiefer und Ophiolithe der Mallnitzermulde
o = Goldberg-Valpellineserie.

Fig. 66. Skizze der Metamorphosenumkehr am Sonnblick (p. 243)

Gesteinswellen in den Falten des Juragebirges, von der Limmat, ja vielleicht vom Bodensee bis hinab zur Isère, und im Süden die Falten des Dauphiné und der Provence. Von der Isère abwärts schliessen diese alpinen Vorfalten des Juragebirges mit den äusseren Alpenketten zusammen und legen sich in der Provence auf die fremden provençalischen Falten, die Ausläufer der Pyrenäen. Von der Isère nach Norden jedoch schaltet sich zwischen die beiden Elemente die gewaltige Vortiefe der schweizerisch-bayrischen Molasse ein. Diese Vortiefe ist der letzte Rest der vor den Alpen nordwärts fliehenden mediterranen Tethys; ihre Sedimente sind die letzten, die in dem alten alpinen Mittelmeere vor dessen definitiver Verlandung zum Absatz kamen, der letzte schmale Rest des einst so gewaltigen alpinen Ozeans, der mit dem Schutt des werdenden Gebirges, mit dem Schutt seiner eigenen Sedimente zugeschüttet ward. Hier, an den Küsten der süddeutschen Horste und des Juragebirges endete das alte Mittelmeer im Angesicht der sich auftürmenden Alpen, und das heutige Mittelmeer folgt ganz anderen Wegen. Das heutige Mittelmeer liegt nicht in den alten Anlagen der Tethys, sondern erscheint als junger Einbruch innerhalb der alpinen Ketten, und die letzten Reste des alten Mittelmeeres liegen weit im Norden, zwischen Alpen, Jura, und den süddeutschen Horsten.

Die Rolle der schweizerisch-bayrischen Molasse ist die der **Vortiefe**. Über ihr erscheinen die ersten alpinen Elemente, die **Helvetiden** mit den autochthonen **Massiven**. Auch diese gehören als südlichste Teile zum alten nördlichen Vorland, und sie in erster Linie werden nun von den eigentlich alpinen Elementen der Penniden und der Austriden überfahren. Das helvetische Vorland kennen wir heute vom Mittelmeer bis an den Rhein in grossartiger Entfaltung, durch die ganzen Westalpen hinauf die gewaltige Barrière vor der alpinen Deckenflut bildend, und von derselben überwältigt und nach Norden gestossen. Die westlichen Zentralmassive und die helvetischen Decken erscheinen heute als gewaltige, von der eigentlich alpinen Steinflut der Penniden erfasste, nach Norden geschleppte Splitter des Vorlandes, die Massive als solche des kristallinen Kontinentalsockels des alten Europa, die Helvetiden als der nach Norden gestossene, zu Decken gehäufte Sedimentschelf desselben. In der Überschiebung der helvetischen Decken erkennen wir die Überwältigung der innersten Zentralmassive, vor allem des Gotthard. Östlich des Rheins ist diese gewaltige helvetische Schranke vom alpinen Deckenschwall überflutet, und nur die äussersten verschürften Stirnen der Helvetiden ziehen am Nordrand der Ostalpen bis hinüber nach Wien. Die weitgespannten Kulminationen im ostalpinen Deckenkörper zeigen uns aber, dass der Gürtel der autochthonen Massive, der helvetische Vorlandgürtel, auch unter den Decken der Ostalpen existiert.

So erkennen wir dieselbe **Gliederung des Vorlandes** vom **Meere bis nach Wien. Äussere Horste, Tafelländer, Vortiefe und helvetische Decken,** sie ziehen sichtbar durch **vom Meere bis zur Donau,** und **unter den grossen Kulminationen der Ostalpen verspüren wir die Fortsetzung der westlichen Zentralmassive als stauende Klötze, wie Klippen, an denen die Wellenflut höher aufbrandet.**

Alle Elemente des Vorlandes haben durchgehenden Charakter, vom Meere bis nach Wien, auf 1100 km und mehr.

Über das Vorland der Helvetiden türmen sich die alpinen Decken der **Penniden** und Austriden zu einem gigantischen Bau. Die Penniden ziehen durch vom Meere, ja von Korsika und Elba, bis zum Katschberg droben in Kärnten, und die Elemente der Austriden verfolgen wir von der Ebene Turins und den Klippen in Savoyen bis hinüber ins ungarische Tiefland und in die Karpathen hinein. Die Verfolgung der grossen penninischen und ostalpinen Einheiten hat uns gezeigt, dass auch diese mächtigen Unterabteilungen des alpinen Deckenbaues durchgehen vom einen Ende des Gebirges bis zum anderen, kennen wir doch heute die **Monterosadecke** als die Axe des Gebirges von Elba bis hinauf zum Ankogl in den östlichen Tauern, und die Decke der **Dentblanche** von Korsika und Ligurien bis zum Katschberg. Die **Grisoniden** streichen in geschlossenem Zuge von der Ebene bei Turin bis an die Mur, sie erscheinen wiederum am Semmering, und ihre nördlichen Stirnen reichen von Savoyen bis über Wien hinaus. Die grossen Einheiten der **Tiroliden**, Silvretta und Oetztalermasse, kennen wir heute von Parpan bis hinüber nach Graz und an den Semmering, und die Sedimente derselben von Yberg bis in die Karpathen hinein. Die Zweiteilung im Kristallin der Tiroliden macht sich geltend auch in ihren Sedimenthüllen, den nördlichen Kalkalpen, in der Differenzierung derselben in Ober- und Hochostalpin, in bayrisch-tirolische und juvavische Einheiten. Die Dreiteilung der oberostalpinen Kalkalpendecken, wir kennen sie vom Rhein bis hinüber an die Donau, auch sie zieht durch.

Die Wurzeln der grossen alpinen Decken kennen wir heute von den Quellen des Po bis hinüber in die Ebene Ungarns. Die penninischen vom Po bis an die Adda ins Tal von Puschlav, und wiederum von der Eisack bis zur Mur; die grisoniden von den Toren Turins bis an den Katschberg, und die tiroliden endlich von der Sesia bis hinauf zum Bacher. Dieses Durchstreichen der grossen Wurzeln zeigt wie nichts anderes die grosse Einheit der Bewegung, die uns im alpinen Deckenbau vor Augen liegt.

Decken und Wurzeln des Alpengebirges ziehen durch, vom Meere bis nach Ungarn hinein. Die Decken der Helvetiden, der Penniden, der Grisoniden und der Tiroliden, sie alle zeugen von einer grossartigen Einheit der Bewegung, vom einen Ende des Gebirges bis zum andern. So kompliziert und verwirrend auf den ersten Blick ihr Bau auch ist, er entspringt in letzter Linie doch nur einer grossen Grundursache, dem Vorschub der Dinariden, dem Andrängen der afrikanischen Tafel, des südlichen Rücklandes.

Auch das Rückland der Alpen, das Gebiet der Dinariden, zeigt die Einheit der Bewegung in seinem Baustil mehr als je. Zwei grosse Einheiten lassen sich unterscheiden, eine südliche venezianische, die am Gardasee unter die Poebene streicht, und eine nördliche, die der venezianischen aufgeschoben ist, die lombardische. Die lombardische Einheit geht durch von der Sesia bis an die Save, und mit ihr der alte dinarische Unterbau, der herzynische Block, dem in scharfer Diskordanz die dinarischen Sedimente aufruhen. Auch die Elemente der Dinariden, des alpinen Rücklandes, gehen durch von einem Ende des Gebirges bis zum andern.

Damit erkennen wir den gleichen Bau für das ganze Gebirge, vom Mittelmeer bis nach Wien. Alle Bauelemente ziehen durch, die Struktur der Kette bleibt im Grossen dieselbe im Osten wie im Westen. Der Bau der Kette ist einheitlich, von einem Ende bis zum andern.

Zwischen der steifen Platte des nördlichen Vorlandes Europas, und dem starren Block der Dinariden ziehen die Elemente des alpinen Deckengebirges, zu einem grossartigen Gebäude getürmt, vom Meere bis nach Wien. Nordbewegung beherrscht das ganze gewaltige Steinpaket, das Vorland, das Deckengebirge, das dinarische Rückland. Alle primäre, alle grosszügige Bewegung geht von Süden nach Norden, von den Dinariden zum nördlichen Vorland, und die Südbewegungen beschränken sich auf Stauungen an unüberwindbaren Widerständen, vor allem auf die oberen Schollen der Dinariden. Alle Südbewegung ist verschwindend klein gegenüber der grandiosen Nordflut aller Massen, von den Dinariden bis hinüber zur Molasse. Der Südnordschub ist das treibende Element der Alpentürmung gewesen. Als den treibenden Motor erkennen wir mehr und mehr die Nordwanderung des dinarischen Blockes und damit der afrikanischen Tafel.

Zwischen dem starren Sockel des alten Europa und der gewaltigen afrikanischen Tafel wurden die Decken der Alpen aus den Tiefen der Tethys emporgepresst, übereinander getürmt, nach Norden geschoben. Der Vorschub Afrikas auf Europa hat die Alpen geschaffen. Das ist für die Alpen unabweisbare Erkenntnis geworden. (Siehe Fig. 60.)

Der Vorschub Afrikas auf Europa hat das Kettengebirge der Alpen geschaffen. Damit ist der ganze komplizierte Bau auf eine grosse Grundursache, ein fundamentales Grundgesetz zurückgeführt: die Nordwanderung der afrikanischen Masse. Dieses Phänomen aber ist so grossartig, und von solch universeller Bedeutung, dass es sich, falls es wirklich zu Recht besteht, nicht nur im Bau der Alpen geltend machen kann, sondern den Bau der jungen Kettengebirge überhaupt beherrschen muss, von der Enge von Gibraltar bis weit nach Asien hinein. Wie aber lässt sich der kompliziert verschlungene Faltenknäuel Europas auf diese Art, als einfache Folge eines afrikanischen Schubes, verstehen, wo doch die Ketten vielerorts so ineinander verschlungen und gewirbelt sind, dass eine Auflösung dieses Knäuels auf eine primäre Bewegungsrichtung fast hoffnungslos erscheint? Erst im Rahmen sämtlicher mediterraner Ketten, vom Atlas bis hinüber zum Balkan und zum Kaukasus, wird unsere Auffassung von der Entstehung der Alpen ihre Probe bestehen können, und erst dann sehen wir, ob diese Auffassung die richtige ist. Diese Probe sei in einem letzten Kapitel versucht.

Zunächst jedoch bleiben uns innerhalb der Alpen noch einige Probleme allgemeiner Art, deren selbständige Behandlung abermals Bände füllen würde. Was wäre nicht alles noch von alpiner Stratigraphie, von alpinem Vulkanismus, der alpinen Metamorphose, von Facieswechsel und Faciesprovinzen, von magmatischen Bezirken und metamorphen Zyklen, zu berichten, was alles von den wundervollen alpinen Mineralgesellschaften oder von den grossartigen Erscheinungen der Embryonaltektonik, dem langsamen Werden der Gebirge, den Schub- und Faltungsphasen, was nicht alles schliesslich vom Einfluss der Tektonik und der alpinen Geschichte auf den äusseren Bau, die Morphologie des Gebirges, und damit auf die Geschicke seiner Bewohner! Eine solche Fülle der Probleme und Zusammenhänge, die sich häufen, und die erst jetzt, wo wir den Bau des ganzen Gebirges überblicken, eigentlich mehr und mehr hervortreten, dass es nicht angeht, dieselben in allen Details auch hier noch zu behandeln. Es sei dies späteren Studien überlassen und ich weise daher nur mehr ganz kurz auf einige wenige allgemeinere Ergebnisse hin. Wir betrachten zunächst die Verteilung der Facies und ihre Beziehungen zur alpinen Gebirgsbildung.

1. Über alpine Faciesverteilung und Orogenese.

Drei grosse tektonische Einheiten haben wir im Alpengebirge kennen gelernt, die Helvetiden, die Penniden, die Austriden, und an diese anschliessend, zu ihnen gehörend, die Dinariden. Diesen drei grossen tektonischen Bezirken entsprechen auch drei grosse Faciesgebiete erster Ordnung in den Alpen: das helvetische, das penninische und das austrid-dinarische. Wie die Austriden ohne jeden Hiatus tektonisch in die Dinariden übergehen, so zieht auch die austride Facies ohne Unterbruch und ohne wesentliche Änderung von den austriden Decken in die Dinariden hinein. Austriden und Dinariden gehören, tektonisch und faciell, zusammen; sie bilden gegenüber den beiden anderen alpinen Bereichen, den Penniden und den Helvetiden, eine geschlossene tektonische wie facielle Einheit. Die austrodinarische Facies steht der penninischen und helvetischen scharf gegenüber, und im austrodinarischen Block suchen wir vergebens nach Faciesdifferenzen vom Rang der helvetisch-penninischen oder der penninisch-austriden.

Diese Faciesgemeinschaft der Dinariden mit den Austriden dokumentiert einmal mehr die Zusammengehörigkeit beider Elemente gegenüber dem nördlichen penninischen und helvetischen Regime; sie zeigt deutlich, dass Austriden und Dinariden einem Blocke grossen Stiles angehören. Es ist eben die afrikanische Tafel, die den ozeanischen Tiefen der penninischen Region und dem europäischen Kontinentalschelf der Helvetiden gegenüber steht. Sehen wir näher zu.

Die drei grossen Faciesbezirke der Alpen sind das Abbild der ursprünglichen Konstellation, der ursprünglichen Tiefenverhältnisse des alpinen Ozeans. Helvetiden und Austriden zeigen die reiche zyklische Gliederung der Kontinentalschelfe, mit ihrem organischen Wechsel von Transgressionen, Inundationen und Regressionen. Arbenz hat in einer ausgezeichneten Studie erstmals auf diese Gesetze hingewiesen. Die zwischenliegende penninische Sedimentserie zeigt diese zyklische Gliederung nur mehr in ganz verkümmertem Masse, der reiche Wechsel der Facies verschwindet hier, und grossartige Schichtkomplexe sind hier in einförmiger, stets gleicher eintöniger Facies sedimentiert worden. Die penninische See entsprach dem grossen zentralen Becken des alpinen Ozeans, ganz gleich viel, ob wir in ihr zunächst eine mehr flachseeische oder tiefmeerische Region sehen wollen. Das helvetische und austro-dinarische Gebiet erscheint daneben als die mehr randliche Schelfregion des alpinen Meeres. Das helvetische Gebiet entspricht dem Schelf des Nordkontinentes, dem Schelf Europas, das austro-dinarische dem Schelf Afrikas. Dazwischen liegt die penninische See als breites zentrales Becken. Das ist die Gliederung im Grossen. (Siehe Fig. 61.)

Die Tethys als Ganzes umfasste selbstverständlich nicht nur die penninische Region; dieselbe ist nur das zentrale, und zwar nach der Facies der Penniden in der Hauptsache tiefmeerische Mittelstück derselben gewesen. Die Tethys erstreckte sich von diesem tiefen penninischen Zentralbecken beidseits weit über die anliegenden Kontinente, bis sie schliesslich in die epikontinentalen Randmeere und endlich das beidseitige Festland überging. Das alpine «Mittelmeer» war ein Ozean und reichte von Norddeutschland und England bis hinab an den Rand der heutigen afrikanischen Tafel, an den Rand der Sahara, und nur die Verteilung der Facies verrät uns heute, wo unter dieser gewaltigen Meeresbedeckung die beidseitigen Kontinentalschelfe ihr Ende fanden. Die Grenze der beidseitigen Kontinentalschelfe liegt dort, wo die zyklischen Faciesreihen der helvetischen und der austriden Region in die zentrale Tiefenfacies der penninischen Zone übergehen. Die penninische Zone allein ist in Bezug auf Zugehörigkeit zu den beiden Kontinentalmassen gewissermassen neutral; die helvetische gehört bereits zum europäischen, die austride zum afrikanischen Kontinentalsockel. Dem entspricht auch der alte Unterbau der drei Faciesgebiete. Im helvetischen und austriden transgrediert die alpine Sedimentserie diskordant über altem herzynisch gefaltetem Gebirge; im penninischen herrscht, bis auf verschwindend kleine Ausnahmen in den Stirngebieten einzelner Decken, absolute Konkordanz. Sowohl im helvetischen wie im austriden Bezirke transgrediert die alpine Sedimentserie mit Verrukano über weit älteren kristallinen Schiefern und steilgestelltem Altpaläozoikum; die herzynische Diskordanz der Altaiden an der Basis des oberen Karbons und wiederum an der Basis des Verrukano ist messerscharf, und zeigt eine lange Lücke, einen grossartigen Unterbruch der Sedimentation; in der penninischen Zone hingegen geht die Ablagerung des Karbons ungehindert weiter in die permische und untertriadische, stellenweise sogar bis in die obertriadische und jurassische Serie ununterbrochen fort. Die penninische Zone ist daher seit alter Zeit gegenüber der austriden und helvetischen differenziert gewesen; dieselben waren seit alter Zeit schon als kontinentale Sockel ausgebildet, während die penninische Zone seit jeher einem mehr marinen Regime unterworfen war. Die penninische Zone zeigt keine Spur jenes alten Kontinentalbaues, wie wir ihn so prachtvoll, nach Lagerung und Facies, in der helvetischen und der austriden Randzone erkennen können. Die penninische Zone war daher von allem Anfang an als ein relativ schwaches, wenig durch frühere Faltung verdicktes Erdrindenstück zwischen mächtige vielfach gefaltete Kontinentalsockel eingeschaltet, und kein Wunder ist es daher, dass beim späteren Zusammenschub die südliche kontinentale Masse als mächtiger Traineau über die penninische Region hinwegging, dieselbe in plastische Falten und Decken zwang, und schliesslich auf den nördlichen Kontinentalsockel Europas hinaufschob. Die Plastizität der penninischen Zone ist eine Folge ihrer Geschichte, sie war eben ein relativ dünnes Erdkrustenstück zwischen zwei durch alte Faltung mächtig gehäuften kontinentalen Rindenstücken.

Die penninische Zone war das schwache Stück, an dem sich die grosse Überschiebung der südlichen Kontinentalmasse auslöste, die später zur grossen austriden Überschiebung führte.

Diese relative Schwäche des penninischen Stückes zeigt sich auch noch in anderer Weise. Hier allein war die äussere feste Rinde schwach genug, dass fast undifferenziertes simatisches Magma dieselbe auf tektonisch vorgezeichneten Bahnen, den Überschiebungsflächen der werdenden Decken, durchbrechen konnte, und hier allein finden wir daher die für die penninische Zone geradezu charakteristischen basischen Intrusionen der alpinen Ophiolithe. Weder im nördlichen helvetischen noch im südlichen austriden Faciesgebiet ist etwas Ähnliches je bekannt geworden. Die alpinen Ophiolithe sind auf die penninische Zone beschränkt, sie verraten wie nichts anderes die primäre mechanische Schwäche des penninischen Raumes. Weder im helvetischen noch im austriden Gebiet vermochten ähnlich tiefe, wenig differenzierte Magmen je an die Oberfläche oder auch nur in die mesozoischen Sedimente einzudringen; der unterliegende kristalline Kontinentalsockel war eben dort dafür viel zu dick.

Die Verbreitung der Ophiolithe bestätigt also die Auffassung, dass die penninische Zone ein schwaches, zwischen zwei mächtige Kontinentalsockel eingeschaltetes, in der Hauptsache tiefmeerisches Erdrindenstück gewesen ist. Die Verbreitung der Ophiolithe bestätigt die Schlüsse, die wir aus der Verteilung der sedimentären Facies ziehen mussten. Wir erkennen daher heute mit aller Sicherheit folgenden Zusammenhang:

Die helvetische Zone entspricht einem alten nördlichen, die austride einem alten südlichen Kontinentalsockel. Die helvetische Serie ist die Sedimentbedeckung des alten europäischen Schelfes, die austrodinarische diejenige der alten afrikanischen Tafel. Das zentrale Becken des Tethys, die grossen Tiefen des alpinen Ozeans, erkennen wir in der penninischen Zone.

Beiträge zur geol. Karte der Schweiz. n. F., Liefg. 52

Tafel XXIX

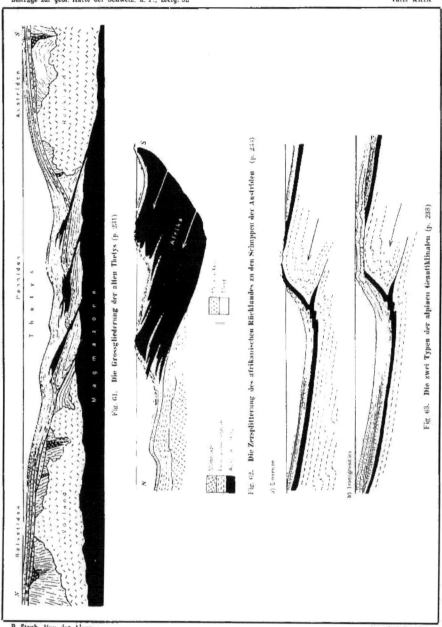

Fig. 61. Die Grossgliederung der alten Thetys (p. 231)

Fig. 62. Die Zersplitterung des afrikanischen Rücklandes zu den Schuppen der Austriden (p. 236)

Fig. 63. Die zwei Typen der alpinen Geantiklinalen (p. 233)

a) Emersion

b) Transgression

So zeigt die Facies die ursprüngliche Anordnung der grossen tektonischen Einheiten.

Diese Verteilung der alpinen Facies zeigt uns nun aber auch deutlich, dass streng genommen nicht erst die dinarischen, sondern schon die austriden Elemente zum eigentlichen alpinen Rückland, zum südlichen Kontinentalmassiv gehören. Nur die penninische Zone ist eigentlich das neutrale rein ozeanische Gebiet. Die helvetische Zone gehört zum Vorland, die austride mit der dinarischen zum Rückland, und das eigentliche primäre Orogen ist nur das Penninikum. Das Penninikum ist der wahre Charakterzug der alpinen Kette; die beiden andern Elemente, Helvetiden und Austriden, zeigen Vor- und Rücklandfacies und -charakter.

Wir müssen streng genommen die Helvetiden zum Vorland, zum alten Europa, die Austriden samt den Dinariden aber zum afrikanischen Rückland rechnen. Dazwischen bleibt das Penninikum als die eigentlich alpine Zone.

Damit erkennen wir die austride Überschiebung bereits als die Überwältigung der rein alpinen Zone durch den afrikanischen Sockel, und in der Häufung der Grisoniden und Tiroliden die gewaltige Zersplitterung dieses Kontinentrandes. Wir verstehen daher heute die grossartige Schuppung der Austriden als die natürliche Zersplitterung des afrikanischen Nordrandes an der Stirn der wandernden afrikanischen Scholle. Die alte Alkaliprovinz der Berninagesteine erlangt in diesem Zusammenhang erhöhte Bedeutung. Sie unterstreicht den einstigen Kontinentalcharakter dieser Zone aufs eindruckvollste. (Vgl. Fig. 62.)

Die ostalpinen Decken sind Splitter des Rücklandes, der angreifenden, vorrückenden afrikanischen Masse, die helvetischen Decken und die nördlichen Zentralmassive erscheinen als aufgeschürfte Splitter und abgescherte Massen des überfahrenen überwältigten Europa, und die Penniden sind das übereinandergeschobene und überwälzte, zwischen den beiden Kontinenten ausgepresste Material der alten ozeanischen Tiefen.

Diese Auffassung der gesamten Austriden als Vorposten des afrikanischen Rücklandes ist zweifellos richtig, und wir können in der Überschiebung der Bernina, der Silvretta oder der Kalkalpen die Überschiebung afrikanischer Elemente auf die alten ozeanischen Tiefen der Tethys, im Norden sogar auf das europäische Vorland sehen; doch tragen wir wohl dem Verhältnis zwischen dem gewaltigen Deckengebirge der Austriden und dem mehr oder weniger geschlossenen Sockel der Dinariden im Grunde mehr Rechnung, wenn wir wie bis anhin als das eigentliche Rückland der Alpen nur die Dinariden betrachten, und die Austriden noch voll und ganz zum alpinen Deckengebirge zählen.

Innerlich, nach Geschichte, Struktur und Facies, erscheinen schon die Austriden als ein Stück afrikanischen Landes, und ist die eigentlich alpine Zone auf die Penniden allein beschränkt. Äusserlich aber zählen wir nach wie vor die Austriden zum typisch alpinen Element, und betrachten als das alpine Rückland nur die Dinariden.

Damit ist die Faciesverteilung im Grossen skizziert. Sie macht sich geltend vom einen Ende des Gebirges bis zum andern, ja beidseits weit darüber hinaus.

Daneben aber haben die neueren Studien von *Argand* und *mir* in den Westalpen, besonders innerhalb der Penniden, eine grossartige Gesetzmässigkeit zwischen Faciescharakter und Deckenbewegungen im Einzelnen aufgedeckt. Wir fanden dabei, dass seit alter Zeit, meist schon von der Trias, oft schon vom jüngeren Paläozoikum an, die heutigen Deckenstirnen stets Gebiete relativ geringerer Meerestiefe gewesen sind, Gebiete, die als langgestreckte untermeerische Rücken und Schwellen, oder als Inselketten in weiten Bogen die mesozoischen Meere durchzogen, als mächtige Gewölbe grossen Stils, als Geantiklinalen. Auf ihnen kamen je und je mehr neritische Sedimente zum Absatz, oder wir erkennen an ihnen die grossen Schichtlücken, ähnlich wie im Vor- und Rückland, und sie endlich lieferten das Material zu den alpinen Breccien. (S. Fig. 63). Die Deckenrücken hingegen zeigten demgegenüber stets eine deutlich bathyalere, weit lückenlosere Sedimentation, sie waren seit jeher gegenüber den Deckenstirnen Gebiete tieferer Sedimentation, in ihnen erkannten wir daher die tieferen Becken und Furchen, die Gräben der Tiefsee, des offenen Meeres der alten Tethys. Das Zusammenfallen der heutigen Deckenstirnen mit den grossen Geantiklinalen der mesozoischen Zeit führte uns zur Anschauung, dass dieselben die Vorläufer, die Embryonen quasi, der Decken selber gewesen seien.

Die Geantiklinalen sind die Embryonen, die Anfänge der Decken. Das war das Resultat, zu dem wir kamen. Diese Geantiklinalen aber liessen sich an Hand der Facies zurückverfolgen bis ins oberste Paläozoikum, und damit erkannten wir auch die ersten Anfänge der alpinen **Deckenbewegungen, die ersten afrikanischen Schübe, schon im Perm.** Vom Perm an akzentuierte sich diese Bewegung mehr und mehr durch das ganze Mesozoikum, bis sich schliesslich im Tertiär der grosse Kraftausbruch nicht mehr länger hinhalten liess, und in gigantischem Mechanismus der Alpenbau entstand. Es ist uns also gelungen, die ersten Anfänge der tertiären Alpenfaltung durch die gewaltigen Perioden des ganzen Mesozoikums bis zurück ins Perm zu verfolgen. **Ungefähr im Perm erschienen die alpinen Gebiete,** die heute so ungeheuer gefaltet und übereinandergeschoben sind, **ausgeglättet, im Perm ungefähr begann der afrikanische Block gegen Norden zu schieben.** Dieses Resultat ist unabweisbar bei der genauen Verfolgung der alpinen Faciesverteilung. Für die weitere Erkenntnis des ganzen Mechanismus der alpinen Gebirgsbildung ist dieser Zusammenhang von grosser Wichtigkeit. Werden wir doch dazu kommen, damit eine Reihe von merkwürdigen Klimaverschiebungen der Vorzeit, die seit dem Perm über die Erde gegangen sind, zu erklären und diese damit letzten Endes mit der Alpenfaltung, der Erschaffung der tertiären Hochgebirge, in genetischen Zusammenhang zu bringen.

Die oben angeführte Verteilung der Facies innerhalb der einzelnen Decken, wie sie *Argand* aus dem Wallis und den Westalpen, ich aus Graubünden und den Préalpes beschrieben haben, diese Verteilung der Facies findet sich nun auch weiter im Gebiete der eigentlichen **Ostalpen.** Von Graubünden und den Préalpes kann ich absehen, die Verhältnisse sind schon eingehend genug geschildert worden. Nur kurz sei darauf hingewiesen, dass auch nach der veränderten Auffassung der Deckenfolge in den Préalpes das Resultat dasselbe bleibt wie damals. Falknis-, Klippen- und Brecciendecke sind Stirnteile der unterostalpinen Decken Bündens, und sie zeigen gegenüber den Engadinersedimenten die typisch neritischen Stirnfacies. Ihre lückenhafte, transgressionenreiche neritische Schichtfolge erscheint gegenüber dem Engadinertypus scharf geantiklinal. Es sei nur an die Falknis- oder Sulzfluh- oder Klippenserie im Vergleich zum Oberengadin erinnert. Im Unterengadin transgrediert die **Kreide** der unterostalpinen Decken stellenweise direkt auf Granit, und dasselbe Phänomen dieser grossartigen geantiklinalen Stirnfacies trafen wir 400 km weiter östlich ja auch in den Stirnen der unteren Radstättertauern. Auch dort die grosse geantiklinale Häufung an der Stirn der unterostalpinen Decken.

In den penninischen Tauern liegen die bis jetzt beobachteten Breccienbildungen samt und sonders in den nördlichen stirnnahen Partien der Decken, die charakteristischen Stengelbreccien des Bündnerschiefers trafen wir im Süden nicht mehr. Die südlichen Tauern zeigen allgemein die bathyalere Ausbildung der Sedimente als die nördlichen. Die grossen Massen des Hochstegenkalkes finden sich im Norden; in den südlichen Tälern fehlt er auf weite Strecken ganz.

Die penninischen **Tauern** zeigen wie die penninischen **Westalpen** die **Abnahme des** groborogenen neritischen Materials von der Deckenstirn über den Deckenrücken gegen die Deckenwurzel hin.

In den **Radstättertauern** erkennen wir am grisoniden Stirnrand, d. h. im unterostalpinen Bezirk, eine grossartige Geantiklinale. Gegen die oberen, mehr rückwärtigen Teile der Grisoniden, die mittelostalpinen Decken, nimmt dieser Stirncharakter ab.

Die grösste geantiklinale Region der Alpen, die schärfste, die mit Breccien und Konglomeraten am reichsten gesegnete, ist die **unterostalpine Stirn.** Es ist eben der Nordrand des vorrückenden afrikanischen Gesamtblockes, der seinen Schutt vor sich her sedimentiert und in den anstossenden Teilen der Tethys zu gewaltigen Massen gehäuft hat. Diese **unterostalpine Gesamtgeantiklinale** ist erkennbar vom **Genfersee bis an die Mur,** und dem Alpenrand entlang bis an die Donau, es ist die gewaltige Erweiterung des in Bünden seit Jahren erkannten alten **Berninarückens.** Derselbe deckt sich, aber nur zu einem Teil, mit dem in neuester Zeit von *Kockel,* nicht gerade sehr glücklich aufgestellten sog. «krummischen Rücken».

Betrachten wir die oberen ostalpinen Decken, die **Tiroliden,** so beobachten wir auch hier Anzeichen des gleichen Gesetzes. Auch hier meidet die bathyale Facies die Stirnregionen, auch hier stellt sie sich erst in gewisser Entfernung auf den Deckenrücken ein. So finden wir beispielsweise die bathyale Hallstätterfacies bezeichnenderweise nicht an der tiroliden Stirn, sondern weit im Rücken derselben, und sehen im Norden terrigenere neritischere Sedimente gehäuft. Vielleicht ist der Übergang der Hallstätterfacies in die wieder mehr neritische bayrische Entwicklung im Drauzug das Anzeichen jener Geantiklinale, die später zu der Überschiebung der Dinariden auf die Tiroliden auswuchs. Gegen Süden wird innerhalb der Dinariden dann die Facies überhaupt immer neritischer, wenigstens im älteren Mesozoikum, sodass wir am Alpenrand wie z. B. bei Recoaro oft schon wieder germanische Anklänge, also rein epikontinentale Faciestypen erhalten. Wir kämen damit auf eine triadische Geosynklinale grossen Stils zwischen Nordalpen und dinarischem Alpenrand, und es ist wohl nicht ohne Zufall, dass in derselben gerade auch die einzigen Reste des ostalpinen Silur-Devons in verschiedenen Stücken erhalten geblieben sind. Weder der Nordrand der Tiroliden noch der Südrand der Dinariden zeigen irgendwelches Altpaläozoikum. Dasselbe wurde in jenen Regionen wohl abgelagert und gefaltet, es ist jedoch in einer späteren Phase der Bewegung auf hohen geantiklinalen Rücken vor der Ablagerung des Perms schon wieder erodiert worden. Weder Silvretta noch Recoaro zeigen daher das ostalpine Silur-Devon. Die beiden Ränder der grossen tiroliden-dinarischen Geosynklinale waren schon vor der Ablagerung des Perms hochragende geantiklinal struierte Gebiete, auf denen das sicher vorhandene Paläozoikum wieder abgetragen worden ist.

So lässt sich denn die Abhängigkeit der Facies von den embryonalen Gewölben und Rücken der heutigen Decken auch in den Ostalpen deutlich erkennen.

An gewissen günstig gelegenen Orten beobachten wir aber sogar ein Schwanken der Geantiklinalen im Streichen, wir vermögen innerhalb derselben schon gewisse Axenkulminationen und -depressionen zu erkennen. Das schönste Beispiel ist vielleicht die Veränderung der Sulzfluhserie vom Prättigau unter der Silvrettasenke durch hinüber auf die Engadinerkulmination. Vor der Engadinerkulmination wurde, schon im Jura, die Sulzfluhgeantiklinale höher gestaut als in der Prättigauerdepression, und deshalb sehen wir im Unterengadin die Äquivalente der Sulzfluh fast nur in reiner Breccienfacies entwickelt. Ähnlich mag die Rämsibreccie der Mythen einem Höherragen der unterostalpinen Stirn hinter der Aarmassivkulmination ihr Dasein verdanken, oder die Konglomerate im Malm am Stanserhorn und ähnliches mehr. Die Bündnerschieferbreccien am Nordrand des Maggialappens, die derselben Einheit sowohl im Westen wie im Osten fehlen, verdanken ihre Entstehung wohl gleichfalls einem axialen Höherragen der embryonalen Deckenstirn in der heutigen Tessinerkulmination.

Wir kommen damit dazu, Kulminationen und Depressionen der Axen schon in den alten Anlagen, schon in den Deckenembryonen zu unterscheiden, wir erkennen die grossen alpinen Kulminationen in ihrer Anlage schon im Mesozoikum.

Diese wichtige Erkenntnis erklärt uns vor allem zwei Tatsachen im Alpenbau: das Aussetzen oder Zurücktreten gewisser tektonischer Einheiten über solchen Kulminationen, und die merkwürdige Verbreitung der Ophiolithe im Streichen.

Existierten die Anlagen zu den alpinen Kulminationen schon im Mesozoikum, so mussten sie gestaltend auf den weiteren Verlauf der Bewegung, richtend, hemmend auf die weiter vorrückenden Deckenembryonen und schliesslich die Decken selber wirken. Dies erklärt uns das Zurückweichen verschiedener Deckenstirnen im Gebiete der heutigen Kulminationen. So sehen wir Monte-Rosa und St. Bernhard, im Osten Adula und Tambo-Surettastirnen mit der Annäherung an die grosse Tessinerkulmination etwas zurückbiegen. Allerdings bei weitem nicht in dem Masse und mit den scharfen Knicken, wie Jenny und Frischknecht dies zeichnen. Aber eine sanfte Einbuchtung dieser Stirnen ist im Tessin sicher vorhanden. Dasselbe mag für die unterostalpinen Decken der Fall gewesen sein, die westlich und östlich der grossen Aarmassiv-Tessinerkulmination grossartig entwickelt sind, vor dem Aarmassiv hingegen, vielleicht nicht nur durch erhöhte Erosion, zurücktreten. Arbenz hat dasselbe Phänomen eines Zurückschwenkens der Deckenstirnen mit Annäherung an die Kulminationen schon vor Jahren aus den helvetischen Decken beschrieben. Ähnlich mag auch das Fehlen des Niesenflysches zwischen Thunersee und

Rhein erklärt werden. Beidseits des Massivs gelangten die sedimentären Stirnen der Dentblanche-Margna viel weiter nach Norden als über demselben und der Tessinerkulmination. Die Stirn der Dentblanche erscheint damit gleichfalls bereits durch die Anlagen der Tessinerkulmination beeinflusst. Dass nicht das heutige Massiv das Hindernis sein konnte, zeigen ja die grossen Einwicklungen der penninischen und grisoniden Zone unter das helvetische Gebirge und dessen letzte Überwältigung durch das Massiv selbst zur Genüge.

Alle diese **Deviationen der Deckenstirnen** sind die **Folge der embryonalen Kulminationen,** die wir ja heute schon im Mesozoikum an der Verteilung der Facies der gleichen Decke im Streichen zu erkennen vermögen.

Der Osten liefert solcher Beispiele noch mehr. Da fällt zunächst die grossartige **Häufung der Grisoniden in Graubünden** auf, der im Osten, am Brenner und in den westlichen Tauern, nur kümmerliche Reste gegenüberstehen. Wo sind die stolzen Massen der Oberengadiner Berge, wo der gewaltige Haufen der Berninadecken? Wir kennen ihre wahren Äquivalente in den Hohen Tauern nicht, nur ihre Wurzeln ziehen in breiter Entwicklung südlich der Tauern vorbei. Im Osten, in den Radstätter-tauern jedoch, finden wir wenigstens bescheidene Äquivalente der kristallinen Engadinerdecken wieder deutlich ausgeprägt. Es scheint also die **kristalline Kernmasse der Grisoniden** sich hauptsächlich in den tiefen Depressionen beidseits der Tauernkulmination entwickelt zu haben; dort greifen die kristallinen **Stirnen weit über den Deckenscheitel nach Norden,** hinter der grossen Kulmination jedoch treten sie zurück, und nur ihre abgeschürften **Sedimente** gelangen bis an den Nordrand des grossen Fensters. Das Zurücktreten der Grisoniden zwischen den Oetztalern und den Radstättertauern erklärt sich ausgezeichnet durch die hemmende Wirkung der werdenden **Tauernkulmination,** sie kamen eben hinter derselben gar nicht zu rechter Entfaltung, blieben zurück. In den beidseitigen Depressionen jedoch erkennen wir sie in all ihrer reichen tektonischen Untergliederung und sehen sie weit über die Deckenfirst nach Norden stossen. Die gewaltige Häufung und Zerschlitzung der Grisoniden in südlichen Bünden hängt überdies vielleicht mit dem Zusammentreffen der veltlinischen und südtirolischen Schübe im Winkel zwischen west- und ostalpinem Bogen zusammen, daneben auch mit einem Ausweichen der Massen vor dem mächtig nach Norden drängenden Dinaridenkopf Südtirols gegen Nordwesten.

Dasselbe Bild liefern die Oetztaler. Auch sie stossen mit ihrer Hauptmasse in die beiden grossen Depressionen westlich und östlich der Tauern vor, und über der Tauernkulmination bleibt ihre Stirn zurück. Vom Patscherkofel bei Innsbruck bis hinüber nach Schladming erreichen die Oetztaler nirgends den Nordrand der Tauern. Ihre Stirn biegt sogar gegen die Tauern zu deutlich zurück. Dasselbe erkennen wir gegen den Semmering zu östlich von Leoben, und zwischen diesen beiden mächtigen hemmenden Pfeilern sehen wir die Oetzmasse in den Muralpen in grossartigem Bogen wiederum nach Norden stossen. Genau dasselbe Bild wie drüben im Tirol.

Damit ergibt sich das allgemeine Gesetz: die vorrückenden Decken werden schon von den **embryonalen Kulminationen** in ihrem Verlauf weitgehend **differenziert,** ihre Stirnen weichen schon diesen ersten **Anlagen** als hemmenden Massen aus, und **die Hauptmasse der Decken fliesst von allem Anfang an in die grossen Depressionen zwischen den einzelnen Erhebungen.** Die embryonalen Kulminationen wirken wie untermeerische Rücken hemmend auf die grosse Wellenbewegung. Diese Differenzierung im Streichen ist älter als die eigentliche Deckenhäufung, die ihrerseits erst zur fertigen Ausbildung und Aufstauung der heutigen Kulminationen geführt hat.

Die Spuren dieser alten Differenzierung der Decken im Streichen kennen wir heute von den Westalpen durch die Schweiz bis hinüber nach Kärnten und Steiermark.

Diese Differenzierung macht sich aber auch geltend in der **Verteilung der alpinen Ophiolithe.** Warum haben wir z. B. in den ganzen Tauern kein Val Malenco, keine Disgrazia, kein Oberhalbstein, warum kein Zermatt und kein Châtillon? Warum fehlt den Tauern die grandiose Häufung der Ophiolithe, die wir doch in denselben tektonischen Elementen im gleichen Wurzelabstand in Bünden und im Wallis so grossartig ausgeprägt sehen? Warum verdrängen die Ophiolithe in den Tauern nirgends die ganze Bündnerschieferserie? Wie drüben im Malenk und Châtillon? Die Erklärung wird heute, nach der Erkenntnis der schon präexistenten mesozoischen Anlagen der alpinen Kulminationen sehr einfach. Bünden und Wallis, die Aostatäler und die Gegend von Susa, sie alle liegen in grossen axialen Depressionen. Die Tauern hingegen in einer gewaltigen Kulmination. Wenn diese Segmentierung, wie es Faciesverteilung und Deckenhäufung zeigt, schon im Mesozoikum vorhanden war, so traf natürlich die grosse Ophiolithintrusion der Kreidezeit schon beträchtliche Niveaudifferenzen in den tektonisch gleichwertigen Gebieten der West- und Ostalpen. In die grossen Depressionen Bündens und des Wallis flossen die Magmen mit Leichtigkeit hinein, die Intrusion traf keinerlei Hemmungen; die embryonale Kulmination der Tauern hingegen hinderte und erschwerte die Intrusion, das Aufsteigen der magmatischen Massen weit mehr. Das Magma aber drang dort weit vor, wo es ungehindert weit in die mesozoischen Bündnerschiefer eintreten konnte; dort flossen die grossen Ophiolithmassen zusammen, dort wurden sie in erster Linie gehäuft. Den Kulminationen hingegen, diesen unbequemen Erhöhungen, wich das ophiolithische Magma weit eher aus. So kam es am einen Ort zu grossartiger Ophiolithhäufung, am andern nur zu beschränkter Intrusion. Dass dabei quer zum Streichen, quer zu den Intrusionsbahnen, dieselben Gesetze der Differenziation zu Tage treten, ist ganz klar. Ich habe kürzlich auf diese Gesetze hingewiesen, und sie werden auch tatsächlich, soweit ich nun auch die Tauern kenne, in denselben bestätigt. Gleiche Verhältnisse müssen wir nach diesen Anschauungen über der Tessinerkulmination erwarten, doch sind dort die südlichen ophiolithführenden Deckenkomplexe der oberen Penniden längst abgewittert und der Beobachtung entzogen. Höchstens die Hülle des Gran Paradiso kann als ein Äquivalent zum Vergleiche herangezogen werden, und hier sehen wir tatsächlich auch, bis hinab in die Wurzel bei Locana, die Häufung der Ophiolithe gegenüber den Massen von Susa und Châtillon-Aosta zurücktreten.

Das Magma der alpinen Ophiolithe weicht den alten Anlagen der alpinen Kulminationen aus, dieselben wirken hemmend auf die Intrusion der ophiolithischen Magmen; die Kulminationen zeigen daher nicht die grosse Häufung der Ophiolithe wie die zwischenliegenden Depressionen. Der Gegensatz zwischen Tauern und Bünden-Wallis wird dadurch verständlich. (Vgl. Fig. 64).

Die Gesetze der Faciesverteilung in den alpinen Sedimenten, die gesetzmässige Verteilung der Ophiolithe, die embryonalen Phasen der Faltung, das alles erkennen wir heute über die ganze Länge des Gebirges vom Meere bis nach Wien.

Bleiben die grossen Phasen der alpinen Paroxysmen. Die *Argandschen* Phasen der penninischen Alpen gelten bis hinab zum Mittelmeer; stets wird die Bernharddecke als die älteste zunächst von der Dentblanche und später von der Monterosadecke deformiert, und schliesslich erfasst der grosse dinarisch-insubrische Schub das ganze Paket, und unterschiebt es in gewaltigem Stosse. Die Alpen werden dadurch, vom Tessin an meerwärts immer mehr, zu einem Ausweichen in höherem Niveau, zu einer grossartigen Rückfaltung gezwungen, und schliesslich legen sich ihre Deckenscheitel sogar deckenförmig über das dinarische Rückland, in der Rückfaltung des Apennins.

In Bünden noch lassen sich die *Argandschen* Phasen gut erkennen. Auch hier erscheint die Monterosadecke als die jüngste Einheit der Penniden, auch hier setzt zuletzt ein gewaltiger insubrischer Stoss ein. Aber daneben kompliziert sich das Faltungsbild Graubündens infolge des Hinzukommens der austriden Elemente in höchstem Masse. Ich habe vor sechs Jahren im Grossen sechs Hauptphasen der Bewegung unterschieden. Eine erste in der Kreide machte sich nur in der verstärkten Akzentuierung der unterostalpinen Geantiklinalen geltend, die zweite, sogenannte unterostalpine, man könnte sie nun die grisonide Phase nennen, bringt die Überschiebung der Grisoniden und der Margna-, auch der Aduladecke, dann folgt in gewaltigem Stosse die Silvrettaphase, die die tieferen Grisoniden auswalzt und nach Norden treibt, dann abermals eine tiefere, grisonid-penninische Schlussphase der Deckenschübe, der wir die grossen Einwicklungen verdanken, und endlich eine zweiteilige insubrische Phase mit der Steilstellung der Wurzeln, der Intrusion der Tonalite und Bergellergranite, der endgültigen Überkippung der Wurzeln und der Aufrichtung der südlichen Molasse.

Alle diese bündnerischen Phasen erkennen wir nun auch in den Ostalpen bis hinüber nach Wien. (Siehe Fig. 65).

Beiträge zur geol. Karte der Schweiz, n. F., Liefg. 52.

31

Unsere erste Phase der Kreidezeit, wir nannten sie die ostalpine Vorphase, entspricht in den Ostalpen der vorgosauischen Überschiebung der juvavischen Masse; wir nennen sie von heute ab die juvavische Phase. Sie betrifft nur den Nordrand der Dinariden und den Deckenrücken der Tiroliden. Ein Stück rein dinarischen Landes hat dabei die nächstliegenden Sedimente des tiroliden Rückens von ihrer kristallinen Unterlage abgeschält und nach Norden über die anliegenden äusseren tiroliden Sedimente gehäuft. Ein Teil derselben wurde dabei noch zu Falten gezwungen, es sind die vorgosauischen Falten in der Wettersteindecke im Salzkammergut, am Muttekopf, in den östlichen Nordalpen, bei Wien usw. (Vgl. hier und im folgenden stets Fig. 65.)

Darauf folgte im Tertiär, nach Ablagerung der Gosau und des Flysches, wie in Bünden eine in der Hauptsache unterostalpin-penninische Phase. Die Grisoniden schoben sich unter dem Drucke der an der Aussenfront der Dinariden anrückenden Tiroliden mit samt den nördlich anliegenden obern Penniden zu dem gewaltigen grisoniden und penninischen Deckenhaufen zusammen. Die Grisoniden schoben sich übereinander und über die vorliegende penninische Serie, dabei dieselbe selbst wieder zu Decken übereinandertürmend.

Die grisonide Phase schuf unter dem Druck der anrückenden Tiroliden das grisonide Deckenpaket und die ersten penninischen Decken. Vor der tiroliden Front entsteht ein mächtiger grisonid-penninischer Deckenwall und wirkt als stauender Widerstand dem tiroliden Vormarsch entgegen.

Jetzt löst sich durch die grosse Überschiebung der Tiroliden die gegen den Schluss der vorigen Phase entstandene Spannung weiter aus, und die tirolide Masse überschiebt als ganzes geschlossenes Paket von riesigen Dimensionen das grisonide und penninische Land. Die Grisoniden werden ausgewalzt wie drüben in Bünden und gelangen unter dem Traîneau der Tiroliden bis hinaus an den Alpenrand. Die penninischen Decken werden ausgeglättet und weiter nach Norden geschleppt, die penninischen Flyschmassen auf das Helvetikum hinauf geschoben und dieses selbst in Decken nach Norden gedrängt. Es ist der grosse Hauptparoxysmus, der alle Decken von den Tiroliden bis hinab zum Helvetikum ergreift.

Die tirolide Phase ist die Hauptphase der Ostalpen, ja wohl der Alpen überhaupt, sie dürfte in den Westalpen am ehesten der Dentblanchephase entsprechen.

Jetzt ist der grosse Bau in groben Zügen fertig, die Tiroliden liegen, mitsamt dem seit der Kreidezeit ihnen aufliegenden juvavischen Paket weit über grisoniden Elementen und penninischem Flysch, die Grisoniden sind da, die Penniden auch, und die Bildung der Helvetiden ist im Gange. Aber noch ist der Schub nicht zur Ruhe gekommen. Er ergreift nun vor allem noch die bisher ungefaltet gebliebenen oder in der Faltung zurückgebliebenen zentralen Teile der Penniden. Diese rücken unter dem unaufhaltbaren Stosse der Dinariden weiter vor und bohren sich gewaltsam zwischen die schon bestehenden Massen ein. Die unteren penninischen Decken werden strapaziert und geschuppt, in der Adula, die Helvetiden über die Massive hinweggetrieben; die oberen Elemente, von der Margnadecke aufwärts, werden weitgehend eingewickelt und mitgeschleppt. Die spätpenninische Phase ist die Phase der Einwicklungen. Die Dinariden stossen mächtig nach; aber in den oberen Decken ist die Häufung eine solche, dass sie nur mit Mühe vorwärtskommen, und so löst sich die Bewegung hauptsächlich tiefer aus. Der Stoss der Dinariden führt zum Einwicklungsstoss der Monterosadecke; dieser Einwicklungsstoss des Monterosa pflanzt sich durch alle Grisoniden Bündens fort bis hinauf in die Campodecke, die nun ihrerseits in gewaltiger Stirn die Tiroliden unter sich einwickelt. Der grisonide Stoss geht dabei schief durch die tirolide Masse aufwärts und löst schliesslich deren inneren Zusammenhang. Die südliche Hauptmasse der Tiroliden schiebt sich auf die nördliche, die Oetztaler auf die Silvretta, die Muralpen auf die Grauwackenzone. Dabei werden die Silvrettasedimente von ihrem Untergrund abgeschürft und durch die Oetzmasse nach Norden gestossen zum Deckenpaket der Kalkalpen. Auf ihnen als passive Fracht die juvavischen Decken der vorgosauischen Zeit. Die Schuppung und Faltung der Kalkalpen fällt in diese vierte grosse Phase. Wahrscheinlich dringt in derselben im Osten auch die Dinarienscholle stärker vor als im Westen, sodass vom Unterengadin weg nach Osten die Breite der Oetztalerüberschiebung wächst. Die Monterosaphase des Westens wird

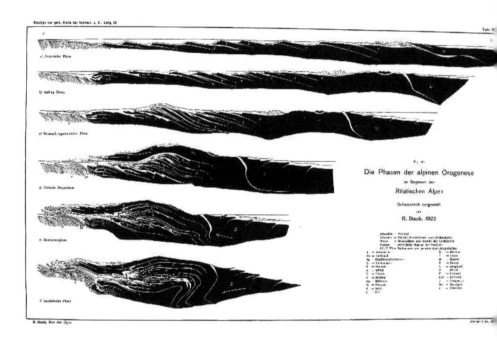

292

im Osten durch die Oetztalerphase zunächst unterstrichen, dann östlich der Tauern mehr und mehr abgelöst. Die beiden Bewegungen sind ungefähr gleichzeitig. Nur ist im Osten, in den Muralpen, die Übertragung des dinarischen Stosses wohl eine direktere und geht nicht mehr durch das Mittel der Monterosadecke. Diese hat sich wohl in den Hohen Tauern noch bewegt, wie ihre Verfaltung mit dem Dentblanchedeckenkern in den westlichen Tauern zeigt — es sei nur an die Stellung der Greinerscholle erinnert —, aber östlich derselben ist sie kaum mehr die eigentliche Ursache des Oetztaler Vorstosses wie drüben in Bünden und Tirol. Auch in den Ostalpen fallen die Einwicklungen in diese Phase, und zwar werden wie in Bünden sowohl tirolide wie grisonide und penninische Glieder des Deckenkomplexes von denselben ergriffen. Radstättertauern und Tarntalerköpfe sind prachtvolle Beispiele dieser Art.

Damit sind die deckenbildenden Phasen der Faltung abgeschlossen; es folgt die Steilstellung und Überkippung der Wurzeln, die Unterschiebung der Dinaridenscholle, mit deren Südtektonik, genau wie im Westen auch. Es ist die insubrische Phase des Westens, die im Grossen die Teiltektonik der Dinaridenscholle auch im Osten schuf. Ihr verdanken wir die grandiose Überkippung der ostalpinen Wurzeln bis hinein in die Penniden der Tauern, sie schuf und übertrieb schliesslich das grossartige Gewölbe der Deckenscheitel und eröffnete damit den einzigartigen Einblick in die Struktur der Zentralalpen, der sich uns im südlichen Bünden und im Fenster der Hohen Tauern bietet, ihr endlich verdanken wir die Schuppenstruktur der südlichen Kalkalpen. Und zwar sind, genau wie in Bünden, auch in den Ostalpen wieder zwei gesonderte Phasen zu scheiden; eine frühinsubrische vormiozäne und eine spätinsubrische, die auch die Molasse ergriffen hat. Die Hauptphase war auch hier die frühinsubrische mit der Steilstellung und Überkippung der Wurzeln, dem Aufwölben der Scheitel und dem Unterschieben der dinarischen Teilelemente. Ihr folgte die Intrusion des Adamello, die Eruption der Euganeen, der vicentinischen Berge, der steirischen Vulkane, der Gesteine von Predazzo, die Ablagerung der miozänen Nagelfluhen, und erst nach dieser langen Ruhepause setzte als Ausklang der grossen gebirgsbildenden Bewegung, schon als ein erster grosser Nachläufer derselben die spätinsubrische Phase ein und presste den Alpenbau noch enger zusammen. Periodische Nachläufer endlich leiteten die grossen Zyklen der alpinen Erosionsgeschichte ein, ein Thema, so voll unerschöpflicher Probleme, das zu behandeln oder auch nur anzuschneiden uns hier viel zu weit führen würde. Wir begnügen uns daher mit der Erkenntnis der grossen eigentlich gebirgstürmenden Vorgänge, und diese sind dieselben im Osten wie im Westen.

Wir unterscheiden in den Ostalpen mit aller Leichtigkeit die sechs Phasen Graubündens, und wir können dieselben heute auch mit den *Argandschen* Phasen in den Westalpen zusammenbringen. Wir nennen dieselben wie folgt:

1. Die juvavische Phase.
2. Die grisonide, frühpenninische Phase, die Bernhardphase.
3. Die tirolide Hauptphase, die Dentblanchephase.
4. Die spätpenninische, Monterosa und Oetztalerphase.
5. Die frühinsubrische Phase.
6. Die spätinsubrische posttonalitische Schlussphase.

Die Einheit des Alpenbaues offenbart sich auch hier. Die Phasen 2—6 treffen wir durch die ganze Kette, vom Meere bis nach Wien, und nur die erste vorgosauische Phase fehlt den Westalpen, weil denselben eben die hohen juvavischen Deckenelemente fehlen. Ihre Spuren jedoch finden wir noch bis nach Bünden hinein und in den Ophiolithen der Westalpen bis hinab nach Korsika.

Nicht nur der Bau und seine Gliederung, sondern auch die Entstehung der Alpen ist einheitlich vom Meere bis nach Wien. Eine Diskrepanz zwischen West und Ost gibt es hier nicht mehr. Es gibt nur ein Alpengebirge, und dieses reicht vom Meere bis nach Wien. West- und Ostalpen sind nicht zwei verschiedene Gebirge, nach Bau, Struktur, Material, Geschichte und zeitlicher Entstehung, West- und Ostalpen sind Glieder eines unendlich harmonischen Ganzen.

Von hohem Interesse sind endlich

2. Die Verteilung der Metamorphosen und die Zyklen magmatischer Tätigkeit.

Auch hier treffen wir, wie ja gar nicht anders zu erwarten ist, im Westen wie im Osten dieselben Gesetzmässigkeiten. Ich habe darauf in einer von verschiedenen Seiten scharf angegriffenen Studie für das beschränkte Gebiet Graubündens des näheren hingewiesen. Die Gliederung der Metamorphosen und der magmatischen Zyklen, wie ich sie dort aufgestellt habe, gilt aber trotzdem für die ganze Kette. Man braucht für diese Erkenntnis nicht einmal gottbegnadet zu sein, wie Freund *Schweinner* kürzlich glaubte feststellen zu müssen.

Neben den den magmatischen Zyklen angehörenden Kontaktmetamorphosen lassen sich folgende metamorphe Provinzen stets deutlich unterscheiden.

Zunächst eine **alpine Metamorphose tertiären Alters**, mit Dynamometamorphose der oberen, Regional- oder Tiefenmetamorphose der unteren tektonischen Elemente. Bernina und Tessin, im Westen Dentblanche, Savona und Simplon, zeigen die grossen hier entstandenen Gegensätze. Die oberen Decken mit samt ihrem Mesozoikum kaum oder epimetamorph, die tiefen Elemente hochgradig meso- bis katametamorph. Es sei nur wieder an Trias- und Liasgesteine der ostalpinen Decken oder an die Bündnerschiefer der penninischen erinnert, oder an die Casannaschiefer der verschiedenen Einheiten, an die Mylonite des Berninagebietes und der Dentblanche und ihren Gegensatz zu den Tessinergneissen. Welch ein Unterschied! Die **Tiefenstufe der Metamorphose** entspricht der **tektonischen Tiefenstufe**, die metamorphe Facies ist bedingt durch die tektonische Tiefenfacies. **Die Metamorphose ist abhängig von der Stellung der Gesteine im Gesamtbau der alpinen Decken:** die oberen sind kaum, die unteren hochmetamorph.

Diese **alpine Metamorphose**, sie zerfällt, wie ich gezeigt habe, in zwei ganz verschiedene Unterabteilungen, zeigt sich mit ihren Eigenheiten bis hinüber an den östlichen Alpenrand. Die höheren Decken, Oetztaler und Muralpen, sind kaum oder nur ganz wenig alpin-metamorph, in ihnen sehen wir die älteren Metamorphosen der paläozoischen und archäischen Zeiten fast unversehrt erhalten, und nur längs Schubflächen und Brüchen ist Struktur und Textur, nie aber der Mineralbestand dieser hochliegenden Serien verändert. Die tiefen Einheiten der Tauern aber zeigen in der sogenannten Tauernkristallisation eine alpine Tiefenmetamorphose, die der altbekannten des Westens absolut gleichwertig ist. Das zeigt sich ja auf den ersten Blick schon im Auftauchen der westalpinen Schisteslustrés und der hochmetamorphen Grüngesteine. Die Penniden der Tauern entsprechen tektonisch der Monterosa- und Dentblanchedecke des Westens, deren Merkmale finden wir hier in einer ganzen Menge Einzelheiten in der vorausgesetzten tektonischen Stellung wieder, und diese Penniden der Tauern zeigen nun auch **denselben Grad der alpinen Metamorphose** wie jene Elemente des Westens. Die Bündnerschiefer und Ophiolithe, die Triasgesteine, die altkristallinen Schiefer, sie erscheinen in den Tauern in genau derselben Tracht wie drüben in Bünden etwa in der Tambo-, der Suretta-, der Margnadecke. Auch hier nimmt von der hochpenninischen Schuppenzone gegen die tieferen Elemente die Metamorphose der Bündnerschiefer und der Ophiolithe deutlich zu, es sei nur an den Gegensatz zwischen den schwachmetamorphen Kalkphylliten und Prasiniten der Matrejerzone und den Kalkglimmerschiefern und Epiamphiboliten der Sonnblickund Granatspitzhülle oder gar an die hochmetamorphen Gesteine, Biotitkalkglimmerschiefer, Glaukophaneklogite und Mesoamphibolite der Venedigerhülle oder der Hochalmumrandung erinnert.

Die Tauern zeigen, wie die westlichen Penniden, eine ausgeprägte **alpine Tiefenmetamorphose**, eine Metamorphose, bedingt durch die alpinen tektonischen Tiefen. Eine Metamorphose, in welcher die Rolle des Druckes gegenüber dem Wirken der erhöhten **Temperaturen** zurücktrat, und die daher mit der eigentlichen Dislokation, der Verstellung der Schichten, der mechanischen Wirkung des alpinen Horizontalschubes nicht das Geringste zu tun hat. Die Dislokation hat einfach die alpinen Decken übereinander getürmt, sie hat aber nicht selbst metamorphisierend gewirkt, und die **alpine Tiefenmetamorphose ist nicht die direkte** Folge der **Dislokation** an und für sich, sondern die Folge der durch die Dislokation **veränderten regionalen Temperaturverhältnisse.** Die Dislokation schuf den hohen Falten- und Deckenhaufen, in dessen Innern entstanden mit zunehmender Tiefe, wie anderswo in der Erdrinde, **erhöhte Temperaturen,** und diese im Verein mit immer noch vorhandenen Spannungen — die alpine Gebirgsbildung ist ja nicht ein einmaliger Akt — schufen die grossartige Tiefenmetamorphose der zentralalpinen Gesteine. In vielen Fällen lässt sich die Struktur dieser alpinen tiefnetamorphen Gesteine direkt in zwei Phasen der Entstehung auflösen. *Sander, Cornelius* und ich haben darauf seit Jahren hingewiesen. Eine erste Phase entspricht der tatsächlichen **Dislokation**, sie äussert sich in der Streckung, der Schlichtung, der Glättung, kurz der Auswalzung oder Mylonitisierung aller Komponenten, in der Umwandlung sonst geschichteter oder massiger Gesteine in einen Schiefer. Die zweite Phase zeigt das spätere Wirken der hohen **Temperaturen**, das Ausheilen, das Umkristallisieren quasi der mechanischen Struktur der ersten wirklichen Dislokationsphase. So sind alpine Tiefenmetamorphose und eigentliche Dislokationsmetamorphose wohl im Grossen die Folgen des gleichen Vorganges, der alpinen Dislokation, aber die Dislokation schuf nur die physikalischen Verhältnisse, in denen eine Tiefenmetamorphose unter dem weiteren Einfluss der Temperaturen vor sich gehen konnte, **nicht die Tiefenmetamorphose selbst.** Dieselbe ist eine Metamorphose **regionaler** Art, verbunden mit der allgemeinen Zunahme der Temperaturen in den durch die Dislokation geschaffenen tektonischen Tiefen. Eine Dislokationsmetamorphose ist dies nicht.

Wir können daher heute im Grossen von zweierlei Arten der alpinen tertiären Metamorphose sprechen, einer **mechanischen**, der direkten Folge der Dislokation, also einer wirklichen Dislokationsmetamorphose, und einer **chemischen** Regionalmetamorphose als dem Resultat der regionalen Zunahme der Temperaturen in den grossen durch die Dislokation geschaffenen tektonischen Tiefen.

Es gibt eine alpine **Dislokationsmetamorphose** und eine alpine **Regionalmetamorphose.** Die erstere äussert sich meist rein mechanisch, durch Zertrümmerung und Auswalzung, die zweite ist die wahre Metamorphose der Tiefe, der Umkristallisation und Ummineralisation nach regionalen Gesetzen. Einen eigenen Ausdruck, wie Tauernkristallisation, brauchen wir für diese zweite Art der alpinen Metamorphose nicht, ist doch die sogenannte Tauernkristallisation nur ein Spezialfall der in den Westalpen seit alten Zeiten bekannten alpinen Tiefenmetamorphose.

Die tiefsten Decken der Ostalpen zeigen, wie die Penniden der Westalpen die alpine regionale Tiefenmetamorphose, die höchsten sind von alpiner Metamorphose überhaupt verschont geblieben, sie liegen als unveränderte Pakete mit ihren primären Charakteren oder ihrem aus früheren Zeiten erhalten gebliebenen älteren Metamorphismus dem ganzen Deckengebäude oben auf. Es sei nur an den grossartigen Gegensatz zwischen Tauern und Kalkalpen, oder Tauern und Muralpen, oder Tauern und Oetztaler oder Bernina oder Semmering erinnert. Zwischen diesen beiden Extremen aber liegt, genau wie im Westen, die grosse Zone des alpinen Dislokationsmetamorphismus, das Reich der Mylonite, der Diaphthorite, der gequetschten, der ausgewalzten Gesteine. Das oberste penninische Element, die Matreierzone, zeigt diesen Übergang schon an; zu grossartiger Entfaltung aber gelangt dieser Typus der Mylonite, in Tektonik und Metamorphose, erst in den Radstättertauern. Die Radstättertauern sind auch in diesem Punkte die getreuen Analoga der Engadinerdecken, der Grisoniden, und ihre Mylonite und Diaphthorite, ihre marmorisierten Triasserien, ihre verwalzten Breccien erinnern auf Schritt und Tritt ans Engadin. Bernina und Radstättertauern entsprechen sich in ihrer Metamorphose vollständig; die **Mylonitisierung** ist in beiden Gebieten, **Bernina- und Radstätterdecken,** die grösste der ganzen Alpen. Diese Elemente lagen nicht hoch genug, um wie die Oetztaler von der alpinen Metamorphose verschont zu bleiben, sie lagen aber auch nicht tief genug, dass ihre Mylonite wie in den Penniden durch hohe Temperaturen wieder ausgeheilt und umkristallisiert worden wären. Sie zeigen die wahre unverfälschte unversehrte Dislokationsmetamorphose ohne jeden nachträglichen störenden Einfluss, sie sind die klassischen Gebiete der eigentlichen alpinen Dislokationsmetamorphose. Was tiefer liegt, unterlag der regionalen Metamorphose der alpinen tektonischen Tiefen, was höher folgt, zeigt von alpiner Metamorphose überhaupt nichts mehr.

Die alpine reine **Dislokationsmetamorphose** zeigt sich am schönsten im Gebiet der **unterostalpinen Decken des Berninagebirges und der Radstättertauern.** Man könnte sie direkt im Gegensatz zu einer penninischen Tiefenmetamorphose die Berninametamorphose nennen. Sie reicht aber noch weit höher hinauf, zum mindesten in den Ostalpen. Die von der Oetzmasse überfahrenen Teile der Silvretta zeigen sie in hervorragendem Masse, vom Arlberg, ja vom Engadin bis hinüber nach Innsbruck; in den Quarzphylliten und der nordalpinen Grauwackenzone zieht sie weiter, auch hier die Mylonitisierung durch die höhere Oetzmasse, die heute zwischen Brenner und Schladming nirgends mehr zu sehen ist, verratend, und schliesslich setzt sie über das Schladmingermassiv und durch die Grauwackenzone des Paltentales fort bis in die Sekkauertauern und das Gebiet von Leoben. Die Semmeringgesteine, besonders der Wechsel und die Kirchberggranite, zeigen analog den Radstätterdecken die gleiche intensive mechanische Durcharbeitung. Auch sie gehören zu der grossen Zone mechanischer Metamorphose, die sich zwischen die nichtmetamorphen höchsten und die tiefenmetamorphen tiefen alpinen Elemente einschaltet. Die darüber folgenden Muralpen- und Oetztalergesteine zeigen im Allgemeinen kaum Spuren einer nachkristallinen Durchbewegung, in ihnen haben sich die älteren Metamorphosen bis heute fast unversehrt erhalten. Nur an den grossen Verkeilungen und Verknetungen am Tribulaun und Nösslacherjoch oder unter den Klippen in Steiermark zeigt sich auch hier noch weitgehende Mylonitisierung und Marmorisierung auch dieser höchsten Serien.

Drei grosse alpin-metamorphe Provinzen schälen sich heraus: die penninische Tiefenmetamorphose regionaler Art mit grossartiger Umkristallisation, die rein mechanische alpine Dislokationsmetamorphose, von den Grisoniden bis an die Basis der Oetztaler, die Mylonitzone, und endlich die nur an gewissen Stellen Spuren mechanischer Beanspruchung zeigenden höchsten Zonen mit erhaltenen früheren Metamorphosen und normalen Sedimenten. Die Tiefenmetamorphose ist auf die Penniden beschränkt, die Mylonite in der Hauptsache auf die Grisoniden, die normale, nicht alpinmetamorphe Zone auf die Tiroliden und das von Decken nur schwach überflutete helvetische Vorland. Wir könnten daher von penninischer, grisonider und tirolid-helvetischer Metamorphose sprechen, und erkennen in dieser grossen Dreiteilung die Zonen des Metamorphismus, ja der Erdrinde überhaupt. Die penninische Metamorphose ist die des Fliessens, der Umkristallisation; der grisonide Typus entspricht der Bruchzone; der tirolid-helvetische Typus, dem auch die Dinariden angehören, ist der normale unveränderte.

Diese drei Typen ziehen durch die ganzen Alpen, sie gehören dem jüngsten metamorphen Zyklus, dem der Alpenfaltung an.

Daneben aber erscheint eine grosse Zahl von älteren Metamorphosen, kristalline Schiefer, die als solche unverändert die ganze Gebirgsbildung überdauert haben und aus weit älteren Perioden der Erdgeschichte stammen. Es kann nicht die Rede sein, hier auf alle diese grossartigen Erscheinungen im Detail einzutreten; es genüge der Hinweis auf die Zergliederung der Gesteinsmetamorphosen in Bünden, die in grossen Zügen, trotz mancher abschätzigen, aber kaum je den Kern der Sache treffenden Kritik, auf die ganze Kette übertragbar ist. Wir erkennen überall vor der alpinen tertiären Metamorphose eine weitgehende starke Regionalmetamorphose der mesozoischen Zeit, deren Anfänge schon im Perm beginnen (Epimetamorphose der karbonischen Massengesteine, Gerölle derselben im Verrukano, im Lias, im Malm etc.; Metamorphose der penninischen Quarzite, der Marmore, der Quartenschiefer und Bündnerschiefer vor der Ophiolithintrusion, von Ligurien bis nach Kärnten hinein), vor derselben im helvetischen und ostalpinen Gebiet eine herzynische Dislokationsmetamorphose, eine herzynische Mylonitisierung. Auch in den Dinariden ist dieselbe im Altpaläozoikum der karnischen Kette z. B. deutlich ausgeprägt. Herzynische Mylonite liegen vielerorts in den Zentralmassiven und den ostalpinen Decken als Schollen in den oberkarbonischen Intrusivgesteinen. Die Metamorphose der kristallinen Schiefer aber ist weit älter, sie war bereits in vorkarbonischer, ja z. T. schon in vorpaläozoischer archäischer Zeit abgeschlossen. Nur im Gebiet der penninischen Decken erkennen wir mesozoische Regionalmetamorphose auch in den kristallinen Schiefern, im Gebiet der grossen penninischen Geosynklinale. Auf den beiden Kontinentalsockeln war die Metamorphose des Altkristallinen abgeschlossen im oberen Karbon. Beide Kontinentalsockel zeigen ausser alpiner Dislokationsmetamorphose keine nachpermische Metamorphose mehr. Ganz anders die penninische Geosynklinale.

So erkennen wir in den Ostalpen und Dinariden die vorsilurische Metamorphose der kristallinen Schiefer der Tiroliden und Dinariden. Die normalen Silur-Devonserien liegen über ältermetamorphem kristallinem Grundgebirge. Stellenweise aber wird auch das Silur-Devon von einer durchgreifenden

Metamorphose ergriffen und sehen wir auch die **paläozoische Serie in kristalline Schiefer** übergehen. So im Pustertal das Paläozoikum der karnischen Kette, die Grauwackenzone des Pinzgaus, das Karbon der Nösslachergegend usw.

In gewissen metamorphen Gebieten der Westalpen erkannten wir eine grossartige **Umkehr der Zonenfolge**, so dass die Katagesteine oben, die Epigesteine unten lagen, statt umgekehrt. Eine alte metamorphe Serie mit normaler Zonenfolge ist wie eine gewöhnliche Schichtfolge von der Alpenfaltung ergriffen und überwältigt worden, und die normale Zonenfolge wurde dabei umgekehrt. Den schönsten Fall dieser Art sehen wir in der Dentblanche-Margnadecke des Penninikums, von Aosta bis hinüber ins Engadin. Daneben kennen wir ähnliches auch aus dem Gebiet der Tonalezone in der Campodecke. Die Zonenumkehr der Margnadecke trafen wir auch in den Ost- alpen, am Sonnblick wieder. Dort liegen an der Basis der Decke die Epigesteine des Permokarbons, darüber mesometamorphe Eruptivgneisse, über denselben endlich die katametamorphe oder doch wenigstens tief mesometamorphe Valpellineserie. Die Zonenumkehr ist die gleiche wie im Westen. Sie ist auf die Basis der Decke, die verkehrte Serie, beschränkt, und gegen oben, in den Decken- rücken und die höheren Elemente hinauf, wird die Zonenfolge wieder normal. Da liegen über der Kata- serie des Deckenkernes die Mesogesteine der Sonnblickgneisse und -glimmerschiefer, der Schistes- lustrés, darüber aber in den höheren Decken an der Stanziwurten usw. die rein epimetamorphe Gesellschaft der grünen Serizitschiefer, der Phyllite, der Serpentine usw., und diese gehen gegen die Matreierzone hinauf mehr und mehr in normalere, oft kaum metamorphe Typen über. Die **Zonenfolge** *Grubenmanns* ist hier, wie an so vielen Orten in den Alpen, glänzend entwickelt, wir kennen dieselbe von Ligurien durch die Alpen hinauf bis nach Kärnten hinein, und die *Grubenmannsche* Einteilung der kristallinen Schiefer in Kata-, Meso- und Epigesteine ist nicht bloss eine theoretische Gliederung für Kabinettgeologen und -petrographen, sondern eine in der Natur, draussen im lebendigen Gebirge grossartig verwirklichte und tektonisch oft scharf in die Erscheinung tretende Tatsache. Die Zonenlehre der kristallinen Schiefer besteht in den Alpen ihre Probe glänzend, im Kleinen wie im Grossen. Wir finden ihre Postulate verwirklicht im Zyklus der alpinen tertiären Metamorphose, wo wir die Zunahme der Intensität der Umwandlungen mit der tektonischen Tiefe tatsächlich sehen, wir sehen die Zonenfolge aber auch die älteren metamorphen Provinzen mit beson- derer Vorliebe beherrschen, wie uns dies die Verhältnisse innerhalb der einzelnen alpinen Decken deutlich zeigen. Das schönste Beispiel dieser Art aber bleibt die Zonenfolge der Margna-Dent- blanchedecke. (Vgl. dazu Fig. 66.)

Für die vorpaläozoische Metamorphose des Altkristallins haben wir in den Ostalpen Beweise genug. Ich möchte nun aber noch auf einen Punkt hinweisen, der die nachpaläozoische, postsilur- devonische, etwa karbonische Metamorphose des Altpaläozoikums in kristalline Schiefer tatsächlich zeigt. Ich meine die Metamorphose der sogenannten **Valpelline-Fedozserie.**

Über den vollwertigen Charakter derselben als altkristalline Schiefer brauche ich mich wohl kaum zu verbreiten, er ist bekannt. Dass es sich dabei aber um sicheres Altpaläozoikum handelt, ist weniger bekannt und bedarf einmal des speziellen Hinweises.

Wir gehen aus von der sedimentogenen Malojaserie. Dieselbe geht ohne scharfe Grenze über schwarze karbonische Phyllite und sandige quarzitische Schiefer bis in die untere Trias hinein, Maloja- serie und Triasquarzit sind miteinander primär verbunden. Das jungpaläozoische Alter des oberen Teiles der Malojaserie steht also sicher. Diese Serie nun aber geht nach unten oft unmerklich in die marmorführende Serie von Fedoz über, und nimmt mit der Tiefe an Metamorphose zu. Die Fedozserie, das ist die Série de Valpelline, steht als mit dem Jungpaläozoikum der oberen Malojaserie in primärer Verbindung, die Série de Valpelline muss daher **gleichfalls paläo- zoisch,** und zwar wohl **altpaläozoisch sein.** Ich habe sie bisher stets als die Vertretung des Silurs betrachtet. Heute, nachdem ich die paläozoischen Gebiete der karnischen Alpen gesehen habe, scheint mir diese Parallele zweifellos. Das Silur, das ich beispielsweise mit *Termier* und *Kober* und meinen Bündner Kollegen zwischen Eisenkappel und dem Seeberg im Vellachtal gesehen habe, brauchte nur wenig metamorpher zu sein, um bereits stark der Série de Valpelline zu gleichen. Bänderkalke, Tonschiefer, Grauwacken, Grüngesteine ergeben ja eben gebänderte Marmore, Phyllite, Gneisse,

Prasinite und Amphibolite, und es brauchen nur noch pegmatitische Durchaderungen dazuzukommen — postsilurische Eruptiva kennen wir ja genug —, so ist der Katacharakter einer solchen Serie erklärt. Schon dieser äussere Vergleich der karnischen Serie mit der Fedozserie spricht für Äquivalenz. Es lassen sich nun aber im karnischen Paläozoikum zwei charakteristische Elemente herausheben, die wir, in analoger Lage sogar, in der Fedozserie des Engadins wieder finden. Im karnischen Paläozoikum sind die silurischen Kalke meist als feinschichtige Bänderkalke entwickelt, darüber erscheint in massigen Wänden der devonische Korallenkalk. Die Bänderkalke wechsellagern mit den Tonschiefern und Grauwacken, der Devonkalk bildet einen mehr geschlossenen markanten Horizont. Etwas Ähnliches sehen wir nun in der Série de Valpelline der Foxer und Fedozerberge. Auch hier sind Bänderkalke in einem tieferen Niveau in vielen voneinander getrennten Lagern in metamorphen Tonschiefern und Grauwacken bekannt, und darüber folgt, was zunächst, vor der Bereisung des karnischen Paläozoikums gar nicht so auffiel, auf grosse Strecken ein durchgehender mächtiger grobkristalliner Marmorhorizont. Stets sind die gebänderten Marmore und Kalksilikatfelse unten, die grobkristallinen massigen reinen dickbankigen Marmore oben. Soll man noch zweifeln, ob wir hier in der Fedozserie nicht dieselben Verhältnisse wie drüben in den karnischen Alpen haben? Entspricht nicht der obere geschlossene Marmorhorizont dem Devonkalk, die tieferen Bändermarmore dem eigentlichen Silur? Ich glaube, die Parallele ist heute zu wagen und wir können damit behaupten: die Série de Valpelline, die Fedozserie enthält Silur, Devon und Karbon in der Hauptsache in hochmetamorphem Zustande. Die Ähnlichkeit mit dem karnischen Paläozoikum ist eine grosse, sie geht bis in die Detailgliederung der Serien hinein. Weitere Studien haben sich damit zu befassen.

Ein Bindeglied zwischen den Devonmarmoren der Fedozserie und den karnischen Devonkalken bildet ohne Zweifel der grobe Marmor von Laas. Derselbe erschien uns beispielsweise in der Gilfenklamm bei Sterzing ohne weiteres als das Äquivalent des karnischen Devons, er ist aber bereits ununterscheidbar von den höheren Marmoren der Fedozserie.

Damit ist eine grossartige postdevonische Metamorphose grossen Stils für weite Gebiete der Alpen erkannt.

Die Gliederung der Metamorphosen ist also in den ganzen Alpen die gleiche. Es ist dies ja nicht mehr als natürlich. Wir erkennen die alpine Metamorphose mit Dislokations- und regionaler Tiefenmetamorphose während und nach der Gebirgstürmung, die mesozoische Regionalmetamorphose der geosynklinalen Phase, die paläozoischen Dislokations- und Regionalmetamorphosen und endlich die vorpaläozoischen archäischen metamorphen Provinzen. Alle diese Elemente sind oft über und durcheinander geprägt und verleihen den alpinen Schiefern ihre so grandiose fast unerschöpfliche Mannigfaltigkeit.

Parallel mit den Metamorphosenzyklen der geologischen Perioden gehen die Zyklen magmatischer Tätigkeit. Drei grosse magmatische Zyklen schälen sich heraus durch die ganzen Alpen. Der tertiäre, mit der Vorphase der Ophiolithintrusion, der herzynische, der vorkarbonische. Zum tertiären Zyklus gehören alle die jungen postalpinen Massive von Traversella über das Bergellermassiv, den Adamello und die Euganeen bis hinüber zu den steirischen und ungarischen Vulkanen. Zum herzynischen sind zu zählen die Massengesteine der autochthonen Massive, vom Mercantour bis an den Rhein, die penninischen Massengesteine der Dentblanche, die Arollagranite, die Roffnaporphyre, die Malojagranite, der Zentralgneiss usf., im ostalpinen Gebirge die Engadiner- und Veltlinergranite der Grisoniden, die Granite der Radstätter tauern und des Semmering, und endlich die alten Massen des Brixnergranits, die Tonalite des Kreuzberges, des Iffinger, der Rieserferner und von Eisenkappel usw. Der vorkarbonische, vielleicht sogar vorpaläozoische Zyklus umfasst im Grossen alle die älteren Orthogneisse der autochthonen Region, der Grisoniden und Tiroliden, im Besonderen die alten Orthogneisse des ostalpinen Grundgebirges. Hier lässt sich wohl dereinst die Gliederung noch viel weiter führen.

Jeder magmatische Zyklus fällt im Grossen mit einer orogenetischen Phase zusammen, und zwar erkennen wir stets einen ersten magmatischen Paroxysmus gegen das Ende der embryonalen Phase, und einen zweiten Hauptparoxysmus am Ende der eigentlichen Gebirgstürmung. Die Paroxysmen der embryonalen Phasen förderten stets nur basische, ophiolithische

Magmen, der Hauptparoxysmus differenzierte sich reich in **intermediäre und saure Serien.** Der Paroxysmus der embryonalen Phase äussert sich nur in besonders günstigen Fällen, wie in der penninischen Region, wo die feste salische Rinde viel dünner und schwächer war als in den durch alte Faltung mächtig verdickten kontinentalen Gebieten. **Die ophiolithischen Intrusionen sind an die schwachen Geosynklinalen gebunden.** Sie finden sich nicht in den kontinentalen Gebieten. Dort vermochte erst der grosse Hauptstoss der eigentlichen **Gebirgstürmung** den Zusammenhang der salischen Rindenhäufung so weit zu lockern, dass das Magma überhaupt an die Oberfläche durchdringen konnte. **Die grossen magmatischen Hauptparoxysmen erscheinen daher stets erst gegen das Ende der Hauptgebirgstürmung,** und bis dahin fanden sie auch Zeit, sich reich zu differenzieren. **Die grossen magmatischen Hauptzyklen bilden stets den Schlussakt der Orogenese.** Immer wird der Vulkanismus durch die Gebirgsbildung erst ausgelöst, und nie und nimmer kann er daher, wie in phantastischen Spekulationen von schlechten Kennern der Alpen immer wieder behauptet wird, die primäre Ursache der Orogenese sein.

Der **Vulkanismus eines Gebirges ist die letzte Folge der Orogenese, er bedeutet meist den Schlussakt derselben.**

Das erkennen wir nicht nur in den Alpen, sondern auch in weit älteren Gebirgen; die alten Massive Europas liefern dafür Beispiele genug, von Spanien bis nach Norwegen hinauf. Stets erscheinen die grossen **Intrusionen im Gefolge der grossen orogenetischen Bewegung, sie schliessen einen orogenetischen Zyklus ab.** Nach ihrer Erstarrung beginnt die Ruhe, der Abtrag, ein neuer Zyklus der Erdgeschichte. Es ist, wie wenn mit der Erstarrung der intrudierten magmatischen Massen die bewegte Erdrinde festgenagelt worden wäre.

Das **Werden der Gebirge** spiegelt sich im **metamorphen Zyklus** wieder. Den Zeiten der ruhigen Sedimentation in den Geosynklinalen mit ungestörter, rein regionaler zonal verteilter Metamorphose folgt im orogenetischen Paroxysmus die Dislokationsmetamorphose mit all ihren Begleiterscheinungen; der Schluss der Gebirgsbildung endlich bringt die magmatische Intrusion und damit die Kontaktmetamorphose. **Regional-, Dislokations- und Kontaktmetamorphosen lösen sich in grossen Zyklen immer wieder ab, in ihnen spiegeln sich die Zyklen der Erdgeschichte überhaupt.** Der kaledonische, der herzynische, der alpine Zyklus, sie alle zeigen dieselbe **Folge der Ereignisse; der metamorphe Zyklus ist das Abbild des Werdens der Gebirge überhaupt.**

Die Metamorphose gehorcht den grossen Gesetzen der Orogenese, und die magmatische Intrusion erscheint neben diesem gewaltigen nimmerruhenden Vorgang nur als eine spontane Kraftäusserung des feurig-flüssigen Erdinnern am Schluss der orogenetischen Paroxysmen. Die Intrusionen sind auf die orogenetischen Paroxysmen beschränkt, die Metamorphose aber ruht nie.

Versagt bleibt mir leider heute, das grosse Geschehen der alpinen Differenziation, die Geschichte der alpinen Magmen, aufzurollen. Es würde dies viel zu weit führen, und ich kann hiefür auch auf die ausgezeichneten Arbeiten *Nigglis* verweisen. Nur ein Punkt sei hervorgehoben, die Verteilung der Alkaliprovinzen, der atlantischen Sippen, im alpinen magmatischen Zyklus. Dieselbe ist deutlich abhängig von der Individualisierung der Vorländer und der Ketten. Die wahren Alkaliprovinzen stellen sich erst ein im Verlauf der alpinen Hauptgebirgsbildung, und nur in den Schollengebieten der Vorländer und der Innensenken. Die Differenzierung in **atlantische und pazifische** Sippen tritt erst im Verlauf der alpinen **Hauptorogenese** scharf in die Erscheinung, und **vor** derselben bleiben die beiden Provinzen gemischt, in einem einheitlichen **atlantisch-pazifischen Stammagma.** Der seit langem erkannte «schwach atlantische» Charakter des alpinen Ophiolithe weist nur zu deutlich auf diesen Zusammenhang hin. **Das ophiolithische Magma ist eben kein Restmagma, sondern das nur schwach differenzierte Stammagma des alpinen Intrusionszyklus.** Es enthält deshalb auch die noch nicht anderwärts abgewanderten Alkalielemente in erhöhten Mengen. Von diesem ophiolithischen, gabbroid-essexitischen Stammagma lösten sich dann während der grossen alpinen Hauptgebirgstürmung die pazifischen Magmen des alpinen «Granodioritstammes», der postalpinen Batholithen und Vulkanschlote, und die atlantischen Sippen der Vor- und Rückländer als eigene Zweige ab. Dass es dabei zu allen möglichen Übergangs- und Mischtypen kann, erscheint ja, bei der im Grossen genommen doch geringen Ausdehnung der in Frage kommenden Bezirke, durchaus verständlich.

Ein ungeheures Forschungsfeld liegt noch in den kristallinen Gebieten der Alpen; Probleme und Aufgaben harren hier noch der Lösung, die eigentlich erst jetzt recht gestellt werden können, und ein petrographisches Arbeitsgebiet eröffnet sich hier, dem Schenden ohne Ende an Problemen und Rätseln. Welch wundervolle Zusammenhänge werden sich hier dereinst noch ergeben, die wir heute erst ahnen können. In diesem Sinne bleiben auch die obigen Ausführungen nur ein Fragment, das auszubauen und zu vertiefen sein wird.

*   *   *

Damit glaube ich nun wenigstens einige allgemeine Probleme des Alpengebirges gestreift zu haben. Was ich dabei zeigen wollte, das ist die grosse **Einheit des Alpenkörpers**. **Die ganze Kette ist eins.** Dieselbe **Geschichte, dasselbe Material, dieselbe Bauart und Struktur, dieselbe Entstehung,** die gleichen **magmatischen und metamorphen Zyklen** erkennen wir **vom Meere bis nach Wien, vom nördlichen Alpenrand bis in die Poebene hinab.**

West- und Ostalpen samt den Dinariden sind ein einheitliches Gebirge, ein einziges Orogen, entstanden durch den einheitlichen **Schub der Massen nach Norden.** Als das treibende Element erkennen wir **die afrikanische Tafel.**

*   *   *

Bau und Entstehung der Alpen sind damit auf eine einfache Formel zurückgeführt: **Die Alpen sind entstanden durch das Vorrücken Afrikas gegen und über Europa; der afrikanische Block hat die sedimenterfüllten Meeresböden des alten alpinen Ozeans dabei zu Falten und Decken zusammengeschoben und schliesslich über das europäische Vorland hinweggetrieben.** Die nördlichsten Teile des afrikanischen Blockes überschieben sich dabei bis weit über das nördliche europäische Vorland.

Der Vormarsch der afrikanischen Scholle hat die Alpen geschaffen.

Wie lässt sich nun aber diese grandiose Erkenntnis mit dem Bau des übrigen Europa, mit dem Verlauf der übrigen jungen Kettengebirge vereinen? Wo doch die jungen Ketten kreuz und quer durch Europa und Nordafrika verlaufen und in solch zierlich geschwungene Wirbel verbogen sind. Wie lässt sich der elegante Bau der ganzen Alpiden, vom Kaukasus bis hinaus nach Gibraltar, der doch so ungemein verschlungen erscheint, mit diesem scheinbar starren Schema in Einklang bringen? Es soll dies in einem letzten Kapitel gezeigt werden. Ich kann mich dabei um so kürzer fassen, als alle diese Fragen ja in nächster Zeit von *Argand* in seinem grandiosen Eurasienwerke erschöpfend behandelt und beleuchtet werden. Ich verweise daher schon jetzt auf jenes Work.

3. Die Stellung der jungen Kettengebirge Europas zum Bau der Alpen.

Das ganze Problem der Entstehung der jungen Ketten Europas beruht auf der richtigen Erkenntnis ihrer gegenseitigen Verbindung. Je nach der Art und Weise, wie die einzelnen Elemente der europäischen Gebirge sich zu dem grossen Zug der Alpiden vereinigen lassen, erhalten wir einen ganz verschiedenen Verlauf des Kettenzuges, und damit ganz verschiedene Bilder von der grossen Welle, die alle diese Gebirge erzeugt. **Der Verlauf der Ketten spiegelt ihre Entstehung, und diesem Verlauf der Ketten** müssen wir daher in erster Linie etwas auf den Grund gehen.

Über den Verlauf der alpinen Ketten gegen Osten sind wir seit den Tagen unseres grossen Meisters *Eduard Suess* vollständig im Klaren. Die Alpen setzen in Karpathen und Balkan fort, sie erreichen über das Krimgebirge den Kaukasus und die Züge von Krasnowodsk, und schliesslich über den Kopetdagh die Ketten des Hindukusch. Alpen, Karpathen, Balkan, Krim und Kaukasus bilden die grosse Front der nordwärts bewegten gigantischen Welle, die die jungen Gebirge über das europäische Vorland türmte. Die rückwärtigen Teile dieser Wellenschar sind die Südalpen und die Dinariden, die in breitem Zuge durch die Helleniden und die Gebirge Kretas, Thraziens und des griechischen Archipels, über den Bosporus, durch Rhodos und Zypern nach Klein-Asien, in die Tauriden hinüberziehen. Südlich des Kaukasus schwenken diese dinarischen Elemente an den Quellen des Euphrat und Tigris, an der Scharung von Diarbekr in die iranischen Ketten ein, und ihre Fortsetzung liegt in den asiatischen Randbögen bis hinunter zum Himalaya und den Sunda-Inseln.

Dieser Zusammenhang ist nie bestritten worden. Diskutiert wurde nur über die **Bewegungsrichtung der Ketten.** Für Alpen, Karpathen, Balkan, Krim und Kaukasus nahm man von jeher Nordschub gegen das alte Vorland Europas an. Die Dinariden hingegen galten wie ihre östliche Fortsetzung, die asiatischen Randbögen, in der Hauptsache als südbewegter fremder Gebirgsstamm und wurden von den Alpen reinlich getrennt. Die Südbewegung der Dinariden ist aber eine rein sekundäre, oberflächliche, eine blosse **Rückfaltung** im gleichfalls **nordbewegten dinarischen Block.** Die Verhältnisse in Oberitalien und den dinarischen Alpen zeigen dies mit aller Deutlichkeit. Wohl blicken längs der ganzen Adria die dinarischen Falten gegen das Meer, vom europäischen Vorland weg; desgleichen in den Helleniden, auf Kreta und im Taurus; aber das alles sind nur sekundäre Rückfaltungsphänomene, und die wahre Bewegung der Dinariden erkennen wir nur an den grossen tektonischen Elementen, den Bogen und Scharungen grossen Stils. Da bilden doch in erster Linie die südlichen Kalkalpen, das dinarische Gebirge und die Helleniden zwischen Epirus und Turin einen gewaltigen nordostwärts schauenden, durch und durch alpin-europawärts bewegten grandiosen Bogen grössten Stils, der, besonders mit seinen ungarischen Teilen, die Beugung des Karpathenbogens ganz deutlich mitmacht. Dieser Bogen umschliesst auf drei Seiten die blaue Adria, er ist der wirklich «periadriatische» Bogen. Dieser grossartige **Adriabogen** aber erscheint genau als eine grosse **innere Welle der Karpathen,** ein inneres weniger ausgebauchtes Glied der karpathischen Bogenschar. Dieser Adriabogen der Dinariden liegt ferner ganz normal mitten zwischen **nordostbewegtem Apennin** und **nordostbewegten Karpathen.** Es ist ein Unding, in ihm die gleiche Bewegung leugnen zu wollen.

Der Bogen der Adria ist eine grosse Welle zwischen Karpathen und Apennin, er zeigt die gleiche Bewegungsrichtung und zeugt damit wie nichts anderes für den gleichsinnigen Schub der Dinariden.

Aber auch im Taurus, in Kleinasien überhaupt, sind die Anzeichen des tatsächlichen Nordschubes der dinariden Glieder überaus deutlich, und die Guirlanden von Kreta-Rhodus oder von Cypern sind nur sekundäre Rückfaltungen auf das freie afrikanische Rückland. Wir sehen dasselbe als die arabische Tafel am oberen Euphrat und Tigris gerade so in diese Guirlanden und Bogen eindringen, intrudieren möchte man fast sagen, wie in der Nordostecke Italiens im Isonzogebiet. Grosse Bezirke Kleinasiens, sowohl im Süden zwischen Karien und dem westlichen Taurus, nördlich des Golfs von Adalia, als auch im Norden in den Pontischen Gebirgen am Schwarzen Meer zeigen deutliche **nordbewegte** Bogenstücke, und für die Nordbewegung der ganzen dinarisch-taurischen Scholle gegenüber den eigentlichen Alpiden zeugt wie nichts anderes das grosse Vordringen derselben zwischen Balkan und der Kaspisee, der Bogen, der vom Balkan über die Krim zum Kaukasus den Pontus umspannt. Das Südufer des Pontus zwischen Konstantinopel und Trapezunt verläuft noch heute konform diesem grossartigen nordschauenden Bogen, und die Beugung des Kaukasus in der Enge von Kertsch, sein Einschwenken in die Richtung der Krim, zeigt den Nordstoss dieses kleinasiatischen Dinaridenkopfes in die Alpiden hinein genau so gut wie der Bogen der Karpathen das Eindringen des Adriabogens oder die helvetisch-lepontischen Bogen das Eindringen des Dinaridenkopfes im Sottocenere. Das Phänomen ist überall dasselbe; der dinarische Block bewegt sich, genau wie in den Alpen, genau wie die ganze übrige Gesteinsflut, nach **Norden,** auf das **europäische Vorland** zu. Eine primäre Südbewegung gibt es in den Dinariden nicht.

Alpen, Karpathen, Balkan, Krim und Kaukasus sind die mächtigen **nordbewegten Wellen einer grossen Flut,** die vor dem vorrückenden Dinaridenblock über das alte Europa getrieben wurde; **Dinariden, Helleniden und Tauriden** sind gleichfalls nordbewegt, und ihre südschauenden Bogen und Falten sind nur oberflächliche **Rückfalten** in dieser grossen Nordbewegung der gesamten Scholle, sie bedeuten nur ein oberflächliches rein sekundäres **Ausweichen der Falten** in der Richtung des **geringsten Widerstandes.** Da derselbe im Norden mehr und mehr durch die Auftürmung der äusseren Wellen, der Alpen-, Karpathen-, Balkan-, Krim- und Kaukasusketten wuchs, das afrikanische Rückland aber sich, besonders seit der Kreidezeit, zu senken anfing, vielleicht schon primär an gewissen Stellen etwas tiefer lag, so wichen eben schliesslich die Oberflächenwellen des dinarischen Blockes in vielen Fällen gegen Süden aus. Die Südfaltung der dinarisch-taurischen Einheit ist ein sekundäres Ausweichen der gegen Norden auf immer grösseren Widerstand stossenden Elemente gegen die Zone geringeren Widerstandes. Die grosse primäre Nordbewegung aber steht ausser Frage. Sie wird durch den Bogen der Adria, der zu den Karpathen passt, und den Bogen des Pontus, der die Alpiden zum Krimbogen deformierte, eindeutig dargetan.

Wir halten also fest: von den Alpen nach Osten bis hinüber an die Kaspisee und an die arabische Tafel erkennen wir nur primäre Nordbewegung der jungen Ketten. Auch Dinariden und Tauriden sind nordbewegt, im Gegensatz zur bisherigen Anschauung, und ihre südwärts blickenden Bogen, Guirlanden und Falten sind nur die Produkte späterer sekundärer Rückfaltung. Genau wie in den Alpen selbst! Wir erkennen auch hier nur eine grosse Bewegung, die nach Norden, und nur ein Gebirge, das alpin-dinarische. Es ist auch hier überall der südliche dinarisch-taurische Block und letzten Endes die afrikanische Tafel selbst, die die jungen Ketten vor sich her nach Norden auf das alte Europa trieb.

Der Osten zeigt also klar denselben Bau, dieselbe Entstehung wie die Alpen. Die grosse Beugung der Karpathen in den transsylvanischen Alpen und am Eisernen Tor ist nichts anderes als eine getreue Wiederholung, z. T. sogar in den Gesteinsserien, des grossen westalpinen Bogens. Nur dass die Karpathen in der russischen Tafel ein weit offeneres Vorland fanden als die Westalpen zwischen den französischen Horsten, und dass damit der Karpathenbogen an gewaltigen Dimensionen den westalpinen übertrifft. Wir werden aber sehen, dass dies nur scheinbar der Fall ist, und dass sich im Westen die Beugung der Alpiden von den Karpathen zum Balkan in noch viel grossartigerem Massstab wiederholt. Bestimmend für den Verlauf des merkwürdigen Karpathensegmentes zwischen Sofia und Wien waren vor allem die beiden grossen Widerstände im europäischen Vorland, das böhmische Massiv mit den Sudeten im Norden, die bulgarische Tafel, der Horst der Walachei im Süden. Zwischen diesen beiden Massen flutete die Bewegung wie durch ein offenes Tor über die flache russische Tafel hinweg zu dem gewaltigen Bogen der Karpathen, an beiden Enden gebremst und zurückgehalten durch die widerstehenden standhaften Klötze der böhmischen und bulgarischen Masse. *Argand* hat darauf in einer ausgezeichneten weitblickenden Studie erstmals hingewiesen. Wir werden sehen, wie fruchtbar sich diese Anschauung nun für den ganzen Westen erweist.

Der Osten zeigt also klar die primäre Bewegung des ganzen Orogens, der Alpiden sowohl wie der Dinariden, nach Nord. Der Vormarsch der afrikanisch-arabischen Tafel hat diese Ketten getürmt und über das europäische Vorland getrieben, der Zusammenhang tritt klar hervor.

Wie steht es nun aber im Westen? Da häufen sich die Schwierigkeiten, und unerkannt sind die wahren Zusammenhänge bis heute noch geblieben. Weite Strecken des alpinen Gebirges liegen unter den Wogen des westlichen Mittelmeeres, und über die Stellung der westlichen und südlichen Gebirge tobt der Streit der Meinungen heftiger als je. Der mächtige Zug der Alpen und Karpathen, wo zieht er weiter? Welches ist die Stellung des Apennins, der so merkwürdig quer zu allen andern Ketten streicht, ein lebendiges «L'Italia farà da sè.» Was sind die Pyrenäen? Wie verbinden sich Balearen, Betische Kordillere und Atlas mit den mitteleuropäischen Gebirgen? Was gehört hier im Westen zu den vielumstrittenen Dinariden, was zu den Alpen, was überhaupt zum europäischen Vorland? Eine Fülle von Fragen, die unmöglich alle erschöpfend behandelt werden können, und deren Lösung ich daher nur in kurzen summarischen Zügen, ohne Eintreten auf Details, skizzieren und andeuten will.

Zwei Meinungen stehen sich heute scharf gegenüber. Sie sind mit den Namen von *Suess*, von *Termier*, von *Kober* verknüpft, und sie stehen einander diametral gegenüber. *Suess* sah die Alpen über den Apennin, Sizilien und Tunis in den mediterranen Atlas ziehen und von dort durch das marokkanische Rif und die Enge von Gibraltar in die Betische Kordillere einschwenken.

Fig. 67. Schema der alpinen Leitlinien Europas (p. 219)

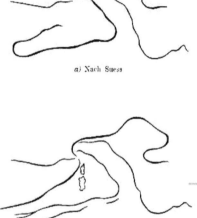

a) Nach Suess

b) Nach Termier

c) Nach Kober

Fig. 68.

Die Übertreibung des alpinen Deckenscheitels
zur Rückfalte des Apennin (p. 219)

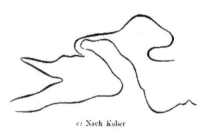

304

Auf den Balearen glaubte er die letzten Spuren, das Ausklingen, ein freies Ende des gewaltigen Alpidenzuges zu erkennen. Zu den Dinariden rechnete er nur die Ostküste Italiens von Ancona über den Monte Gargano bis hinab in den Zipfel von Tarent und Brindisi. Nach Suess schwenkten also die Alpen schliesslich über Gibraltar und die Betische Kordillere in einem merkwürdigen Ast wieder nach Osten bis in die Balearen zurück. Sein Schema wäre das in Fig. 67 a dargestellte, und das Ende des Alpenzuges bildete eine merkwürdige Schleife. Die Pyrenäen betrachtete Suess als mehr oder weniger selbständigen Stamm, den korsischen Block als zum europäischen Vorland gehörig.

Anders Termier und Kober. Diese beiden Forscher trennen in erster Linie den Apennin und den Atlas von den Alpen ab und suchen die südliche Fortsetzung der mitteleuropäischen Ketten westlich der korsischen Masse. Korsika und Sardinien schieben sich als trennendes Zwischenmassiv, als Zwischengebirge zwischen die versunkene Fortsetzung der Alpen und den Apennin. Im Massiv von Savona erscheinen dessen nördliche, im Massiv von Melilla dessen südliche Ausläufer. Dann trennen sich auch die Wege von Termier und Kober. Termier sieht im Apennin und Atlas einen eigenen Stamm, der sowohl den Alpen wie den Dinariden fremd gegenübersteht. Kober jedoch betrachtet sowohl Apennin wie Atlas als Bestandteile der eigentlichen Dinariden. Termier sucht die direkte Fortsetzung der Alpen in den Balearen und der Betischen Kordillere, Kober schaltet zwischen Alpen und Balearen noch die Pyrenäen ein. Das Schema Termiers ist auf Fig. 67 b, dasjenige Kobers auf Fig. 67 c zur Anschauung gebracht. (Siehe Fig. 67.)

Ich halte keine der drei Lösungen für die richtige und sehe im Folgenden den wahren Zusammenhang.

Das korsische Massiv gehört zum nördlichen Vorland, darüber kann kein Zweifel sein; die alpine Zone mit ihren Schisteslustrés zieht durch den östlichen Teil der Insel und über Elba einwandfrei dem Süden zu. Dasselbe gilt natürlich auch für Sardinien. Den Apennin halte ich für die direkte Fortsetzung der Westalpen, und sehe in seiner Nordostfaltung nichts anderes als die grossartige Übertreibung der in den Westalpen schon so prachtvoll in die Erscheinung tretenden Rückfaltung der Alpen über ihr dinarisches Rückland. Dem zufolge erscheinen im Apennin die penninischen, äusseren Serien oben, die austriden, inneren Decken aber unten. Steinmann hat zuerst auf diesen Zusammenhang hingewiesen, und derselbe besteht absolut. Wandern wir doch aus der penninischen Zone von Ligurien ohne den geringsten Hiatus direkt in die grosse apenninische Flyschzone hinein, und erscheinen doch in den apuanischen Alpen, im Golf von Spezia, wie die Anschauung Steinmanns es verlangt, die ostalpinen Decken als ein Fenster im penninischen Apennin. Ich habe diesen Zusammenhang auf dem letzten Profil der Tafel II dargestellt und kann mich weiterer Hinweise enthalten. Die Serie des Apennin ist alpin, so gut wie die penninische Serie der Westalpen, und bei Genua erkennen wir ja den direkten Zusammenhang, den Übergang der beiden Gebirge. Das Gebiet zwischen Savona und dem Stirnrand des Apennin ist nichts anderes als eine gewaltige Karapace der obersten penninischen Decke, der Dentblanche, und die sogenannte «Stirn» des Apennin ist in Wirklichkeit gar keine Deckenstirn, sondern die ins Kolossale übertriebene Rückfalte der alpinen Deckenscheitel. Die penninischen Decken der südlichen Westalpen wurzeln nicht direkt etwa auf der Linie Turin-Savona in die Tiefe, sondern sie erreichen ihre Wurzel erst auf dem grandiosen Umweg über den Apennin. Das Untertauchen der Dinariden unter die Alpen, das wir als die Überkippung der Wurzeln von der Drau bis ins Piemont kennen, hier wird komplett, und die Überfaltung des Apennin erscheint damit nur als die grandiose Übertreibung der Überkippung der alpinen Wurzeln. Im Norden legen sich die Alpen bereits in prachtvoller Rückfalte auf ihre überkippten Wurzeln und sogar die Dinariden, gegen Süden steigert sich diese Rückfalte bis zur Überschiebung des Apennin. Der Apennin erscheint als eine grandiose Rückfalte der Alpen, seine Stirn ist die Übertreibung der grossen alpinen Rückfalte, die von Ivrea bis an die Drau die überkippten Wurzeln überragt. Der Zusammenhang ist klar. Aus der einfachen alpinen Decke entsteht auf diese Weise der alte Pilz in riesigen Dimensionen als ein Pilz der Decken wieder. Die Wurzeln des Apennins und der Alpen sind im tyrrhenischen Meer begraben. (Vgl. dazu Fig. 68.)

Der Apennin stellt, mit Ostkorsika und Elba, die Fortsetzung der Alpen dar. Die korsisch-sardinische Masse verbindet sich direkt mit dem europäischen Vorland des Esterel, Mercantour und Zentralplateau, gegen Westen mit den katalonischen Bergen und der spanischen Meseta. Der Apennin steht den Dinariden fremd gegenüber, er überschiebt sie als die grosse Rückfalte der Alpen. Die normale Vorfaltung desselben wurde durch das hochragende korsosardische Massiv, wo Eocän ja bis auf das Kristalline hinab greift, verhindert.

Über Kalabrien zieht das alpine Gebirge nach Sizilien hinab. Dort schwenken seine ostalpinen Elemente über Palermo deutlich nach Nordwesten ab. Ist daher seine Fortsetzung wirklich, wie *Suess* glaubte, in Tunis zu suchen? Der Südteil Siziliens gehört wohl bereits zur Fortsetzung der dinarischen Serie, finden sich doch im Norden derselben bereits die südlichen austriden Glieder wieder. Südsizilien ist dinarisch, Nordsizilien ostalpin. Die dinarische Serie nun streicht über die Enge von Tunis nach dem afrikanischen Kontinent hinüber und bildet das Atlasgebirge bis hinüber an den Ozean, die alpine Serie aber erreicht über den Südwestzipfel Sardiniens die Balearen. Nicht umsonst schwenkt das Balearenstreichen auf Menorca aus seiner betischen Richtung nach Südosten in der Richtung von Sizilien ab, nicht umsonst streicht von Menorca ein über 80 km langer Rücken weit nach Südosten ins Meer hinaus, und nicht umsonst erinnert auf den Balearen so vieles, faciell, tektonisch und faunistisch an Sizilien. Das ist der springende Punkt des ganzen Problems, dass der Alpenzug von Sizilien nicht auf dem Umweg über Atlas, Rif und Betische Kordillere nach den Balearen zieht und damit jene merkwürdige *Suesssche* Schlinge beschreibt, sondern dass die Alpiden von Sizilien und dem Apennin über Südwestsardinien direkt in die Balearen ziehen.

Die Balearen entsprechen aber nicht dem rückgefalteten Ast der Alpen, sondern dem normalen. Sie sind nicht die Fortsetzung des eigentlichen Apennin, sondern die Fortsetzung jenes Alpiden-Segmentes, das im Tyrrhenischen Meer begraben liegt, und das gegen das europäische Vorland, gegen die korso-sardische Masse bewegt war. Genau wie die Alpen gegen aussen, gegen das Vorland hin. Die Balearen sind damit um den Südostrand Sardiniens mit den Alpen auf Korsika und den Westalpen zu verbinden, und die Fortsetzung des rückgefalteten Apennin ist weiter südlich, im Meere, zu suchen.

Nun haben wir den Schlüssel zum Verständnis in der Hand. Als direkte Fortsetzung der Balearen erscheint die gewaltige Betische Kordillere; mit ihren intensiven Nordbewegungen, ihren grossartigen Überschiebungen, ihrer faciellen und tektonischen Dreiteilung, ihren Klippen, ihrem Vulkanismus ein Ebenbild der Alpen. Die Betische Kordillere ist die getreue Fortsetzung der Alpen. Über der gewaltigen Vorlandtafel der spanischen Meseta oder der Vortiefe des Guadalquivir, über den seichten Vorlandfalten einer autochthonen Trias-Jura-Kreideserie erscheinen die grandiosen Betischen Decken. Wie in den Alpen zunächst Flyschdecken vom Charakter des Niesen oder des Prättigau, darüber die eigentlichen Klippen der inneren Decken. Die Zentralzone der Sierra Nevada mit ihrer kümmerlichen Trias, ihrem gewaltigen domförmigen Bau erinnert sofort an das Fenster der Hohen Tauern. Fast möchte man den Bündnerschiefer dort unten suchen gehen. Die südlich anschliessenden Serien zeigen reiche ostalpin-mediterrane Triasentwicklung und enthalten wie in den Ostalpen Altpaläozoikum. Der Aussenrand der Cordillera betica ist ein klassischer Überschiebungsrand, wie der der Alpen; die Schubweiten gehen weit über 100 km, sie wetteifern mit alpinen Verhältnissen. Der Innenrand ist wie der alpine von jungen Magmen durchbrochen, von Gibraltar und Malaga bis hinüber nach Cartagena zum Mar Menor. Die Analogie ist eine grandiose.

Über die Enge von Gibraltar zieht die alpine Kette weiter ins marokkanische Rif. Dort aber wird die Bewegung eine südliche, und bei Melilla streicht das Gebirge vor dem algerischen Atlas ins Meer hinaus. Das Rif ist die Fortsetzung des Apennin; es zeigt gegenüber der Betischen Kordillere die gleiche Rückfaltung wie der Apennin gegenüber den Alpen. Der Bogen von Gibraltar ist die gewaltige Karapace zwischen Kordillere und Rif, und das merkwürdige Umschwenken der Kordillere in das marokkanische Rif an der Strasse von Gibraltar ist nur eine Folge des axialen Untertauchens dieses gewaltigen Deckenrückens unter die Fluten des

Ozeans. Ein Passo d'Ur im grössten Stil. **Ein grandioser Deckenscheitel zwischen den nordbewegten Elementen Spaniens und den südbewegten des Rif.** Ein Analogon zum Umschwenken der Elemente des Apennin in der Gegend von Turin, oder zum Golf von Genua. Die Strasse von Gibraltar liegt auf dem gewaltigen Scheitel zwischen nord- und südbewegtem Deckenland der Alpen. Die spanische Kordillere ist die Fortsetzung der wahren nordbewegten Alpen, das Rif die Fortsetzung des rückgefalteten Apennin. **Rif und Betische Kordillere repräsentieren miteinander** den Alpenstamm, derselbe schwenkt nicht von der Kordillere in das Rif hinüber, **sondern umfasst beide Gebirge und taucht westlich ohne bekannte Fortsetzung geradenwegs in die atlantischen Tiefen hinab.** Dort liegt das Ende der Alpen. Damit kommen wir zu folgendem Zusammenhang:

Der eigentliche Alpenstamm zieht über Korsika, Elba, den Apennin und Sizilien um die Ecke von Sardinien herum, und streicht über die Balearen und die spanisch-marokkanischen Gebirge beiseits der Enge von Gibraltar, die Betische Kordillere und das Rif, geradenwegs in den atlantischen Ozean hinaus. Von irgendeiner Schlinge oder einer neuen Beugung des Gebirges ist keine Spur vorhanden; das **Umschwenken der spanischen Elemente in der Strasse von Gibraltar entspricht dem axialen Untertauchen der grossen Deckenkarapace zwischen Alpen und Apennin.** Dieser Deckenscheitel zieht als **die Axe des alpiden Gebirges** von der Strasse von Gibraltar parallel dem Streichen der spanischen Ketten südlich der Balearen und Sardinien vorbei und schwenkt von dort durch die **Tiefen des tyrrhenischen Meeres nach Elba und Genua** hinauf. Ostkorsika, Südwestsardinien, die Balearen und die Betische Kordillere sind die normalen **nordwärts** bewegten Alpenteile, Apennin, Sizilien und das Rif sind die **rückwärtigen,** auf die Dinariden **rückgefalteten** Teile des gleichen Alpenstammes. **Die Dinariden endlich ziehen über Ostitalien und Südsizilien in den tunesischen, algerischen und marokkanischen Atlas hinein.**

Damit erhalten wir ein neues Schema für die **alpinen Leitlinien.** (Siehe Fig. 69.)

Dasselbe ist bedeutend einfacher als die bisherigen und eröffnet uns nun das vollkommene Verständnis der ganzen jungen Kettengebirgsbildung. Vorerst sei aber noch ein Wort über die **Pyrenäen** gesagt.

Die Pyrenäen liegen ganz im europäischen Vorland. **Das Pyrenäengebirge ist eine grossartige Vorlandfaltung,** gewissermassen ein übertriebener Jura, oder ein helvetisches Gebirge für sich. Die eigentlichen Alpen ziehen weit südlich davon durch, und die Pyrenäen nehmen eine selbständige Stellung ein. Sie zeigen auch, bei ihrer doch ganz gewaltigen Deckentektonik, nirgends die Spur eines typisch alpinen, eines penninischen oder austriden Elementes. Es sind die Serien des europäischen Vorlandes, die hier übereinander geschoben, zwischen den grossartigen Widerlagern der Meseta und des Zentralplateau quasi überquollen sind. Europäisches Paläozoikum spielt dabei eine grosse Rolle, daneben europäische Trias, Jura, Kreide. Sicher alpine Elemente, vor allem die typische penninische Zone, die wir doch in Korsika, im Apennin, in der Betischen Kordillere, in den Südkarpathen noch erkennen können, fehlen. Der Bau ist auch nicht einseitig wie der der alpinen Gebirge, sondern zweiseitig. Ein intraeuropäisches Meeresbecken ist in den Pyrenäen zu einem grossartigen Deckengebirge gehäuft worden. Mit den Alpen hat dasselbe also nichts zu tun, die **Pyrenäen gehören zum Vorland.** Genau wie der Jura oder die helvetischen Ketten. Nur grenzen hier diese Vorlandelemente nicht direkt an das eigentliche alpine Orogen an, wie in den Alpen selbst, sondern schaltet sich die gewaltige spanische Meseta als riesiger Block zwischen beide Gebirge ein. Auf die Gründe dieser eigenartigen Vorlandfaltung kommen wir nun gleich zu sprechen.

Wir betrachten unser **Schema der alpinen Kettengebirge Europas.** Da erkennen wir sofort das grosse Gesetz, die Einheit des Baues. **Alle primäre Bewegung geht nach dem Norden, und überall erkennen wir das Vordrängen der afrikanischen Scholle. Die Widerstände des europäischen Kontinentes stauen, richten, modifizieren** wohl die Bewegung im Einzelnen, aber im Grossen ist dieselbe **einheitlich gegen Norden** gerichtet. Sehen wir näher zu. (Siehe Fig. 69 und Tafel V.)

Da fällt auf den ersten Blick die grandiose **Symmetrie in der Anordnung der Ketten zwischen atlantischem Ozean und dem kaspischen Meere** auf. Dem Bogen des Pontus entspricht im Westen der Bogen der Balearen, der Torsion am Eisernen Tor die Beugung im Tyrrhenischen Meer, dem Bogen der Südkarpathen der westalpin-apenninische Bogen, und Alpen und

Nordkarpathen erscheinen als die äussersten Wellen der grossen Bewegung. Zwei grosse stauende Ecken im Vorland treten hervor, im Westen die korso-sardische Masse, im Osten der bulgarisch-walachische Horst. Das Asowsche Gebirge entspricht der spanischen Meseta, es gehört wie jene als gewaltige Versteifung zu diesen vorspringenden Ecken. Zwischen korso-sardischer Masse und bulgarischem Horst tritt das Vorland in einer offenen Bucht weit zurück, und durch dieses Tor fluten die Wellen der alpinen Bewegung ungehindert nach Norden. Durch diese offene Pforte strömen die Wellen, breiten sich aus, pflanzen sich ungehindert weiter fort, und fliessen, mehr und mehr den Umrissen des alten Vorlandes angepasst, in immer komplizierterer Linienführung den offenen Buchten der Alpen und Karpathen zu. Hier fand die Bewegung keinen grösseren Widerstand im Vorland, die Wellen entwickelten sich frei und ungehindert in einem grossen Raum, und der gewaltige Stoss der afrikanischen Scholle wirkte sich erst relativ spät in der grandiosen Häufung der alpin-karpathisch-apenninischen Decken aus. Im Westen hingegen, vor der stauenden Barrière der Meseta und des korso-sardischen Massivs ergriff der afrikanische Schub sehr bald auch das europäische Vorland, diese trotzige Ecke Spaniens, Sardiniens und Korsikas, und warf sie über den Haufen. Die Folge dieser Überwältigung des westeuropäischen Vorlandes war eine doppelte. Einmal entstand im Vorland selbst ein mächtiges Falten- und Deckengebirge, die Pyrenäen; dann aber wurde das ganze gewaltige korso-sardische Massiv nun seinerseits in das bereits angelegte alpine Bogenstück des Apennin hineingetrieben und derselbe zu seiner grandiosen Rückfaltung gezwungen. Was der afrikanische Schub an der Kontur der korso-sardisch-spanischen Ecke nicht erreichen konnte, das erreichte er im Vorland selbst. Die Pyrenäenfaltung erscheint als die Folge des vermehrten Widerstandes des westlichen Europa gegen das vorrückende Afrika. Der südliche Block hat dabei den nördlichen ganz überwältigt und beiseite geschoben. Einmal gegen Norden, in die Pyrenäen, andererseits gegen Nordosten, in den Apennin hinein.

Die Pyrenäenfaltung ist die Kompensation der grossartigen Deckenhäufung der Alpen und Karpathen im europäischen Vorland. In Alpen und Karpathen konnten die vorrückenden Deckenwellen ungehindert durch die grosse Pforte zwischen Sardinien und der Walachei vordringen, und das Vorland blieb unversehrt, wenigstens im Grossen. Vor dem grossen vorspringenden Widerstand der spanisch-sardinischen Masse jedoch wurde der afrikanische Anschub durch diesen Widerstand so gewaltig gesteigert, dass er auch das Vorland an besonders günstigen Stellen weiter zusammenschob, und innerhalb desselben das fremdartige Gebirge der Pyrenäen entstand.

Die gleiche Kompensation der alpin-karpathischen Bewegung sollten wir nun eigentlich theoretisch auch im Osten, vor dem Bogen des Pontus, etwa in Südrussland erwarten. Dort ist aber von einem Pyrenäengebirge nichts mehr zu sehen, und die afrikanische Bewegung hat sich in der Hauptsache schon im Rückland, den Dinariden und Tauriden, in Kleinasien ausgelöst. Daneben zieht aber die afrikanische Tafel überhaupt von Westen gegen Osten schief nach Süden zurück, und wird zugleich der nördliche eurasiatische Vorlandkontinent mächtiger und stärker, sodass ein Fehlen von russischen Pyrenäen sehr wohl verständlich wird.

Oder zieht der eigentliche Alpenstamm vom Balkan direkt nach Kleinasien, in die pontischen Gebirge hinein, und gehört am Ende der Kaukasus als ein östliches Äquivalent der Pyrenäen zum Vorland?

Fast scheint es so, wenn wir die asiatischen Ketten als Ganzes betrachten. Da erscheint der Kaukasus als eine merkwürdig vor der grossen Scharung der Gebirgsketten in Armenien lokalisierte Einheit, die beidseits derselben rasch erlischt. Im Osten tritt der Kaukasus im Kopet-Dagh in ähnlicher Weise mit den nordpersischen Ketten in Kontakt, wie die provençalischen Falten der Pyrenäen mit den südfranzösischen Alpen. Im Westen endet er gleichfalls, vor dem Auseinandertreten der Falten in Kleinasien, in der Enge von Kertsch und in der Krim. Die grossen geschlossenen Ketten ziehen von Europa durch Kleinasien dem Osten zu, die alpin-karpathischen am Pontus und im Schwarzen Meer, die dinarischen im Süden, durch den Taurus. Die wahre Lösung liegt vielleicht darin, dass der Kaukasus den nördlichen Alpenketten, den autochthonen Zentralmassiven und den Helvetiden, als Teilen des Vorlandes entspricht — man betrachte nur die *Heimischen* Kau-

Fig. 69. Die alpinen Leitlinien Europas (p. 251)

Nach R. Staub 1922

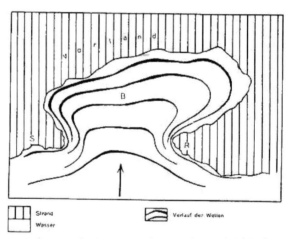

S = Spanisches, R = Russisches Vorgebirge. B = Alpin-karpathische Bucht

Fig. 70. Die Deformation der primären alpinen Faltenwellen
durch das Vorland, als Brandungsphänomen (p. 253)

kasusprofile —, die pontischen Gebirge, die Ketten südlich Tiflis und die nordpersischen Ketten hingegen die inneren Alpenteile, Penniden und Austriden, vertreten. Die weite Verbreitung von Serpentinen in Kleinasien und Armenien scheint eine solche Deutung zu stützen, doch kann heute auf weitere Details hier nicht eingegangen werden. Auf solche Weise würde wohl ein Teil der Alpen, der helvetische Vorlandgürtel, in den Kaukasus fortsetzen, der Hauptteil aber durch die nördlichen kleinasiatischen und armenischen Ketten dem Osten zuziehen. Der Kaukasus erschiene dann wirklich als ein östliches Äquivalent der Pyrenäen. Die weitere Forschung wird sich mit diesen Problemen zu beschäftigen haben.

Sei dem wie ihm wolle, die grandiose durchgehende Nordbewegung der afrikanischen Scholle zeigt sich auf der ganzen Linie, von Marokko bis nach Asien hinein. Die prachtvolle Verschlingung der Ketten zwischen Sardinien und dem Balkan erkennen wir als die Folge der bremsenden alten Klötze, der vorspringenden Ecken des Vorlandes, des korso-sardisch-spanischen und des walachischen Horstes. Hinter denselben wurde die Bewegung gehemmt, gebremst, z. T. auf das Vorland selbst übertragen, zwischen denselben aber fluteten die alpin-karpathischen Decken in die von den mitteleuropäischen Horsten umrahmte grosse alpin-karpathische Bucht hinein. Sich bis ins Feinste den alten Umrissen des nördlichen Kontinentes anschmiegend, und mehr und mehr zu den zierlichen Bogen der Westalpen und Karpathen sich beugend. An den süddeutschen Horsten endlich kam die grosse alpine Bewegung zum Stillstand.

Die alpine Deckenflut drang vor allem in die tiefe Bucht zwischen dem grossen spanisch-französischen und dem russischen Vorgebirge Europas, und brandete schliesslich an deren Ufern im Bereich der heutigen grossen Ketten. Der verschlungene Verlauf der alpinen Ketten wird durch das Wirken der beiden gewaltigen Widerstände des spanischen und russischen Vorgebirges vollauf erklärt; die Massen flossen eben plastisch in die zwischenliegende Bucht hinein.

Es gibt wahrscheinlich Geologen, die eine derartige Deformation von Faltenwellen für unmöglich halten. Sie ist ja auch nicht auf den ersten Blick plausibel. Wenn wir aber schon die Faltenbewegung und die Gebirge mit Wellen vergleichen, so müssen wir auch die letzten Konsequenzen ziehen. Es dürfte nicht allzu schwierig sein, am Ufer grosser Seen oder am flachen Meeresstrand Stellen zu finden, die in der Konfiguration ungefähr dem Verlauf der alten europäischen Massenverteilung entsprechen. Ich selber habe solche oft gesehen und den Verlauf der Wellen in solchen Buchten verfolgt. Die unsern Horsten entsprechenden Vorsprünge des Ufers ragten dabei kaum über das Niveau des Wassers. Und doch war ihre Wirkung eine tiefgehende, den Verlauf der Wellenschar absolut beherrschende. Die Wellen drangen in flachen Bogen gegen die Bucht vor; an den «Horsten» wurden sie zurückgehalten und gebremst, in die offene Bucht aber traten sie in bereits stark konvexen Bogen ein. Schwache Wellen verliefen dann im Sande, die starken jedoch nahmen immer grössere Krümmung an, bis sie schliesslich fast konform dem Ufer in scharfen Bogen verliefen. Den «Apennin-Alpen-Karpathenbogen» kann man so beliebig viele Male sich direkt bilden sehen. Ich selber habe ihn an den französischen Küsten öfters beobachtet. Soll man nun diesen Vergleich nicht wie die Wellenbewegung überhaupt auch auf die Gebirge übertragen dürfen? Man wird mir entgegenhalten, im einen Falle sei das Medium der Wellen eben das flüssige Wasser, im andern Fall aber die starre Erdrinde. Aber sollen wir die Erdrinde, deren grossartige Plastizität wir ja in unseren Gebirgen zu Hunderten von Malen bewundert haben, nicht für fähig halten, ihre Plastizität nicht bloss in Faltenwellen, sondern auch im Streichen derselben auszudrücken, diese ihre Plastizität in eben solchem Masse auch in der Deformation der Gebirgsbogen zu bekunden? Wir haben doch ein gewaltiges Hilfsmittel zur Erleichterung des Verständnisses, zur Ermöglichung dieser grandiosen Bewegungen, das ist die geologische Zeit. Was der Erdrinde an Beweglichkeit gegenüber dem Wasser fehlt, das ersetzt das ungeheure Zeitintervall, in welchem sich diese Bewegungen abspielten. Wissen wir doch heute, dass das Andrängen der alpinen Wellen an das alte Eurasien schon im frühen Mesozoikum begann, dass diese Bewegung in der Unterkreide in den südlichen Karpathen am Rand der alten Vorgebirge ankam, und dabei schon ins wahre Deckenstadium übergetreten war. Die weitere Wanderung der Bewegung vom Rand der Vorgebirge bis zum nördlichen Ufer der mitteleuropäischen Bucht nahm die ganze obere Kreide und das untere Tertiär in Anspruch, und die letzte

Brandung der Alpen und Karpathen erfolgte erst nach dem Miozän. Es stehen uns also für die Ausbildung der Gebirgsbogen gewaltige Zeiten zur Verfügung, die uns diese Deformationen einer einfachen Wellenschar begreiflich machen können.

Die Stauung an den beiden Vorgebirgen löste vielleicht die vorgosauische Faltung und Überschiebung aus, die nachherige Ruhe bis ins Tertiär spiegelt das weitere nun wieder ungestörte Vorwandern der Wellen in der alpin-karpathischen Bucht. Verständlich wird auch, dass die Welle der Westalpen die Pyrenäenfaltung schon vorfand; presste doch die afrikanische Scholle durch das Mittel der westmediterranen spanischen Ketten schon längst direkt auf das steife spanische Vorland und schob dasselbe zu den Pyrenäen zusammen, als die zentralen mediterranen Wellen sich noch frei in der grossen alpinen Bucht entwickeln konnten. Die Pyrenäen waren schon längst vorhanden, als die Alpen in der Provence an ihnen als Stücken des Vorlandes brandeten.

Noch eine Menge von solchen Zusammenhängen werden sich einst bei weiterem Eindringen in diese gegenseitigen Beziehungen der Gebirge ergeben. Ich muss mir heute weitere Hinweise versagen. Es genügt mir, gezeigt zu haben, dass die jungen europäischen Gebirge sich in einen grossen Faltenstrang einordnen, der in grossartiger Weise das Alleinherrschen der Nordbewegung zeigt. Dieser Faltenstrang der alpinen Kettengebirge Europas zeugt wie nichts anderes von der grossen allgemeinen Nord-Bewegung aller Massen an der Front einer vorrückenden afrikanischen Tafel. Das Baugesetz der Alpen: «Der Vormarsch der afrikanischen Scholle hat die Alpen geschaffen», es gilt für die jungen Gebirge Europas überhaupt.

Der Vormarsch der afrikanischen Scholle hat die jungen Ketten Europas getürmt; die afrikanische Scholle war die treibende Kraft der grossen Bewegungen, die die alpinen Gebirge unseres Kontinentes schuf, von der Enge von Gibraltar bis hinüber zum Kaukasus.

Das Baugesetz der Alpen gilt für die Ketten Europas.

Nun erst stürmen die Probleme auf uns ein, wo wir den ganzen gewaltigen Vorgang der jungen Gebirgstürmung überblicken. Das gigantische Phänomen des afrikanischen Nordstosses kann nicht auf Europa allein beschränkt gewesen sein, es muss sich geltend machen weit nach Asien hinein. Am Tigris bohrt sich die arabische Tafel scharf zwischen Tauriden und Iraniden ein, und Ähnliches beobachten wir am Nordrand des grossen indischen Blockes, der als ein fremdes afrikanisches Fragment am Baue Asiens klebt. Am oberen Indus und am Brahmaputra dringt diese afrikanische Masse wie ein Keil in die jungen Gebirge ein, die Bogen des Baludschistan und die burmanischen Ketten vom zentralen Himalaya scheidend. Zwischen Vorderindien und Australien stossen die Guirlanden der Sundainseln frei über die zur Tiefe gesunkene indo-afrikanisch-australische Masse vor, in Neu-Guinea aber dringt dieselbe von neuem in gewaltigem Keile in die jungen Ketten ein. Wir beobachten also einen Nordstoss der alten indo-afrikanisch-australischen Masse, des alten grossen Südkontinentes, des Gondwanalandes auf der ganzen heute sichtbaren Erstreckung, von Marokko bis Neu-Guinea und weiter, d. h. um die halbe Welt. Der Bau der asiatischen Ketten erklärt sich gleich wie die europäischen Gebirge, durch den grossartigen Nordmarsch Altafrikas. Nur tritt in Asien der Nordkontinent in gewaltigeren Dimensionen hervor und weicht gleichzeitig die afrikanische Front nach Südosten zurück. Sonst aber sind die Verhältnisse absolut dieselben. Als gigantisches Phänomen erhebt sich immer mehr vor unserm Geiste

4. Der allgemeine Nordmarsch des alten Gondwanalandes.

Der Vormarsch des indo-afrikanisch-australischen Blockes hat die eurasiatischen Ketten geschaffen, und diesen Nordstoss Altafrikas kennen wir heute von Spanien und Marokko bis nach Neu-Seeland hinab, vom einen Ende Eurasiens zum andern.

Bei dieser gewaltigen Wanderung aber, die sich, wie das Werden der Gebirge über ganze geologische Epochen erstreckte, ist dieser stolze gewalttätige indo-afrikanische Block in die Brüche gegangen, und nur seine Fragmente erkennen wir heute noch in den isolierten Massen von Afrika, Madagaskar, Vorder-Indien und Australien. Auch Afrika selbst zeigt weitgehende

Zersplitterung; auch diese Masse ist nicht unversehrt geblieben, und sie trägt die Spuren des Kampfes mit Eurasien, die Spuren der Kettentürmung der europäischen Gebirge, wie ein siegreicher Krieger seine Narben. Beim letzten gigantischen Stoss dieses Steinkolosses, der die mediterranen Ketten über das alte Europa trieb, ging derselbe weithin in Stücke; Sprünge, Risse, Gräben taten sich auf, und auf denselben flutete das Magma in mächtigen Vulkanreihen empor. Dazwischen dringen die Wasser ein. So trennt sich Arabien und Syrien vom Leibe Afrikas, so tut das Rote Meer, der Graben von Palästina, die Vulkanreihe Abessiniens, des Hoggar sich auf, so entstehen die Gräben und Brüche Ostafrikas, die den halben Kontinent durchreissen. Auf denselben entstehen die höchsten Gebirge Afrikas, die Vulkane des Kilimandscharo, der Horst des Ruwenzori, und so erscheinen die **hohen Gebirge des zentralen Afrika** als die Folge der **gleichen gewaltigen Bewegung**, die im Norden **die eurasiatischen Ketten** von den **Alpen** zum **Himalaya** türmte. Die tertiären Basalte Indiens, der arabischen Harras, Syriens und Palästinas bezeugen die nämliche Zersplitterung des afrikanischen Blockes in Asien, und die vulkanischen Inseln im indischen Ozean verraten dieselbe heute noch. (Siehe Tafel VI.)

Der **altafrikanische Block ist bei seinem Vorrücken nach Norden in Stücke gegangen und beim letzten gewaltigen Stosse, der die alpinen Ketten wirklich schuf, zersplittert.** Gräben, Meere und Vulkane zeigen dies zur Genüge.

Der **Vorstoss Afrikas** ist aber auch am **eurasiatischen Kontinent** nicht spurlos vorübergegangen. Die Wucht des Anpralls der afrikanischen Masse erkennen wir von Europa bis weit nach Ostasien hinein. Das **Vorland** zeigt die Spuren dieses Stosses in grossartiger Weise. Als ersten Effekt dieses afrikanischen Stosses haben wir die **Vorlandfaltung** im Zusammenschub der Pyrenäen kennengelernt, ein zweiter mag vielleicht die grosse Antiklinale sein, die heute noch die äusseren Horste zwischen Zentralplateau und Böhmerwald verbindet, ein dritter gewaltiger Contrecoup tritt uns in der jungen Überschiebung der norddeutschen Horste auf die preussische Tiefebene entgegen, ein vierter in den jungen Falten im Pariser- und Londonerbecken, in den Falten von Boulogne, von Rügen, der saxonischen Faltung in Norddeutschland, dem Streichen der Kreidebildungen in Südschweden. Als schwacher Contrecoup im Vorland erscheint im Westen die kleine Kette der Sierra Arrabida südlich Lissabon. Neben diesen grossartigen Vorlandfalten und Überschiebungen tritt aber auch hier eine **Zersplitterung des Kontinentalsockels in Gräben und Vulkanreihen**, in meridionalstreichenden Brüchen hervor; es sei nur an den Rheingraben und die grosse Bruchplatte Westportugals, oder an die Vulkanreihen der Auvergne, der Eiffel, den Kaiserstuhl, die böhmischen und schwäbischen Vulkane, die Basalte Sardiniens, Kastiliens und Portugals erinnert. Alles das geht **im Gefolge der Alpenfaltung**.

Und in **Asien** erkennen wir dasselbe. Die Auffaltung der zentralasiatischen Ketten vom Tianschan über den Kwenlun und Nanshan bis an die chinesische Tiefebene und die Mauern Pekings ist wohl das grösste Beispiel einer **Vorlandfaltung** als Contrecoup des indo-afrikanischen Stosses. Sogar dessen feinere Differenzierungen zeigen sich bis weit ins Innere des Kontinentes, und über die ganze Länge der asiatischen Kettenschar. Sehen wir doch den Verlauf der jungen Ketten in hohem Masse vom Vordringen der südlichen Scholle abhängen. Verweilen wir noch einen Augenblick bei diesen für das Verständnis der alpinen Orogenese so lehrreichen Phänomenen. (S. Taf. VI.)

Dem Vordrängen des alten Gondwanalandes am oberen Indus entspricht die grosse Scharung der asiatischen Ketten im Hochland von Pamir, und die gewaltige Türmung des Tianschan; der bengalischen Ecke am Brahmaputra im Gebiete von Assam die Zusammendrängung der tibetanischen Ketten zwischen Himalaya und Nanshan zur indischen Scharung. Vor diesen beiden grossen afrikanischen Ecken stauen sich die Gebirgswellen zu einer fast ununterbrochenen enggedrängten Kettenschar; zwischen denselben aber, wo das indische «Vorland» weit zurücktritt, öffnen sich innerhalb der asiatischen Ketten die weiten Hochländer von Tibet, von Tsaidam, von Ostturkestan, und erlangen die jungen Gebirge gewaltige Breiten. Tibet, die Salzwüste von Tsaidam und das Tarimbecken verengen sich sowohl gegen Osten wie gegen Westen infolge des Andrängens der beiden indischen Vorsprünge am Indus und Brahmaputra, und ihr Ausspitzen in den tertiären Gebirgen zeigt daher wie nichts anderes den gewaltigen Ansturm der gondwanischen Masse von Süden her. Die Türmung von Alai und Tianschan ist der Contre-coup der Indusfront. Nanshan und Tsing-ling-shan mit ihrer Anpressung an den Horst von Ordos sind die deutlichen Folgen des Vordrängens Bengahens am Brahmaputra. Vor diesen beiden Ecken ist die Nordbewegung so deutlich, kein Mensch wird sie in Abrede stellen.

Aber auch im Segment des zwischenliegenden tibetanischen Hochlandes erkennen wir neben den bisher als allgemein angesehenen «dinarischen» Südbewegungen im Himalaya und Hedingebirge mächtige nordwärts getriebene Gebirgsbogen grössten Stils, vor allem im Kwen-lun. Die Südumrahmung des Tarimbeckens, der südbewegte Jarkendbogen von Suess, besteht in Wirklichkeit aus zwei verschiedenen, deutlich nordbewegten Bogenstücken. Das westliche gehört zu der gewaltigen nordgetriebenen Bogenschar von Pamir, die alle die vermeintlich südbewegten Ketten vom Himalaya und Karakorum bis zum westlichen Kwenlun umfasst und zur Beugung in den Hindukusch und die iranischen Ketten zwingt; der östliche, der am Keria-darja mit dem mitt-leren Altyn-tagh beginnt, umspannt in grossartigem nordwärts schauendem, an die 1500 km langem hohen Gebirgsbogen das Hochland von Tibet. An seiner Nordfront ist zudem noch vor der bengalischen Ecke der Vorwall des Nanshan an den Horst von Ordos getrieben. Wer soll hier noch am Nordstoss Indiens und damit Altafrikas zweifeln?

Betrachten wir die alpinen Ketten von Europa bis nach China hinein. Da erscheinen die Gebirge bald eng zusammengedrängt wie in den Alpen, bald schliessen sie weite Ebenen und Hochländer ein, wie Karpathen und Dinariden die Ebene von Ungarn. Vier grosse **Scharungen** treten hervor; die der Alpen, die armenische, die von Pamir und die hinterindische. Dazwischen weiten sich die Ketten zu den mächtigen, von hohen Randgebirgen umgürteten **Hochländern** von Kleinasien, von Persien und Tibet. Hinter jeder dieser vier grandiosen Gebirgsscharungen aber erkennen wir die grossen Vorgebirge des alten Gondwanalandes, und wo dieselben zurücktreten, da weiten sich die Ketten zu den zwischenliegenden Hochländern. Die Scharung von Hinterindien liegt, mit der Vorlandfaltung des Nanshan, vor der Ecke des Brahmaputra, die Scharung von Pamir mit dem Hauptteil des Tianschan vor dem Keil am Indus. Hinter der Scharung der Ketten in Armenien und Kaukasus erkennen wir das mächtige Vordrängen der syrisch-arabischen Tafel, und hinter den Scharungen der Alpen endlich das Vordrängen Afrikas zwischen dem Atlas und den Helleniden im Jonischen Meer. Am kräftigsten ist dieses afrikanische Vordringen in Indien, und dort haben wir deshalb auch die mächtigsten und höchsten Gebirge.

Die grossen Scharungen der jungen eurasiatischen Gebirge zeigen also wie nichts anderes den grossartigen **durchgehenden Nordstoss** des alten indo-afrikanischen Blockes, des längst entschwundenen Gondwanalandes:

Die eurasiatischen Scharungen liegen vor den gondwanischen Vorgebirgen, die dazwischenliegenden Hochländer vor den grossen offenen Buchten Gondwanas.

Der Einfluss des indo-afrikanischen Nordstosses auf die alte asiatische Masse ist also von grossartiger und einschneidender, von revolutionärer Bedeutung gewesen. Die **Struktur des halben Kontinentes** erscheint auch in Asien als die **Folge der allgewaltigen Nordwanderung des mächtigen südlichen Steinkolosses, des heute zersplitterten Gondwanalandes.** Die Nordwanderung Altafrikas ist zum weltumstürzenden Geschehnis geworden. (Siehe Tafel VI.)

Doch kehren wir zurück nach **Europa.** Dort erst erkennen wir das gewaltige Phänomen in seiner ganzen Grösse.

Der afrikanische Stoss hat nicht nur vermocht, Europa in seinen Fundamenten zu erschüttern, **er hat Europa selbst um grosse Beträge nach Norden verschoben.** Die klimatischen Veränderungen der Tertiärzeit zeigen dies deutlich, ich habe schon darauf hingewiesen. **Afrika hat den ganzen europäischen Kontinent direkt vor sich her gestossen,** und wir sehen immer mehr, die Bildung der Alpen ist ein Vorgang, der für ganze Kontinente von einschneidendster Bedeutung war. Die **Klimageschichte** der geologischen Perioden zeigt dies mit aller Deutlichkeit, und es sei nur kurz darauf hingewiesen. Gewaltige Perspektiven eröffnen sich dem sehenden Geiste, und in wunderbare Zusammenhänge geraten wir hinein.

Die alpine Orogenese ist der Effekt der Nordwanderung der afrikanischen Scholle. Glätten wir nur die alpinen Falten und Decken auf dem Querschnitt zwischen Schwarzwald und Afrika wieder aus, so ergibt sich gegenüber der jetzigen Distanz von rund 1800 km schon ein ursprünglicher Abstand von rund 3000—3500 km, also ein Zusammenschub der alpinen Region, alpin in weiterem Sinne gemeint, um rund 1500 km. Um diesen Betrag muss sich Afrika gegenüber Europa verschoben haben. Wir kommen damit also auf eine wahre Kontinentalverschiebung der afrikanischen Scholle um grosse Beträge. Die Kontinentalverschiebung ist aber eine noch viel grössere gewesen. Wissen wir doch aus den Ablagerungen der Karbonzeit, dass damals die Südspitze Afrikas in der Nähe des Südpols, das heutige Mitteleuropa aber unter dem Äquator lag. Die tropische Flora der mitteleuropäischen ausseralpinen Karbonvorkommnisse, die Glaziallehme Süd- und Zentralafrikas sogar, sprechen doch eine deutliche Sprache. Und wenn wir weiter beobachten, wie von dieser karbonischen Zeit an das Klima des heutigen ausseralpinen Europa sich von Periode zu Periode mehr dem heutigen nähert, wer möchte dann noch an einem ganz grandiosen Phänomen, einer ganz gewaltigen Bewegung der beidseitigen Kontinentalschollen zweifeln? Die Steinkohlenflora Europas, gemeint ist immer das ausseralpine, ist eine tropische des Äquatorialgürtels; die permischen und unter-triadischen roten Sandsteine und Konglomerate weisen auf den weiter nördlich folgenden Wüstengürtel, der Jura zeigt bereits die gemässigten warmen Klimata des südmediter-ranen Gebietes, Kreide und Alttertiär ebenso. Mit der Alpenfaltung zusammen rückt dann beispielsweise das Klima Englands und Preussens aus dem Palmenparadies des Mittelmeers in die Kälte des Nordens hinauf, und schliesslich überzieht ganz Nord-europa eine gewaltige subpolare Eiszeit. Gleichzeitig ist die einst um den Südpol gele-gene Südspitze Afrikas um über 50 Breitengrade gegen den Äquator gewandert, und die glazialen Lehme der permo-karbonischen Eiszeit finden sich heute in den Tropen. (Vgl. Tafel VII.)

Aus alle dem geht hervor, dass es nicht bei der relativ bescheidenen Verschiebung Afrikas um rund 1500 km geblieben ist, sondern das Phänomen war viel gewaltiger. Europa und Afrika wanderten gemeinsam nach Norden. Europa flieht vor Afrika seit den Tagen des Perms, aber der gewaltige Koloss holt das kleine Europa schliesslich im mittleren Tertiär ein und treibt die Böden des einstigen grossen Ozeans zwischen Europa und Afrika als gewaltiges Gebirge über dasselbe hinaus, und stösst es weiter nach Norden. Die Kontinentalverschiebung beträgt nicht 15 Breitengrade für Afrika allein, sondern 50 Breitengrade für Afrika und rund 35—40 für Europa. Das gibt den enormen Betrag einer Verschiebung Afrikas um weit über 5000 km seit dem Perm.

Damit gelangen wir auf neuen Wegen zu einer glänzenden Bestätigung der grossartigen Ideen *Wegeners*.

Die Stellung Europas und Afrikas ist heute klar; beide Massen haben sich in gleichem Sinne von Süden gegen Norden bewegt, die Klimata der geologischen Epochen zeigen dies deutlich an. Die grosse Frage aber ist: wie verhielt sich der grosse asiatische Nordkontinent? Ist auch er wie Europa unter dem indo-afrikanischen Drucke von jeher schon gegen Norden gewandert, oder erkennen wir in ihm, vielleicht im fernen Osten doch einen Zug nach Süden? Mit anderen Worten, haben wir im Westen ein Vorrücken Afrikas mit Europa nach Norden, im Osten aber ein Vorrücken Asiens gegen Süden, gegenüber einem Vorrücken Indo-Australiens gegen Norden? Ist vielleicht der ganze gewaltige eurasia-tische Block im Sinne nach rechts gedreht? Und erhalten wir damit eine gewisse Ostkomponente für die Bildung der ostasiatischen Bögen? Auf eine solche Drehung weist vielleicht die merkwürdige boreale Entwicklung des russischen Jura.

Wäre dem so, so erhielten wir für die afrikanische Masse zugleich eine gewisse Komponente gegen Westen, die die Kordilleren Südamerikas hätte schaffen können. Und gleichzeitig würden wir nicht bloss ein Wandern der Kontinente gegen Norden, wie in Europa und Indoafrika, sondern auch ein Wandern des grossen nördlichen asiatischen Blockes gegen Süden erkennen können. Die Mechanik dieser gewaltigen Verschiebungen vermöchten wir dann zu verstehen als Ausdruck der Polflucht der Kontinente, dieselben wären gewissermassen von den Polen gegen den Äquator zu durch die Rotation der Erde zentrifugiert worden.

Oder ist die Erde als ein der Kugelgestalt sehr angenähertes gewaltiges Tetraeder zu verstehen? Wobei die eine Spitze desselben am Südpol, die drei andern aber in den uralten Scheiteln der Nordhalbkugel, dem kanadischen, dem fennoskandischen und dem sibirischen Schild zu suchen wären? Auf diese Weise würde die unentwegte Nordwanderung der Massen verständlich, gewissermassen als ein Hinaufzentrifugieren der südlichen unteren Tetraederteile gegen die alten Scheitel. Der südliche Kontinent müsste dabei zerrissen worden sein, was sich ja in der Tat erkennen lässt. Auch theoretisch lässt sich die Existenz eines Erdtetraedroïds als Abkühlungsform der primären Kugel recht wohl begründen und damit wäre eine gewisse Erklärung der allgemeinen Nordwanderung der grossen südlichen Kontinentalmassen gegeben; aber daneben gibt es eben doch eine Menge von Tatsachen, die sich dieser Vorstellung nur schwer fügen wollen.

Eine ungeheure Fülle von Fragen und Problemen stürmt auf uns ein, und wir müssen für einmal unsere Betrachtungen schliessen. Noch vermögen wir die grossen Ursachen der gewaltigen Phänomene, die sich vor uns auftun, nicht sicher zu erfassen und tasten im Dämmerlicht der Vermutungen. Fast wie im Traum nur ahnen wir das Walten einer einzigen grossen Grundursache, die das Werden der Welten regiert, die Kontinente verschiebt, die Gebirge türmt und damit das Schicksal der Völker diktiert. Das Eine ist sicher, **dass die Klimata der geologischen Epochen und die Verschiebungen der Kontinente in innigem Zusammenhang stehen mit der Türmung der grossen Gebirge.**

Ich bin am Ende und kehre noch einmal zurück zu unsern Alpen. In ihnen liegt das Geheimnis des Werdens der halben Welt, und bis in ferne Kontinente und längst verschwundene Meere führen sie uns. In lebendiger, in blendender, in gewaltiger Schönheit erzählen uns ihre Gipfel von den Schicksalen dieser Welt, von blauen Meeren, brausenden Wogen, donnernder Brandung, von stürmenden Kontinenten und mächtigen Vulkanen, von einstigen Wüsten und Steppen, von tropischen Wäldern, von einsamen Inseln im rauschenden Ozean, die Geschichte vom Werden all dieser Herrlichkeit; daneben aber mahnt uns jeder fallende Stein, jede Lawine, jeder jauchzend zu Tale stürzende Bach, jeder Blitzschlag in dunkler Nacht an die Vergänglichkeit dieses Wunderwerkes; und nach Jahrtausenden mag dieser gewaltige, dieser stolze Felsenbau wieder geschleift am Grunde der Meere liegen, versunken und vergessen. Wir aber, die wir ihn in voller Pracht, mit blendenden Firnen und strahlenden Gipfeln, mit herrlichen Tälern und lachenden Seen, mit allen seinen Wundern vor uns sehen, wir wollen ihn lieben und uns an ihm freuen und ihn erforschen im Dienste der Wahrheit.

Benutzte Literatur.

1. **Adrian H.**, Geologische Untersuchungen zu beiden Seiten des Kandertales im Berner Oberland. Ecl. geol. Helv. Bern 1915.
2. **Aigner D.**, Das Benediktenwandgebirge. Mitt. geogr. Ges. München 1912.
3. **Ampferer O.**, Geologische Beschreibung des Seefelder-Mieminger- und südlichen Wettersteingebirges. Jb. k. k. R. A. 1905.
4. — Studien über die Tektonik des Sonnwendgebirges. Jb. R. A. 1908.
5. — Über die Gosau des Muttekopfes. Jb. k. k. R. A. 1912.
6. — Gedanken über die Tektonik des Wettersteingebirges. Jb. R. A. 1912.
7. — Das geologische Gerüst der Lechtaleralpen. Zeitschr. D. Ö. A. V. 1913.
8. — Über die Trennung von Engadiner- und Tauernfenster nach Zeit und Art der Entstehung. Verh. geol. R. A. 1916.
9. — Geologische Untersuchungen über die exotischen Gerölle und die Tektonik niederösterreichischer Gosau-Ablagerungen. Denksch. Akad. Wiss. Wien 1918.
10. — Geometrische Erwägungen über den Bau der Alpen. Mitt. geol. Ges. Wien 1919.
11. — Über die regionale Stellung des Kaisergebirges. Verh. geol. St. A. 1921.
12. — Beiträge zur Geologie der Ennstaleralpen. Jb. geol. St. A. Wien 1921.
13. — Zur Tektonik der Vilseralpen. Verh. geol. St. A. Wien 1921.
14. **Ampferer O.** und **Hammer W.**, Geologische Beschreibung des südlichen Teiles des Karwendelgebirges. Jb. k. k. R. A. 1898.
15. — Geologischer Querschnitt durch die Ostalpen vom Allgäu zum Gardasee. Jb. k. k. geol. R. A. Wien 1911.
16. **Ampferer O.** und **Sander B.**, Über die tektonische Verknüpfung von Kalk- und Zentralalpen. Verh. geol. Staatsanst. 1920.
17. **Andrée K.**, Über die Bedingungen der Gebirgsbildung. Berlin. Bornträger, 1914.
18. **Arbenz P.**, Der Gebirgsbau der Zentralschweiz. Verh. Schweiz. Nat. Ges. 1912.
19. — Die Faltenbogen der Zentral- und Ostschweiz. Vierteljs. Nat. Ges. Zürich 1913.
20. — Probleme der Sedimentation und ihre Beziehungen zur Gebirgsbildung in den Alpen. Heimfestschrift. Viert. Nat. Ges. Zürich 1919.
21. — Über die Faltenrichtungen in der Silvrettadecke Mittelbündens. Ecl. geol. Helv. 1920.
22. — Über die Tektonik der Engelhörner bei Meiringen etc. Ebenda 1920.
23. — Zur Frage der Abgrenzung der penninischen und ostalpinen Decken in Mittelbünden. Verh. Schweiz. Nat. Ges. Bern 1922.
24. — Die tektonische Stellung der grossen Doggermassen im Berner Oberland. Ecl. geol. Helv. 1922.
25. **Arbenz P.** und **Staub W.**, Die Wurzelregion der helvetischen Decken im Hinterrheintal etc. Vierteljs. Nat. Ges. Zürich 1910.
26. **Argand E.**, Sur la racine de la nappe rhétique. Mitt. Geol. Komm. 1909.
27. — Les nappes de recouvrement des Alpes Occidentales. Beitr. geol. Karte Schweiz. 1911.
28. — Les nappes de recouvrement des Alpes pennines. Carte géol. Suisse 1911.
29. — L'exploration géologique des Alpes pennines centrales. Bull. Lab. géol. Lausanne 1909.
30. — Sur la segmentation tectonique des Alpes occidentales. Bull. Soc. vaud. Sc. nat. Lausanne 1912.
31. — Sur les plis transversaux des Alpes occidentales et sur la tectonique du Tessin septentrional. Soc. neuchâtel. Sc. nat. 1915.
32. — Sur l'arc des Alpes occidentales. Ecl. geol. Helv. 1916.
33. — Plissements précurseurs et plissements tardifs des chaînes de montagnes. Soc. Helv. Sc. nat. Neuchâtel 1920.

31. **Argand E.** et **Lugeon M.**, Sur les grandes nappes de recouvrement de la zone du Piémont. C. R. Ac. Sc. Paris 1905.

35. — Sur les homologies dans les nappes de recouvrements de la zone du Piémont. Ib. 1905.

36. — Sur les grands phénomènes de charriage en Sicile, Sur la grande nappe de recouvrement de la Sicile. La racine de la nappe sicilienne et l'arc de charriage de la Calabre. C. R. Ac. Sc. Paris 1906.

37. **Arlt H.**, Die geologischen Verhältnisse der östlichen Ruhpoldingerberge mit Rauschenberg und Sonntagshorn. Mitt. geogr. Ges. München 1911.

38. **Baltzer A.**, Geologie der Umgebung des Iseosees. Geol. Pal. Abh. Jena 1901.

39. **Bartholmès F.**, Contributions à l'étude des Roches éruptives basiques contenues dans le massif de la Dent Blanche. Bull. Lab. géol. Lausanne 1922.

40. **Beck P.**, Der Alpenrand bei Thun. Ecl. geol. Helv. 1922.

41. **Becke F.**, Bericht über die Aufnahmen am Nord- und Ostrand des Hochalmmassivs. Ber. Ak. Wiss. Wien. 1908.

42. — Bericht über geologische und petrographische Untersuchungen am Ostrand des Hochalmkerns. Kais. Ak. Wiss. Wien 1909.

43. **Becke F.** und **Löwl F.**, Exkursionen im westlichen und mittlern Abschnitt der Hohen Tauern. 1903.

44. **Becke F.** und **Uhlig V.**, Erster Bericht über petrographische und geotektonische Untersuchungen im Hochalmmassiv und in den Radstätter Tauern. Kais. Ak. Wiss. Wien 1906.

45. **v. Benesch F.**, Beiträge zur Gesteinskunde des östlichen Bachergebirges. Mitt. geol. Ges. Wien 1917.

46. **Bertrand M.**, Rapports des Structures des Alpes de Glaris et du Bassin houiller du Nord. Bull. Soc. géol. France, III, Sér. 12. 1884.

47. — Mémoires sur les refoulements qui ont plissé l'écorce terrestre. Paris 1890.

48. **Blaas J.**, Geologische Karte der Tiroler und Vorarlbergeralpen. Lith. Anst. Karl Redlich. Innsbruck.

49. **Blösch E.**, Geologischer Überblick über das Berninagebiet. Englers Bot. J. B. Leipzig 1911.

50. **Böhm J.**, Der Hochfelln. Monatsber. Deutsche geol. Ges. 1910.

51. **Boden K.**, Geologische Aufnahmen der Tegernseer Berge im Westen der Weissach. Geogn. Jahresh. München 1911.

52. — Geologische Untersuchungen am Geigerstein und Fockenstein bei Lenggries. Ebenda 1915.

53. — Der Flysch im Gebiete des Schliersees. Geogn. Jahresh. 1922.

54. **Born A.**, Ein Beitrag zur Gebirgsbildung des Varistischen Bogens. Geol. Rundsch. Leipzig 1922.

55. **Boussac J.**, Etudes stratigraphiques sur le Nummulitique alpin. Mém. Carte géol. France 1912.

56. **Brauchli R.**, Zur Geologie des südwestlichen Plessurgebirges. Jb. phil. Fak. Univ. Bern 1921.

57. — Geologie der Lenzerborngruppe. Beitr. Geol. Schweiz, n. F. II. 1921.

58. — Geologische Karte von Mittelbünden, Blatt C. Lenzerhorn, Spezialkarte 94 e, geol. Karte d. Schweiz. 1923.

59. **v. Bubnoff S.**, Die Grundlagen der Deckentheorie in den Alpen. Schweizerbartscher Verlag. Stuttgart 1921.

60. **Buxtorf A.**, Zur Tektonik der zentralschweizerischen Kalkalpen. Deutsche geol. Ges. Berlin 1908.

61. — Über ein Vorkommen von Malmkalk im subalpinen Flysch des Pilatusgebietes. Verh. Nat. Ges. Basel 1917.

62. — Über die tektonische Stellung der Schlieren- und der Niesenflyschmasse. Verh. Nat. Ges. Basel 1918.

63. — Die Lagerungsverhältnisse der Gneislamelle der Burgruine Splügen. Verh. Nat. Ges. Basel 1919.

64. **Buxtorf A.** and **Collet L. W.**, Les relations entre le massif Gastern-Aiguilles rouges et celui de l'Aar-Mont Blanc. Ecl. geol. Helv. 1921.

65. **Cadisch J., Leupold W., Eugster H.** und **Brauchli R.**, Geologische Untersuchungen in Mittelbünden. Heimfestschr. Viertelj. Nat. Ges. Zürich 1919.

66. — Geologie der Weissfluhgruppe zwischen Klosters und Langwies. Beitr. geol. Karte der Schweiz. Bern 1921.

67. — Karte von Mittelbünden. Blatt A: Arosa. Spez. Karte Nr. 94a. Beitr. geol. Karte Schweiz. 1922.

68. — Zur Geologie des zentralen Plessurgebirges. Ecl. geol. Helv. 1923.

69. — Ein Beitrag zur Entstehungsgeschichte der Nagelfluh. Ecl. geol. Helv. XVIII, 2. 1923.

70. **Christ P.**, Geologische Beschreibung des Klippengebietes Stanserhorn-Arvigrat. Beitr. g. K. d. Schweiz. n. F. XII. 1920.

71. **Collet L. W.**, La chaîne Jungfrau-Mönch-Eiger. Echo des Alpes 1921.

72. **Cornelius H. P.**, Petrographische Untersuchungen in den Bergen zwischen Septimer- und Julierpass. N. Jb. Min. etc. 1912.
73. — Über die Stratigraphie und Tektonik der sedimentären Zone von Samaden. Beitr. geol. Karte der Schweiz. 1914.
74. — Zur Kenntnis der Wurzelregion im unteren Veltlin. N. Jb. Min. etc. 1915.
75. — Zur Frage der Bewegungsrichtung der Allgäuer Überschiebungsdecken. Verh. geol. R. A. 1919.
76. — Einige Bemerkungen über die Gerölleführung der Bayrischen Molasse. Verh. geol. St. A. 1920.
77. — Die kristallinen Schollen im Retterschwangtale und ihre Umgebung. Mitt. geol. Ges. Wien 1921.
78. — Vorläufiger Bericht über geologische Aufnahmen in der Allgäuer und Vorarlbergerklippenzone. Verh. geol. Staatsanst. Wien 1921.
79. — Über einige Probleme der penninischen Zone der Westalpen. Geol. Rundschau. Leipzig 1921.
80. — Zur Frage der Beziehungen von Kristallisation und Schieferung in metamorphen Gesteinen. Centralbl. Min. etc. 1921.
81. — Bemerkungen zur Geologie des östlichen Rhätikons. Verh. geol. Staatsanst. 1921.
82. — Über ein neues Andalusitvorkommen in der Fervallgruppe und seine regionalgeologische Bedeutung. Centralbl. Min. etc. 1921.
83. — Über Funde von Ägirin in Graubündner Gabbrogesteinen. Centralbl. Min. etc. 1922.
84. — Zur Deutung der Allgäuer und Vorarlberger Juraklippen. Verh. Geol. Bundesanst. Wien 1923.
85. — Zur Vergleichung der mechanischen Metamorphose kristalliner Gesteine am westlichen Ostalpenrande. Centralbl. Min. 1923.
86. — Vorläufige Mitteilung über geologische Aufnahmen in der Piz d'Err-Gruppe (Graubünden). Beitr. geol. Karte der Schweiz. 1923.
87. **Dacqué E.**, Geologische Aufnahme des Gebietes um den Schliersee und Spitzingsee in den oberbayrischen Alpen. Mitt. geogr. Ges. München 1912.
88. — Grundlagen und Methoden der Paläogeographie. Jena 1915.
89. **Dal Piaz G.**, Studii geotettonici sulle Alpi orientali. Mem. Ist. geol. Univ. Padova 1912.
90. **Desor E.**, Der Gebirgsbau der Alpen. Wiesbaden, Kreidels Verlag, 1865.
91. **Diener C.**, Die Kalkfalte des Piz Alv in Graubünden. Jb. k. k. geol. R. A. 1884.
92. — Bau und Bild der Ostalpen und des Karstgebietes. Wien 1903.
93. **Diener C., Hoernes R., Suess F. E., Uhlig V.**, Bau und Bild Österreichs. Wien 1903.
94. **Doelter C.**, Der Monzoni und seine Gesteine. Ber. Akad. Wiss. Wien 1902.
95. **Dreger J.**, Geologischer Bau der Umgebung von Greifen und St. Paul in Kärnten. Verh. R. A. 1907.
96. **Escher A. und Studer B.**, Geologische Beschreibungen von Mittelbünden. Neue Denkschr. Schweiz. Nat. Ges. Bd. III. 1839.
97. **Eugster H.**, Geologische Untersuchung des Gebirges zwischen Landwasser- und Albulatal. Jb. Phil. Fac. Univers. Bern, Bd. II, 1922.
98. — Der Ostrand des Unterengadinerfensters. Ecl. geol. Helv. 1923.
99. — Geologie der Ducangruppe. Beitr. geol. Karte der Schweiz 1923.
100. **Finkelstein F.**, Der Laubenstein bei Hohenaschau. N. Jb. Min. Beil. Bd. VI, 1889.
101. **Folgner H.**, Über die Werfenerschiefer am Reiting. Verh. R. A. 1913.
102. **Fraas E.**, Das Wendelsteingebiet. Geogn. Jahresh. München 1890.
103. **Frauenfelder A.**, Beiträge zur Geologie der Tessiner Kalkalpen. Ecl. geol. Helv. 1916.
104. **Frech F.**, Die Karnischen Alpen. Halle 1891.
105. — Geologische Karte der Radstätter Tauern. 1898. Geol. Pal. Abh. N. F. Jena 1894.
106. — Geologie der Radstätter Tauern. Geol. Pal. Abh. Koken 1901.
107. — Über den Gebirgsbau der Tiroler Zentralalpen mit besonderer Rücksicht auf den Brenner, mit geol. Karte 1 : 75,000. Zeitschr. D. Ö. Alpenverein. Innsbruck 1905.
108. **Friedl K.**, Stratigraphie und Tektonik der Flyschzone des östlichen Wienerwaldes. Mitt. geol. Ges. Wien 1920.
109. **Frischknecht G.**, Die zwei Kulminationen Tosa und Tessin und ihr Einfluss auf die Tektonik. Ecl. geol. Helv. 1923.
110. — Geologie der östlichen Adula. Diss. Zürich 1923.
111. **Fugger E.**, Das Salzburger Vorland. Jb. k. k. R. A. 1898.
112. **Furlani M.**, Der Drauzug im Hochpustertal. Mitt. geol. Ges. Wien 1912.

Beiträge zur geol. Karte der Schweiz, n. F., Liefg. 52.

34

320

113. **Furlani M.**, Studien über die Triaszonen im Hochpustertal, Eisack- und Pensertal in Tirol. Denkschr. Ak. Wiss. Wien 1919.
114. **Furlani M.** und **Henny G.**, Du prolongement vers l'Est du synclinal du Canavèse et de l'anticlinal insubrien. Ecl. geol. Helv. 1920.
115. **Furlani-Cornelius M.**, Considerazioni orogenetiche sul limite alpino-dinarico in Pusteria. Acc. Sc. Veneto Trentino-Istriana. Padova 1922.
116. **Gagnebin E.**, La dérive des Continents. Ext. Revue gén. d. Sc. Paris 1922.
117. **Gentil L.**, Notes de géologie tectonique sur l'Espagne méridionale. C. R. Ac. Sc. 1920.
118. **Gerlach H.**, Die penninischen Alpen. Neue Denkschr. S. N. G. Zürich 1908.
119. **Glaser Th.**, Zur Geologie und Talgeschichte der Lenzerheide. Jb. phil. Fak. Univ. Bern 1922.
120. **Grenouillet W.**, Geologische Untersuchungen am Splügenpass und Monte di San Bernardino. Inaug. Diss. Chur 1920.
121. **Grubenmann U.**, Die kristallinen Schiefer. II. Auflage, 1910, III. Aufl. im Druck.
122. **Hahn F.**, Geologie der Kammerker-Sonntagshorngruppe. Jb. k. k. R. A. 1910.
123. — Ergebnisse neuerer Spezialforschungen in den deutschen Alpen. Geol. Rundschau 1911.
124. — Geologie des oberen Saalachgebietes zwischen Lofer- und Diesbachtal. Jb. k. k. geol. R. A. Wien 1913.
125. — Grundzüge des Baues der nördlichen Kalkalpen zwischen Inn und Enns. Mitt. geol. Ges. Wien. 1913.
126. **Hammer W.**, Die kristallinen Alpen des Ultentales. Jb. k. k. R. A. 1904.
127. — Geologische Aufnahme des Blattes Bormio-Tonale. Jb. R. A. 1905.
128. — Geologische Beschreibung der Laasergruppe. Jb. k. k. R. A. 1906.
129. — Die Ortlergruppe und der Ciavalatschkamm. Jb. k. k. R. A. 1908.
130. — Beiträge zur Geologie der Sesvennagruppe. Verh. k. k. geol. R. A. 1908.
131. — Augengneisse und verwandte Gesteine aus dem oberen Vintschgau. Jb. k. k. R. A. 1910.
132. — Die Schichtfolge und der Bau des Jaggl im obern Vintschgau. Jb. k. k. Reichsanstalt. Wien 1911.
133. — Geologische Spezialkarte der österreichisch-ungarischen Monarchie, Blatt Glurns-Ortler. K. k. Reichsanst. 1912.
134. — Das Gebiet der Bündnerschiefer im tirolischen Oberinntal. Jb. k. k. geol. Reichsanst. 1915.
135. — Die Phyllitzone von Landeck. Jb. k. k. geol. Reichsanst. 1919.
136. — Über die granitische Lagermasse der Acherkogel und ihre Tektonik. Verh. geol. Staatsanst. Wien 1921.
137. — Geologischer Führer durch die Westtiroler Zentralalpen. Samml. geol. Führer. Bornträger, Berlin 1922.
138. — Geologische Spezialkarte der Rep. Österreich, Blatt Landeck. Geol. Staatsanst. Wien 1922.
139. — Referat R. Staub und J. Cadisch, Unterengadinerfenster. Verh. B. A. 1922.
140. — Blatt Nauders der geol. Spezialkarte der Republik Österreich 1 : 75,000, mit Erläuterungen. 1923.
141. **Haug E.**, Les nappes de charriage des Alpes calcaires septentrionales. Bull. Soc. géol. France 1905.
142. — Les grands charriages de l'Embrunais dans les Alpes occidentales. C. R. Wien 1908.
143. — Sur les nappes des Alpes orientales et leurs racines. C. R. 1909.
144. — Traité de Géologie. Paris 1911.
145. **Hartmann Ed.**, Der Schuppenbau der Tarntalerberge am Westende der Hohen Tauern. 1. u. 2. Teil. Jb. k. k. geol. Reichsanst. Wien 1913.
146. **Heidweiller E.**, Geologische Untersuchungen in der Gegend des St. Bernhardinpasses, mit Karte. Ecl. geol. Helv. 1918.
147. **Heim Alb.**, Mechanismus der Gebirgsbildung. Basel 1878.
148. — Geologie der Hochalpen zwischen Reuss und Rhein. Beitr. geol. Karte der Schweiz. Lief. 25, 1891.
149. — Geologische Karte der Schweiz 1 : 100,000, Blatt XIV.
150. — Querprofil durch den Zentralkaukasus längs der Crusinischen Heerstrasse, verglichen mit den Alpen. Viertelj. Nat. Ges. Zürich. 1898.
151. — Der Bau der Schweizer Alpen. Neujahrsbl. Nat. Ges. Zürich 1908.
152. — Geologie der Schweiz. 1916—1922.
153. **Heim Arn.**, Zur Kenntnis der Glarner Überfaltungsdecken. Zeitschr. Deutsche geol. Ges. 1905.
154. — Zur Tektonik des Flysches in den östlichen Schweizeralpen. Beitr. geol. Karte d. Schweiz, XXXI. 1911.
155. — Monographie der Churfirsten-Mattstockgruppe. Ebenda, n. F. XX. 1916 etc.
156. — Zur Geologie des Grünten im Allgäu. Festschr. Nat. Ges. Zürich 1919.
157. — Neue Beobachtungen am Alpenrand zwischen Appenzell und Rheintal. Ecl. geol. Helv. 1922.
158. — Beobachtungen in den Vorarlberger Kreideketten. Ecl. geol. Helv. XVIII, 2. 1923.

159. **Hennig Edw.**, Bau und Werdegang der Alpen. Nat. Wochenschrift 1920.

160. **Henny G.**, Sur les conséquences de la rectification de la limite alpino-dinarique, dans les environs du massif de l'Adamello. Ecl. geol. Helv. 1916.

161. — La zone du Canavèse dans le Tessin méridional et le prétendu charriage des Dinarides sur les Alpes. P. V. Soc. vaud. Sc. nat. 1916.

162. — La géologie des environs de Montreux. Bull. Lab. géol. Lausanne 1918.

163. — Sur la zone du Canavèse et la limite Alpino-dinarique. Bull. Lab. géol. etc. Univ. Lausanne 1918.

164. — Essai sur la Tectonique du Tessin. Ext. Soc. vaud. sc. nat. 1920.

165. **Heritsch F.**, Das Alter des Deckenschubes in den Ostalpen. Sitz. Ber. Ak. Wiss. Wien 1912.

166. — Die Anwendung der Deckentheorie auf die Ostalpen. Verh. geol. R. A. 1911.

167. — Die österreichischen und deutschen Alpen bis zur alpino-dinarischen Grenze. Handb. d. regionalen Geologie. Heidelberg 1915.

168. — Die Bauformel der Ostalpen. N. Jb. Stuttgart 1915.

169. — Geologie von Steiermark. Naturwiss. Ver. f. Steiermark. Graz 1922.

170. — Die Grundlagen der alpinen Tektonik. Bornträger, Berlin 1923.

171. **Holdhaus K.**, Über den geologischen Bau des Königstuhlgebietes in Kärnten. Mitt. geol. Ges. Wien 1922.

172. **Hollande D.**, Géologie de la Corse. Bull. Soc. Sciences nat. Corse. Grenoble 1917.

173. — Les Nappes de la Région Orientale de la Corse. C. Piaggi, Bastia 1922.

174. **Hugi E.**, Das Aarmassiv, ein Beispiel alpiner Granitintrusion. Verh. Schweiz. Nat. Ges. 1922.

175. **Humphrey W. A.**, Über einige Erzlagerstätten in der Umgebung der Stangalpe. Jb. R. A. 1905.

176. **Internationaler Geologenkongress 1903 Wien**, Exkursionen in Österreich.

177. **Jaccard F.**, La région de la Brèche de la Hornfluh. Bull. Lab. Géol. Lausanne 1901.

178. **Jeannet A.**, Monographie géologique de la Tour d'Aï et des régions avoisinantes. Mat. carte géol. Suisse 1912.

179. **Jenny H.**, Bau der unterpenninischen Decken im Nordosttessin. Ecl. geol. Helv. 1922.

180. — Über Bau und Entstehung der penninischen Decken. Ib. 1923.

181. — Geologie der westlichen Adula. Diss. Univers. Zürich 1923.

182. — Die alpine Faltung. Berlin. Bornträger, 1924.

183. **Jungwirth J. und Lackenschweiger H.**, Das derzeitige geologische Bild des steirischen Erzberges. Mitt. geol. Ges. Wien 1922.

184. **Kaech M.**, Das Porphyrgebiet zwischen Lago Maggiore und Valsesia. Ecl. geol. Helv. 1903.

185. **Kelterborn P.**, Geologische und petrographische Untersuchungen im Malcantone. Verh. Nat. Ges. Basel 1923.

186. **v. Kerner F.**, Das Klimaproblem der permokarbonen Eiszeit. Geol. Rundsch. Leipzig 1918.

187. **Kilian W.**, Etudes géologiques dans les Alpes Occidentales. Mém. Carte géol. France 1905, 1908.

188. **Kilian W. et Pussenot Ch.**, La série sédimentaire du Briançonnais oriental. Bull. Soc. géol. France 1913.

189. — Sur la Géologie des environs de Castellane. Ann. Univ. Grenoble 1916.

190. — Notice sur les Travaux et les Publications scientifiques. Rey, Lyon 1915.

191. — Aperçu sommaire de la Géologie, de l'Orographie et de l'Hydrographie des Alpes Dauphinoises. Grenoble, Allier frères, 1919.

192. **Knauer J.**, Geologische Monographie des Herzogstand-Heimgartengebietes. Verh. R. A. 1907.

193. **Kober L.**, Der Deckenbau der östlichen Nordalpen. Denkschr. Kaiserl. Ak. Wiss. Wien 1912.

194. — Über Bau und Entstehung der Ostalpen. Mitt. geol. Ges. Wien 1912.

195. — Bericht über die geotektonischen Untersuchungen im östlichen Tauernfenster und seiner weiteren Umrahmung. Ber. Kais. Ak. Wiss. Wien 1912.

196. — Führer zu den geologischen Exkursionen in Graubünden und in den Tauern. Geol. Ver. Leipzig 1913.

197. — Geologische Exkursionen durch die Radstätter Tauern und den Ostrand des «lepontinischen Tauernfensters» und den Zentralgneis. Führ. z. geol. Exk. in Graub. u. d. Tauern. Leipzig 1913.

198. — Die Bewegungsrichtung der alpinen Deckengebirge des Mittelmeeres. Petermanns Mitt. Gotha 1914.

199. — Alpen und Dinariden. Geol. Rundsch. Leipzig u. Berlin 1914.

200. — Geologische Forschungen in Vorderasien. I. Das Taurusgebirge, Zur Tektonik des Libanon. Denkschriften Akad. Wiss. Wien 1915.

201. — Genetik der Orogene. Mitt. geogr. Ges. Wien 1921.

202. — Der Bau der Erde. Bornträger, Berlin 1921.

203. — Das östliche Tauernfenster. Denkschr. Ak. Wiss. Wien 1922.

204. — Regionaltektonische Gliederung des mittleren Teiles der ostalpinen Zentralzone. Ak. Wiss. Wien 1922.

205. **Kober L.**, Bau und Entstehung der Alpen. Bornträger, Berlin 1923.
206. **Kockel C. W.**, Die nördlichen Ostalpen zur Kreidezeit. Mitt. geol. Ges. Wien 1922.
207. **Kohn V.**, Geologische Beschreibung des Waschbergzuges. Mitt. geol. Ges. Wien 1920.
208. **Kopp J.**, Zur Tektonik des Pizzo di Claro und der Wurzelzone im unteren Misox. Ecl. geol. Helv. 1923.
209. — Geologie der nördlichen Adula. Diss. Univers. Zürich 1923.
210. — Bau und Abgrenzung der Simano- und Aduladecke im südöstlichen Misox. Ecl. geol. Helv. XVIII, 2. 1923.
211. **Kossmat F.**, Das Gebiet zwischen dem Karst und dem Zuge der Julischen Alpen. Jb. k. k. R. A. 1906.
212. — Die adriatische Umrandung in der alpinen Faltenregion. Mitt. geol. Ges. Wien 1913.
213. — Die Beziehungen zwischen Schwereanomalien und Bau der Erdrinde. Geol. Rundschau. Leipzig 1921.
214. — Die mediterranen Kettengebirge in ihrer Beziehung zum Gleichgewichtszustande der Erdrinde. Abh. math.-phys. Kl. sächs. Ak. Wiss. Leipzig 1921.
215. **Krige L. J.**, Petrographische Untersuchungen in Val Piora etc. Ecl. geol. Helv. 1918.
216. **de Launay L.**, Géologie de la France. A. Colin. Paris 1921.
217. **Lebling Cl.**, Ergebnisse neuerer Spezialforschungen in den deutschen Alpen. Geol. Rundschau 1912.
218. **Lencewicz St.**, Profile geologiczne przez Apenin Toskanski. Sez. geol. d. Apennino Toscano. Estr. d. Rend. d. Soc. Sc. di Varsavia. Warszava 1917.
219. **Leuchs K.**, Die geologische Zusammensetzung und Geschichte des Kaisergebirges. Verh. Reichsanst. 1907.
220. — Zentralasien. Handb. reg. Geol. 1916.
221. **Leupold Wolfg.**, Der Gebirgsbau des unteren Landwassertales in Mittelbünden. Jb. phil. Fak. II d. Univ. Bern 1922.
222. — Die Schichtreihe der ostalpinen Trias in Mittelbünden. Mitt. Naturf. Ges. Bern 1919.
223. **Löwl F.**, Ein Profil durch den Westflügel der Hohen Tauern. Jb. k. k. R. A. 1881.
224. — Der Grossvenediger. Jb. k. k. R. A. 1894.
225. — Der Granatspitzkern. Ebenda 1895.
226. — Rund um den Grossglockner. Zeitschr. Deutsch. Österr. Alpenv. 1898.
227. **Lugeon M.**, La région de la Brèche du Chablais. Diss. Fac. Sc. Univ. Lausanne. Paris 1896.
228. — Les grandes nappes de recouvrement des Alpes du Chablais et de la Suisse. Bull. Soc. géol. France 1901.
229. — Les grandes dislocations et la naissance des Alpes suisses. Soc. helv. Sc. nat. Genève 1902.
230. — Les grandes nappes etc. C. R. Congr. int. Vienne 1903.
231. — Les nappes de recouvrement de la Tatra et l'origine des Klippes des Carpathes. Bull. Lab. géol. Lausanne 1903.
232. **Lugeon M. et Argand E.**, Sur la grande nappe de recouvrement de la Sicile. C. R. Ac. Sc. Paris 1906.
233. — La fenêtre de St. Nicolas. P. V. Soc. Nat. Lausanne 1907.
234. — Les hautes Alpes calcaires entre la Lizerne et la Kander. Mat. Carte géol. Suisse. XXX. 1916 etc.
235. — Sur l'âge du grès de Taveyannaz. Ecl. geol. Helv. XVIII, 2. 1923.
236. — Sur la géologie du Chamossaire. Ibidem. 1923.
237. **de Margerie Em.**, Le Jura. Mém. Carte géol. France 1922.
238. **de Margerie Em. et Suess E.**, La Face de la Terre. Armand Colin. Paris 1918.
239. **Mattirolo E.**, Carta geo-litologica delle valli di Lanzo. R. Uffic. geol. 1904.
240. **Melzi G.**, Ricerche geologiche e petrografiche nella Valle di Masino. 1893.
241. **Morgenthaler H.**, Petrographisch-tektonische Untersuchungen am Nordrand des Aarmassivs. Ecl. geol. Helv. 1921.
242. **Mylius H.**, Tektonische Übersichtskarte des östlichen Rhätikon. Piloty u. Loehle, München 1912.
243. — Karte der geologischen Formationen und Leitlinien im Gebirge zwischen Iller und Bregenzer-Ach. Piloty und Loehle. München 1912.
244. — Geologische Forschungen an der Grenze von Ost- und Westalpen. 1912.
245. — Ein geologisches Profil vom Säntis zu den Bergamaskeralpen. N. Jb. Min. 1916.
246. **Niggli P. und Staub W.**, Neue Beobachtungen aus dem Grenzgebiet zwischen Gotthard- und Aarmassiv. Beitr. geol. Karte d. Schweiz. 1914.
247. — Petrographische Provinzen der Schweiz. Heimatschr. Nat. Ges. Zürich 1919.
248. — Lehrbuch der Mineralogie. Berlin, Bornträger, 1920.
249. — Der Taveyannazsandstein und die jungalpinen Eruptivgesteine. Ecl. geol. Helv. 1922.

250. **Niggli P.**, Der Taveyannazsandstein und die Eruptivgesteine der jungmediterranen Kettengebirge. Schweiz. Min.-petr. Mitt. 1923.
251. — Gesteins- und Mineralprovinzen. Berlin, Bornträger, 1923.
252. **Noe F.**, Geologische Karte der Alpen, 1 : 1,000,000, mit Erläuterungen. Wien 1890.
253. **Nopsca Baron F.**, Geologische Grundzüge der Dinariden. Geol. Rundsch. Leipzig 1921.
254. **Nowak J.**, Über den Bau der Kalkalpen in Salzburg und im Salzkammergut. Bull. Acc. Sciences. Craco- vie 1911.
255. — Geologische Karte des vordiluvialen Untergrundes von Polen. Mitt. geol. Ges. Wien 1916.
256. **Oberholzer J.**, Der Deckenbau der Glarneralpen östlich der Linth. Ecl. geol. Helv. 1915.
257. **Ogilvie-Gordon M.**, The Thrust-Masses in the Western District of the Dolomites. Edinb. Geol. Soc. IX. 1910.
258. **Ott E.**, Zur Geologie der westlichen Bergünerstöcke im Oberhalbstein und der südlichen Randzone Tinzen- Preda. Jb. phil. Fak. Univ. Bern 1922.
259. **Paréjas Ed.**, Sur quelques déformations de la nappe de Morcle et de son substratum. C. R. Genève 1922.
260. — Géologie de la zone de Chamonix, Mém. Soc. Phys. et Hist. nat. Genève 1922.
261. — Sur quelques points de la tectonique du Mont Joly. Ecl. geol. Helv. XVIII, 2. 1923.
262. **Paul C. M.**, Der Wienerwald, mit geol. Karte. Jb. k. k. R. A. 1898.
263. **Peterhans E.**, Sur la tectonique des Préalpes entre Meillerie et St. Gingolph. Bull. Soc. géol. France 1923.
264. **Petraschek W.**, Zur Frage des Waschberges und der alpin-karpathischen Klippen. Verh. R. A. 1911.
265. **Pia J. v.**, Geologische Studien im Höllengebirge etc. Jb. k. k. R. A. 1912.
266. **Porro C.**, Geognostische Skizze der Umgebung von Finero. Inaug. Diss. Strassburg 1896.
267. — Alpi Bergamasche. Sezioni geol. 1 : 100,000.
268. **Preiswerk H.**, Geologische Beschreibung der Lepontinischen Alpen. Beitr. geol. Karte der Schweiz 1918.
269. — Die zwei Deckenkulminationen Tosa-Tessin und die Tessiner Querfalte. Ecl. geol. Helv. 1921.
270. **Rabowski F.**, Les Préalpes entre le Simmental et le Dienigtal. Mat. Carte géol. Suisse, Berne 1920.
271. **Radeff W. G.**, Geologie des Gebietes zwischen Lago Maggiore und Melezza. Cento-Valli. Ecl. geol. Helv. 1915.
272. **Redlich K. A.**, Die Kreide des Görtschitz- und Gurktales. Jb. R. A. 1898.
273. — Die Geologie des Gurk- und Görtschitztales. Jb. R. A. 1905.
274. — Der Steirische Erzberg. Mitt. geol. Ges. Wien 1916.
275. **Redlich K. A. und Stanczak W.**, Die Erzvorkommen der Umgebung von Neuberg bis Gollrad. Mitt. geol. Ges. Wien 1922.
276. — Der Erzzug Vordernberg-Johnsbachtal. Mitt. geol. Ges. Wien 1922.
277. **Reis Otto M.**, Erläuterungen zur geologischen Karte des Wettersteingebirges. Geognost. Jahreshefte. München 1911.
278. **Reis Otto M. und Pfaff F. W.**, Geologische Karte des Wettersteingebirges. Piloty u. Loehle, München.
279. **Reyer E.**, Geologische Prinzipienfragen. Leipzig, Engelmann, 1907.
280. **Richarz St.**, Die Umgebung von Aspang am Wechsel. Jahrb. Reichs. 1911.
281. **Richter M.**, Der nordalpine Flysch zwischen der Ostschweiz und Salzburg. Geol. Rundschau 1922.
282. **Roothaan H. Ph.**, Tektonische Untersuchungen im Gebiet der nordöstlichen Adula. Viertelj. Nat. Ges. Zürich 1918.
283. **Rothpletz A.**, Ein geologischer Querschnitt durch die Ostalpen. Stuttgart 1894.
284. — Das geotektonische Problem der Glarneralpen. Jena 1898.
285. — Alpenforschungen I., Das Grenzgebiet zwischen den West- und Ostalpen und die rätische Über- schiebung. München 1900.
286. — Das Gebiet der zwei grossen rhätischen Überschiebungen zwischen Bodensee und dem Engadin. Samml. geol. Führer. Bornträger, Berlin 1902.
287. — Alpenforschungen II. Ausdehnung und Herkunft der rhätischen Schubmassen. München 1905.
288. — Alpenforschungen III. Die Nord- und Südüberschiebungen in den Freiburgeralpen. München 1908.
290. **Sacco F.**, Les Alpes occidentales. Turin 1913.
291. **Salomon Wilh.**, Über Alter, Lagerungsform und Entstehungsart der peradriatischen granitischkörnigen Massen. Hab. Nat. Wiss. math. Fak. der Ruprecht-Karls Univ. z. Heidelberg. 1897.
292. — Die alpin-dinarische Grenze. Verh. k. k. R. A. 1905.
293. — Die Adamellogruppe. Abh. geol. R. A. 1908.

294. **Sander B.**, Geologische Beschreibung des Brixenergranits. Jb. k. k. R. A. 1906.

295. — Geologische Studien am Westende der Hohen Tauern. Denkschr. math. nat. Kl., kaiserl. Ak. Wiss. Wien 1911.

296. — Über den Stand der Aufnahmen am Tauernwestende. Verh. k. k. R. A. 1913.

297. — Geologische Exkursionen durch die Tuxer Alpen und den Brenner. Führer z. geol. Exk. in Granb. u. d. Tauern. Leipzig 1913.

298. — Zur Geologie der Zentralalpen. I. Alpinodinarische Grenze im Tirol. II. Ostalpin und Lepontin. Verh. k. k. Reichsanst. Wien 1916.

299. — Tektonik des Schneebergergesteinszuges zwischen Sterzing und Meran. Jb. geol. Staatsanst. Wien 1920.

300. — Zur Geologie der Zentralalpen. Jb. geol. Staatsanst. Wien 1921.

301. — Geologische Studien am Westende der Hohen Tauern. Jb. geol. St. A. 1921.

302. — Zur petrographisch-tektonischen Analyse. Jb. geol. B. A. 1923.

303. **Scabell W.**, Über den Bau der parautochthonen Zone zwischen Grindelwald und Rosenlaui. Ecl. geol. Helv. 1922.

304. — Beiträge zur geologischen Kenntnis der Wetterhorn-Schreckhorngruppe. Jb. phil. Fak. Univ. Bern 1923.

305. **Schaffer F. X.**, Umgebung von Wien, Wienerbecken. Samml. geol. Führer. Berlin 1907, 1908, 1913.

306. **Schardt H.**, Sur l'origine des Préalpes Romandes. Arch. Sc. ph. et nat. Genève 1908.

307. **Schiller W.**, Geologische Untersuchungen im östlichen Unterengadin. Ber. Nat. Ges. Freiburg i. Br. 1906.

308. **Schlagintweit O.**, Geologische Untersuchungen in den Bergen zwischen Livigno, Bormio und Sta. Maria i. M. Zeitschr. Deutsch. geol. Ges. Bd. 60. Berlin 1908.

309. — Die Mieminger-Wetterstein-Überschiebung. Geol. Rundsch. 1912.

310. **Schmidt C.**, Bau und Bild der Schweizeralpen. Basel 1907.

311. **Schmidt W.**, Die Kreidebildungen der Kainach. Jb. k. k. R. A. 1908.

312. — Grauwackenzone und Tauernfenster. Jb. geol. Staatsanst. Wien 1921.

313. — Zur Phasenfolge im Ostalpenbau. Verh. geol. Bundesanstalt 1922.

314. **Schulze G.**, Die geologischen Verhältnisse des Allgäuer Hauptkammes etc., mit Karte. Geogn. Jahresh. München 1905.

315. **Schwinner R.**, Der Südostrand der Brentagruppe. Mitt. geol. Ges. Wien 1913.

316. — Analogien im Bau der Ostalpen. Centralbl. f. Min. Geol. Pal. Stuttgart 1915.

317. — Dinariden und Alpen. Geol. Rundschau 1915.

318. — Die Niederen Tauern. Geol. Rundschau 1923.

319. **v. Seidlitz W.**, Geologische Untersuchungen im östlichen Rhätikon. Ber. Naturf. Ges. Freiburg i. Br. 1906.

320. — Schollenfenster im Vorarlberger Rhätikon und im Fürstentum Liechtenstein. Mitt. geol. Ges. Wien 1911.

321. — Die Grenze von Ost- und Westalpen. Jenaische Zeitschr. f. Nat. 1920.

322. **Seitz O.**, Über die Tektonik der Luganeseralpen. Verh. Naturhist. Med. Ver. Heidelberg 1917.

323. **Smit Sibinga G. L.**, Die Klippen der Mythen und Rotenfluh. Verl. Gebr. Jänecke. Hannover 1921.

324. **Sonder R.**, Die erdgeschichtlichen Diastrophismen im Lichte der Kontraktionslehre. Geol. Rundsch. Bd. 13. Bornträger, Berlin 1922.

325. **Spengler E.**, Ein geologischer Querschnitt durch die Kalkalpen des Salzkammergutes. Mitt. geol. Ges. Wien 1918.

326. — Die Gebirgsgruppe des Plassen und Hallstätter Salzberges im Salzkammergut. Jb. geol. Reichsanst. Wien 1919.

327. — Das Allenzer Triasgebiet. Jb. geol. Reichsanst. Wien 1920.

328. — Zur Stratigraphie und Tektonik der Hochschwabgruppe. Verh. geol. St. A. Wien 1920.

329. — Die Schafberggruppe. Mitt. Geol. Ges. Wien 1920.

330. — Zur Tektonik des Obersteirischen Karbonzuges bei Thörl und Turnau. Jb. geol. St. A. Wien 1921.

331. **Spitz A.**, Der Höllensteinzug bei Wien. Mitt. geol. Ges. Wien 1910.

332. — Zur Altersbestimmung der Adamellointrusion. Mitt. geol. Ges. Wien 1915.

333. — Tektonische Phasen in den Kalkalpen an der unteren Enns. Verh. k. k. geol. Staatsanst. Wien 1916.

334. — Referat Staub Cornelius. Verh. k. k. R. A. 1917, Nr. 1.

335. — Fragmente zur Tektonik der Westalpen und des Engadin. Verh. geol. R. A. 1919.

336. **Spitz A.**, Studien über die fazielle und tektonische Stellung des Tarntaler und Tribulaun Mesozoikums. Jb. Geol. Reichsanst. Wien 1919.

337. — Liasfossilien aus dem Canavese. Verh. geol. Reichsanst. 1919.

338. — Die nördlichen Kalkketten zwischen Mödling und Triestingbach. Mitt. geol. Ges. Wien 1919.

339. — Die Nonsberger Störungsbündel. Jb. geol. Reichsanst. Wien 1920.

340. **Spitz A.** und **Dyhrenfurth G.**, Geologische Karte der Engadiner Dolomiten. Spezialkarte Nr. 72. Beitr. geol. Karte der Schweiz 1907—1912.

341. — Die Triaszonen am Berninapass und im östlichen Puschlav. Verh. k. k. geol. Reichsanst. 1913.

342. — Ducangruppe und die rhätischen Bögen. Ecl. geol. Helv. 1913.

343. — Monographie der Engadiner Dolomiten zwischen Schuls, Scanfs und dem Stilfserjoch. Beitr. geol. Karte der Schweiz. Bern 1915.

344. **Stark M.**, Vorläufiger Bericht über geologische Aufnahmen im östlichen Sonnblickgebiet und über die Beziehungen der Schieferhüllen zum Zentralgneis. Ber. Kaiserl. Ak. Wiss. Wien 1912.

345. **Staub R.**, Zur Tektonik des Berninagebirges. Viertelj. Nat. Ges. Zürich 1911.

346. — Petrographische Untersuchungen im westlichen Berninagebirge. Viertelj. Nat. Ges. Zürich 1915.

347. — Tektonische Studien im östlichen Berninagebirge. Ebenda 1916.

348. — Zur Tektonik der südöstlichen Schweizeralpen. Beitr. z. geol. Karte d. Schweiz. n. F. 46. Lief. I. Abt. 1916.

349. — Tektonische Karte der südöstlichen Schweizeralpen. Ebenda 1919 Spezialkarte Nr. 78.

350. — Zur Geologie des Oberengadin und Puschlav. Ecl. geol. Helv. 1916.

351. — Bericht über die Exkursion der schweizerischen geologischen Gesellschaft im Oberengadin und Puschlav vom 11.—15. August 1916. Ecl. geol. Helv. 1917.

352. — Das Äquivalent der Dentblanchedecke in Bunden. Festschr. Nat. Ges. Zürich 1917.

353. — Über Faziesverteilung und Orogenese in den südöstlichen Schweizeralpen. Beitr. geol. Karte d. Schweiz. N. F. 46. III. 1917.

355. — Geologische Beobachtungen am Bergeller Massiv. Viertelj. Nat. Ges. Zürich 1918.

356. — Über das Längsprofil Graubündens. Ebenda 1919.

357. — Geologische Beobachtungen im Avers und Oberhalbstein. Ecl. geol. Helv. 1920.

358. — Zur Geologie des Sassalbo im Puschlav. Ebenda 1920.

359. — Neuere Ergebnisse in der geologischen Erforschung Graubündens. Ebenda 1920.

360. — Zur tektonischen Deutung der Catena Orobica. Ebenda 1920.

361. — Zur Nomenklatur der ostalpinen Decken. Ebenda 1920.

362. — Über Wesen, Alter und Ursachen der Gesteinsmetamorphosen in Graubünden. Viertelj. Nat. Ges. Zürich 1920.

363. — Über den Bau des Pizzo della Margna. Geologie d. Schweiz. 1920. Bd. II.

364. — Über ein neues Vorkommen von Glaukophangesteinen in Graubünden. Ecl. geol. Helv. 1920.

365. — Über ein Glaukophangestein aus dem Avers. Ebenda 1921.

366. — Über ein weiteres Vorkommen von Trias in Val Masino. Ebenda 1921.

367. — Über den Bau des Monte della Disgrazia. Viertelj. Nat. Ges. Zürich 1921.

368. — Zur Tektonik der penninischen Decken in Val Malenco. Jahresb. Nat. Ges. Graubündens. Chur 1921.

369. — Geologische Karte der Val Bregaglia. Beitr. Geol. Schweiz. Spez. Karte 90. 1921.

370. — Profile durch die westlichen Ostalpen. 1 : 150,000. Geol. d. Schweiz, Tafel 35. 1922.

371. — Über die Verteilung der Serpentine in den alpinen Ophiolithen. Schweiz. Min.-petr. Mitt. 1922.

372. — Tektonische Karte der Alpen. Ecl. geol. Helv. XVIII, 2. 1923.

373. — Geologische Karte des Avers, 1 : 50,000, im Druck.

374. **Staub R.** und **Cadisch J.**, Zur Tektonik des Unterengadinerfensters. Ecl. geol. Helv. 1921.

375. **Stauffer H.**, Geologische Untersuchung der Schilthorngruppe im Berner Oberland. Mitt. Nat. Ges. Bern 1920.

376. **Steinmann G.**, Die Schardtsche Überfaltungstheorie usw. Ber. Nat. Ges. Freiburg i. B. 1905.

377. — Geologische Probleme des Alpengebirges. Zeitsch. Deutsch-Österr. Alpenver. 1906.

378. — Alpen und Apennin. Monatsber. Deutsche geol. Ges. 1907.

379. — Über die Stellung und das Alter des Hochstegenkalkes. Mitt. geol. Ges. Wien 1910.

380. — Die Bedeutung der jüngeren Granite in den Alpen. Geol. Rundschau 1913.

381. **Studer B.**, Geologie der Schweiz. Stämpflische Buchh. Bern 1851.

382. **Suess Ed.**, Entstehung der Alpen. Wilh. Braumüller, Wien 1875.
383. — Über neuere Ziele der Geologie. Abh. Nat. Ges. Görlitz 1893.
384. — Über das Inntal bei Nauders. Kaiserl. Ak. Wiss. Wien 1904.
385. — Das Antlitz der Erde. I., II. u. III. 1910.
386. — La face de la Terre. I., II. u. III. 1918.
387. **Suess F. E.**, Das Gebiet der Triasfalten im Nordosten der Brennerlinie. Jb. k. k. R. A. 1894.
388. — Die Moravischen Fenster und ihre Beziehungen zum Grundgebirge des Hohen Gesenkes. Denkschr. Ak. Wiss. Wien 1912.
389. — Bemerkungen zur neueren Literatur über die Moravischen Fenster. Mitt. geol. Ges. Wien 1918.
390. — Der innere Bau des variszischen Gebirges. Mitt. geol. Ges. Wien 1921.
391. — Zum Vergleiche zwischen variszischem und alpinem Bau. Geol. Rundschau 1923.
392. **Taramelli T.**, Carta geologica della Regione dei tre Laghi. Ferd. Sacchi e Figli. Milano.
394. **Termier P.**, Les nappes des Alpes orientales et la Synthèse des Alpes. Bull. Soc. géol. France 1904.
395. — Les Alpes entre le Brenner et la Valtelline. Bull. Soc. géol. France 1905.
396. — Les mylonites de la quatrième écaille briançonnaise. C. R. Paris 1920.
397. **Termier P. et Kilian W.**, Sur la signification tectonique des lambeaux de micaschistes, de roches cristallines diverses et de roches vertes, qui affleurent çà et là, près de Briançon, au sein ou à la surface des terrains à faciès briançonnais.
398. — Le bord occidental du pays des Schistes Lustrés, dans les Alpes franco-italiennes, entre la Haute Maurienne et le Haut-Queyras.
399. — Le lambeau de recouvrement du Mont Jovet, en Tarentaise, des Schistes Lustrés au nord de Bourg-Saint-Maurice.
400. — Sur l'âge des Schistes lustrés des Alpes occidentales. C. R. Ac. Sc. Paris 1920.
401. **Termier P. et Leonce Joleaud**, Sur l'âge des phénomènes de charriage dans la région d'Avignon.
402. — Sur l'âge des phénomènes de charriage dans les montagnes de Gigondas.
403. — Le lambeau de recouvrement de Propiac, témoin d'une vaste nappe d'origine alpine, poussée avant le Miocène, sur la vallée du Rhône.
404. — Nouvelle observation sur la nappe de Suzette, nappe de recouvrement formée de Terrains triasiques, issue des Alpes et ayant couvert, à l'époque aquitanienne, une partie de la région du Rhône.
405. — Résumé de nos connaissances sur la nappe de Suzette, la question de son origine. C. R. Ac. Sc. Paris 1921.
406. — Sur la structure des Alpes orientales.
a) — Fenêtre des Tauern et zone des racines.
b) — Rapport des Dinarides et des Alpes.
c) — Origine de la nappe superalpine. Problème de l'âge des grandes nappes. C. R. Ac. Sc. Paris 1922.
407. — La synthèse géologique des Alpes. Bib. fr. Phil. Paris.
408. — Les problèmes de la Géologie tectonique dans la Méditerranée occidentale.
409. — A la Gloire de la Terre. Paris 1922.
410. **Theobald G.**, Geologische Karte der Schweiz. 1 : 100,000, Bl. XX.
411. — Geologische Karte der Schweiz. 1 : 100,000, Bl. XV.
412. — Die südöstlichen Gebirge von Graubünden. Beitr. geol. K. Schweiz. 1866.
413. **Till A.**, Das geologische Profil vom Berg Dienten nach Hofgastein. Verh. R. A. 1906.
414. **Tilmann N.**, Tektonische Studien im Triasgebirge des Val Trompia. Inaug. Diss. rhein. Friedrich-Wilhelms-Univ. Bonn 1907.
415. **Tornquist A.**, Das Vicentinische Triasgebirge. Stuttgart, Schweizerbart, 1901.
416. — Führer durch das oberitalienische Seengebirge. Berlin 1902.
417. — Die Allgäu-Vorarlberger Flyschzone und ihre Beziehungen zu den ostalpinen Deckenschüben. N. Jb. Min. Geol. Pal. Stuttgart 1908.
418. — Die Deckentektonik des Murauer und der Metnitzer Alpen. N. Jb. Min. Geol. u. Pal. Stuttgart 1916.
419. — Intrakretazische und alttertiäre Tektonik der östlichen Zentralalpen. Geol. Rundschau 1923.
420. **Trauth F.**, Ein neuer Aufschluss im Klippengebiete von St. Veit. Verh. R. A. 1906.
421. — Die geologischen Verhältnisse an der Südseite der Salzburger Kalkalpen. Mitt. geol. Ges. Wien 1917.
422. — Über die Stellung der »pieninischen Klippenzone« und die Entwicklung des Jura in den niederösterreichischen Voralpen. Mitt. geol. Ges. Wien 1921.
423. **Trener G. B.**, Geologische Aufnahmen im nördlichen Abhang der Presanellagruppe. Jb. k. k. R. A. 1906.

424. **Trener G. B.**, Lagerung und Alter des Cima d'Astagranites. Verh. R. A. 1906.
425. **Trümpy D.**, Zur Tektonik der untern ostalpinen Decken Graubündens. Viertelj. Nat. Ges. Zürich 1912.
426. — Geologische Untersuchungen im westlichen Rätikon. Beitr. Geol. Schweiz. 46. II. 1916.
427. **Tschopp H.**, Die Casannaschiefer des oberen Val de Bagnes. Eclogae 1923.
428. **Uhlig V.**, Zweiter Bericht über geotektonische Untersuchungen in den Radstätter Tauern. Ber. Kaiserl. Ak. Wiss. Wien 1908.
429. — Der Deckenbau in den Ostalpen. Mitt. geol. Ges. Wien 1909.
430. **Vacek M.**, Bemerkungen zur Geologie des Grazerbeckens. Verh. R. A. 1906.
431. **Vonderschmitt L.**, Die Giswilerklippen und ihre Unterlage. Beitr. geol. Karte d. Schweiz, N. F. L. 1923.
432. **Wegener A.**, Die Entstehung der Kontinente und Ozeane. III. Aufl. Braunschweig 1922.
433. **Wegmann E.**, Geologische Untersuchungen im Val d'Hérens. Ecl. geol. Helv. 1922.
434. — Zur Geologie der Bernharddecke im Val d'Hérens. Bull. Soc. Sc. nat. Neuchâtel 1923.
435. **Weinschenk E.**, Beiträge zur Petrographie des Venedigerstockes. Abh. bayr. Ak. Wiss. München 1903.
436. — Beiträge zur Petrographie der östlichen Zentralalpen. Ebenda 1903.
437. **Wilckens O.**, Wo liegen in den Alpen die Wurzeln der Überschiebungsdecken. Geol. Rundschau 1911.
438. — Der Deckenbau in den Alpen. Fortschritte nat. Forschung 1914.
439. — Beiträge zur Geologie des Rheinwaldes und von Vals. Geol. Rundschau 1920.
440. — Begleitworte zur geologischen Karte des Gebirges zwischen Vals-Platz und Hinterrhein. Geol. Rundschau 1923.
441. **Wilhelm O.**, Beitrag zur Glaukophanfrage von Graubünden. Ecl. geol. Helv. 1921.
442. — Versuch einer neuen tektonischen Interpretation der Rofnagneise. Ecl. geol. Helv. 1922.
443. **Winkler A.**, Das Eruptivgebiet von Gleichenberg in Ost-Steiermark. Jb. R. A. 1913.
444. — Bemerkungen zur Geologie der östlichen Tauern. Verh. R. A. 1923.
445. **Zoeppritz K.**, Geologische Untersuchungen im Oberengadin zwischen Albulapass und Livigno. Ber. Nat. Ges. Freiburg i. Br. 1906.
446. **Zyndel F.**, Über den Gebirgsbau Mittelbundens. Beitr. geol. Karte der Schweiz. Bern 1912.

Karten.

a) Topographische Karten.

Frankreich: die offiziellen Blätter 1 : 80,000.
Italien: die offiziellen Blätter 1 : 100,000.
Schweiz: Dufouratlas 1 : 100,000, Siegfriedatlas 1 : 50,000.
Bayern: die offiziellen Blätter.
Österreich: die Blätter der Spezialkarte 1 : 75,000.

Andrées Handatlas, Ausgabe 1921.
Leuzinger R., Übersichtskarte der Schweiz, mit ihren Grenzgebieten, 1 : 1,000,000.
Ravenstein L., Karte der Ostalpen, 9 Blätter. 1 : 250,000.
Freytag-Berndt G., Touristen-Wanderkarte 1 : 100,000, Blatt Zillertaleralpen und Hohe Tauern.
Freytag G., Karte des Sonnblick und Umgebung, 1 : 50,000.
Maschek, Touristenkarte: Die Hohen Tauern vom Ankogel zum Venediger. Wien.
Aegerter, Karte des Brennergebietes, herausgeg. D. Ö. A. V. 1920.

b) Geologische Karten.

1. Ältere Übersichtskarten der ganzen Alpen.

Studer B., Geologische Karte der Alpen. Geologie der Schweiz. Bern 1851.
Desor E., Geologische Übersichtskarte der Alpen, in Gebirgsbau der Alpen. Wiesbaden 1865.
Noe F., Geologische Übersichtskarte der Alpen, 1 : 1,000,000. Wien 1890.

Beiträge zur geol. Karte der Schweiz, n F.. Liefg 52

35

2. Neuere tektonische Karten grösserer Alpenteile.

Argand E., Les nappes de recouvrement des Alpes Occidentales. Carte spéciale n° 64, Mat. carte géol. Suisse 1911.
Staub R., Tektonische Karte der S-E Schweizeralpen. Spez. Karte 78. Beitr. geol. Karte der Schweiz. 1916.
Heim Alb., Tektonische Übersicht der Schweizeralpen. Taf. XXVI. Geologie der Schweiz, 1921.

3. Geologische Karten der einzelnen Alpenländer.

a) Frankreich.

Carte géologique de la France, 1 : 1,000,000. Paris, Béranger, 1905.
Carte géologique de la France. **L. Carez** et **G. Vasseur**, 1 : 500,000, feuilles: Corse, Nice, Turin, Montblanc, Lyon, Valence, Marseille.
Carte géologique de la France, **cartes spéciales**, 1 : 80,000, feuilles: Antibes, Arles, Besançon, Bonneval, Briançon, Castellane, Digne, Draguignan, Grenoble, Forcalquier-Le Buis, Lyon, St. Martin-Vésubie, Pont St. Louis, St. Jean-Maurienne, Saorge, Vizille, Bastia, Luri, etc.

b) Italien.

Carta geologica d'Italia, 1 : 1,000,000, R. Uff. Geol. Roma 1889.
Carta geologica delle Alpi Occidentali, 1 : 400,000, R. Uff. Geol. Roma 1908.
Carta geologica d'Italia, 1 : 100,000, R. Uff. geol. Roma: Monte Bianco, Aosta, Monte Rosa, Ivrea, Gran Paradiso, Susa, Oulx, Cesana Torinese, Pinerolo.
Taramelli T., Carta geologica del Friuli, 1 : 200,000, 1881.
— Carta geologica della Lombardia, 1 : 250,000. Milano 1890.
— Carta geologica della regione dei Tre Laghi. Milano 1903.
Porro C., Carta geologica delle Alpi Bergamasche, 1 : 100,000. Milano 1903.
Salomon W., Geologische Karte der Adamellogruppe, k. k. g. R. A. Wien 1908, 1 : 75,000.

c) Schweiz.

Studer B. et **Escher v. d. Linth A.**, Carte géologique de la Suisse, 1 : 380,000, II. Edition. Winterthur 1869.
Heim Alb., Geologische Karte der Schweiz, 1 : 500,000, II. Aufl. 1912.
Geologische Karte der Schweiz, 1 : 100,000, Blätter I—XXV, besonders VIII, IX, X, XI, XII, XIII, XIV, XV, XVI, XVII, XVIII, XIX, XX, XXII, XXIII, XXIV.

Beiträge zur geologischen Karte der Schweiz, **Spezialkarten**:

Arbenz P., Engelberg-Meiringen, 1 : 50,000, Spez. Karte 55, 1911.
— Stereogramm Engelberg-Meiringen, S. K. 55b, 1913.
— Urirotstockgruppe, 1 : 50,000, S. K. 84, 1918.
Argand E., Massif de la Dentblanche, 1 : 50,000, S. K. 52, 1908.
Beck P., Gebirge n. Interlaken, 1 : 50,000, S. K. 56, 1911.
Brauchli R. und **Glaser Th.**, Mittelbünden C, Lenzerhorn, 1 : 25,000, S. K. 94 c, 1922.
Buxtorf A., Rigihochfluhkette, 1 : 25,000, S. K. 29 a, 1913.
Buxtorf A., **Tobler A.**, Vierwaldstättersee, 1 : 50,000, S. K. 66 a, 1916.
Cadisch J., Mittelbünden A., Arosa, 1 : 25,000, S. K. 94 a, 1922.
Gerber E.-Trösch A., Lauterbrunnen-Kandertal, 1 : 50,000, S. K. 43, 1905.
Grubenmann U.-Tarnuzzer Ch., Unterengadin, 1 : 50,000, S. K. 58, 1909.
Heim Alb., Säntis, 1 : 25,000, S. K. 38, 1904.
Heim Alb.-Oberholzer J., Glarneralpen, 1 : 50,000, S. K. 50, 1910.
Heim Arn., Walensee, 1 : 25,000, S. K. 44, 1908.
— Alviergruppe, 1 : 25,000, S. K. 80, 1917.
Jeannet A., Tour d'Ai, 1 : 25,000, S. K. 68, 1912.
— Tektonische Karte der Préalpes, 1 : 600,000, Geol. d. Schw.
Keller W. A., Diferlenstock-Selbsanft, 1 : 15,000, S. K. 75, 1912.
Lugeon M., Hautes Alpes Calcaires, 1 : 50,000, S. K. 60, 1910.
M'chel F. L., Brienzergrat, 1 : 50,000, S. K. 95, 1921.
Mollet H., Schafmatt-Schimberg, 1 : 25,000, S. K. 91, 1922.

Oberholzer J.-Tolwinski-Blumenthal, Linth-Rhein, 1 : 50,000, S. K. 63, 1922.
Preiswerk H., Tessin-Maggiagebiet, 1 : 50,000, S. K. 81, 1918.
Rabowski F., Simmen-Diemtigtal, 1 : 50,000, S. K. 69, 1912.
Schider R., Schrattenfluh, 1 : 25,000, S. K. 76, 1913.
Schmidt C., Simplongruppe, 1 : 50,000, S. K. 48, 1908.
Spitz A.-Dyhrenfurth G., Engadinerdolomiten, 1 : 50,000, S. K. 72, 1915.
Staub R., Val Bregaglia, 1 : 50,000, S. K. 90, 1921.
— Avers-Oberhalbstein, 1 : 50,000, S. K. 97, im Druck.
Staub W., Windgällengruppe, 1 : 50,000, S. K. 62, 1911.
Swiderski B., Bietschhorngruppe, 1 : 50,000, S. K. 89, 1919.
Trümpy D., Falknis, 1 : 25,000, S. K. 79, 1916.
Weber F., Tektonische Karte Tödigruppe, 1 : 100,000, S. K. 101 a, 1924.

d) Deutschland.

Lepsius R., Geologische Karte des Deutschen Reiches, 1 : 500,000, Blätter 23—27: Stuttgart, Regensburg, Mülhausen, Augsburg, München; Gotha, Justus Perthes. 1893.
Gümbel C. W., Geognostische Karte des Königreichs Bayern, I. Abt. Das bayrische Alpengebirge und sein Vorland. 1861.
Regelmann C. und K., Geologische Übersichtskarte von Württemberg und Baden, dem Elsass, der Pfalz und den weiterhin angrenzenden Gebieten. Württembergische statistische Landesanstalt. Stuttgart 1919.

e) Österreich.

v. Hauer Ritter F., Geologische Übersichtskarte der österreichischen Monarchie. Blätter II, V, VI. 1 : 576,000.
Blaas J., Geologische Karte der Tiroler- und Vorarlbergeralpen, 1 : 500,000. Redlich, Innsbruck.
Mojsisovics E. v. Mojsvar, Geologische Übersichtskarte des tirolisch-venetianischen Hochlandes zwischen Etsch und Piave. Wien 1878.
Geologische **Spezialkarten** der österreichisch-ungarischen Monarchie, 1 : 75,000, k. k. geol. R. A. Wien.
Wels und Kremsmünster, Enns und Steyr, St. Pölten. Salzburg, Kirchdorf. Weyer, Gaming und Mariazell, Wiener Neustadt, Aachenkirch und Benedictbeuren, Hallein und Berchtesgaden. Ischl und Hallstatt, Liezen, Lechtal, Zirl und Nassereith. Innsbruck und Achensee, Rattenberg, Landeck, Nauders, Glurns und Ortler, Bormio-Passo Tonale, Cles, Trient, Rovereto-Riva, Borgo-Fiera di Primiero. Sillian-St. Stefano di Comelico, Oberdranburg-Mauthen, Eisenkappel-Kanker, Prassberg a. d. Sann, Pragerhof-Windisch-Feistritz, Bischoflack-Idria, Cilli-Ratschach, Rohitsch-Drachenburg, Haidenschaft-Adelsberg.
Heritsch F., Geologische Karte von Steiermark, 1 : 300,000. Beil. z. Geol. v. Steiermark. Graz 1921.

f) Andere Länder.

Carte géologique internationale de l'**Europe,** 1 : 1,500,000. Feuilles: 24, 25, 29, 30, 31, 32, 34, 35, 36, 37, 39.
Mapa Geologico de **España,** 1 : 1,500,000, Madrid 1919.
Carta geologica de **Portugal,** 1 : 500,000, Lissabon 1899.

Handbuch der Regionalen Geologie.

Blanckenhorn M., Syrien, Arabien und Mesopotamien. 1914.
Douvillé R., La Péninsule Ibérique. 1911.
Heritsch F., Die österreichischen und deutschen Alpen b. z. alpin-dinarischen Grenze. 1915.
Högbom A. G., Fennoskandia. 1913.
Lemoine P., Afrique Occidentale. 1913.
Leuchs K., Zentralasien. 1916.
Oswald F., Armenien. 1912.
Philippson A., Kleinasien. 1918.
Stahl F. A., Persien. 1911.
Stahl F. A., v. Kaukasus. 1923.

Nachtrag.

Auf die während des Druckes meiner Arbeit erschienene Studie H. Jennys: «Die alpine Faltung» kann hier nicht mehr näher eingegangen werden. Was mich aber leider zu einigen nachträglichen Bemerkungen dazu zwingt, ist die Darstellung von Jennys ganz persönlichen, bisher durch nichts erwiesenen Ansichten als feststehende Tatsachen und die Art und Weise, wie dabei anderer Arbeit dargestellt wird.

Ich werde in Jennys Buch fast überall nur zitiert, um angegriffen zu werden. Von meinen positiven Leistungen, die auch Jenny bekannt sein dürften, findet sich kaum je ein Wort. Dadurch ist vor einem weiteren Publikum, das nur zum kleinsten Teil den wahren Sachverhalt kennen kann, der Wert meiner langjährigen Arbeit in den Alpen verzerrt und gefälscht worden. Ich werde Jenny auf diesem Wege der gegenseitigen Einschätzung nicht folgen; aber ich weise diesen Ton, der bisher unter den Schweizergeologen nicht gerade üblich war, kräftig zurück. Daneben frage ich mich, woher sich Jenny, kaum am Schlusse seiner Studienzeit, das Recht und die Erfahrung zu solchem Vorgehen nimmt. Gewiss kann heute mancher ein Buch über die Alpen schreiben, und es steht dies jedem frei, wie alle Wissenschaft; er sollte dabei aber nie vergessen, was er von seinen Vorgängern und wem er seine Grundlagen zu verdanken hat. Dies ist Jenny allein anscheinend nicht zum Bewusstsein gekommen. Er stellt eine Menge «noch nie diskutierter Probleme» und vergisst dabei, dass dieselben noch vor wenigen Jahren überhaupt nicht zu stellen waren, weil eben die dazugehörigen Grundlagen, die dafür nötigen Kenntnisse erst errungen werden mussten. Jenny musste weder die Tektonik der Westalpen noch Graubündens schaffen; das lag für ihn schon bereit zur Diskussion.

Jenny wirft mir besonders weitgehende Schematisierungen und Verallgemeinerungen vor. Schematisieren und verallgemeinern wird aber jeder, der über die engen Grenzen seines Arbeitsgebietes hinaus ein grösseres Ganzes zu verstehen sucht. Dann aber scheint mir gerade von Jenny dieser Vorwurf nicht angebracht, verallgemeinert doch gerade er nur allzusehr, und zwar aus einem ungleich kleineren und unendlich einförmigeren eigenen Arbeitsgebiet heraus. Jenny hat über alles seine eigene Meinung, das ist sein volles Recht; dabei hat er aber die wichtigsten und entscheidendsten Gebiete der Alpen überhaupt nicht gesehen, er schöpft alles nur aus der Literatur und seinen Erfahrungen in dem doch immerhin etwas beschränkten Gebiete der westlichen Adula. Darf er dann andern Verallgemeinerungen vorwerfen?

Jennys Buch ist in vielen Beziehungen hochinteressant und anregend, nur suchen wir darin oft vergebens nach festen Grundlagen, nach wirklichen Beweisen für behauptete Thesen. So ist es im ersten Teil, bei der Darlegung des Alpenbaues, so ist es in den Hauptpunkten des zweiten Teils, bei der alpinen Orogenese. Manches ist dabei gewiss sehr gut, und ein Vergleich des vorliegenden Werkes mit dem Jennys wird manche Berührungspunkte weisen. Aber Jennys Hauptpunkte, die allgemeine hercynische Faltung der penninischen Region und die penninischen Paroxysmen zur Doggerzeit, sind in keiner Weise bewiesen. Bei einer kritischen Analyse derselben ergeben sich viele Widersprüche, dass die wenigen Vorteile, die Jennys Anschauungen haben, durch viel mehr Nachteile reichlich aufgewogen erscheinen. Jenny übertreibt die schwache Wellung der penninischen Zone zur Zeit der hercynischen Faltung, wie sie von *Argand* und mir lange vor Jenny angenommen worden ist, zu einer «andinen Faltung» und behauptet, dieselbe sei viel stärker gewesen als die hercynische Faltung im klassischen Gebiet der karnischen Kette. Warum fehlen dann aber gerade ausgerechnet im Penninikum die grossen Diskordanzen der karnischen Kette? Die Antwort bleibt uns Jenny schuldig. Eine stärkere hercynische Faltung ist nur anzunehmen in den tiefsten und tiefstobersten penninischen Decken, anschliessend an die helvetischen und ostalpinen Gebiete, und was dazwischen als Erosionslücken in den Stirngebieten einzelner Decken erscheint, beweist nur das Vorhandensein schon vortriadischer Geantiklinalen an der Stelle der heutigen Deckenstirnen. Das ist aber nichts neues.

Ein mesozoischer Paroxysmus der penninischen Decken, d. h. die erste penninische Hauptphase zur Doggerzeit, existiert nicht; ein solcher lässt sich nirgends beweisen. Starke Embryonalphasen sind in dieser Zeit anzunehmen und sind bereits von Argand und mir, z. T. mit beträchtlichen Überschiebungsbreiten auch dargestellt worden; aber zu einem Paroxysmus, zu einer penninischen Hauptphase, dürfen wir dieselben nicht stempeln. Ich werde bei späterer Gelegenheit einmal auf die krassen Widersprüche hinzuweisen haben, in die sich Jenny mit seiner Zerreissung der penninischen Phasen verstrickt.

Jennys Auffassung des Tauernfensters als eines Paketes der Decken I, III, V ist direkt absurd. Er hat eben die Tauern nie gesehen! Einerseits geht nach ihm die Decke I zwischen Tosa und Tessin in eine Flexur über und hört auch die Decke III östlich der Adula bald auf, anderseits sollen gerade diese Decken ihm zuliebe in den Tauern wieder in grösster Mächtigkeit erscheinen. Um die Decke V kommt allerdings auch Jenny nicht ganz herum. — Jennys Erweiterung der penninischen Phasenfolge ist nicht ganz richtig, da er den Suretto als Leonedecke betrachtet; einen wirklichen Beweis für diese Behauptung aber finden wir, auch in seiner Adulaarbeit, nicht. — Seine Ausführungen über das Verhältnis von Alpen und Dinariden zeigen, dass er weder *Termier*, noch *Argand*, noch *mich* verstanden hat. Und doch schreibt er andern Orten ungefähr dasselbe wie Termier und ich. Dann allerdings stammt es von Jenny. Die geringschätzigen Bemerkungen über Termier und seine Auffassung stehen Jenny sehr schlecht an. Aber er steht eben nicht die Leistungen, sondern überall nur die Fehler der andern. Es ist allerdings bequem, über etwas zu sprechen, das man gar nicht persönlich kennt. Dies zeigt sich auch an der Leichtigkeit, mit der er über die Westgrenze der Ostalpen und die Komplikationen in Graubünden spricht. Kennt er die betreffenden Gebiete? Glaubt er wirklich, dass alle andern blind sind? Jenny wirft mir daneben manches vor, was ich in der kritisierten Form gar nie geschrieben habe; so in der Frage der Längschübe, der Metamorphosen, der Embryonalphasen. Es wird darüber an anderer Stelle noch zu reden sein. Was hier zunächst nötig war, das ist ein Protest gegen das falsche Bild, das Jennys Buch von meiner bisherigen Arbeit entwirft, und gegen die Art, in der Jenny in grenzenloser Übertreibung und Verallgemeinerung ohne die nötige Anschauung und wirkliche Beweise seine neuen Hypothesen als Tatsachen auftischt.

Publikationen

der

Geologischen Kommission

der Schweizerischen Naturforschenden Gesellschaft.

Herausgegeben mit Subvention der schweizerischen Eidgenossenschaft.

Die Publikationen der *Geologischen Kommission* hat die Buchhandlung **A. Francke A.-G.** in **Bern** kommissionsweise im Verlag. Bestellungen können bei ihr direkt oder durch jede andere Buchhandlung gemacht werden.

Bei grössern Bestellungen treten für die Publikationen der *Geologischen Kommission* folgende Vergünstigungen ein:

       a) bei einer Bestellung von über Fr. 100: 10 % Rabatt.

       b) „ „ „ „ „ „ 200: 20 % „

Inhalt:

Publikationen

der

Geotechnischen Kommission

der Schweizerischen Naturforschenden Gesellschaft.

I. Geologische Karte der Schweiz in 1 : 100,000

in 25 Blättern

auf Grundlage der Dufourkarte.

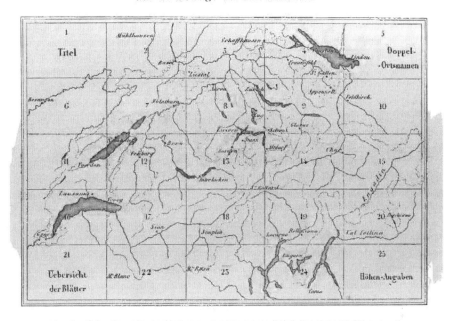

† = vergriffen. ** = wird nur bei Abnahme einer grössern Serie dieser Karten in 1:100,000 abgegeben.

333

II. Geologische Übersichtskarten.

III. Geologische Spezialkarten.

Diejenigen Karten des nachstehenden Verzeichnisses, bei denen ein Preis ausgesetzt ist, sind separat käuflich; die mit * bezeichneten werden nur mit dem betreffenden Band (siehe Abteilung IV und V) abgegeben; die mit † bezeichneten sind vergriffen; ** nur verkäuflich bei Abnahme einer grössern Serie.

Nr. 49. E. Greppin. Karte des Blauen, 1 : 25,000. Mit „Erläuterungen". 1908.   Fr. 5. —

„ 50. J. Oberholzer und Alb. Heim. Karte der Glarneralpen, 1 : 50,000. (II. Serie, 28. Lfg.) 1910.   „ 10. —

„ *51. E. Schaad. Die Juranagelfluh. Übersichtskarte in 1 : 200,000. (II. Serie, 22. Lfg.) 1908.

52. Em. Argand. Carte géologique du massif de la Dent Blanche, 1 : 50,000. (IIᵉ série, 27ᵉ livr.) 1908.   „ 10. —

„ *53. Arn. Heim. Karte der Fli-Falte, 1 : 3000. (II. Serie, 20. Lfg.) 1910.

„ 54. Fr. Mühlberg. Karte des Hallwilersees, 1 : 25,000. Mit Profiltafel und „Erläuterungen". 1910.   10. —

„ 55. P. Arbenz. Karte von Engelberg und Umgebung, 1 : 50,000. (II. Serie, 26. Lfg.) 1911.   „ 8. 50

„ 55ᵇⁱˢ. P. Arbenz. Geolog. Stereogramm des Gebirges zwischen Engelberg und Meiringen.   „ 5. —

„ *56. P. Beck. Karte der Gebirge nördlich von Interlaken, 1 : 50,000. Mit Profiltafel. 1910.

„ *57. P. Beck. Karte des Burst, 1 : 20,000. (II. Serie, 29. Lfg.) 1910.

„ *58. W. Grubenmann und Chr. Tarnuzzer. Karte des Unterengadins, 1 : 50,000. (II. Serie, 23. Lfg.) 1910.

„ 59. L. Rollier et Jules Favre. Carte des environs du Locle et de la Chaux-de-Fonds, 1 : 25,000. 1911.   „ 10. —

„ 60. Maur. Lugeon. Carte des Hautes Alpes calcaires entre la Kander et la Lizerne, 1 : 50,000. (IIᵉ série. 30ᵉ livr.) 1910.   „ 10. —

„ *61. Arn. Heim. Karte des Fli-Baches, 1 : 4000. (II. Serie, 20. Lfg.) 1911.

„ **62. W. Staub. Karte der Windgällengruppe, 1 : 50,000. (II. Serie, 32. Lfg.) 1911.   „ 5. —

„ 63. J. Oberholzer. Gebirge zwischen Linthgebiet und Rhein, 1 : 50,000. (II. Serie, 33. und 39. Lfg.)   „ 18. —

„ 64. Em. Argand. Alpes occidentales, 1 : 500,000. Avec 3 pl. de profils. 1912.   „ 12. 50

„ 65. P. Niggli. Zofingen, 1 : 25,000. Mit „Erläuterungen". 1912.   „ 3. 50

„ 66. Buxtorf, Baumberger u. a. Karte des Vierwaldstättersees, 1 : 50,000. Mit Profiltafel und „Erläuterungen" (letztere fehlen noch). 1913—1915.   „ 15. —

„ 67. Fr. Mühlberg und P. Niggli. Roggen-Born-Boowald, 1 : 25,000. Mit „Erläuterungen". 1913.   „ 10. —

„ 68. A. Jeannet. Tours d'Aï, 1 : 25,000. (IIᵉ série, 34ᵉ livr.) 1912.   „ 7. 50

„ 69. F. Rabowski. Simmental et Diemtigtal, 1 : 50,000. (IIᵉ série, 35ᵉ livr.) Avec profils. 1912.   „ 10. —

„ *70. R. Frei. Lorze, 1 : 25,000. (II. Serie, 37. Lfg.) 1912.

„ 71. R. Frei. Übersichtskarte des Deckenschotters, 1 : 250,000. (II. Serie, 37. Lfg.) 1912.   „ 2. 50

„ 72. A. Spitz und G. Dyhrenfurth. Unterengadiner Dolomiten, 1 : 50,000. (II. Serie, Lfg. 44.) 1915.   „ 12. 50

„ 73. Fr. Mühlberg. Karte des Hauensteingebietes, 1 : 25,000. 1915.   „ 10. —
— idem, Profiltafel mit „Erläuterungen". 1915.   „ 6. —
— Zusammen.   „ 15. —

„ *74. R. Frei. Diluviale Gletscher der Schweizeralpen, 1 : 1,000,000. (II. Serie, Lfg. 41.) 1912.

„ 75. W. A. Keller. Bifertenstock-Selbsanft, 1 : 15,000. (II. Serie, Lfg. 42.) 1912.   „ 3. 50

„ 76. R. Schider. Schrattenfluh, 1 : 25,000. Mit Profiltafel. (II. Serie, Lfg. 43.) 1913.   „ 6. —

„ 77. Gutzwiller und Greppin. Geolog. Karte von Basel. I. Teil : Gempenplateau und unteres Birstal. 1 : 25,000. Mit „Erläuterungen". 1916.   „ 7. 50

„ 78. Rud. Staub. Tektonische Karte der südöstlichen Schweizeralpen, 1 : 250,000. (II. Serie, Lfg. 46, I.) 1916.

„ 79. D. Trümpy. Geolog. Karte des Falknis, 1 : 25,000. (II. Serie, Lfg. 46, II.) 1916, mit Profil.   „ 3.50   „ 6. —

„ 80. Arn. Heim und J. Oberholzer. Karte der Alviergruppe, 1 : 25,000. 1917.   „ 18. —

„ 81a und b. H. Preiswerk. Karte des obern Tessin- und Maggiagebietes, 1 : 50,000, mit 2 Profiltafeln. (I. Serie, Lfg. 26, II.) 1918.   „ 12. 50

„ 82. M. Mühlberg. Laufen.   In Arbeit.

Nr.**83. **Gutzwiller und Greppin.** Geolog. Karte von Basel, II. Teil: Südwestliches Hügelland mit Birsigtal. 1 : 25.000. Mit „Erläuterungen". 1917. Fr. 5. ·

" 84. **P. Arbenz.** Urirotstockgruppe. 1 : 50,000. (II. Serie, Lfg. 26.) 1918, " 10. —

" 85. **Arn. Heim.** Fährenstöckli. 1 : 2500, mit Profilen. (II. Serie, Lfg. 20.) 1917. " 3. 50

86. **Arn. Heim.** Brunnenegg am Mattstock. 1 : 800. (II. Serie, Lfg. 20.) 1917. " 2. 50

87. **Arn. Heim.** Das Gebirge auf der Nordseite des Walensees (Speer-Mattstock-Churfirsten). 1 : 15,000. Parallelprojektion. (II. Serie, Lfg. 20). 1917. " 6. —

" 88. **H. Lagotala.** La Dôle-St-Cergue. 1 : 25,000. (II⁰ série, livr. 46, IV.) 1920. " 6. —

" 89. **B. Swiderski.** Partie occid. du massif de l'Aar. 1 : 50,000. (II⁰ série, livr. 47, I.) 1920, mit Profil " 10. —

" 90 **Rud. Staub.** Val Bregaglia, 1 : 50,000. 1 Bl. mit, 1 Bl. ohne Schrift, zusammen, 1921. " 15. —

" 91. **H. Mollet.** Schafmatt-Schimberg, 1 : 25,000, mit Prof. (II. Serie, Lfg. 47, III.) 1921. " 12. —

" 92. **A. B. T. Nolthenius.** Vallorbe, 1 : 25,000. (II⁰ série, livr. 48, I.) 1922. " 12. —

" 93. **Em. Argand.** Grand Combin, 1 : 50,000. Im Druck.

" 94. **Karte von Mittelbünden,** 1 : 25,000. (II. Serie, Lfg. 49, I u. ff.) 1922 ff.

  Blatt A: **Cadisch.** Arosa. 1922. Fr. 10. —

  " C: **Brauchli und Glaser.** Lenzerhorn. " 12. —

" 95. **Fr. Michel.** Brienzergrat, 1 : 50,000. 1922. " 7. —

" 96. **P. Beck und E. Gerber.** Stockhorn, 1 : 25,000. Im Druck.

" 97. **Rud. Staub.** Avers-Oberhalbstein, 1 : 50,000. " "

" 98. **Just. Krebs.** Blümlisalp, 1 : 25,000. " "

" 99. **E. Gagnebin.** Montreux-Moléson, 1 : 25,000. " "

" 100. **Fr. Weber.** Tödi, 1 : 50,000, mit Profilen. 1924. Fr. 18. —

" 101. **Fr. Weber.** Tektonische Karte, 1 : 100,000, mit Profilen. 1924. " 10. —

" 102. **Fr. Weber.** Eruptivgänge im Val Puntaiglas, 1 : 20,000, mit Profilen. 1924. " 7. —

" 103. **N. Onlianoff.** Massif de l'Arpille (livr. 54, II.), 1 : 25,000. 1923. " 5. —

" 104. **H. Jenny, G. Frischknecht und J. Kopp.** Die Adula, 1 : 50,000. (Lfg. 51.) 1924. " 12. 50

" 105. **Rud. Staub.** Tektonische Karte der Alpen; mit zwei Profiltafeln in 4 Bl. " 25. —

  — idem. Die Karte allein. " 10. —

  — idem. Die Profiltafeln. " 15. —

" 106. **Alfr. Werenfels.** Das Vispertal, 1 : 25,000. (I. Serie, Lfg. 26, III.) 1924. " 4. —

Grenzgebiet des Freistaates Baden und der Schweiz, gemeinsam herausgegeben von der Bad. geolog. Landesanstalt und der Schweiz. geolog. Kommission :

Bl. 144: **Ferd. Schalch.** Stühlingen, 1 : 25,000, mit „Erläuterungen". 1912. " 3. —

Bl. 145 : **Ferd. Schalch.** Wiechs-Schaffhausen, 1 : 25,000, mit „Erläuterungen". 1916. " 3. —

Bl. 157: **Ferd. Schalch.** Griessen, 1 : 25,000, mit „Erläuterungen". 1922. " 3. —

Bl. 158: **Ferd. Schalch.** Jestetten, 1 : 25,000, mit „Erläuterungen". 1921. " 3. —

IV. Beiträge zur geologischen Karte der Schweiz.

Matériaux pour la Carte géologique de la Suisse.

Textbände in 4°.

Erste Serie, Lieferung 1 30.

† vergriffen. ** nur verkäuflich bei Abnahme einer grössern Serie.

** 1. **A. Müller.** *Kanton Basel und angrenzende Gebiete.* 2 Tfn. 2. Aufl. 1884. Fr. 6. —

† 2. **G. Theobald.** *Nördliche Gebirge von Graubünden.* 18 Tfn. 1863. " 18. 50

3. **G. Theobald.** *Südöstliche Gebirge von Graubünden.* 8 Tfn. 1866. " 18. 50

4. **C. Mösch.** *Aargauer Jura.* 9 Tfn., 1 Karte (Brugg). 1867. " 25. —

** 5. **F. J. Kaufmann.** *Pilatus.* 1 Karte, 10 Tfn. 1867. Text, Tafeln und Karte. " 25. —

  — idem. Karte des *Pilatus.* 1 : 25,000. " 6. —

V. Beiträge zur geologischen Karte der Schweiz.

Matériaux pour la Carte géologique de la Suisse.

Textbände in 4°.

Neue (II.) Serie.

VI. Geologische Reliefs.

Reliefs géologiques.

Von diesen können Exemplare auf Bestellung geliefert werden. Man wende sich dafür an *Prof. Dr. Alb. Heim*,
Präsident der Geologischen Kommission, Zürich 7.

1. Rheinfall, 1 : 4000. Länge 66 cm, Breite 46 cm.   Fr. 300. —
2. Säntis, 1 : 25,000. Länge ca. 120 cm, Breite 40 cm.   „ 1250. —
3. Rigi, 1 : 25,000. Länge ca. 75 cm, Breite 50 cm.   „ 1000. —
4. Jura, 1 : 10,000. Länge 120 cm, Breite 106 cm.   „ 800. —
5. Pilatus, 1 : 10,000. Länge 125 cm, Breite 85 cm.   „ 2500. —
6. Säntis, 1 : 5000. Länge 184 cm, Breite 189 cm.   „ 8000. —

Publikationen

der

Geotechnischen Kommission

der Schweizerischen Naturforschenden Gesellschaft.

Herausgegeben mit Subvention der Schweizerischen Eidgenossenschaft.

Preise ab 1. Januar 1924.

———≍≍———

VII. Beiträge zur Geologie der Schweiz.

Geotechnische Serie.

Textbände in 4°.

⁂ ⊹ ⸴⊱⊱⊹ ⊰⊱———

VIII. Alphabetisches Verzeichnis der Autoren und Mitarbeiter.

	Karte 1:100,000 Blatt	Spezialkarten Nr.	Beiträge Lieferung
Aeppli, August		15	Ser. II, 4
Arbenz, Paul		41, 55, 55ᵇⁱˢ, 66, 84	Ser. II, 18, 24
Argand, Emile		52, 64, 93	Ser. II, 24, 31
Bachmann, Isidor.	VII, XII, XVIII		—
Baltzer, Armin	XIII	8, 10	Ser. I, 20, 21ᴵⱽ, 30
Baumberger, E.	VII*)	66	Geot. Ser., 8
Beck, Paul		56, 57, 96	Ser. II, 29, 50ᴵᴵ
Blösch, Eduard	VIII		Ser. II, 31
Blumenthal, Moritz		63	Ser. II, 33, 39
Blumer, Ernst		39	Ser. II, 16
Brauchli, Rud.		94	Ser. II, 19ᴵᴵ
Braun, L.			Geot. Ser., 10
Burckhardt, Carl		13, 16	Ser. II, 2, 5
Buxtorf, August	VIII	26, 27, 29, 46, 66	Ser. II, 11, 21
Cadisch, Joos		94	Ser. II, 49ᴵ
Christ, Peter			Ser. II, 12. Geot. Ser., 10
Collet, Léon W.		42	Ser. II, 19
Cornelius, H. P.			Ser. II, 45ᴵᴵ, 50ᴵᴵᴵ
Du Pasquier, Léon		11, 12	Ser. II, 1
Dyhrenfurth, Günter		72	Ser. II, 44
Erni, Arthur	VIII		
Escher von der Linth, Arnold	IX, XIV	5	Ser. I, 13
Eugster, Herm.		94	Ser. II, 49ᴵᴵᴵ
Favre, Alphonse		Carte du Phénomène erratique, etc.	Ser. I, 28
Favre, Ernest	XVII	9	Ser. I, 22, 28
Favre, Jules		59	—
v. Fellenberg, Eman.	XVIII		Ser. I, 21
Frei, R.	VIII	70, 71, 74	Ser. II, 37, 41, 45ᴵ
Frey, Max			Geot. Ser., 9
Frischknecht, Gust.		104	Ser. II. 51
v. Fritsch, K.	XIV	6	Ser. I, 15
Früh, J.			Geot. Ser., 3
Gagnebin, E.		99	—
Gerber, Ed.		43, 96	Geot. Ser., 8
Gerlach, Heinrich	XVII, XVIII, XXII, XXIII		Ser. I, 9
Gilliéron, V.	XII		Ser. I, 12, 18
Gogarten, E.			Ser. II, 40
Greppin, Ed.		49, 77, 83	—
Greppin, J. B.	VII		Ser. I, 8
Grubenmann, Ulr.		58	Ser. II, 23. Geot. Ser., 4, 5
Gutzwiller, A.	IV, IX	77, 83	Ser. I, 14ᴵ, 19
Häfner, Wilhelm			Serie II, 54ᴵ
Hartmann, Ad.			Geot. Ser., 6
Hauswirth, Walter			Ser. II, 10
Heim, Albert	XIV, XXI. VIII	38, 50 { Geolog. Karte der Schweiz 1:500,000	Ser. I, 25, Ser. II, 16, 31
Hehn, Arnold		37, 44, 53, 61, 80, 85, 86, 87	Ser. II, 16, 20, 24, 31, 53
Helgers, Eduard		43	— [Geot. Ser., 6

*) Ziffern in *Kursiv* bedeuten die 2. Auflage des Blattes.

	Karte 1:100,000 Blatt	Spezialkarten Nr.	Beiträge Lieferung
Hug, Jakob	VIII	34, 35, 36	Ser. II, 15
Jaccard, August	II, IV, XI, XI, XII, XVI		Ser. I, 6, 7ᴵ, 7ᴵᴵ
Jeannet, A.	VIII	68	Ser. II, 34. Geot. Ser., 5, 8
Jenny, Fridolin		10	—
Jenny, Hans		104	Ser. II, 51
Jerosch, Marie			Ser. II, 16
Iseber, G.	XVII		—
Kaufmann, Fr. Jos.	VIII, IX, XIII	3	Ser. I, 5, 11, 11ᴵᴵᵃ, 24ᴵ
Keller, W. A.		75	Ser. II, 42
Kissling, Ernst	VII	10	Geot. Ser., 2
Koch, Rich.			Ser. II, 48ᴵᴵ
Kopp, Jos.		104	Ser. II, 51
Krebs, Just.		98	—
Künzli, Emil			Ser. II, 21
Lagotala, Henri		88	Ser. II, 46ᴵⱽ
Lehner, Ernest			Ser. II, 47ᴵᴵ
Letsch, Emil			Geot. Ser., 1, 4
Lorenz, Th.		22	Ser. II, 10
Lugeon, Maurice	XVI	60	Ser. II, 30, 38
Mayer-Eymar, Charles			Ser. I, 11, 14ᴵᴵᵇ, 24ᴵᴵ
Miehel, Fr.		95	—
Mollet, Hans		91	Ser. II, 47ᴵᴵᴵ
Mösch, Casimir	III, VIII, IX, XIII, XVIII		Ser. I, 4, 10, 13, 14ᴵᴵᴵ, 21, 24ᴵᴵᴵ
Moser, R.			Geot. Ser., 4
Mühlberg, Friedrich	VIII	25, 31, 45, 54, 67, 73	—
Müller, A.	II	1	Ser. I, 1
Negri	XXIV		
Niethammer, G.		66	—
Niggli, Paul	VIII	65, 67	Ser. II, 36, 45ᴵᴵᴵ. Geot. Ser., 5
Nolthenius		92	Ser. II, 48ᴵ
Oberholzer, Jakob		21, 44, 50, 80	Ser. II, 9
Oulianoff, N.		103	Ser. II, 54ᴵᴵ
Pannekoek, J. J.		40	Ser. II, 17
Piperoff, Christ.		18	Ser. II, 7
Preiswerk, Heinrich		48, 81	Ser. I, 26ᴵ, 26ᴵᴵ
Querean, E. C.		14	Ser. II, 3
Rabowski, F.		69	Ser. II, 35
Renevier, E.	XVI, XVII	7	Ser. I, 16
Rittener, Th.		30	Ser. II, 13
Rolle, Fr.	XIX		Ser. I, 23
Rollier, Louis	VII	4, 19, 20, 23, 24, 32, 33, 47, 59	Ser. I, 8ᴵ, 29, Ser. II, 8, 21, 25, 53. Geot.
Schaad, Ernst		51	Ser. II, 22 [Ser., 4
Schalch, Ferdinand	IV	Bad-Karte 144, 145, 157, 158	Ser. I, 19
Schardt, Hans	XVI	9	Ser. I, 22
Schider, Rudolf		76	Ser. II, 43
Schmidt, Carl		48 { Geolog. Karte der Schweiz 1:500,000	Ser. I, 25. Geot. Ser., 10, Textbände in 8°

	Karte 1 : 100,000 Blatt	Spezialkarten Nr.	Beiträge Lieferung
Schröter, Carl	. . . . .	. . . . .	Geot. Ser., 3. 10
Spitz, Albrecht . . .	. . .	72	Ser. II, 44
Spreafico	XXIV	. . . .	—
Stachelin, Peter	. . .	. . . . . .	Ser. II, 55^I
Staub, Rudolf	.	90, 97, 105 . .	Ser. II, 46^I, 46^{III}, 52
Staub, Walter	. . . .	62, 66 . .	Ser. II. 32, 45^{III}
Stoppani	XXIV	. . .	—
Swiderski, B.	. . . . .	89 .	Ser. II, 47^I
Taramelli, T. . . .	. . . . .	. . .	Ser. I, 17
Tarnuzzer, Chr.	. . . . .	58 . . .	Ser. II, 23
Theobald, G.	X, XIV, XV, XX . .	. . .	Ser. I, 2, 3
Tobler, August	. . . . .	66	
de Tribolet, Maur. . . .	. . . .	. . . .	Ser. I, 28
Trösch, Alfred . . .	. . . .	43 . . .	—
Trümpy, D.	.	79 . .	Ser. II, 46^{II}
Vonderschmitt, L. . . .	. . . .	. . . .	Ser. II, 50^I
Weber, Friedrich	. . .	100, 101, 102 .	Ser. II, 14
Weber, Jul. . . .	. . .	. . . .	Geot. Ser., 8
Wehrli, Leo . . .	. . .	17	Ser. II, 6. Geot. Ser., 7
Werenfels, Alfr. . . .	. . . .	106 . . .	Ser. I, 26^{III}
Wiedenmayer . . .	. . . .	. . . .	Ser. II, 48^{III}
Zschokke, B. . . .	. .	. . . . .	Geot. Ser., 4
Zyndel, F. . . .	. .	. . . .	Ser. II, 41

IX. Alphabetisches Orts- und Sachregister.

(Stichwörter der Titel.)

	Spezialkarten	Beiträge Lieferungen
Aar, massif de l'	89 . . .	Ser. II, 47^I
Aarau und Umgebung	45 . . .	—
Aarburg	67 . . .	—
Aaretal, unteres	31 . . .	—
Aargauer Jura	. . .	Ser. I, 4
Aargletscher, der diluviale	. . .	Ser. I, 30
Aarmassiv	. .	Ser. I, 24^{IV}. Ser. II, 45^{III}
Ablagerungen, fluvioglaciale	11 . .	Ser. II, 1
Ablagerungen, jüngere	. . .	Ser. I. 14^I
Adula	104 . .	Ser. II, 51
Alpen, Bau der	105 . .	Ser. II, 52
Alpenrand zwischen Appenzell und Rheintal . .	. .	Ser. II, 53
Alpes de Fribourg	. .	Ser. I, 12, 18
Alpes occidentales	61 . .	—
Alpes Pennines	. .	Ser. II, 31
Alpes vaudoises, hautes	7 . . .	Ser. I, 16
Alviergruppe	80 . . .	Ser. II, 20
Andelfingen	34 . . .	—
Appenzell, Kanton	. . .	Ser. I, 14^{III}

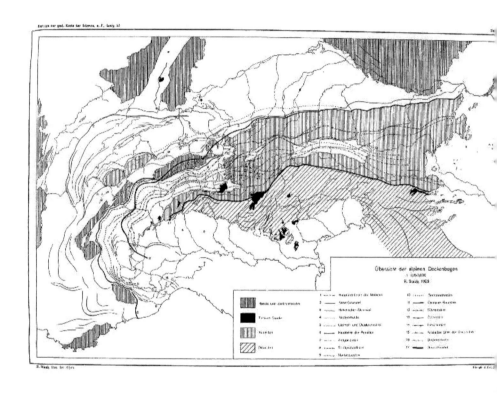

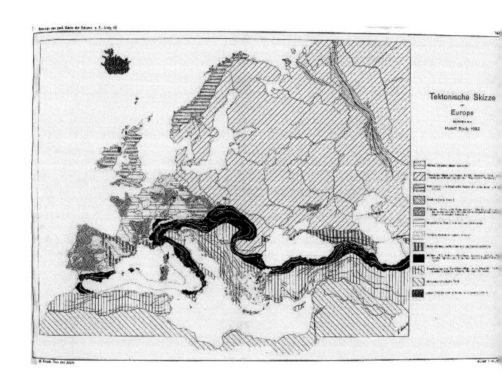

Tektonische Skizze
–
Europa

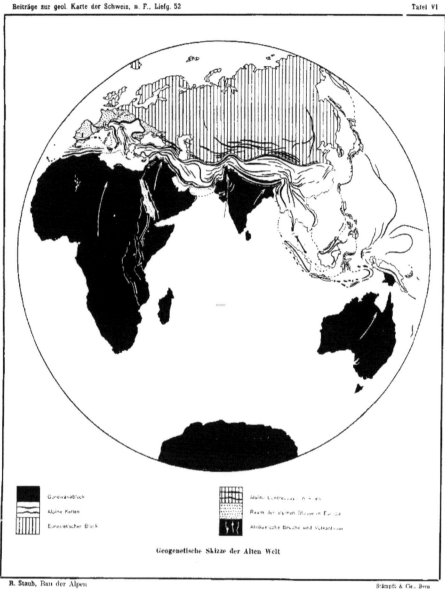

Geogenetische Skizze der Alten Welt

R. Staub, Bau der Alpen   Stämpfli & Cie., Bern

Beiträge zur geol. Karte der Schweiz, n. F., Liefg. 52

Tafel VII

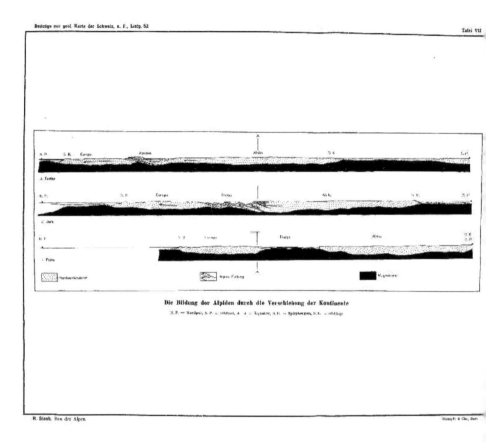

Die Bildung der Alpiden durch die Verschiebung der Kontinente

N.P. = Nordpol, S. P. = Südpol, Ä = Äquator, S.B. = Spitzbergen, S.K. = Südkap

358

Druck:
Customized Business Services GmbH
im Auftrag der KNV-Gruppe
Ferdinand-Jühlke-Str. 7
99095 Erfurt